第八届中国建筑装饰卓越人才计划奖

The 8th China Building Decoration Outstanding Telented Award

正能态度

The Attitude of Positive Energy

2016 创基金·四校四导师·实验教学课题

2016 Chuang Foundation · 4&4 Workshop · Experiment Project

中外16所知名学校建筑与环境设计专业实践教学作品

主 编 Chief Editor

王 铁 Wang Tie

副主编 Associate Editor

张 月 Zhang Yue

彭 军 Peng Jun

王 琼 Wang Qiong

巴林特 Balint Bachmann

赵 宇 Zhao Yu

金 鑫 Jin Xin

段邦毅 Duan Bangyi

陈华新 Chen Huaxin

齐伟民 Qi Weimin

谭大珂 Tan Dake

阿高什 Akos Hutter

陈建国 Chen Jianguo

石 赟 Shi Yun

刘 原 Liu Yuan

朱 力 Zhu Li

王小保 Wang Xiaobao

于冬波 Yu Dongbo

郑革委 Zheng Gewei

周维娜 Zhou Weina

中国建筑工业出版社

图书在版编目（CIP）数据

正能态度：2016创基金·四校四导师·实验教学课题：中外16所知名学校建筑与环境设计专业实践教学作品／王铁主编．—北京：中国建筑工业出版社，2016.11
ISBN 978-7-112-20067-2

Ⅰ．①正…　Ⅱ．①王…　Ⅲ．①环境设计–作品集–中国–现代　Ⅳ．①TU-856

中国版本图书馆CIP数据核字（2016）第262128号

本书是2016第八届“四校四导师”环境艺术专业毕业设计实验教学的成果总结，包括16所院校学生获奖作品设计的全过程，从构思立意到修改完善，再到最终成图，对环境艺术等相关专业的学生和教师来说具有较强的可参考性和实用性。

“四校四导师”实验教学课题由中央美术学院王铁教授、清华大学张月教授、邀请天津美术学院彭军教授共同创立于2008年。在中国建筑装饰协会设计委员会的牵头、相关企业的鼎力支持下，经过主创院校及参与院校师生8年来的共同努力，由3所美术类院校+1所理工科院校四所院校模式发展成现在的4×4十六所院校模式，实验教学模式逐步完善和成熟，其成果得到了国内众多设计机构及企业的高度认可。

责任编辑：唐　旭　杨　晓
责任校对：焦　乐　关　健

第八届中国建筑装饰卓越人才计划奖
正能态度　2016创基金·四校四导师·实验教学课题
中外16所知名学校建筑与环境设计专业实践教学作品
主　编　王　铁
副主编　张　月　彭　军　王　琼　巴林特　赵　宇
　　　　金　鑫　段邦毅　陈华新　齐伟民　谭大珂
　　　　阿高什　陈建国　石　赟　刘　原　朱　力
　　　　王小保　于冬波　郑革委　周维娜
排　版　孙　文　王一鼎
会议文字整理　刘传影
*
中国建筑工业出版社出版、发行（北京西郊百万庄）
各地新华书店、建筑书店经销
北京锋尚制版有限公司制版
北京顺诚彩色印刷有限公司印刷
*
开本：880×1230毫米　1/16　印张：29　字数：706千字
2016年11月第一版　2016年11月第一次印刷
定价：288.00元
ISBN 978-7-112-20067-2
（29520）

感谢深圳市创想公益基金会对 2016 四校四导师实验教学的支持

深圳市创想公益基金会，简称“创基金”，于2014年在中国深圳市注册，是一个非官方及非营利基金会。

创基金由邱德光、林学明、梁景华、梁志天、梁建国、陈耀光、姜峰、戴昆、孙建华及琚宾等来自中国内地、香港、台湾的室内设计师共同创立，是中国设计界第一次自发性发起、组织、成立的私募公益基金会。创基金以“求创新、助创业、共创未来”为使命，特别设有教育、发展及交流委员会，希望能够实现协助推动设计教育的发展，传承和发扬中华文化，支持业界相互交流的美好愿望。

课题院校学术委员会

4&4 Workshop Project Committee

中央美术学院建筑设计研究院
王铁 教授 院长
Central Academy of Fine Arts, School of Architecture
Prof. Wang Tie, Dean

清华大学美术学院
张月 教授
Tsinghua University, Academy of Arts & Design
Prof. Zhang Yue

天津美术学院 环境与建筑艺术学院
彭军 教授 院长
Tianjin Academy of Fine Arts, School of Environment and Architectural Design
Prof. Peng Jun, Dean

佩奇大学工程与信息学院
阿高什 副教授
金鑫 博士
University of Pecs, Faculty of Engineering and Information Technology
Pro.Akos Hutter
Dr.Jin Xin

四川美术学院 设计艺术学院
赵宇 副教授
Sichuan Fine Arts Institute, Academy of Arts & Design
Prof.Zhao Yu

山东师范大学 美术学院
段邦毅 教授
Shandong Normal University
Prof. Duan Bangyi

青岛理工大学 艺术学院
谭大珂 教授
Qingdao Technological University, Academy of Arts
Prof. Tan Dake

山东建筑大学 艺术学院
陈华新 教授
Shandong Jianzhu University, Academy of Arts
Prof. Chen Huaxin

吉林艺术学院 设计学院
于冬波 副教授
Jilin University of the Arts, Academy of Design
Prof. Yu Dongbo

西安美术学院 建筑环艺系
周维娜 教授
Xi'an Art University, Department of Architecture and Environmental Design
Prof.Zhou Weina

苏州大学 金螳螂城市建筑环境设计学院
王琼 副院长
Soochow University, Gold Mantis School of Architecture and Urban Environment
Prof. Wang Qiong, Vice-Dean

吉林建筑大学 艺术设计学院
齐伟民 副教授
Jilin Jianzhu University , Academy of Arts & Design
Prof. Qi Weimin

中南大学 建筑与艺术学院
朱力 教授
Central South University, Academy of Arts & Architecture
Prof. Zhu Li

湖南师范大学 美术学院
王小保 副总建筑师
Hunan Normal University, Academy of Arts
Prof. Wang Xiaobao, Associate Architect

湖北工业大学 艺术设计学院
郑革委 教授
Hubei University of Technology, Academy of Arts & Design
Prof. Zheng Gewei

广西艺术学院 建筑艺术学院
陈建国 副教授
Guangxi Arts University, Academy of Arts & Architecture
Prof. Chen Jianguo

深圳市创意公益基金会
姜峰 秘书长
Shenzhen Chuang Foundation
Jiang Feng, Secretary-General

中国建筑装饰协会
刘晓一 秘书长
刘原 设计委员会秘书长
China Building Decoration Association
Liu Xiaoyi, Secretary-General
Liu Yuan, Design Committee Secretary-General

北京清尚环艺建筑设计院
吴晞 院长
Beijing Tsingshang Architectural Design and Research Institute Co., Ltd.
Wu Xi, Dean

苏州金螳螂建筑装饰股份有限公司设计研究总院
石赟 副院长
Suzhou Gold Mantis Construction Decoration Co., Ltd. Design and Research Institute
Shi Yun, Vice-Dean

佩奇大学工程与信息学院

University of Pecs
Faculty of Engineering and Information Technology

硕士录取名单

Master Admission List

“四校四导师”毕业设计实验课题已经纳入佩奇大学建筑教学体系，并正式成为教学日程中的重要部分。在本次课题中获得优秀成绩的4名同学成功考入佩奇大学工程与信息学院，攻读硕士学位。

The 4&4 workshop program is a highlighted event in our educational calendar. There are four outstanding students get the admission to study for master degree in University of Pecs, Faculty of Engineering and Information Technology.

中央美术学院	胡天宇	Central Academy of Fine Arts	Hu Tianyu
中央美术学院	石　彤	Central Academy of Fine Arts	Shi Tong
四川美术学院	李　艳	Sichuan Fine Arts Institute	Li Yan
中央美术学院	张秋语	Central Academy of Fine Arts	Zhang Qiuyu

2016年6月19日　　　19th June 2016

佩奇大学工程与信息学院简介

佩奇大学是匈牙利国立高等教育机构之一，在校生约26000名。早在1367年，匈牙利国王路易斯创建了匈牙利的第一所大学——佩奇大学。佩奇大学设有十个学院，在匈牙利高等教育领域起着重要的作用。大学提供多种国际认可的学位教育和科研项目。目前，每年我们接收来自60多个国家的近2000名国际学生。30多年来，我们一直为国际学生提供完整的本科、硕士、博士学位的英语教学课程。

佩奇大学的工程和信息学院是匈牙利最大、最活跃的科技高等教育机构，拥有近万名学生和40多年的教学经验。此外，我们作为国家科技工程领域的技术堡垒，是匈牙利南部地区最具影响力的教育和科研中心。我们的培养目标是：使我们的毕业生始终处于他们的职业领域的领先地位。学院提供与行业接轨的各类课程，并努力让我们的学生掌握将来参加工作所必备的各项技能。在校期间，学生们参与大量的实践活动。我们旨在培养具有综合能力的复合型专业人才，他们充分了解自己的长处和弱点，并能够行之有效地表达自己。通过在校的学习，学生们更加具有批判性思维能力、广阔的视野，并且宽容和善解人意，在他们的职业领域内担当重任并不断创新。

作为匈牙利最大、最活跃的科技领域的高等教育机构，我们始终使用得到国际普遍认可的当代教育方式。我们的目标是提供一个灵活的、高质量的专家教育体系结构，从而可以很好地满足学生在技术、文化、艺术方面的要求，同时也顺应了自21世纪以来社会发生巨大转型的欧洲社会。我们理解当代建筑；我们知道过去的建筑教育架构；我们和未来的建筑工程师们一起学习和工作；我们坚持可持续发展；我们重视自然环境；我们专长于建筑教育!我们的教授普遍拥有国际教育或国际工作经验；我们提供语言课程；我们提供国内和国际认可的学位。我们的课程与国际建筑协会有密切的联系与合作，目的是为学生提供灵活且高质量的研究环境。我们与国际多个合作院校彼此提供交换生项目或留学计划，并定期参加国际研讨会和展览。我们大学的硬件设施达到欧洲高校的普遍标准。我们通过实际项目一步一步地引导学生。我们鼓励学生发展个性化的、创造性的技能。

博士院的首要任务是：为已经拥有建筑专业硕士学位的人才和建筑师提供与博洛尼亚相一致的高标准培养项目。博士院是最重要的综合学科研究中心，同时也是研究生的科研机构，提供各级学位课程的高等教育。学生通过参加脱产或在职学习形式的博士课程项目达到要求后可拿到建筑博士学位。学院的核心理论方向是经过精心挑选的，并能够体现当代问题的体系结构。我们学院最近的一个项目就是为佩奇市的地标性建筑——古基督教墓群进行遗产保护，并负责再设计（包括施工实施）。该建筑被联合国教科文组织命名为世界遗产，博士院为此作出了杰出的贡献并起到关键性的作用。参与该项目的学生们根据自己在此项目中参与的不同工作，将博士论文分别选择了不同的研究方向：古建筑的开发和保护领域、环保、城市发展和建筑设计等等。学生的论文取得了有价值的研究成果，学院鼓励学生们参与研讨会、申请国际奖学金并发展自己的项目。

我们是遗产保护的研究小组。在过去的近四十年里，佩奇的历史为我们的研究提供了大量的课题。在过去的三十年里，这些研究取得巨大成功。2010年，佩奇市被授予“欧洲文化之都”的称号。与此同时，早期基督教墓地及其复杂的修复和新馆的建设工作也完成了。我们是空间制造者。第13届威尼斯建筑双年展，匈牙利馆于2012年由我们的博士生设计完成。此事所取得的成功轰动全国，展览期间，我们近500名学生展示了他们的作品模型。我们是国际创新型科研小组。我们为学生们提供接触行业内活跃的领军人物的机会，从而提高他们的实践能力，同时也为行业不断增加具有创新能力的新生代。除此之外，我们还是创造国际最先进的研究成果的主力军，我们将不断更新、发展我们的教育。专业分类：建筑工程设计系、建筑施工系、建筑设计系、城市规划设计系、室内与环境设计系、建筑和视觉研究系。

佩奇大学工程与信息学院
院长 巴林特
2016年6月24日
University of Pecs
Faculty of Engineering and Information Technology
Pro.Balint Bachmann, Dean
24th June, 2016

前言·正能态度

Preface: The Attitude of Positive Energy

中央美术学院建筑设计研究院院长　博士生导师　王铁教授
Central Academy of Fine Arts, Professor Wang Tie, Dean

夏季的最后一阵风轻轻吹过北京，树叶的绿色慢慢显露出金黄色的前兆。9月结束暑假迎来了开学，按照计划第八届2016创基金（四校四导师）4X4建筑与人居环境设计实验教学课题成果，将进入最后的校对阶段，此时与往年一样的工作按部就班地有序进行着。因为学校工作的需要，与去年不同的是今年不再教授本科生，只教授硕士研究生和博士研究生课程。这为今后实践教学课题的高质量增添了新鲜信息。作为名校实验教学课题的发起人，负责编写出版课题成果，每一天都要与另外十五所学校的导师联系，确认大量的相关信息，沟通出版实践教学成果的细节，书名主题确定下来："正能态度"。

反复思考这次实践教学的收尾工作，尽量把工作做得更加仔细。对于部分文章在一些局部文字上进行细微的修改，考虑到参加院校的具体情况，宏观把握课题成果的核心价值，在与大家沟通后决定将今年的课题成果在去年的基础上做得更加规范。因为课题到目前已进行到第八届，对于课题的现实与下一步的发展都要认真考虑，归纳各院校教师的实际情况：一是室内设计教育背景的教师占大多数，二是部分风景园林教育背景的教师还处于不成熟阶段，两个背景出身的教师在工学知识基础方面没有优势，在课题的实践和指导过程中显现出短缺，如何填补这一短缺？此书出版后望各位责任导师认真思考，寻找解决问题的方法。课题八年的坚持已向业界表明明确的理念，核心是教授治学精神与行业协会优势相结合，努力把课题成果纳入学界版块的实验教学体系下，按步骤实现其价值和先行理念，可面对学校的现行教学大纲，课程基本上是艺术设计知识为主导，工学知识太少，知识结构不能交叉互补，基础知识立体化无法形成整体，加上教师的综合能力问题，人们不禁要问到底什么是"环境设计"，是否还需要重新定位？特别是课题进入实践设计课题后期，学生很多技术问题在大部分教师面前无法解决，甚至出现放任学生"自由飞翔"，长期下去将出现更多的问题，更会产生非常可怕的结果。

跨越地域合作大胆的实验教学构想，最重要的就是延续下去，相互认可、取长补短是导师们的品德，为此课题教案周密的计划是保证实验教学正常进行的重中之重，为此提倡跨出校门与兄弟院校合作完成实践教学课题是我多年的坚持。起草编写了2016中国高等教育专业设计名校实验教学课题计划，为进一步落实实验教学计划，使其更加完善，邀请国外知名大学加入，目的就是相互促进，所以在实践教学开始前，全体导师在青岛理工大学召开关于2016创基金四校四导师4X4实践教学工作会，会议确认了具体安排和工作方针，但是在执行过程中出现了各种问题，究其原因其实不难分辨，摆在眼前的问题就是学科的短板。

建立中国高等院校环境设计专业下的名校实验教学课题学术组，目的是不断创新实践教学课题，不断创新专业设计教育与实践相结合，努力打破院校间的隔墙，强调教师团队集体荣誉感，坚持教授治学理念的科学正能态度，发扬教育工作的奉献精神，用实际行动鼓励自己，感动更多的学生，坚信榜样的力量永远是无穷的，素质是励志的价值基础，坚信教与学的奉献精神能够彰显出华夏伯乐的智慧。特色，决定品牌正能态度的持久，受益于更多人群。

《正能态度》一书的出版只是教授治学的第一步，旨在推动建筑与环境设计学科教育走向更加开放的未来，用互动与共享的治学理念团结高等院校环境设计学科的教师，丰富导师自己的教学基础，引导学生努力奋进，克服专业学科的问题，提倡掌握更加扎实的学科基础理论，鼓励伯乐们追求高质量的教学价值和无限胸怀。也许这是时代赋予伯乐们的使命，在全体同仁的努力下的环境设计教育的未来大学科中，有更加重要的学理位置，生生不息。

实践教学的成果让师生尝到合作的滋味，其影响力是引导设计教育迈向国际化学术平台，导师更加理性地认识自我，院校间教学畅通互补，导师们用实践教学理论提高自己，丰富学校教学大纲，学生们用优秀成绩报答教育。伯乐心中始终只有一个信念，“只要头脑清醒，探索将继续”的正能态度。

感谢参加实验课题的师生！

2016年8月10日于北京

方恒国际工作室

目录
Contents

2016 创基金・四校四导师・实验教学课题

2016 Chuang Foundation · 4&4 Workshop · Experiment Project

责任导师组

中央美术学院
王铁 教授

清华大学美术学院
张月 教授

天津美术学院
彭军 教授

苏州大学
王琼 教授

湖南师范大学
王小保 副总建筑师

山东建筑大学
陈华新 教授

山东师范大学
段邦毅 教授

吉林艺术学院
于冬波 副教授

青岛理工大学
谭大珂 教授

四川美术学院
赵宇 副教授

湖北工业大学
郑革委 教授

吉林建筑大学
齐伟民 副教授

广西艺术学院
陈建国 副教授

中南大学
朱力 教授

西安美术学院
周维娜 教授

佩奇大学
阿高什 副教授

佩奇大学
金鑫 助理教授

2016 创基金·四校四导师·实验教学课题

2016 Chuang Foundation · 4&4 Workshop · Experiment Project

指导教师组

中央美术学院
赵坚 博士

中央美术学院
范尔蒴 副所长

天津美术学院
高颖 副教授

苏州大学
钱晓宏 讲师

湖南师范大学
沈竹 讲师

湖南师范大学
欧涛 教授

山东建筑大学
陈淑飞 讲师

山东师范大学
李荣智 讲师

吉林艺术学院
郭鑫 讲师

吉林艺术学院
张享东 讲师

青岛理工大学
贺德坤 副教授

青岛理工大学
李洁玫 讲师

青岛理工大学
张茜 博士

四川美术学院
谭晖 讲师

湖北工业大学
罗亦鸣 讲师

吉林建筑大学
马辉 副教授

吉林建筑大学
高月秋 副教授

广西艺术学院
莫媛媛 讲师

中南大学
陈翊斌 副教授

西安美术学院
海继平 副教授

西安美术学院
王娟 副教授

西安美术学院
秦东 副教授

2016创基金（四校四导师）4X4建筑与人居环境“美丽乡村设计”课题成员

课题督导

刘 原

实践导师组

于 强

吴 晞

姜 峰

琚 宾

林学明

孟建国

裴文杰

石 赟

戴 昆

特邀导师组

韩 军

曹莉梅

参与课题学生

莉　拉　王雨昕　胡天宇　石　彤　安德拉什　陈　豆　张春惠

杜心恬　李　艳　李　俊　伊尔迪科　李雪松　申晓雪　张　瑞

殷子健　闫婧宇　李　勇　尚宪福　张秋雨　杨小晗　张　婧

鲁天姣　李书娇　徐　蓉　蔡勇超　胡　娜　刘丽宇　罗　妮

赵晓婉　王　磊　叶子芸　刘　然　董侃侃　郝春艳　韦佩琳

檀燕兰　刘浩然　冯小燕　张　浩　王巍巍　赵丽颖　李振超

赵忠波　王艺静　李　一　梁　轩　成　喆　周　蕾　葛　鹏

王衍融　刘善炯　谈　博　程　璐　于涵冰　赵胜利　黄振凯

2016 创基金 · 四校四导师 · 实验教学课题

2016 Chuang Foundation · 4&4 Workshop · Experiment Project

获奖学生名单
Winners List

(计划内)	(In the Planning)
一等奖	The Frist Prize
1. 莉　拉	1. Kasztner Lilla
2. 王雨昕	2. Wang Yuxin
3. 胡天宇	3. Hu Tianyu
二等奖	The Second Prize
1. 石　彤	1. Shi Tong
2. 安德拉什	2. Nagy Andras
3. 陈　豆	3. Chen Dou
4. 张春惠	4. Zhang Chunhui
5. 杜心恬	5. Du Xintian
6. 李　艳	6. Li Yan
三等奖	The Thrid Prize
1. 李　俊	1. Li Jun
2. 伊尔迪科	2. Sinkovics Briditta Ildiko
3. 李雪松	3. Li Xuesong
4. 申晓雪	4. Shen Xiaoxue
5. 张　瑞	5. Zhang Rui
6. 殷子健	6. Yin Zijian
7. 闫婧宇	7. Yan Jingyu
8. 李　勇	8. Li Yong
9. 尚宪福	9. Shang Xianfu
佳作奖	The Fine Prize
1. 张秋雨	1. Zhang Qiuyu
2. 杨小晗	2. Yang Xiaohan
3. 张　婧	3. Zhang Jing
4. 鲁天姣	4. Lu Tianjiao
5. 李书娇	5. Li Shujiao
6. 徐　蓉	6. Xu Rong
7. 蔡勇超	7. Cai Yongchao
8. 胡　娜	8. Hu Na
9. 刘丽宇	9. Liu Liyu
10. 罗　妮	10. Luo Ni
11. 赵忠波	11. Zhao Zhongbo
12. 王艺静	12. Wang Yijing
13. 李　一	13. Li Yi
14. 梁　轩	14. Liang Xuan
15. 成　喆	15. Cheng Zhe
16. 周　蕾	16. Zhou Lei
17. 葛　鹏	17. Ge Peng
18. 王衍融	18. Wang Yanrong
19. 刘善炯	19. Liu Shanjiong
20. 谈　博	20. Tan Bo
21. 程　璐	21. Cheng Lu
22. 于涵冰	22. Yu Hanbing
23. 赵胜利	23. Zhao Shengli
24. 黄振凯	24. Huang Zhenkai
25. 赵晓婉	25. Zhao Xiaowan

(计划外)	(Out-planning)
二等奖	The Second Prize
1. 王　磊	1. Wang Lei
2. 叶子芸	2. Ye Ziyun
3. 刘　然	3. Liu Ran
三等奖	The Thrid Prize
1. 董侃侃	1. Dong Kankan
2. 郝春艳	2. Hao Chunyan
3. 韦佩琳	3. Wei Peilin
4. 檀燕兰	4. Tan Yanlan
佳作奖	The Fine Prize
1. 刘浩然	1. Liu Haoran
2. 冯小燕	2. Feng Xiaoyan
3. 张　浩	3. Zhang Hao
4. 王巍巍	4. Wang Weiwei
5. 赵丽颖	5. Zhao Liying
6. 李振超	6. Li Zhenchao

计划内

一等奖学生获奖作品
Works of the First Prize Winning Students

瑜伽生活馆——佩奇瑜伽馆建筑设计及景观设计

Yoga House: Pecs Yoga Club Architectural Design and Landscape Design

学　生：KASZTINER LILLA（莉拉）

学　号：BE3193792

学　校：佩奇大学

项目基地位于匈牙利佩奇市，佩奇是匈牙利第五大城市，约16万人口。它位于东南部的多瑙地区，在麦切克尔山的南坡。项目选址在城市最古老的城区，位于城市中心，靠近森林保护区，地理位置独特而优越。

The location of my diploma project is my hometown, a Hungarian city called Pécs. It is the fifth largest town in Hungary with a population of about 160,000. It lies in the South-Eastern Transdanubia region, on the southern slopes of Mecsek Hills.

基地分析

我从不同方面对该区域进行了分析。在第一张地图里，可以看到该建筑位于市中心所处的位置。我调研了该建筑周围所有的道路，去了解如何方便地到达该位置。之后我调查了它的周边环境。我收集了周边所有有价值的功能、场所和建筑，例如遗产保护区、博物馆、植物园、咖啡馆和餐馆。在最后一张地图里，可以看到我选择的基地位于最环保、绿色的区域。

As a first step first I analysed the area from different aspects. On the first map you can see where the building plot is situated comparing to the downtown' s location. I checked all the roads nearby the building plot to see how easy to reach the site. Than I also investigated what can we find around the site. I collected all the valuable functions, places and buildings surrounded, like heritage parts, museums, arboretum, cafés and restaurants. On the last map we can see the most greener parts of the site including my choosed plot.

ACCESSIBILITY

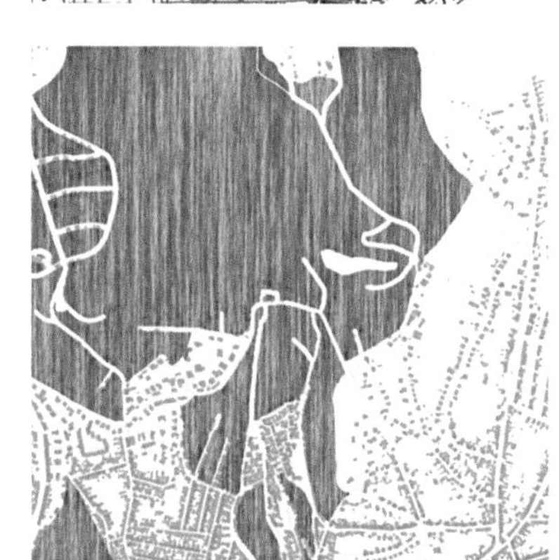

GREEN AREAS

这个地方很独特，它位于城市中心附近的一个森林保护区。该基地位于一个高差很大的坡地上。主入口位于建筑的北侧，在Magaslati大街的方向上。骑自行车、使用公共交通工具或开车，到达这里都很方便，但是停车不方便。从这里可以看到最美的城市全景和大教堂的长廊。

This place is very unique as it is located upwards the city center near a protected forest site. This is a sloped site with a big level differences between the lowest and highest point. The main access of the building from north, the direction of street Magaslati. From here it is easy to access the site by bike, using public transport or by car but the question of parking is really tricky. From here the panoramic view is excellent, you can see the whole city, and the Havihegy promenade with the chapel.

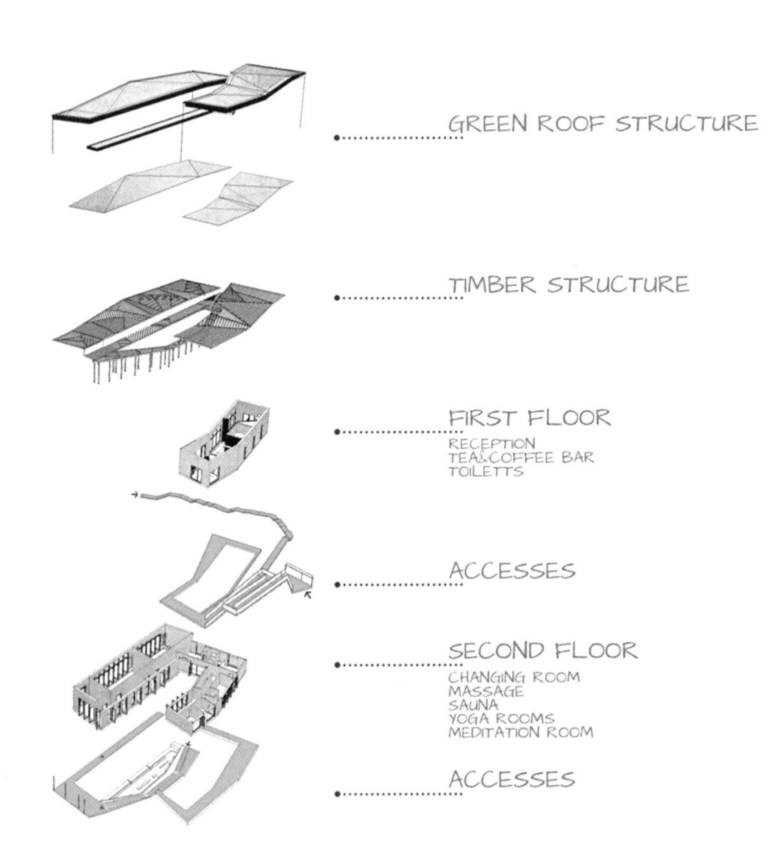

从教堂的长廊，我们可以看到建筑地块位于山坡上。经过实地考察，我总结了该建筑区域的优势。

From the Havihegy promenade we can see how the building plot is located on the hillside. After the analyses and site visits I tried to summaries what are the strong points and the benefits of the building area.

这里交通便利，拥有宝贵的绿色环境、美好的城市景观。每天每时都可以看到欢乐的人们在享受积极的运动生活。今天这是一个休闲和运动的地方，很多家庭在这里度过了很多时光，尤其是在周末的时候。

Easily accessable from the center. The valuable green surfaces. The great view on the city. There is an active sport life You can see joking people every day in every hour. Today this district is the place of leisure and sport, families spent a lot of time here especially during the weekends.

DESIGNING CONCEPT

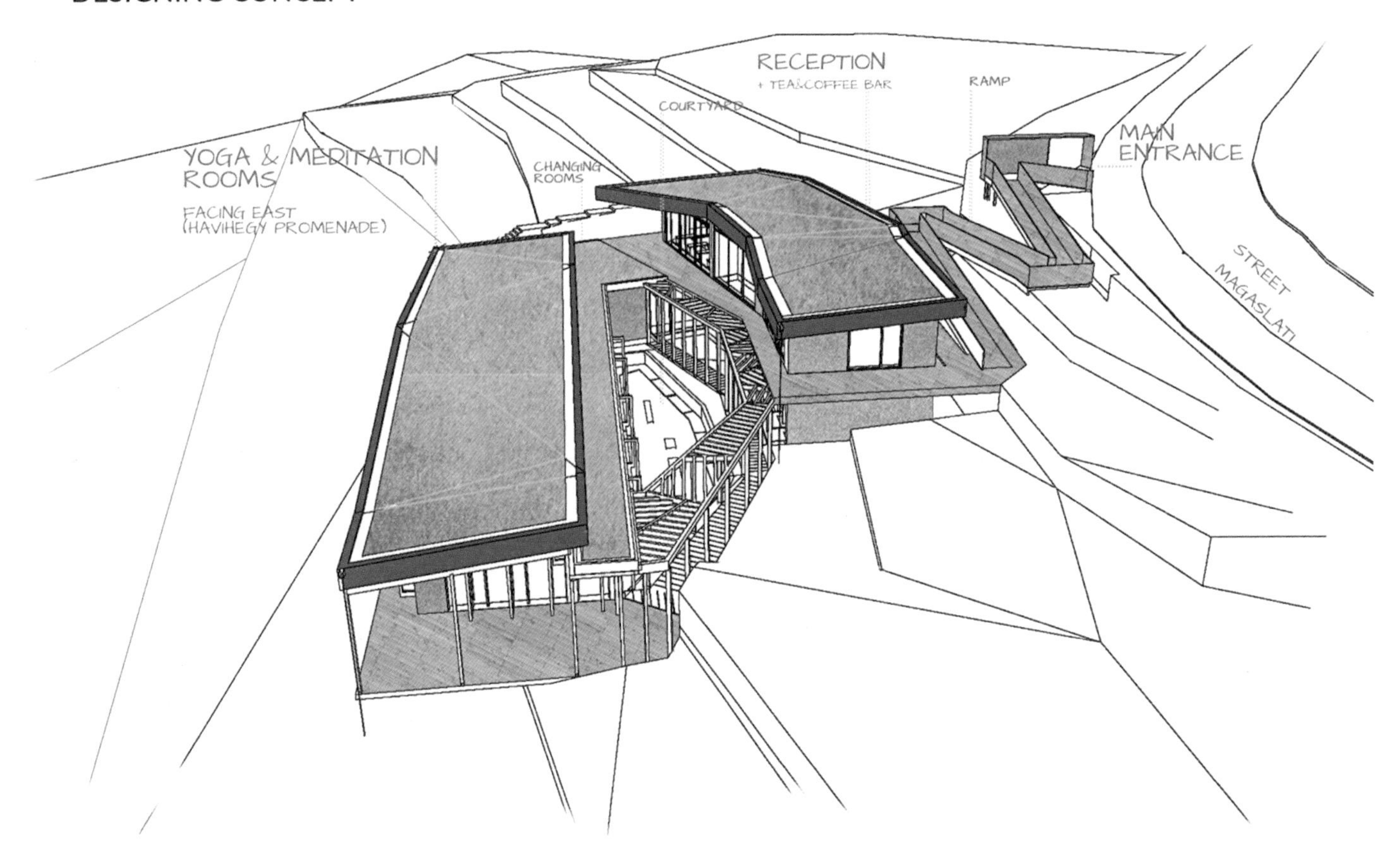

不像水平基地，每一个结构都是在同一海拔高度，坡地允许房屋屋顶交错，这提供了更多有趣的视角。然而对于一个陡峭并且具有全景优势的基地，设计也变得更具挑战性了。

Unlike horizontal typography, where every structure lies at the same elevation, a slope allows for the rooflines of houses to stagger down the site, providing more interesting viewpoints. But while a steep site comes with the advantage of panoramic vistas, it also more challenging to design.

起初，我的目标是将建筑下沉，低于到达平面，设计一个符号性的框架，使之成为地标性建筑，并且形成完整的全景。基地的该部分对大众开放，可以瞭望城市全景。

From the first time my goal was to sink the building lower than the arriving level and making a symbolic frame which marks the place of the building but not interrupted into the panoramic view. Also this part of the site would be opened for everyone who wanted to take a look from here.

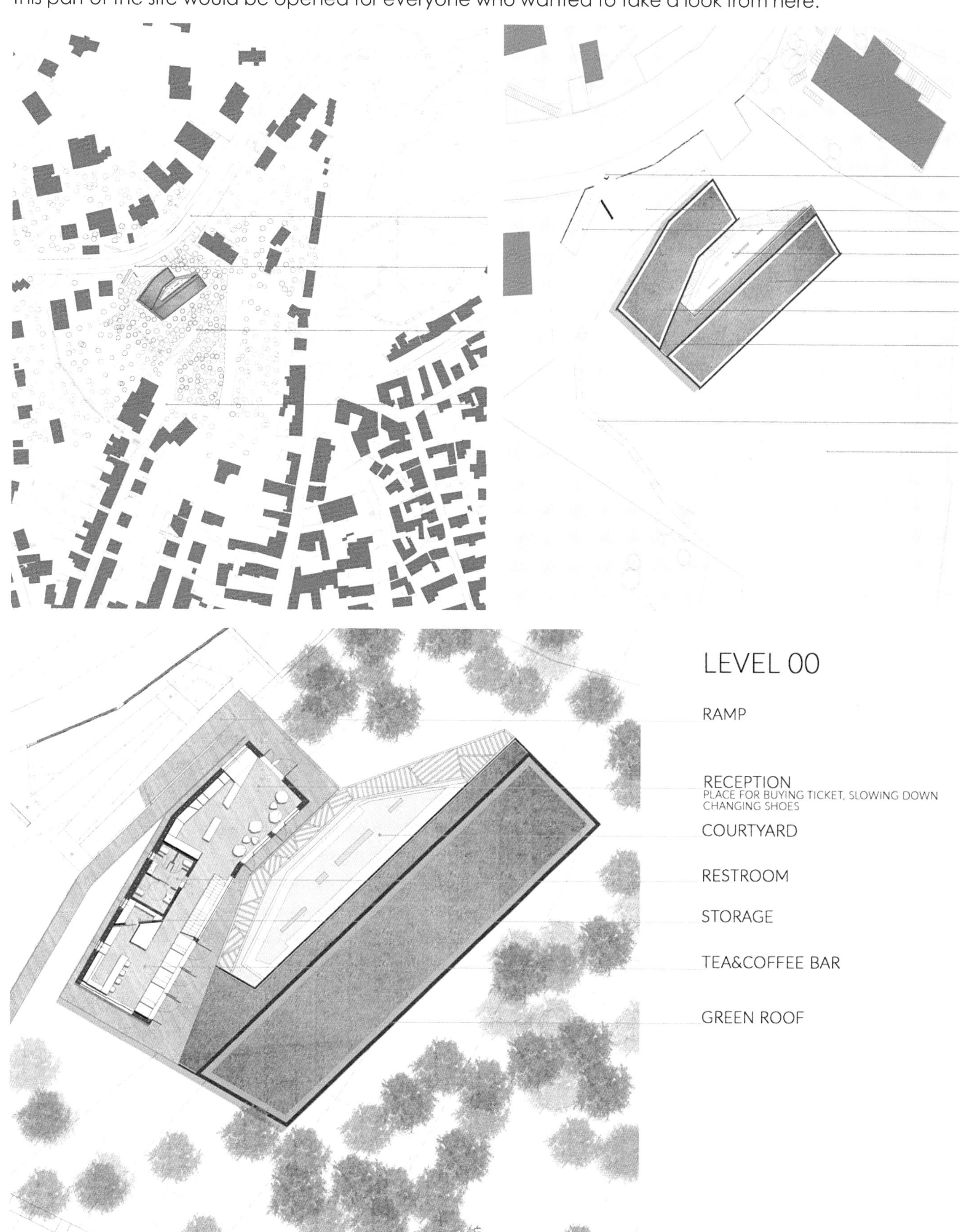

屋顶结构

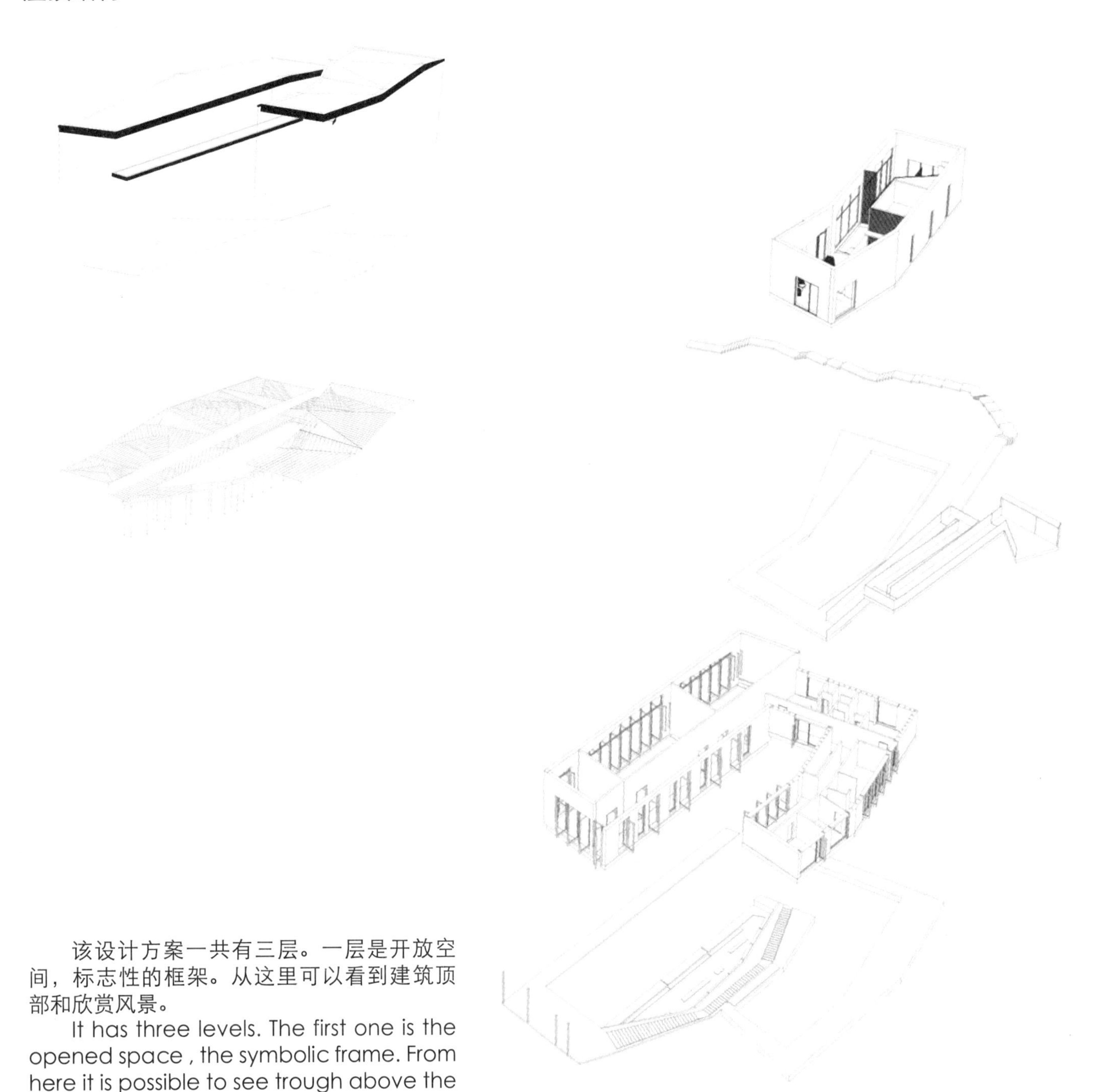

该设计方案一共有三层。一层是开放空间，标志性的框架。从这里可以看到建筑顶部和欣赏风景。

It has three levels. The first one is the opened space , the symbolic frame. From here it is possible to see trough above the rooflines and enjoying the view.

从坡道向下到达主入口。这里设有接待中心和一个让刚刚进入的人放慢脚步和放松的狭长空间。在右手边的露天平台上是茶室和咖啡厅。并且还有一个儿童游乐区，当父母上瑜伽课或喝咖啡的时候，孩子可以在这里安全地玩耍。

If we go down on the ramp we reach the main entrance. Here we found the reception and in lenghwise a space where anyone who just arrived can slow down, relax a little before going towards. on the right hand we can found the tea and coffee bar with an open terrace. Also here I placed a room for the kids, where they can play safely while the parents participating one of the classes or taking a coffee or tea in the bar.

从接待处我们可以上楼梯或乘电梯到达更衣室。第二个区域中有两个大瑜伽室、一个冥想室，以及两个小桑拿室和一个按摩室。走出去，穿过一个露天平台，可以到达外部的瑜伽空间。

From the reception we can go down on the stairs or take the escalator to reach the locker rooms. In the second block we find two big yoga rooms a meditation room, but also two small saunas and a massage room. Going out, crossing a terrace we can reach the exterior yoga place.

建筑剖面

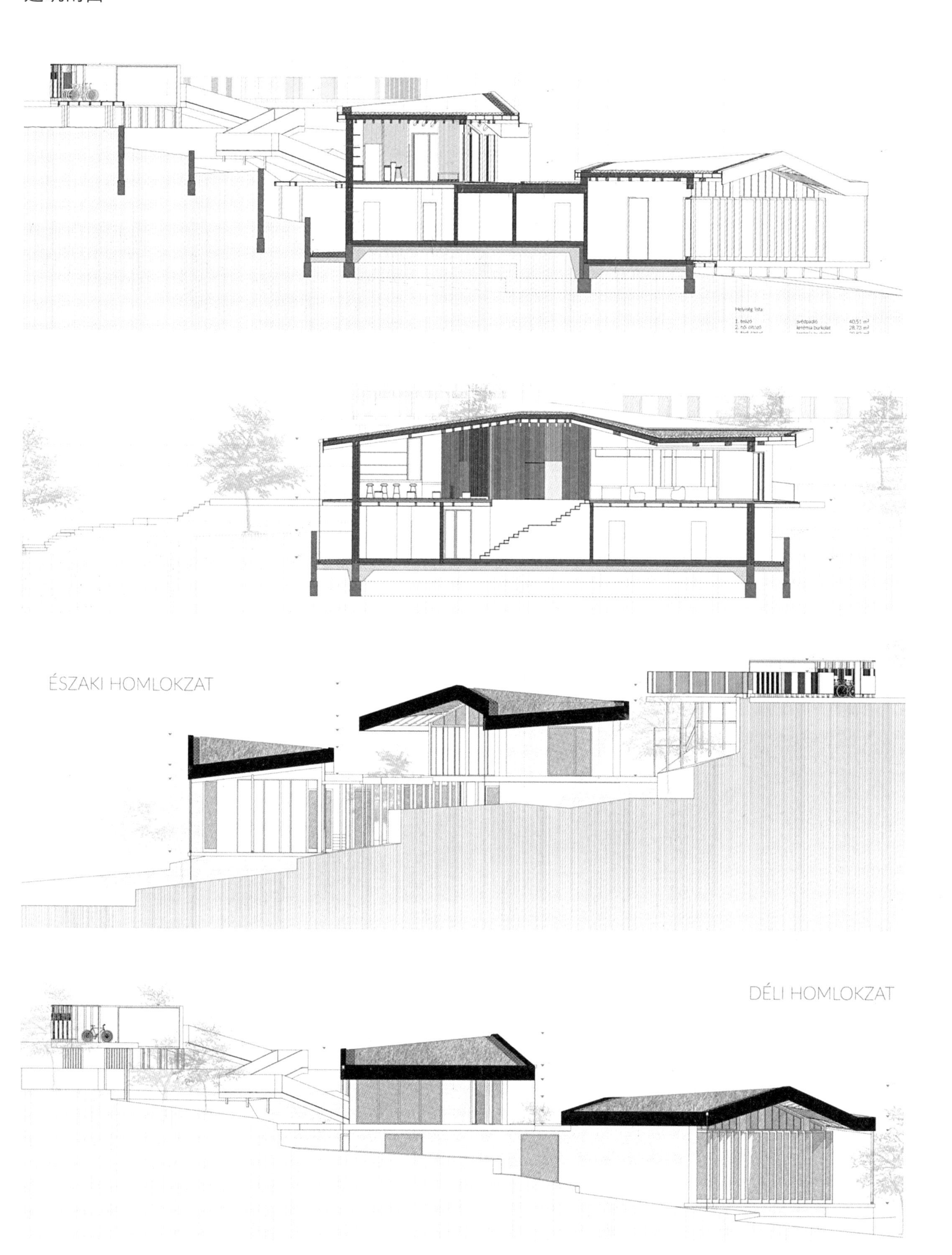

在我的毕业设计项目中，我想创造一个高品质的瑜伽训练空间，在这里人们可以放慢速度，清醒头脑和补充能量。对我来说，建筑本身是经济的、可再生的和生态友好的，这是非常重要的，决定一个建筑的材料和结构是设计过程中的一个重要因素。我想用一种耐用而环保的材料，经过长时间的寻找，我找到了一种叫做hempcrete的再生材料，它混合了多种工业大麻、水和石灰，它有很多优势并且具有类似于混凝土的性能。

In my diploma project I would like to create a high quality space for practicing yoga, where people can slow down, clear their minds and recharge their energy. For me it is really important that the building itself represents an affordable, renewable and eco-friendly approach. So deciding beside a building material and structure is one of the important element during the designing process. I wanted to use an durable but ecofriendly material, and after a long search I find a material called hempcrete, which is a mixture of industrial hemp, water and lime. It has several benefits and same properties as concrete.

谷家峪景观规划整治概念设计
The Concept of Gujiayu Village Landscape Planning

学　生：王雨昕
导　师：谭大珂　贺德坤
　　　　张　茜　李洁玫
学　校：青岛理工大学
专　业：艺术设计

"峪"空间效果图

太行美峪，位于白鹿泉乡谷家峪村，提炼之后，认为在设计上要把握它的自然要素、自然特征，突出体现在"峪"，也就是"山+谷"的综合设计理念上。

基地概况

项目位于河北省石家庄市鹿泉区，紧靠307国道，属于华北平原，自古以来是兵家必争之地。

周边资源

紧靠国家4A级景区抱犊寨，可以说是抱犊寨的西门户。抱犊寨景区是石家庄市的后花园，石家庄市区拥有超过400万的人口。

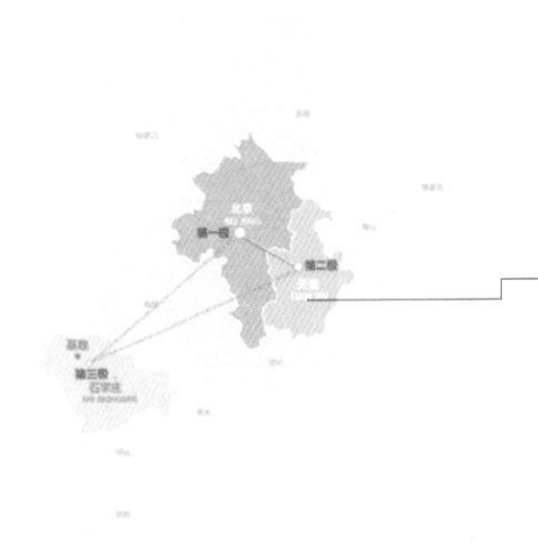

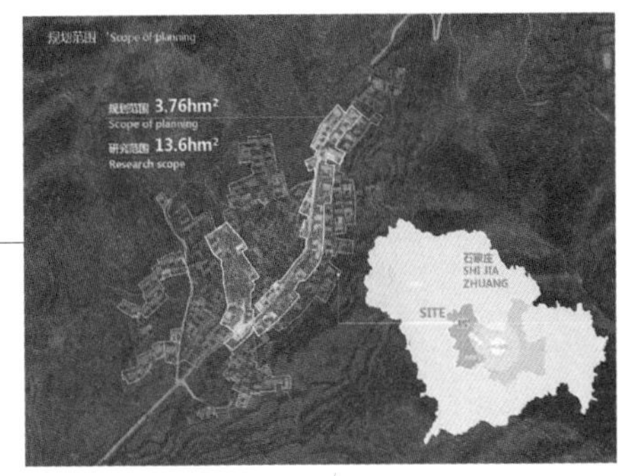

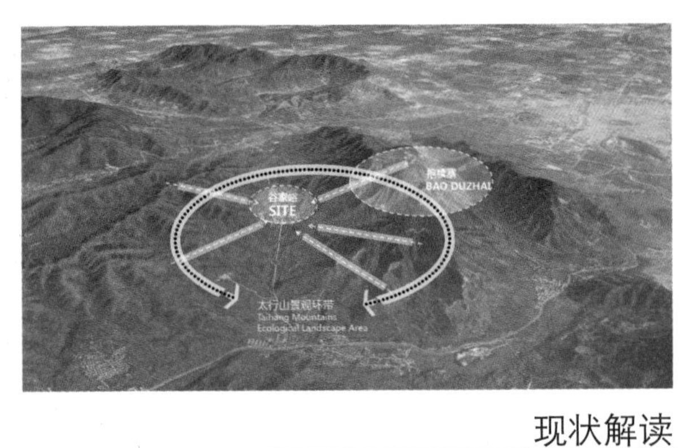

功能结构

“一核两轴，五区融合”

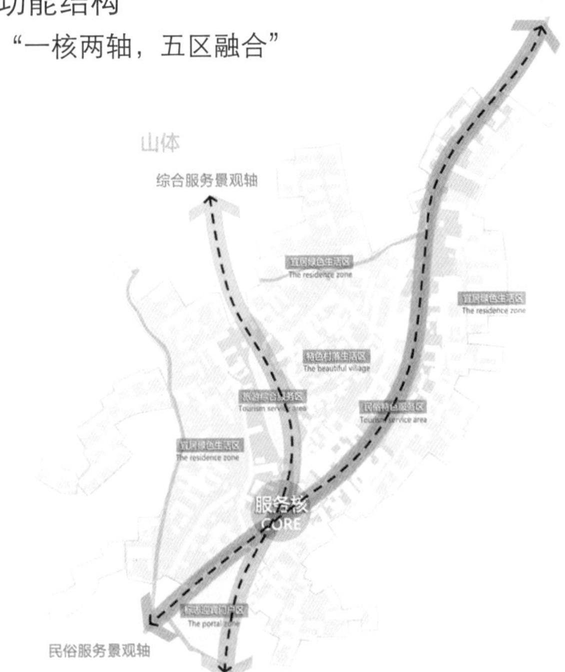

依托主要干道打造民俗服务景观轴。

依托溪谷地带打造综合服务景观轴。

问题：
缺乏市政设施。
冬旱夏湿，缺乏雨水调蓄设施。
结构损坏严重，功能单一，留守儿童多。
对策：
梳理路网，步行优先，特色硬化。
增加设施，打造海绵乡村
保护改造为主，突出特色，增加老幼活动场所。

现状解读

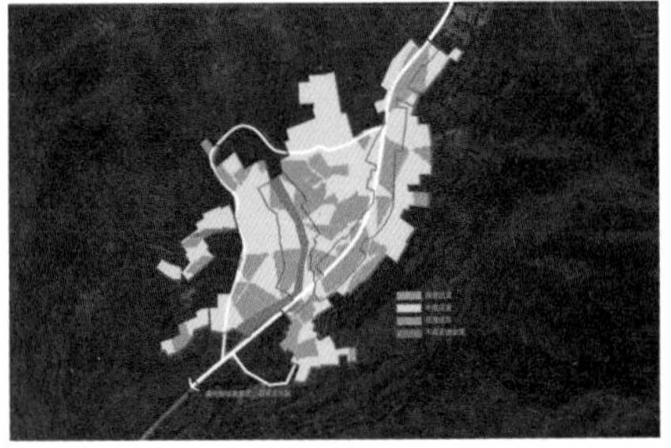

用地适用性评价

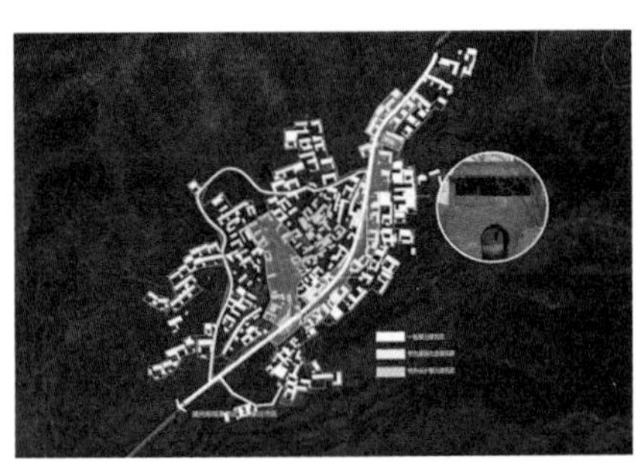

现状建筑评价

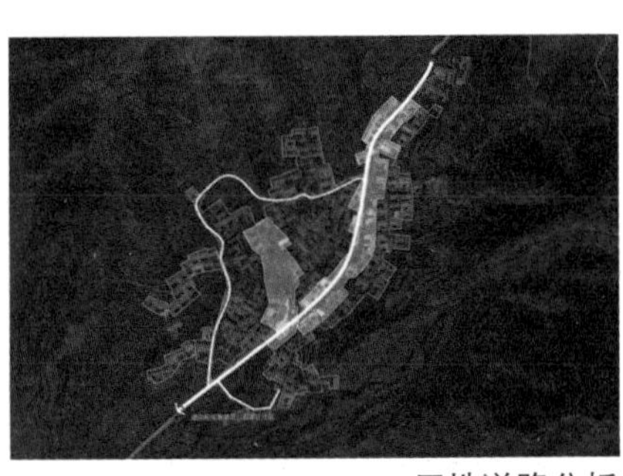

用地道路分析

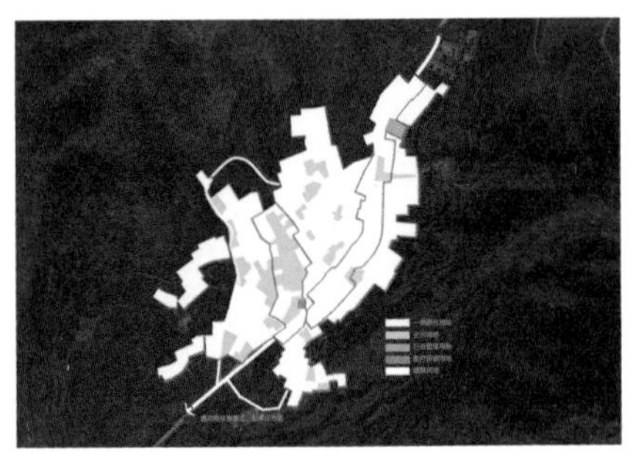

土地用地分析

现状问题分析

交通组织分析

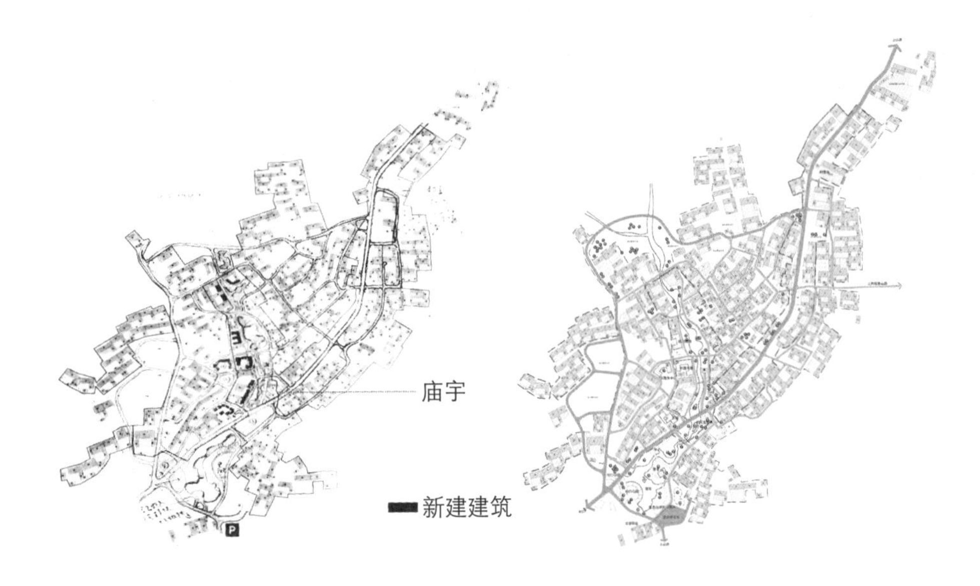

设计构思

空间元素：以梯田景观、溪水步行、山门峪口三个景观元素来体现。

空间元素　　自然元素　　人文元素

山谷村落

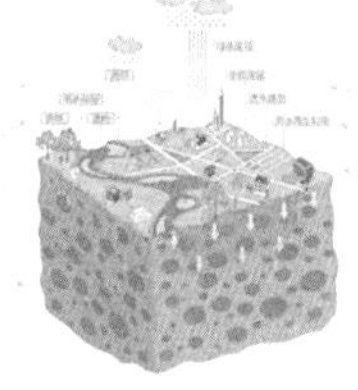

海绵乡村

守望乡愁

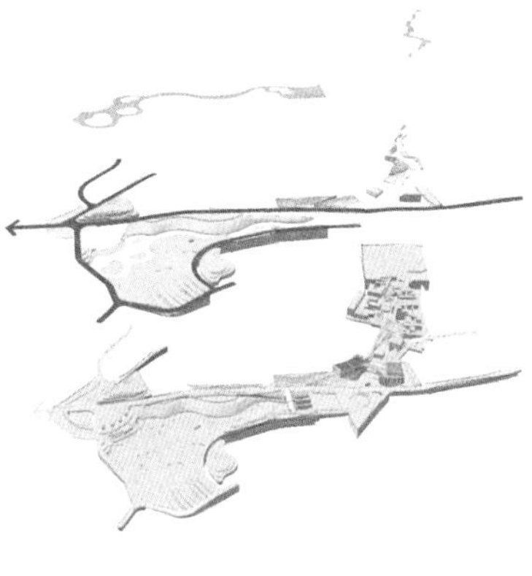

自然元素

雨水通过山脊汇集到村中形自然的冲沟。

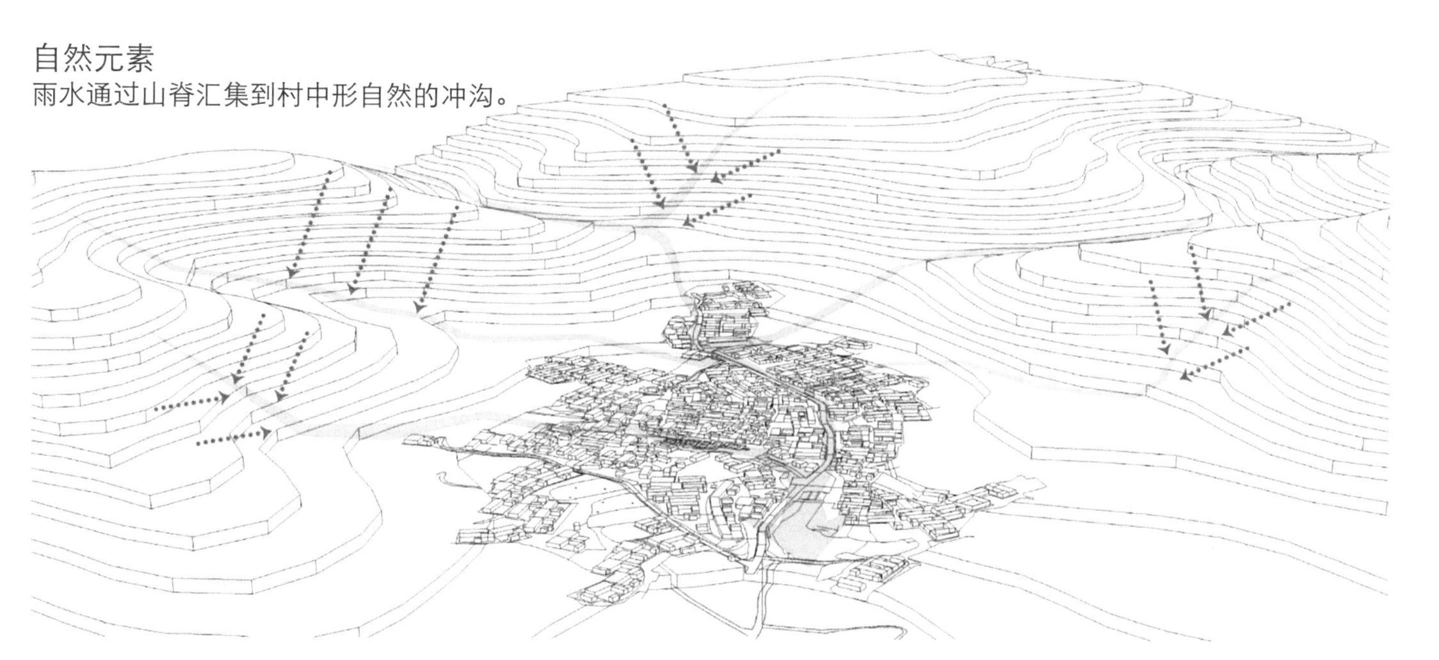

海绵乡村

庭院雨水收集系统：生态屋顶、透水性铺装、雨水收集设施。

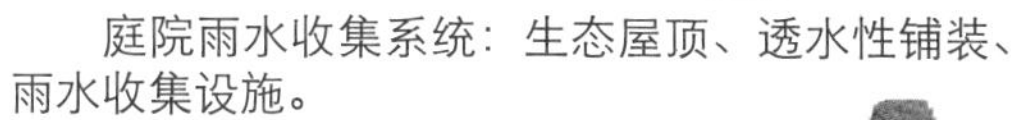

道路雨水收集系统：透水铺装、下洼绿地、生态草沟、雨水管网。

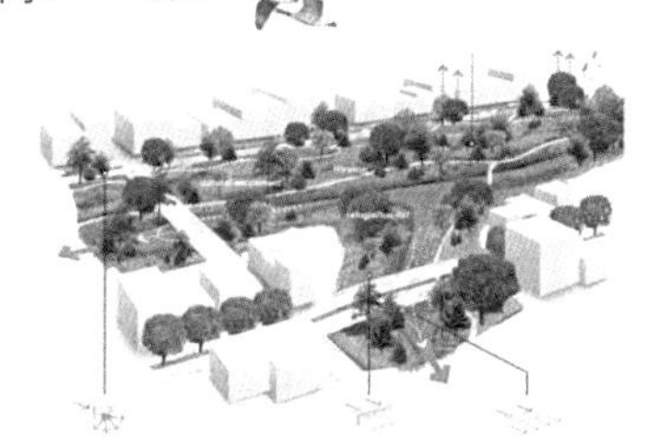

景观水体雨水系统：雨水收集、人工湿地。

“峪”——空间概念推演

BEFORE

古窑

NOW

石板肌理

对庙宇附近进行了剖面的抽象处理，经过对道路建筑的回填，破坏了自然的环境，也丧失了地域特色。应该坚持保护当地的地域特色，并且注入新时代的符号去进行课题研究。

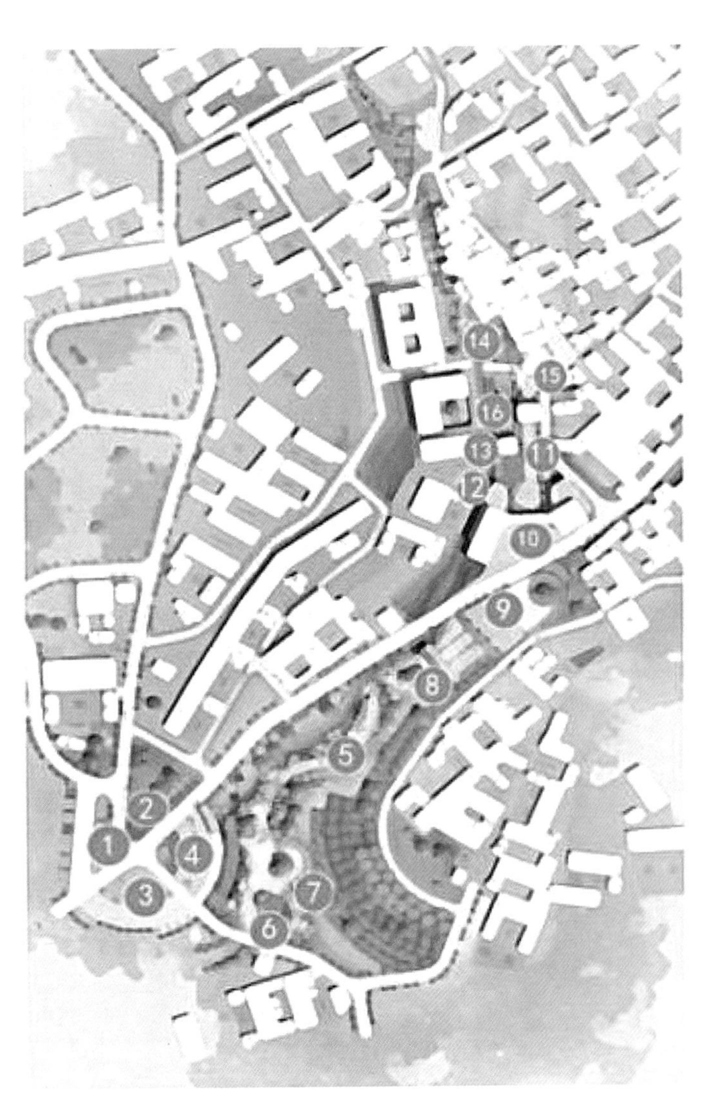

1. 入口停车场
2. 毛石挡墙
3. 入口广场
4. 观望台
5. 景观湿地
6. 绿色生态岛
7. 梯田采摘园
8. 风雨廊桥
9. 休闲广场
10. 村民服务中心
11. 庙宇
12. 半地下建筑
13. 悬空栈道
14. 旱溪景石
15. 民俗老建筑
16. 小桥流水人家

总平面图

"峪"——空间概念推演

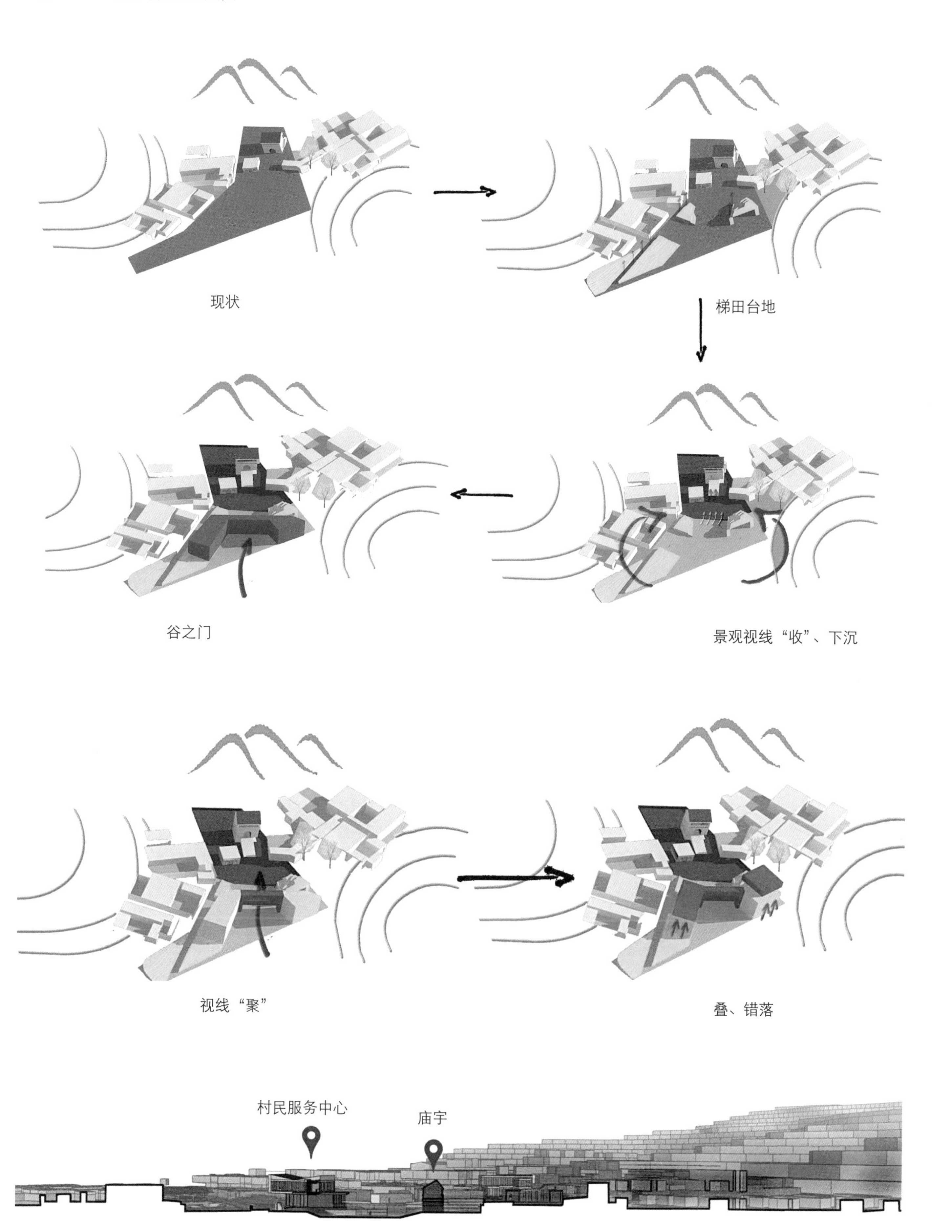

“峪”——空间建筑立面图、剖面图

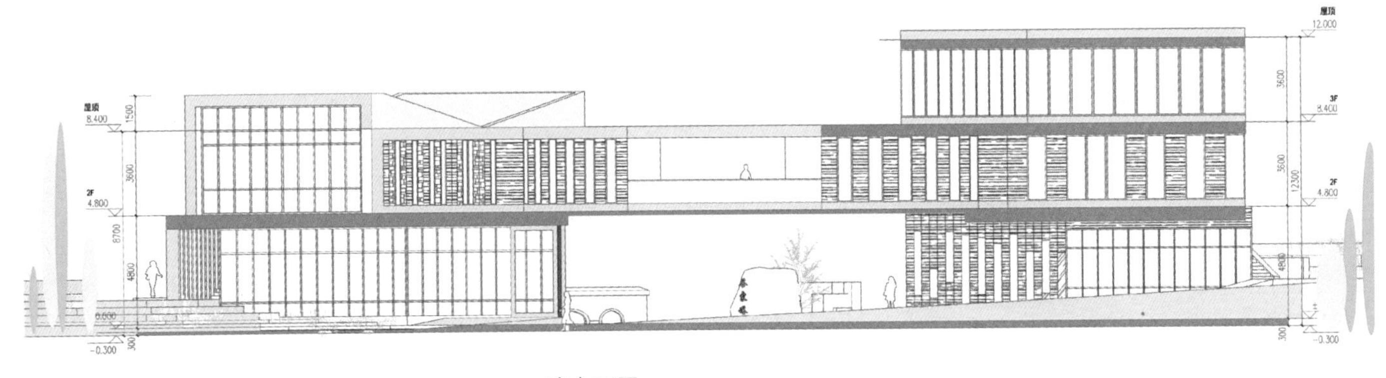

南立面图

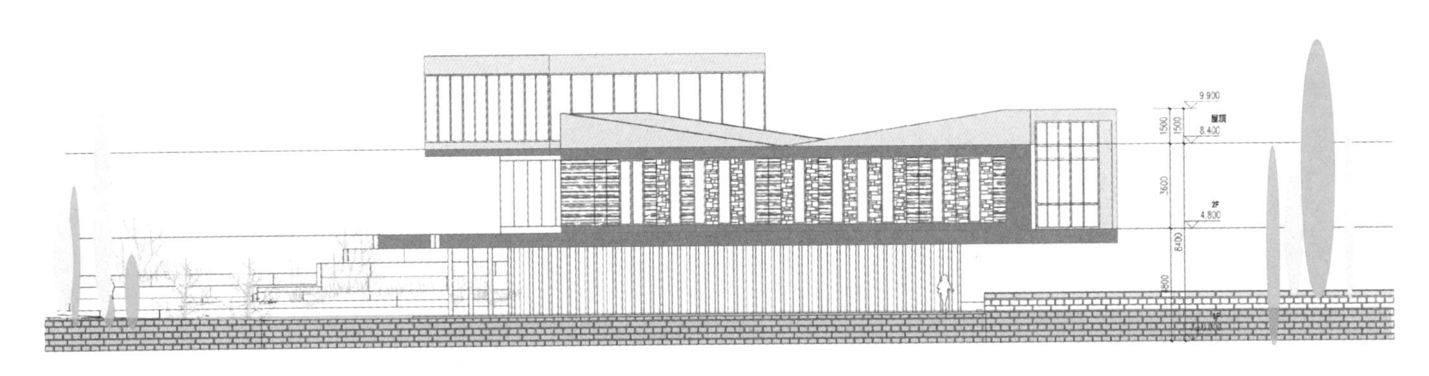

西立面图

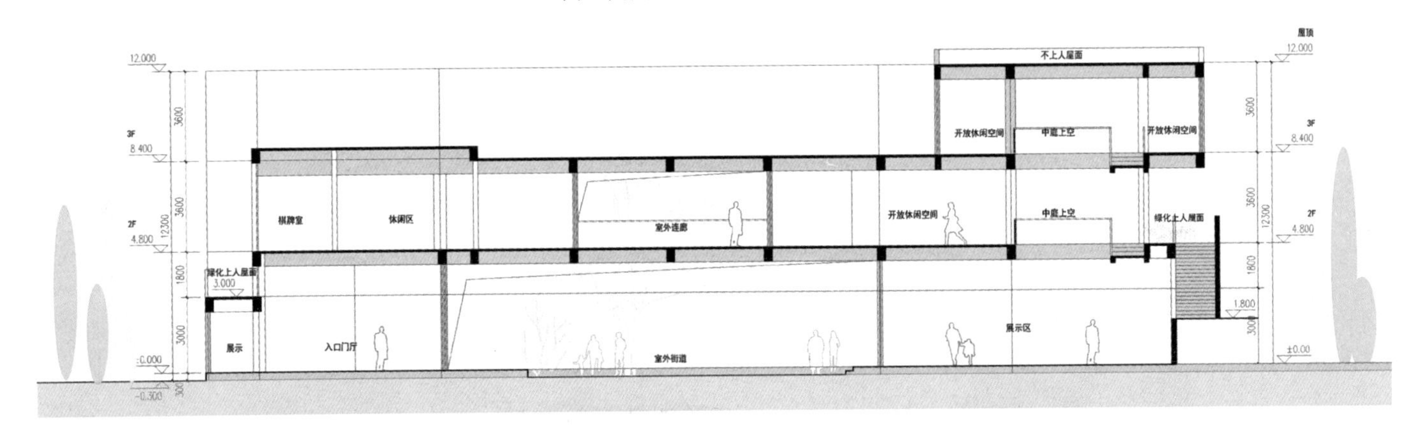

1-1剖面图

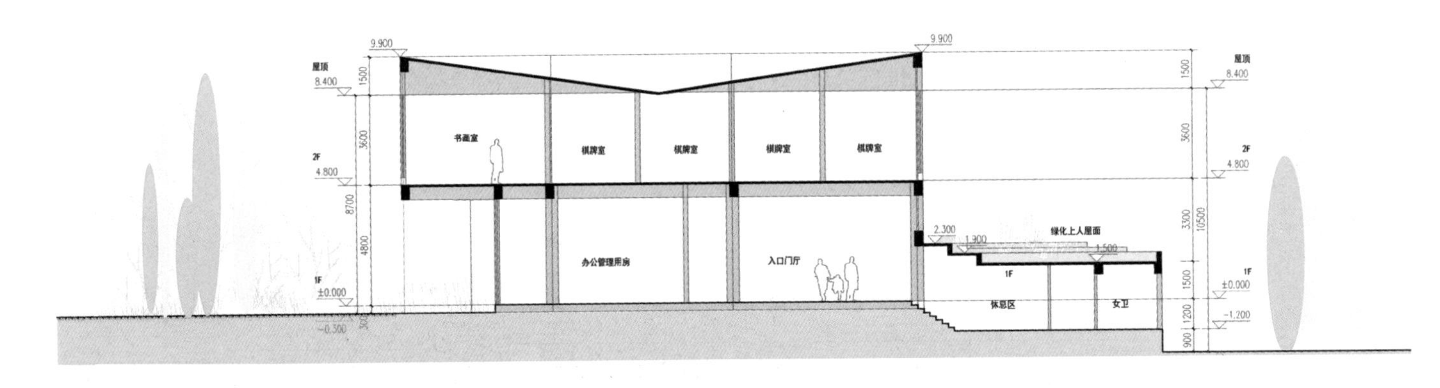

2-2剖面图

"峪"空间——村民服务中心建筑设计

类型：新建
定位：村民服务中心
设计主题：门景建筑
设计风格：现代建筑

"峪"——空间建筑推演

框景

叠加、出挑

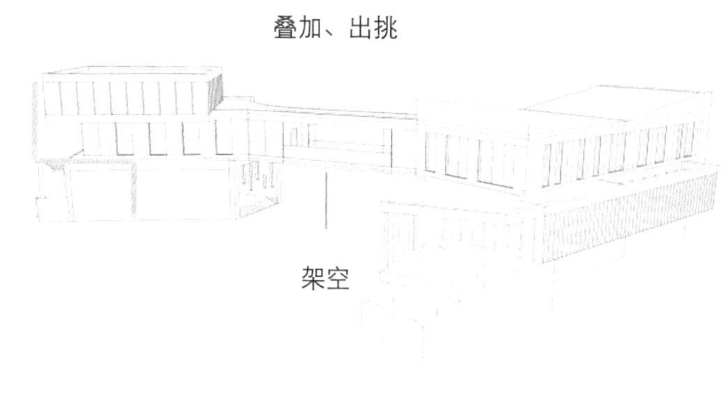

架空

错位

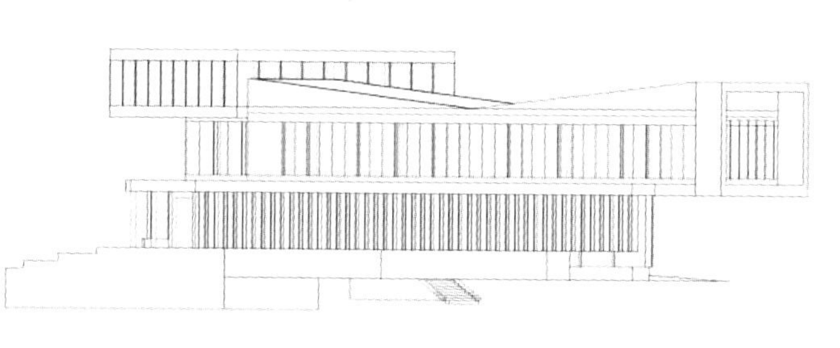

“峪”——空间建筑图纸

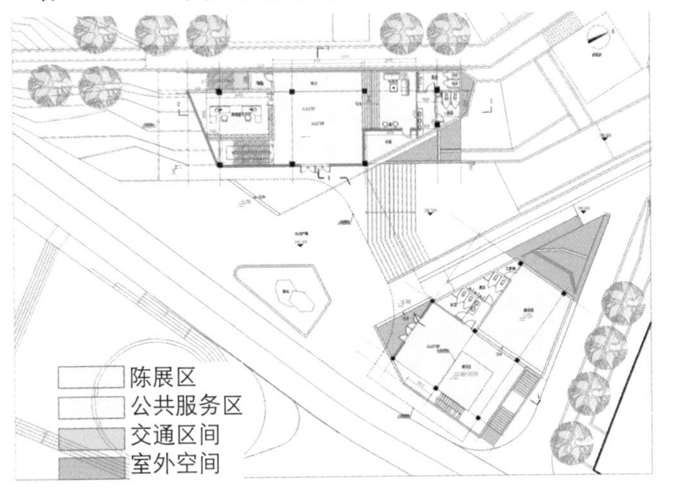

一层平面图

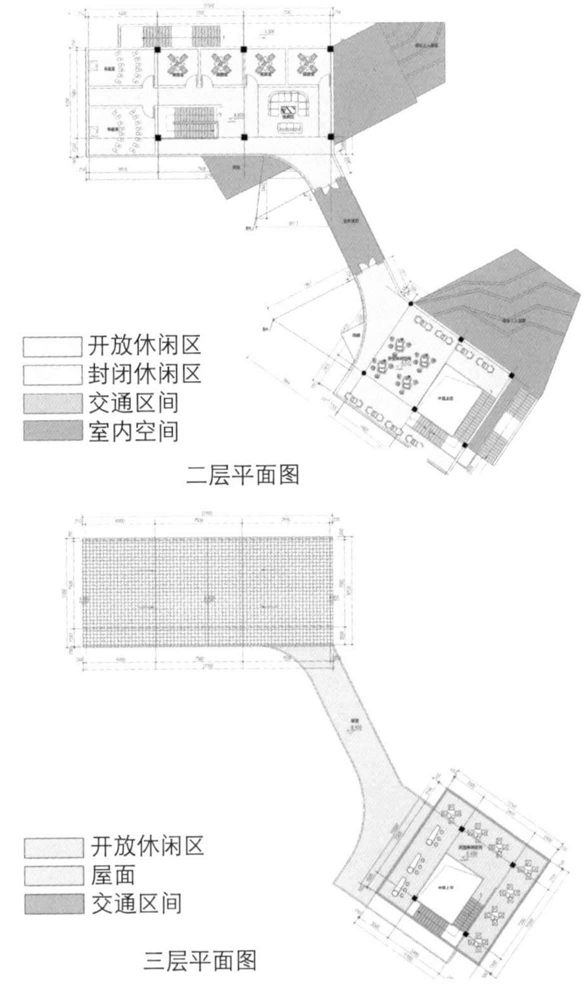

二层平面图

三层平面图

所有的元素力争实现新旧建筑的磨合以及新旧建筑的交融

鸟瞰效果图

冬季效果图

谷家峪民宿改造设计——隐峪

Hidden Valley：The Homestay Retrofit Design of Gujiayu

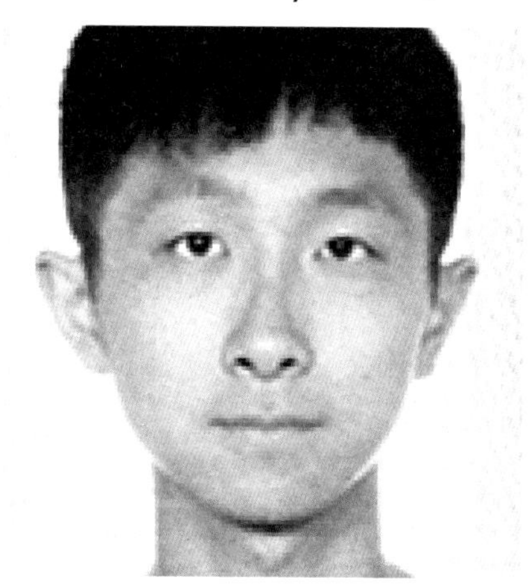

学　生：胡天宇
导　师：王铁
学　校：中央美术学院
专　业：风景园林

基地概况

谷家峪是河北省石家庄市西郊太行山东麓中的一个小山村，主村203户，约700人。在河北省“美丽乡村”建设规划下，谷家峪村得到了一次发展机遇。

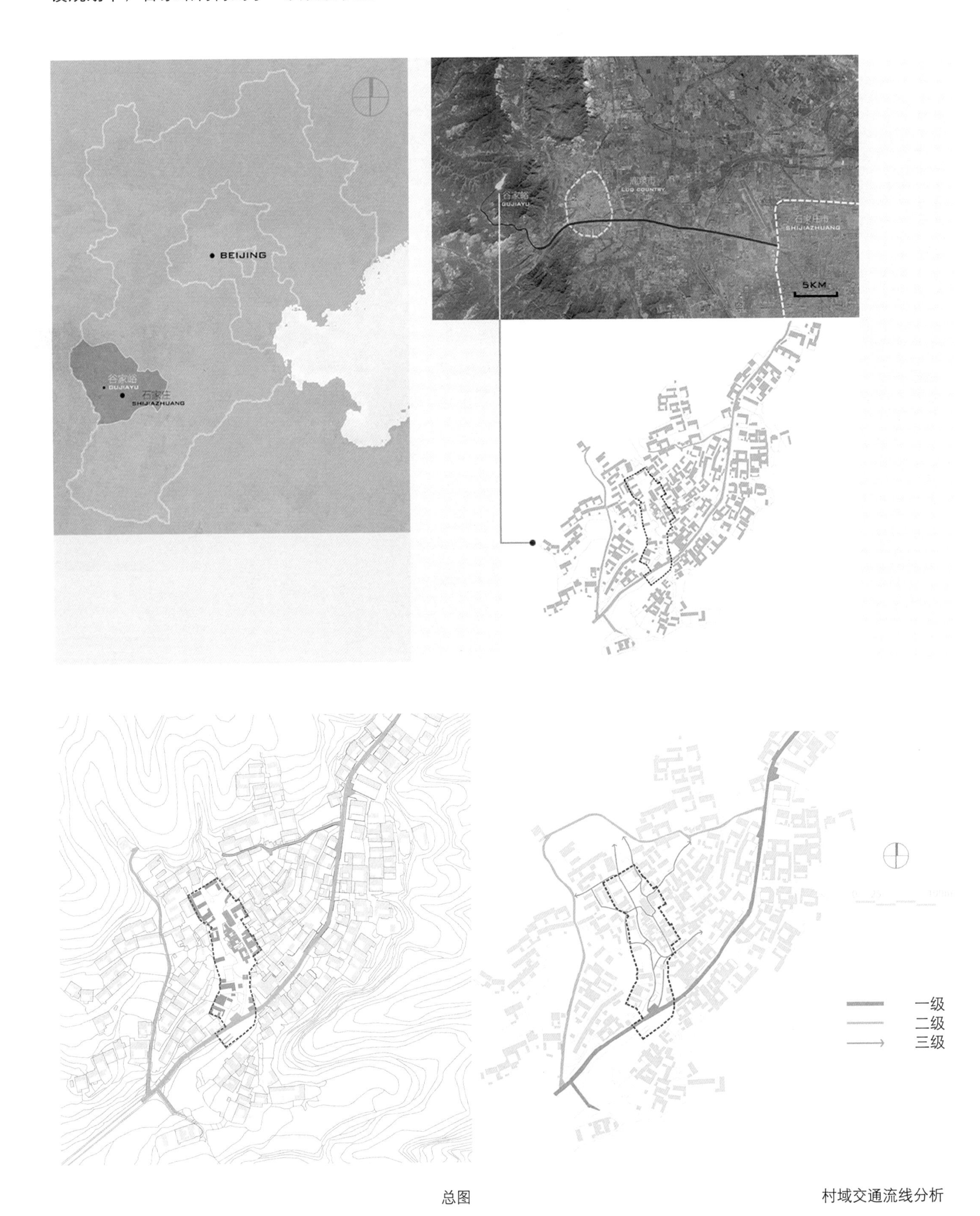

总图

村域交通流线分析

受夏季风及太行山迎风坡影响，降水集中在夏季7、8月份，多暴雨，雨水汇入基地中央沟谷区流入村口的下游湖泊，而其他季节则较干旱缺水。

水系

谷家峪村有着与其他农村一样的问题：贫困。区位的偏远、交通的闭塞使谷家峪一直得不到发展，村中唯一的支柱产业是香椿木的种植。所以村内劳动力外流，出现了许多空心户，剩下的也大多是老弱妇孺。“美丽乡村”的建设如果只是政府出资扶贫，改善村民生活的基础设施建设，并不能给村民带来收入的提高，还会给政府财政带来负担，所以我想找寻一种积极的扶贫手段，将谷家峪村的核心区域改造成为民宿酒店。

为什么是民宿酒店？首先谷家峪村紧邻4A级景区“抱犊寨”，而“抱犊寨”的后山入口也在谷家峪村，具备吸引游客的区位优势；其次，谷家峪村是周边村落中为数不多保存河北太行山地区民居院落的村庄，就地取材的石屋被保存下来，具备民宿建筑的地域性特色，并且可以在原建筑上改造建设控制成本；谷家峪村的特产香椿也是吸引城市游客的重要元素；而且谷家峪位于白鹿泉乡深处，之前的闭塞在道路交通畅通后反成为作为民宿酒店的有利条件，即远离城市的喧嚣，自然静谧。

所以我的设计是具体的谷家峪村核心区域的民宿酒店设计改造。在初步调研后我确定了民宿的主题“隐峪”，隐于山谷中，它包含两层意思，一建筑方面把握河北太行山民居院落的地域性特色，使谷家峪民宿与周边村落无违和感，二景观方面与周边丘陵台地地貌相协调，利用沟谷的地形特征，营造静谧的住宿环境。

基地现状

1. 入村的平台硬质道路削弱了“峪”应有的空间特点。
2. 村口处广场、道路竖向被抬高，导致停车场与下游水岸之间形成了3m的垂直高差，存在安全隐患。
3. 村内道路皆为夯土路铺碎石，受降水影响后交通不便。
4. 雨季如何排水积水？破旧的空心院落如何修复？
5. 夜景的设计。

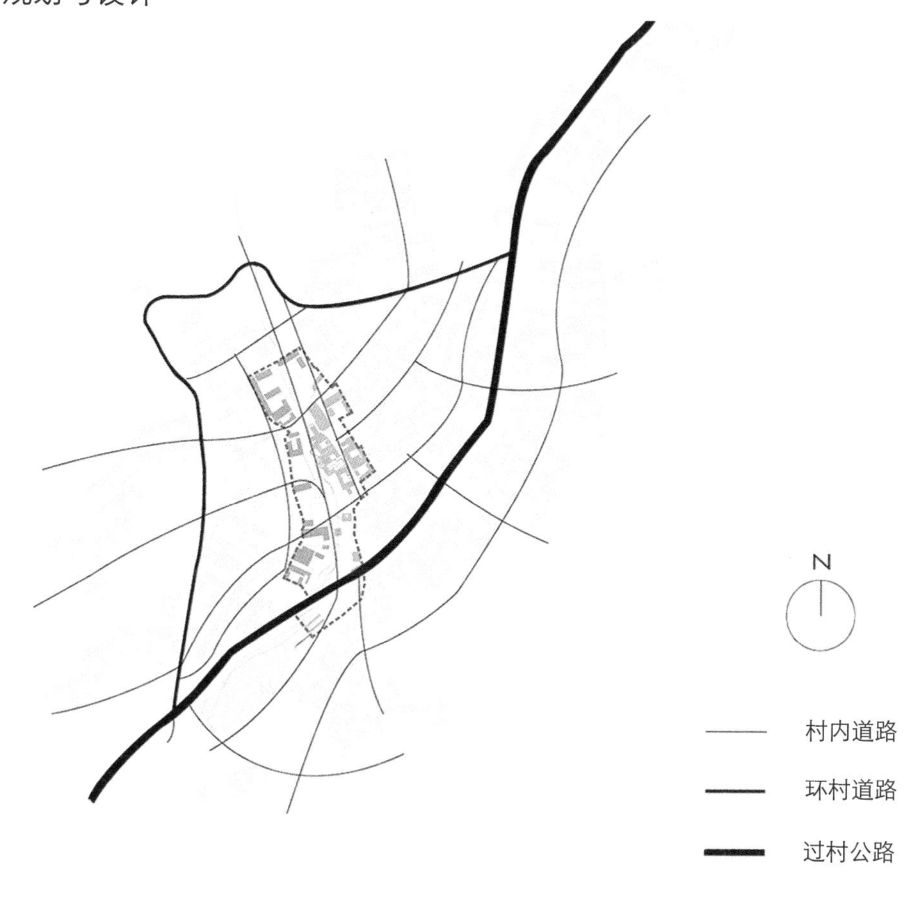

村域交通流线

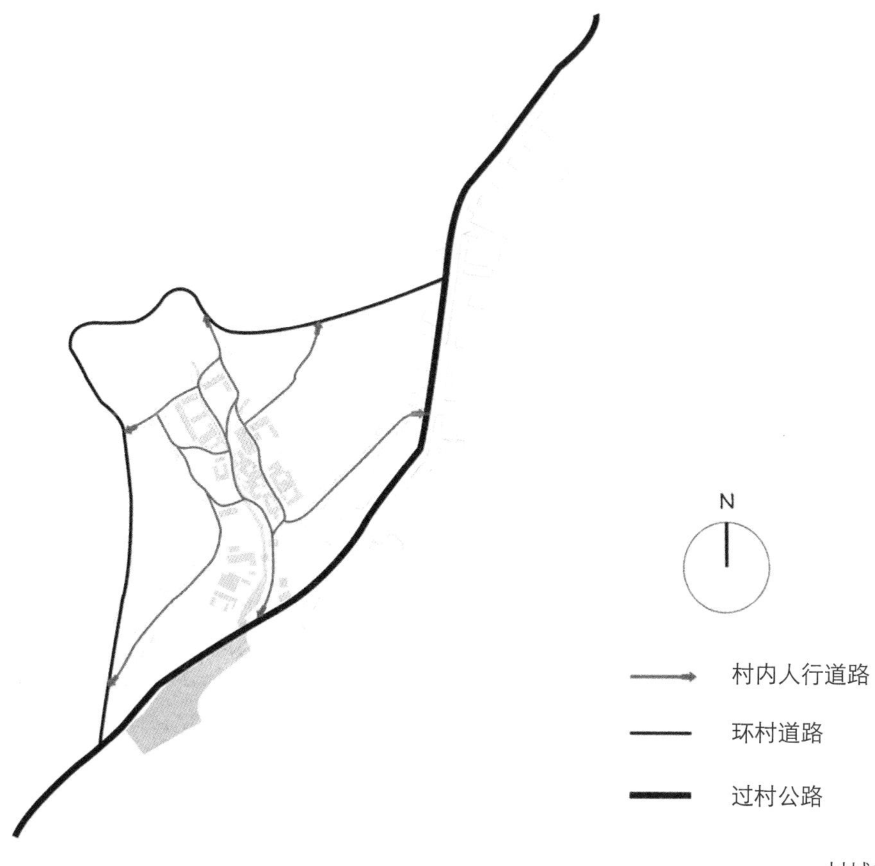

村域交通流线规划

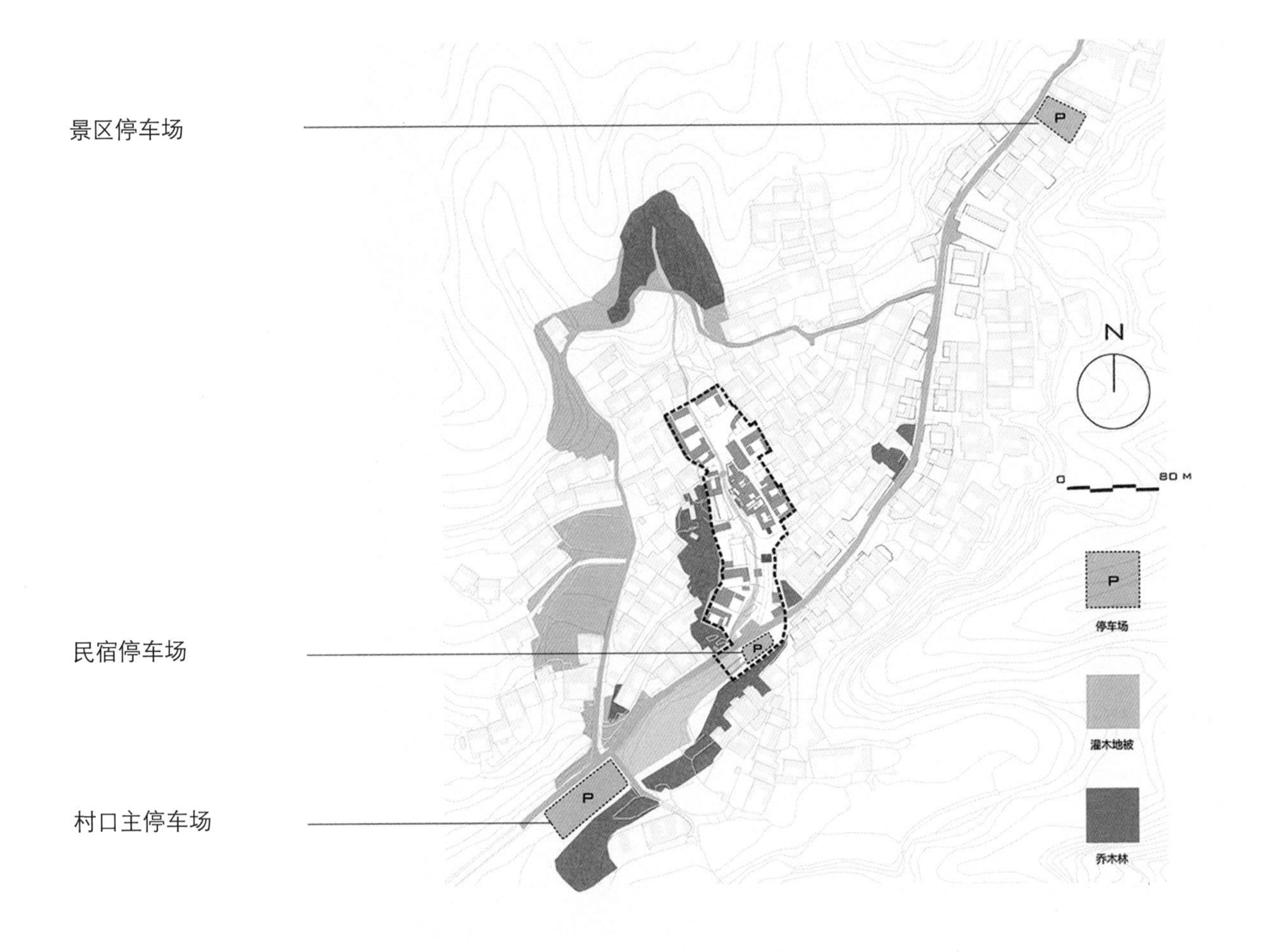

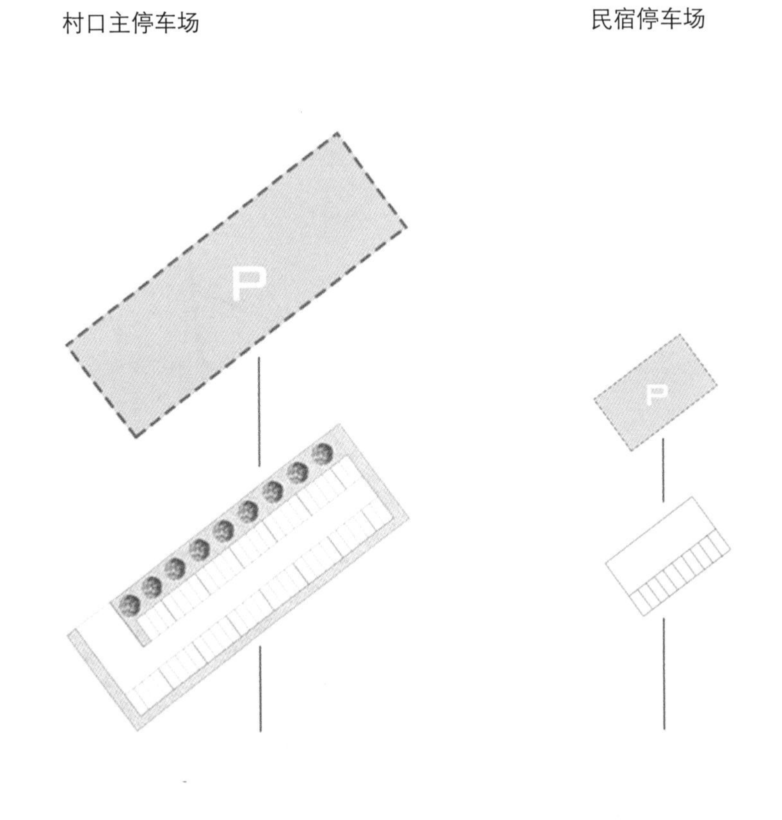

停车场总面积1875m^2

小型机动车车位55×2.5×6

停车场总面积375m^2

小型机动车车位10×2.5×6

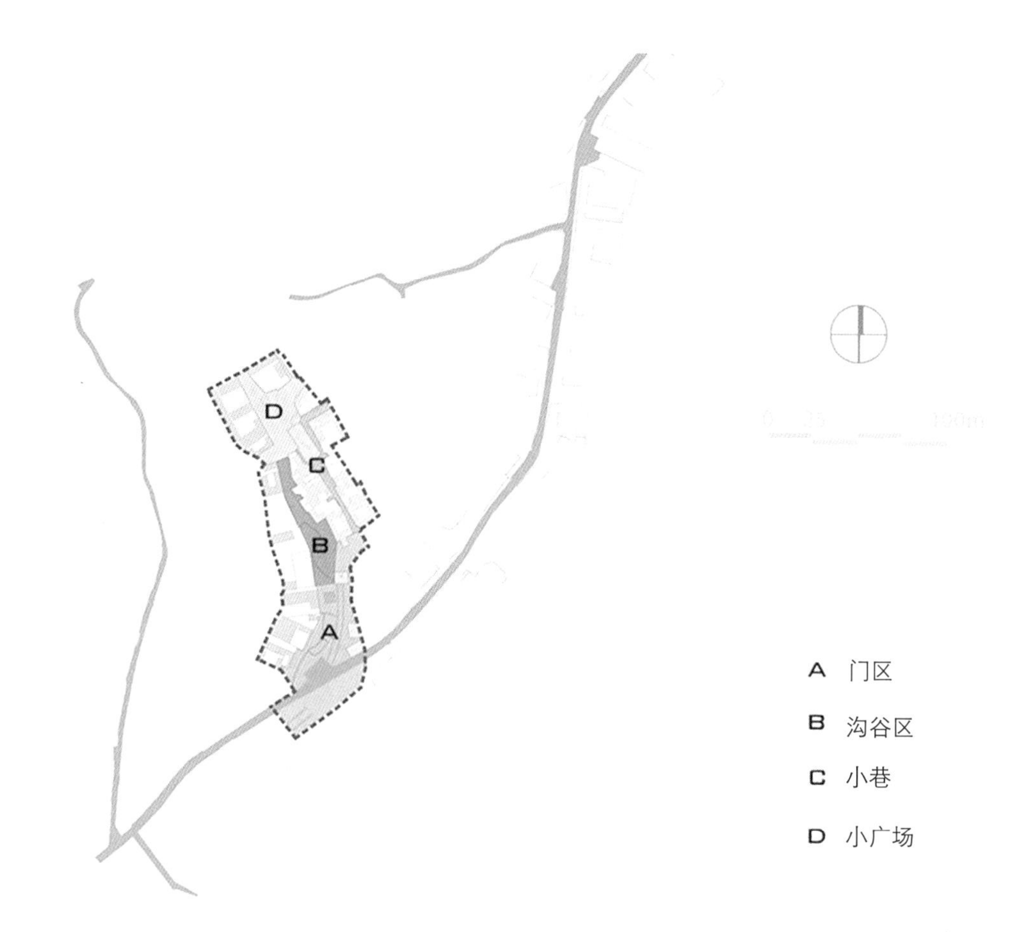

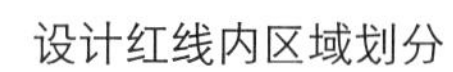

设计红线内区域划分

建筑现状分析与改建规划

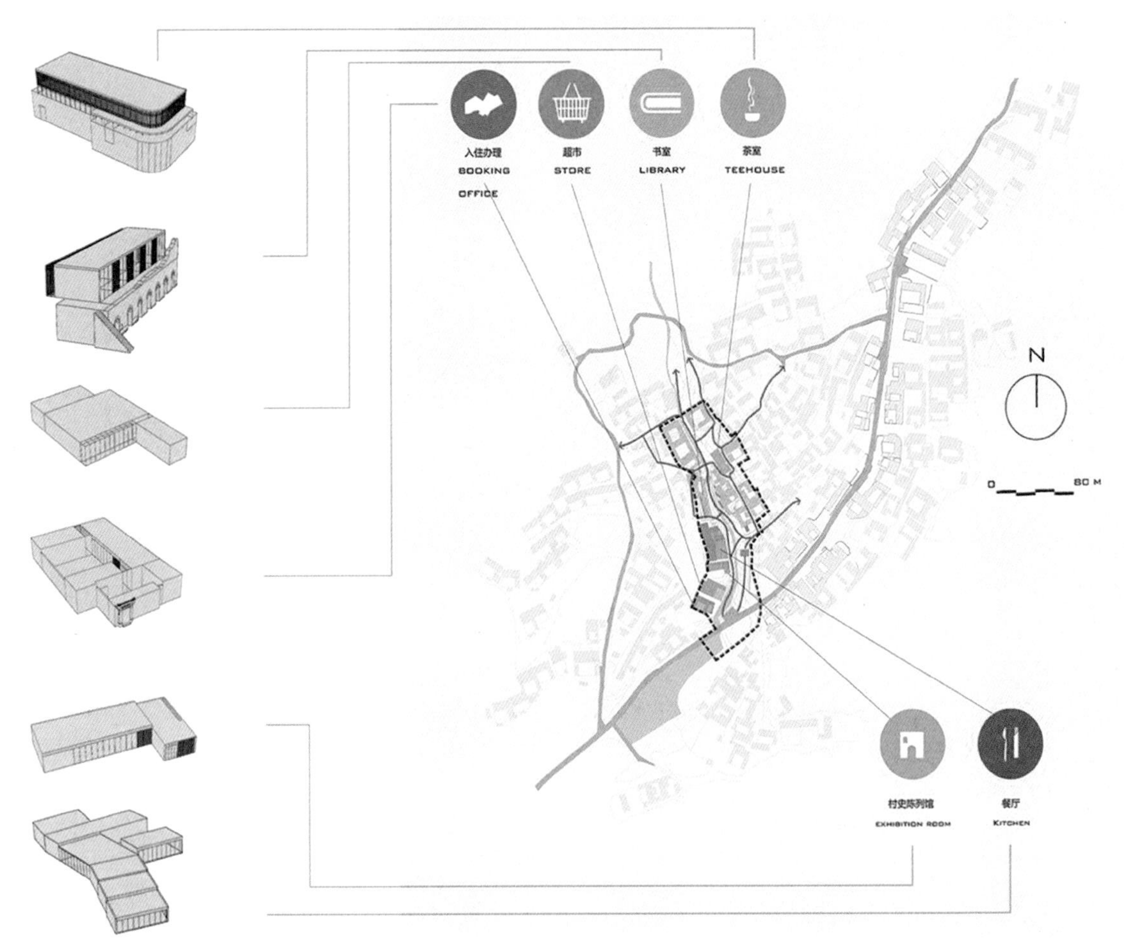
入住办理
BOOKING
OFFICE
超市
STORE
书室
LIBRARY
茶室
TEEHOUSE
N
0
60 M
村史陈列馆
EXHIBITION ROOM
餐厅
KITCHEN

景观元素的提取与置入

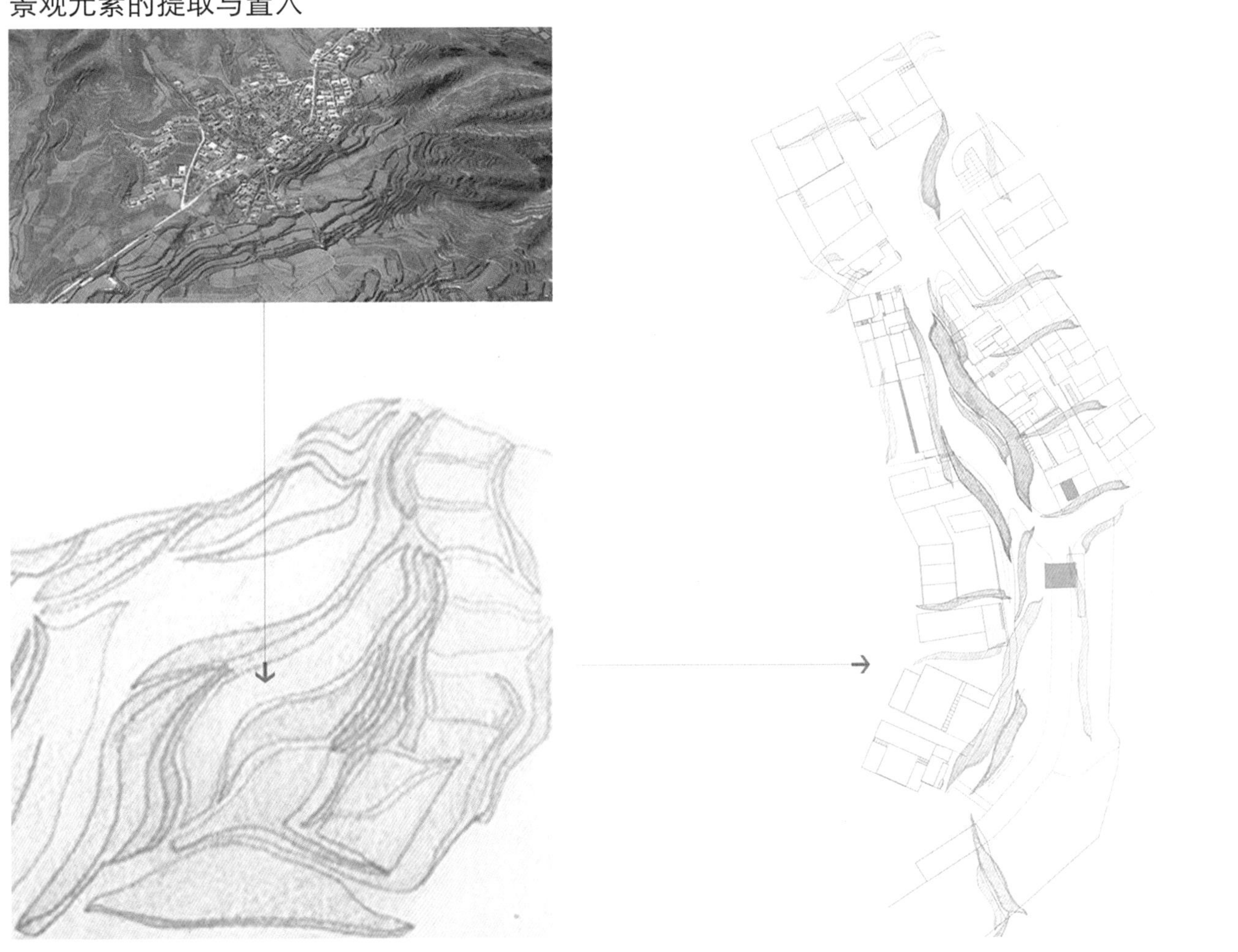

手绘基地印象

初步设计

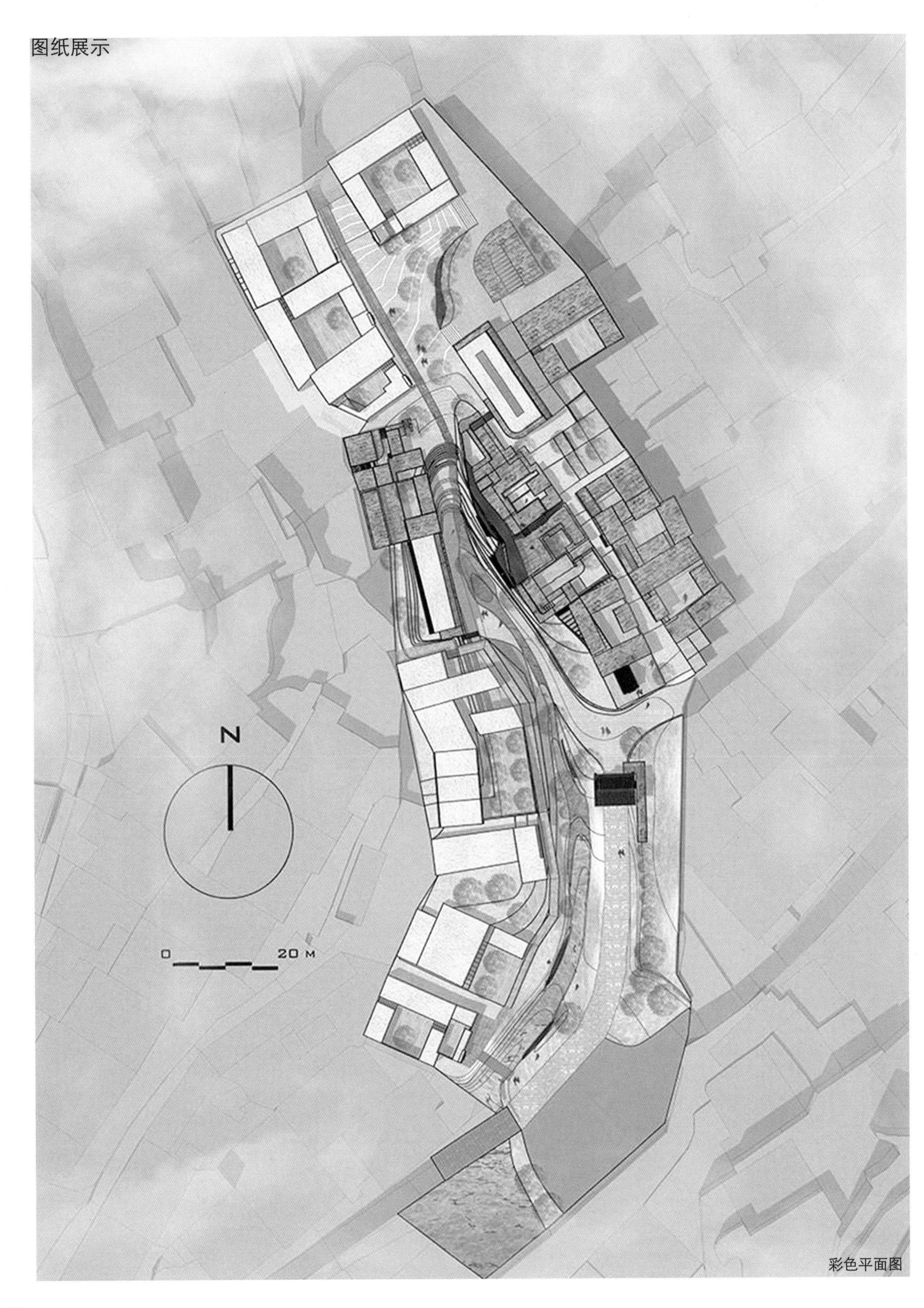

彩色平面图

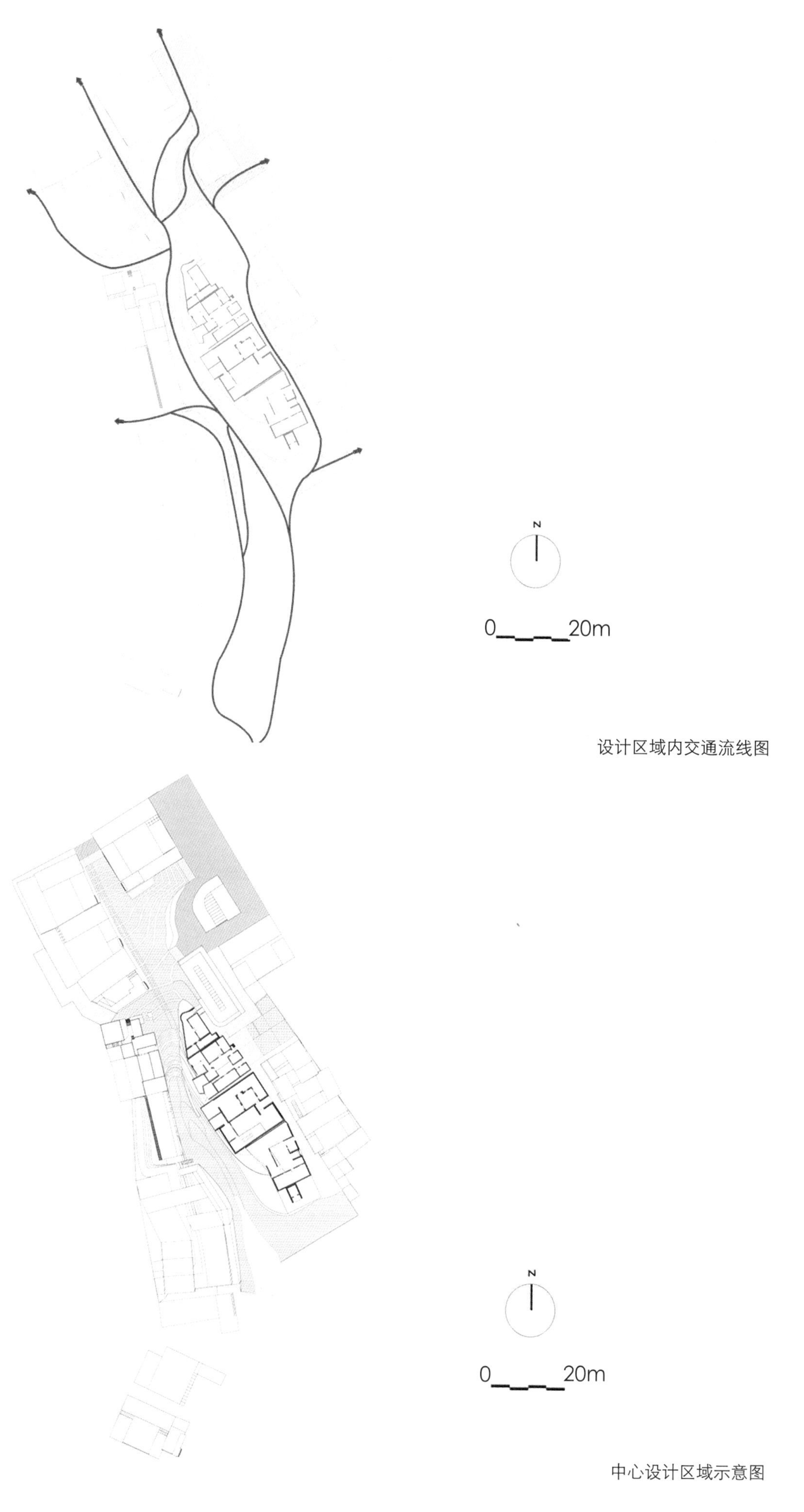

设计区域内交通流线图

中心设计区域示意图

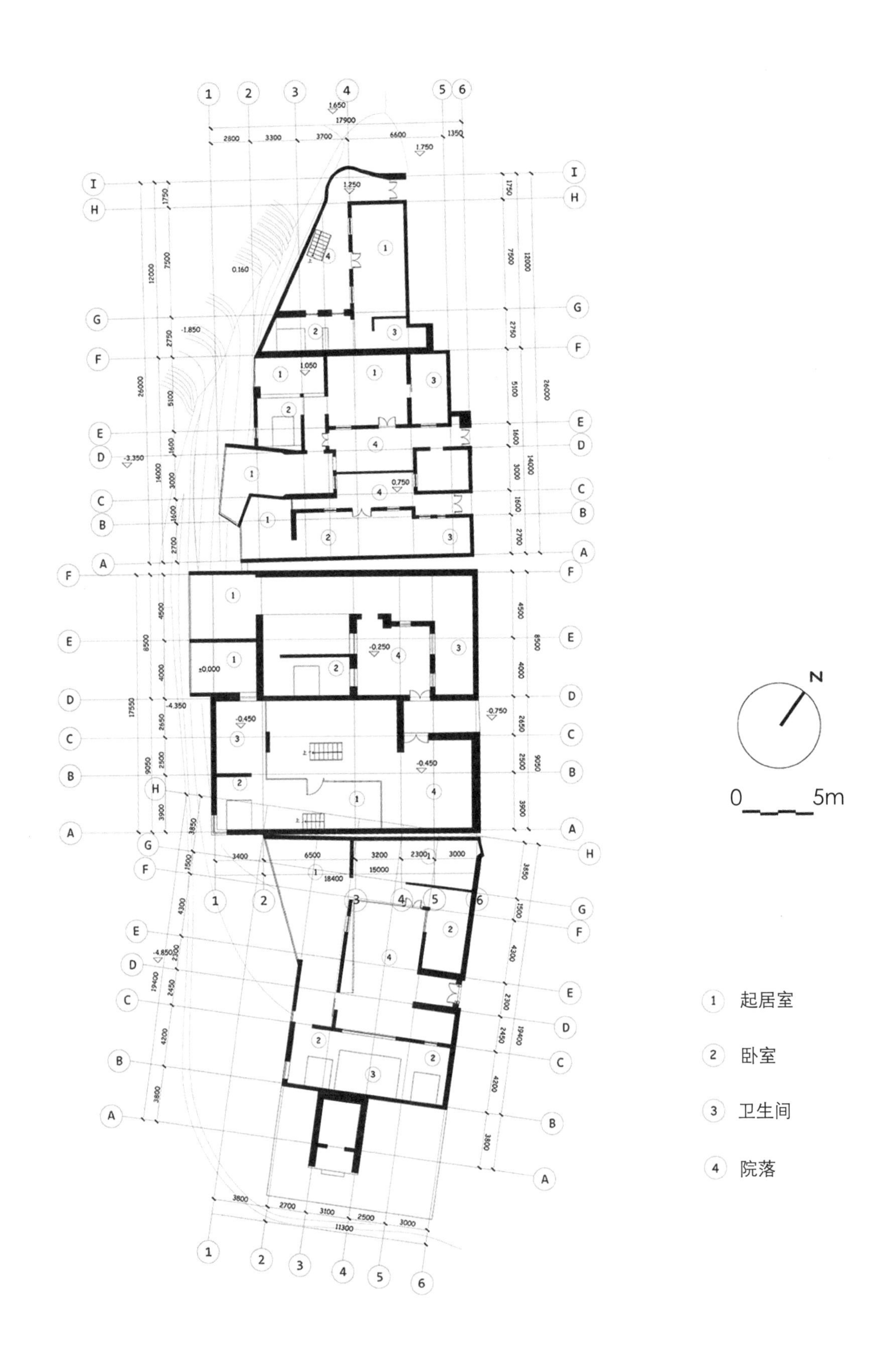

中心院落首层平面图

中心院落首层彩色平面图

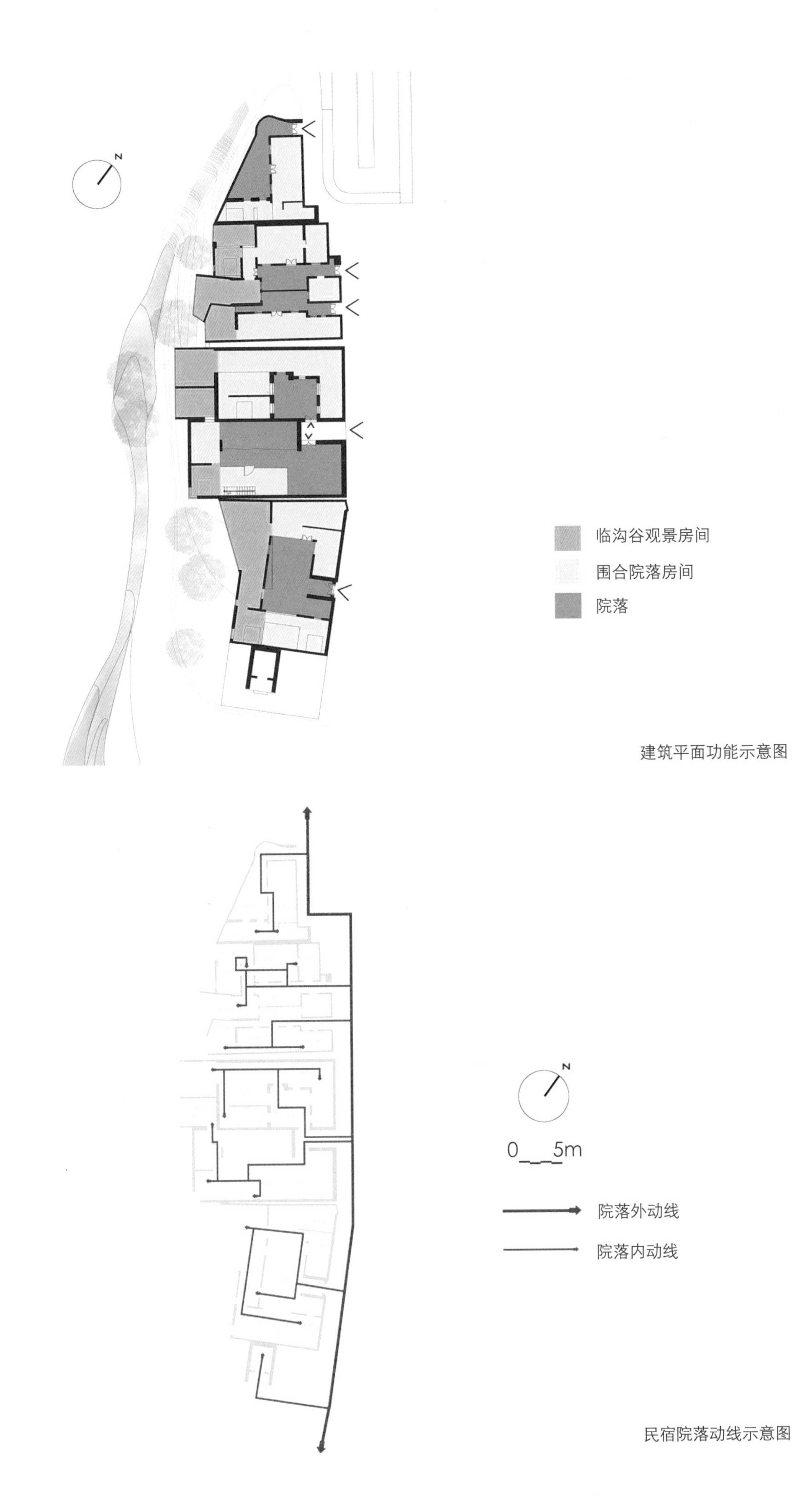

建筑平面功能示意图

民宿院落动线示意图

1.650
4.150
1.250
0.160
-1.850
3.850
-3.350
0.750
3.850
2.550
-0.250
-4.350
2.550
-0.450
-4.850
屋顶平台平面图

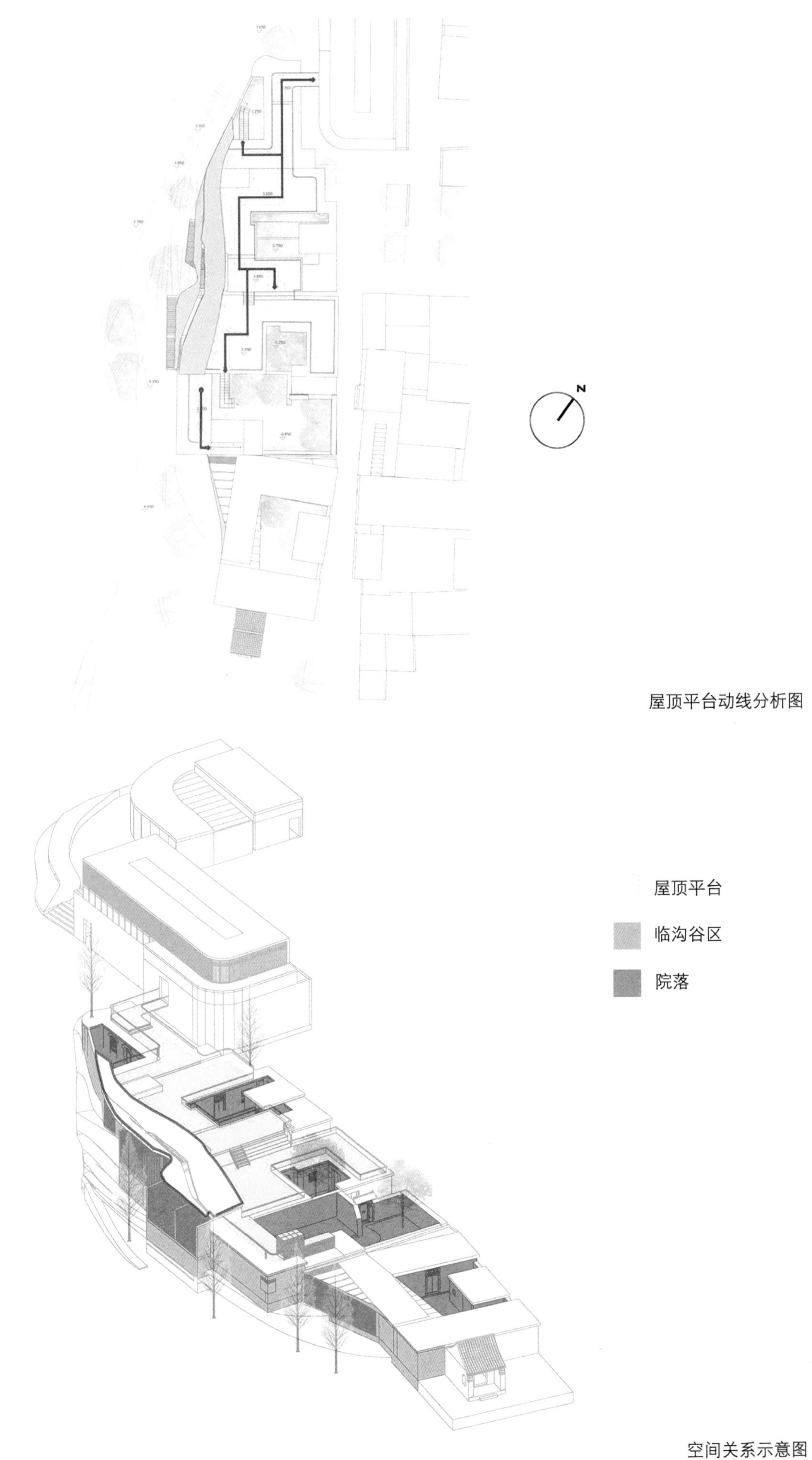

屋顶平台动线分析图

空间关系示意图

室内效果图

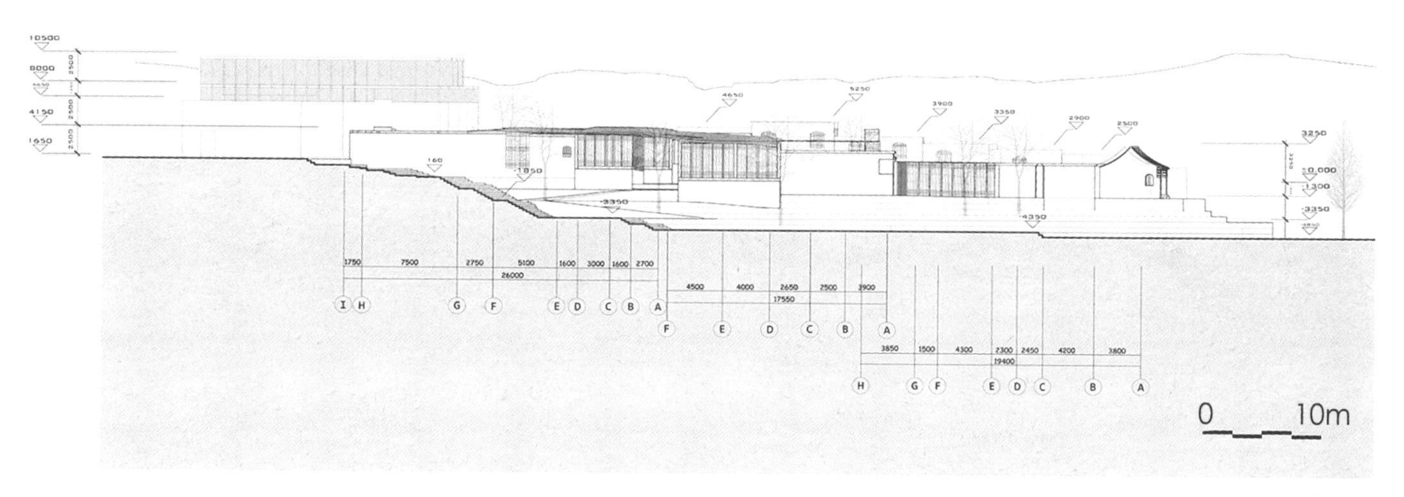
10500
8000
4150
1650
2500
160
-1850
-3350
4650
5250
3900
3350
2900
2500
3250
±0.000
-1.300
-3350
-4350
1750 7500 2750 5100 1600 3000 1600 2700
26000
I H G F E D C B A
4500 4000 2650 2500 3900
17550
F E D C B A
3850 1500 4300 2300 2450 4200 3800
19400
H G F E D C B A
0 10m

立面图

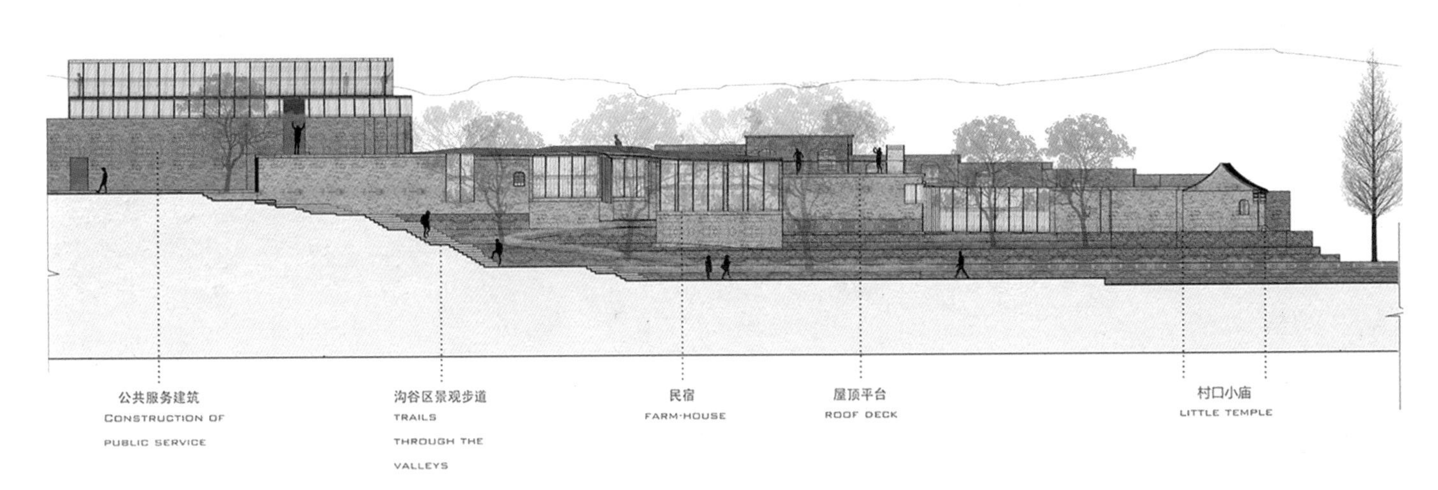

彩色立面图

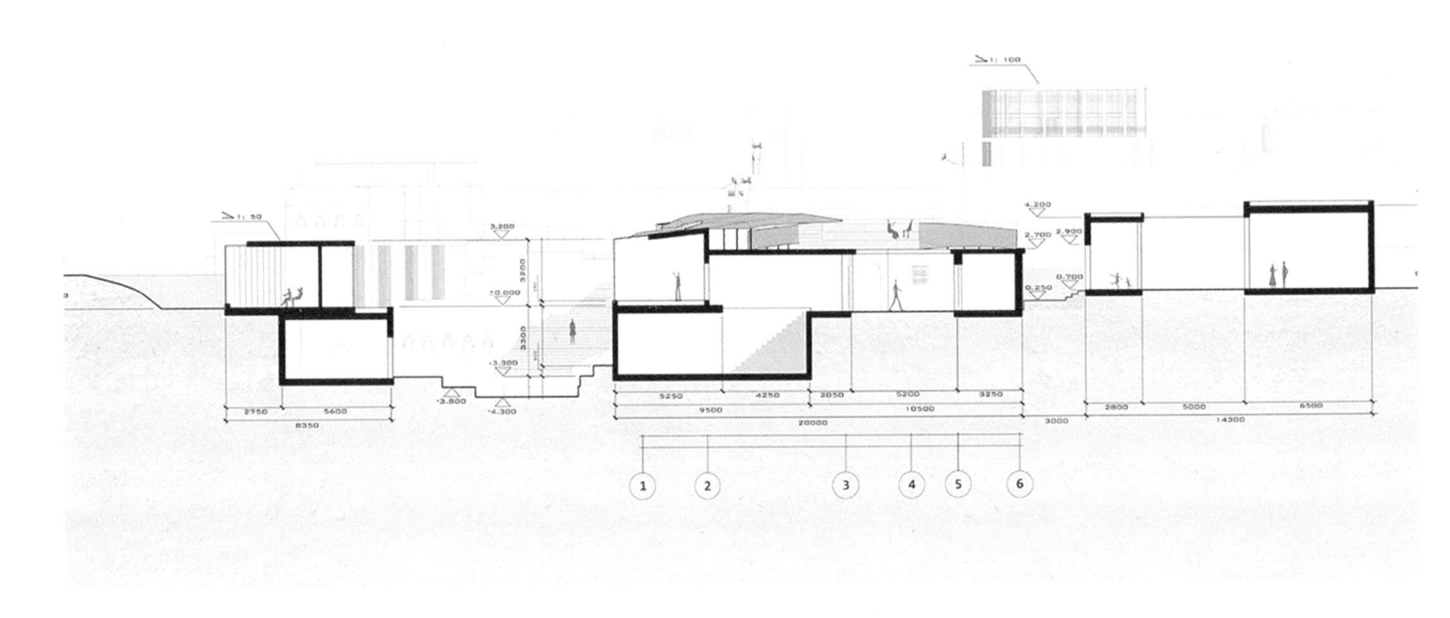

剖面图

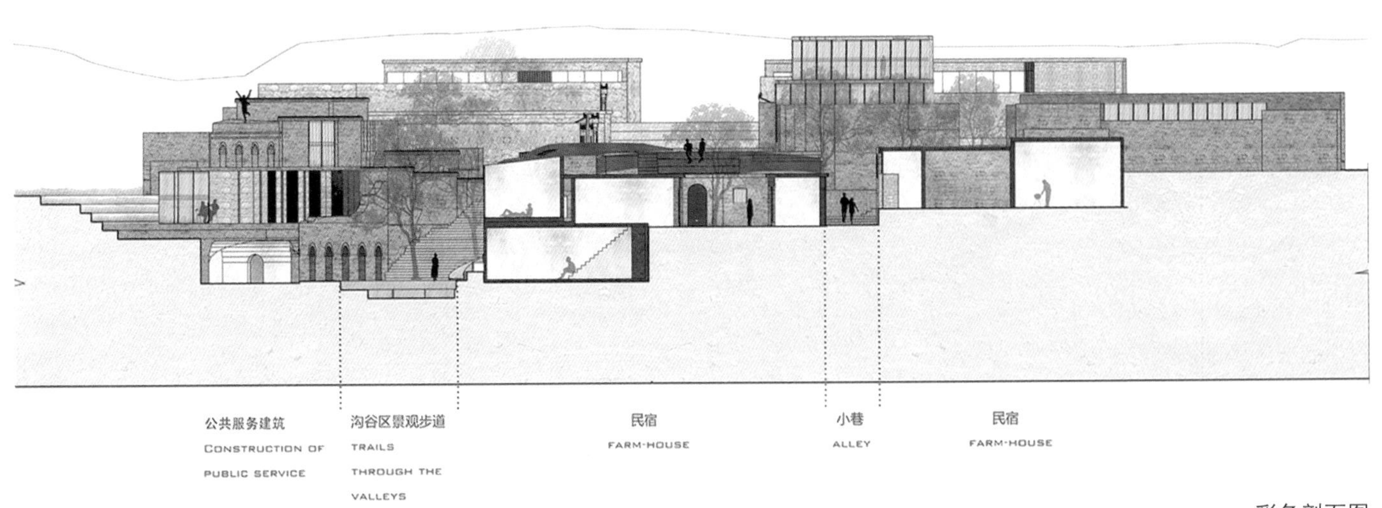

彩色剖面图

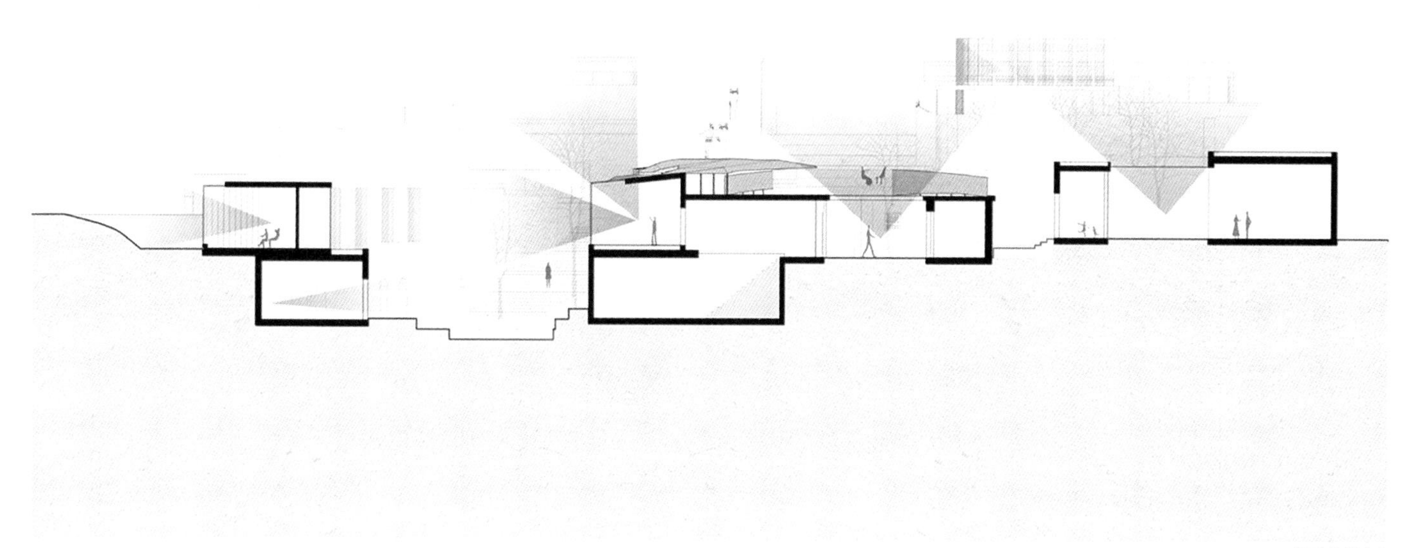

视线分析

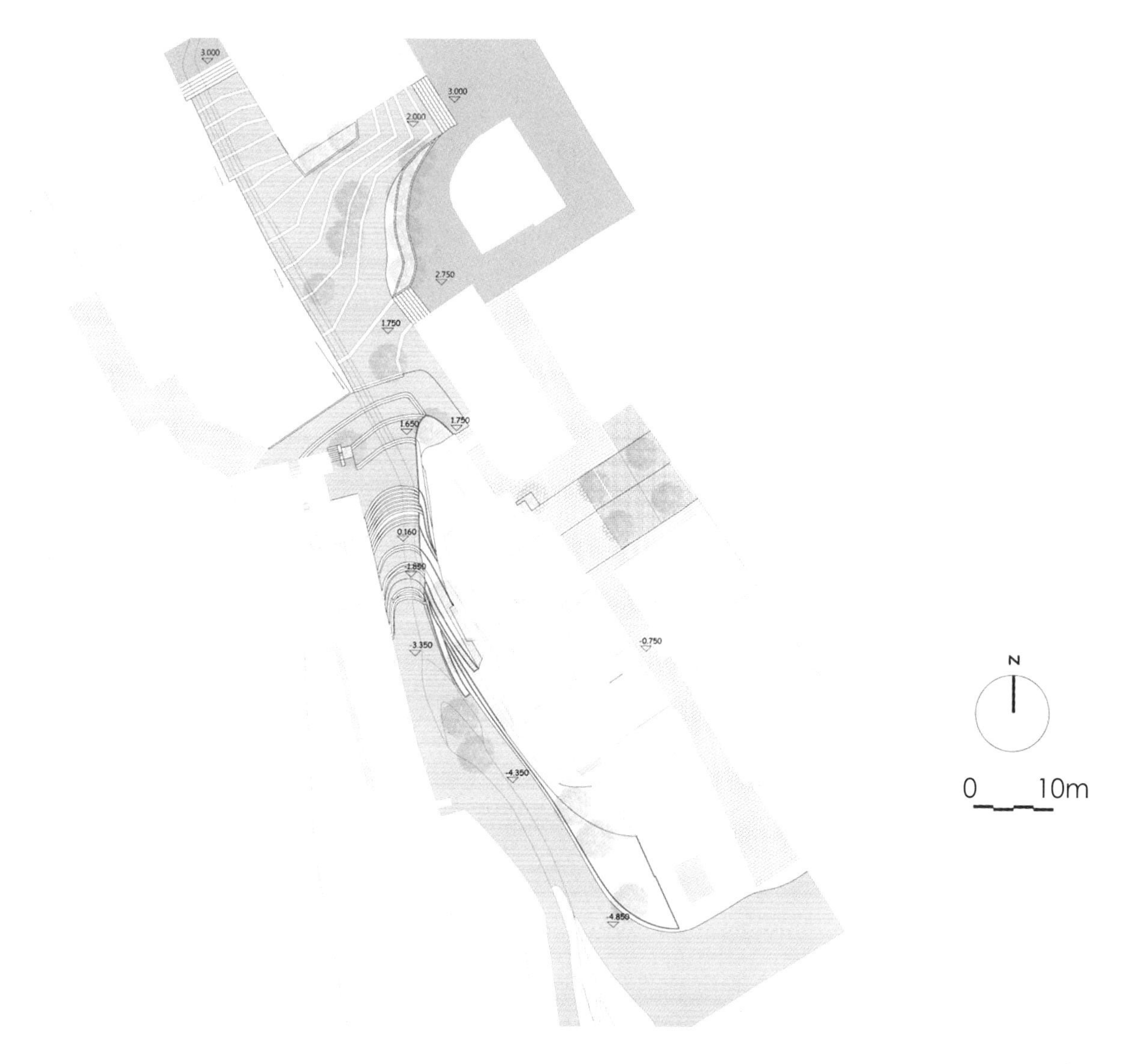

硬质铺装平面图

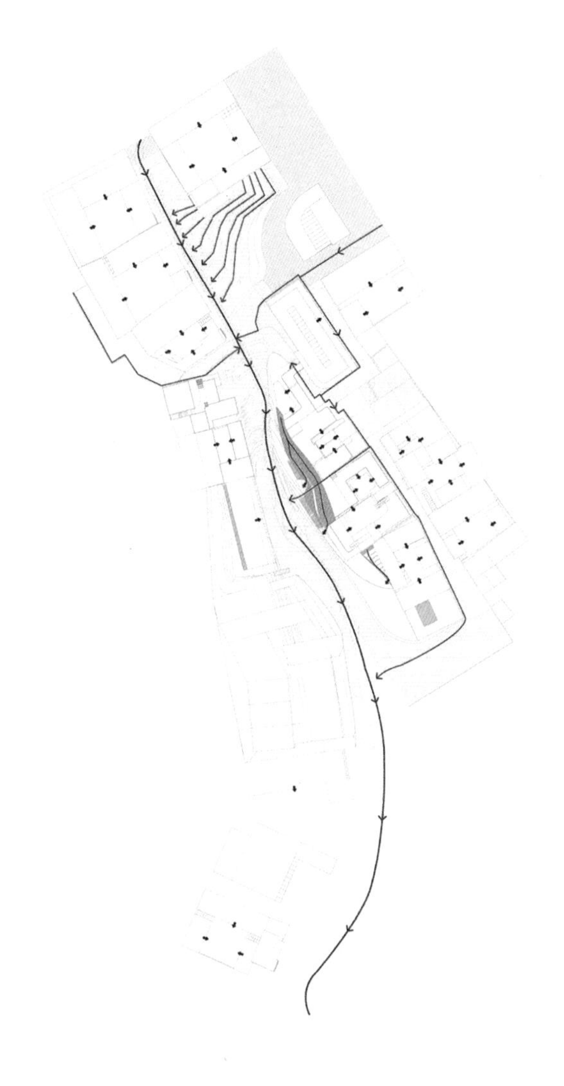

排水示意图

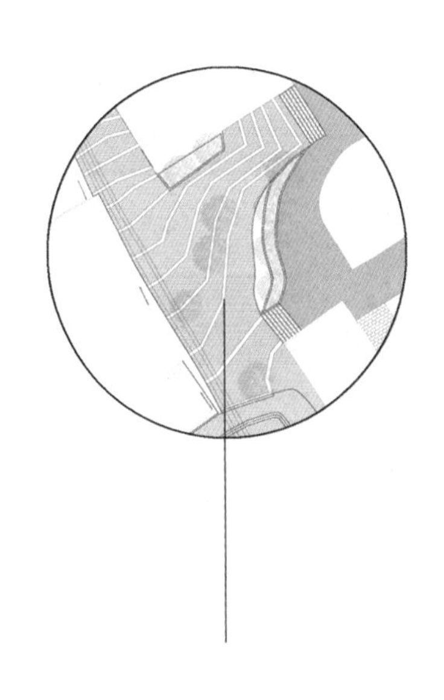

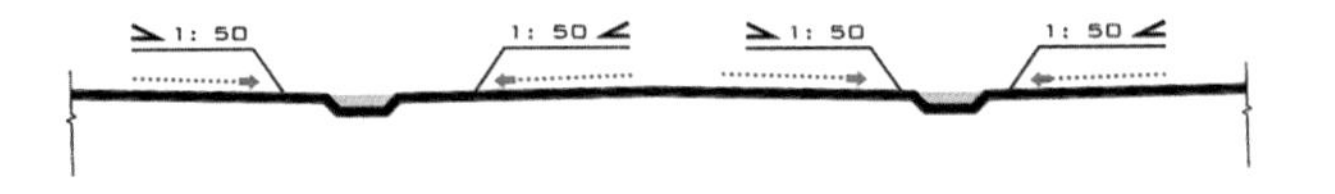

排水沟渠集水示意图

谷家峪民宿效果图

计划内

二等奖学生获奖作品

Works of the Second Prize Winning Students

谷家峪山居聚落改造
Village Hotels of Gujiayu

学　生：石彤
导　师：王铁
学　校：中央美术学院
专　业：风景园林

核心沟谷区效果图

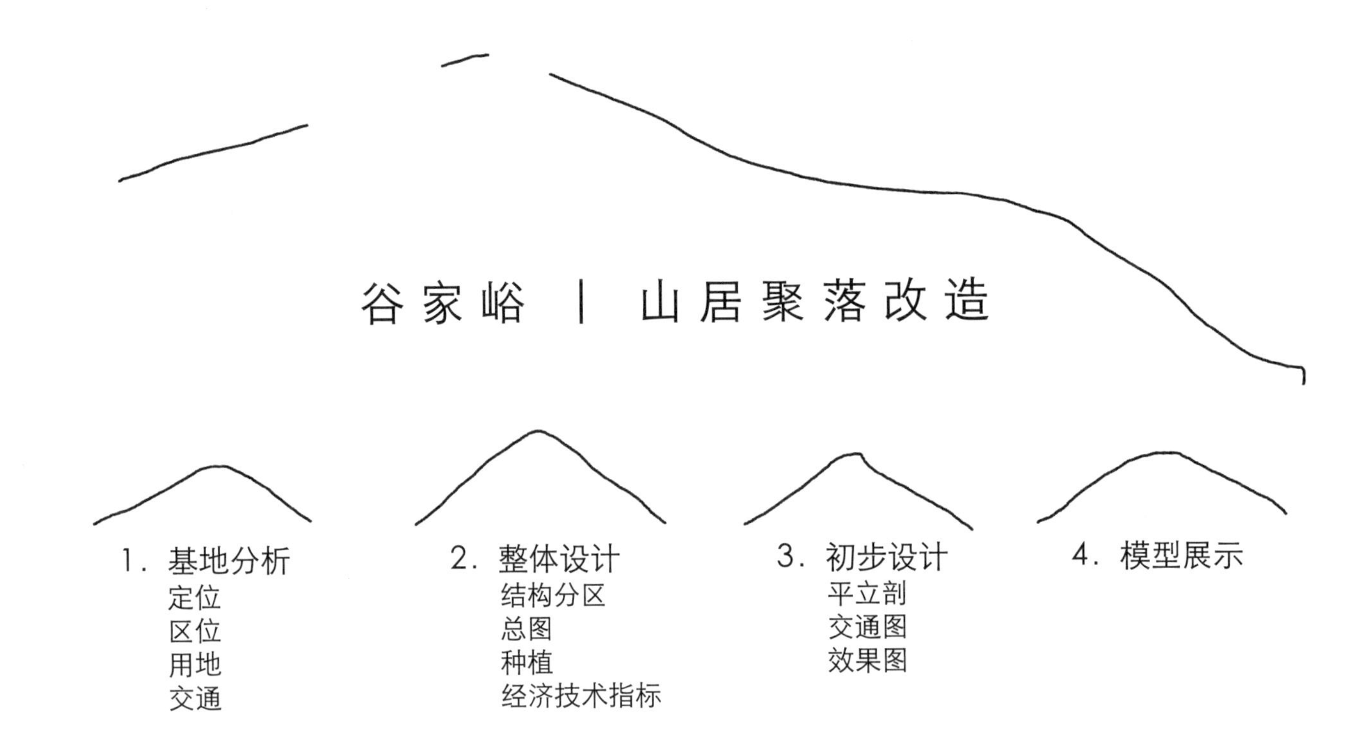

基地分析 BASE ANALYSIS

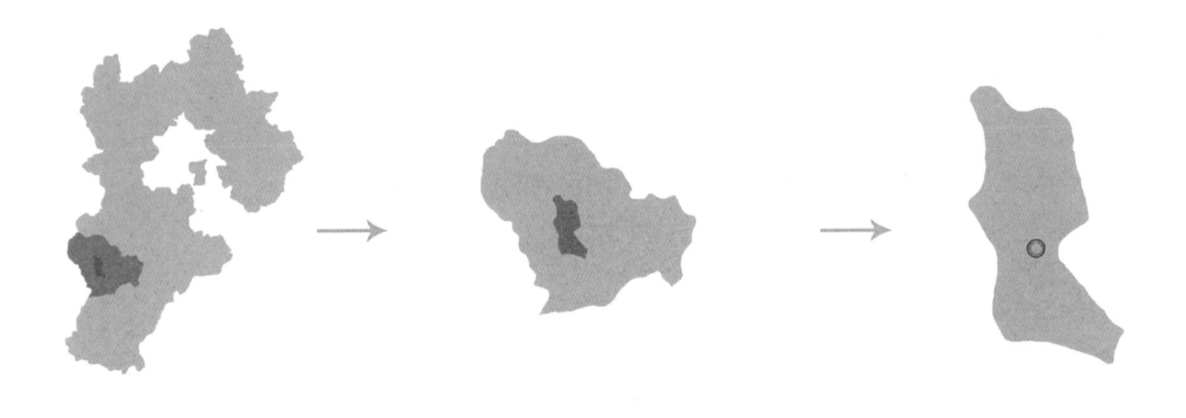

项目定位 PROJECT LOCATION

1. 位于河北省石家庄市鹿泉市城区西部山区。北纬 38.0°，东经 114.2°，具有典型的我国北方气候，四季分明。
2. 清朝中期，井陉县金柱岭谷姓人家迁来居住立庄。因处山峪，故名谷家峪。

1. Located in the west of Luquan mountain area in Shijiazhuang, Hebei province. 38.0° North latitude and 114.2° degrees East longitude, with a typical climate of northern China, with four distinct seasons.
2. Set up in the middle of Qing Dynasty. Because of the valley, named Gujiayu.

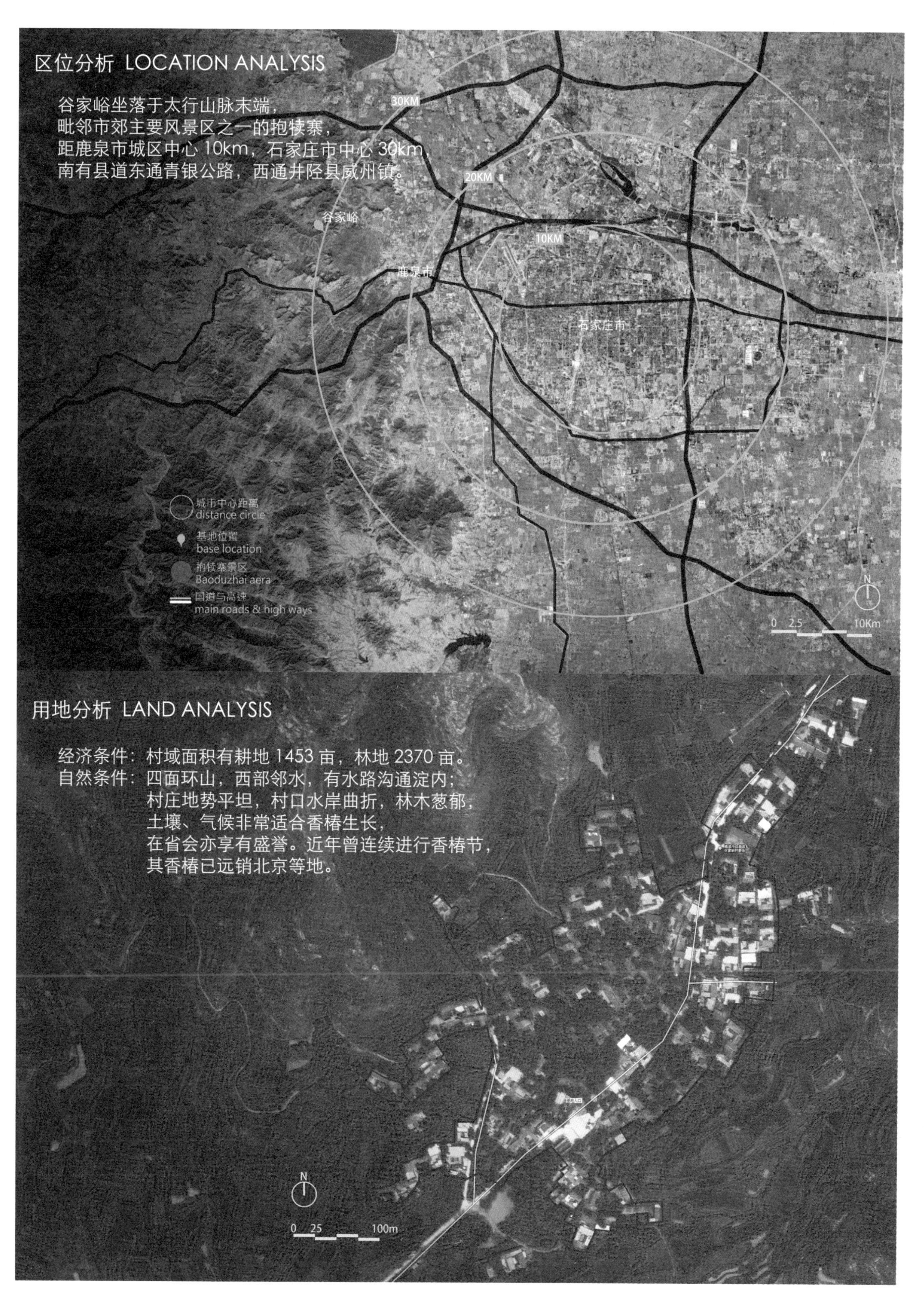

区位分析 LOCATION ANALYSIS
谷家峪坐落于太行山脉末端，
毗邻市郊主要风景区之一的抱犊寨，
距鹿泉市城区中心 10km，石家庄市中心 30km，
南有县道东通青银公路，西通井陉县威州镇。
30KM
20KM
10KM
谷家峪
鹿泉市
石家庄市
城市中心距离
distance circle
基地位置
base location
抱犊寨景区
Baoduzhai aera
国道与高速
main roads & high ways
N
0 2.5 10Km
用地分析 LAND ANALYSIS
经济条件：村域面积有耕地 1453 亩，林地 2370 亩。
自然条件：四面环山，西部邻水，有水路沟通淀内；
村庄地势平坦，村口水岸曲折，林木葱郁，
土壤、气候非常适合香椿生长，
在省会亦享有盛誉。近年曾连续进行香椿节，
其香椿已远销北京等地。
N
0 25 100m

解读任务书 TASK BOOKS

设计目的DESIGN OBJECTIVE

1. 推进农村建设标准化，落实交通、安全、卫生等方面的规范。
2. 提高村落经济收入，推进生态发展，改善人居环境。
1. Promote standardization and implement the code of transportation, safety, health and other aspects.
2. Boost village economy income, promote ecological development and improve the living environment.

设计预想DESIGN EXPETATIONS

1. 借助景区资源，打造旅游目的地村庄。
2. 切合市场需求，精准目标定位，实现差异化发展的创新。
3. 重点建设示范区，滚动带动发展区的发展。
1. Create a tourist destination village with scenic resources.
2. Meet the market demand, make accurate positioning and achieve innovation of variation development.
3. Focus on constructing demonstration area, inhance the development of surrounding area.

设计逻辑DESIGN LOGIC

1. 谷家峪受交通和场地所限，无法发展成旅游专业村，
   在依托景区的优势之外，必须把自身发展成旅游目的地，才能突围而出。
2. 谷家峪的建筑、景观和地形条件具有清静幽深安全的山居特色，
   针对省会巨大的高端乡村休闲需求与度假需求，形成新的休闲度假静心山居主题。
3. 门区与溪谷景观区串联可以形成具有吸引力的景观纽带，同周围的特色经营相结合，
   形成差异化的活动体验。
1. Due to traffic and site constraints, the village can not be developed into a tourist village,
   but relying on the advantage of the scenic area, it can be turned into a tourist destination to break out.

2. Buildings, landscape and the mountain terrain here are peaceful and quiet.
   Form a new serene mountain living theme to meet the huge demand for high-end leisure holiday of the capital

3. Entrance and Valley landscape series can form an attractive landscape tie, combined with surrounding characteristics, thus forming different experience.

交通改造　REFORMED ROAD NETWORK

从交通开始解决问题，打通村北环路，新增了四条一级道路和若干二级道路，完善路网；贯通主要的民宿区、村民广场、停车场和游客服务中心。

建筑改动　ARCHITECTRUAL CHANGES

对建筑的改造，主要考虑两点，第一是基地内的竖向关系，第二参考建筑现状完整度，对基地公共空间面积和疏密关系进行调整，扩建南北两处公共空间需要果断地拆除或迁移；中段破败院落拆除成为小型广场和景观节点；在最优质的地段和有需求的地方进行了小范围的加建；对核心区周围的建筑朝向和庭院结构做了调整性的改建。

基地内现存独立建筑10个，院落17个，总计建筑61座，其中：

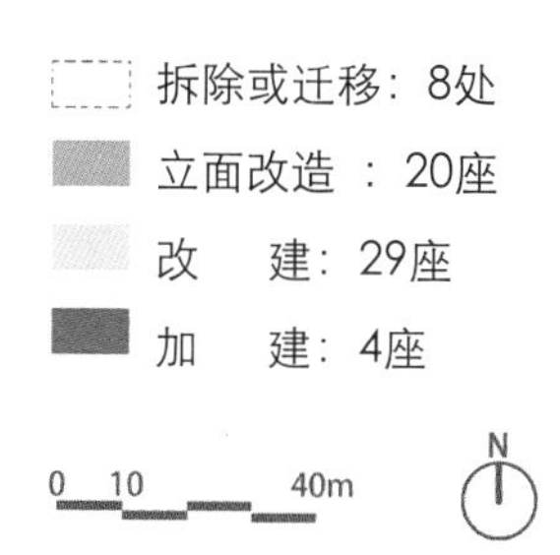

种植平面图

初步设计部分选择了一处典型民宿组合，以及一处民俗与经营的结合体两处重点来做。下图扩建后的北广场平面图，环绕五座民宿院落和一个看台构筑，由弯曲的水系延伸出整体铺装。

北广场屋顶平面图

选择了三个联排院落作为第一个重点。

从首层平面可以看出院落东北方向嵌入地形当中，设计上采用大庭院静水景观主题，突出乡村景观的宁静和生态。

二层是加建部分，使院落产生更好的围合感，同时加强与背后地形的互动。

对应的立面剖面图可以看到建筑体块关系和庭院空间关系，从另外两侧的立面图可以更清楚地看出地形和建筑的互动关系。

首层交通流线图，功能的安排主要基于从门厅到起居室再到卧室的空间私密度的划分，同时庭院水面上的汀步也提供了便捷的通道。二层同样设有卧室、起居室，与一层偏公共的空间相比更加安静舒适。

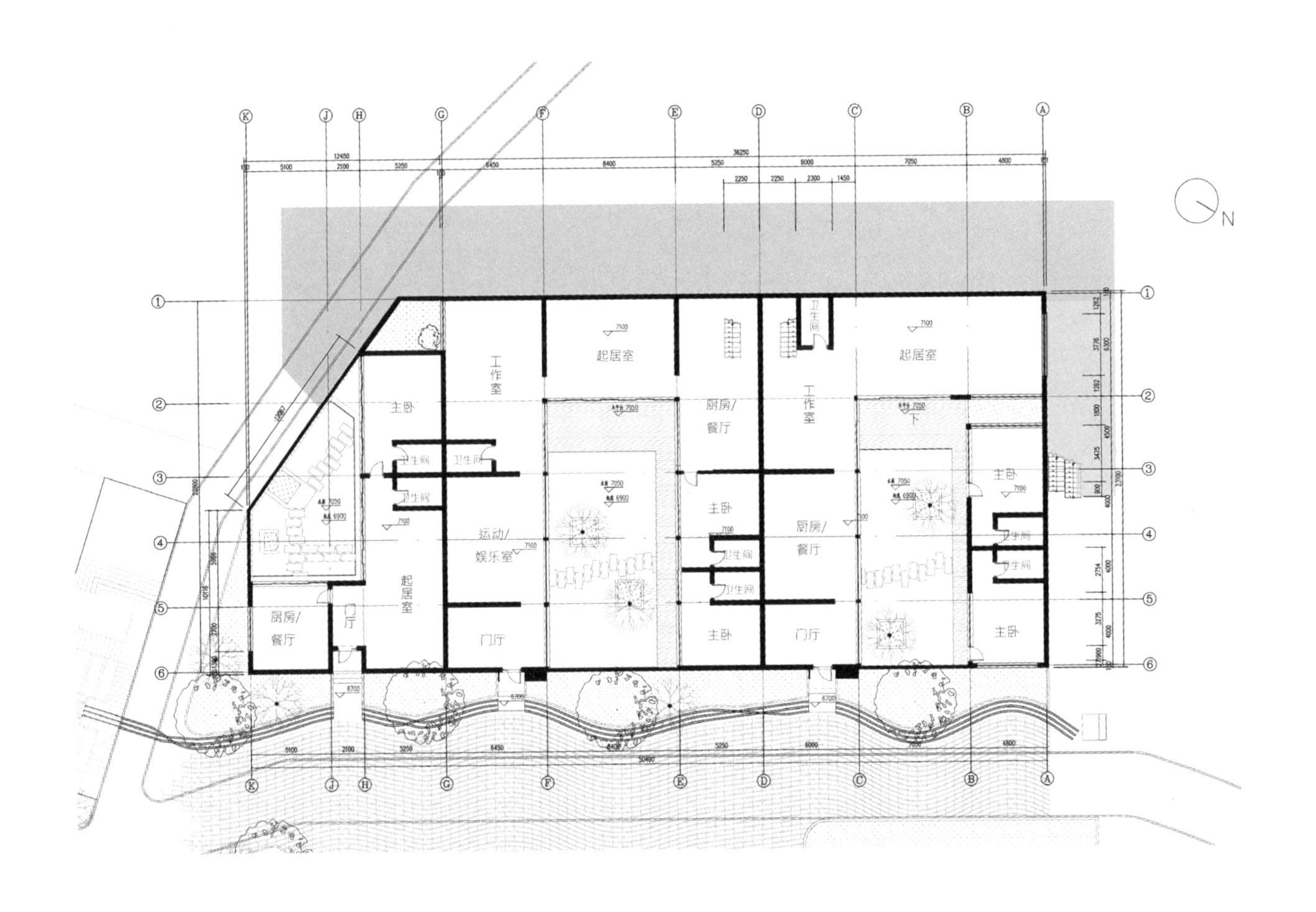

首层平面图

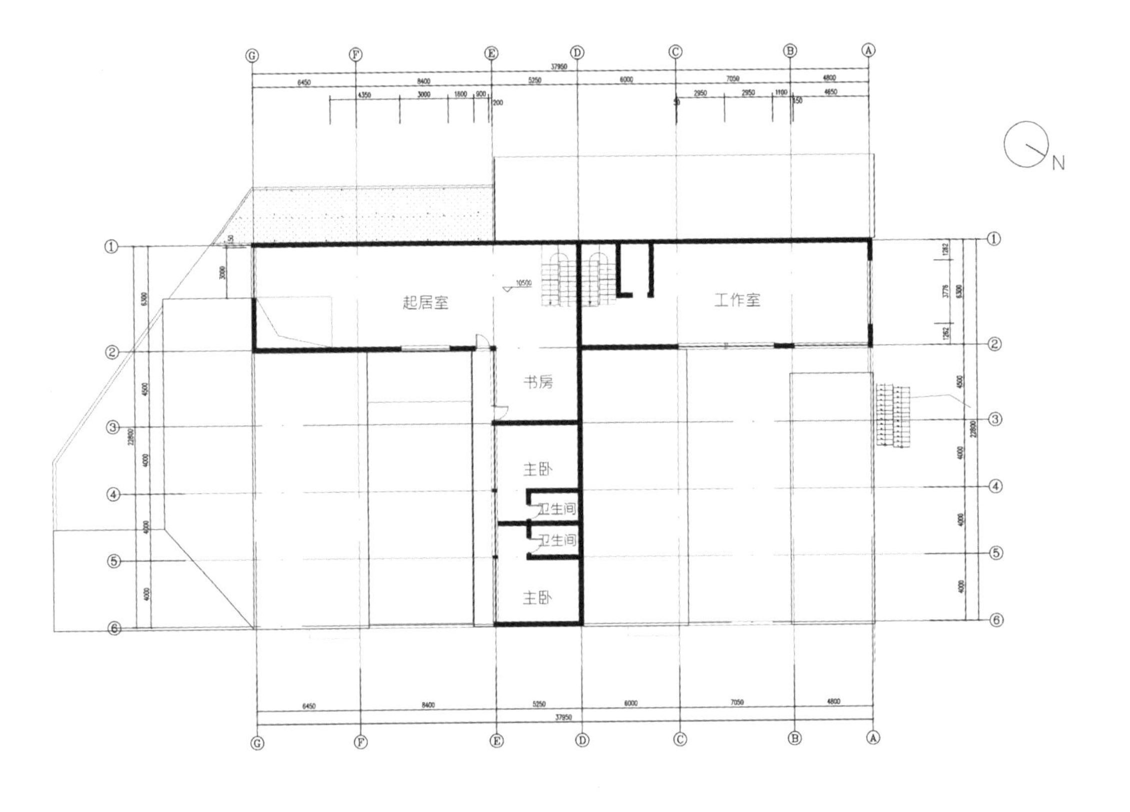

0 2 8m

二层平面图

N

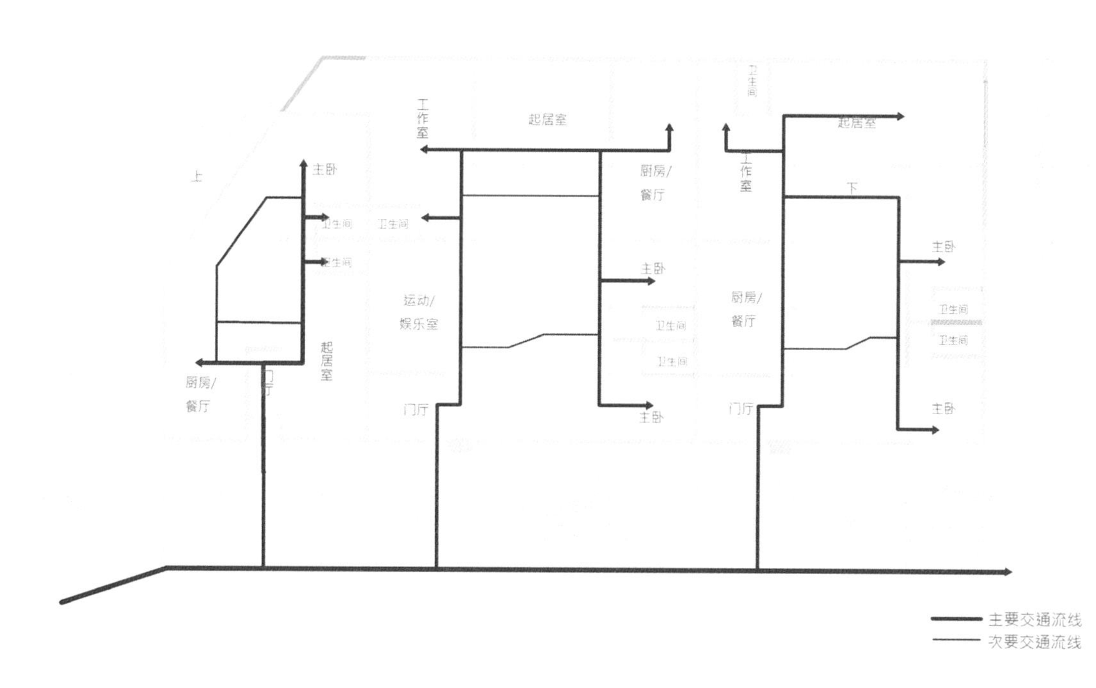
工作室
起居室
起居室
上
主卧
卫生间
卫生间
卫生间
厨房/
餐厅
工作室
下
主卧
运动/
娱乐室
主卧
厨房/
餐厅
卫生间
卫生间
卫生间
卫生间
起居室
厨房/
餐厅
门厅
门厅
主卧
门厅
主卧
主要交通流线
次要交通流线

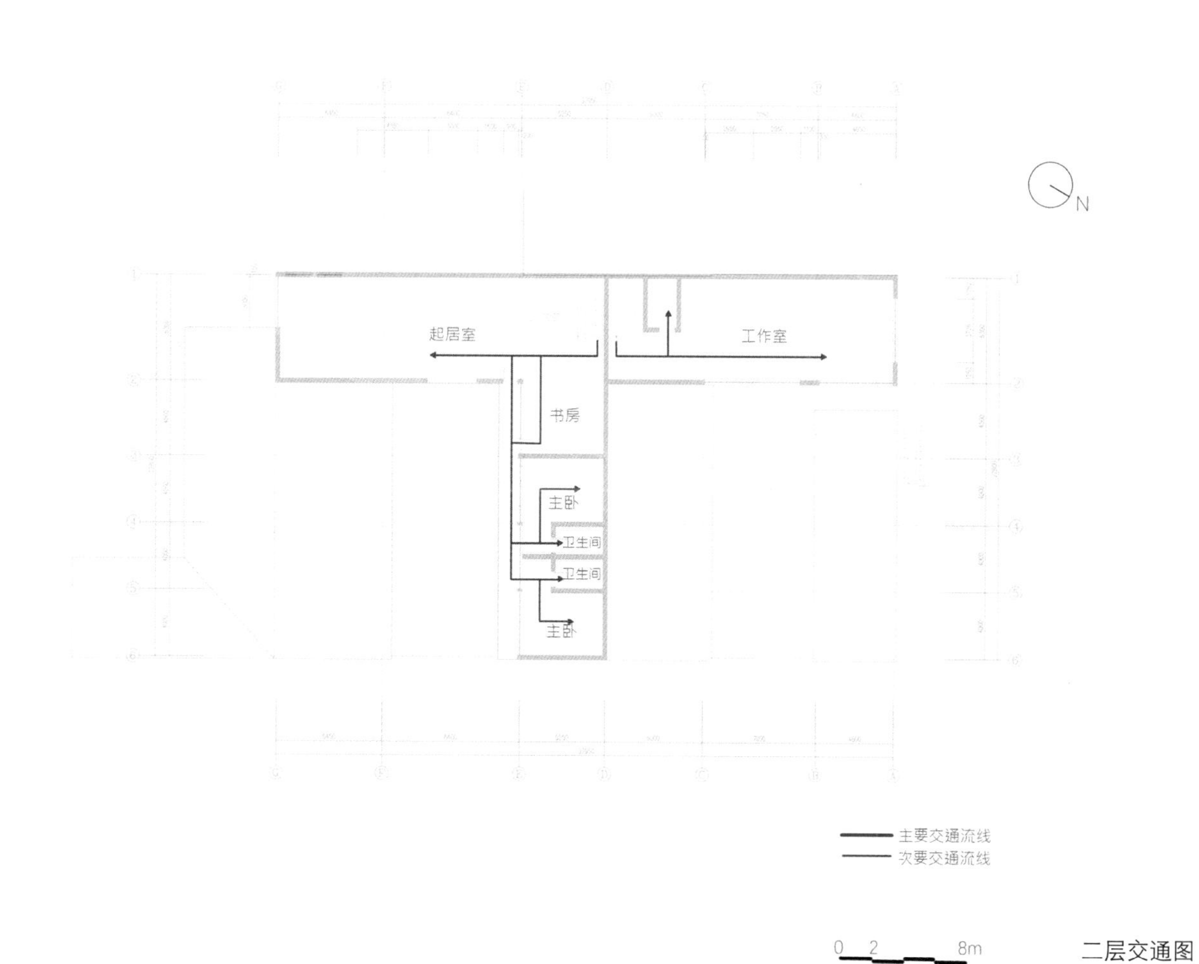
N
起居室
工作室
书房
主卧
卫生间
卫生间
主卧
主要交通流线
次要交通流线

0 2 8m

二层交通图

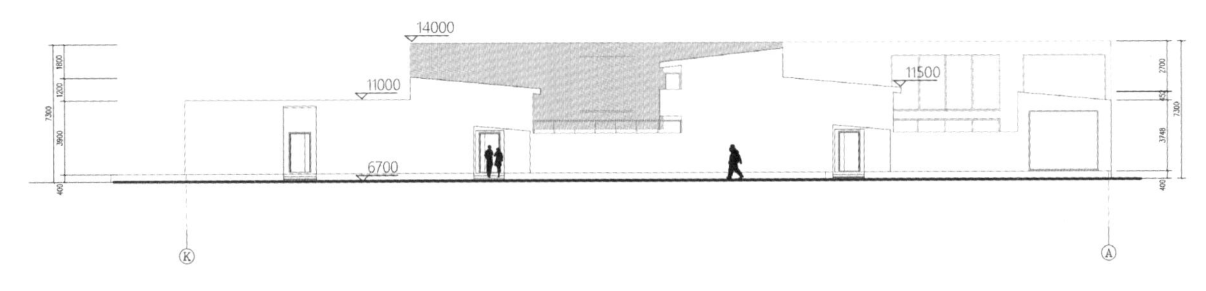

立面图

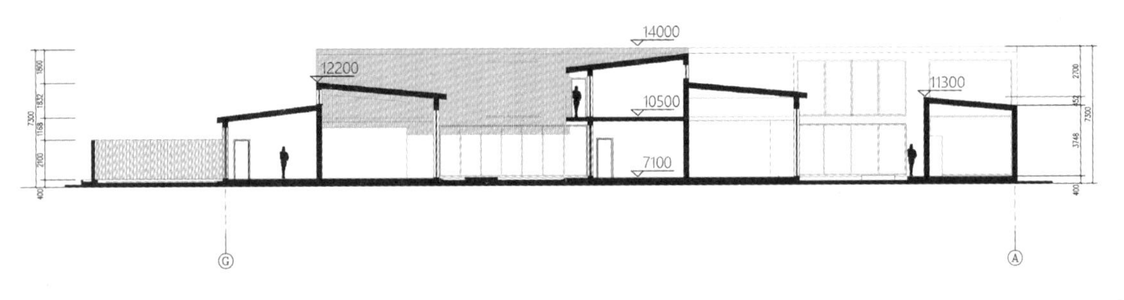

剖面图1

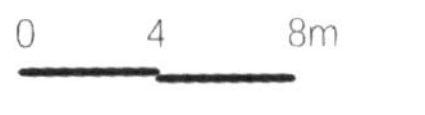

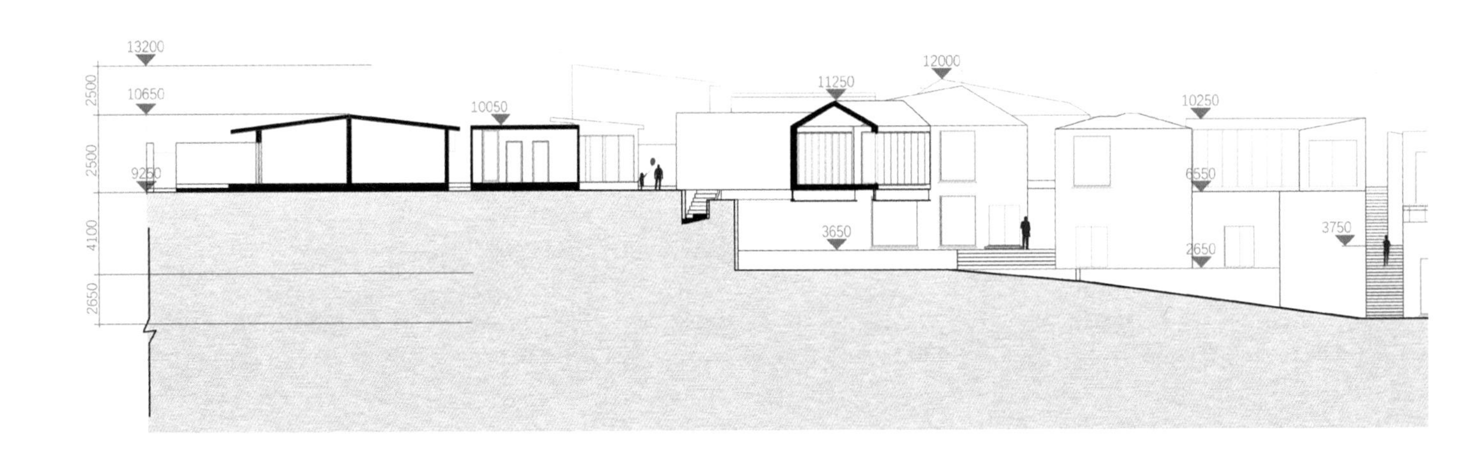

剖面图2

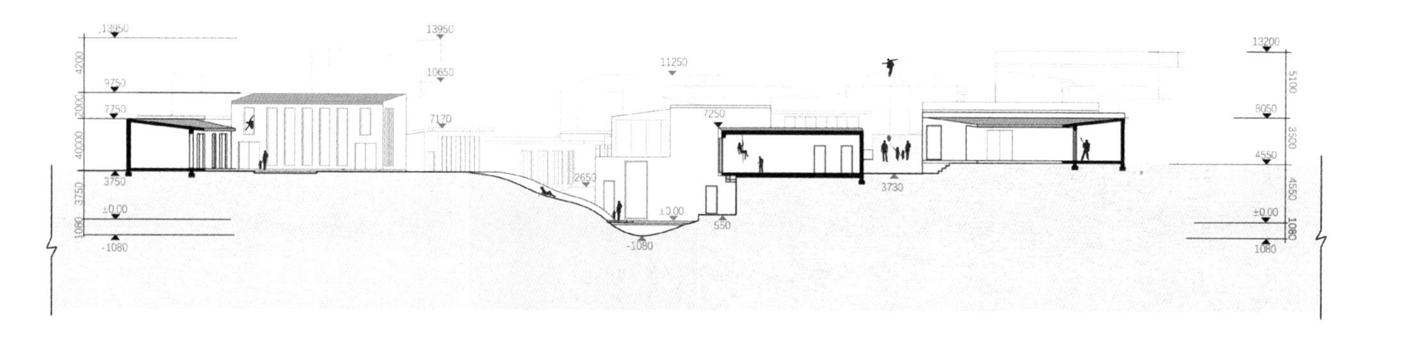
13950
13950
10650
11250
13200
9750
7750
7170
7250
8050
4550
3750
2650
3730
±0.00
-1080
550
1080
5100
3500

剖面图3

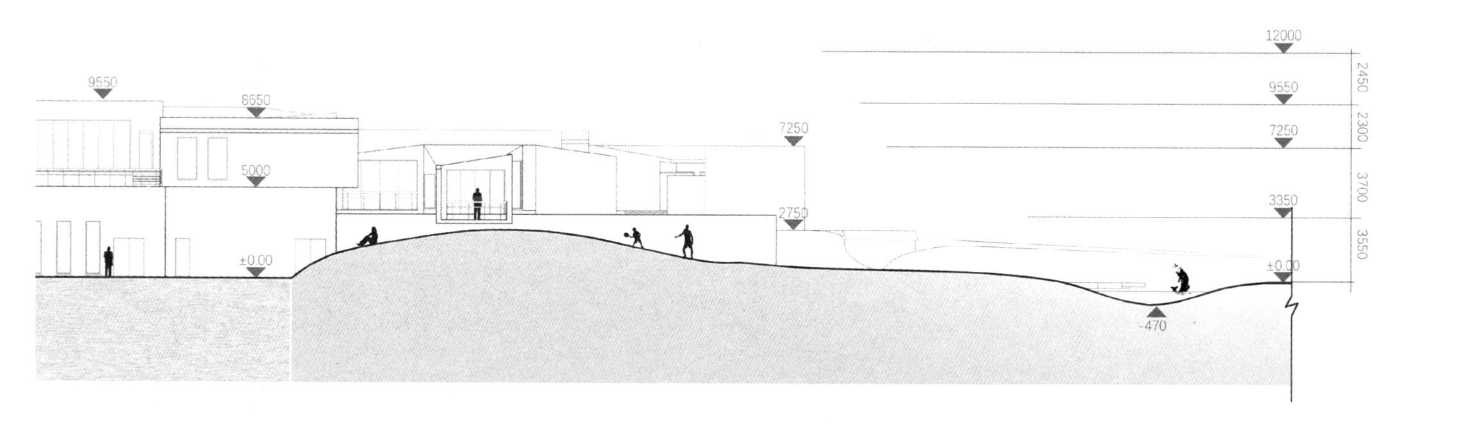
9550
8650
5000
±0.00
7250
2750
12000
9550
7250
3350
±0.00
-470
2450
2300
3700
3550

剖面图4

室内庭院效果图

人视效果图

共用办公空间——布达佩斯郊区规划及建筑设计
Co-working in the Suburb——Pomáz Urban Plan and Architectural Design

学　生：NAGY ANDRAS（安德拉什）
学　号：BE1859622
学　校：佩奇大学

我毕业设计选题的灵感来自于典型性全球化现象：郊区快速发展、城镇一体化。我以前就住在这样的小镇，所以我选择它作为毕业设计的选址。这个学期我对小镇进行城市规模分析，同时调查并分析搜索了建筑物的正确的地方和功能。

The topic of my final project was inspired by the typical suburban phenomenon which happens in the globalized world: the rush development of villages to a town in suburban situation. I used to live in a town like this, so chose it as a territory to investigate on.Throughout the semester I did an urban scale analysis on the town, meanwhile I searched for the right place and purpose of a building which would fit in the analyzed circumstances.

设计定位

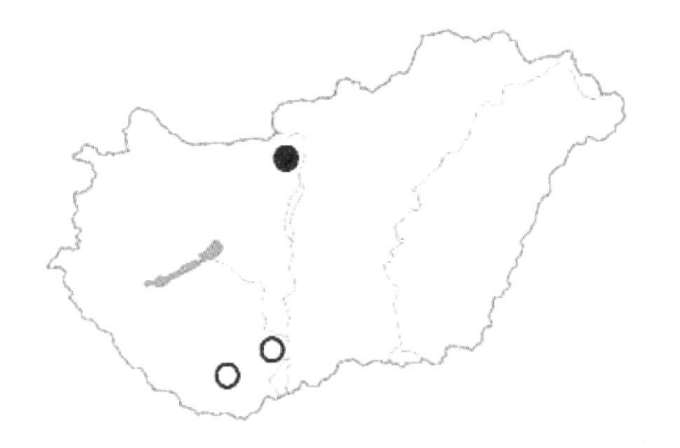

波马兹是一个靠近首都布达佩斯的小镇，有着典型的城郊进化特点：它以前是一个村庄，在过去的几十年里人口和领土增长了5倍，但是基础设施仍然是村庄时的状态，没有任何的发展进步。

Pomáz is a small town close the capital, Budapest. The town had the typical suburban-evolution: it used to be a village for a long period, then in the last decades its population and territory grew 5 times bigger, however the infrastructure remains village-like without any clear center.

在城镇中心有一片宽敞的区域，由于历史原因，使得整个城市的规划十分混乱无章。在过去几十年里，私人用地和公共用地不断地发生着变迁与纠纷：

- 整个区域曾经被包围在镇沼泽场。
- 在从首都迁出并独立成为一个镇子的时候，一个大的私人住宅项目也进行了迁徙。
- 之后小城镇的政府进行了一系列的干预措施：迫使很多户私人住宅的地面空间具有公共职能，例如很多购物区、公园占用了私人领地。
- 一些小规模的私人住宅地块与地块之间有许多杂乱无章的剩余空间。

所以，这座城镇在整个发展过程中没有任何确定的城市概念，完全是按照目前的私人利益建成的，这导致产生了一个非常庞杂的城市景观。

In the geometrical center of the town lies a spacious territory, which was obtaining its urban definitions in the last decades showing an oscillation between public- and private interest.

- Once it was a swampy field enclosed in the town.
- Then, by the times of a big moving-out-wave from the capital, a big private-housing project was carried out.
- after that small-town like interventions occurred there: multifamily houses with public functions on ground level, shopping areas, parks
- at the end another small scale private-housing occurred filling out the residual space between the multifamily blocks

The entire process happened without any determining urban concept, but it occurred according to current private interest, which led to a very heterogenic townscape.

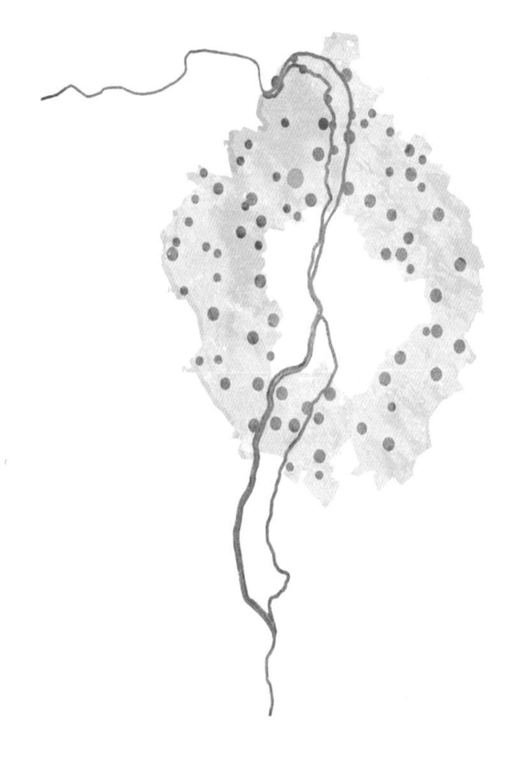

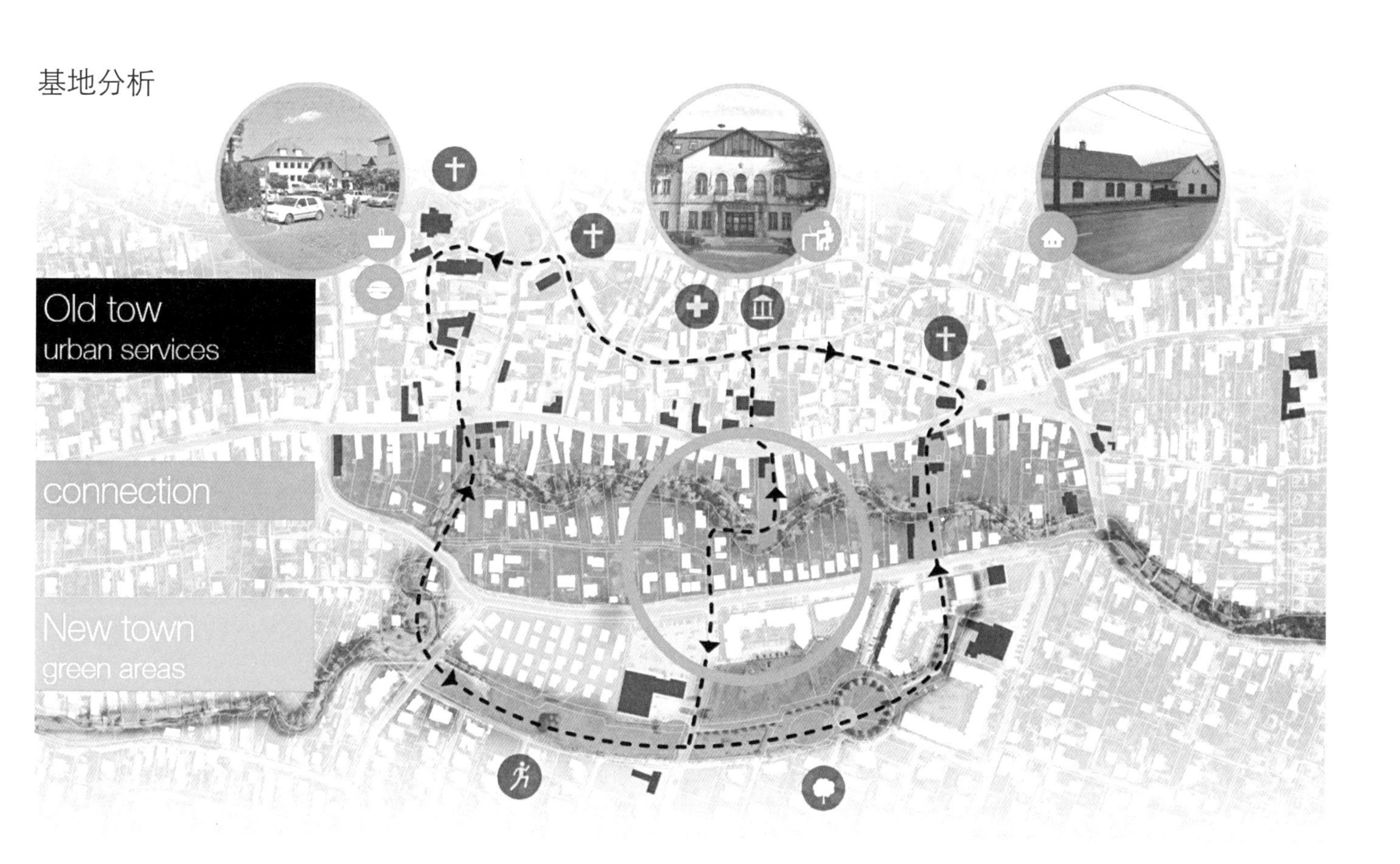

在我项目基地的北部有一块长度约800米的狭长地带，贯穿于城镇的新旧区域之间没有纵向同行的公共空间。最近城镇议会定义了三个切割该基地的点，这些点位于城镇最重要的路口：市场广场，市政厅，民俗博物馆。

There is a long block located north from this recently evolved territory, which penetrates between the new and old part of the town. So far, there was no pass-through along the 800 m length of the block. The town council recently defined three spots to cut through the block, locating the passes close to important urban junctions.

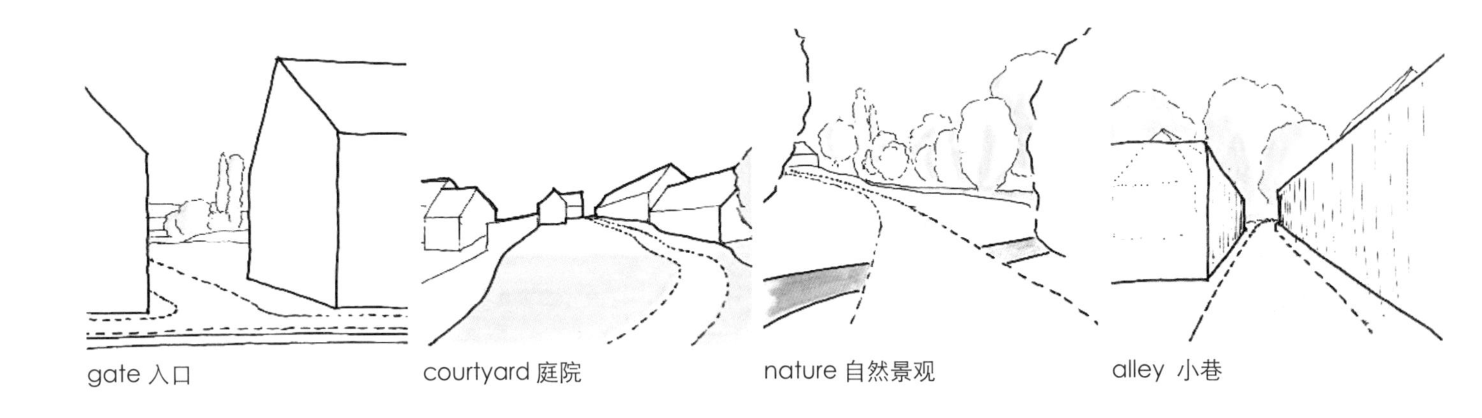

感知序列

当走过这片街区时，在不同的地点会有不同的感受。
Passing through the block, there is a sequence of perceptive experiences generated by the transitions between different areas.

首先映入眼帘的是一条小巷，在这里可以看到小溪边的各种绿植。这里是城市与自然的过渡地带。接下来，人在走向小溪的过程中，将逐渐体验到自然的清新和水的清冽。在基地后部的院子中，有一种朦胧的感觉。最后，是一扇通往城里的门。这扇门连接着城市。我通过我的设计，来对应这种空间序列。
First there is an alley, where one can already see the vegetation of the stream side. This is the transition-area between the town and the nature.
Then one gets to the stream side experiencing the randomness of the nature and the element of the water.
The next phase is the courtyard at the back of the site, which has an underdetermined character
The last transition is a gate to the town to connect to the urban flow again.
I pretend to reflect on this sequence with my proposal.

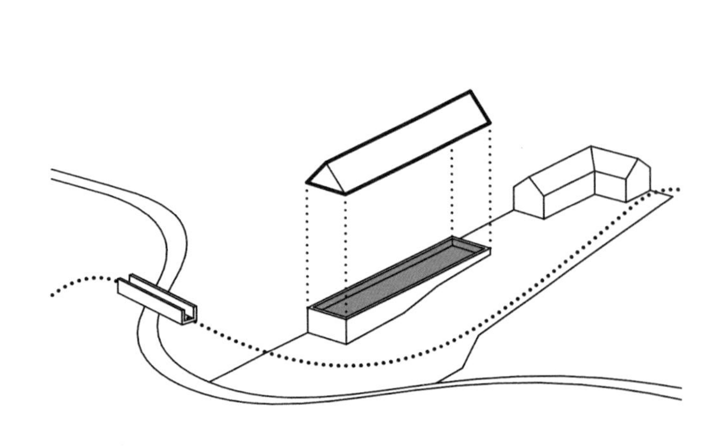

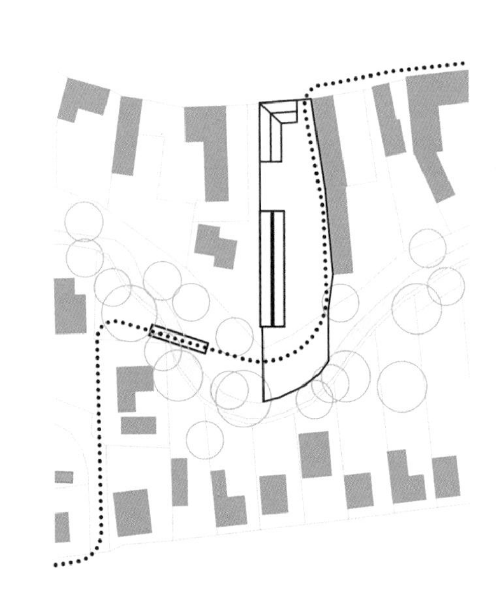

总平面图

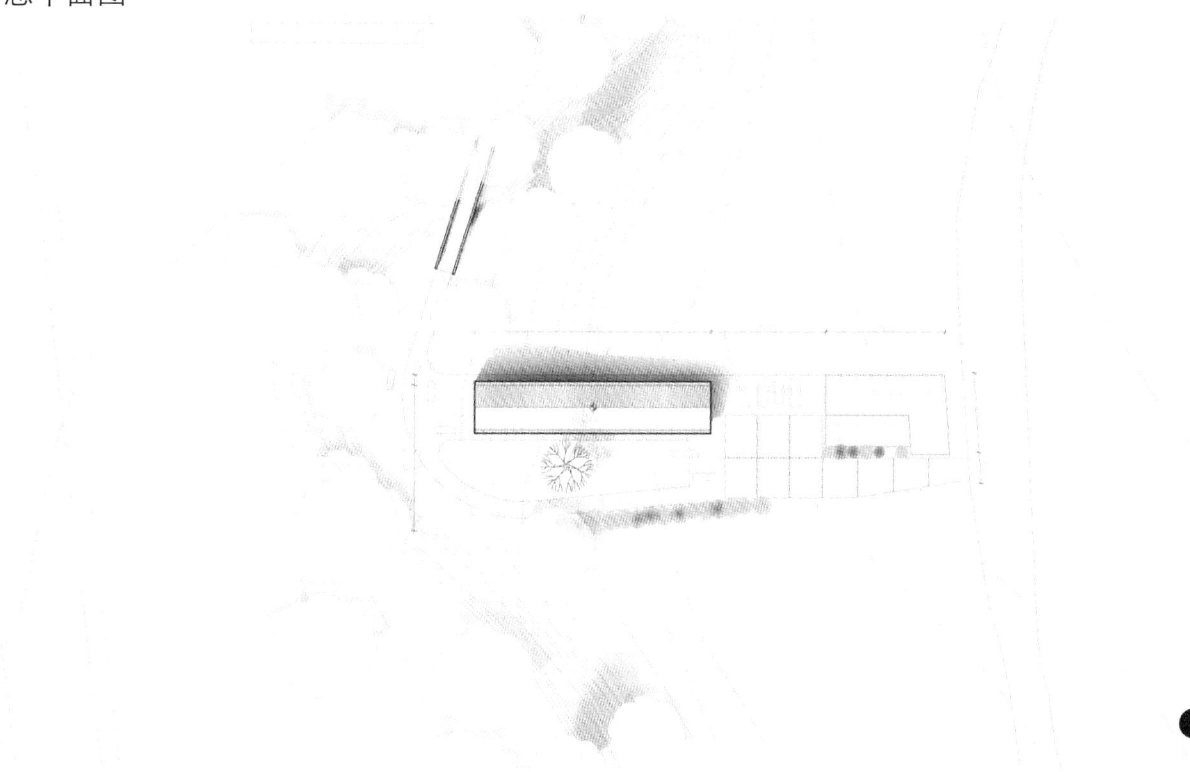

为协同合作场所设定的功能性项目非常简单。它由一个大的、统一的空间组成，人们可以在这里工作。这里将是一个安静而充满灵感的空间。这也是我认为要建立一个有别于“外部世界”的、完全在空间上隔离的场所的重要原因。但是，还会保持与“外部世界”的视觉联系。

The functional program of a co-working space is quiet simple: it consists of a large, unified space where people can work. It has to be a calm and inspiring space, that' s why I consider important the clear spatial isolation from the outer "world", while establishing a visual connection with it.

一层平面图

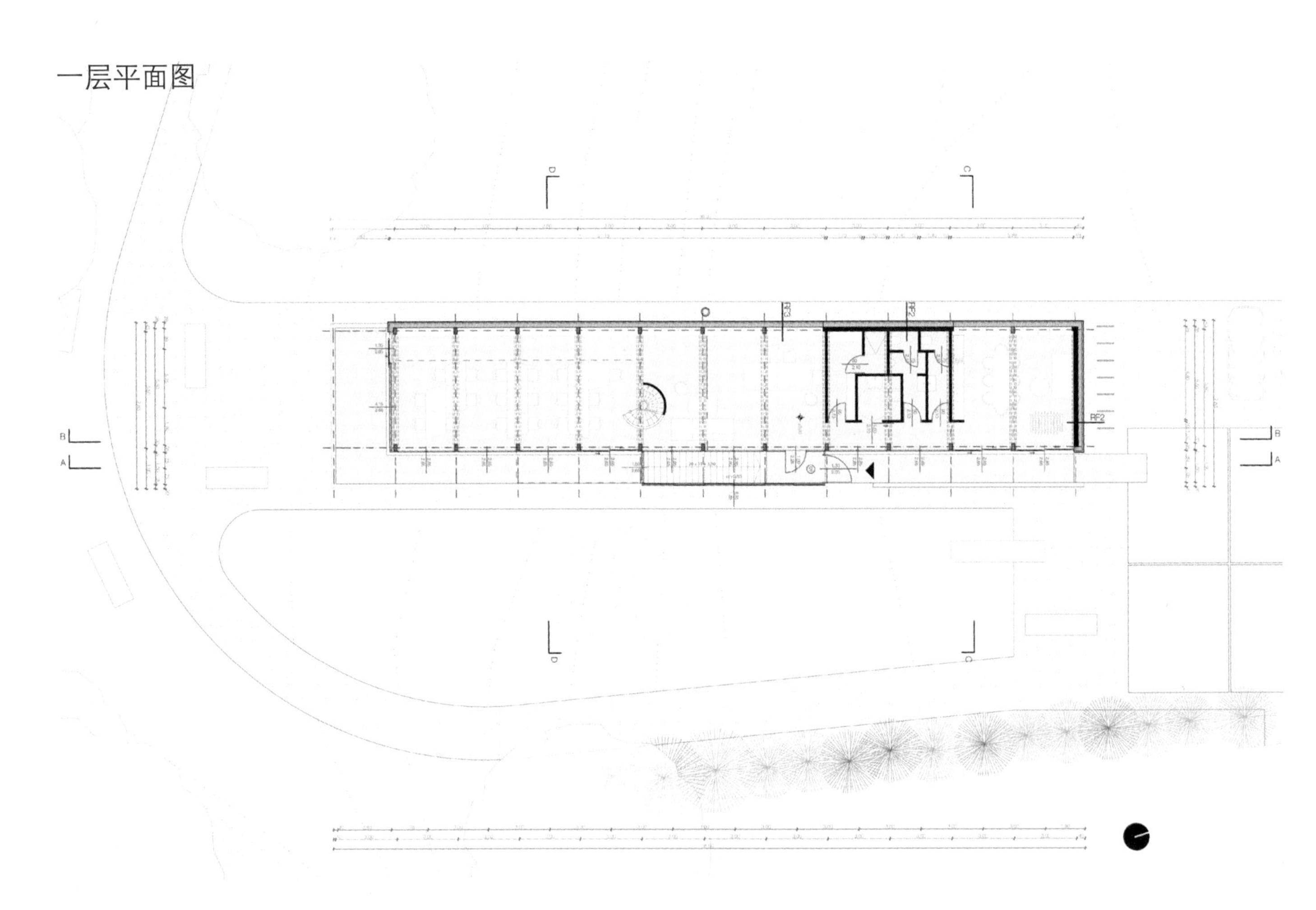

门廊形成内部和外部之间的过渡。一楼是一个统一的空间，螺旋楼梯和洗手间对空间之间进行了有效的隔音。
A porch forms a perceptive transition between inside and outside. The ground floor is a single, unified space where a winding staircase and the box of the restrooms give the spatial and acoustical separation between spaces, defining their level of activity.

二层平面图

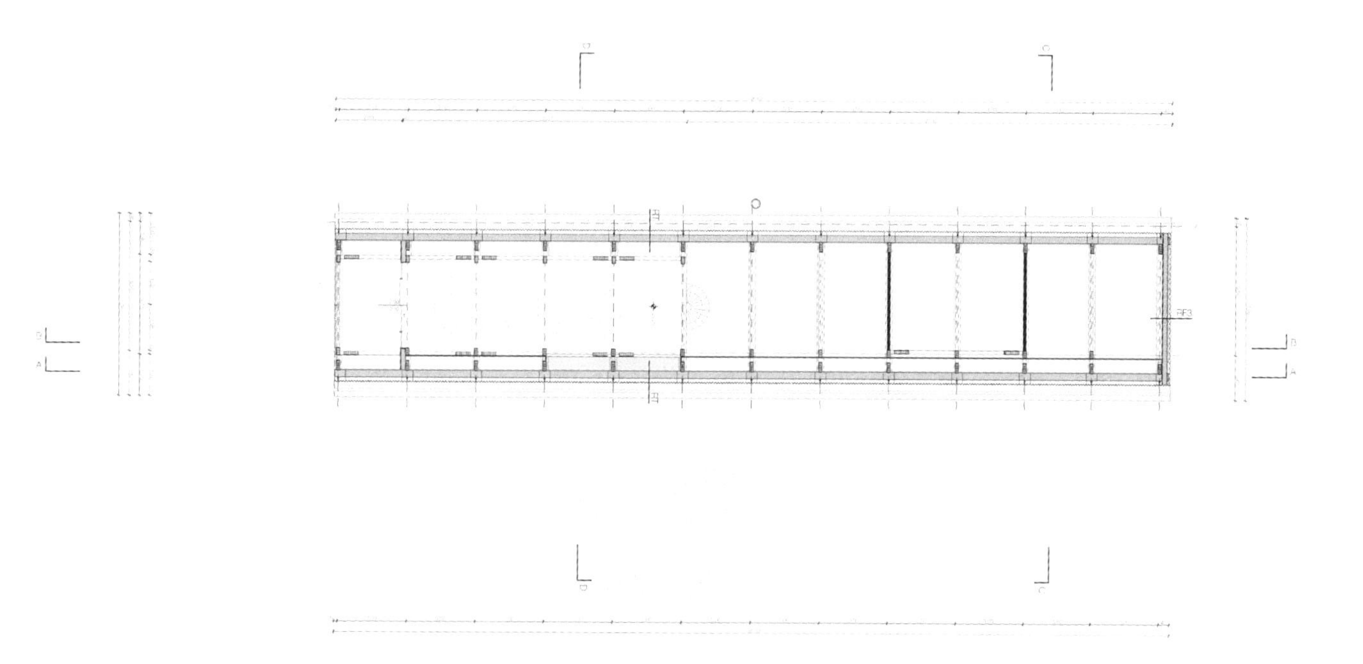

地下一层平面图

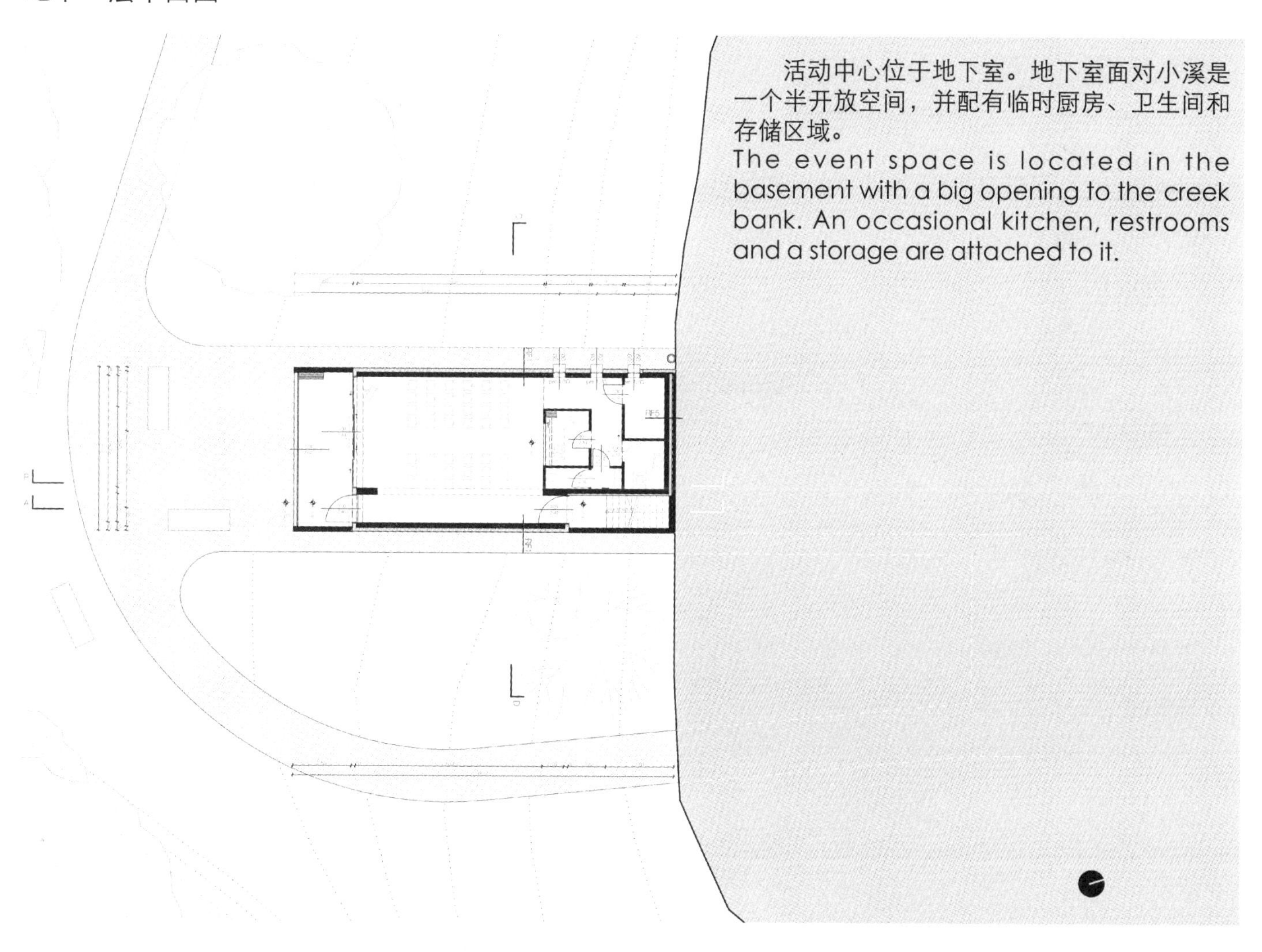

活动中心位于地下室。地下室面对小溪是一个半开放空间，并配有临时厨房、卫生间和存储区域。

The event space is located in the basement with a big opening to the creek bank. An occasional kitchen, restrooms and a storage are attached to it.

剖面图

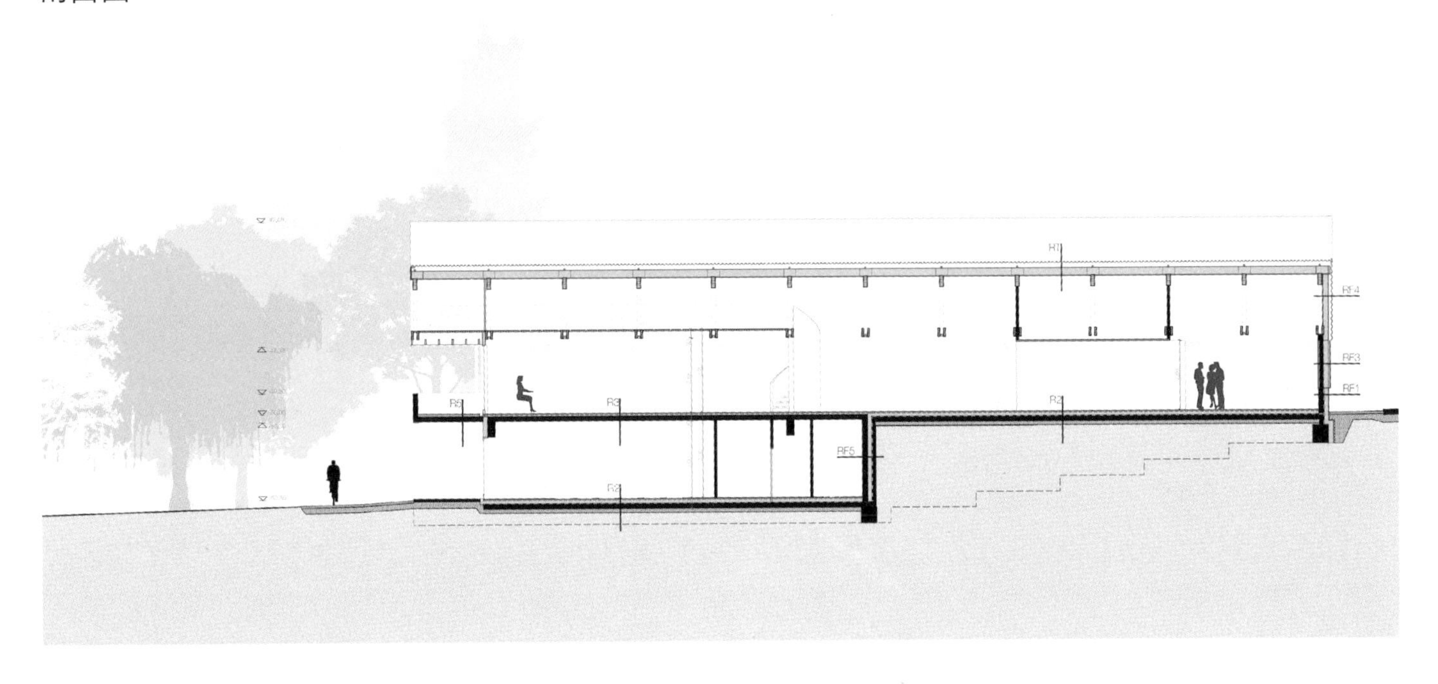

建筑结构示意图

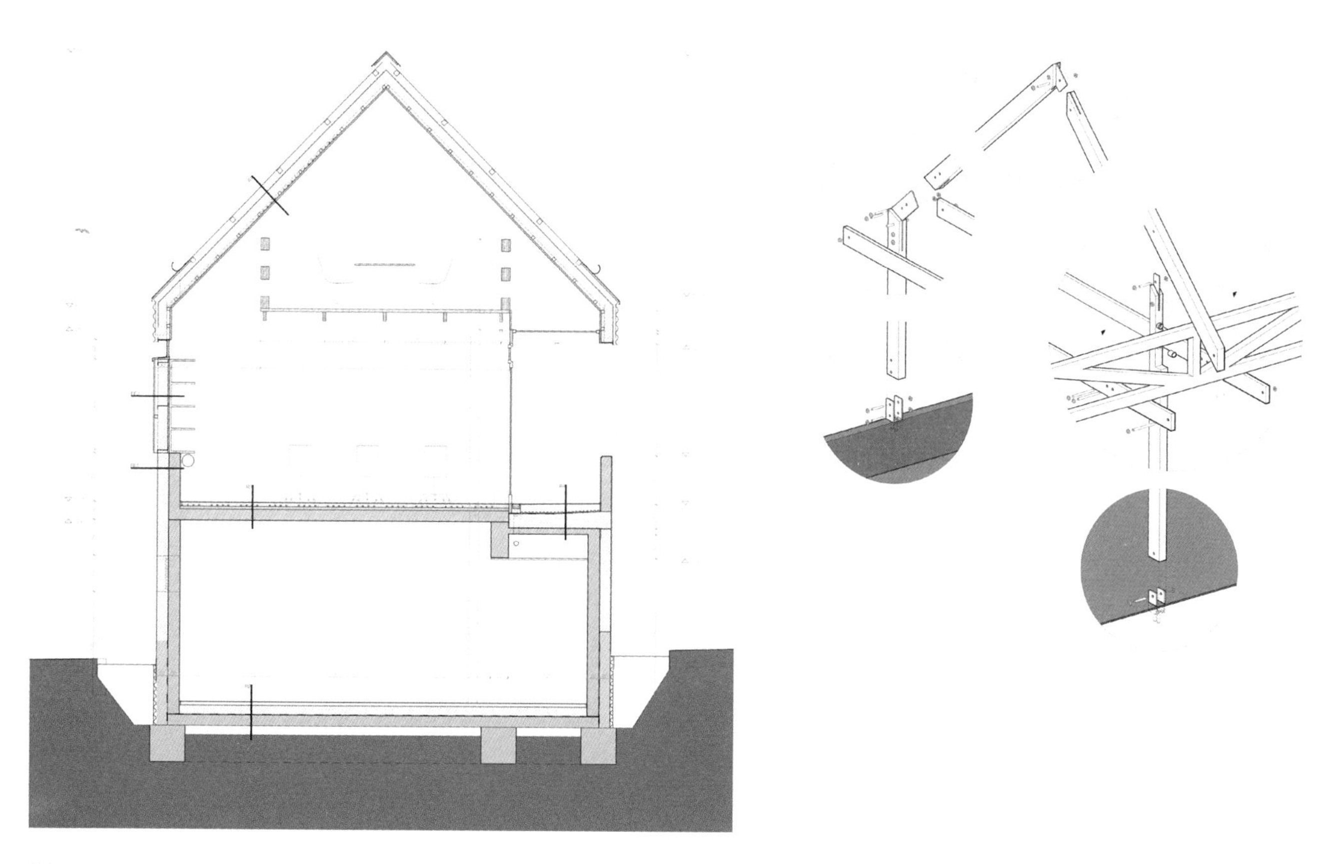

效果图

之间——岗脚村古建筑融合性空间设计

Interation: The Integration Space Design of Ancient Architecture in Gangjiao Village

学　生：陈豆
导　师：朱力　陈翊斌
学　校：中南大学
专　业：环境艺术设计

乡村建设如火如荼地进行着，乡建也成了热门话题。郴州市栖凤渡镇岗脚村是有着300多年历史的古村落，该村遗留的建筑群落集中，古建筑保护较好，具有再开发价值，因此作为本次课题研究的对象。

通过对当地的调研走访发现，留守儿童问题比较突出。之后将调研范围拓展到城市儿童，远离大自然的很多城市儿童也同样存在身心方面的问题。

因此，设计以“之间”为主题，用古建筑为平台打破城乡儿童的隔阂，通过对古建筑的重新利用，对环境及附属设施规划、改造，构建出拓展儿童生活体验的融合性空间，根据衣、食、住、行、玩、学等功能划分空间，使儿童在玩耍中体验，在体验中学习，在学习中成长。

地理位置

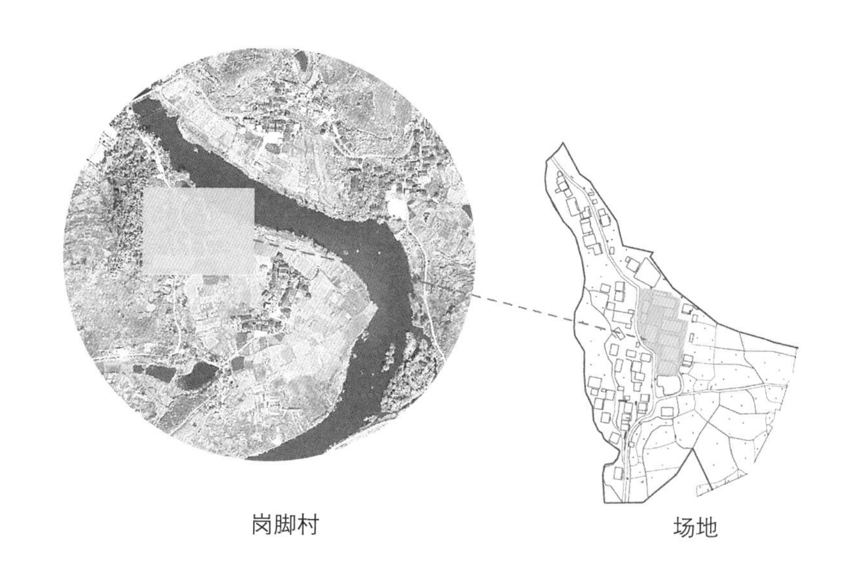

岗脚村　　　　场地

岗脚古民居位于郴州市苏仙区栖凤渡镇岗脚乡的栖河两岸，俗称老岗脚，地理坐标为东经112°41′，北纬25°25′，距郴州市中心24km。

历史变迁

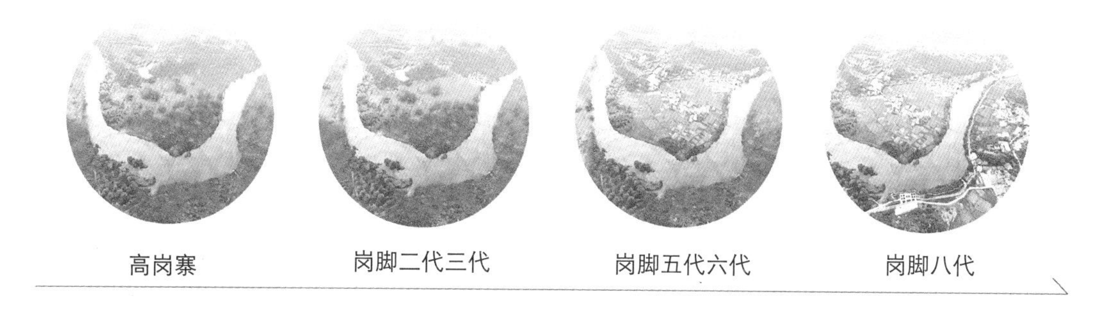

高岗寨　　岗脚二代三代　　岗脚五代六代　　岗脚八代

岗脚古民居为南宋名将右丞相李庭芝的后裔所建。据族谱记载，当年，李庭芝来湖南提刑时从江西带长子宏甫公来到高冈寨，因高冈寨易守难攻，宏甫公在高冈寨上隐居，之后子孙不断繁衍，便从高冈寨迁至山脚下，代代繁衍，渡过栖河，发展到现在的状况。

实地调研

区域交通图

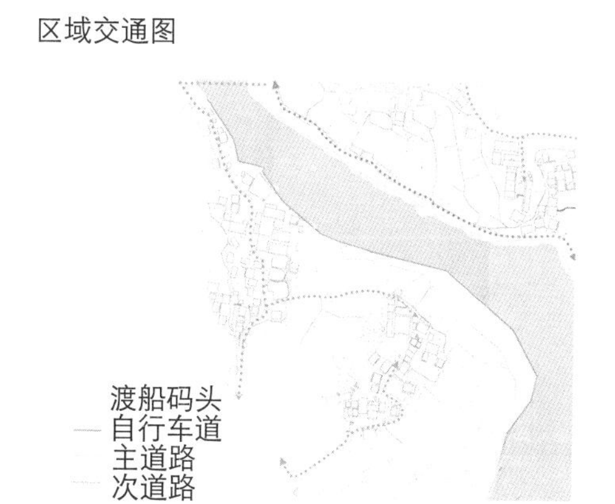

老岗脚位于栖河南岸，北部的桥是连通栖河两岸的主通道。小路穿插于房前屋后与田间。

区域用地现状图

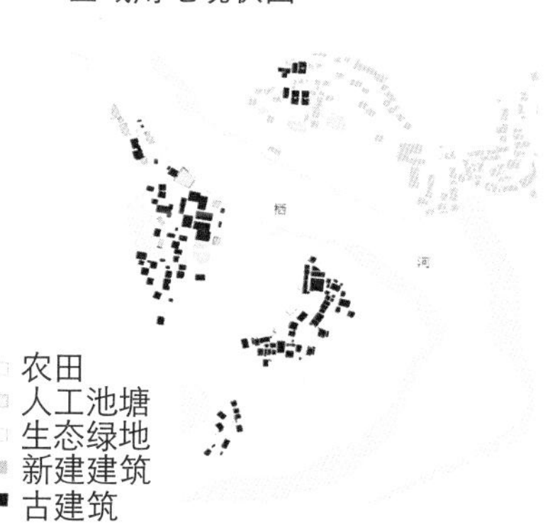

岗脚村大面积为农田和生态绿地，为使田地面积更大化，建筑密度较大，布局紧凑。

区位道路及通行方式

场地位于老岗脚的中心建筑群，交通较为便利。

场地周边现状分析

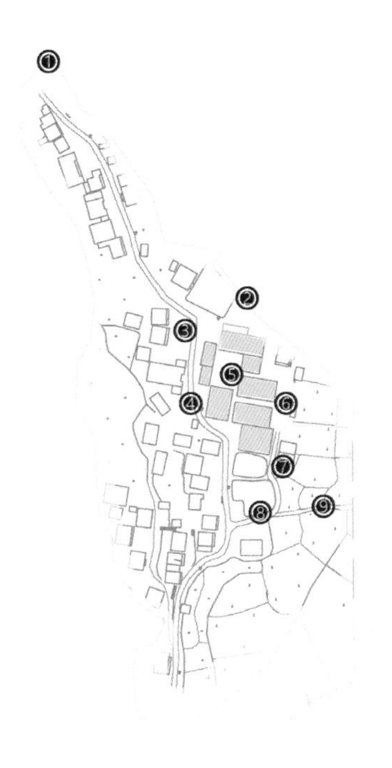

场地周边多为古建筑群落，先人在环境上非常的考究，流传着“后座犀牛岭，前朝笔架山，鳌鱼河边游，狮子锁海口”的俗语。

城乡儿童行为心理分析

（图片源自农村留守儿童网络调研）

岗脚村留守儿童时间分配表总结

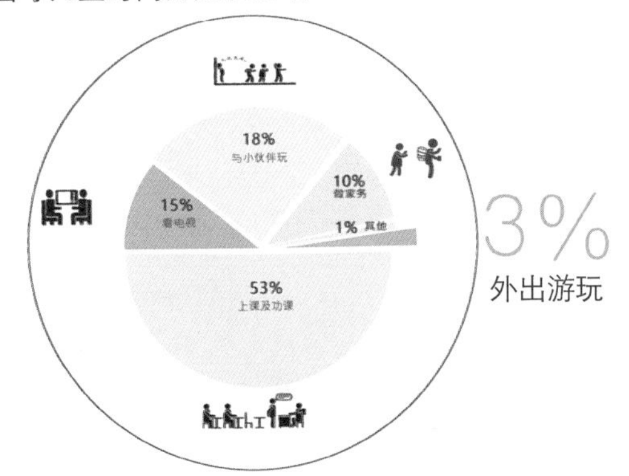

总结：因我国以户籍为基础、以城乡分割为特征的二元经济社会制度的存在，大规模人口流向城市务工，留守儿童的问题不仅仅在家庭层面造成了亲子分离，而且在社会层面也造成了村庄的凋敝和空心化，这是儿童不善于与人交流，自卑、孤僻等心理疾病产生的缘由。

（图片源自城市儿童网络调研）

50位城市儿童时间分配表总结

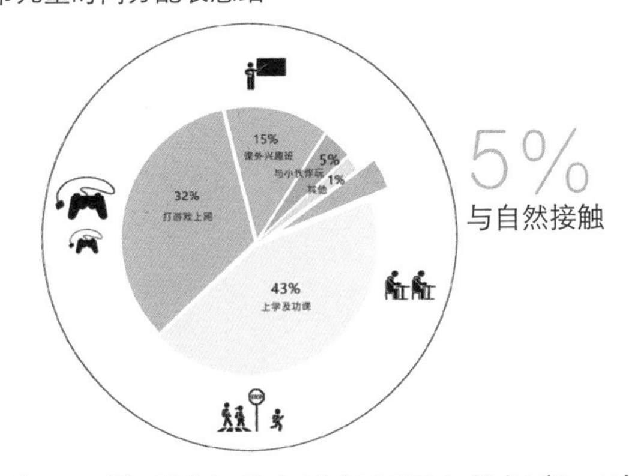

总结：同样对城市儿童进行了深入的探究，对于城市儿童来说，城市化的进程侵蚀了传统的公共区域以及传统的文化氛围，儿童被迫待在家中，原本的绿树成荫、蜿蜒小溪不见了踪迹，可以任意玩耍的空间少之又少，儿童渐渐与大自然疏远，这是儿童抑郁、焦虑，缺乏好奇心和创造性等原因之一。

岗脚村留守儿童现状分析

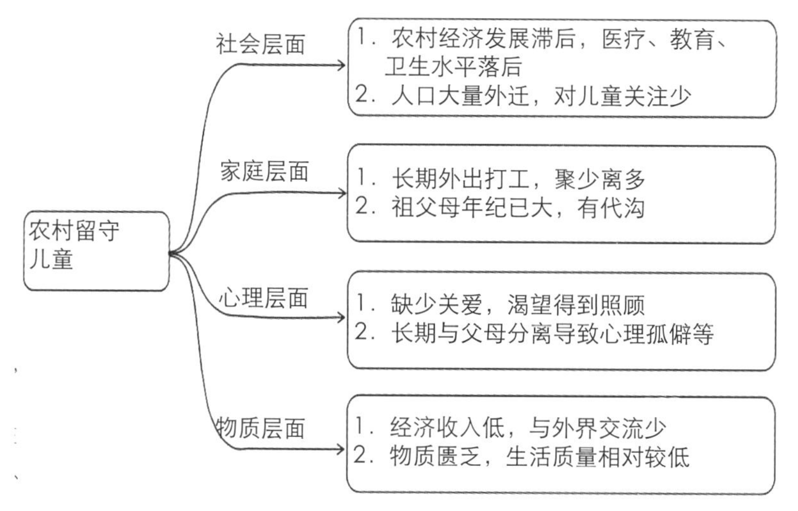

城市儿童现状分析

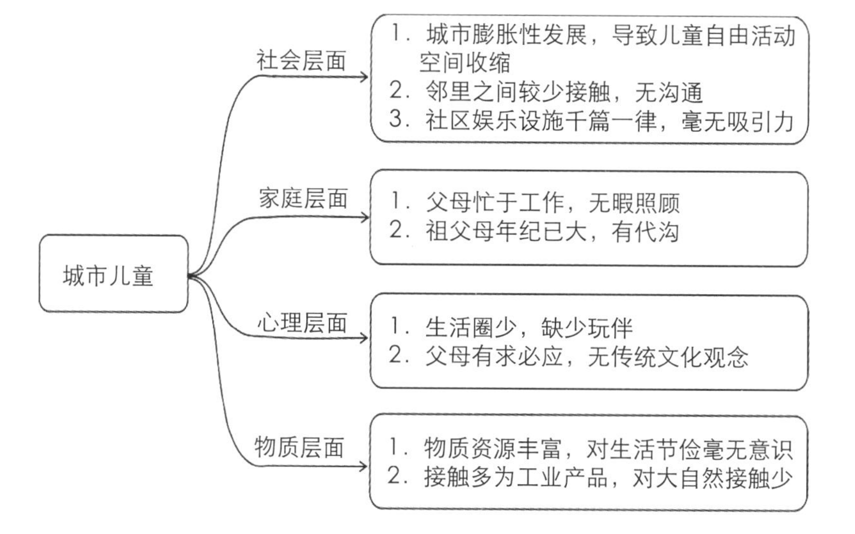

走访居民调研

问：您觉得还需要什么样的功能设施？
答：希望有个给孩子看书的地方，除了学校的课本，没有什么课外书可看，有看书的地方比其他玩的地方更重要。

问：如果政府开发这片区域，您有什么想法？
答：也没有什么别的，把老房子修一修，祖宗留下的东西就剩这么些了。

问：爸爸妈妈不在家，平时玩些什么？
答：和朋友玩，但是之前和我一起玩的现在都出去了。

问：放假这么长的时间，都会干什么？
答：捉泥鳅玩，钓鱼。

设计概念

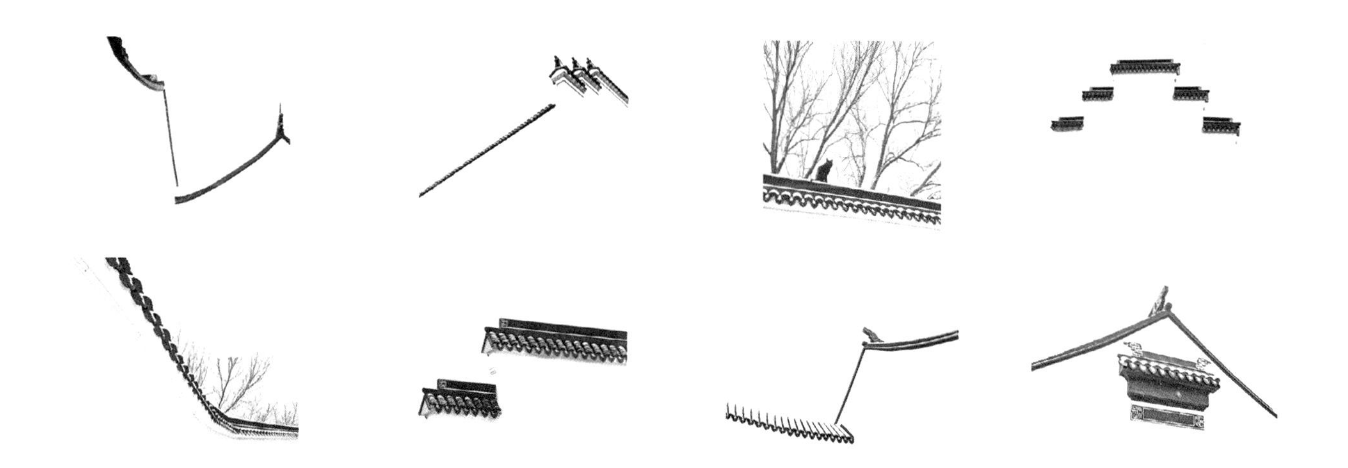

岗脚古民居的历史悠久，栋栋古民居或邻溪筑墙，或依山叠楼，溪流曲折迂回流经村舍庭院，形成它壮美与优美的完美结合。

设计概念由岗脚村的建筑中提取，马头墙、山墙等组成的元素进行抽象化，融入岗脚村历史人文的意象，以“飞檐叠楼，瓦屋流墙”为概念，运用到设计中。

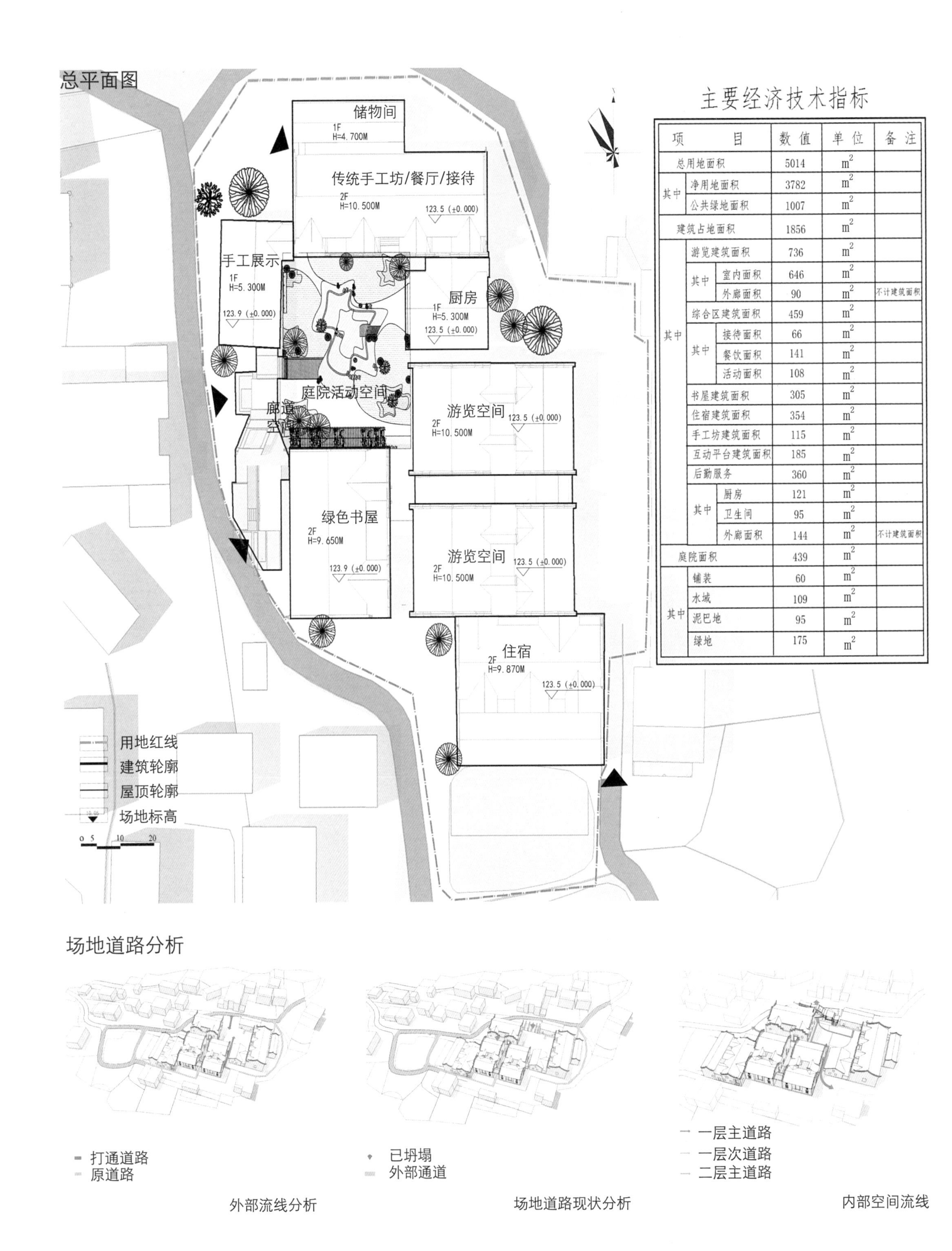

主要经济技术指标

项目			数值	单位	备注
总用地面积			5014	m^2	
其中	净用地面积		3782	m^2	
	公共绿地面积		1007	m^2	
建筑占地面积			1856	m^2	
其中	游览建筑面积		736	m^2	
	其中	室内面积	646	m^2	
		外廊面积	90	m^2	不计建筑面积
	综合区建筑面积		459	m^2	
	其中	接待面积	66	m^2	
		餐饮面积	141	m^2	
		活动面积	108	m^2	
	书屋建筑面积		305	m^2	
	住宿建筑面积		354	m^2	
	手工坊建筑面积		115	m^2	
	互动平台建筑面积		185	m^2	
	后勤服务		360	m^2	
	其中	厨房	121	m^2	
		卫生间	95	m^2	
		外廊面积	144	m^2	不计建筑面积
庭院面积			439	m^2	
其中	铺装		60	m^2	
	水域		109	m^2	
	泥巴地		95	m^2	
	绿地		175	m^2	

因多条通道坍塌，建筑与外部空间的连通多已切断，只有两条道路通向内部空间。设计中将把堵塞的路口疏通，使得场地与环境有更多的联系，从而模糊以建筑为主的边界，打破外向封闭、内向开放的空间特点。

建筑结构总平面图

入口区域平面图

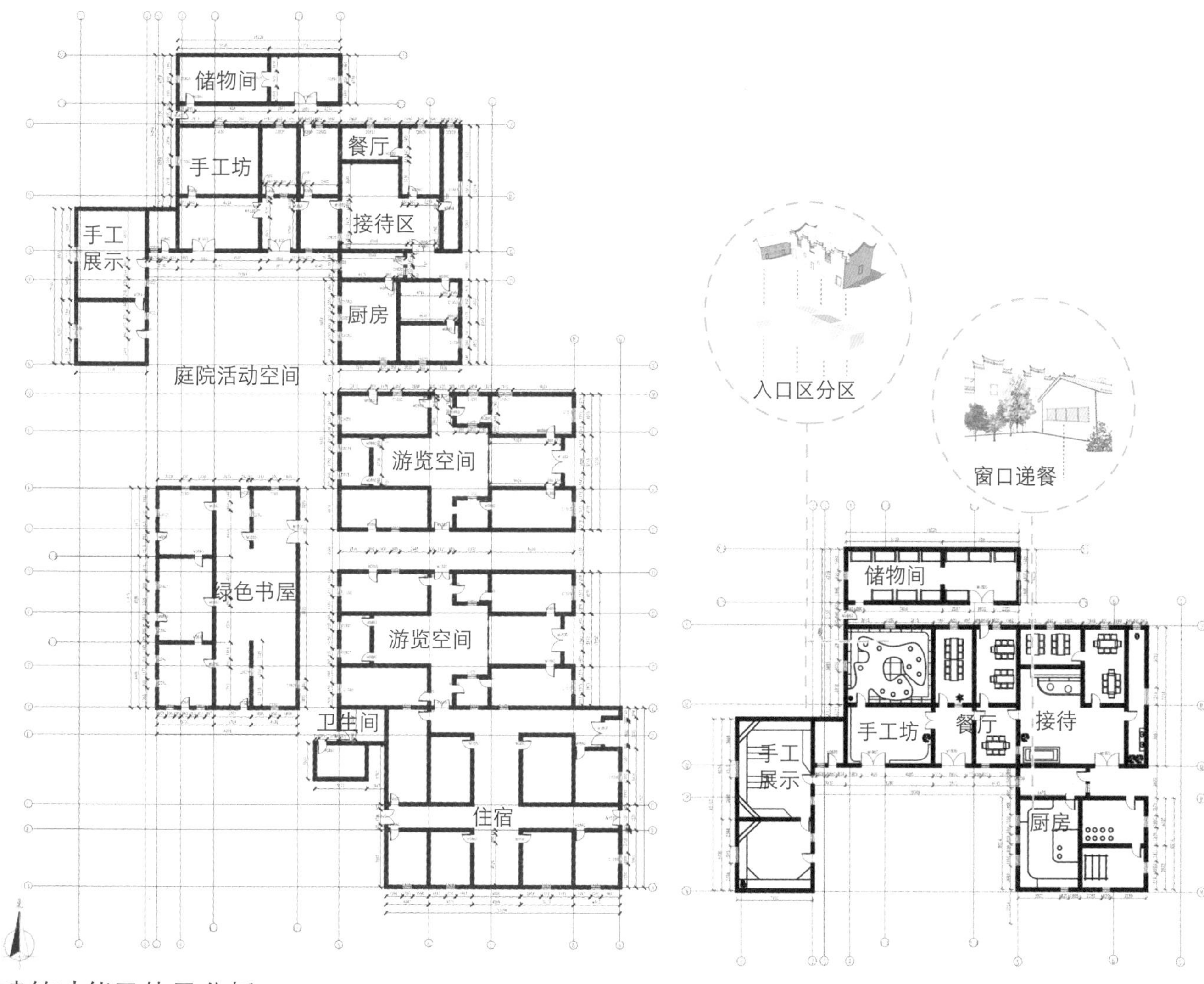

建筑功能及体量分析

游览空间平面图

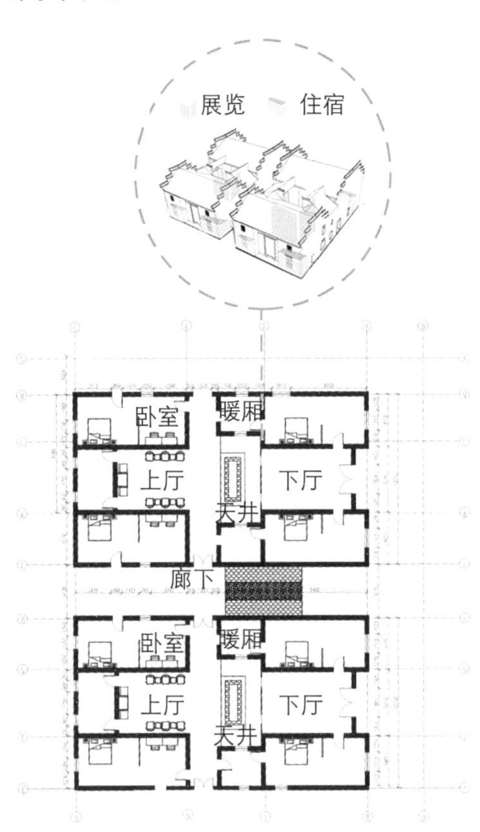

住宿空间平面图

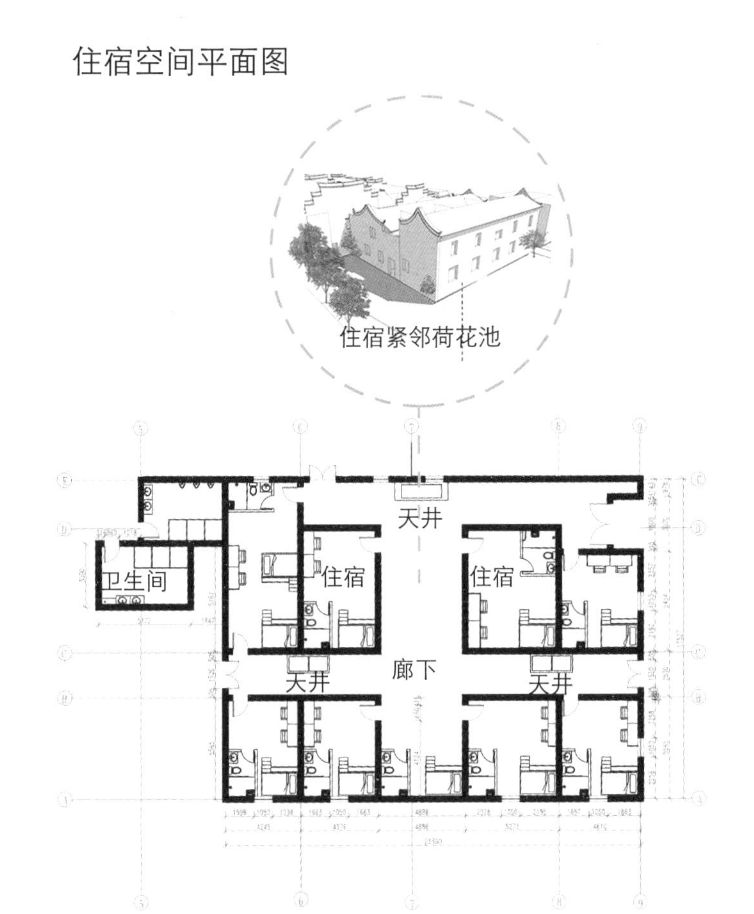

入口区域功能分析

入口处为接待区，服务台南对天井，采光极好。厨房为原有功能，设计中在朝向庭院的部分开窗，使得厨房与庭院之间形成流动的空间。

厨房窗户采用侧面反射采光的形式，使得原本光线昏暗的厨房形成良好的光环境。视线的通透使得劳动者能够在景色与阳光中感到舒适，也使得孩子能够直观地看到劳动的辛苦。

手工平台区域采用流线的桌面设计，培养孩子们之间的合作能力及对传统工艺的认知。

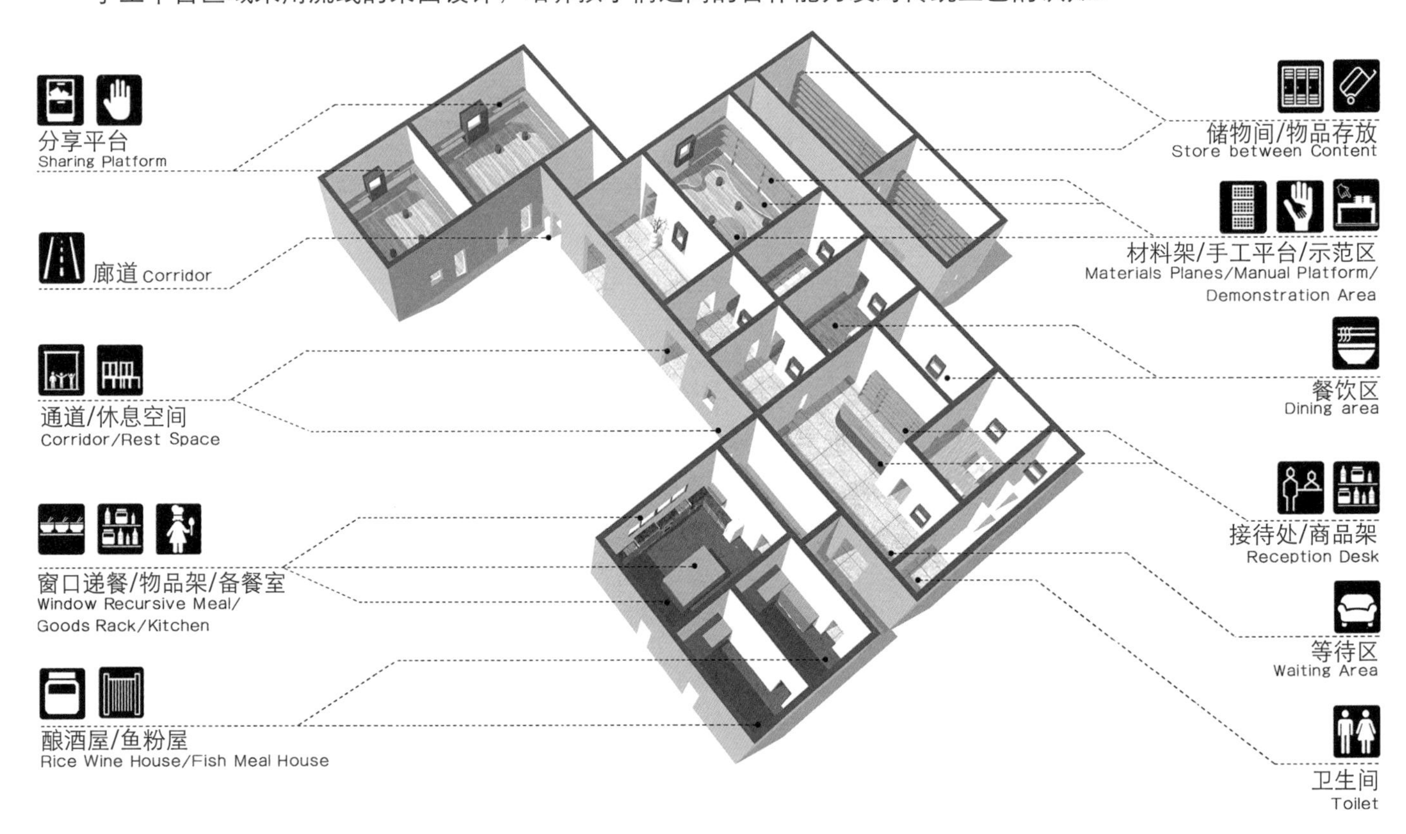

游览空间功能分析

游览空间建筑保存完好，设计将保留原始空间布局，上厅处摆设桌椅，还原原始的生活面貌。

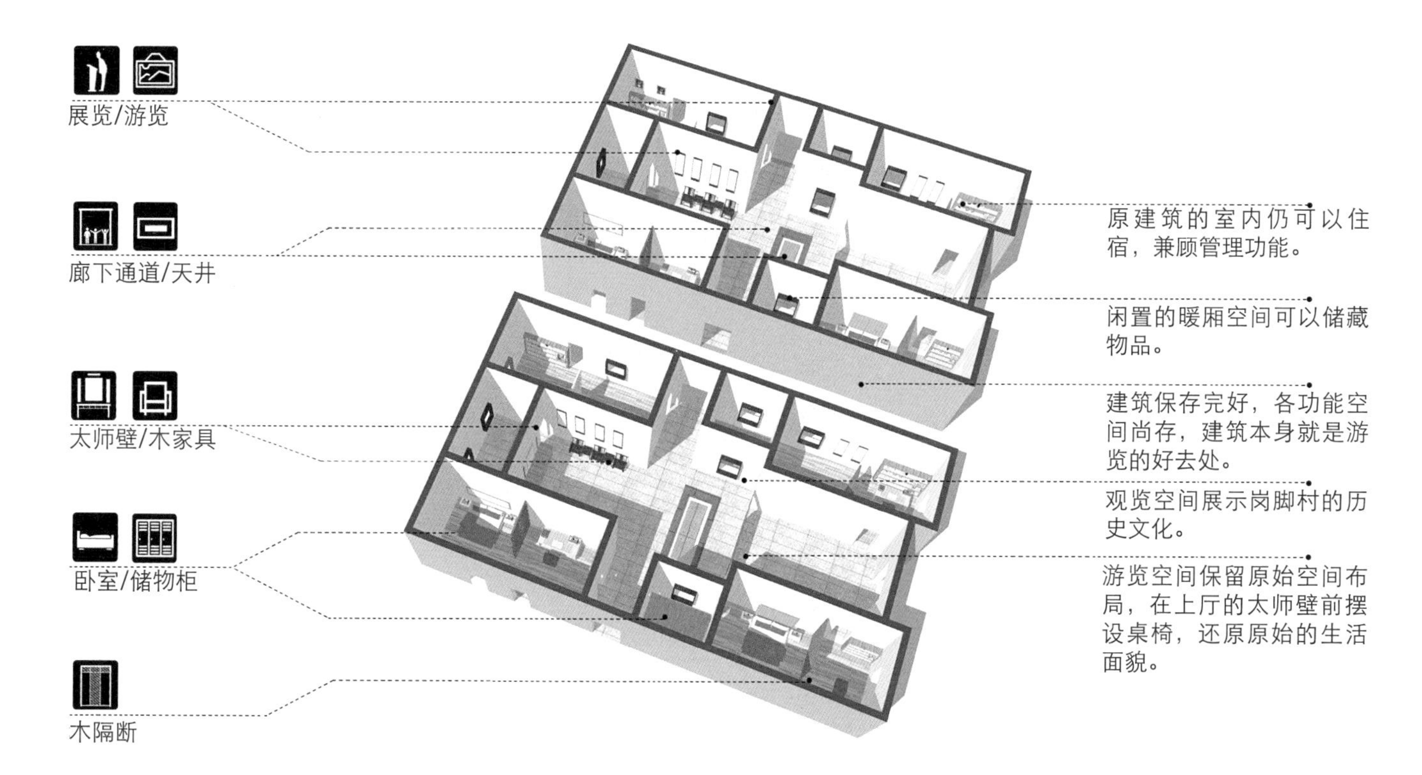

住宿空间功能分析

住宿为静态空间，将远离周围的喧闹，住宿空间共9个房间，房间内设有内卫，分为家长陪同区和儿童区，使得农村儿童更多地与外界交流。

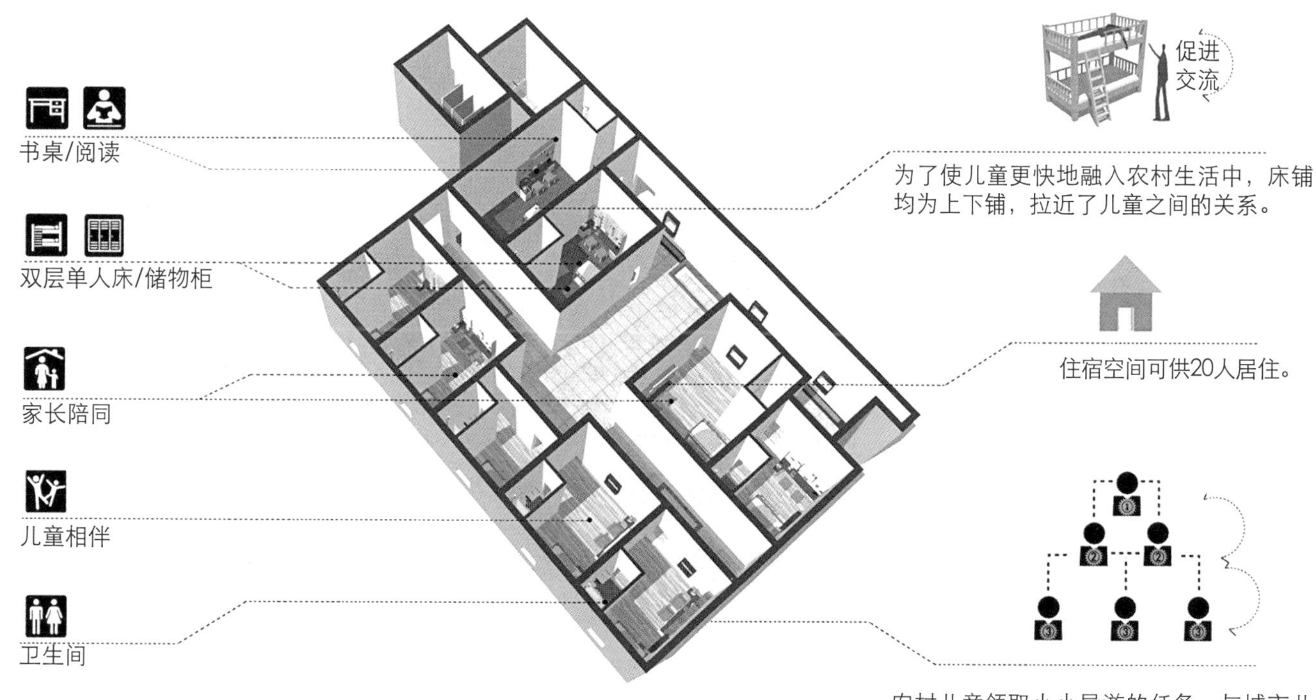

绿色书屋空间

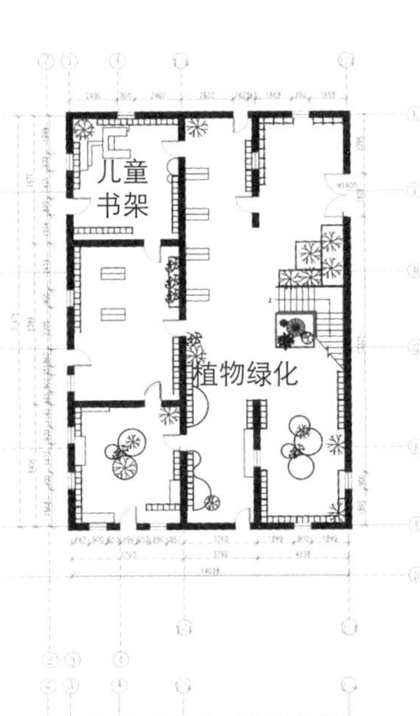

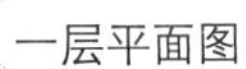
一层平面图

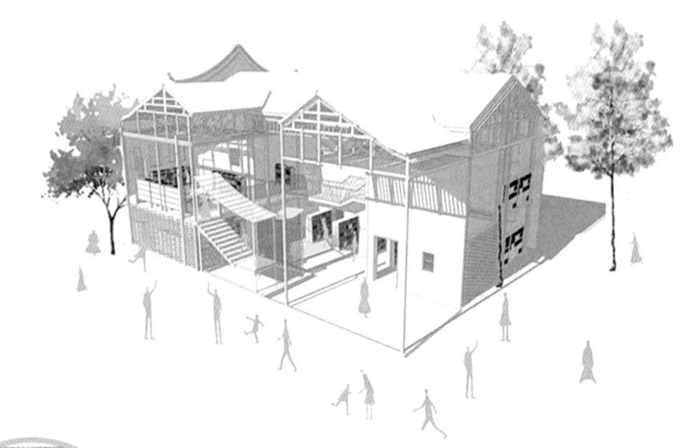

二层西部布置为学习室，在农村有相当一部分儿童没有舒适的书桌，摆起的小凳子便是学习的地方，书屋的学习室方便了没有较好条件学习的儿童，可来到图书室做功课。

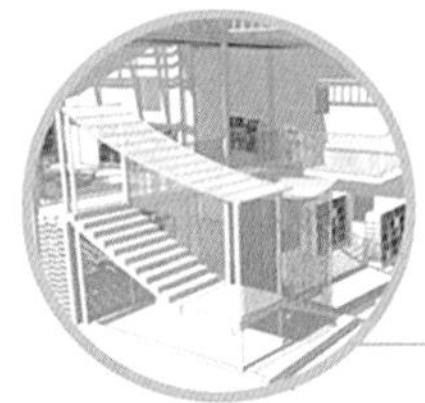

楼梯上部架设棚架遮挡天井处的降雨，曲线的顶部处理，强化水平空间的层次与流动。

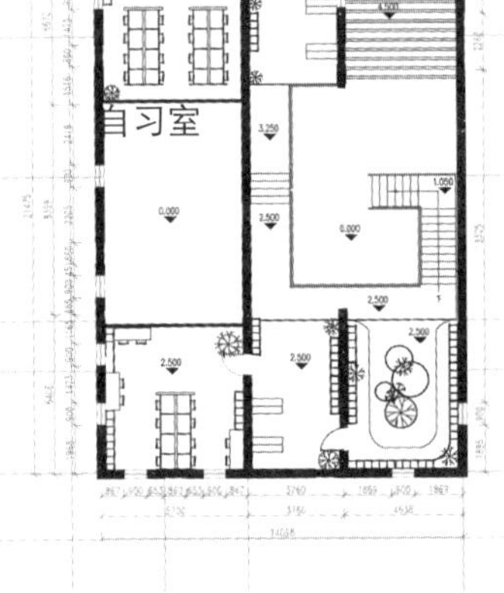

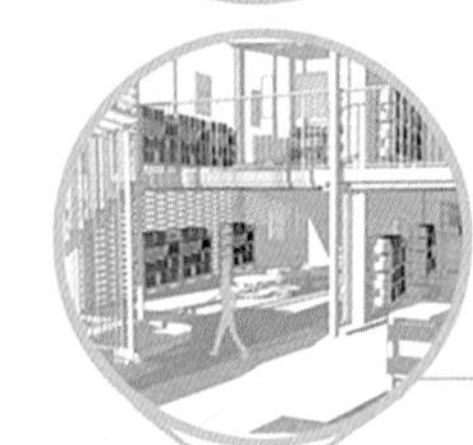

儿童阅读区地面铺设软质材料，可躺可坐，座椅中心种植室内植物。

二层平面图

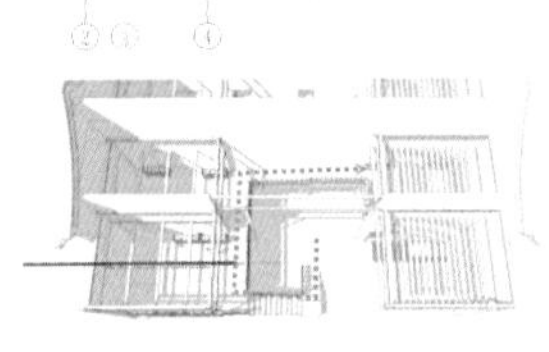

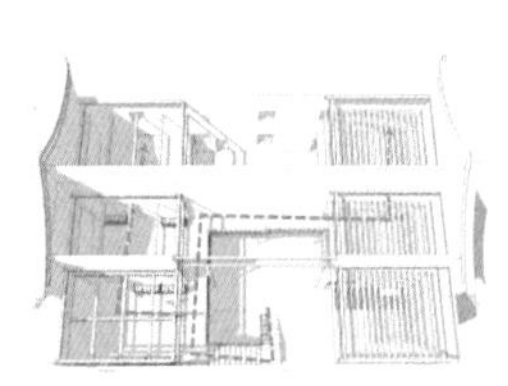

设计中为了连接楼层的空间，加设了楼梯串联，其中，楼梯使原本封闭的各个单独的空间有了联系，儿童可以通过楼梯随意穿梭在各个空间中。

廊道空间

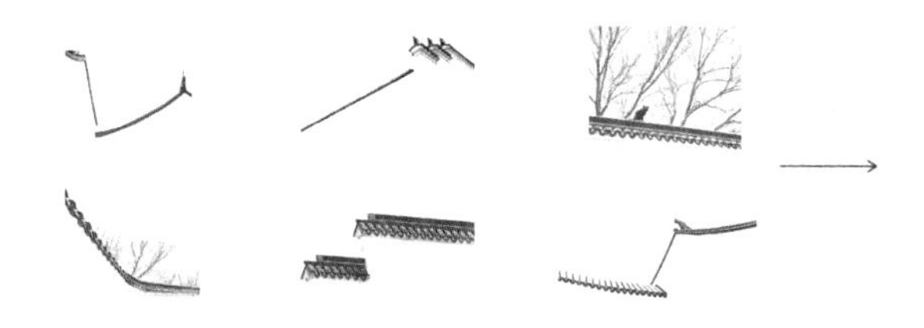

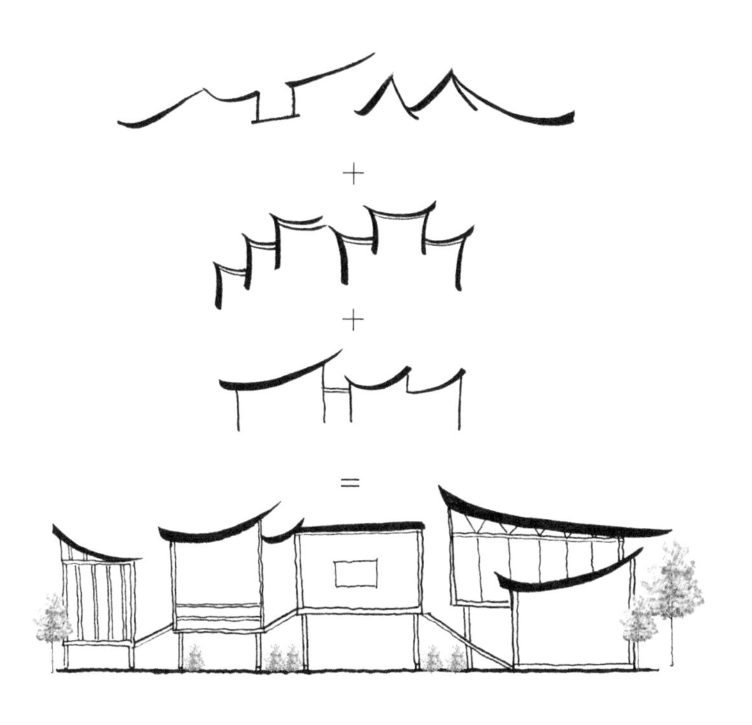

设计概念在岗脚村的建筑中提取，在总体概念中引申。

连廊空间由5个体块构成，不同体块之间用楼梯连接，错落的空间高度给儿童不同的体验，在空间中融入植物和蔬菜种植区域，增加儿童之间的互动。

从屋檐中提取元素，形成飞翘的屋顶。马头墙的元素增加空间的错落，融合形成廊道概念。

廊道平面图

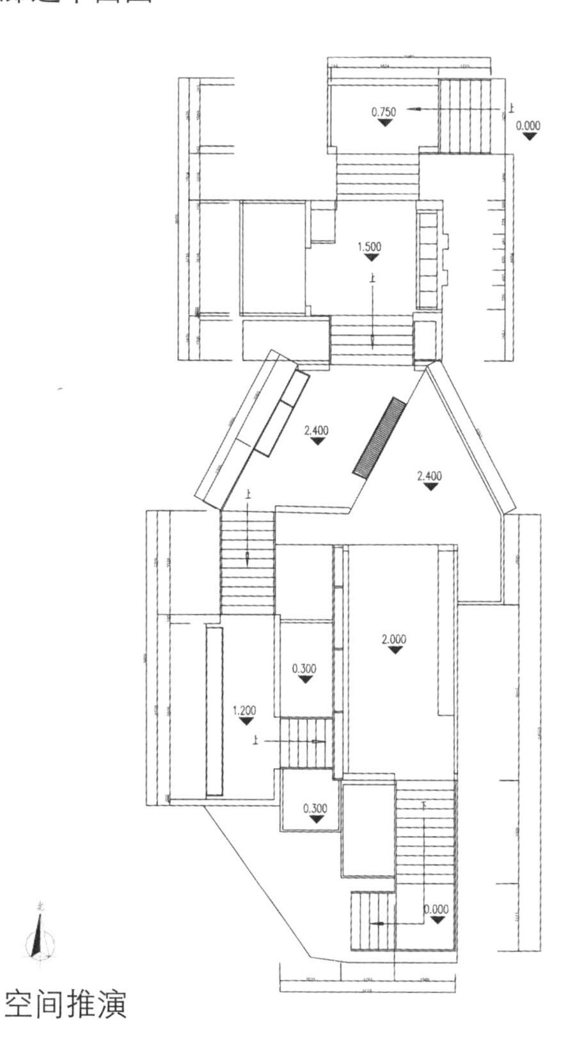

廊道功能分析

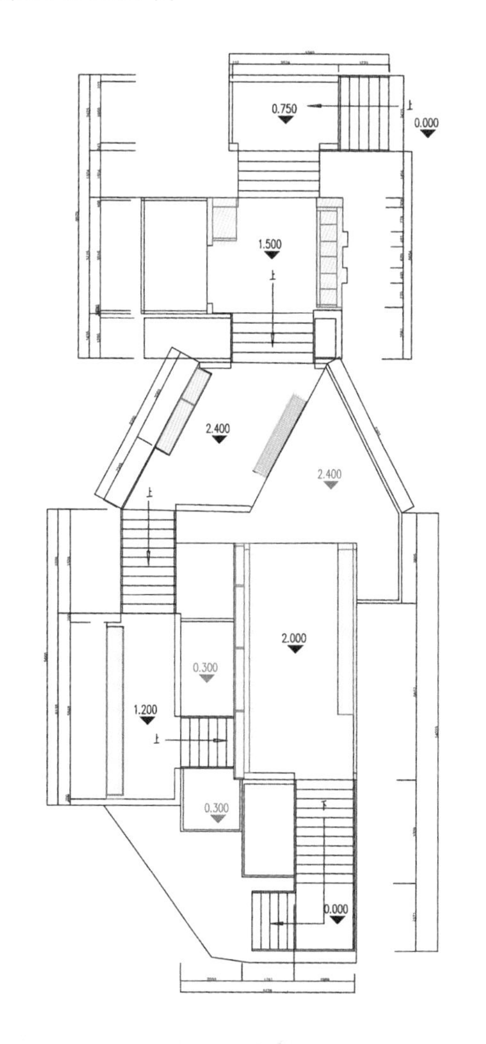

蔬菜植物置入

休息座椅

户外平台

一层植物

空间推演

儿童可在格子内种植属于自己的植物或蔬菜，而农村儿童也将充当小小师傅的角色，与城市儿童一起分享农作劳动的乐趣。廊道的半封闭顶棚，在阳光的照射下，使空间内部形成丰富的光影变化，丰富室内空间。

廊道立面图

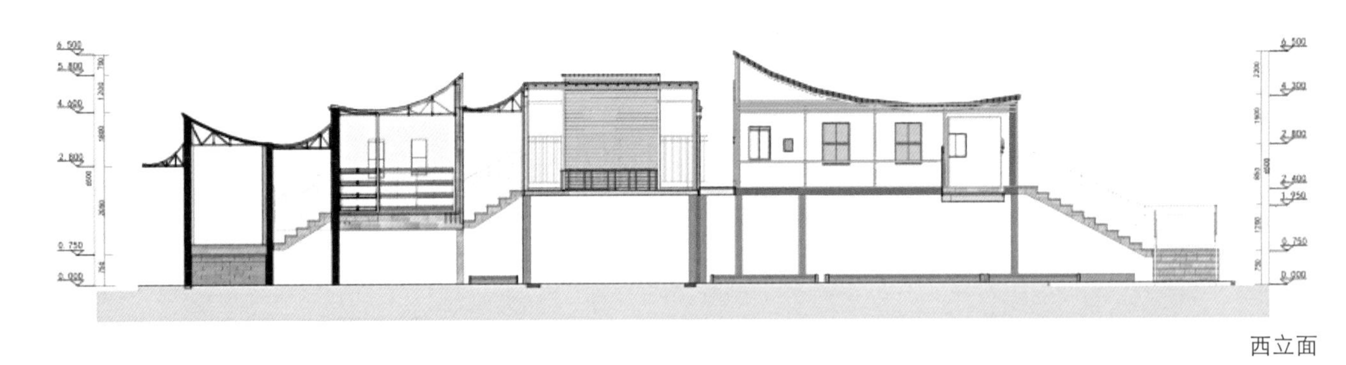

西立面

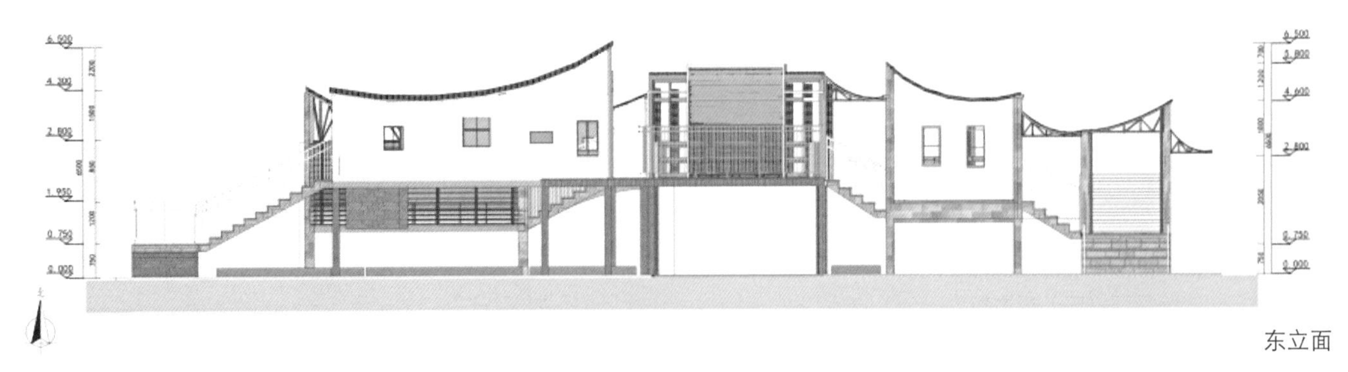

东立面

廊道活动平台效果图

廊道内外的活动平台给儿童提供了丰富的活动空间。

廊道解构图

棚架屋顶

空间立面的设计采用当地的青石砖、木材、竹子等加工，使用当地可回收材料，使得廊道更加的生态环保。

儿童可在格子内种植属于自己的植物或蔬菜，而农村儿童也将充当小小师傅的角色，与城市儿童一起分享农作劳动的乐趣。

创造上下交错覆盖、高低错落的小屋，他们会在不同的空间里遇到，会在纵向空间里相望，它既是孩子们观赏游玩的场所，更是蔬菜植物生活的空间。

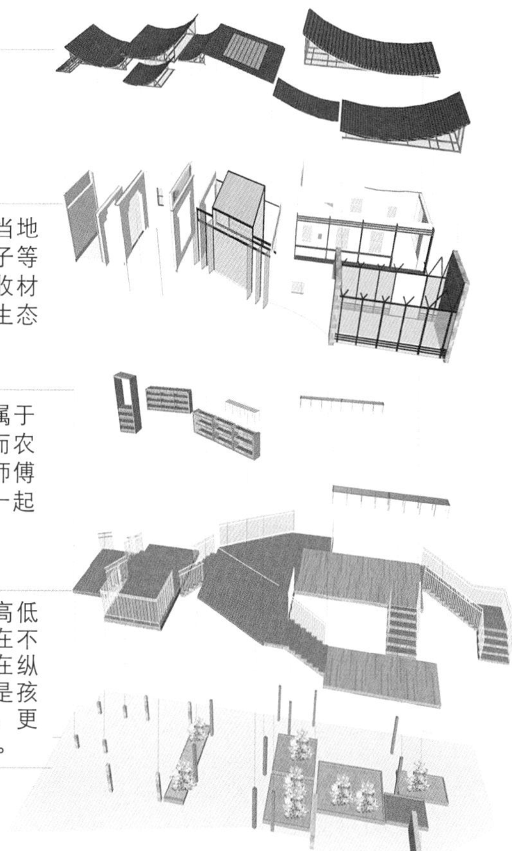

湖州市安吉剑山乡村度假民宿及景观设计

JianShan Village Vacation Home and Landscape Design in Anji County, Huzhou City

学　生：张春惠
导　师：彭军　高颖
学　校：天津美术学院
专　业：环境艺术设计

湖州市安吉剑山乡村度假民宿建筑效果图

随着美丽乡村建设如火如荼地进行，民宿成了乡村旅游最受关注的话题，当大家还在论证这究竟是设计之福还是乡村之祸的时候，我们应该发挥各自的智慧，保护古旧的山水，还民宿于民间，为当地创造经济价值，达到美丽、经济的和谐共生，使乡村活力回归，游客的心灵回归，这就是设计的意义之所在。

地貌的破坏是城市发展形成的必然，尽管已经申请为世界文化遗产，但是破坏仍旧没有终止，为此我感到十分惋惜。城市需要历史，需要流传……

基地概况

基地位于中国浙江省湖州市安吉县，当地旅游业发达，自然气候环境优越，当地的主要特产有竹和安吉白茶，同时是电影《卧虎藏龙》的拍摄基地。

项目位置

实景照片

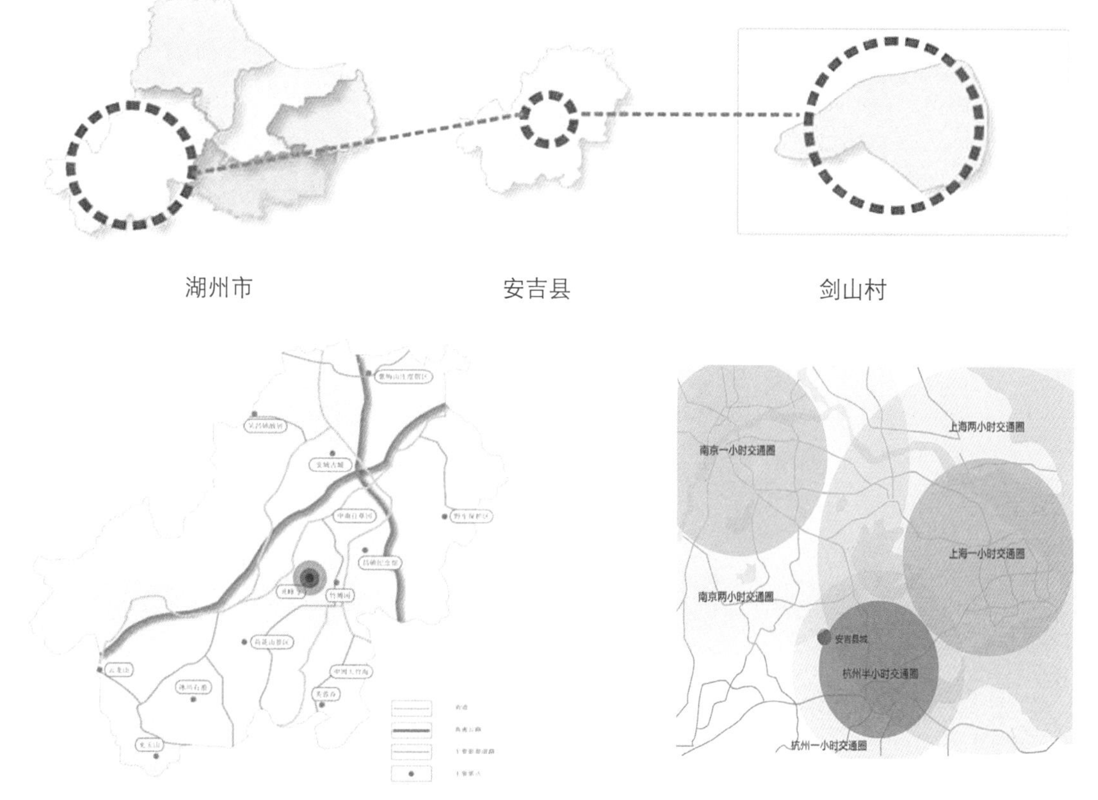

项目用地与周边景区的关系示意图

安吉在长三角的交通示意图

建筑安吉剑山度假民宿是一个施工到一半的项目，现存部分设施有被再利用价值。

设计定位

通过对安吉周边县区的行业分析发现，在竞争景区林立的情况下，只有通过差异化设计才能吸引更多的游客资源。

建筑场地分析

单纯的保留与新建都无法满足精品度假民宿的服务品质，由此，我提出的解决问题的方式是在园区的中心位置打造精品度假民宿。

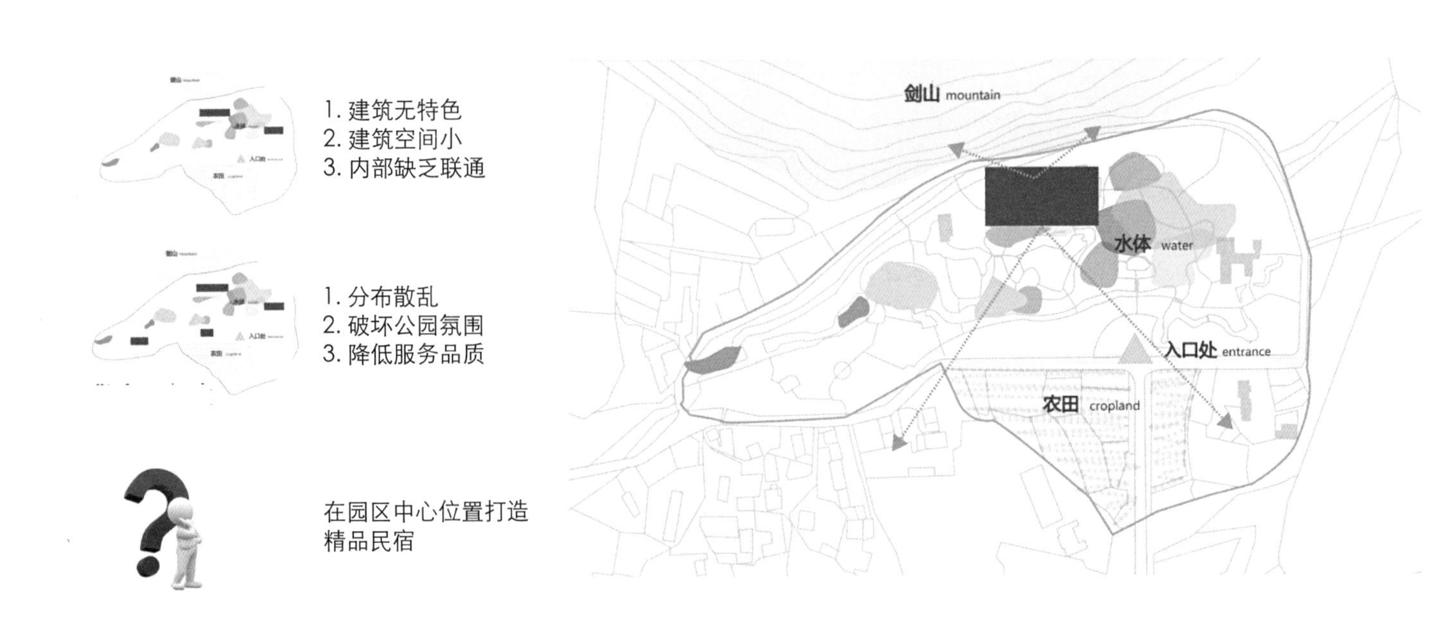

建筑功能分区图

民宿建筑面积为1920m²，客房总间数为20间，且配套功能齐全，有利于通过一站式的体验项目来提升酒店的服务品质，形成安吉特色的健康时尚标签。

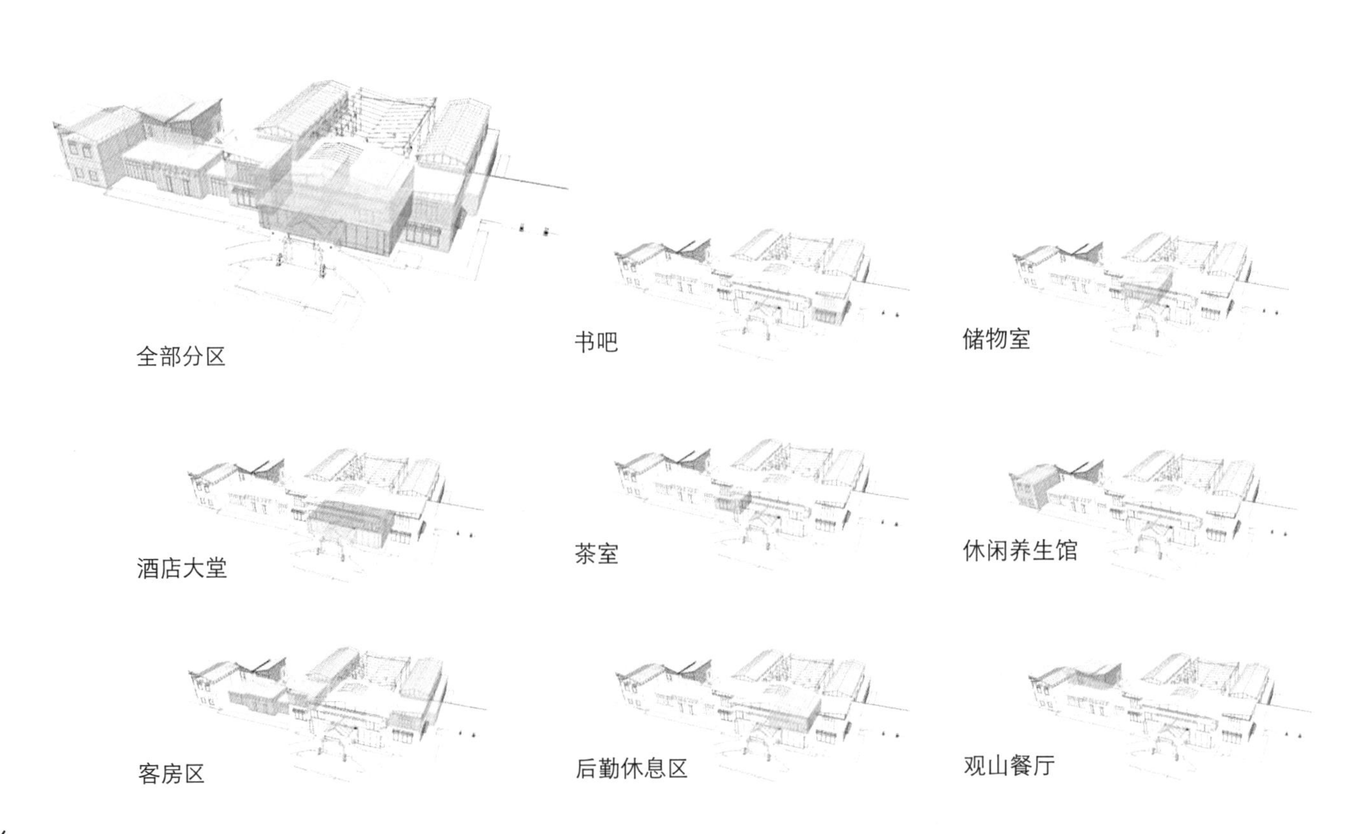

空间流线组织

将建筑内部的功能区域划分明确后，通过合理的流线设计将它们有机地联系起来，这是提升整个度假民宿服务品质的关键。

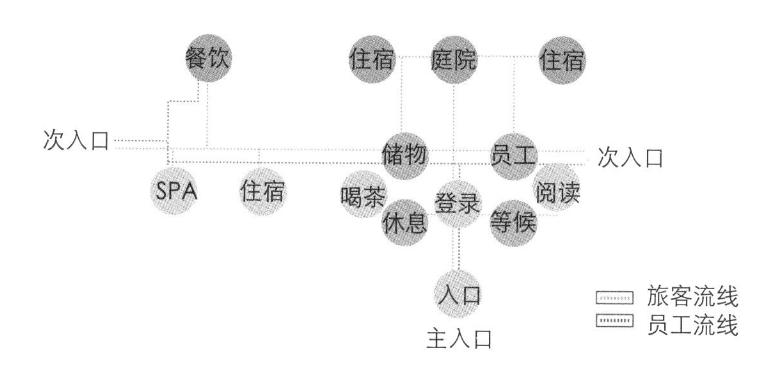

材质策略

通过运用富有安吉特色的传统材质与新型材质的碰撞，实现古今的融汇。

建筑平面图

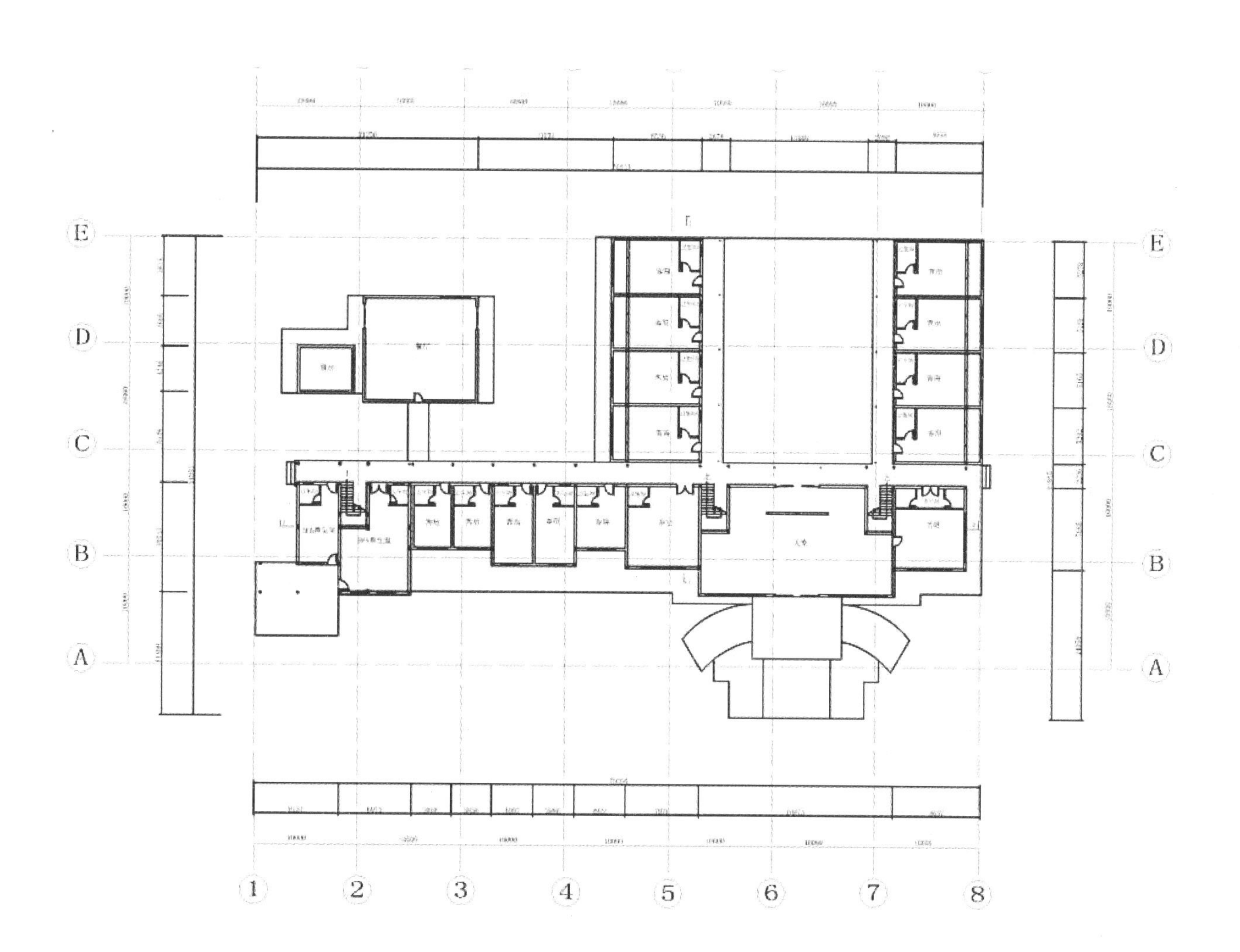

一层平面图

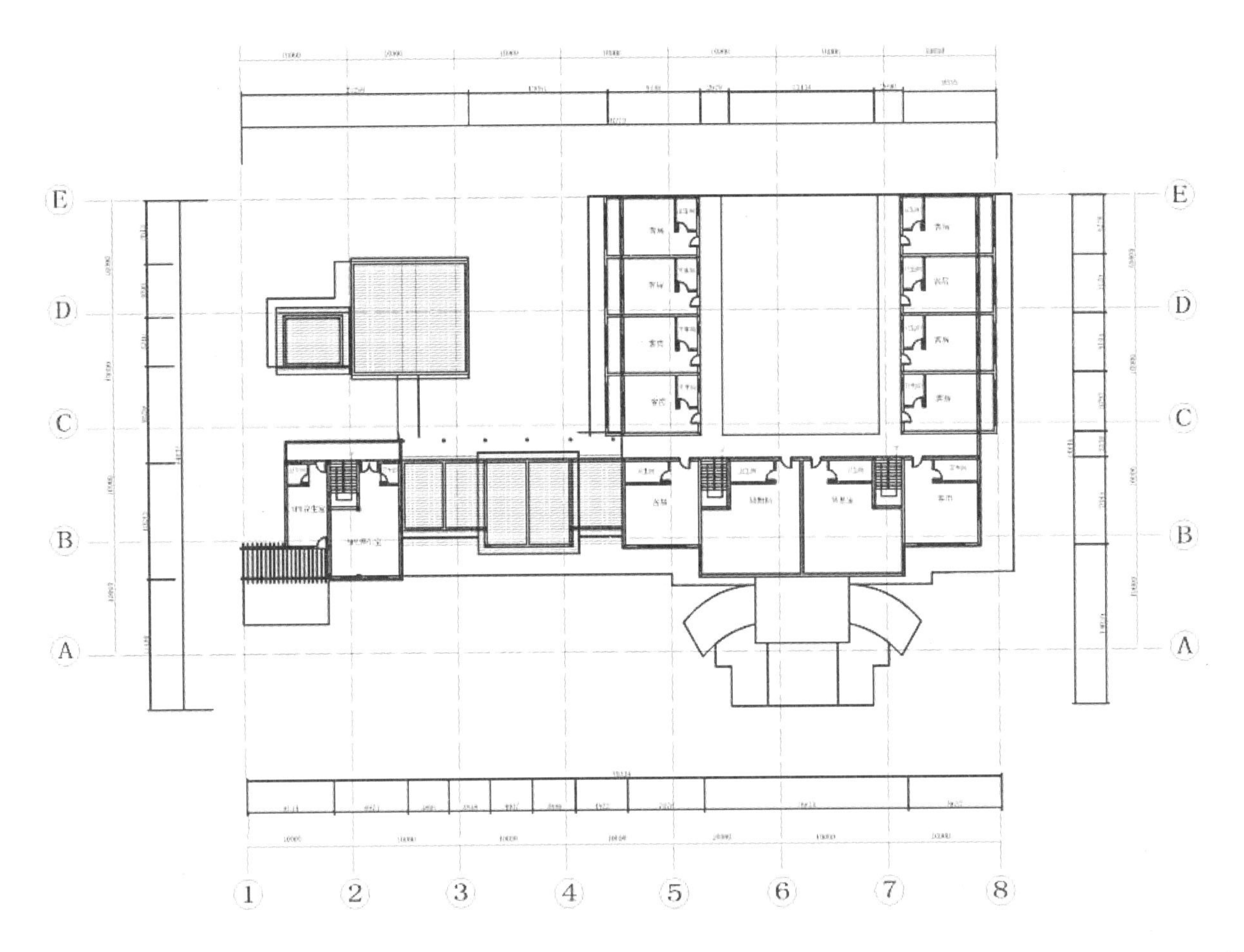

二层平面图

建筑立面图

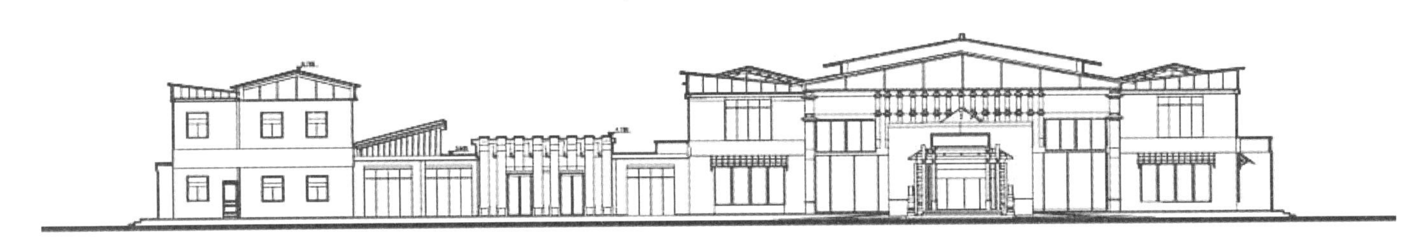

西立面

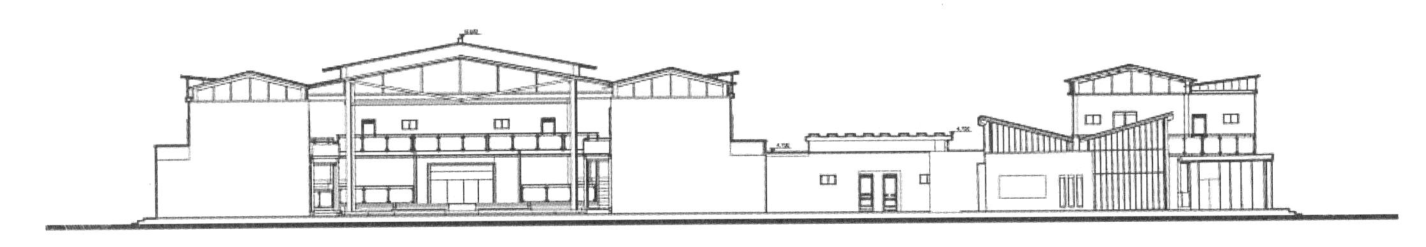

东立面

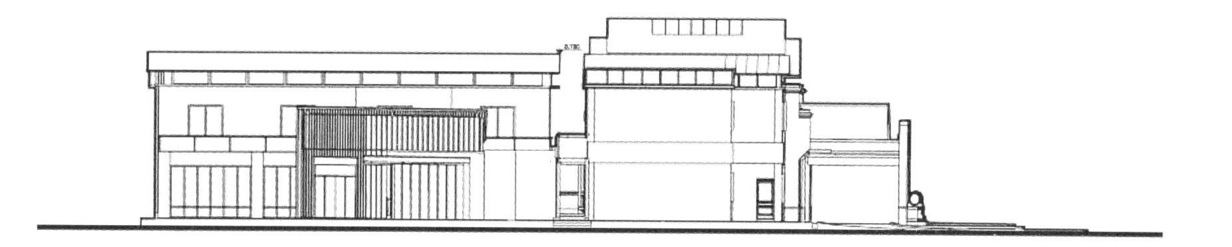

北立面

南立面

建筑剖面图

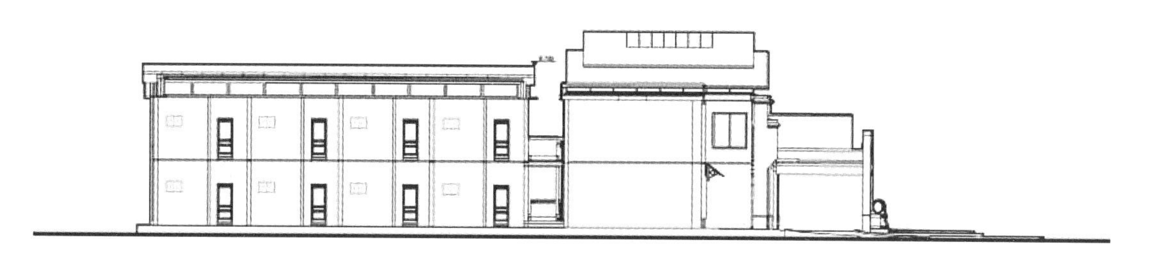

1-1剖面图

2-2剖面图

景观推导

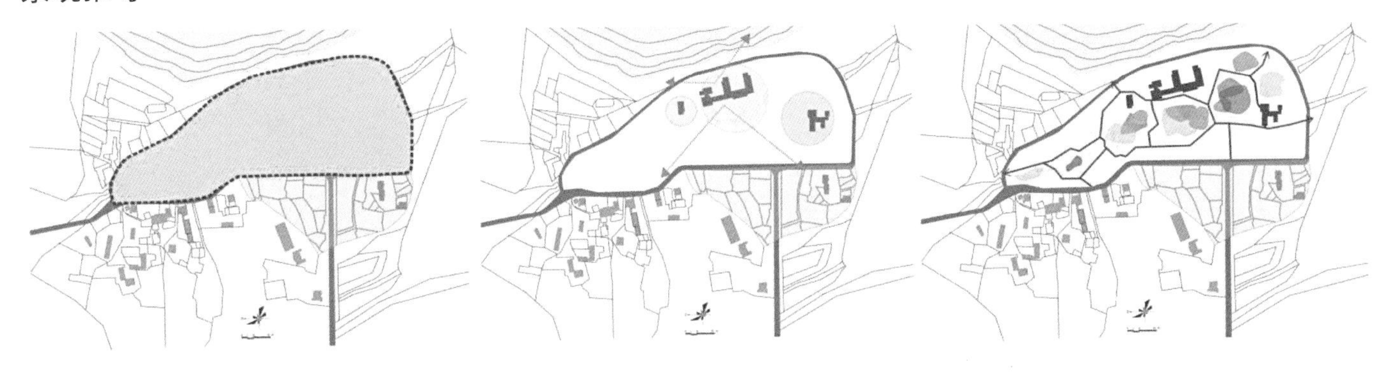

设计范围为原剑山公园44937m^2

根据前期调研，确定主体建筑位置及与配套建筑的关系

区域整合，连接联通

交通分析

主要人流动线

次要人流动线

出入口

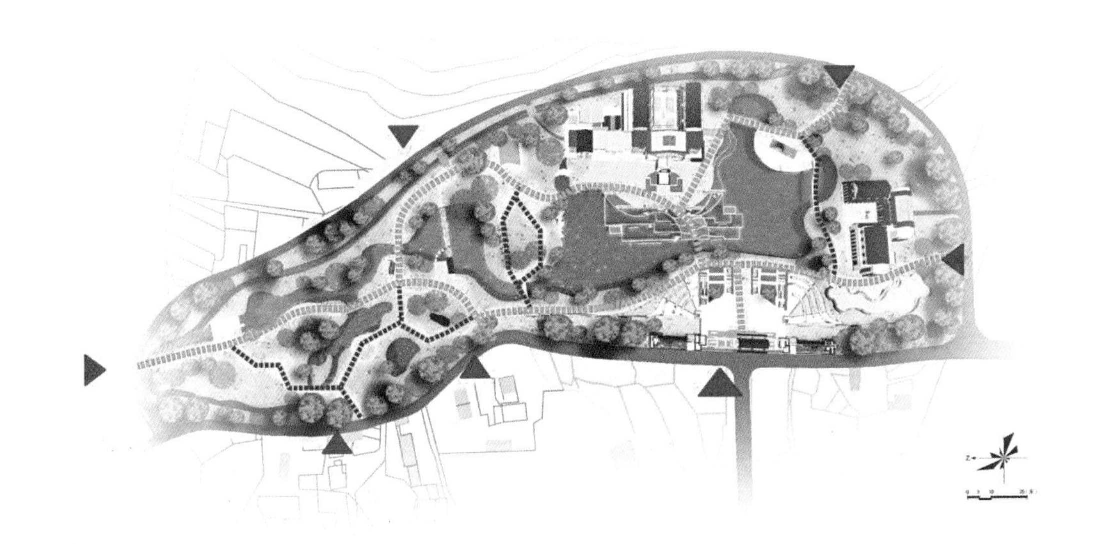

总平面功能分析

1. 入口广场
2. 办公室
3. 观景休闲区
4. 特色民宿
5. 景区商店
6. 生态湿地区
7. 停车场

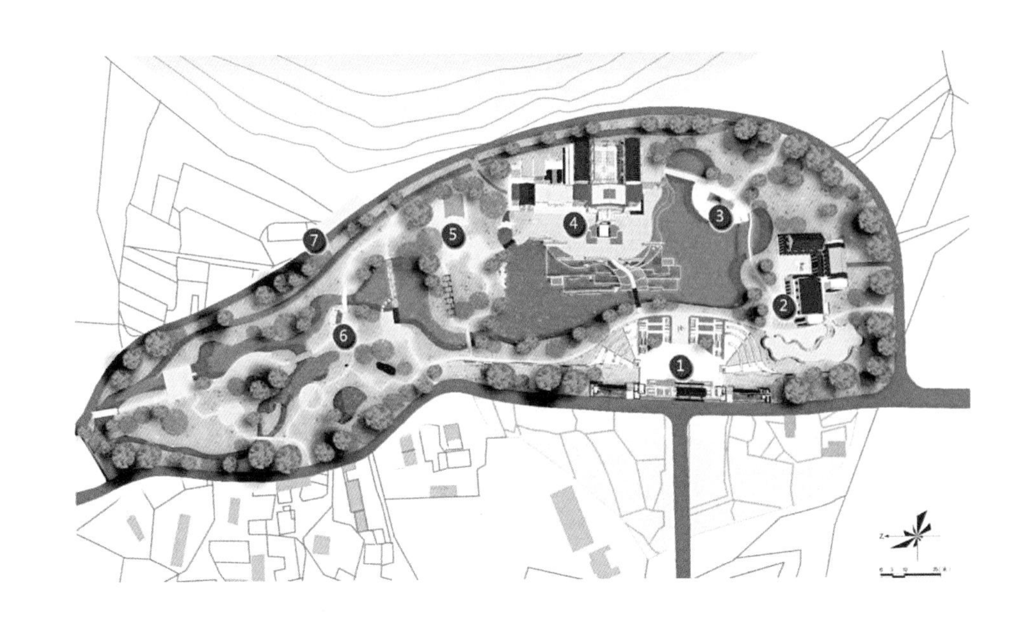

景观节点

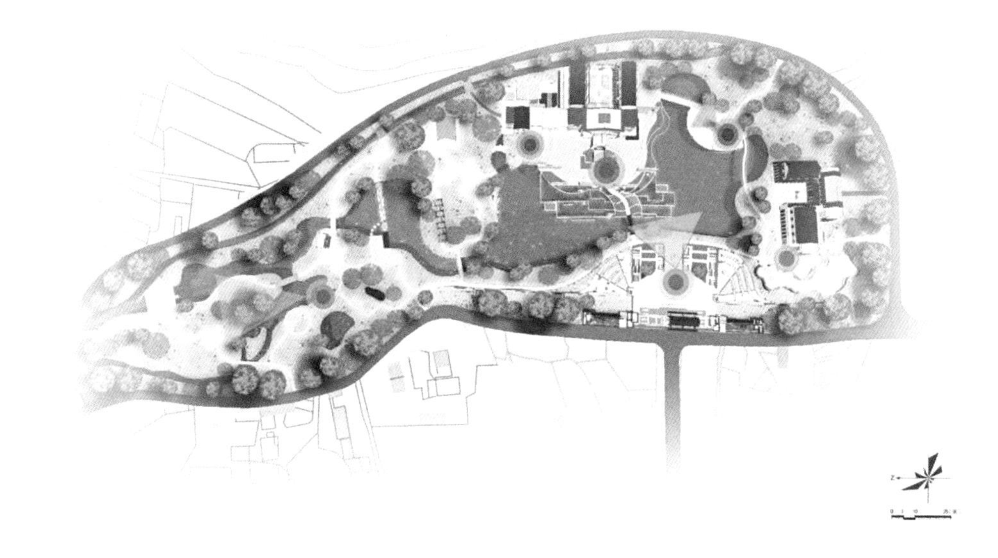
开门见山
绿野云栖
山水映画
碧水云天
雅集竹苑
曲径通幽

驳岸设计

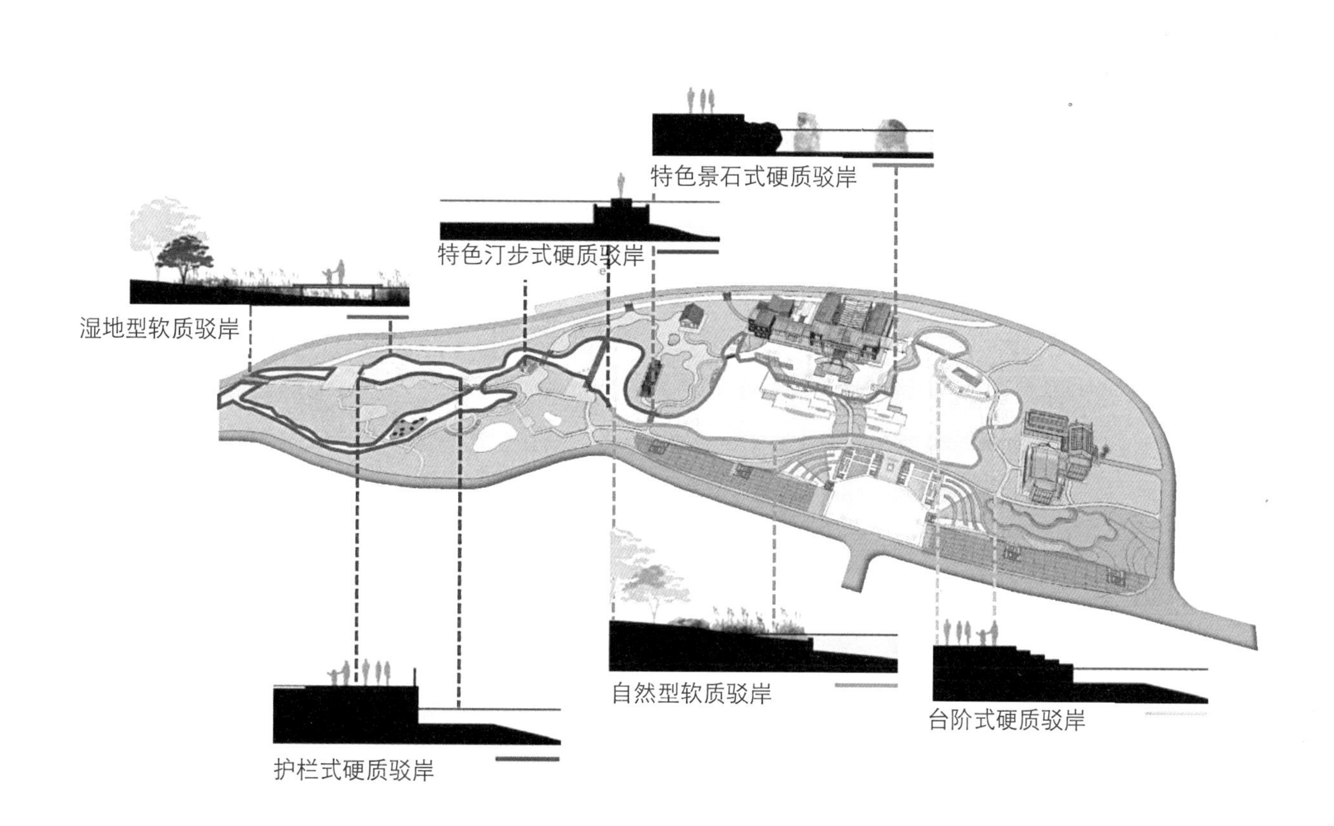
特色景石式硬质驳岸
特色汀步式硬质驳岸
湿地型软质驳岸
自然型软质驳岸
台阶式硬质驳岸
护栏式硬质驳岸

度假民宿效果图

公园入口到度假民宿的距离较短，通过错落镂空景墙的设置达到抑景的效果，形成园中之园，增加空间的趣味性。

实体模型

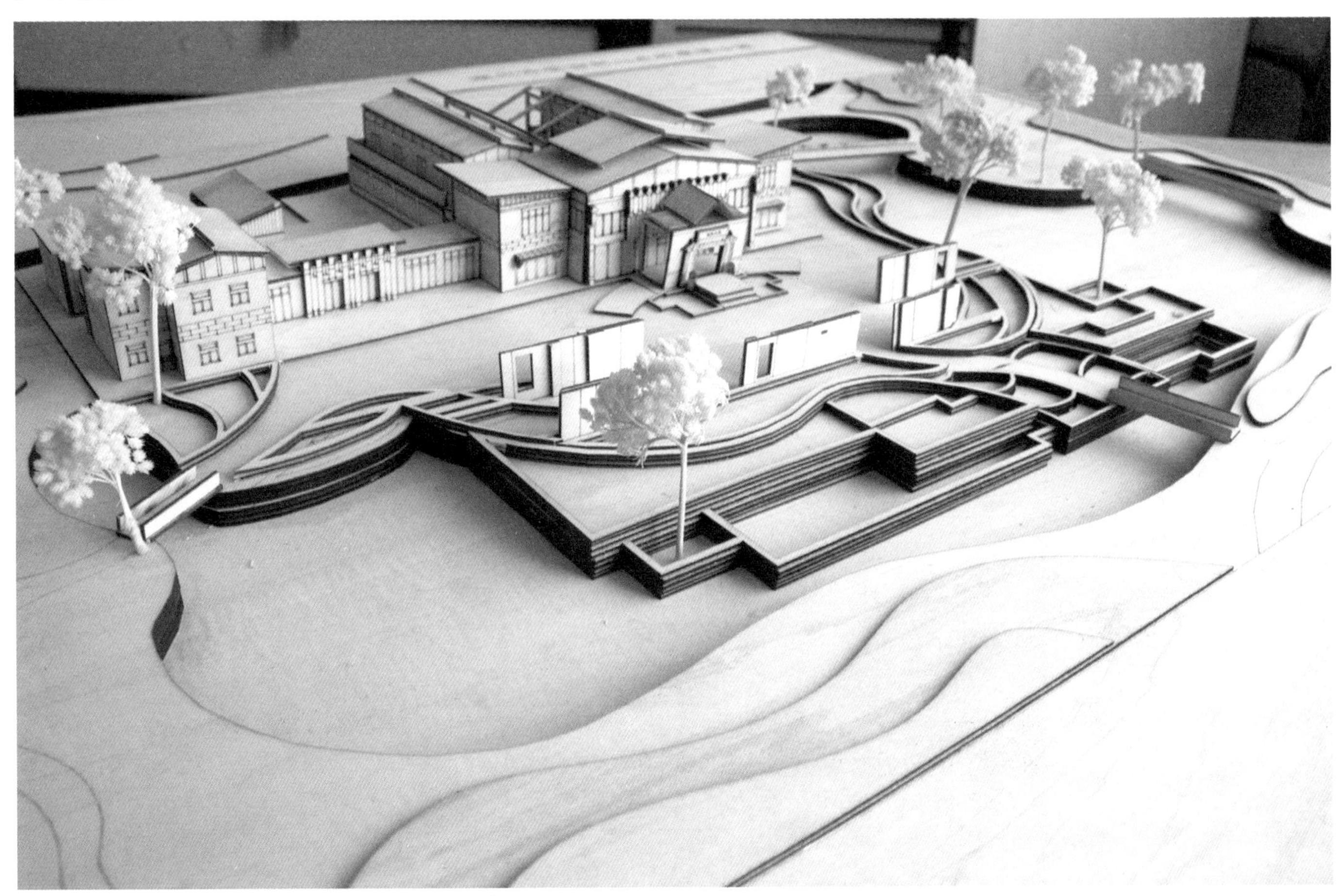

释景无痕

Tracless Landscape

学　生：杜心恬
导　师：周维娜　海继平　王娟
学　校：西安美术学院
专　业：环境艺术设计

鸟瞰效果图

本次“美丽乡村”的课题研究项目采用无痕的设计手法，追求“无痕”的视觉表达效果，从隐性条件分析，将意识与行为之间的关系作为研究的方向，整个设计将应有资源进行重组释放，最终达到“意入无痕”的最高精神境界审美。

基地概况

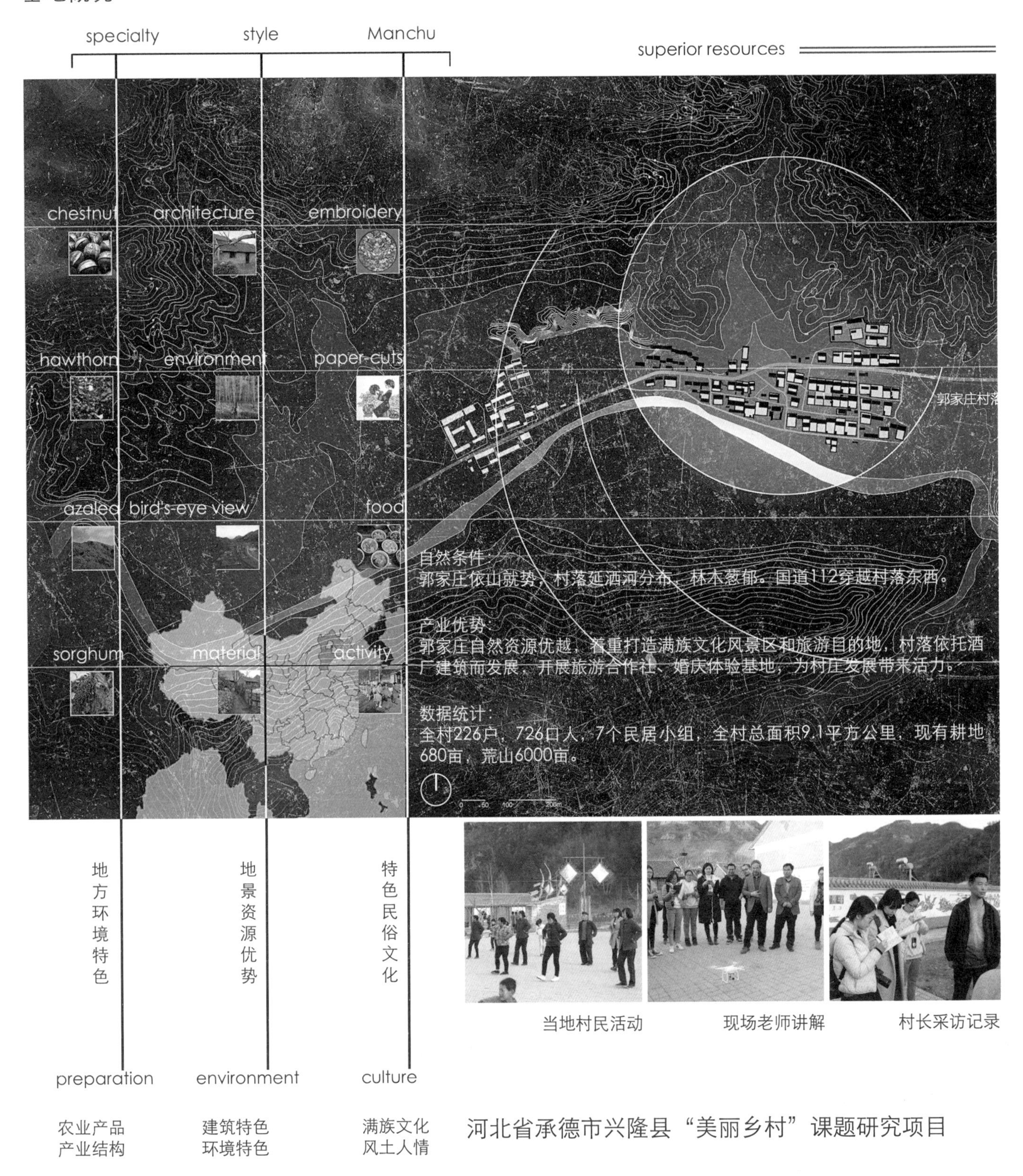

河北省承德市兴隆县“美丽乡村”课题研究项目

Raise Questions 提出问题

1. 优势资源的利用
2. 满族文化的传承
3. 燕山风貌的气质
4. 石头村落的特色

设计理念：

在本次美丽乡村设计中，力求运用“无痕”的设计手法，用精神意识的高境界审美，达到最终的“意入无痕”。通过探索人们意识与行为之间的关系，提出潜在的设计流线，进而寻求一种当地人们最为需求的乡村体验与生活方式。

“久在樊笼里，复得返自然”，大自然造就了我们最原始的生命状态，但在当代发展中人们开始变得越来越迷失自我，也逐渐失去了生活的本真。那么，我们应该如何去守护自然？

基地调研分析

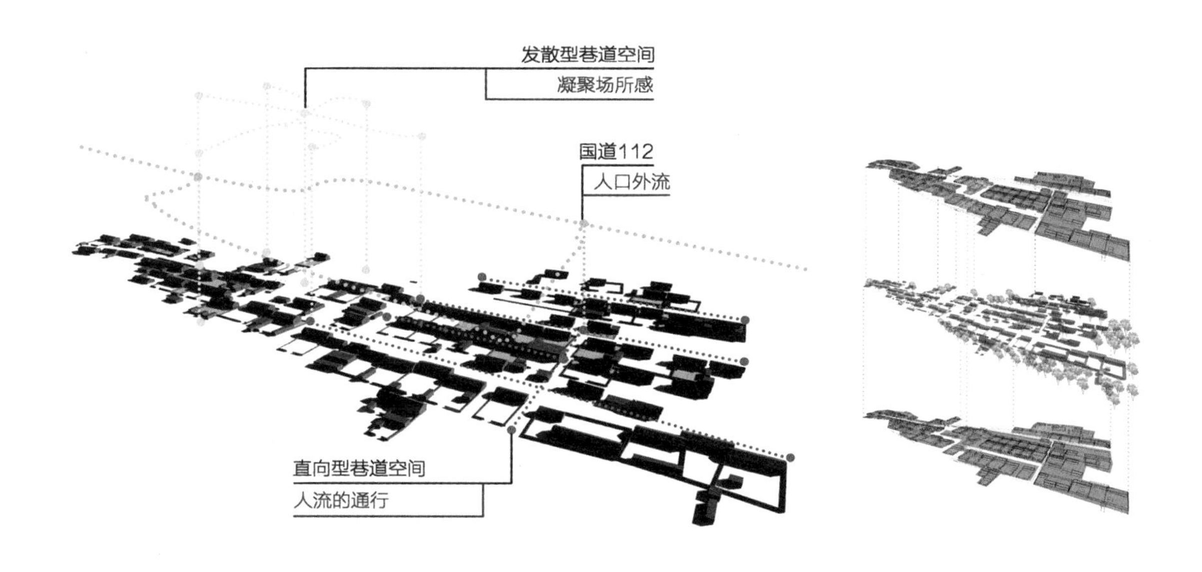

道路评估分析　　　　建筑评估分析

人口构成分析

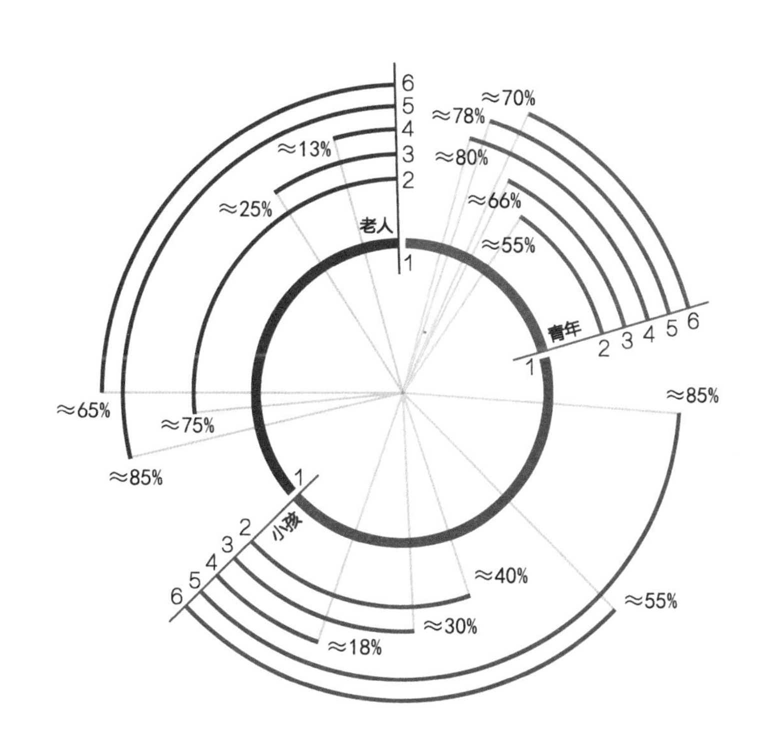

1. 人口比例
2. 满族文化传承
3. 受教育程度
4. 生活观念
5. 物质需求
6. 精神需求

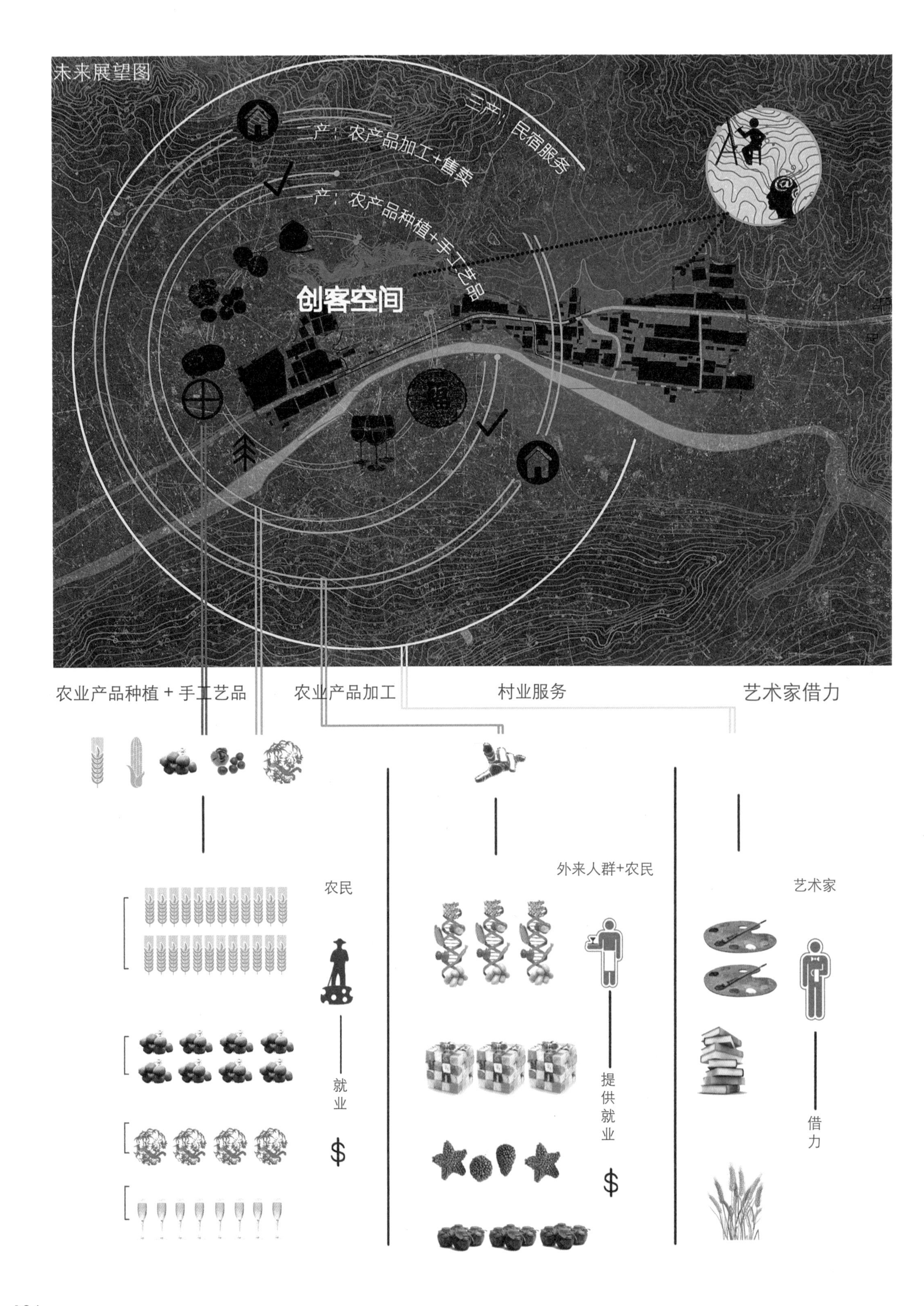
未来展望图
三产：民宿服务
二产：农产品加工+售卖
一产：农产品种植+手工艺品
创客空间
农业产品种植 + 手工艺品
农业产品加工
村业服务
艺术家借力
农民
就业
$
外来人群+农民
提供就业
$
艺术家
借力

道路改造设计原理图

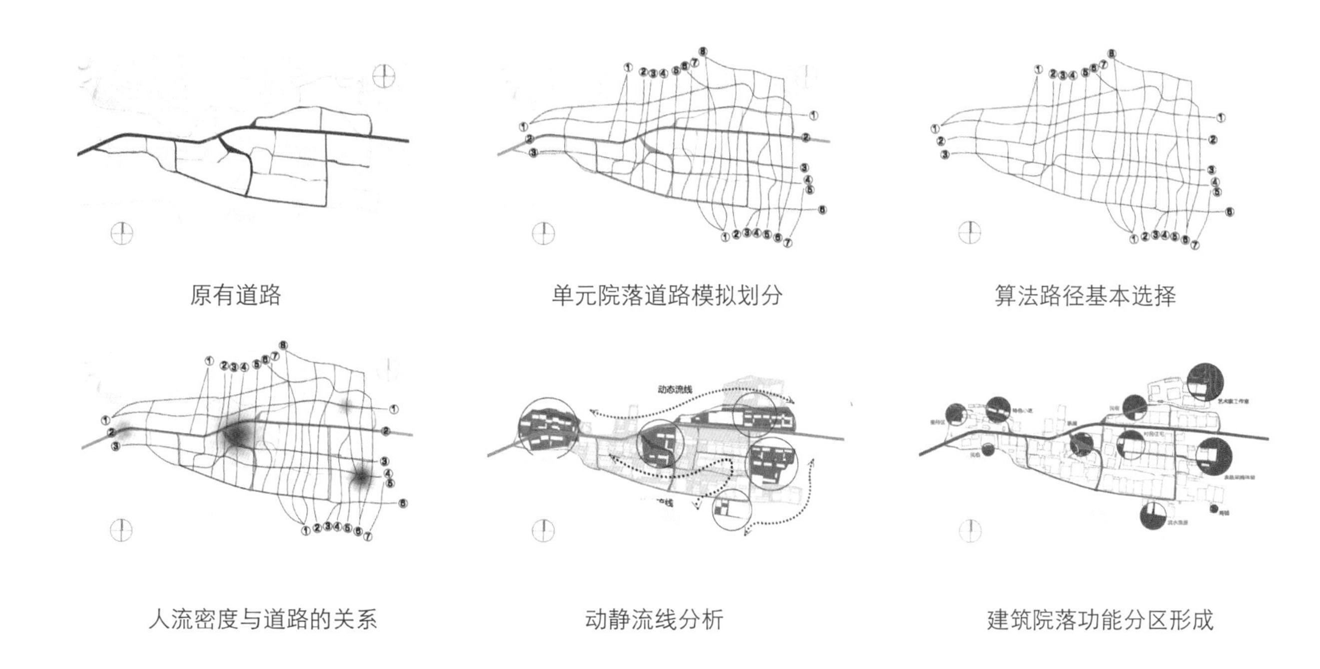

道路的参数评估

1．基本参数：模拟道路肌理路线

2．控制变量：不同功能分区的路径选择

3．得到的结果：路径与人流量的关系

基本原理：

以村庄原始空间院落形态为单元，划分模拟道路肌理，形成四个方向的路径线路，以道路的长度作为基本控制变量。以相同目的地最短路径为理想道路划分依据，最后得出理想状态下人流量与道路使用之间的关系。频率越高者，人流密度越高，遇见相逢次数越高，交流越频繁，以此作为道路等级评估依据。

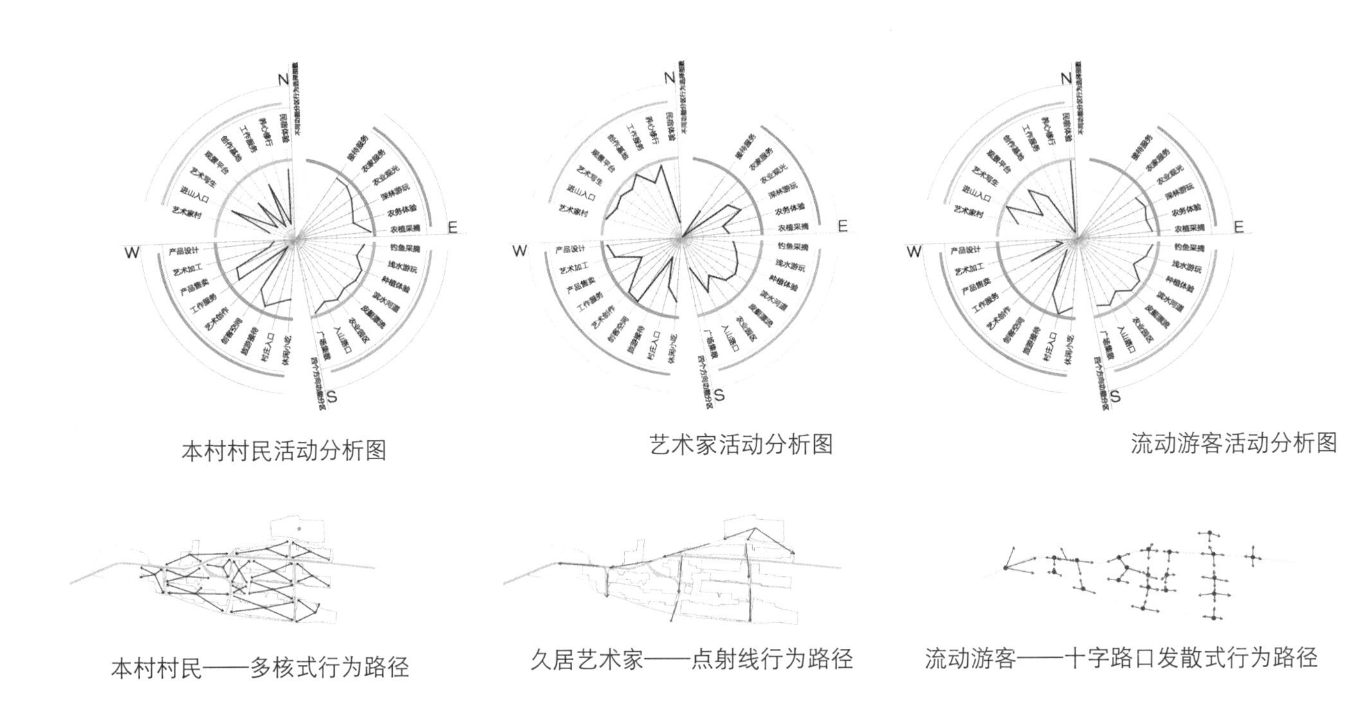

本村村民活动分析图　　艺术家活动分析图　　流动游客活动分析图

本村村民——多核式行为路径　　久居艺术家——点射线行为路径　　流动游客——十字路口发散式行为路径

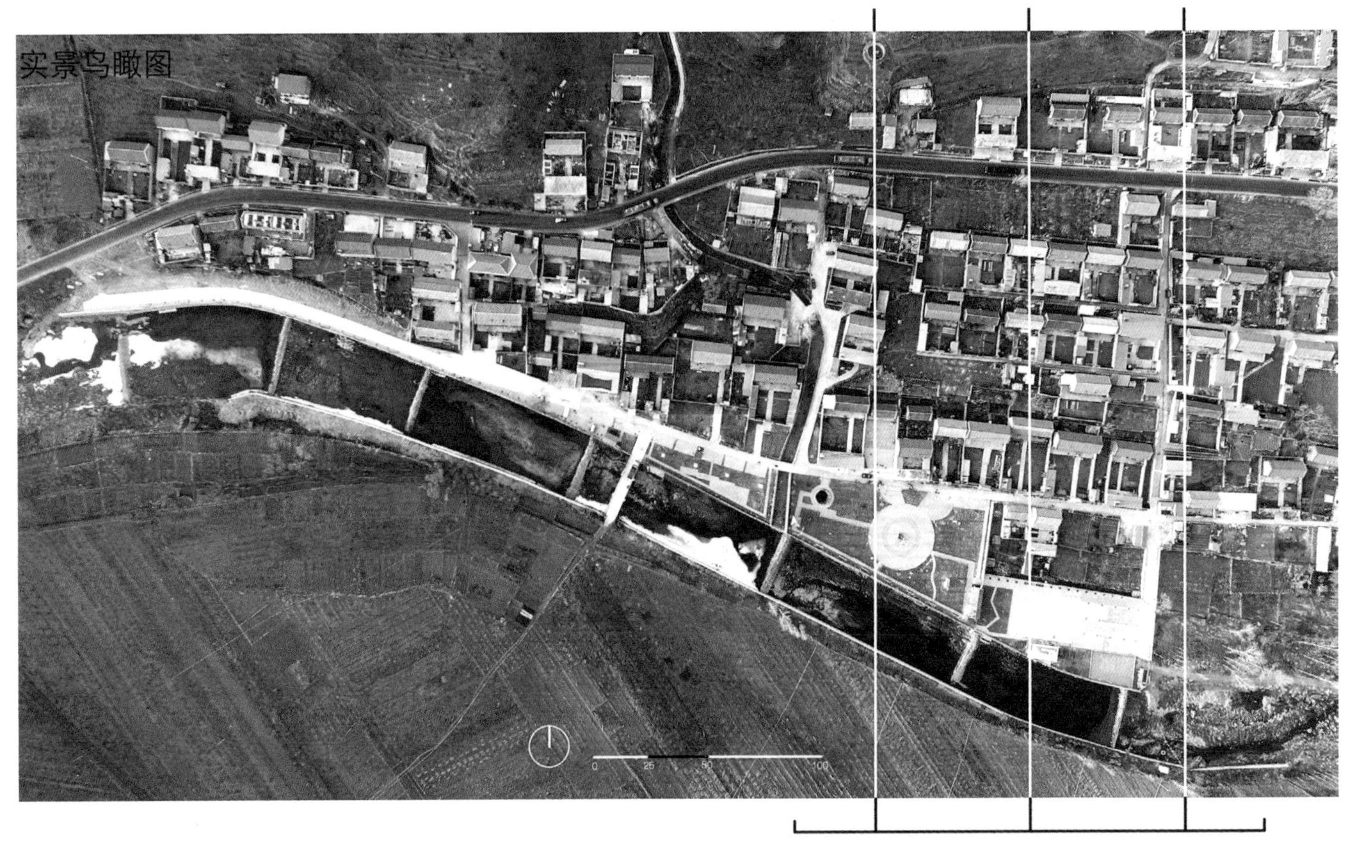

理论依据：

1．现有村民的生活状态；

2．社会群体中的人群特点；

3．现有村庄的设计形态。

此次对于人群行为的分析，为未来发展中理想路径的选择模式，为人群活动特点潜在需求的研究。

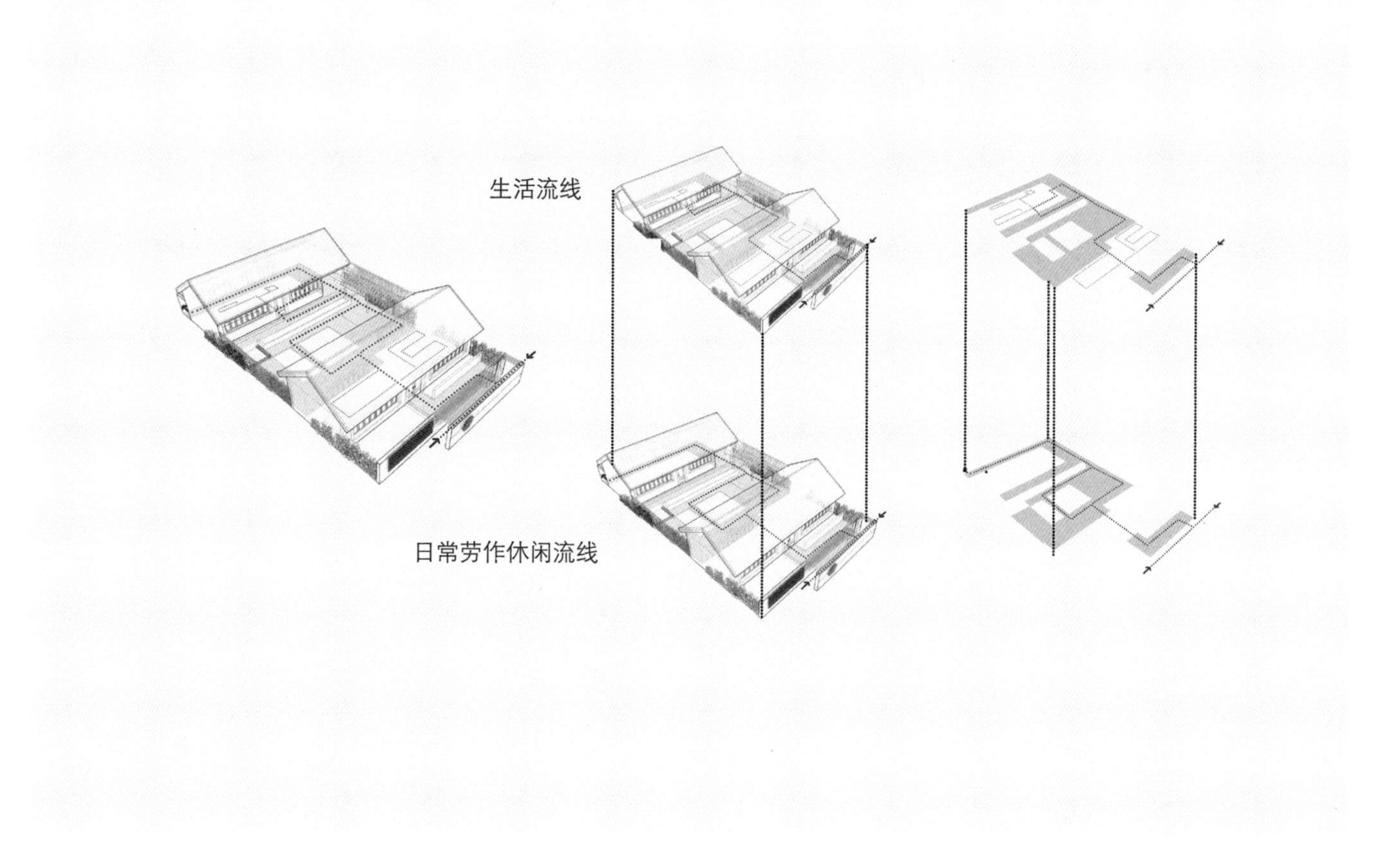

建筑空间流线分析

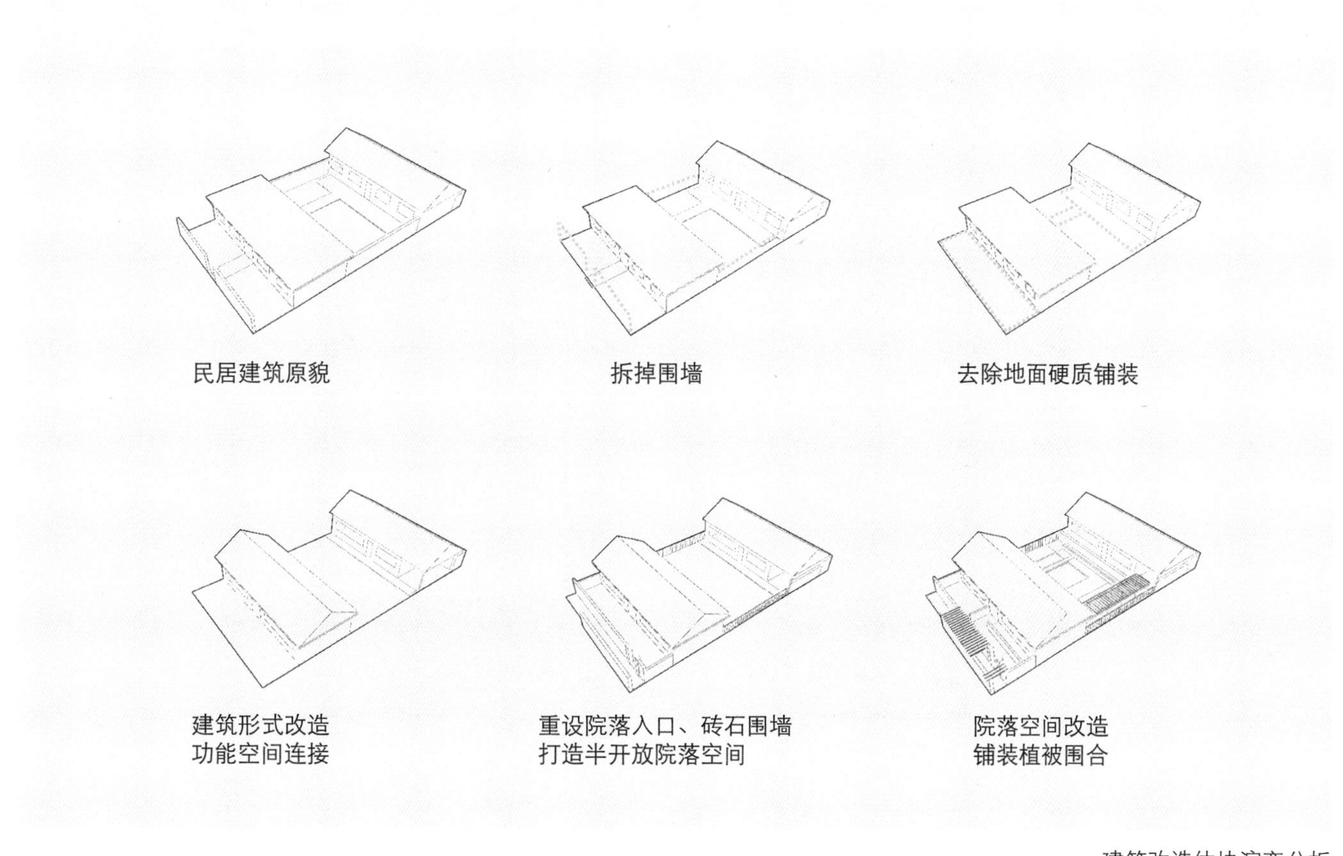

建筑改造体块演变分析

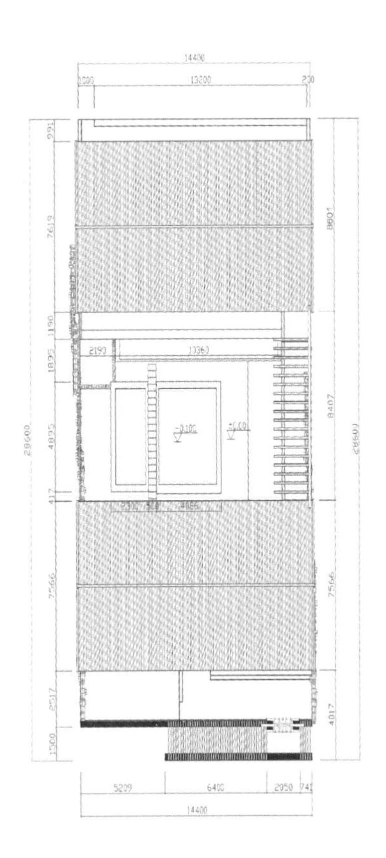

民居建筑顶面图

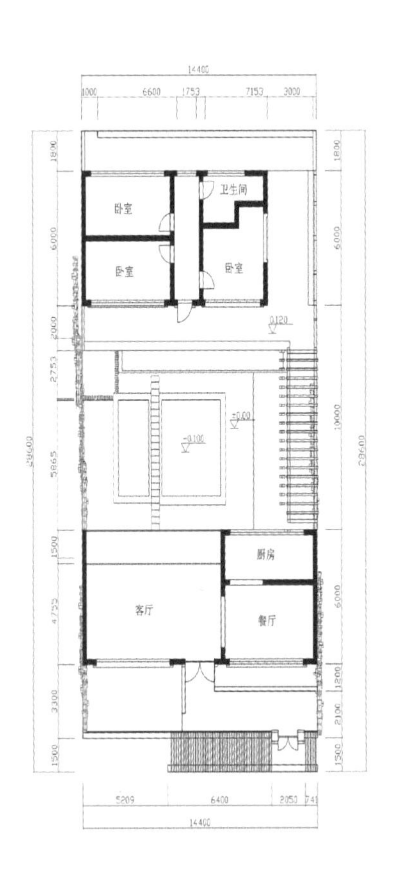

民居建筑一层平面图

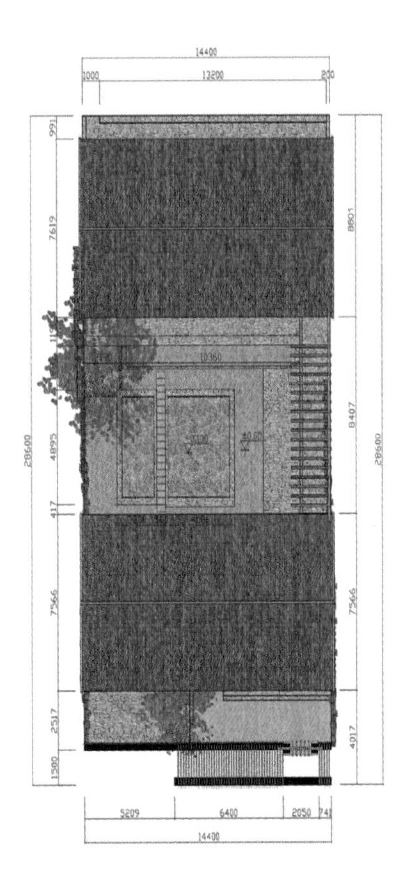

民居建筑顶面彩图

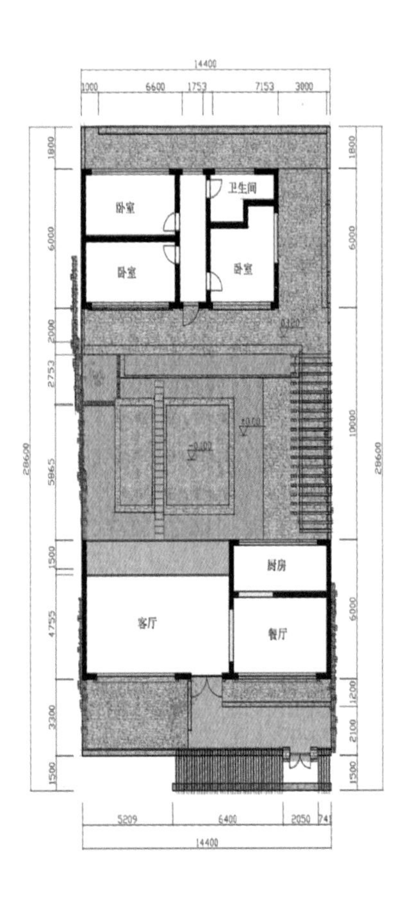

民居建筑一层平面彩图

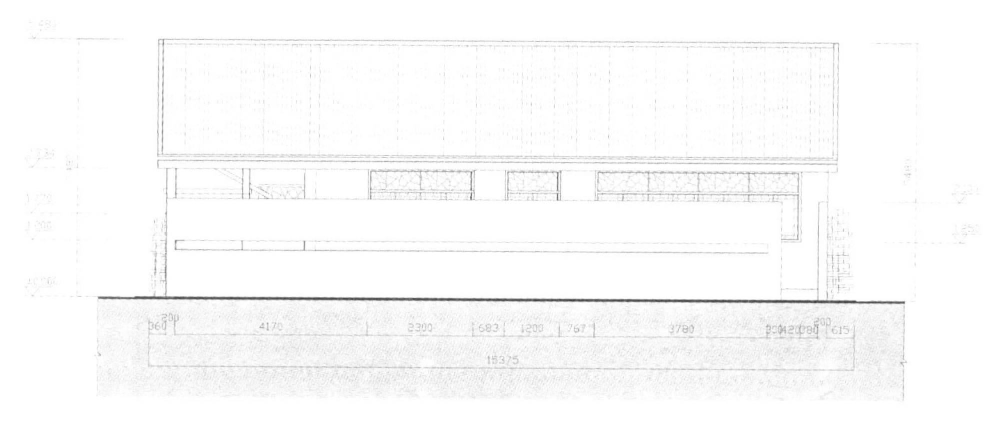

民居建筑南立面图

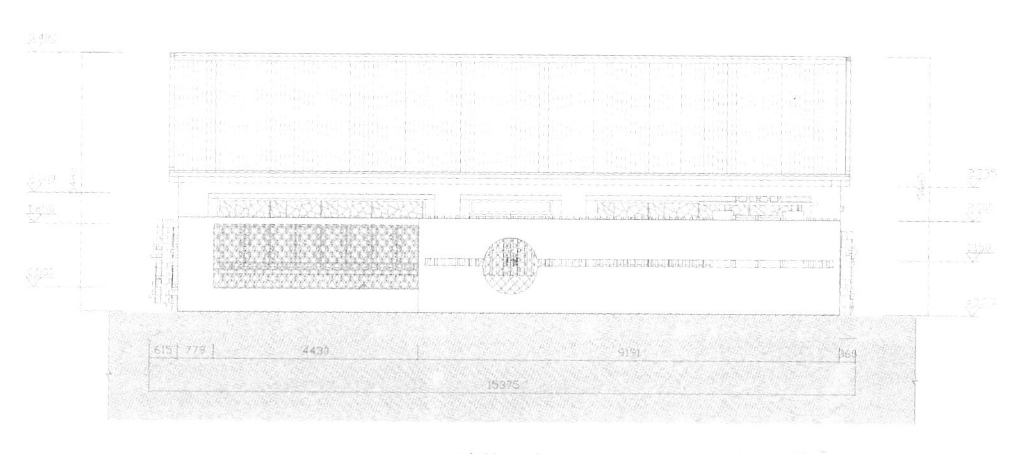

民居建筑北立面图

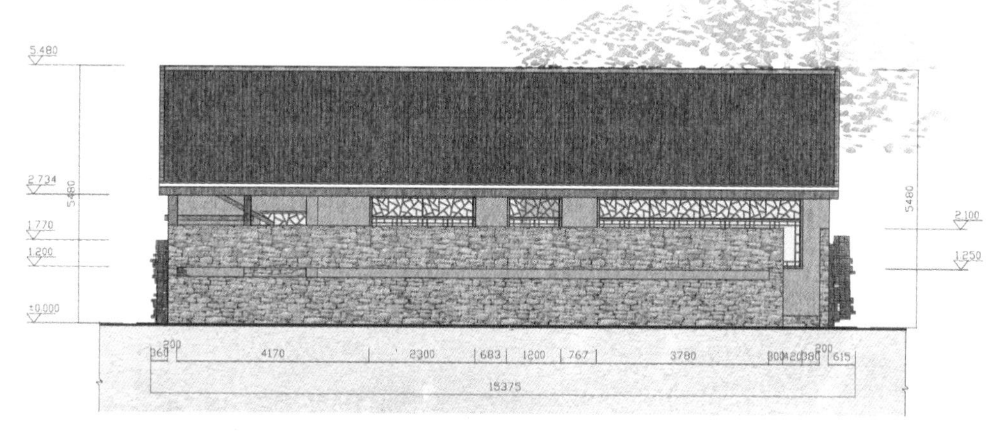

民居建筑南立面彩图

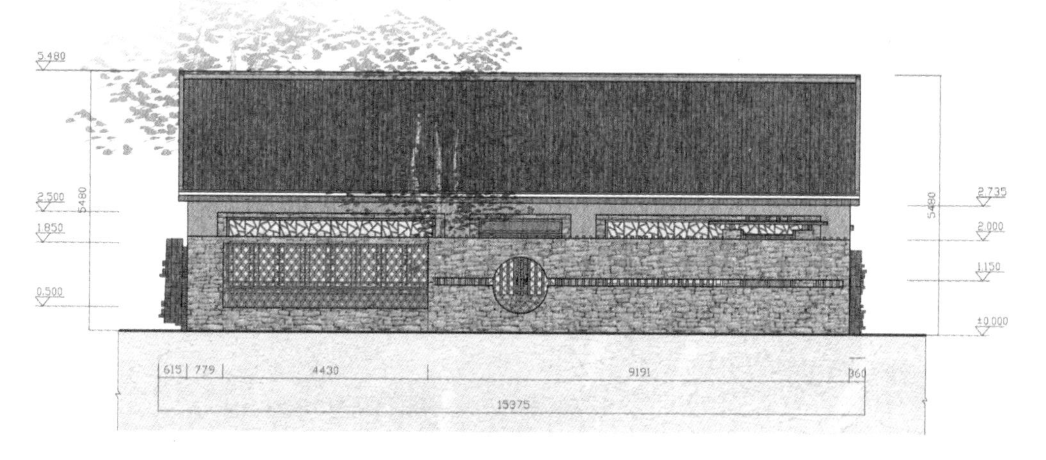

民居建筑北立面彩图

民居建筑改造

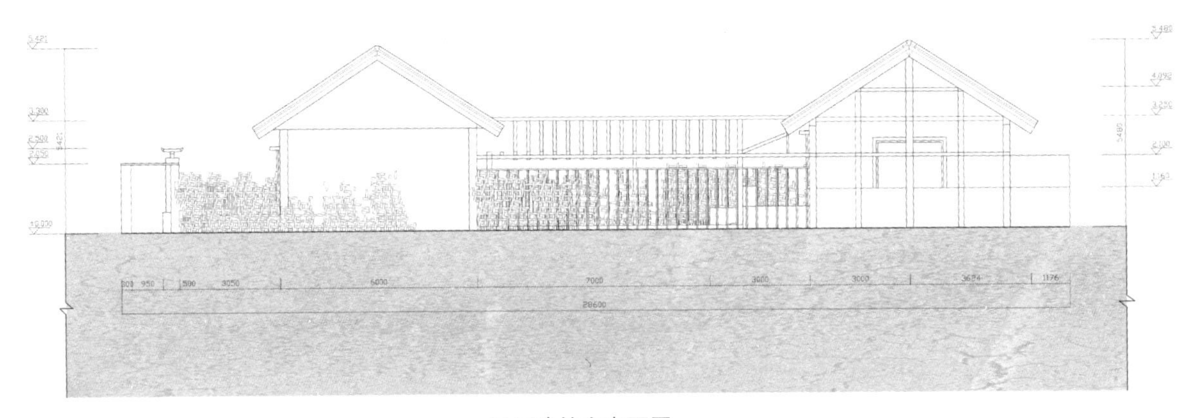
民居建筑东立面图

民居建筑东立面彩图

建筑总占地面积：390m²
建筑用地面积 :173m²
绿化面积 :36m²
其他面积 :181m²
改造力度 : ≈ 30m²

the total area:390m²
building area:173m²
green area:36m²
the other area:181m²
reform efforts: ≈ 30m²

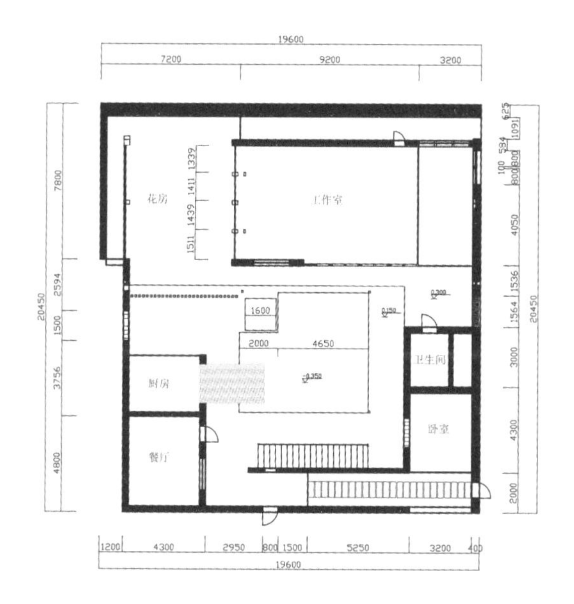

艺术家屋一层平面图

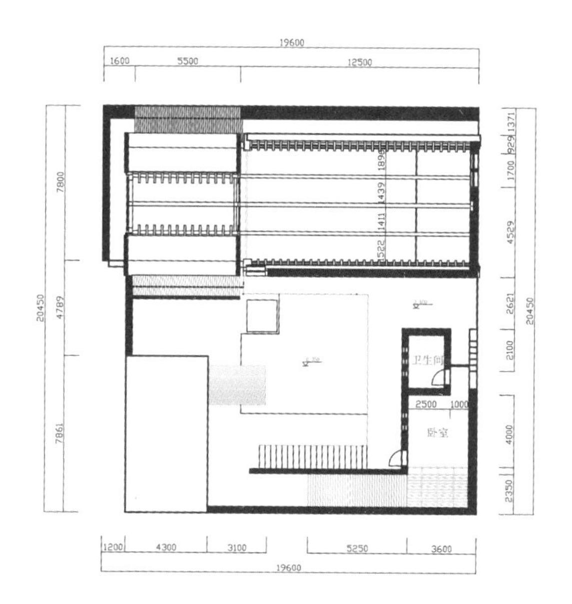

艺术家屋二层平面图

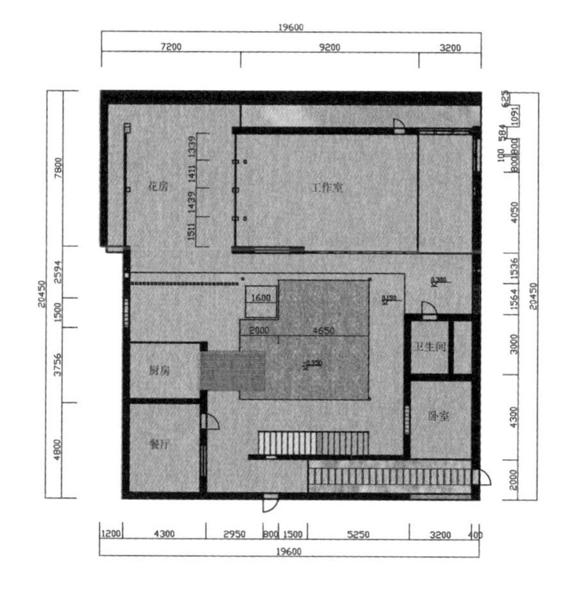

艺术家屋一层平面彩图

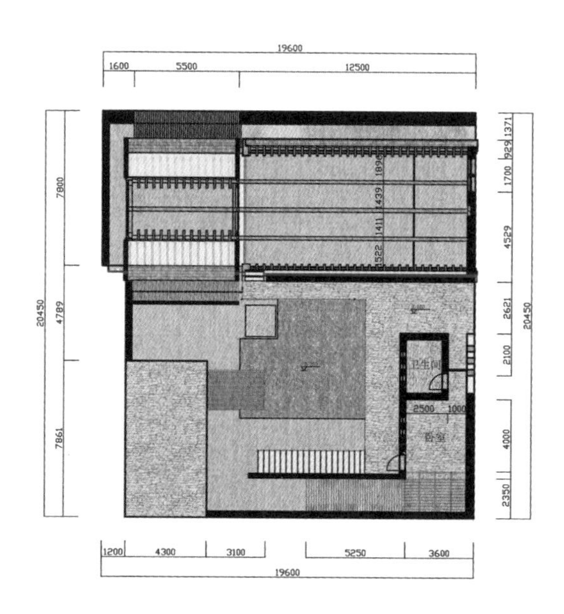

艺术家屋二层平面彩图

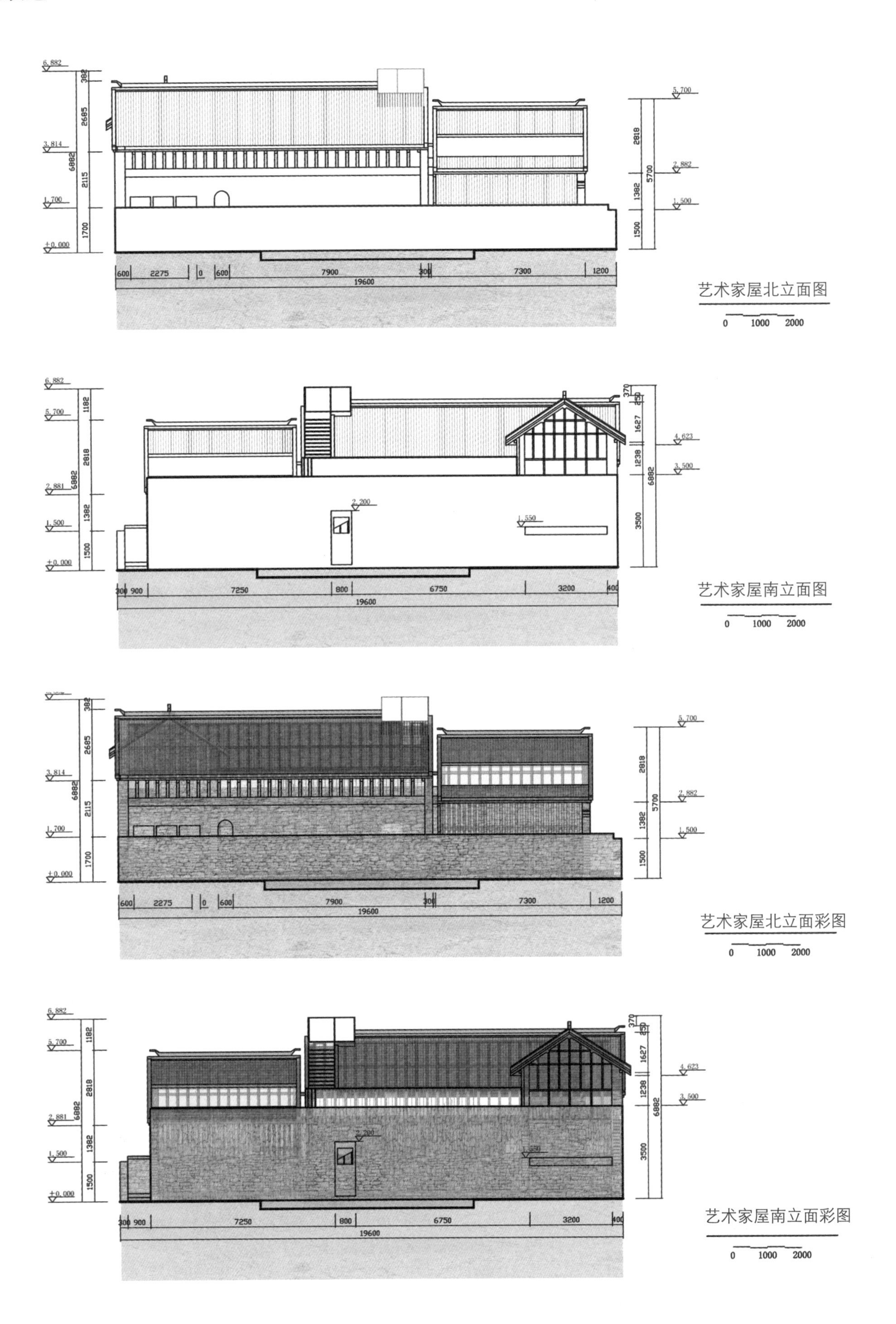

艺术家屋北立面图

0 1000 2000

艺术家屋南立面图

0 1000 2000

艺术家屋北立面彩图

0 1000 2000

艺术家屋南立面彩图

0 1000 2000

艺术家屋改造
场景效果图1
场景效果图2

延展性、集装箱乡村幼儿园设计

Container Kindergarten Design

学　生：李艳
导　师：许亮　赵宇
学　校：四川美术学院
专　业：环境艺术设计

幼儿园外环境效果图

偏远农村的孩童无法享受早期教育，成为输在起跑线上的弱势群体。使用期满的集装箱需要进行回收销毁，重新利用可延续使用十年。我想利用废弃集装箱为乡村搭建一座低成本、可延展、配套现代功能的乡村幼儿园。

选题方向：

选择了乡村幼儿园设计，目的是解决当地留守儿童无幼儿园可入的问题，初衷是为了体现一种公平。当下在很多农村地区，正规幼儿园没有普及，我希望能够借这种形式将发展成熟的幼儿学前教育资源推广，使农村中的留守儿童也能享受到优质的教育资源、好的成长环境，提高村民生活质量的同时，填补乡村幼儿园空缺。在资源循环再利用的基础上，从实际出发为当地村民们做一个满足他们需求的幼儿园设计。

关键词：可延展、集装箱、乡村幼儿园

基地位置

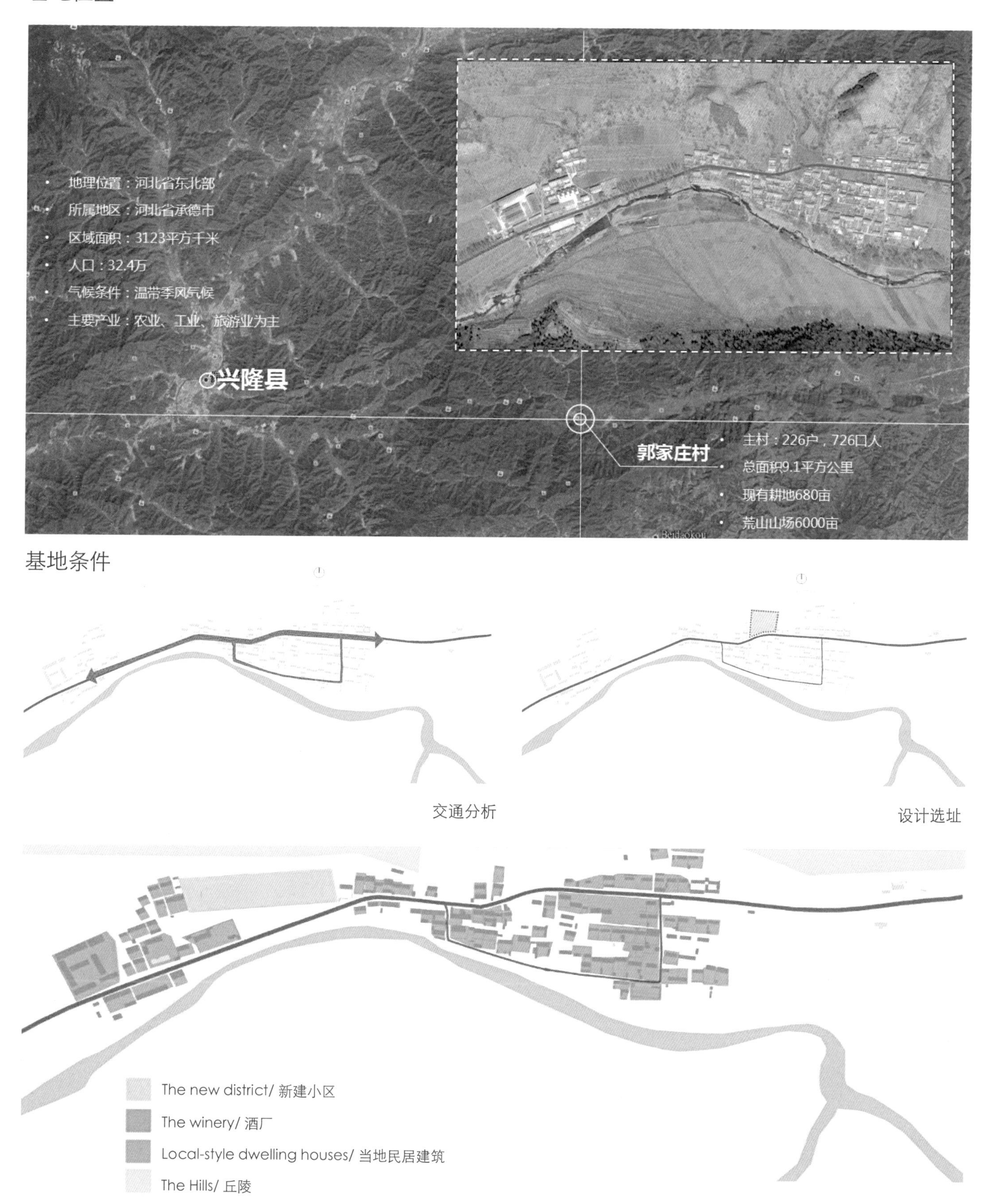

交通分析

设计选址

现状分析

兴隆县郭家庄村现状

民居建筑多分布于交通干道两侧，部分沿山地错落；耕地分布较为均匀；荒山丘陵多未开发利用；有山有水，景观资源丰厚。郭家庄村中有112国道穿过，交通便利。除主路外，村庄内部无明显交通规划。

用户调研

现场走访：
问：请问村里有正规幼儿园吗？
村长：没有，有个小托儿所，不正规。（对于幼儿园有迫切需要）
问：建幼儿园可划怎样条件的场地？
村长：根据实际需求可以划一块“精巴地儿”，孩子们大多被外出打工的父母带走（空心户现象越发严重），希望他们能回来上学。
问：孩子们的学前教育问题怎么解决？
村民：没有正式幼儿园，只能推迟孩子的教育，直接进入小学。（孩子们受教育晚，不利于身心发展）
问：形式非本土建筑，用可回收材料集装箱来建造，能否接受？是否愿意送孩子们来上幼儿园或将外出的孩子接回上学？
村长：容易接受，外观上最好有本土元素。
村民：肯定愿意啊，现在我们农村这边也比较重视这个环保问题，要是有这个正规幼儿园，我们肯定愿意接回来。满族文化，要古朴一点，可以接受形式新颖，满族元素要有应用。材料、颜色上要有依据，跟过去有联系。

图表分析

1. 人口变化/CHANGE OF THE POPULATION

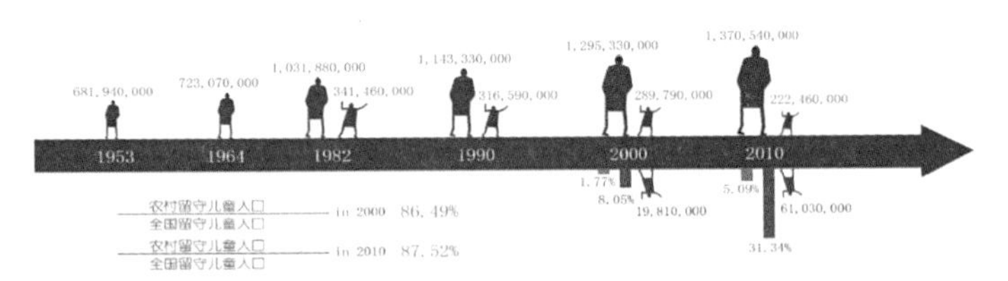

- 全国总人口
- 全国儿童人口
- 全国留守儿童人口
- 留守儿童人口/总人口
- 留守儿童人口/儿童人口

2. 农村留守儿童家庭结构/FAMILY STRUCTURE OF LEFT-BEHIND CHILDREN

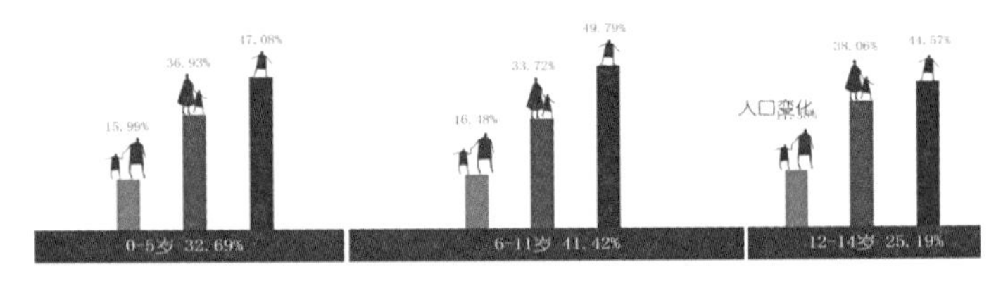

- 仅母亲外出务工
- 仅父亲外出务工
- 父母均外出务工

调研结论

1. 村民迫切需要正规幼儿园。
2. 可以根据设计师需要，给予场地支持。
3. 村民愿意接受集装箱幼儿园。

场地现状

场地照片

现场场地是一块不规则形状的耕地，地势平坦，种植当地农作物板栗。靠近112国道，三面被民居包围，两面邻交通干道，交通便利，同时位置居于村庄中心，方便村民们的使用。这块耕地呈阶梯状，向上递增，向北望去坡度渐陡，丘陵景观层次丰富。

设计背景

农村儿童现状，幼儿无园可入。空心户数量剧增。

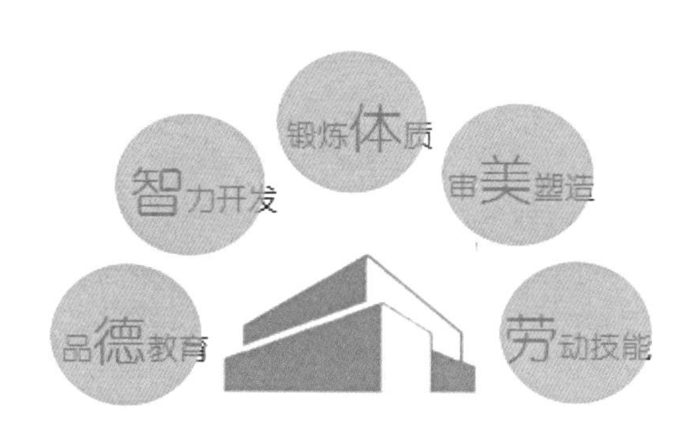

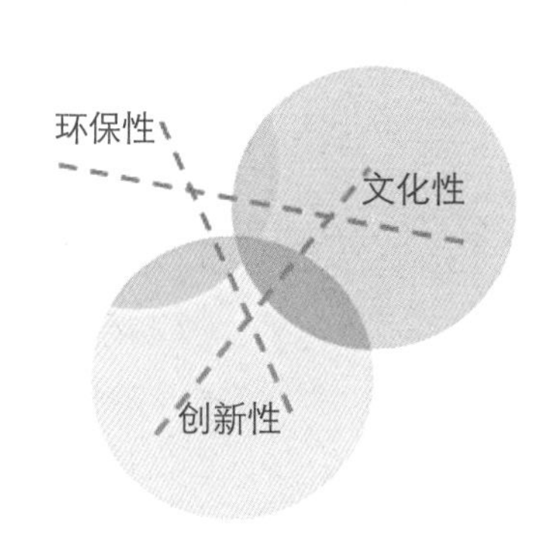

设计构想

设计对象：河北省兴隆县郭家庄及周边村落的 3 ~ 6 岁留守儿童。
设计价值：解决当地农村儿童学龄前受教育问题，解决农村生产力的后顾之忧。
设计目标：提高村民生活品质，营造良好的幼儿受教育环境，减少村民因教育资源不良而移居。
创立和推广延展性幼儿园设计，弘扬当地特色文化，填补乡村幼儿园空缺。

设计原则

文化性：保护与体现当地多元文化为原则，因地制宜、生态共融。
环保性：结合当地资源最大限度地实现低碳节能原则。
创新性：借助已有器物可持续利用，与当地地域文化习性有机结合，再创造原则。

设计定位

前瞻性、延展性、示范性农村幼儿园设计。

幼儿园，旧称蒙养园、幼稚园，为一种学前教育机构，对幼儿集中进行保育和教育。幼儿园的任务为解除家庭在培养儿童时所受时间、空间、环境的制约，让幼儿生理、心理和智力得以健康发展，享有当今社会公平的权利。

设计目标

运用规矩的形体（长方体——集装箱）→流动的空间（室内外环境的良好对接）→独到的细节（工业化产物与北方院落特色细节融合）→完善的功能配置（合理的流线与人性诉求）

选择集装箱作为空间载体，不仅因为它成本低廉、搭建便捷、绿色环保、稳固性强，更因为其具可延展性，可以在人口数量剧增的情况下，快速便捷地拓展功能和空间，满足人口的需要。

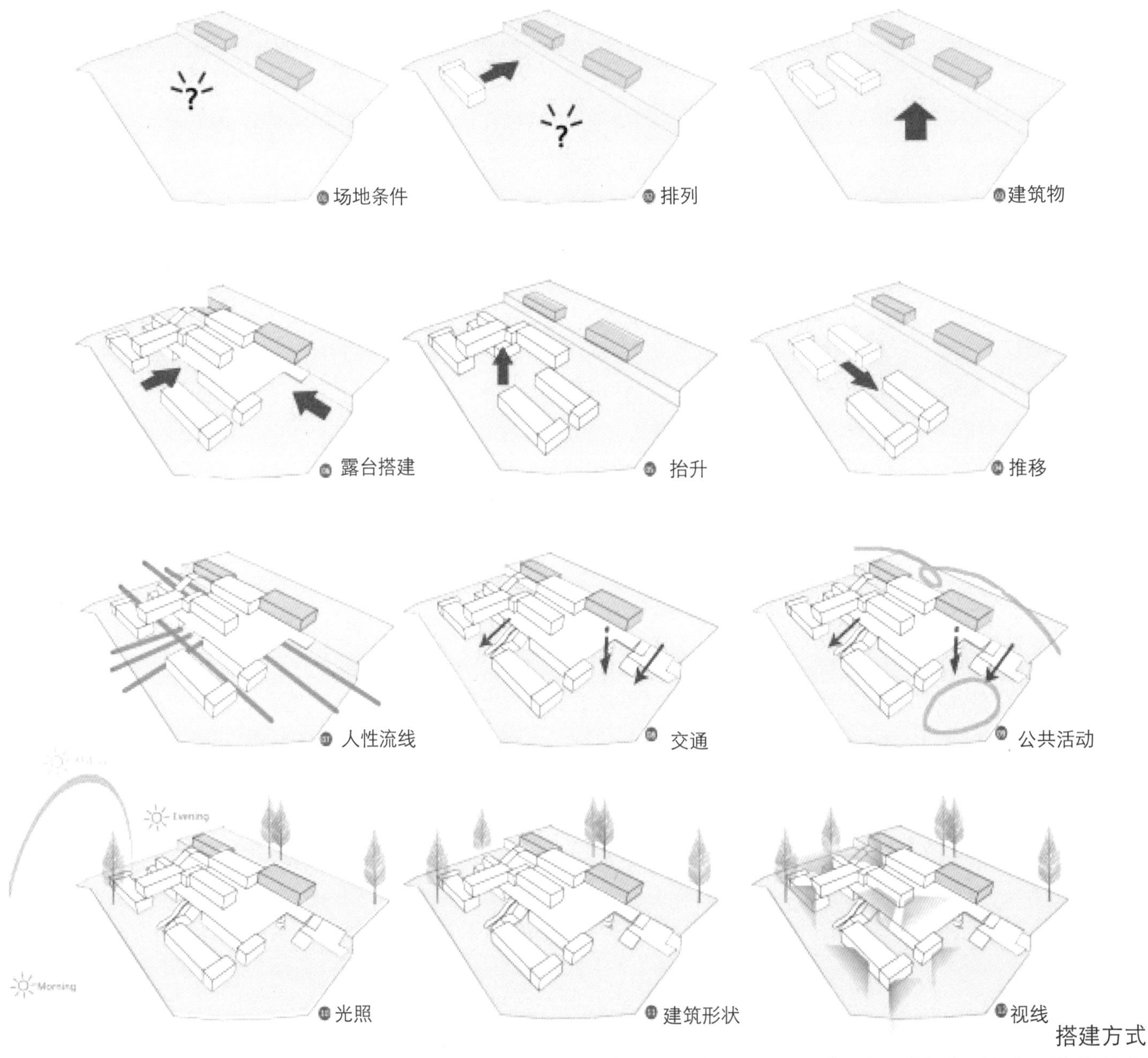

搭建方式

在尊重原始地形的基础上，植入集装箱，与保留的当地建筑产生关系。通过重组、排列、抬升、推移的方式，构造形体。充分利用空间高度，搭建露台，纵向交通除了台阶还加入了滑梯的上下方式，使儿童们享受上下游戏的过程。

功能分区与经济技术指标

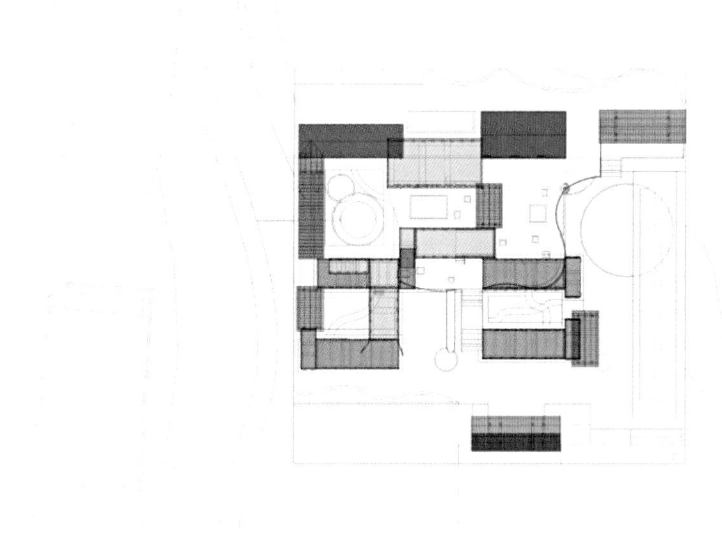

经济技术指标

规模：3 班（90 人）

占地面积：2915m^2　30m^2/ 人

建筑面积：717m^2　7.9m^2/ 人

活动室面积：50$m^2 \times 3$

音体室面积：90m^2

绿地面积：285m^2

构筑物

原始建筑

一层儿童用房

二层儿童用房

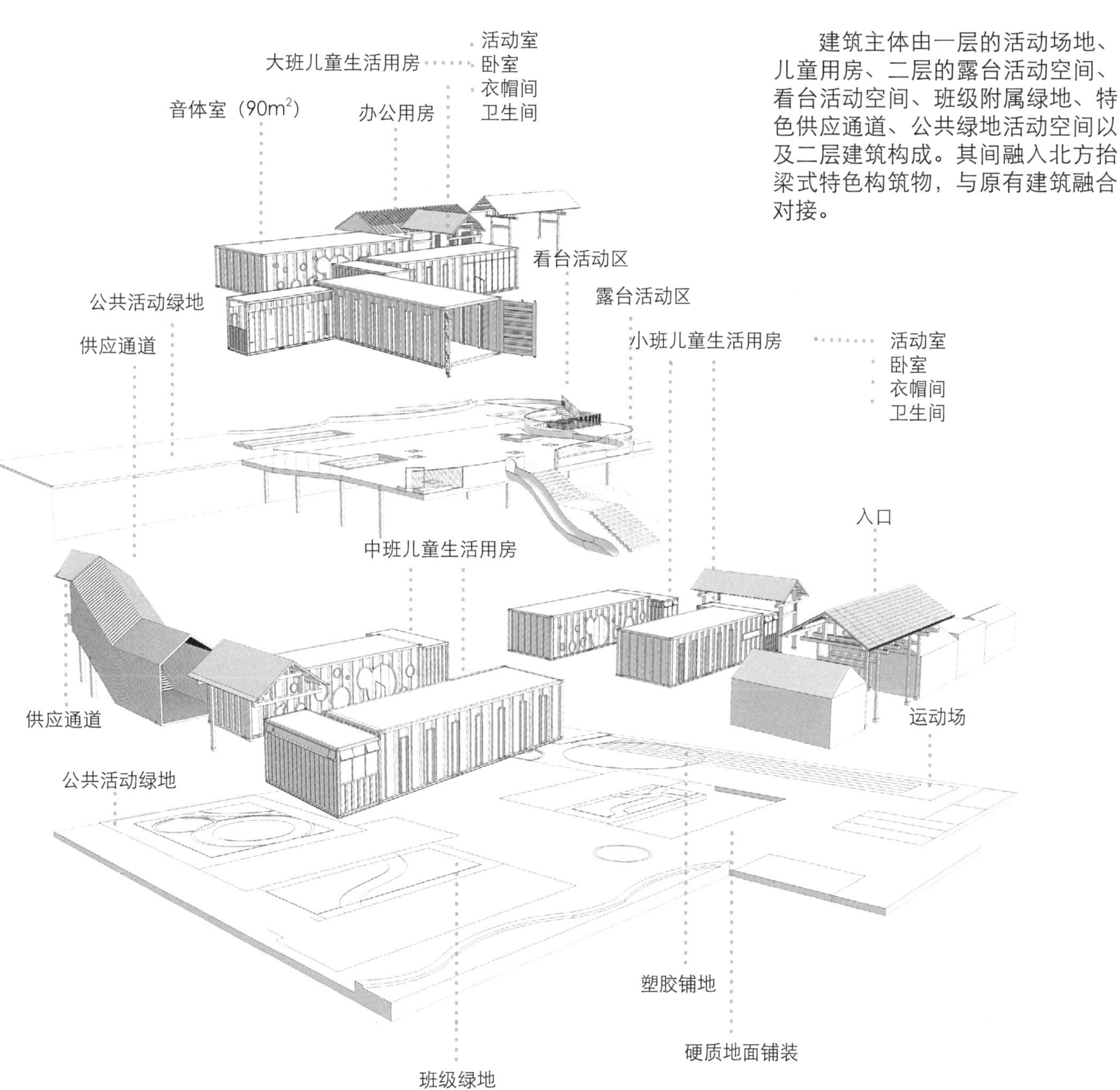

建筑主体由一层的活动场地、儿童用房、二层的露台活动空间、看台活动空间、班级附属绿地、特色供应通道、公共绿地活动空间以及二层建筑构成。其间融入北方抬梁式特色构筑物，与原有建筑融合对接。

图纸展示

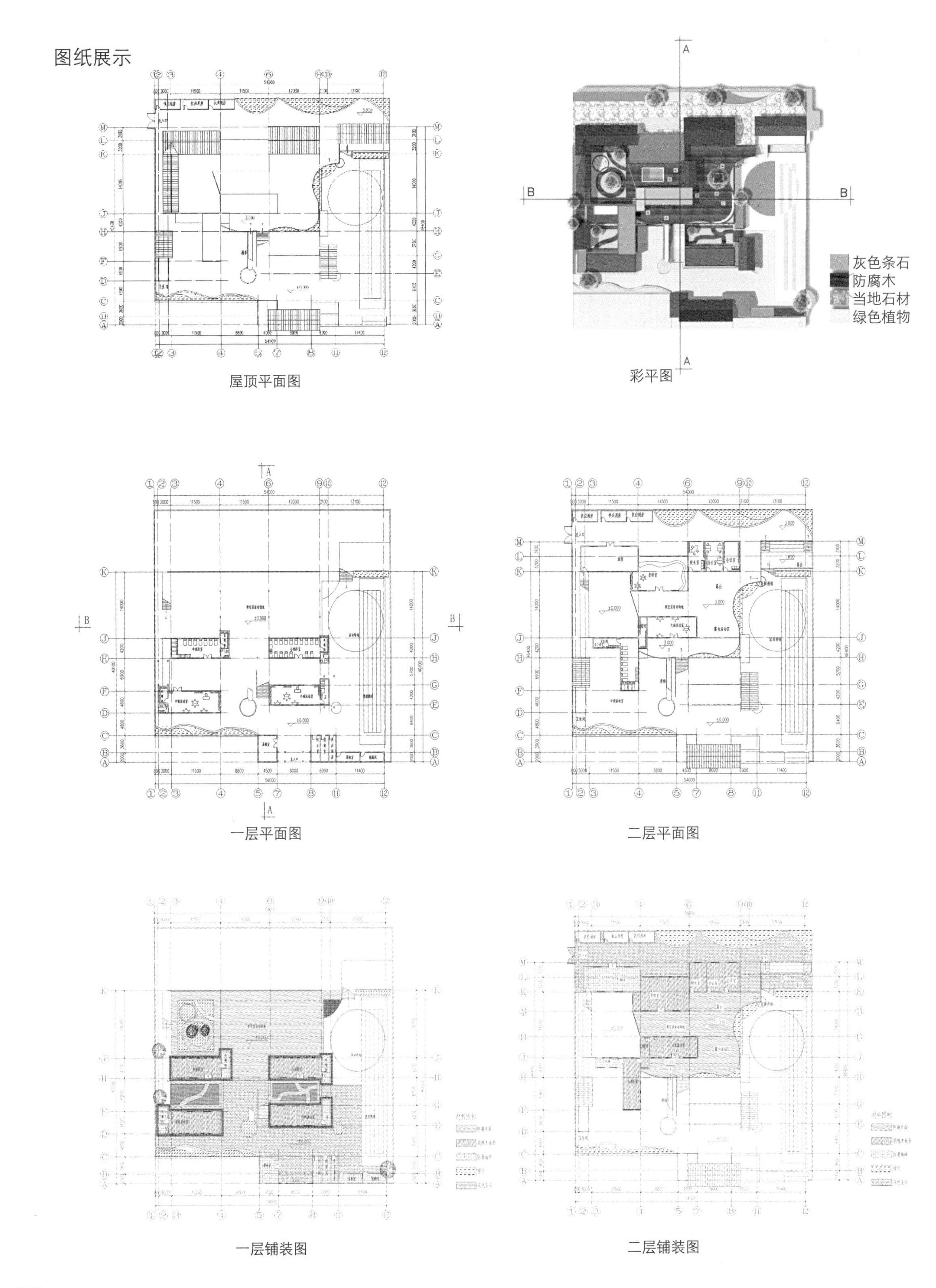

屋顶平面图

彩平图

一层平面图

二层平面图

一层铺装图

二层铺装图

原始地形是一块比较平坦的耕地，种植作物板栗，地形地势呈阶梯状向北延伸，北部是丘陵景观，植被资源丰富。建筑形态的塑造考虑到对空间的充分利用，考虑服务对象的人性诉求，也要有对当地自然人文条件的尊重。我遵循以上条件，做了多次尝试，在尊重地形的前提下，推敲出最终的建筑形态。1. 满足幼儿园功能需求；2. 符合当地台地景观高低错落的民居特点。

露台上方的活动空间与下方的半开敞游乐空间通过露台天窗产生良好的互动。露台天窗引入自然光线，露台下方就成了孩子们游戏的天堂。夏天，遮阳避暑；冬天，阻挡风雪。

在纵向交通上，除了梯步，加入了滑梯的交通方式，孩子们在上下游戏的过程中，锻炼了身体，也收获了快乐。

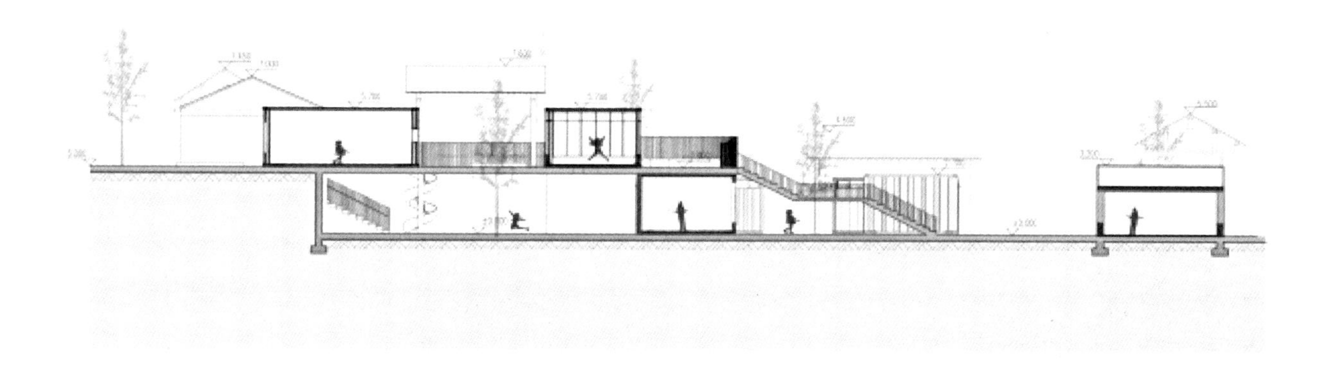

A-A剖面图

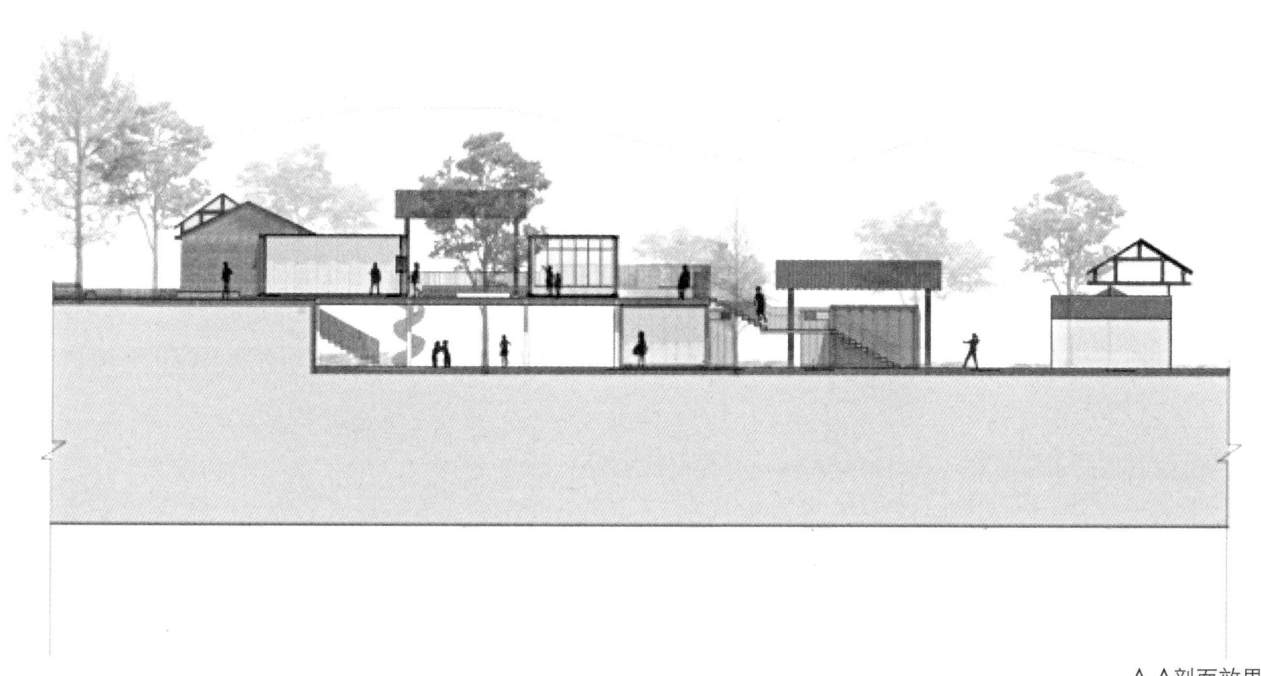

A-A剖面效果图

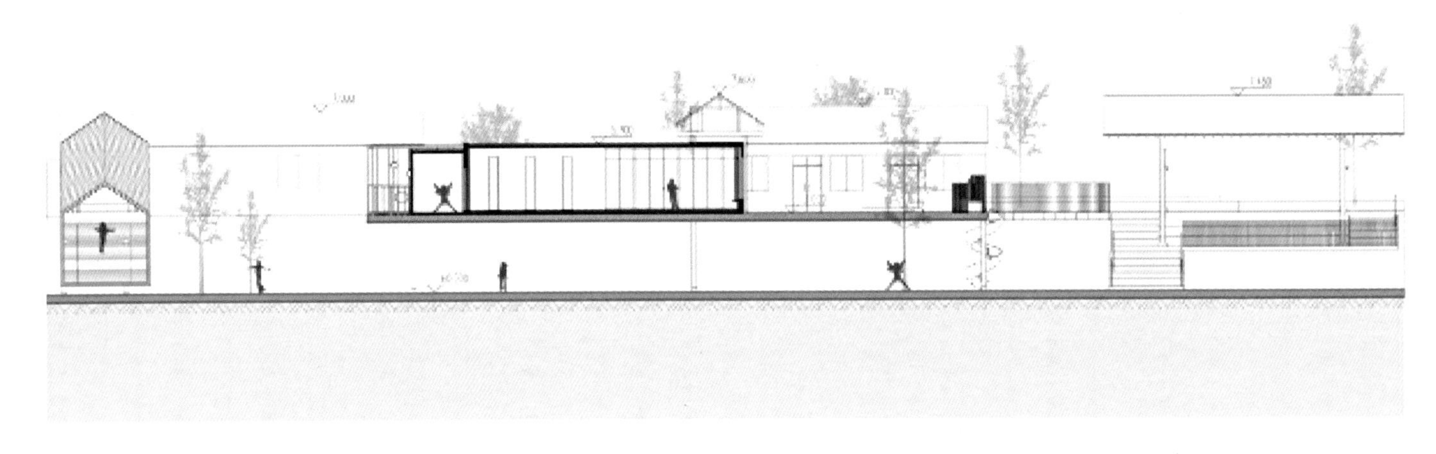

B-B剖面图

B-B剖面效果图

以集装箱为空间载体，融入北方院落特色，与当地固有建筑发生碰撞与融合。对我而言，最大的难点，是怎样将后工业时代的特色产物与北方农村风貌形成良好的对接。

我选择的方法之一是就地取材，旧材新用，使新老建筑在材质上、工艺上呈现传承。当地砂石资源丰厚，植被大多为树木。村落中随处可见石头堆砌的墙体，院墙、挡土墙，高矮不一，肌理各异。我将石块元素运用在建筑立面上，包括原有建筑的外立面，原始地形的挡土墙，花坛、幼儿园外墙以及室外小面积铺装。根据不同的功能，以不同的排列方式使其呈现不同的肌理效果，也是对本土元素的应用与创新。

为了体现当地的满族文化，融入了地域性构筑物——北方传统抬梁结构木制构筑物。首先它满足人性需求，可以遮阳避雨，将其穿插点缀在集装箱之间、看台上，保证孩子们在户外活动时的可达性和安全舒适性。其次它展示了中国古代木制建筑的做法，木制的梁柱、传统的灰瓦，作为当地特有的满族文化元素，呈现在建筑语言中。

计划内

三等奖学生获奖作品

Works of the Third Prize Winning Students

郭家庄亲子体验基地建筑及景观设计
The Children's Activity Center in the Country

学　生：李俊
导　师：谭大珂　李洁玫
　　　　贺德坤　张茜
学　校：青岛理工大学
专　业：艺术设计

亲子体验中心效果图

如何让自然乡村更好的发展，通过对乡村建筑及景观进行设计，将城市与乡村紧密联系，实现城乡的互利共赢。该体验基地逐力打造成为联系乡村及城市儿童成长记忆的关系纽带。

基地概况

基地位于中国河北省承德市兴隆县南天门乡郭家庄村，地处燕山腹地，为典型的卡斯特地貌，整个基地占地面积为9.1平方公里，现有住户226户，基础设施优越，水电充沛，交通便利。基地具有“九山半水半分田”的典型分割特点。环境优美、山清水秀，建筑具有典型的燕山民居特点，古朴素雅。暖温带半湿润气候，由于地形原因气温垂直变化大，冬季平均气温为零下7.5摄氏度，夏季平均温度为22摄氏度。

河北省/Hebei

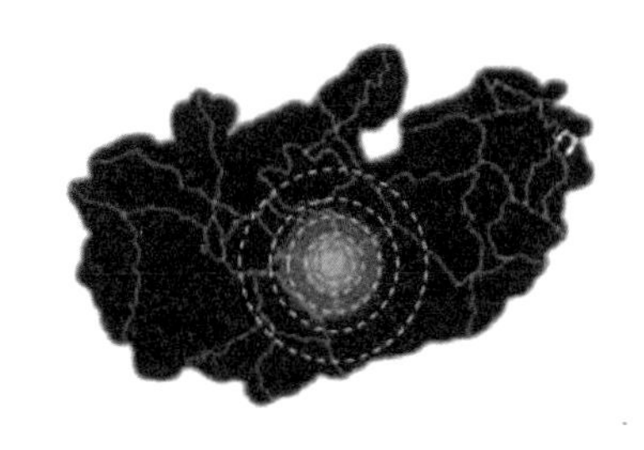

兴隆县/Xinglong

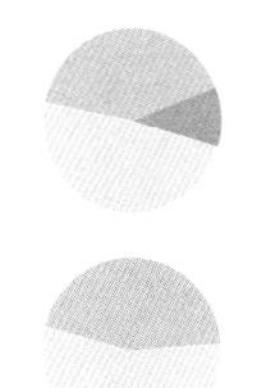

3岁以下：32人，比例：21.77%
3～8岁：54人，比例：36.73%
9～12岁：61人，比例：41.50%
留守儿童：85人
留守儿童比例：57.82%

村庄总人口：726人

儿童总人口：147人

人口结构

周边城市

周边旅游景点

数据统计及现状分析

经济主要来源于旅游接待、外出打工、林果种植。其中旅游接待单户年均收入约9万，林果种植单户年均收入约2.5万，外出打工单户年均收入约7万。从经济来源上看，旅游资源这块具有良好的收入价值。

水纹分析：洒河为滦河一级支流，实测最大洪峰流量为2180米/秒，经实地调研得出郭家庄村河道洪峰季节多不会发生险情。受气候影响洒河终年水量变化较大。挖掘河道旅游价值，必须解决好河道的蓄洪问题，使全年流量相对稳定。

村庄也面临着老龄化问题，老龄人口占全村总人口41%，劳动力缺失不利于第一产业发展，郭家庄村需进行产业转型，给村庄带来新的活力，吸引外来资金流入，年轻人回乡发展。

村庄功能布局上缺少联系，功能不够细化；路网分析，国道打通了基地与外界联系，村内交通较窄且多数没有形成环流道路，滨河道路的不完善直接影响了河道旅游资源开发。

建筑布局，原有房屋尽可能保留，拆除村内危房、布局不合理房屋等，增加配套建筑数量，改善居住环境，提高旅游接待能力。

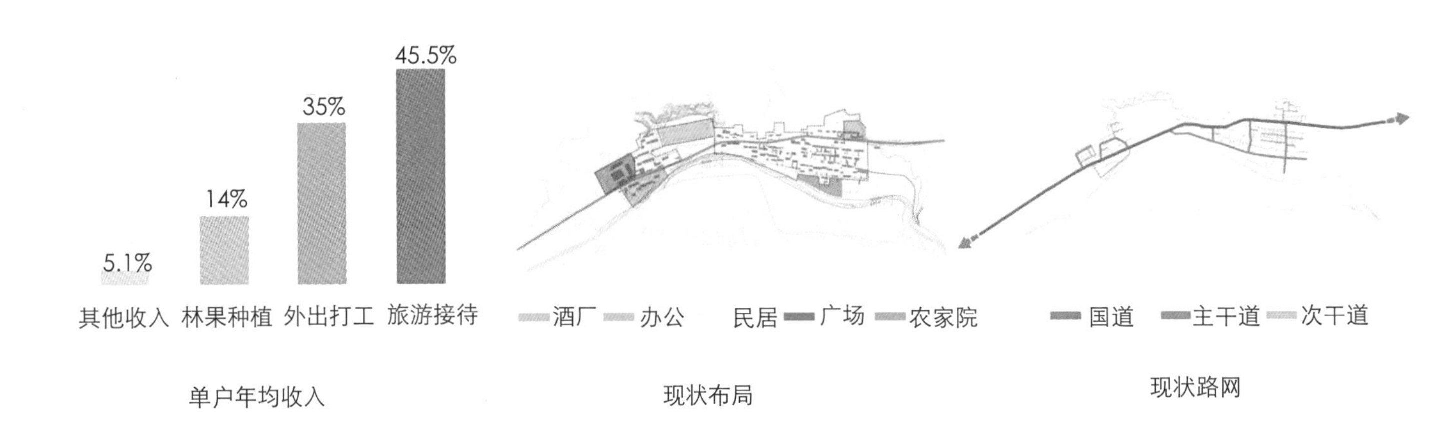

单户年均收入　　现状布局　　现状路网

城乡平台概念

如何让郭家庄村更好发展？

如何缓解城市儿童自然缺失症？

问题一：

如何让依山傍水的郭家庄村更好地发展？通过实地调研，我们认为当前郭家庄村的发展急需解决以下问题：

1）乡村经济发展的停滞，造成劳动力等发展要素的外流，引发“空心村”等问题；

2）村内拥有大量的留守儿童、孤寡老人，其引发的相关社会问题日渐明显；

3）服务配套设施有待完善，乡村生活品质与村庄风貌亟须提升。

建筑布局、原有房屋尽可能保留，拆除村内危房、布局不合理房屋等，增加配套建筑数量，改善居住环境，提高旅游接待能力。

问题二：

如何借助外部要素的注入，为乡村发展提供新的动力？目前城市儿童普遍缺乏与自然亲密接触的机会，影响了他们的健康成长。因此，希望利用基地独特的乡村自然风貌，创建一个以自然体验为核心的亲子基地，将城市的各类发展要素引入乡村，推动乡村的活力复兴，同时也为乡村孩子的成长以及乡村经济的发展创造新的机遇，实现城乡的互赢共利。

设计保留了原有村委会，形成入口广场，开敞的入口广场保证游客能够直接看到入口湿地与林区构成的自然景观；场地内部布置了栈道，选用曲线形式，实现与自然的融合，保证游客能最大限度地进入湿地的各个角落；内部还配套了休憩木屋、观景台等设施；园区中心位置，地势较为平坦，建设条件较好，因此将亲子体验农场与亲子游戏绿地选址在此，它的北侧为亲子体验中心。

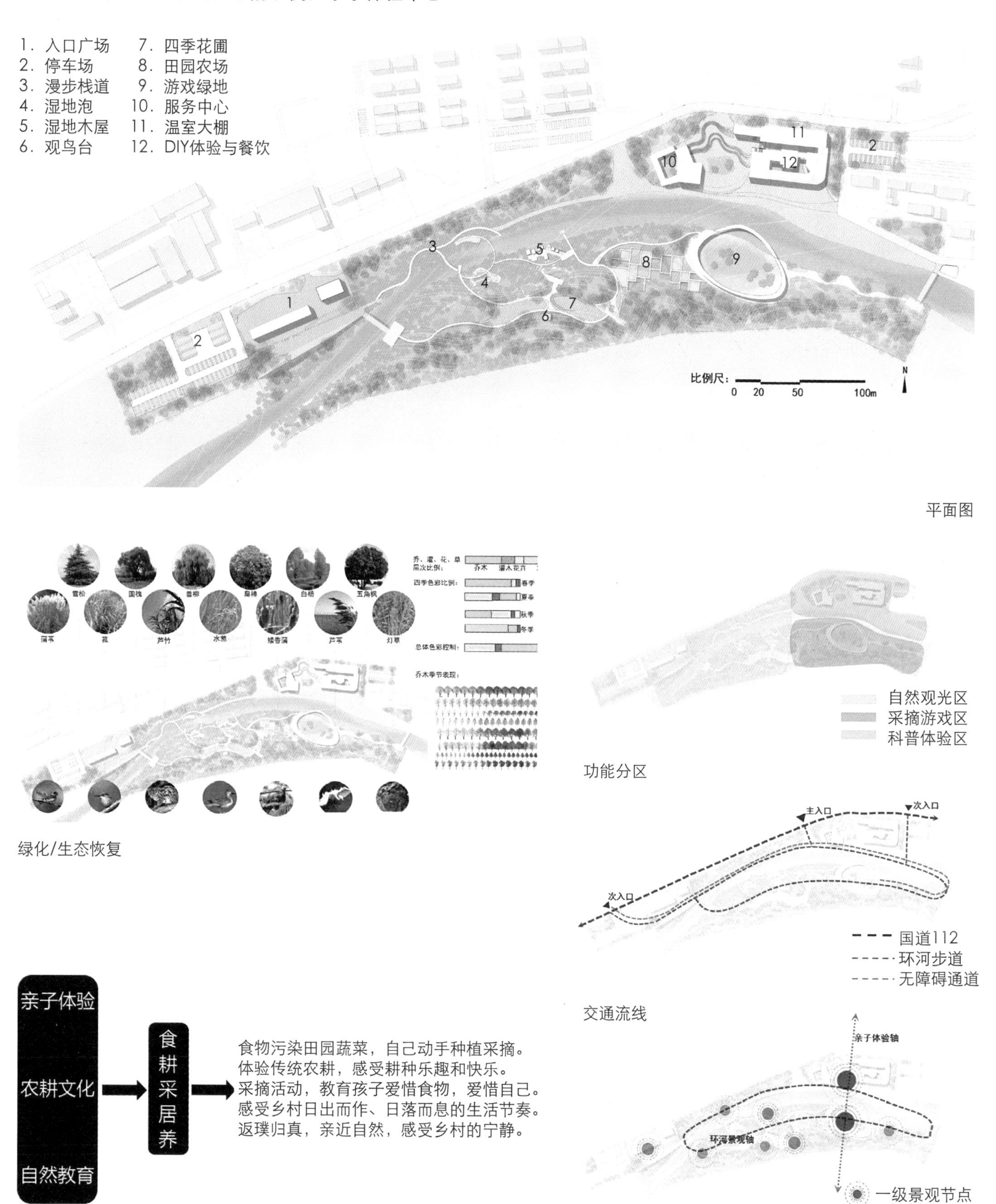

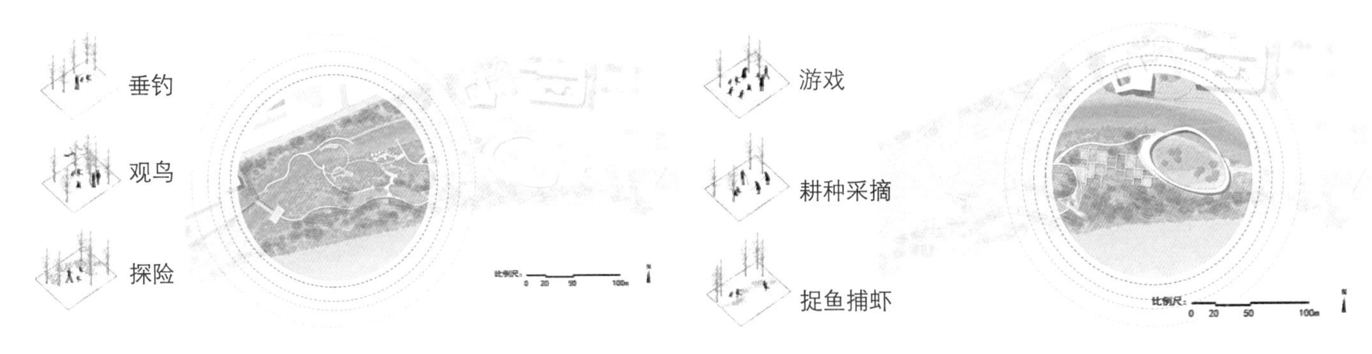

农场节点平面图

湿地节点

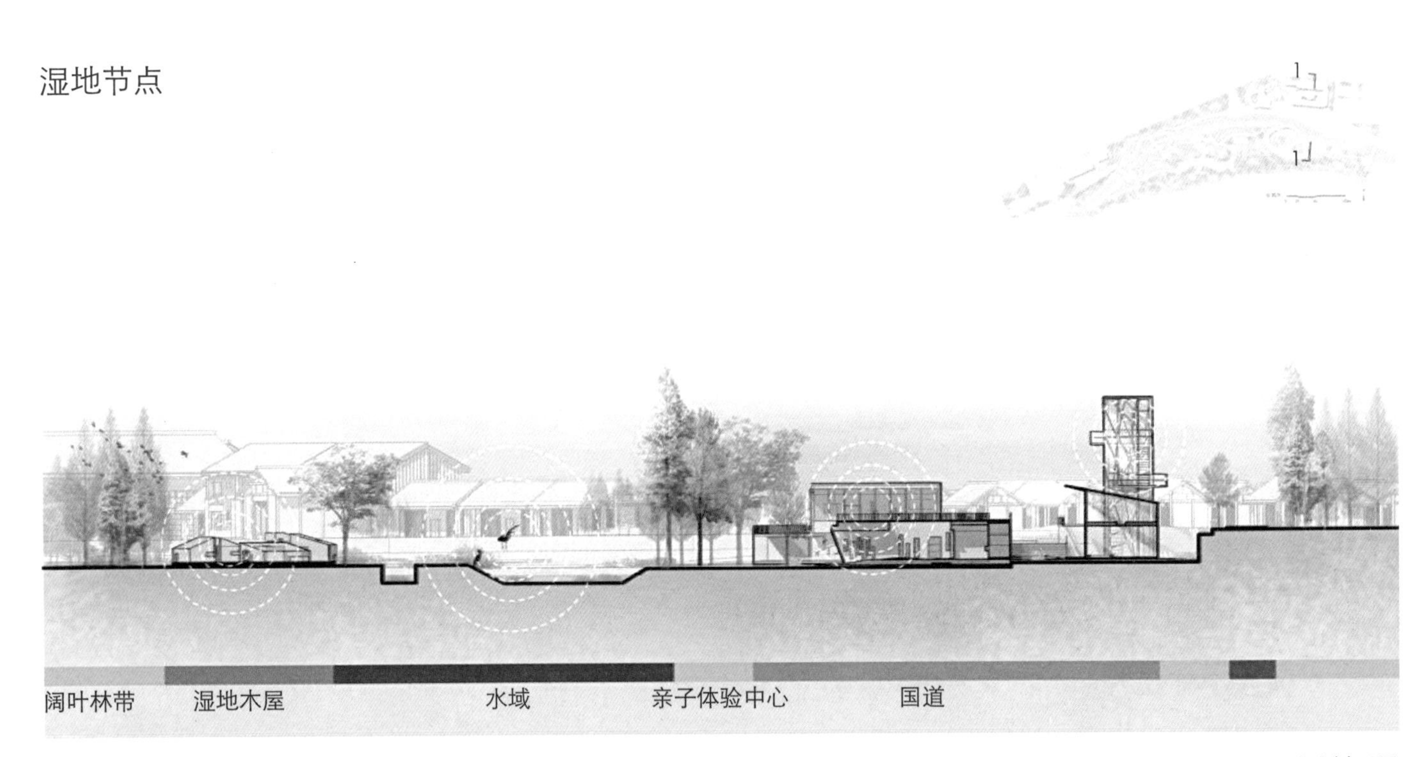

1-1剖面图

2-2剖面图

图纸展示

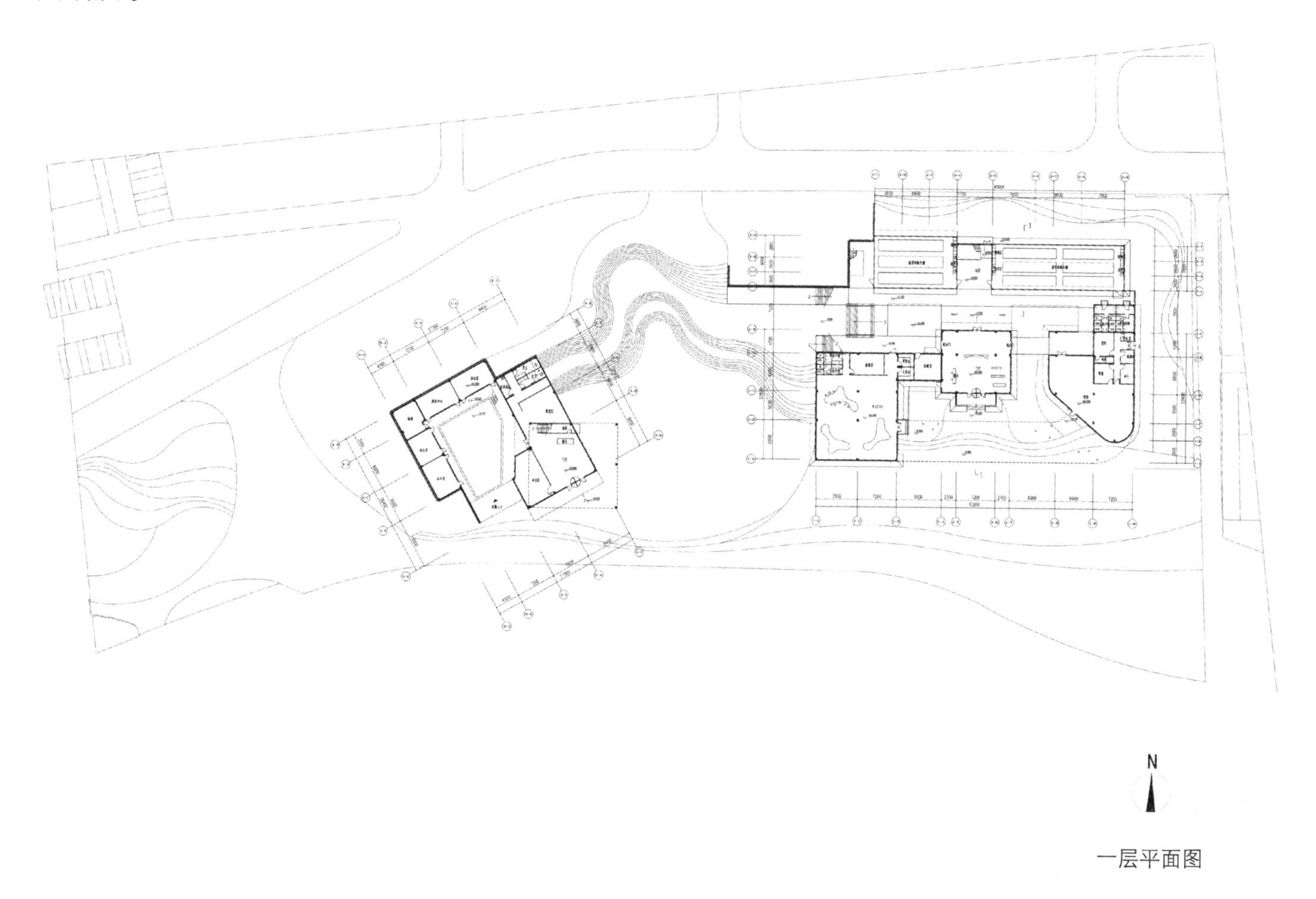

一层平面图

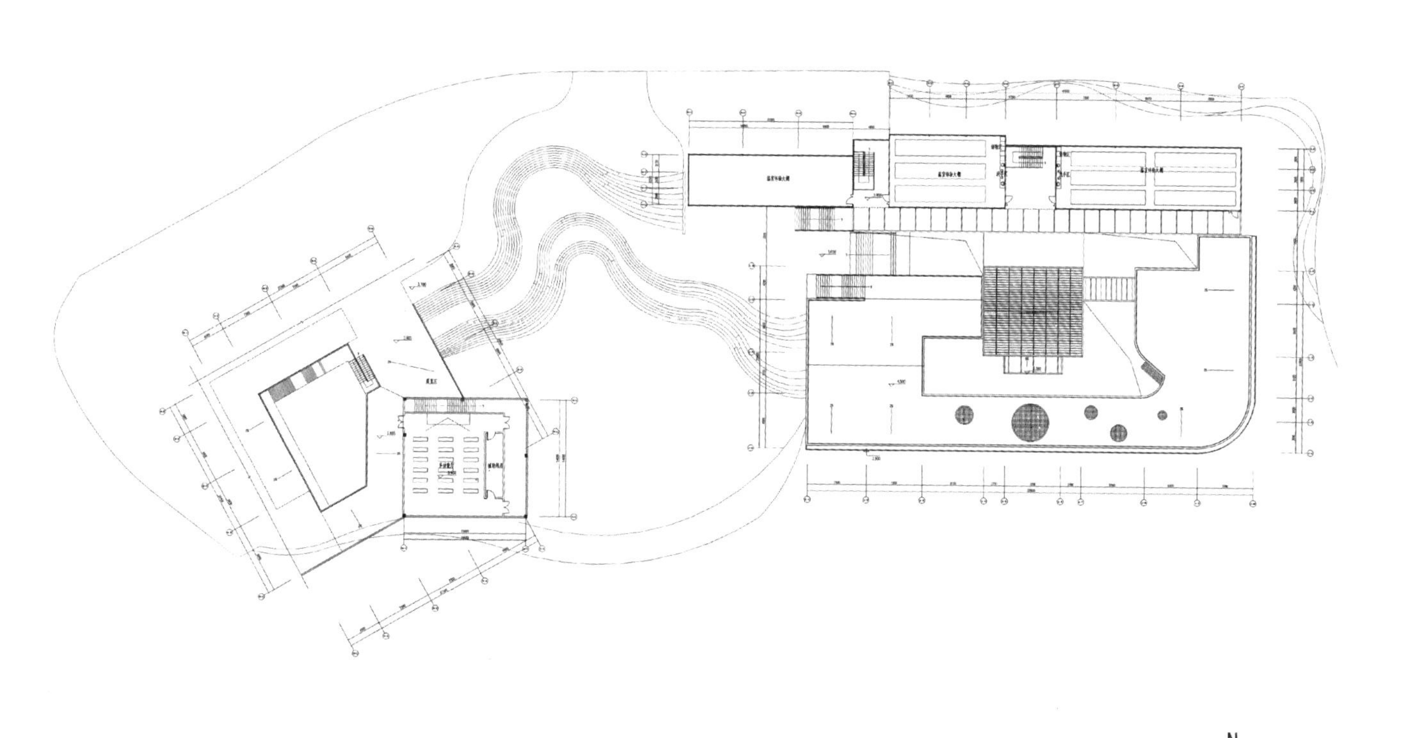

二层平面图

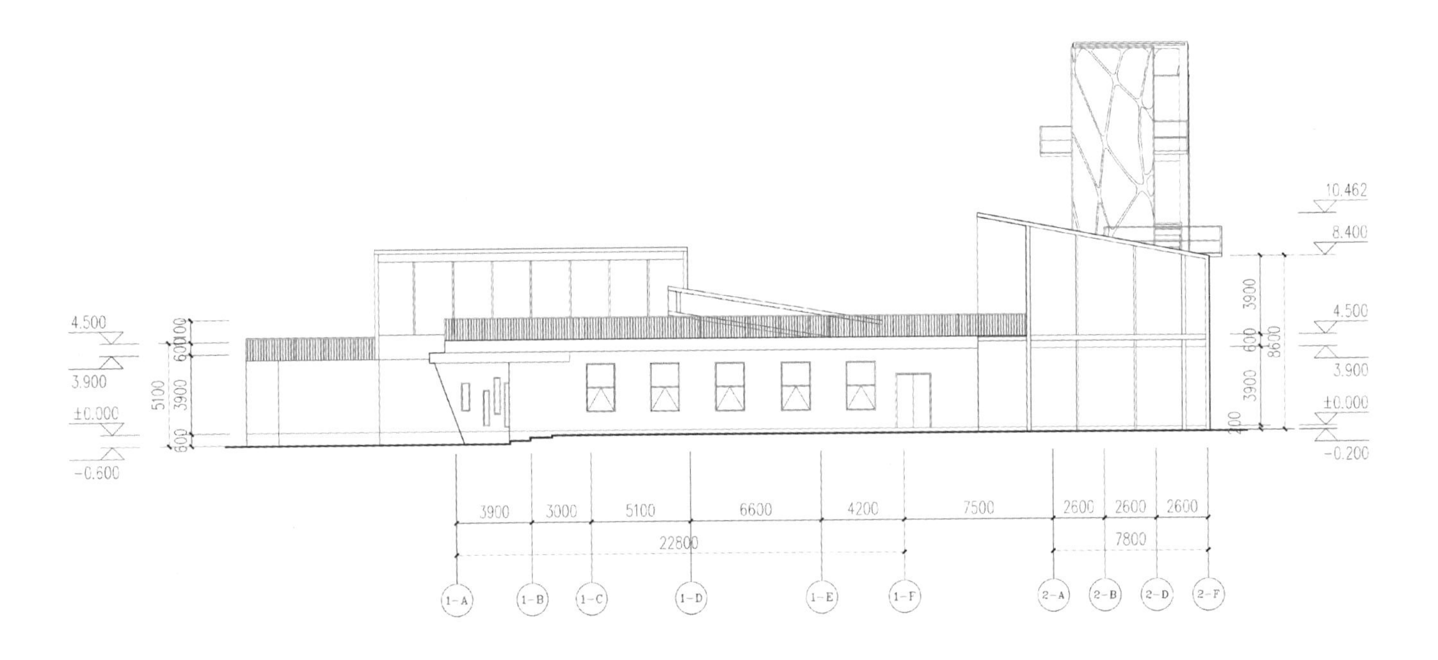

东立面图

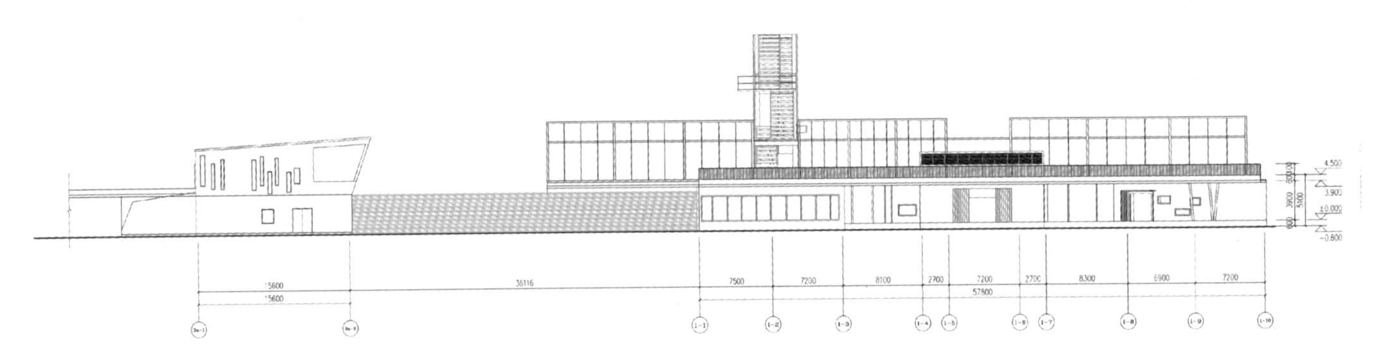

南立面图

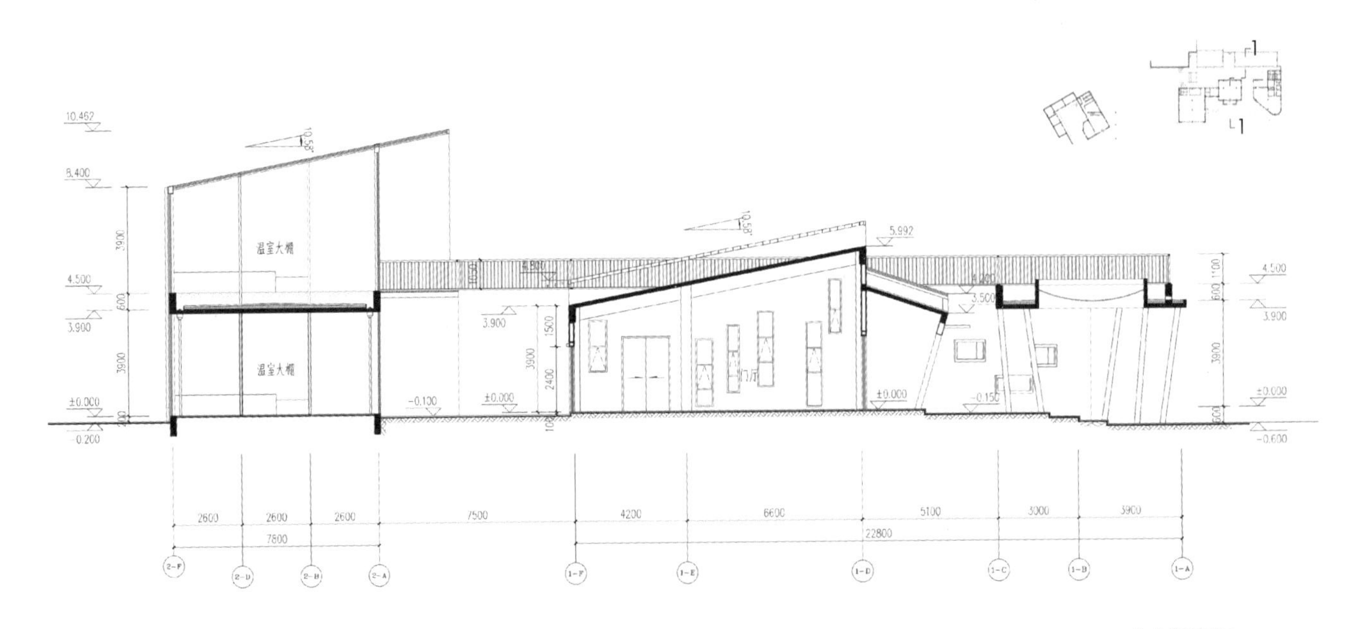

1-1剖面图

建筑鸟瞰图

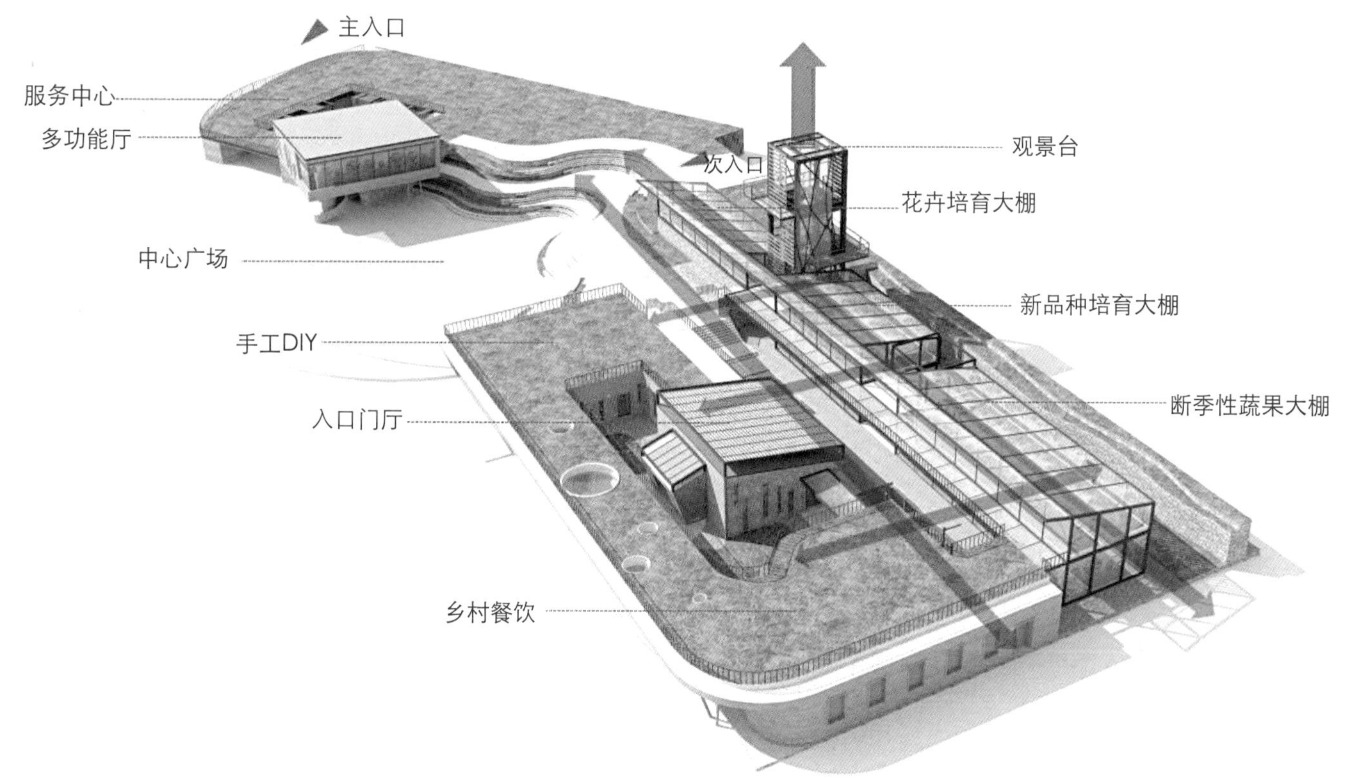

建筑空间分析图

建筑空间分析

建筑在形式上借助国道与沿河高差，利用现状地貌部分采用覆土建筑，以形成院落围合式的传统民居形态，与整个村庄群落进行有机统一。入口接待区设有服务中心及多功能厅，提供接待、会议、展演等功能，借助建筑周边地形所具有的高差将服务中心与亲子体验中心建筑运用曲线台阶联系起来，形成围合式的中心广场，以便于家庭间在开敞的室外大空间进行交流活动，亲子体验中心以体验式手工操作及配套餐饮为主，建筑内部组织参与性强的儿童活动空间，增强活动空间的趣味性，为主体建筑带来人气。设计温室体验大棚作为景观廊道，不仅可以作为国道景观展示长廊，还可将以上一个个建筑活动空间串联起来，起到国道与建筑之间的隔离作用。

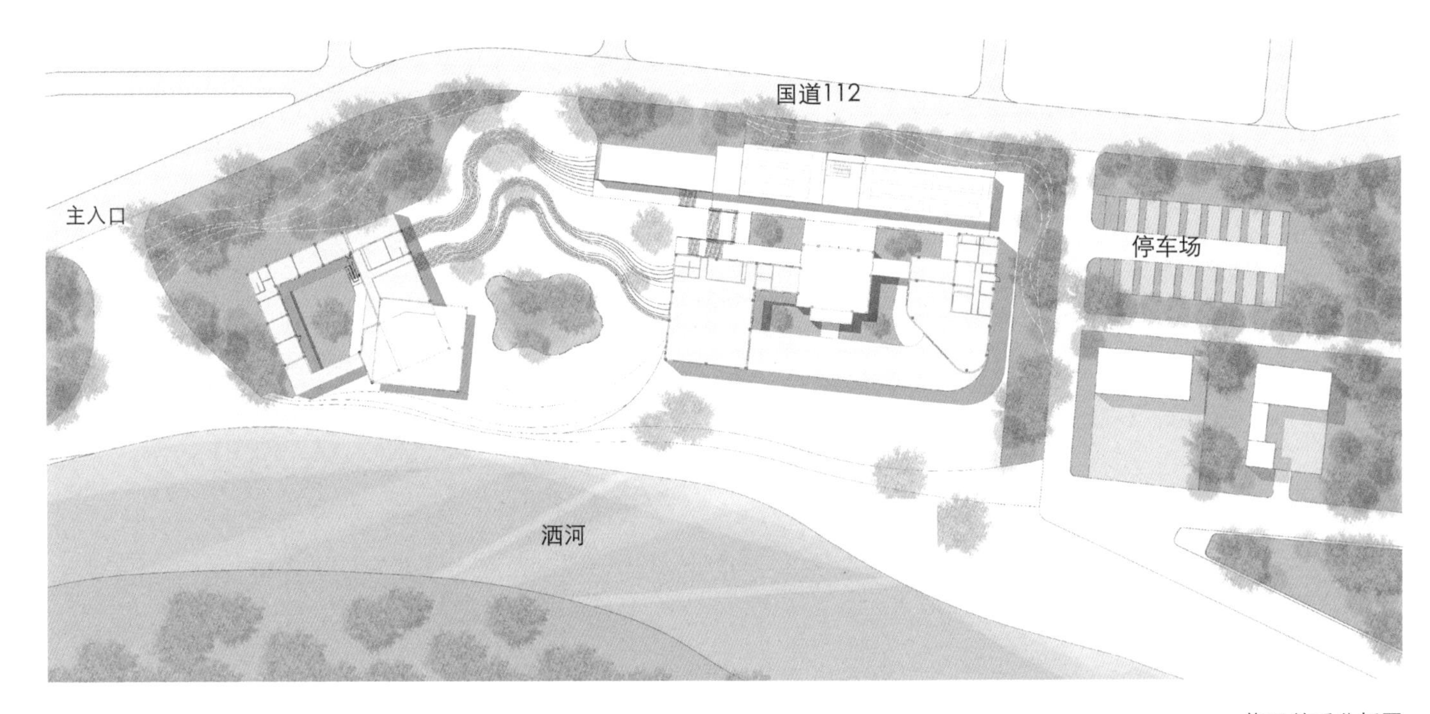

位置关系分析图

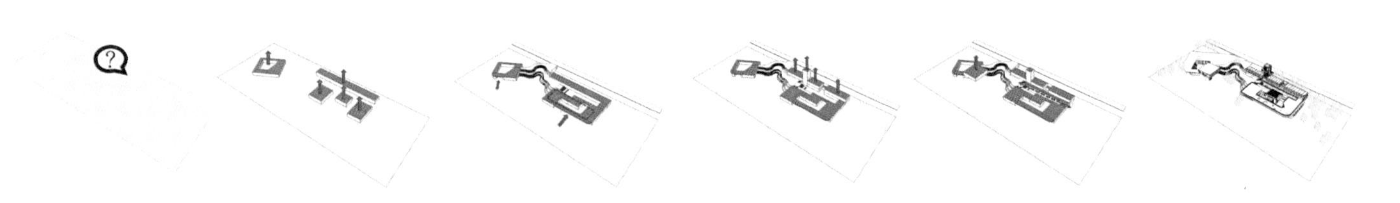

建筑空间生成分析图

木桩构成的游戏空间

儿童之家——岱奇村建筑改造设计及景观设计

Children's House: Decs Vllage Architectural Reconstruction Design and Landscape Design

学　生：SINKOVICS BRGITTA ILDIKO
（伊尔迪科）
学　号：BD3764945
学　校：佩奇大学

the **problems** in rural Hungary:

missing infrastructure
unemployment
vanishing communities
ethnic conflicts

does it have **effects on the children?**

我的毕业设计项目名称是儿童之家，这是一个能够有助于孩子们健康成长的社会机构。

My project's title is Children's house. This is a social institution, where families can get help for their children's healthy social development.

设计定位

孩子们是祖国的花朵，是民族的希望，因此，孩子们的成长环境对于孩子们的成长，起到决定性的影响。不幸的是，不是每个孩子都是在身心健康的环境中成长的。

孩子们的幸福感是建立在拥有和谐稳定的家庭基础之上，并且创造出一个有助于孩子们健康成长的空间。在我的设计项目中，我把它定义为儿童之家。

The future of a society depends always on its children, because they are regenerating it again and again. So it is determinative how they have been raised, what environment has influenced them and so what will they teach to their children. Unfortunately not every child is living among circumstances that allow them to develop healthy neither physically nor psychically.

An opportunity for their prosperity is to concentrate on the stabile family background, and to create a space where children can get the necessary influences for their progression. In my project this is the Children' s house.

solution: complex development:

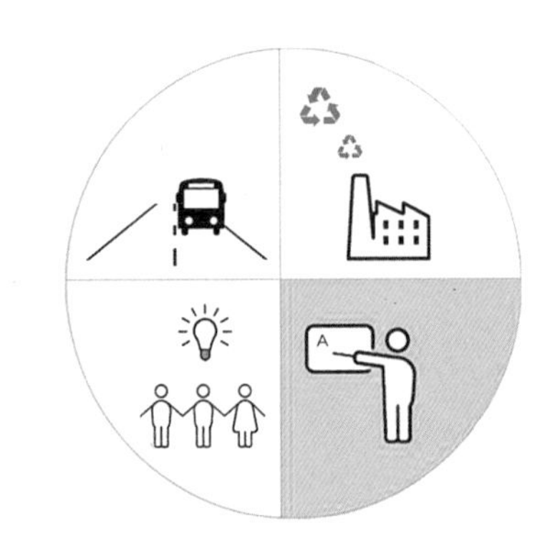

- development of transportation and roads
- placing factories and workplaces
- developmetn of the education
- supporting civil ideas

one of these educational program is the:

CHILDRENS' HOUSE

儿童之家的服务对象是学前儿童和他们的父母。一个基金会将持续提供相关的支持，同时，相关领域的专家与志愿者们将培养孩子们的兴趣爱好，如演奏音乐、绘画、园艺等，家长们也将得到相关的帮助。

Children's house is a place which focuses on the children before school age and their parents. A foundation provides the permanent supervision, while various experts and volunteers deal with the children through skill-developing community sessions. (For example playing music together, painting, gardening…) The parents are helped also in everyday life.

基地分析

我的项目选址位于岱奇，匈牙利南部的一个乡村。岱奇拥有独特的历史文化和美丽的民间艺术，但是今天，像匈牙利的许多乡村一样，岱奇面临着贫困和社会排斥等问题。

Decs, the village of my project is in Southern-Hungary. It has a unique history and beautiful folk art, but today it is facing problems like impoverishment and social exclusion – like many of the Hungarian villages.

c il rens' hou e

for the healty social development
of indigent children

这是一张居住结构图，在南部与东部边界处，很容易发现这一古老的村落，黄色标注的建筑是教育社区，为孩子们提供学习场所。首先我先虚拟构思了一条连接线，它连接着市区与足球场，并穿过教育社区，然后我将在这条线上，选择一点作为我的设计选址。

This is the map about the settlement structure. The old historic part of the village is easily noticeable on the South and East side. The yellow-marked buildings are the educational functions, which serve also as community sites for kids. My chosen site is on the imaginary line between them, creating a new point and connecting the city with the football field.

the concept in Decs:

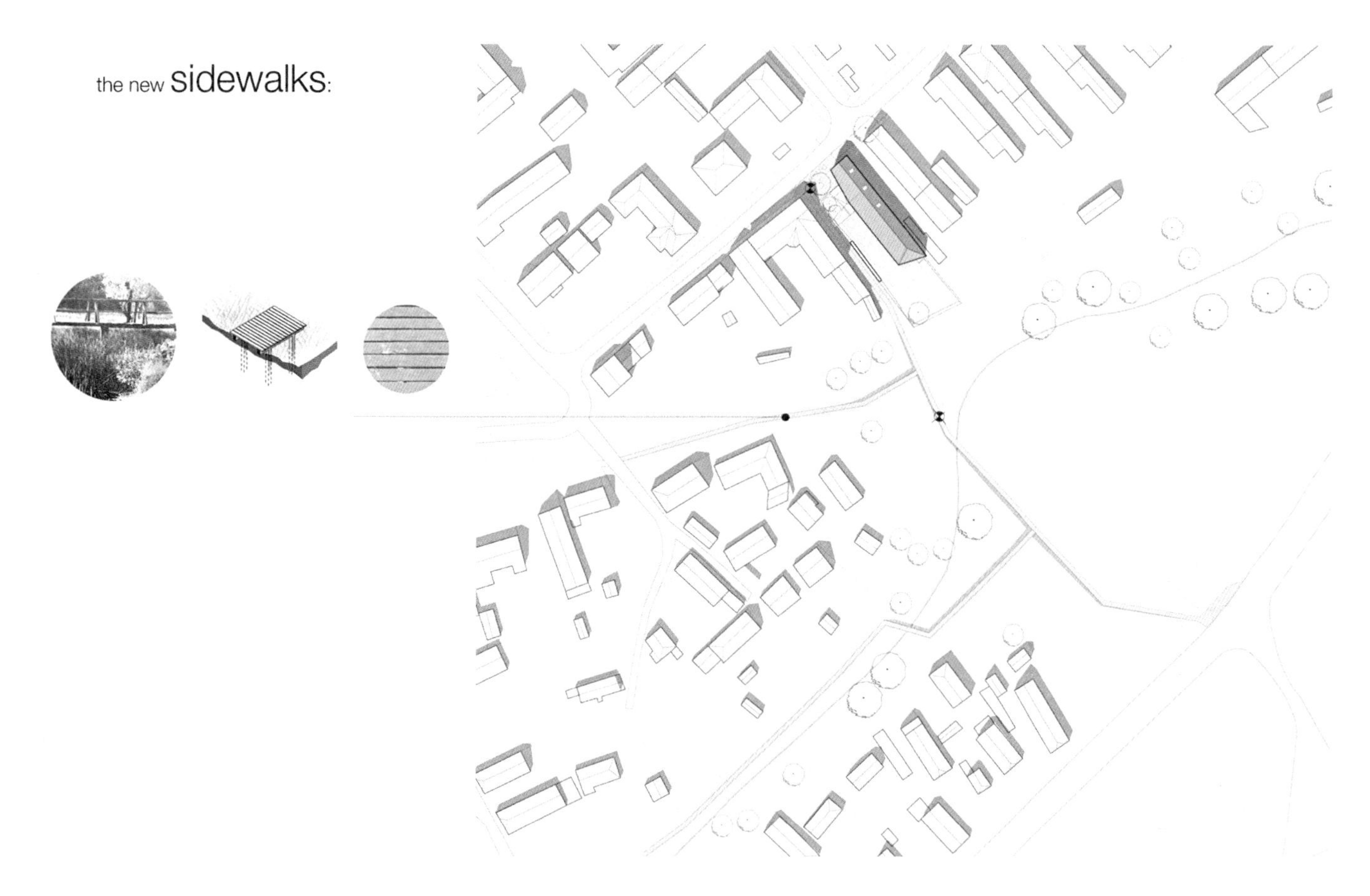

在设计开始之前，我思考的第一个问题是应该改造旧建筑还是新建？如何在资金条件允许的情况下，来满足建筑的各项使用功能？

The first question which came to my mind before starting the design process was whether I should converse an old building or build a new one? Because this project is for the poorest, but an educational function.

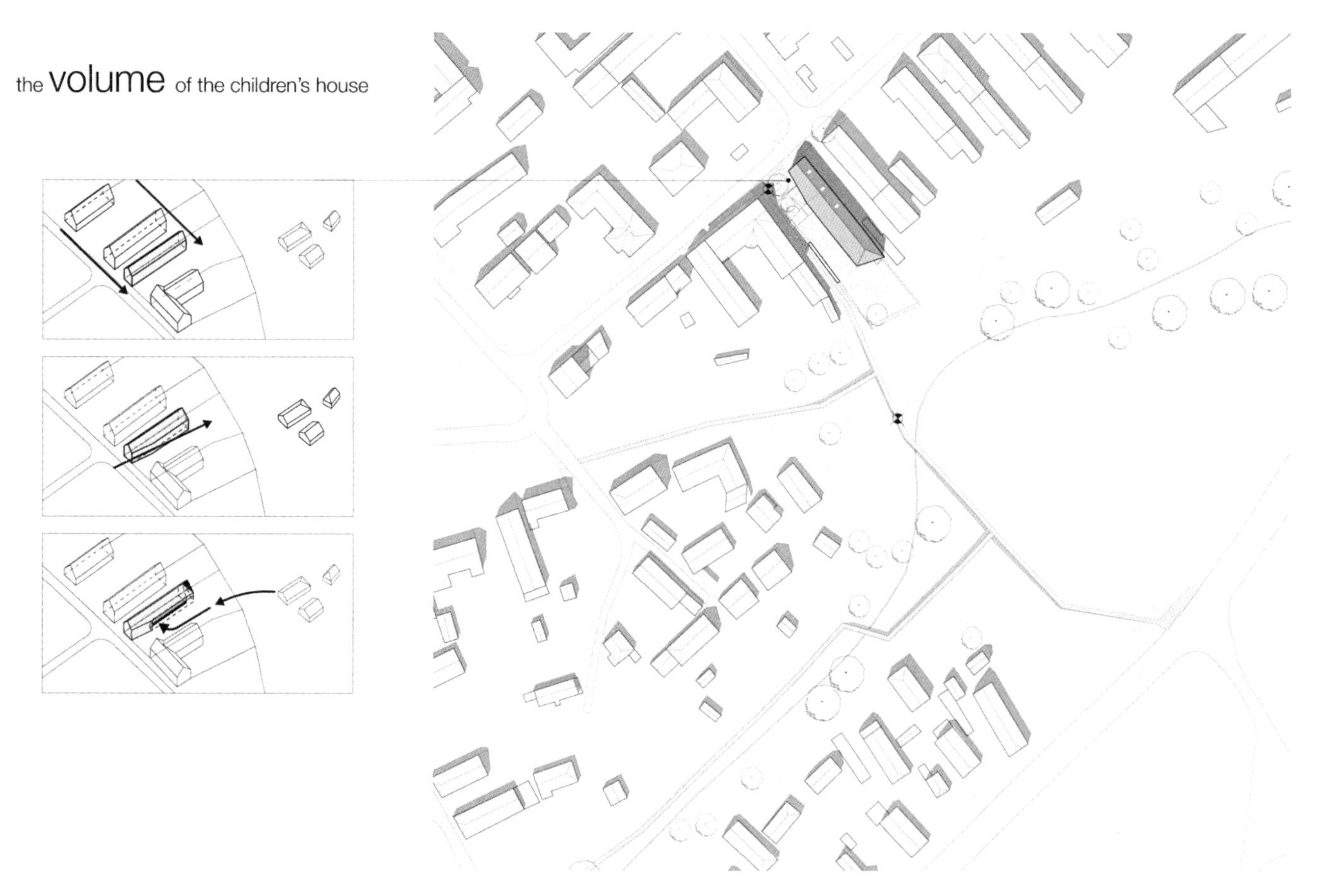

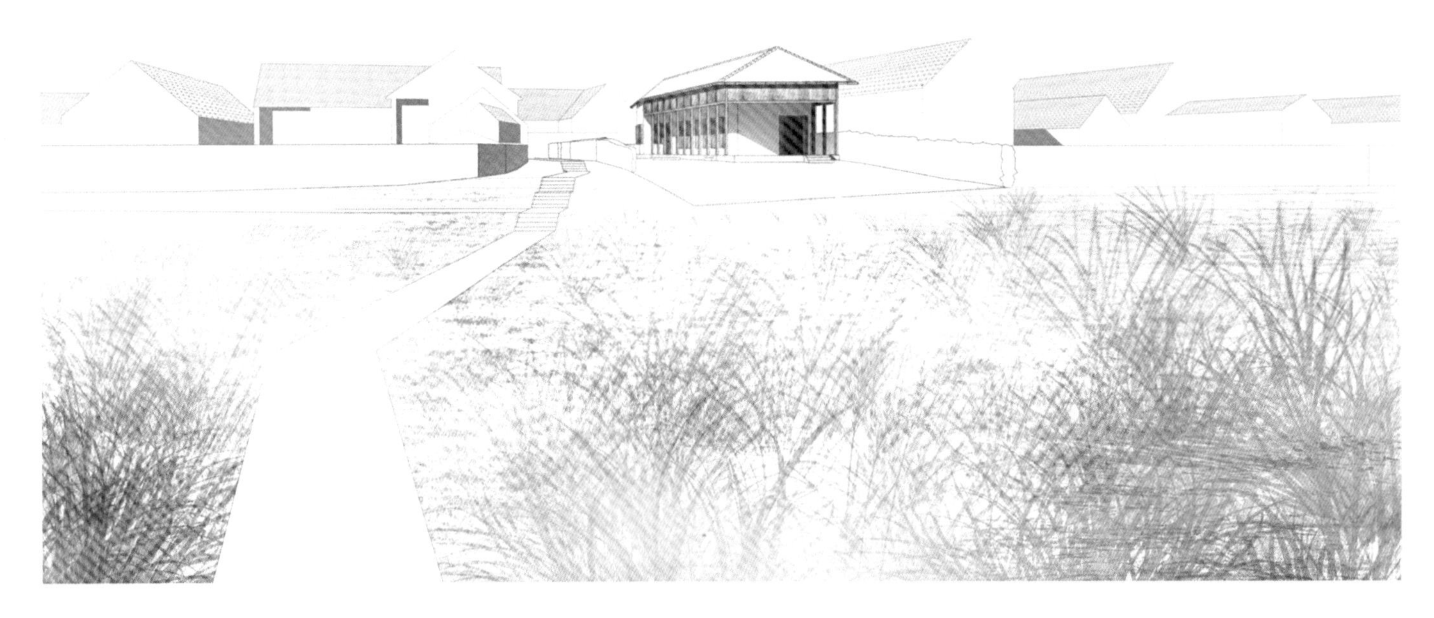

在旧建筑遗址旁边有一块空地可以用来进行置换，但是根据建筑遗址保护条例，建筑的某些使用功能将会被取消，而且对于能源消耗的需求，将使工程造价几乎和建造一个新的一样。

因此我决定在空地上创造一栋新建筑，以此便捷地连接“脆弱地带”，创建一个开放空间，用以满足公用和私用，并划分服务和维护所需的功能，以及满足儿童使用和受教育的空间。

The old heritage building next to the empty site could be convertible. But because of the heritage regulations in the end the building would have several compromises in expense of the function. The requirements for energy-efficiency would make the project cost nearly as much as building a new one.

So I decided to create a new building on the empty site. Important was to establish a new connection to the vulnerable zone, to facilitate the access. To create open spaces in different qualities - for public and protected uses. And to divide the required functions for the service and maintenance,and the spaces for children and education.

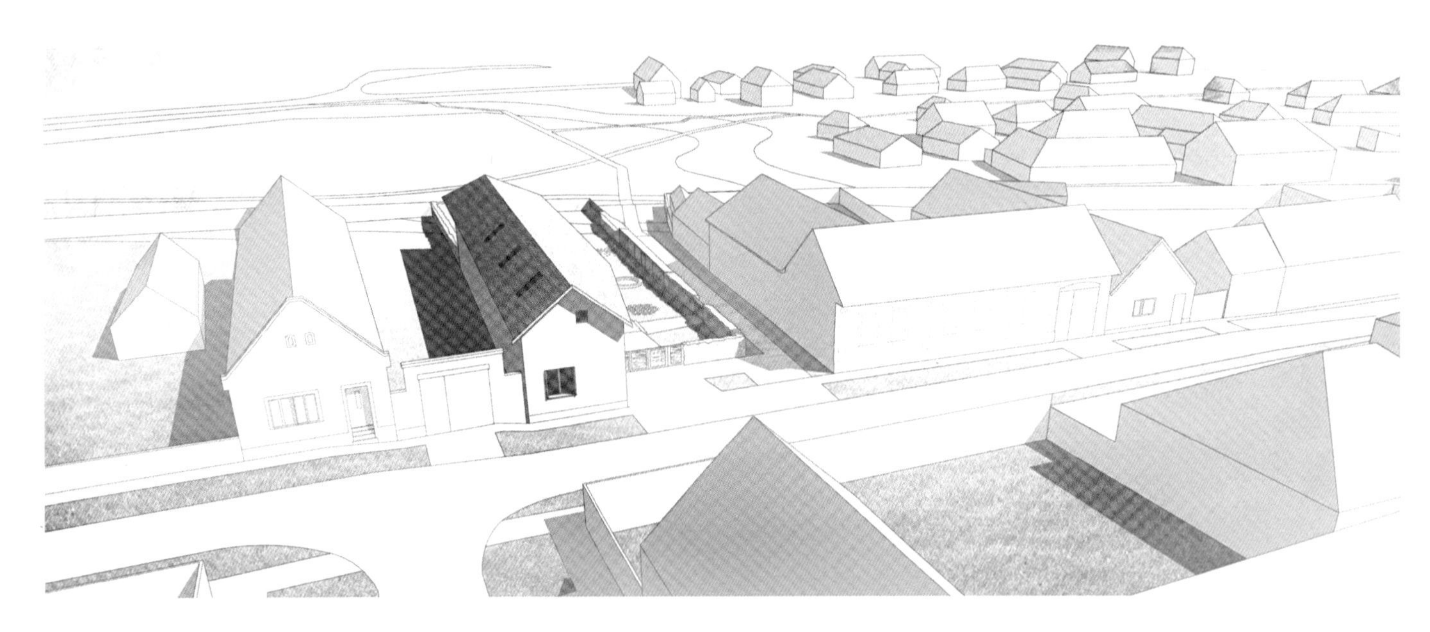

在场地计划中，我们看到了花园的用途，紧邻街道的部分是公共的，操场后身与花园种植区对于使用者是相对私密的。主入口位于两者之间，靠近公共部分。

In the site plan we see the uses of the gardens. The closest to the street is public, backwards of the playground and the vegetable garden are private for the users. The main entrance is between the two volumes, accessible from the public garden.

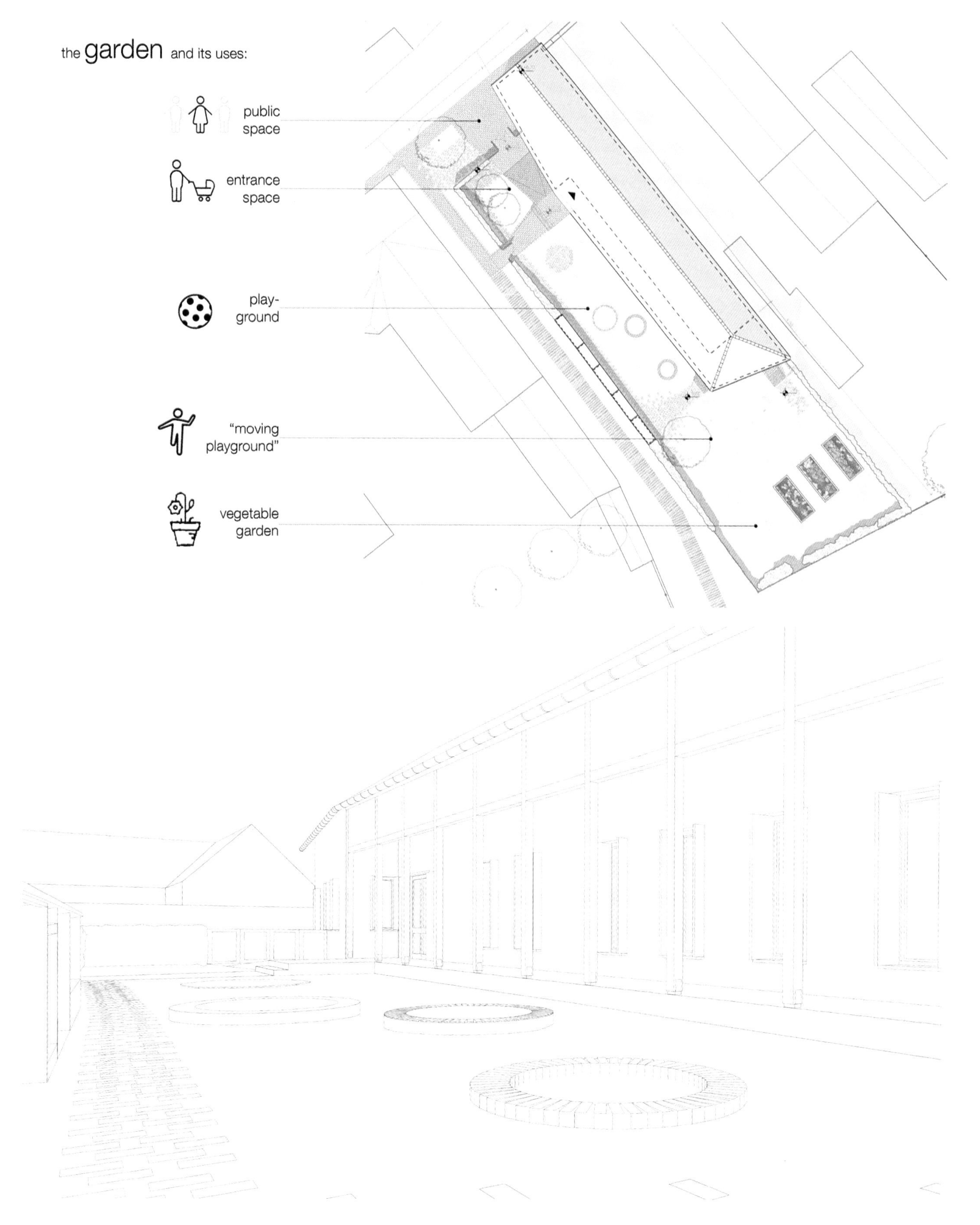

平面图

通过主入口来到中庭，这里为孩子和他们的父母提供衣橱与衣架，甚至婴儿车也可以在这里存放。中庭的右侧房间是孩子们学习的地方，由于主要针对学前儿童，所以也称它为“趣味活动间”，该房间还配有卫生间。中庭左侧房间主要是为家长提供服务的，它包括厨房、操作间和一个办公室。办公室有一个执行秘书来处理基本事务。

Ground floor plan

Through the main entrance we arrive to the hall, where closets and hangers are located for the kids and their parents, eventually also prams can be stored here. Right from the hall is the “playroom” , the main room for the children’ s education, and the sanitary block. Left from the hall the adult-education and the operational functions are located: the kitchen, engineering room and a foundational office. There is a secondary entrance to reach directly the office.

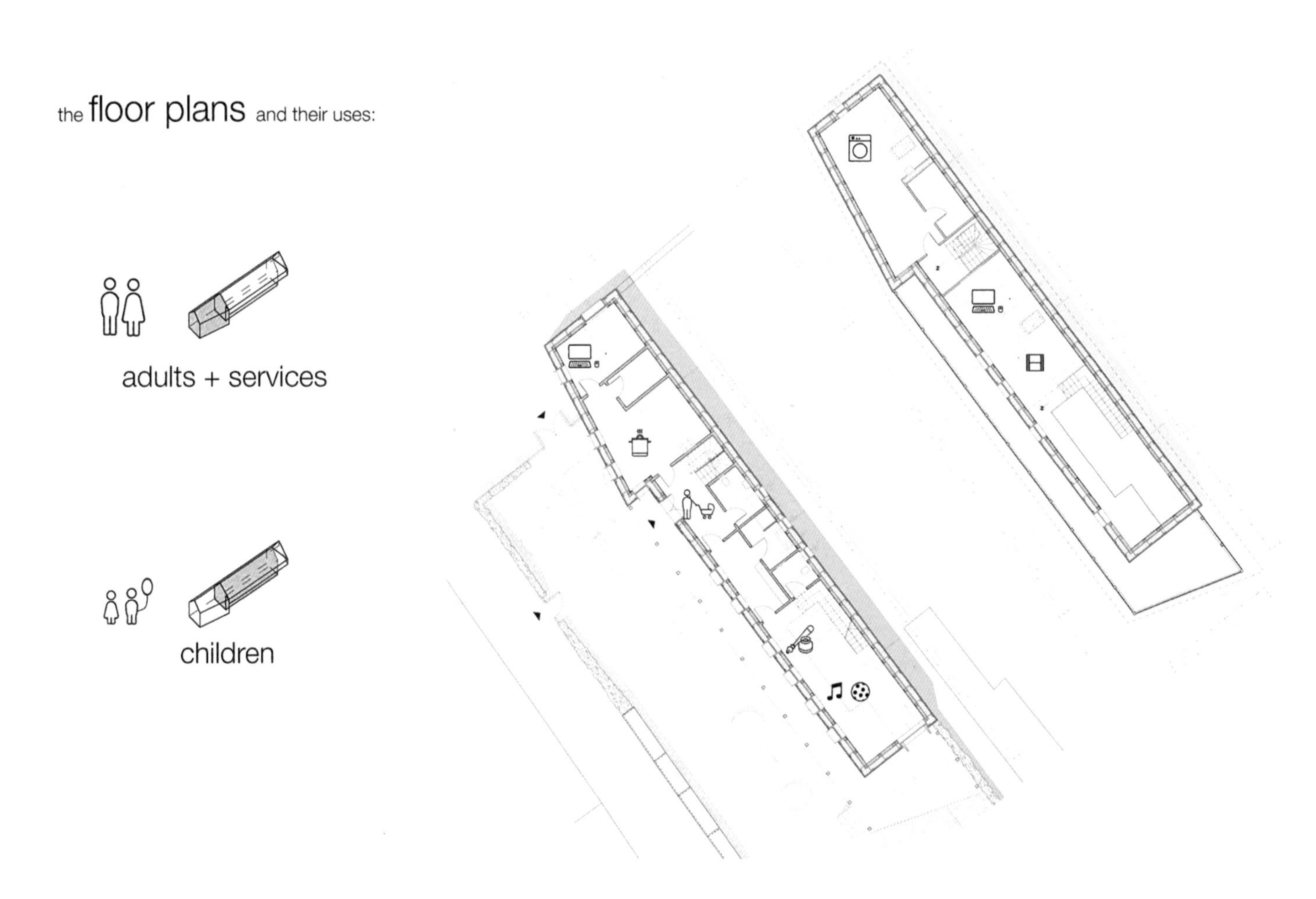

剖面图

建筑形体的高度与附近的建筑类似，只有一层在使用。阁楼是空的，这样房间可以自然通风，创造出一个舒适的室内空间环境。建筑的外立面形状有些类似于附近的建筑，沿袭了传统的形式，但是窗户进行了非对称的布置。
The volumes are as high as the neighbours, and only one floor is in use. The loft is left empty and naturally ventilated, to create a pleasant climate inside the rooms. The façade is shaped to be similar to its environment: traditional volume but the windows are formed and placed asymmetrically.

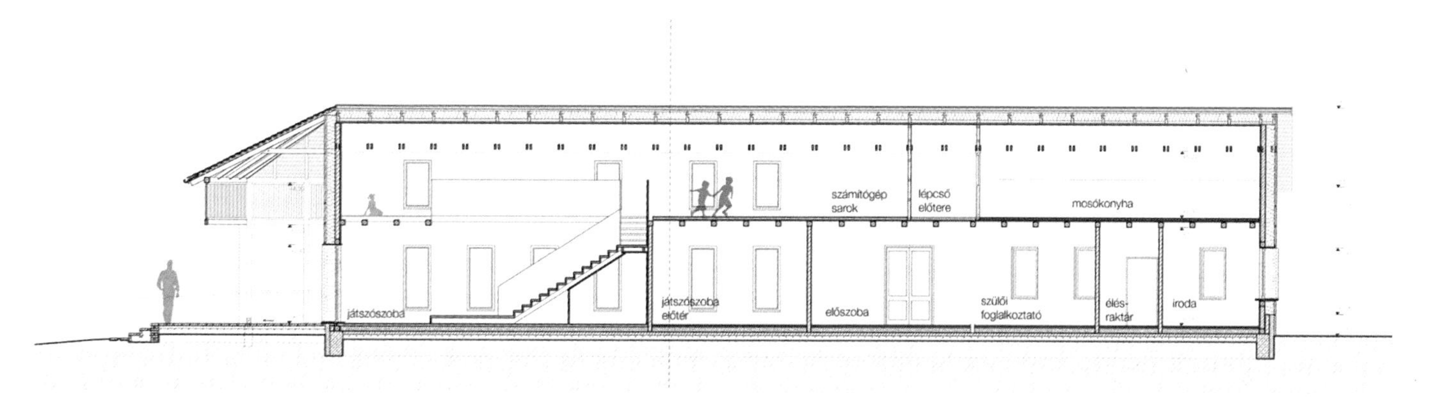

entrance facade:

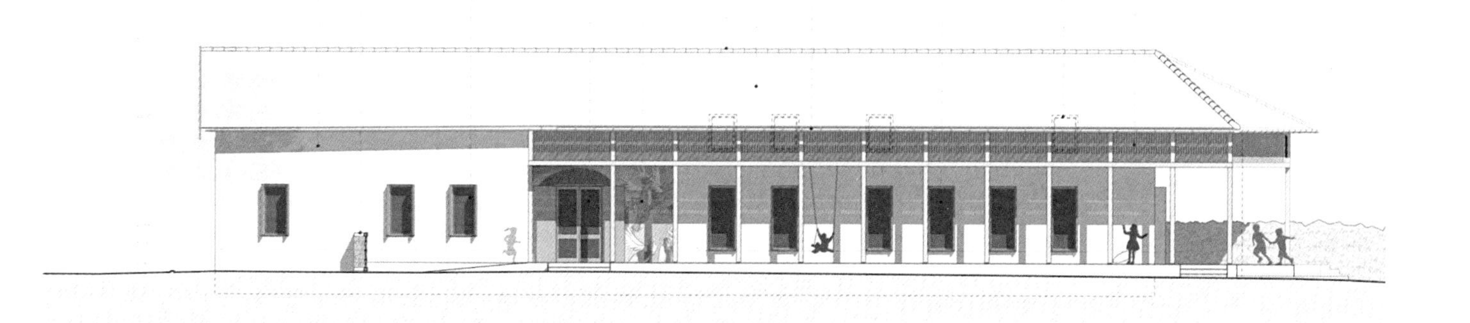

我相信可持续发展的重要性，尤其是在我的这个项目当中。所以，我决定使用当地的、环保的，并具有适当的绝缘性能的建筑材料，使建筑的使用可以高效节能，也就是压缩稻草块。在匈牙利，稻草是一种常用的环保建筑材料，二层至三层的房屋都可以使用这一建筑材料。房屋的基础结构是混凝土基础和木结构，混凝土基础可以有效地防水，建筑填充物是稻草。墙壁的两侧都贴满了黏土，黏土的透气性非常好，保持黏土的干燥，能够防止机械的损伤，并且保护建筑结构，具有防火性。另一个方便之处是操作过程简单快捷，例如对黏土的处理，可以在当地人的帮助下进行。

I believe in the importance of sustainability, especially in this case. So I decided to use a building material, which can be produced locally, eco-friendly, has appropriate insulation properties, so that the building’ s use can work energy-efficient. This is the straw bale. In Hungary straw bale is accepted as building material; family houses, houses with two-three storeys also for community purposes can be built of it. The base structure is a wooden frame on a concrete foundation (it has to be made waterproof). The infill is the straw bales. Both sides of the wall are plastered with clay.Clay allows the straw to “breathe” , keeps it dry, prevents mechanical damages and helps the structure to be more fire-resistant. Another benefit is the simplicity of some processes, for example the clay works, which can be also done with help of the local people.

建筑结构示意图

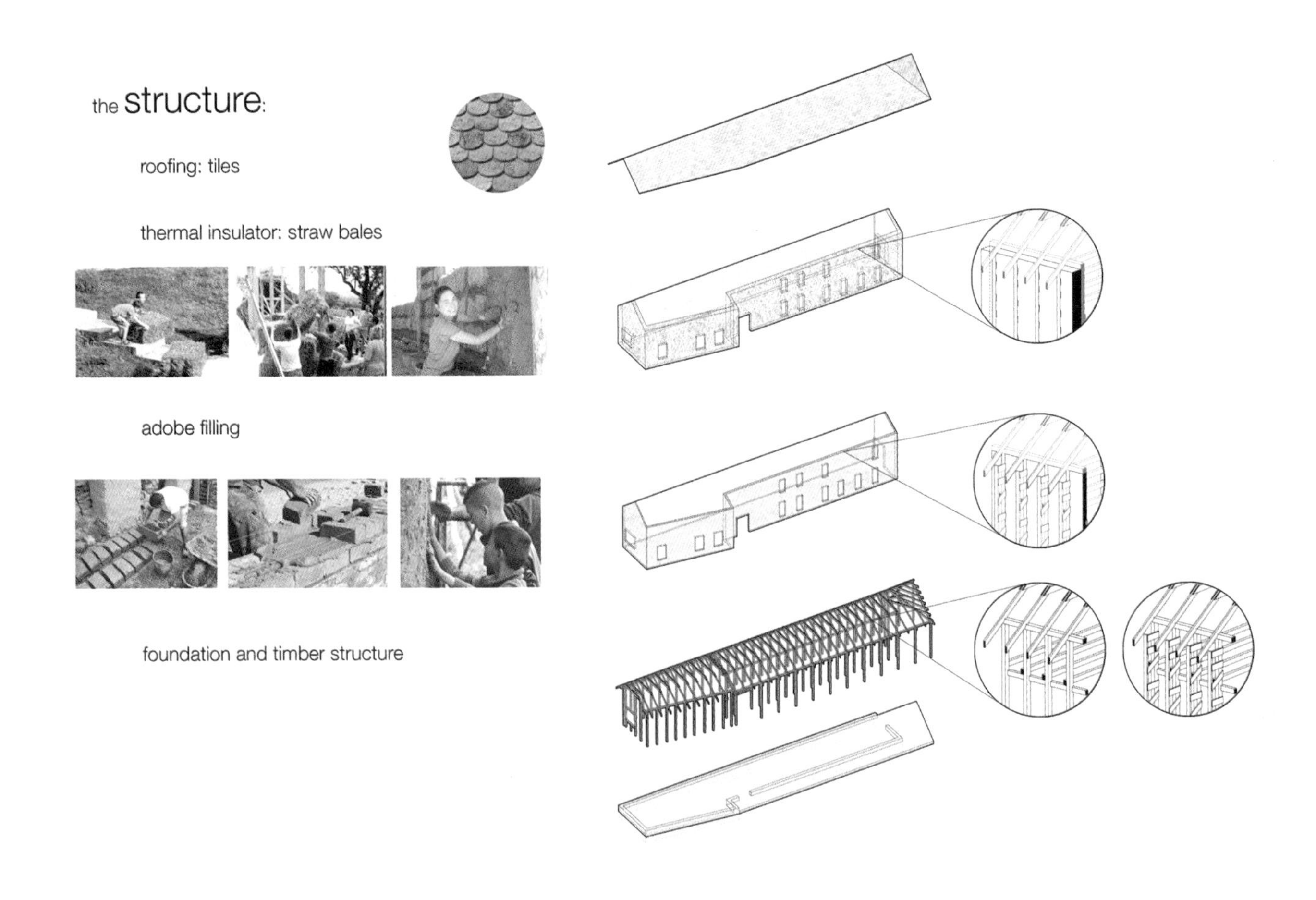

儿童之家建筑效果图

郭家庄民居规划改造设计

The Residences Transformation and Landscape Planning and Design of Guojiazhuang Village

学　生：李雪松
导　师：陈建国　莫媛媛
学　校：广西艺术学院
专　业：景观建筑设计

民居环境效果图

在建设美丽乡村的大方针政策下，凭借优质的自然资源，充分发挥场地的自然条件特色，让设计的力量融入乡村，实现乡村生态圈与文化创意经济的重构，让居民望得见山、看得见水、记得住乡愁。

基地概况

郭家庄村位于兴隆县城东南，南天门乡政府东侧两公里，自然环境优美，山形俊秀，水体清澈。村庄依山就势，沿洒河有机分布，林木葱郁。郭家庄村中有112国道穿过，并且有新建公路通向郭家庄村，方便北京、天津、唐山及承德本地游客的到来。

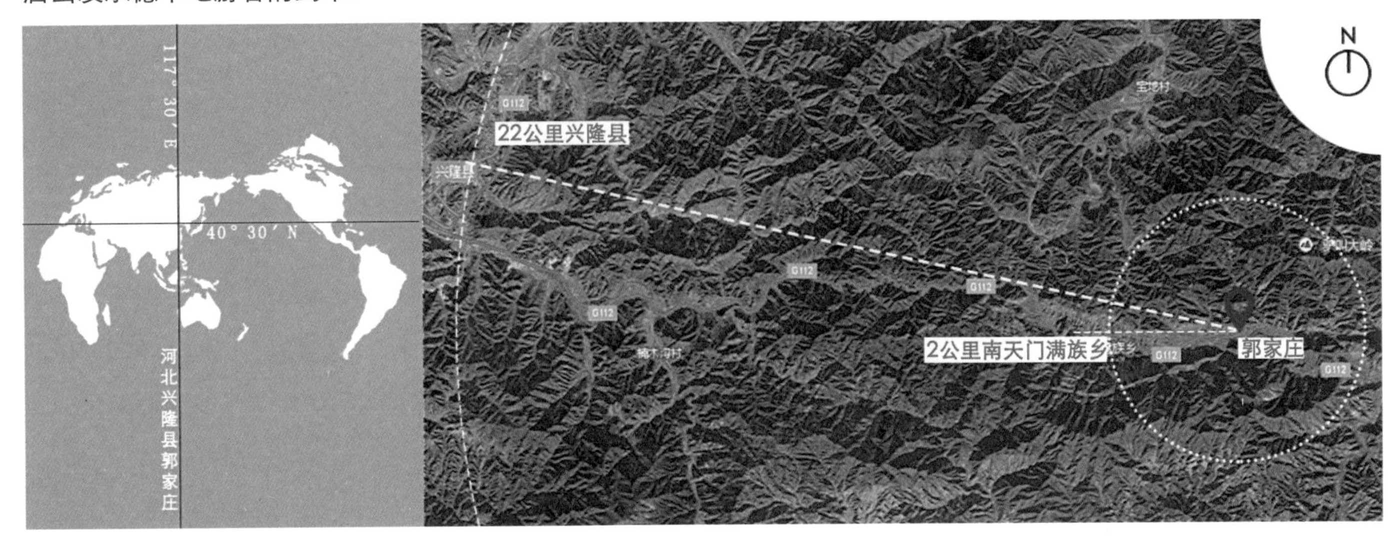

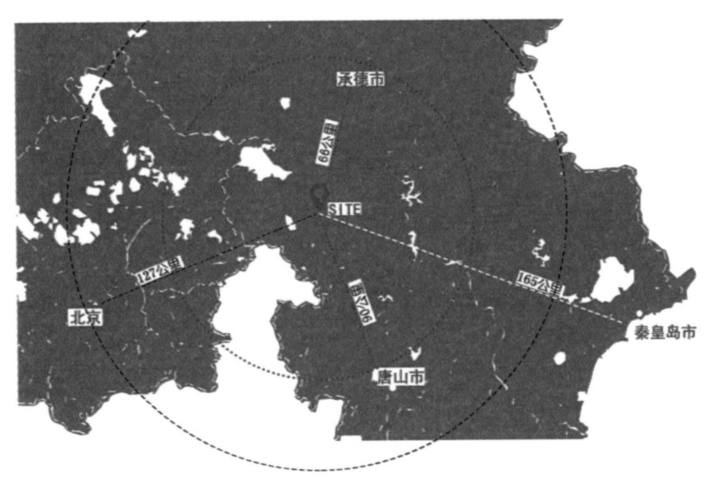

区位优势：

处于北京市、天津市、唐山市、承德市等几大城市的中心地带，距离北京127公里、承德66公里、唐山90公里。

解读任务书

1. 借助景区资源，打造旅游目标的村庄：如何吸引游客到访是郭家庄村发展的关键。郭家庄作为邻近北京的旅游目的地，缺乏具有特色的旅游吸引点。以少量农家院为主，旅游设施缺乏，且没有充分利用景观优势。郭家庄村入村处缺乏视觉吸引点和经营性休憩场所，对游客到访的吸引力不足，不利于旅游产业的发展。郭家庄村要想能够吸引旅游者发展旅游产业，必须借助兴隆县特有的资源使自己成为旅游者的目标，必须创造出具有足够吸引力的主题，才能够走出“突围”。

2. 发现资源与需求，作为乡村游发展的动力，如何转化劣势成为村庄的吸引点是发展脱贫的关键。通过实地踏勘，发现郭家庄村具有建筑地景资源的潜力和市场需求潜力。

3. 建筑地景资源潜力：村中建筑特色依在，沿山地错落，古朴素雅，具有燕山民居的典型特征。周边群山树木葱郁，高大的树木成荫。村里地形条件，具有清静幽深安全的山居特色。旧民居群落是具有潜力的重要景观和旅游发展的资源，村庄台地院落，高低错落，是创造北方乡村民宿酒店的最佳有利条件。

4. 市场需求潜力：长假观光旅游承载能力日趋饱和，主要是目前传统农家乐正处在转型期，原因是现有农村条件不能满足城市人群的需求，在周末与日常休闲度假的旅游市场资源依然广阔，未来旅游群体需要从观光旅行向度假休闲旅行转型。城市群体向往乡村田园的背景，原因是对于城市生活的紧张和压力的逃避，宁静封闭的谷地山村成为创造山间雅居避世桃园的最佳条件。研究显示这一诉求群体消费能力强，如今对于景点观光的诉求不强，这更加要求乡村环境必须与时俱进，既要具有乡土的宁静，还要具有私密性，调查报告数据显示需要在节假日到乡村休闲活动的人群，首先选择的是乡村特色与接待的标准。

问题：如何解决新设计与老建筑之间的关系？
老建筑的历史文脉如何传承？新建筑又如何赋予新的结构、新的功能和新的形式？

村落建筑分析规划整改

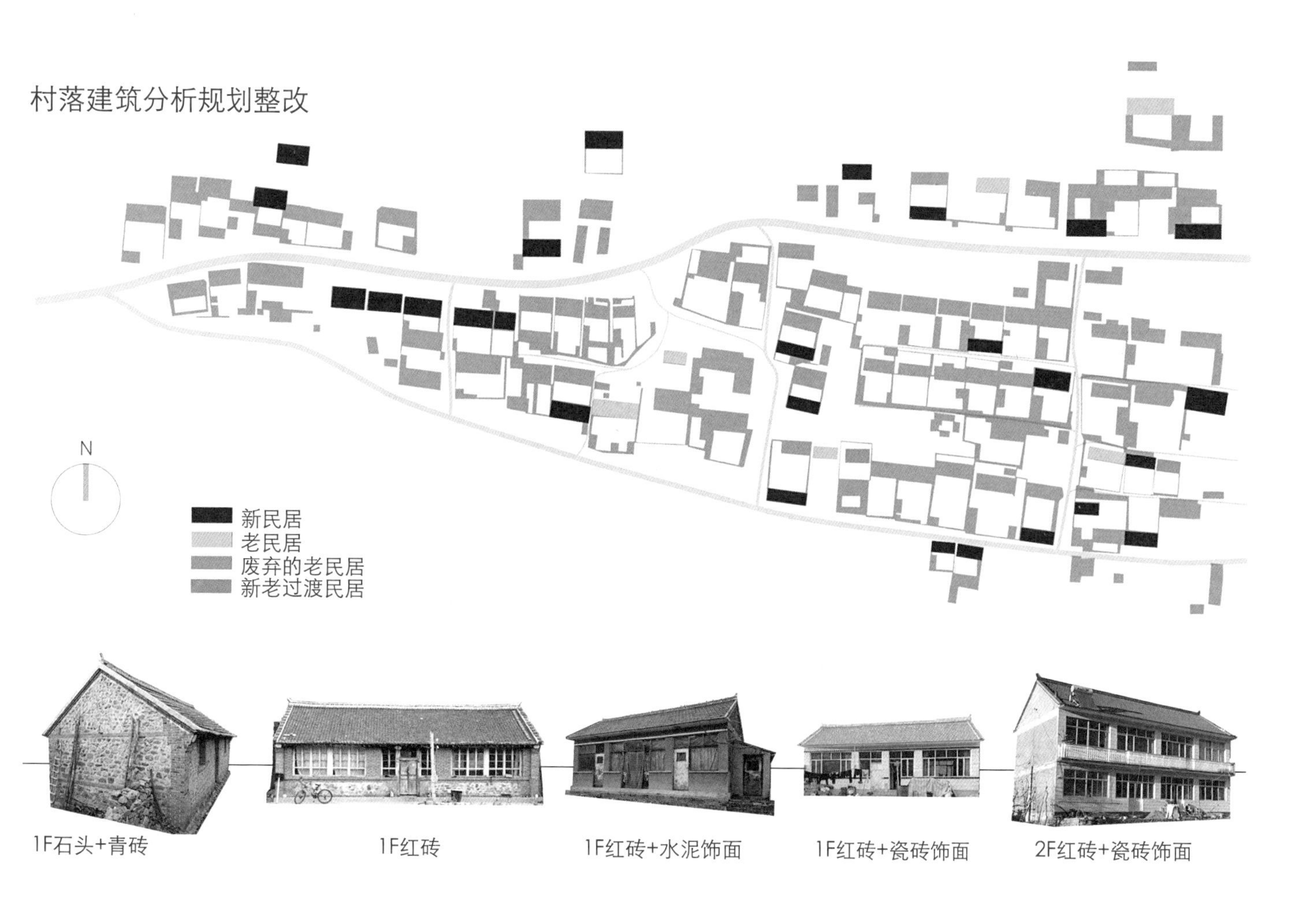

地主家的老屋：年代最久远、保存相对完好、传统韵味明显……

设计区域

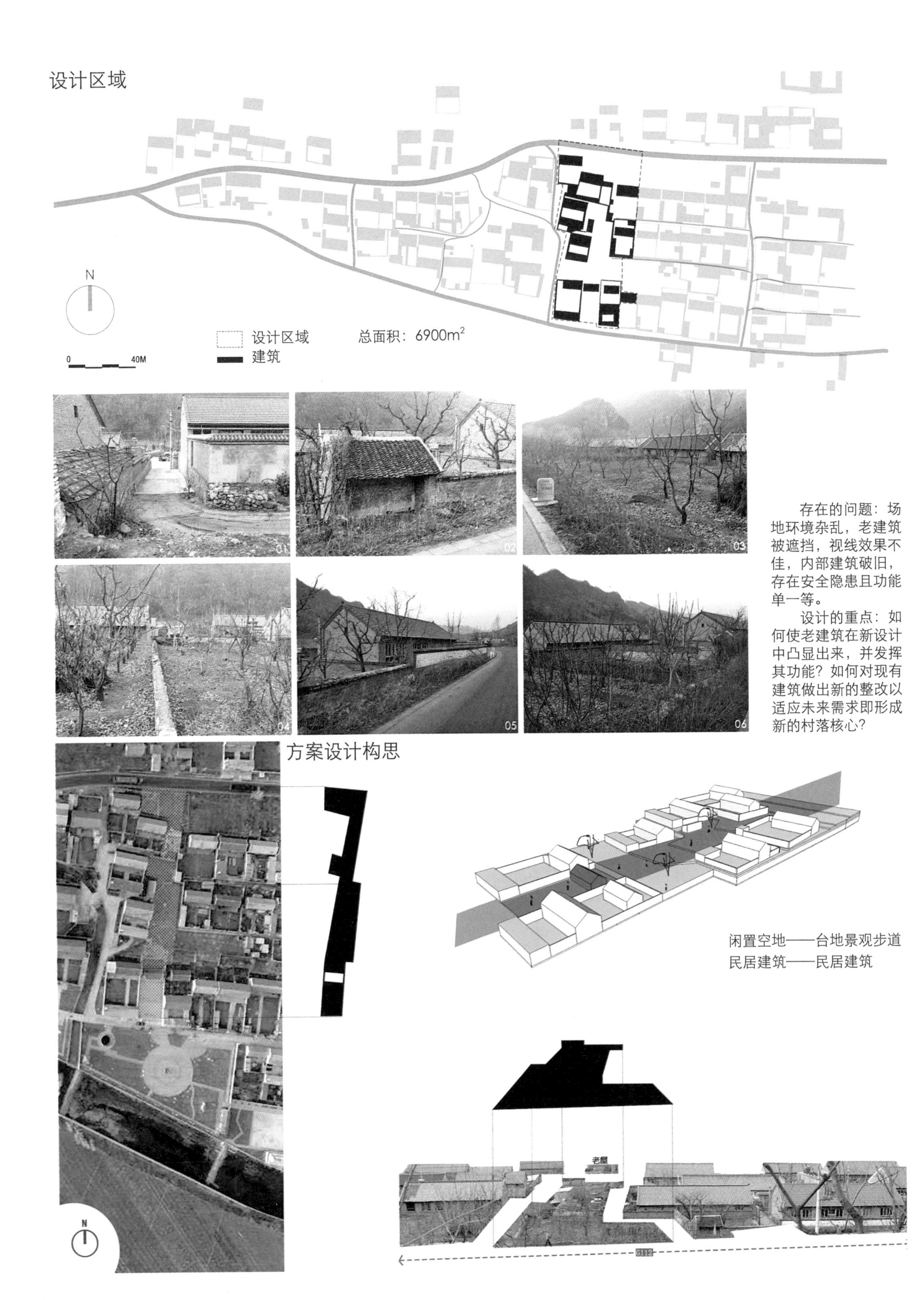

存在的问题：场地环境杂乱，老建筑被遮挡，视线效果不佳，内部建筑破旧，存在安全隐患且功能单一等。

设计的重点：如何使老建筑在新设计中凸显出来，并发挥其功能？如何对现有建筑做出新的整改以适应未来需求即形成新的村落核心？

方案设计构思

建筑规划改造分析

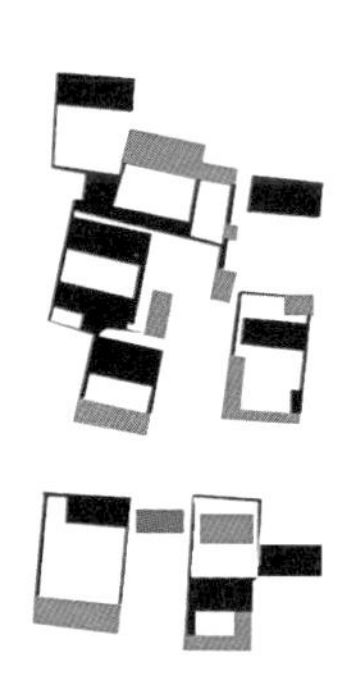

改造前

N

0 10 40

总规划面积：6900m²

9户民居院落　1座老民居

建筑总占地面积：1374m²

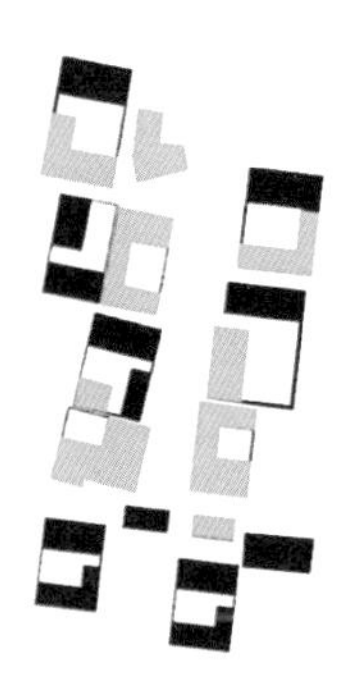

改造后

N

0 10 40

改建的建筑面积：676m²

拆除的建筑面积：640m²

保留的建筑面积：58m²

加建的建筑面积：1315m²

建筑总占地面积：2517m²

建筑功能划分

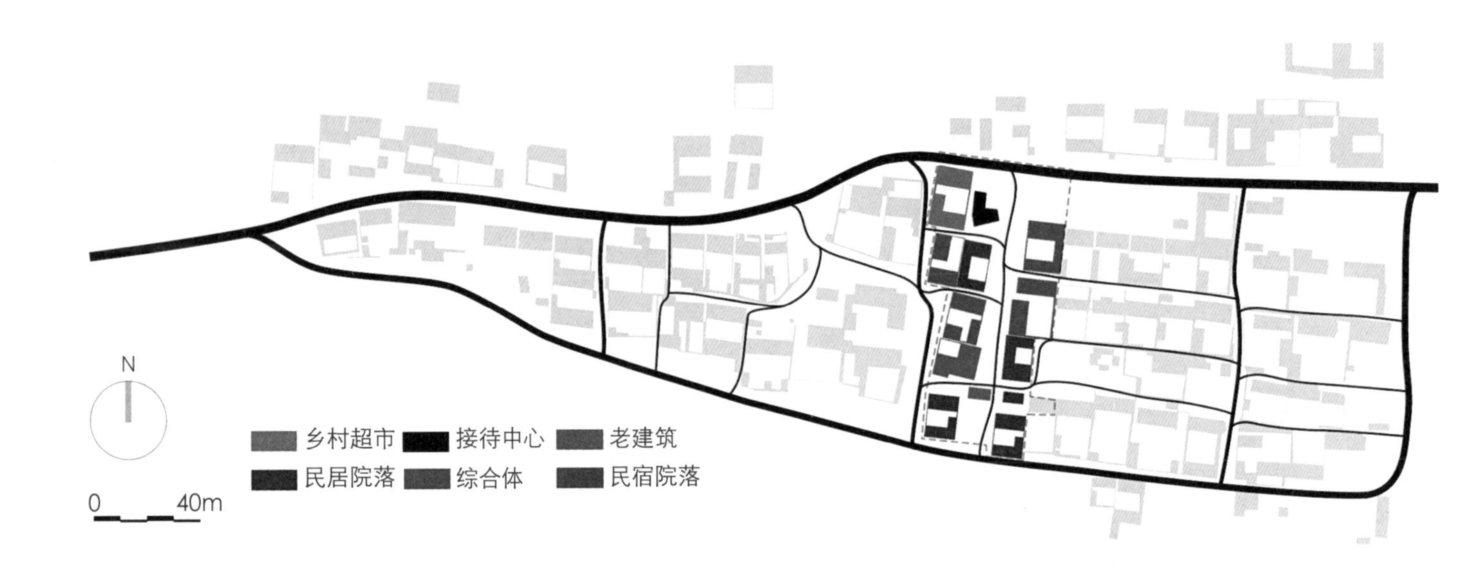

交通改造分析

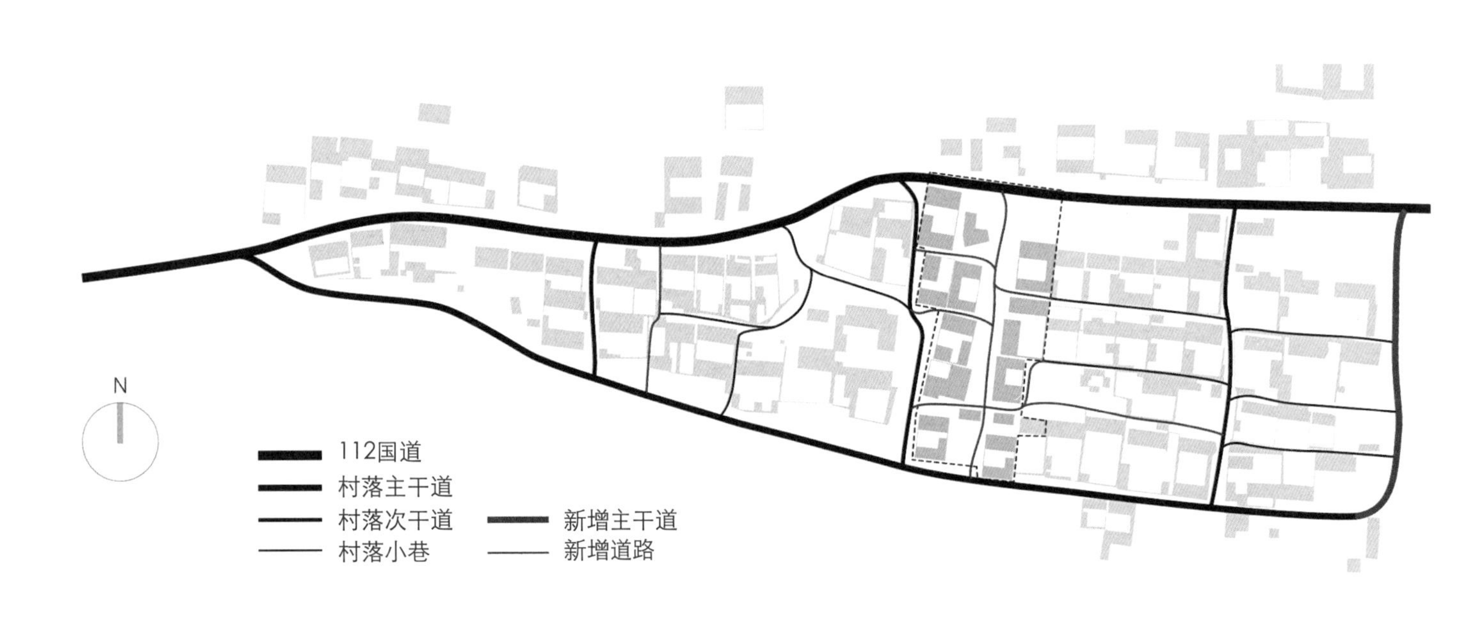

村落结构规划设计

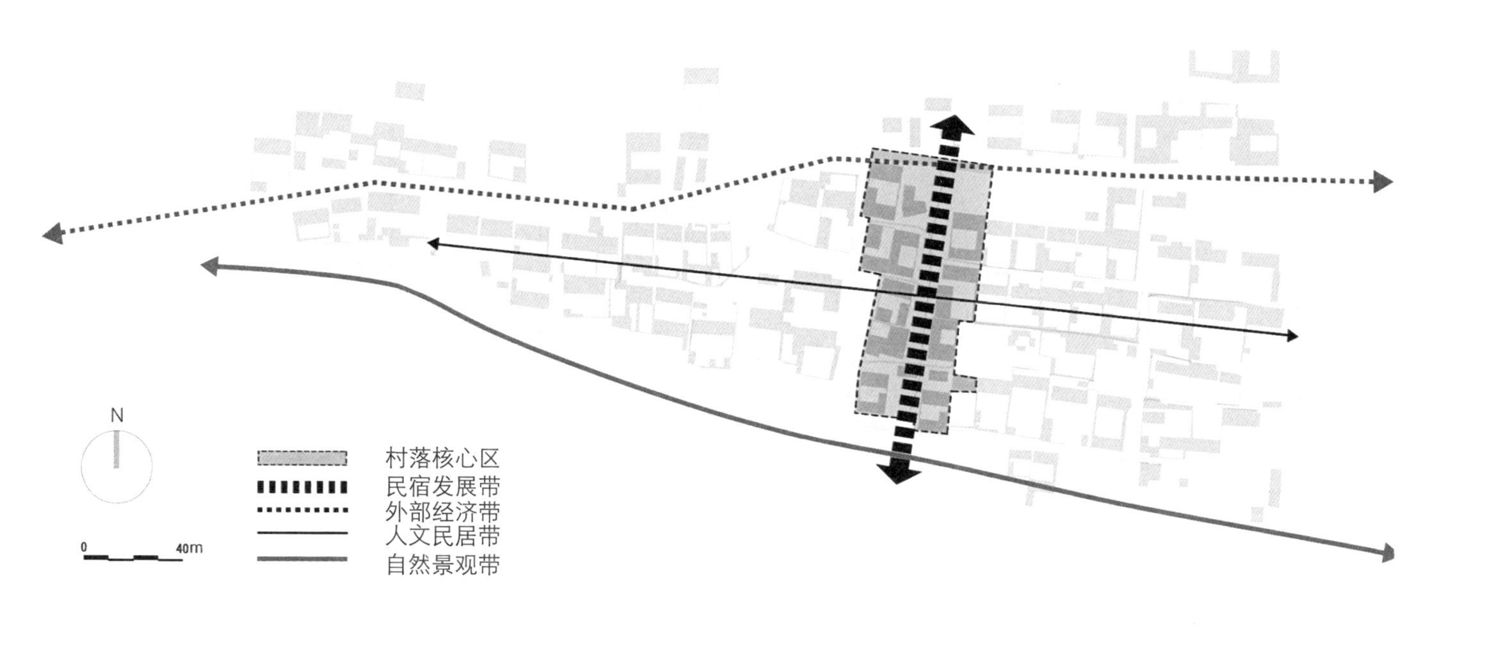

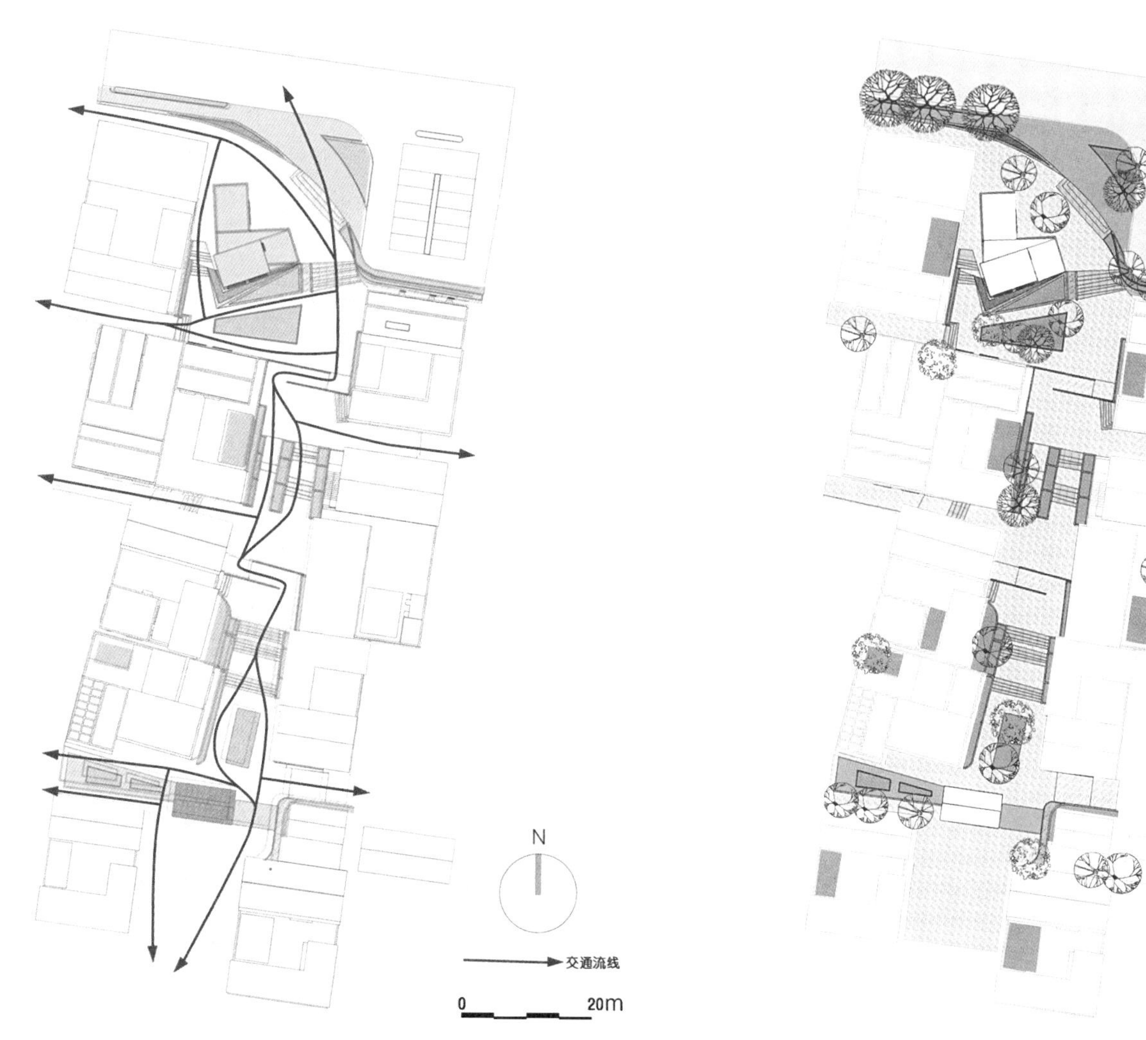

基地内部交通设计

铺装及种植设计

图纸展示

总规划面积：6900m^2

建筑院落总占地面积：3600m^2

A．普通民居院落4户：1137m^2

B．民宿院落4户：1540m^2

C．乡村超市院落1户：400m^2

D．游客接待中心1座：135m^2

E．乡村综合体1座：340m^2

F．保留老民居1座：58m^2

停车场面积：400m^2

公共景观用地面积：2900m^2

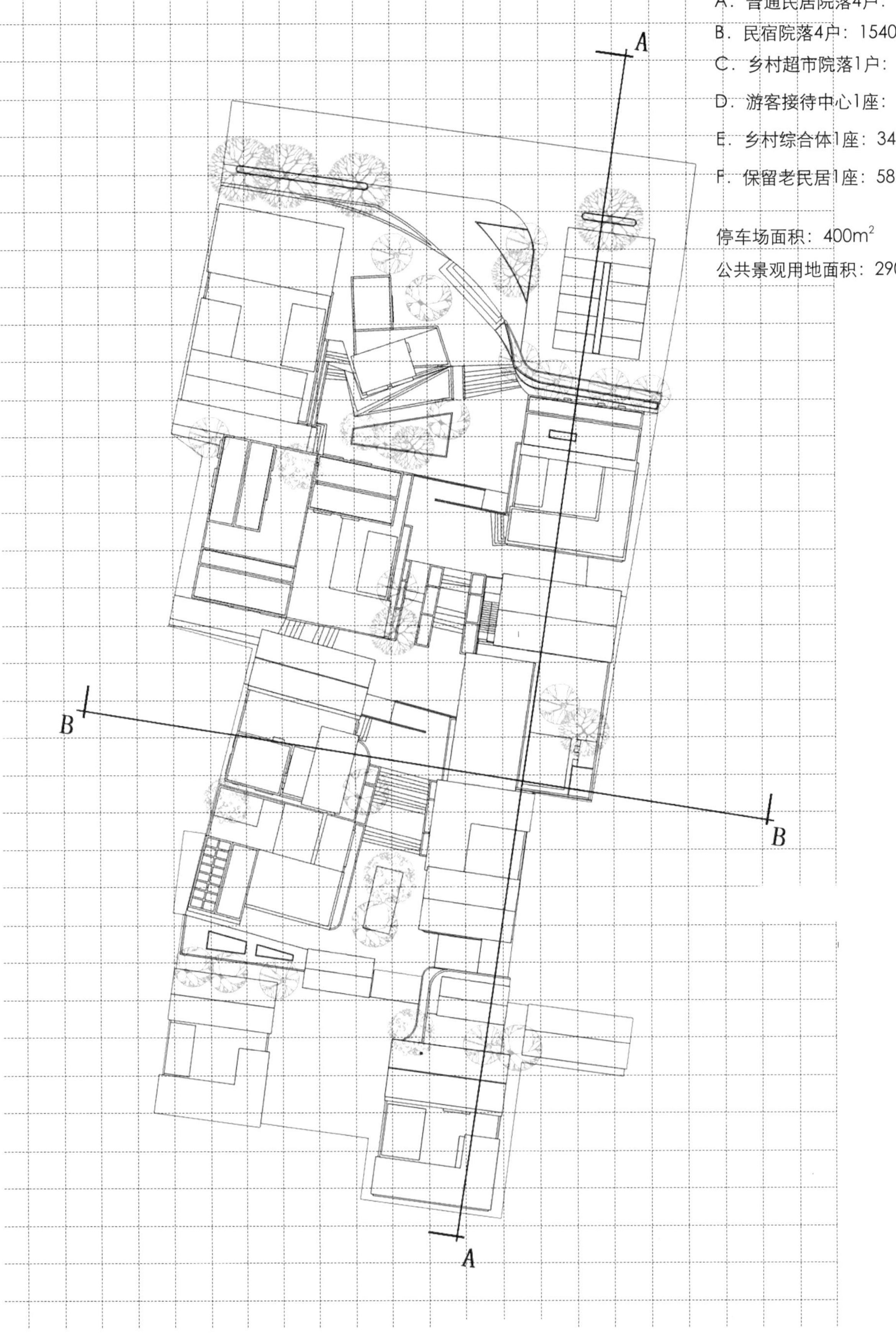

CAD总平面图

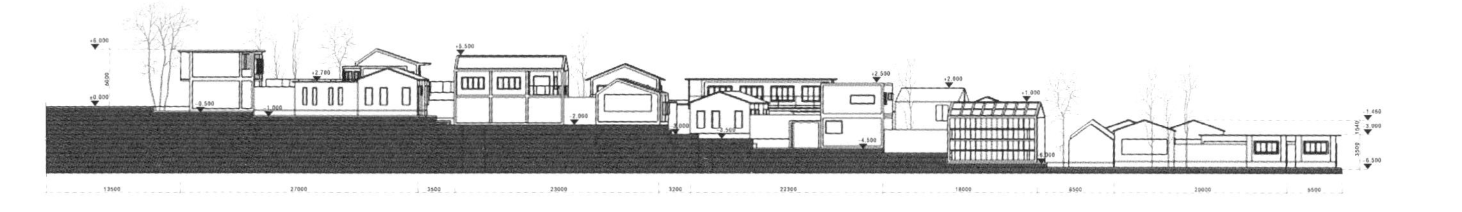

A-A剖面图

0 4m

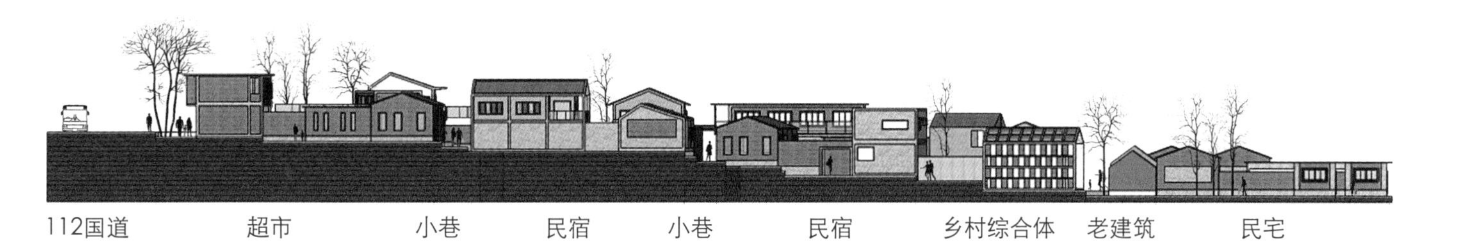

西侧立面图

0 4m

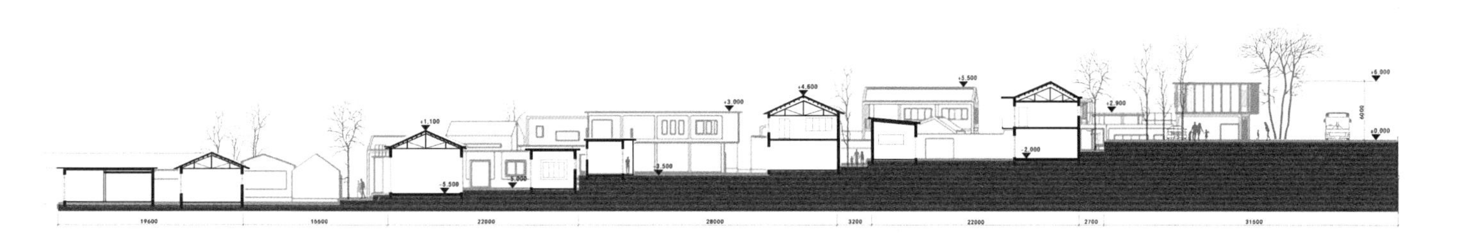

A-A剖面图

0 4m

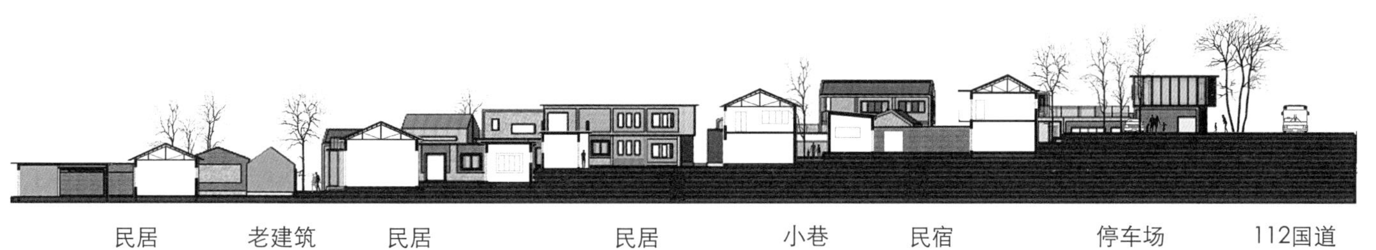

西侧立面图

0 4m

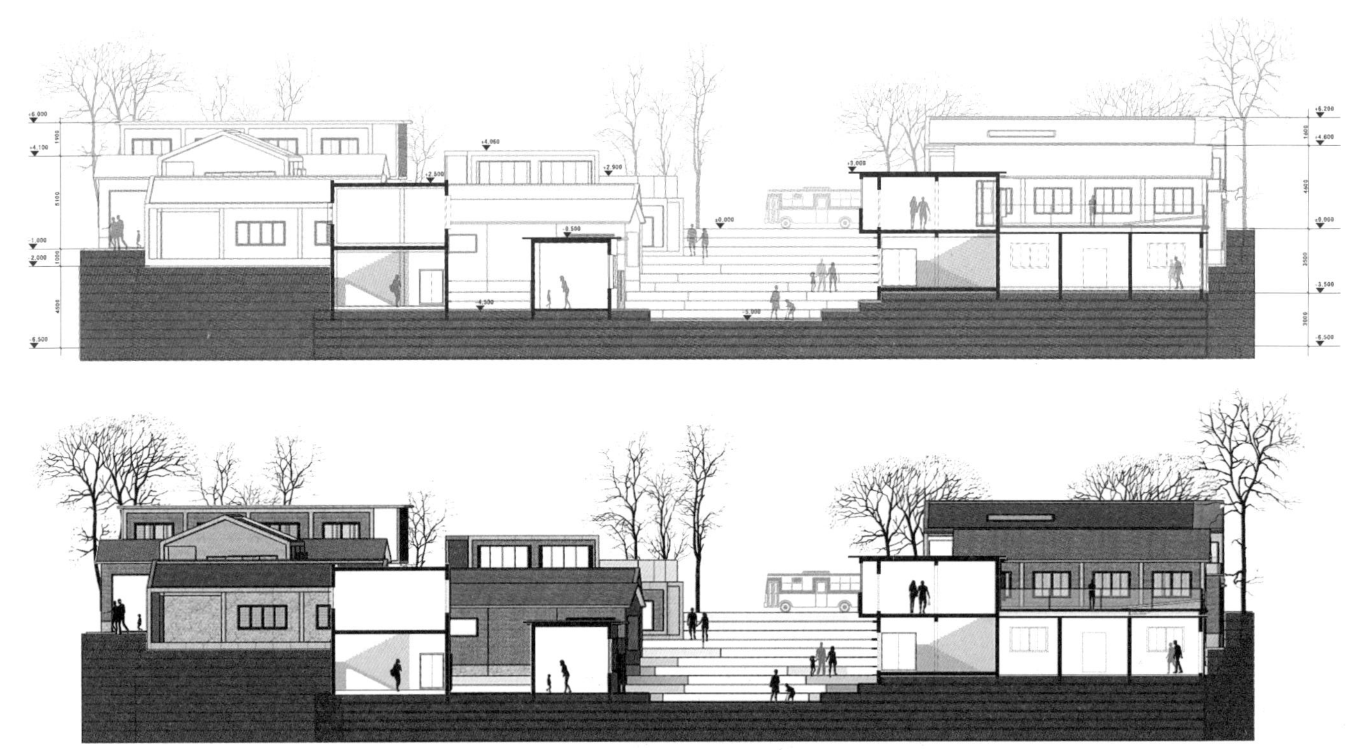

民宿/综合服务建筑　　台地景观步道　　民宿

B-B剖面图

建筑单体设计

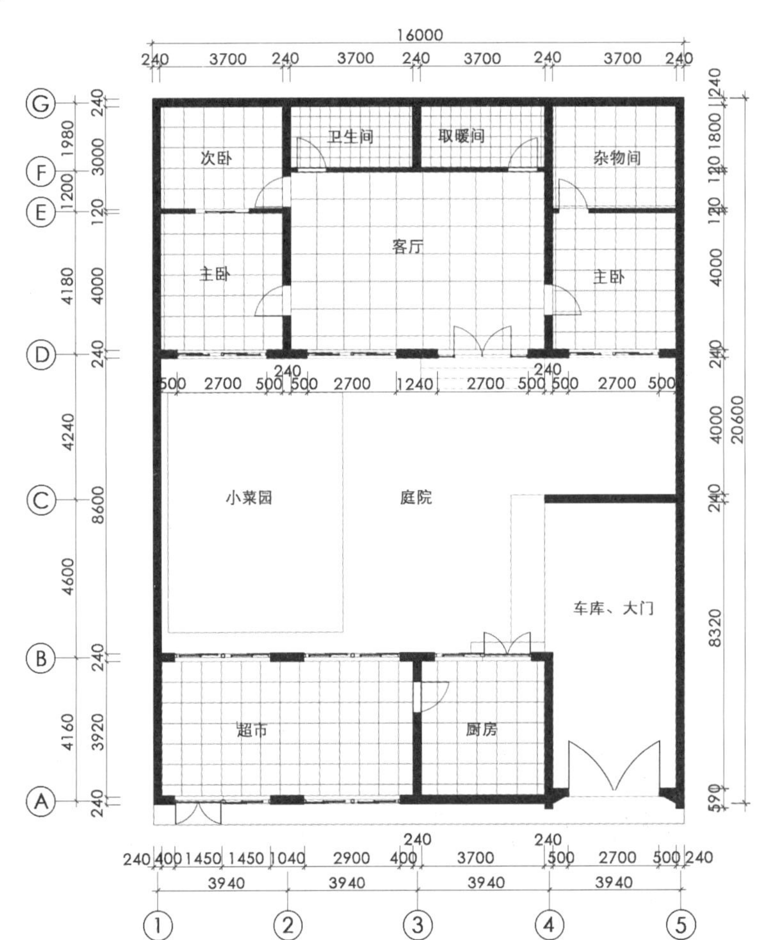

院落总占地面积：336m²

建筑总占地面积：221m²

小菜园占地面积：37m²

庭院占地面积：78m²

5分地民居院落平面图

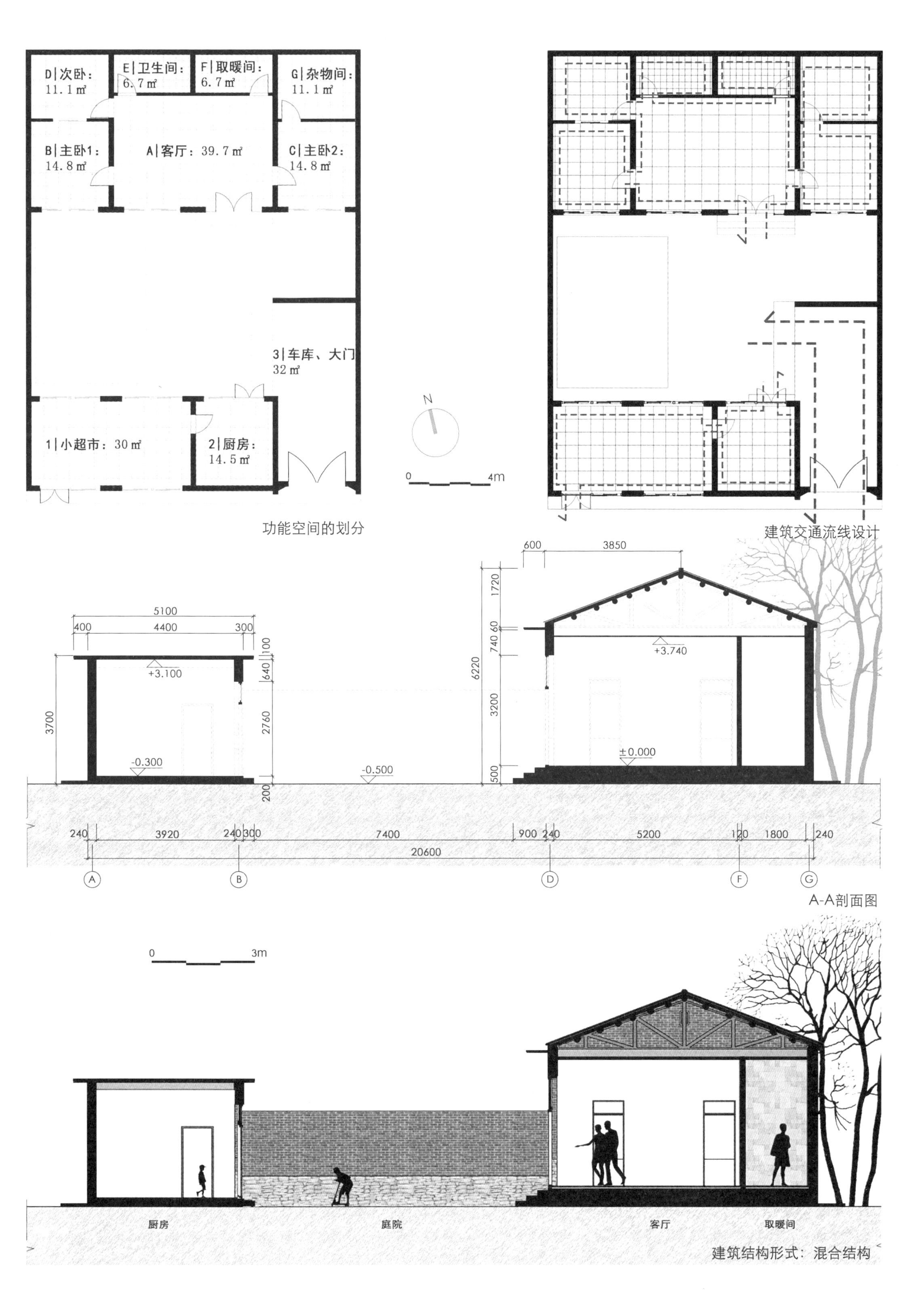

功能空间的划分

建筑交通流线设计

A-A剖面图

建筑结构形式：混合结构

入口区域效果图

台地景观效果图

综合体效果图

郭家庄村沿河景观设计
Landscape Design Guojiazhuang Village along the River

学　生：申晓雪
导　师：于冬波　郭鑫　张享东
学　校：吉林艺术学院
专　业：环境设计

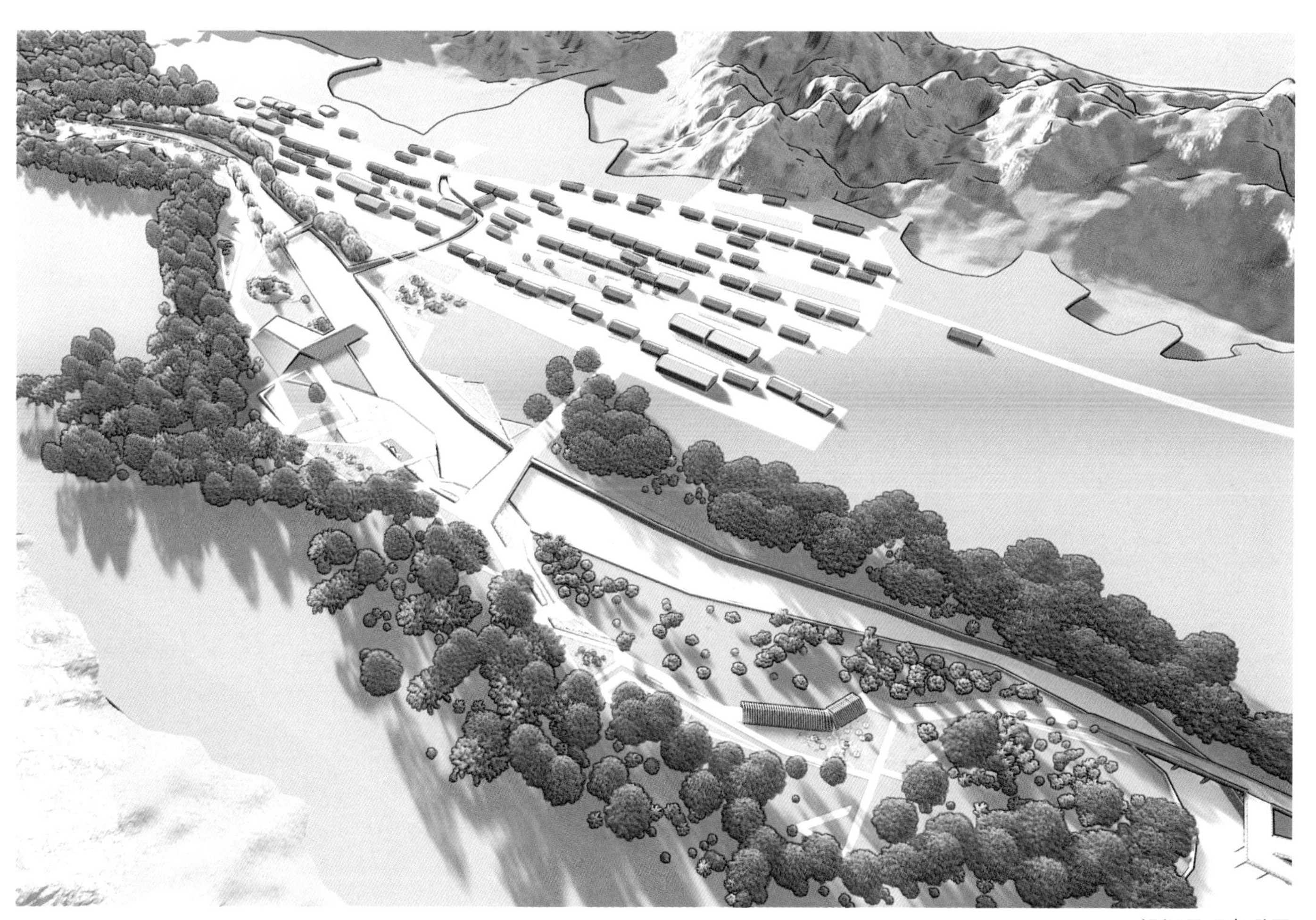

沿河景观鸟瞰图

周边现状与不足

1. 现有沿河景观缺乏整体景观设计。
2. 周边环境脏乱差，缺乏公共设施。
3. 没有明确的功能分区，没有充分利用好当地景观优势。
4. 缺乏道路划分及游步道的设置。
5. 没有体现郭家庄满族传统文化特色。
6. 当地百年建筑的优势没有得到好的传承。

现状照片

河流分析

洒河属于滦河水系一级支流，发源于兴隆县东八叶品，流经南天门，半壁山，蓝旗营，三道河等乡镇入迁西县境内。实测最大洪峰流量6590m^3/s流域面积965.85km^2。汛水期为550mm，枯水期为500mm左右。

区位分析

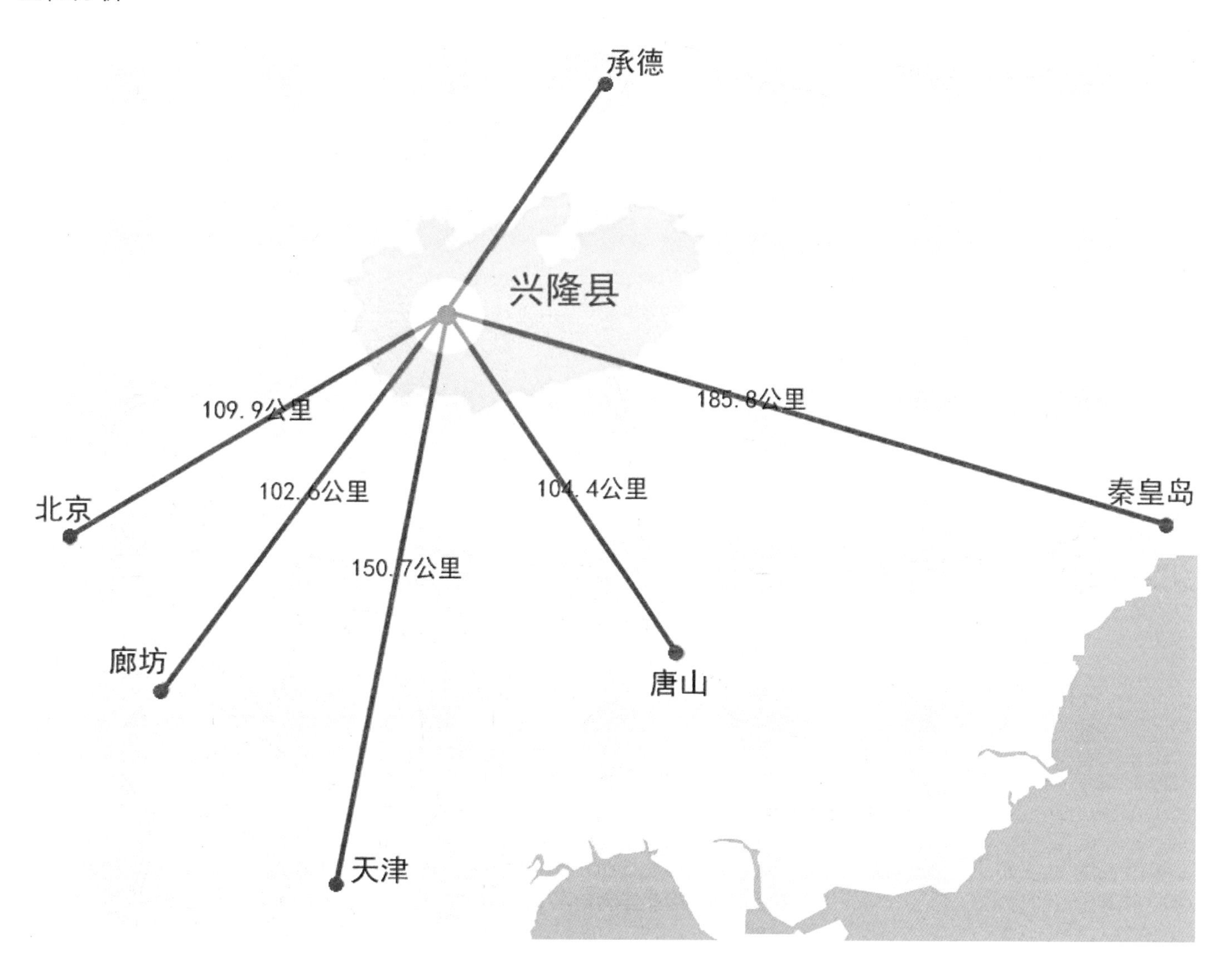

功能分区

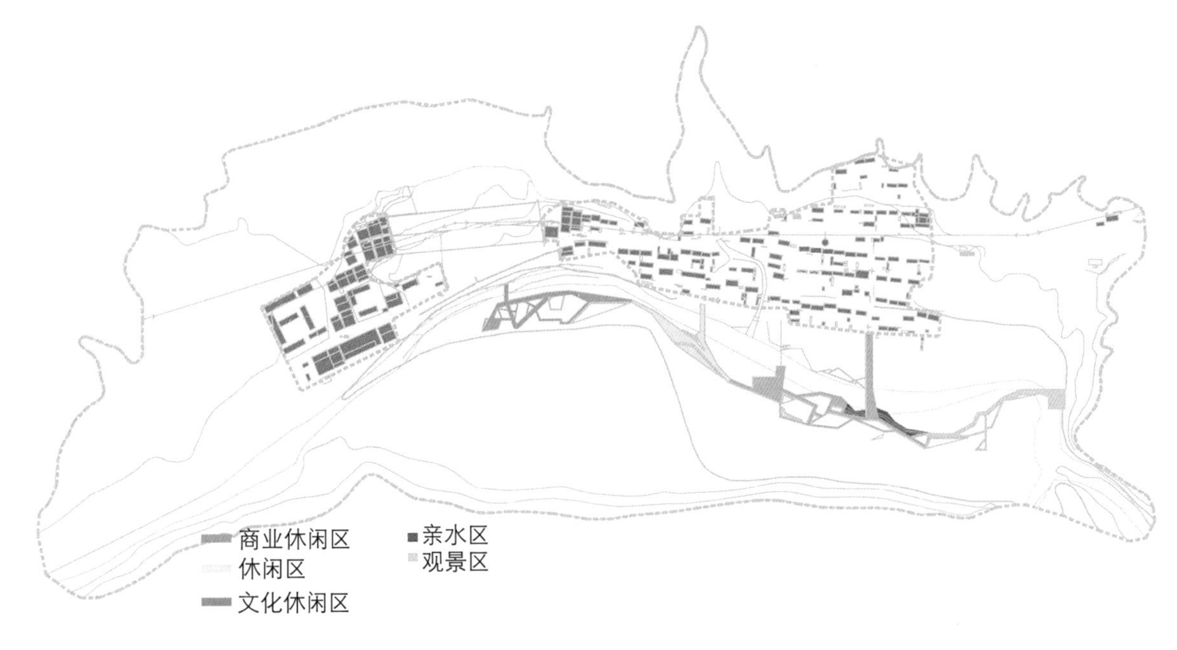

景观轴线

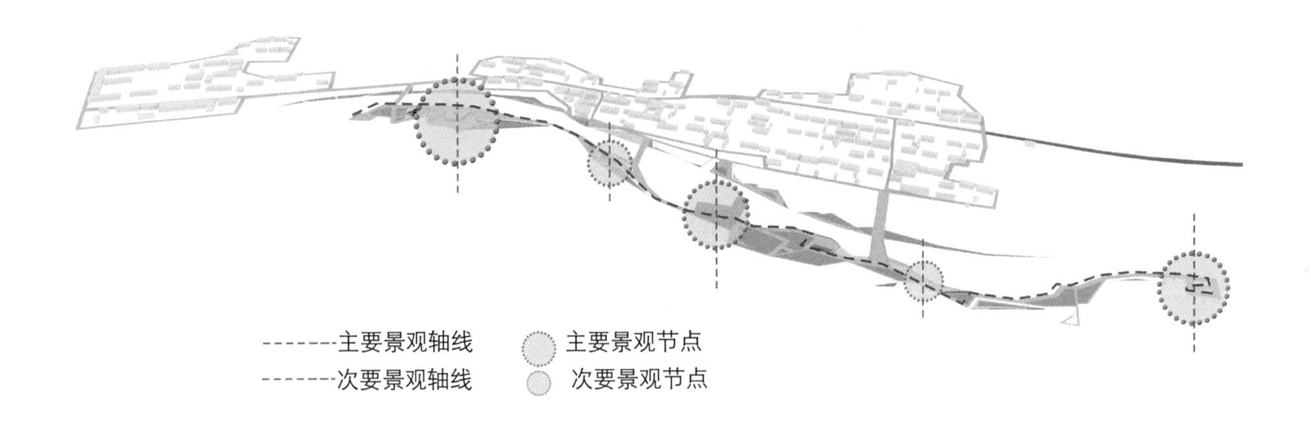

流线分析

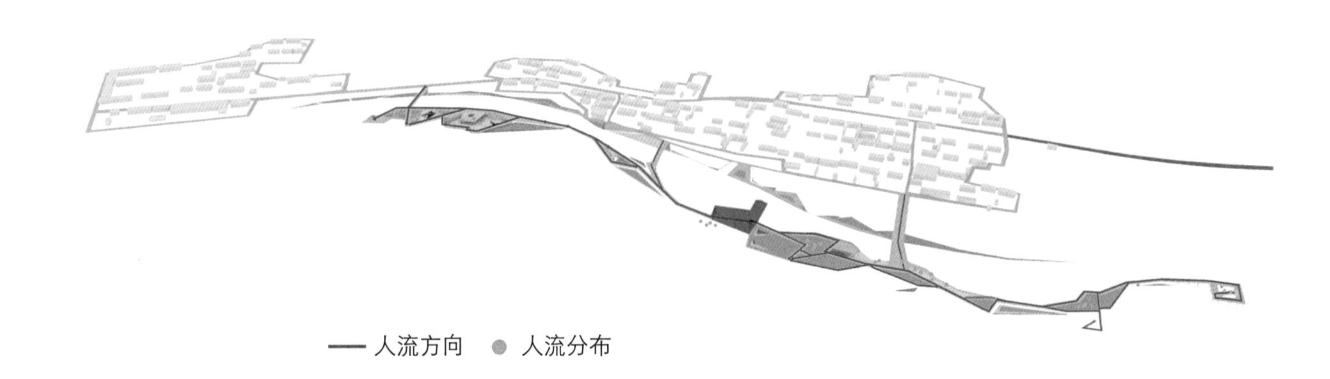

竖向分析

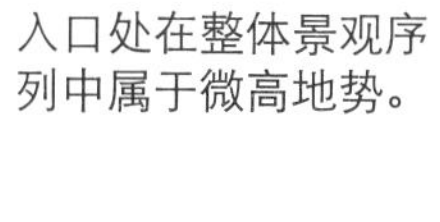
入口处在整体景观序列中属于微高地势。

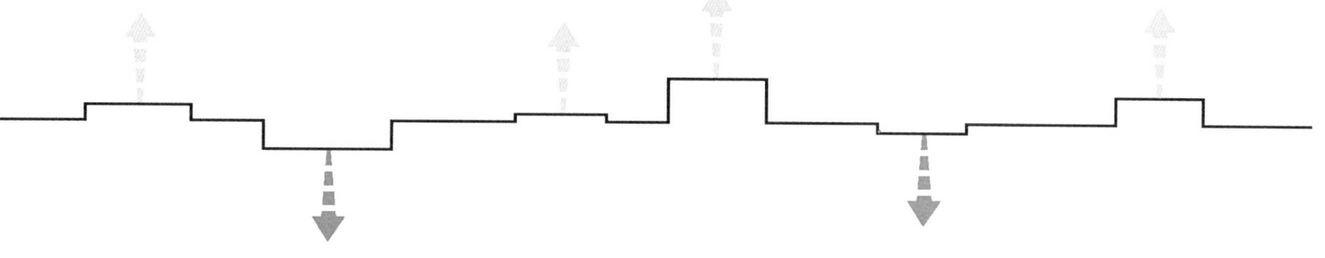
过渡性空间在整体景观序列中属于较为平缓的地势，对主要景观节点起到过渡性的作用。
观景台在整体景观序列中的最高地势，高度达到4.5米，在景观序列中形成高潮。
观山观景台在整体景观序列中属于较高地势，远眺燕山，鸟瞰整个景观序列轴线。
下沉式空间在整体景观序列中属于最低地势，避免在视觉上形成对酒厂的干扰。
亲水区在整体景观序列中属于较低地势。近距离接触洒河，加强水面空间层次。

视线分析

植被分析

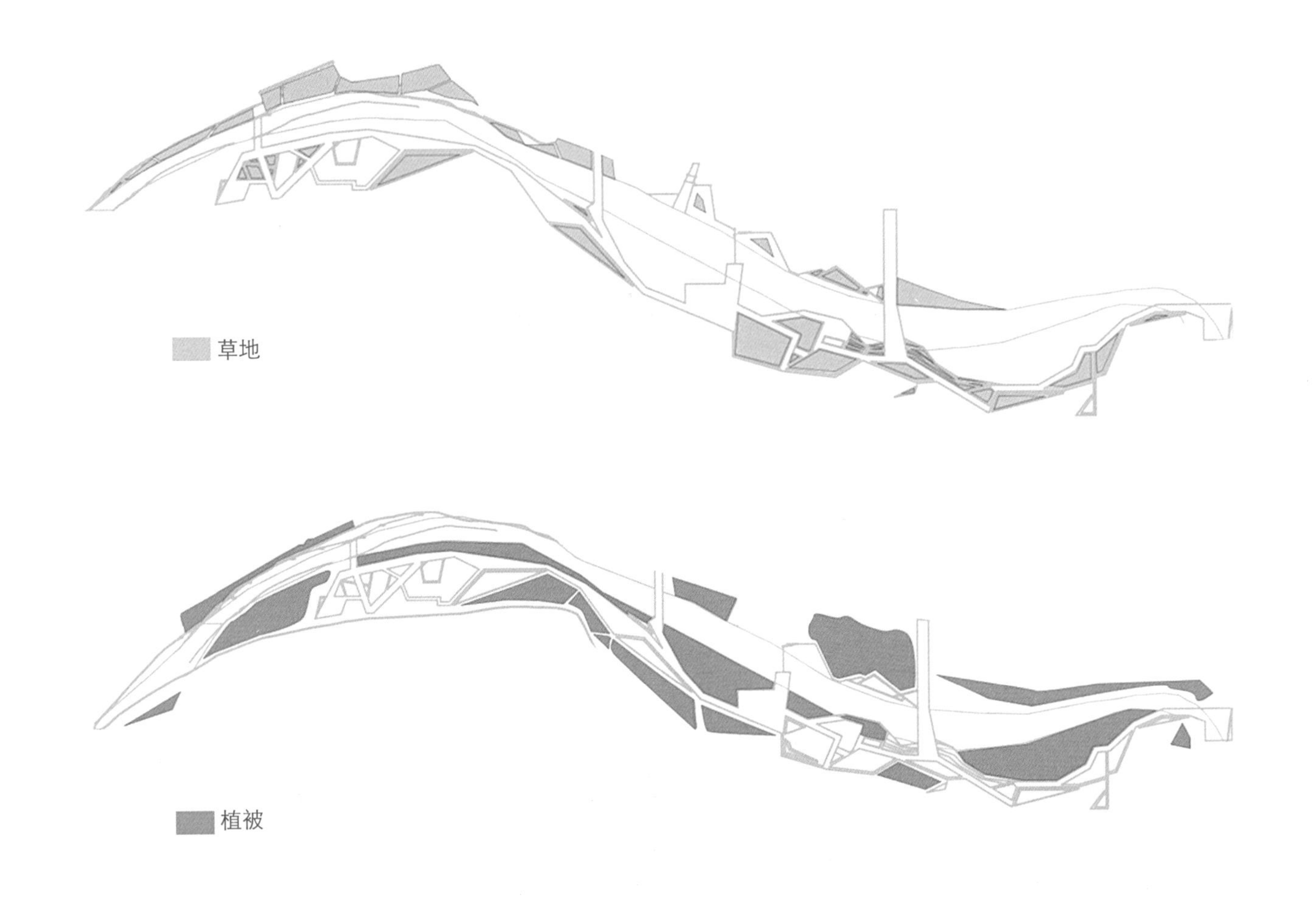
草地
植被

彩色平面图

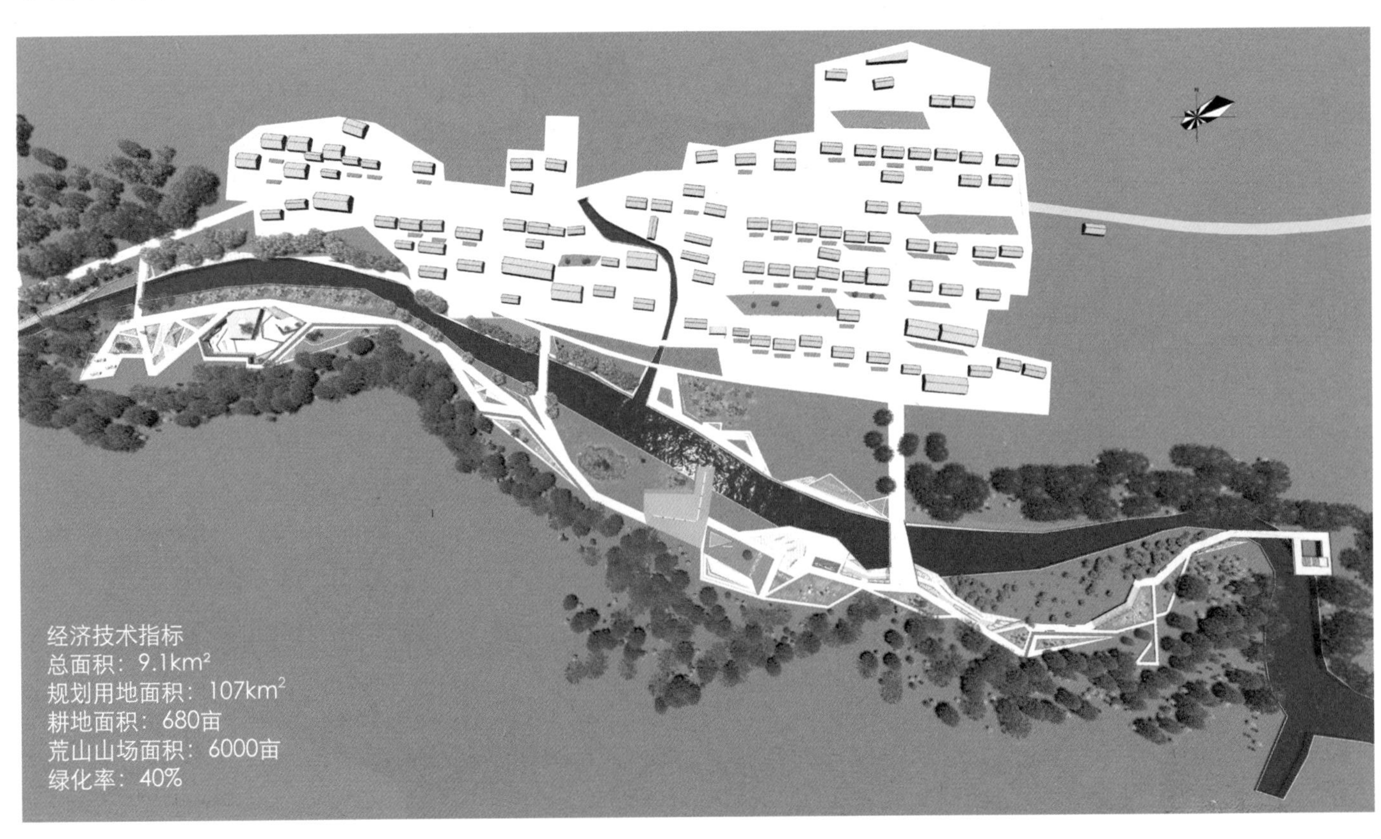
经济技术指标
总面积：9.1km²
规划用地面积：107km²
耕地面积：680亩
荒山山场面积：6000亩
绿化率：40%

设计元素

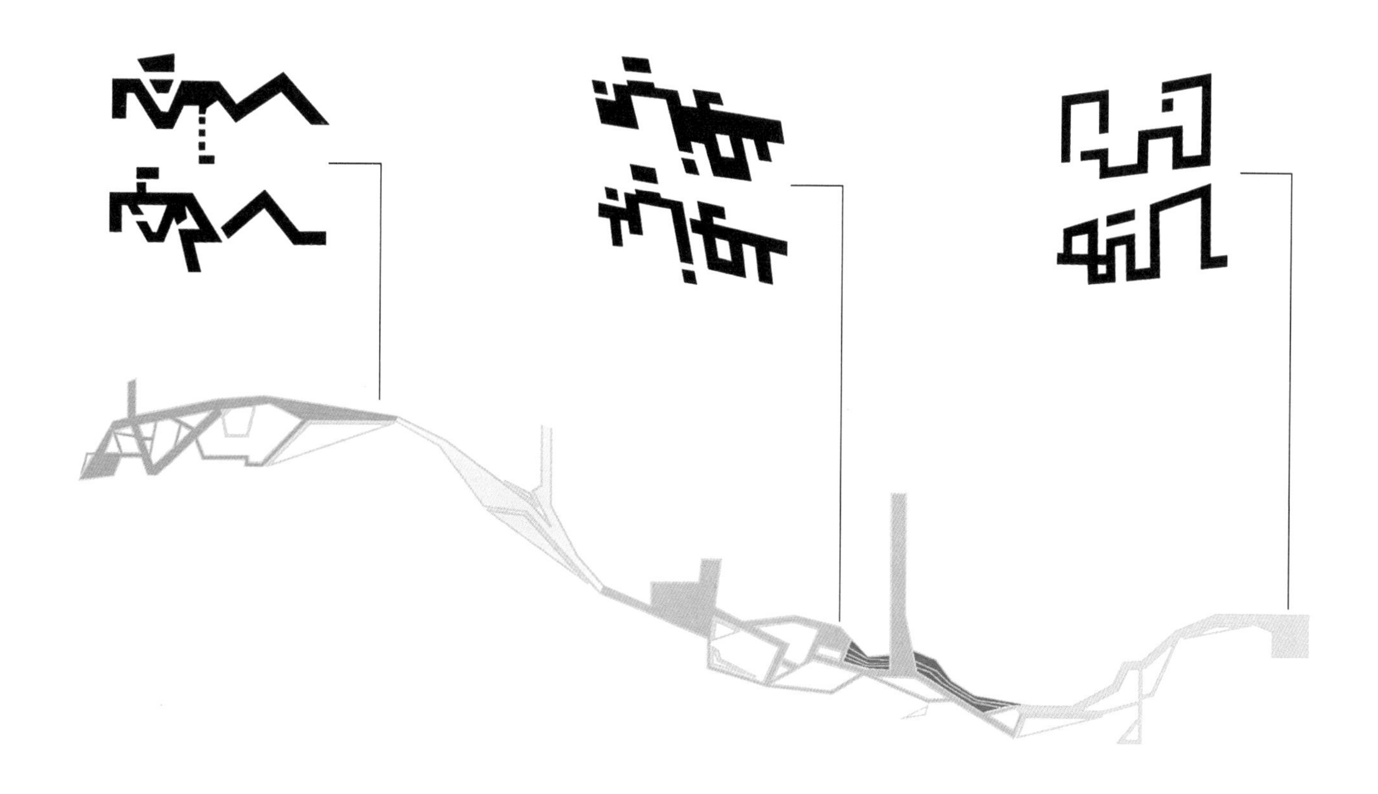

景观的三个节点分别以满族文字为原型进行平面演变，这三个文字分别是“源”、“盛”、“明”，它们分别代表了满族的三个历史时期，从发源到鼎盛再到现今，暗示了整个满族的发展历程，并以洒河上游为源头，形成整体沿河景观轴线。

网格定位图

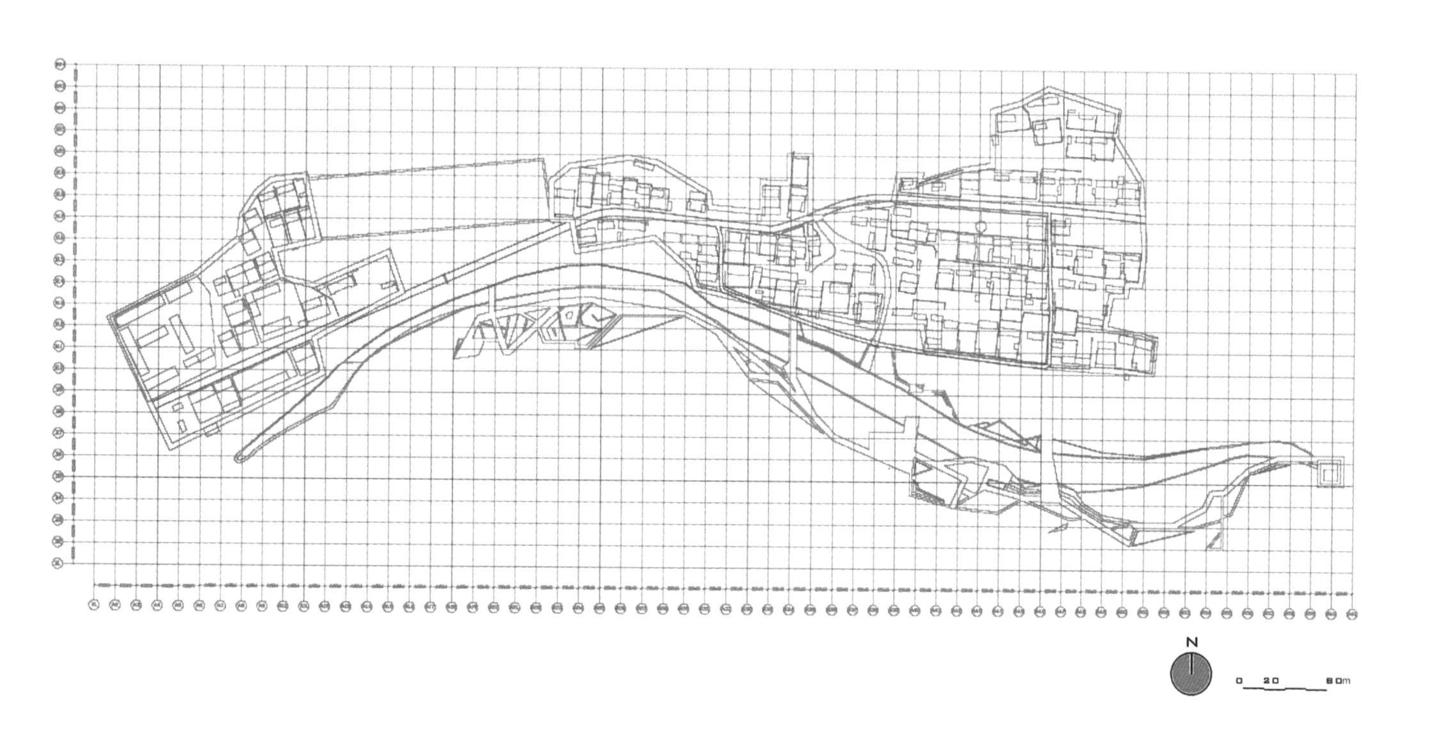

立面图

道路断面示意图一

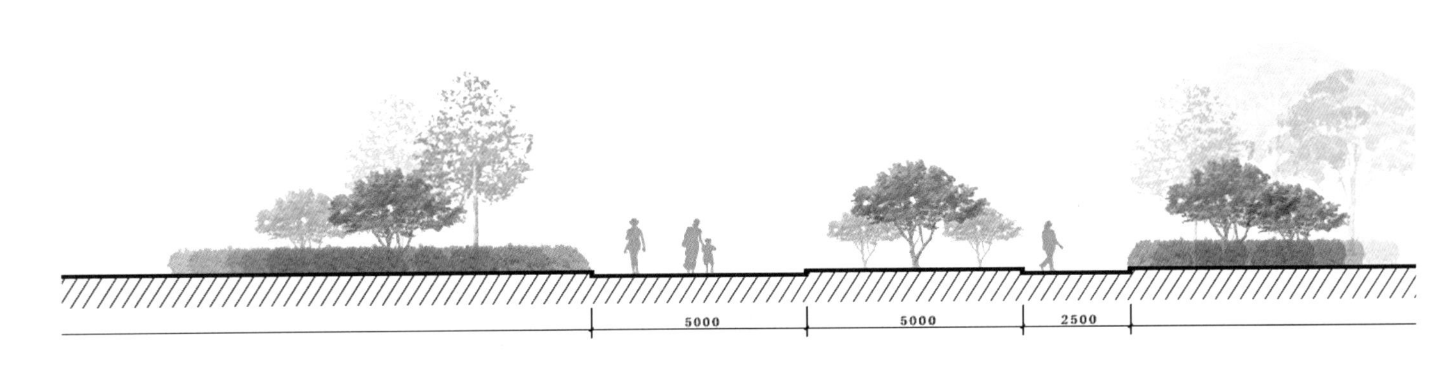

道路断面示意图二

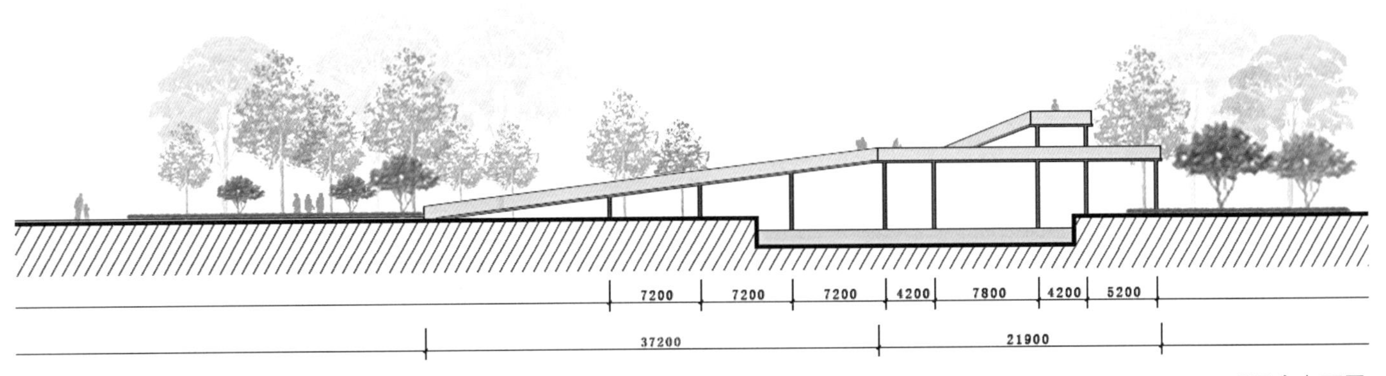

观景台立面图

广场效果图

郭家庄村美丽乡村规划设计

Natural Environment Planning in Guojiazhuang Village

学　生：张瑞
导　师：齐伟民　马辉　高月秋
学　校：吉林建筑大学
专　业：景观学

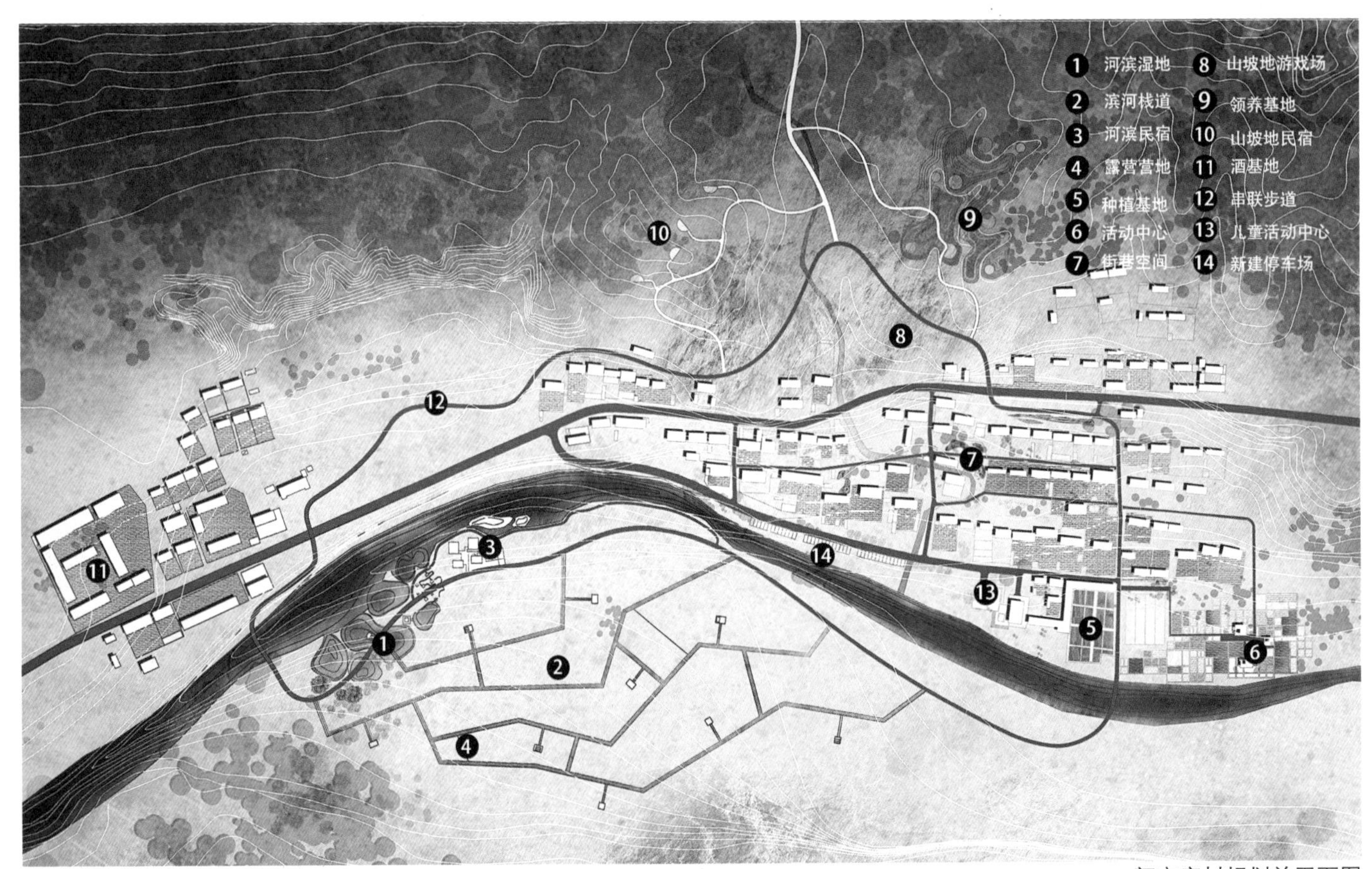

郭家庄村规划总平面图

留守儿童、人口外流、基础设施落后……随着社会发展，乡村问题逐步走进人们的视野。什么样的经济发展方式才更适合乡村，既解决乡村问题，又不破坏乡村原有的生活方式生态圈……

基地概况

基地位于中国河北省石家庄市兴隆县南天门满族乡郭家庄村。该乡地属燕山山脉，为清“后龙风水禁地”。境内有“双石井自然风景区”、“十里画廊旅游观光区”、“南天门南沟自然风景区”等景点，景区内群山环抱，古木丛生，绿水依依，自然风景奇异壮美。特产有“歪把红”、玉米、板栗等。旅游资源丰富，森林覆盖率65.3%，是“九山半水半分田”的石质深山区。这里交通便利，112国道从境内穿过，东距迁西35公里，南距唐山110公里，西距北京160公里，北距承德160公里。

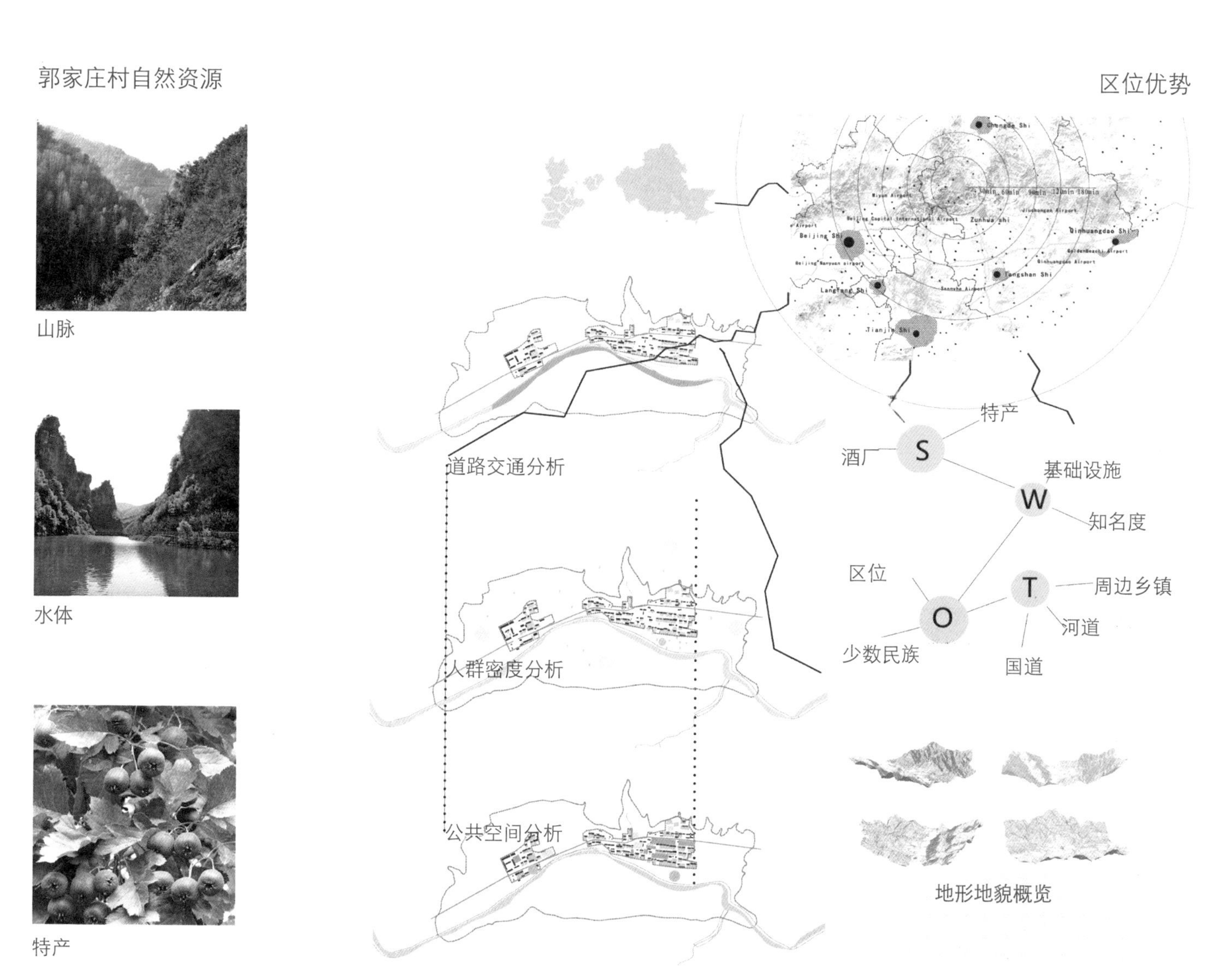

场地内耕地约 680 亩，山地 6000 亩，设计面积约 400 亩。

郭家庄村总体地形空间示意图

基地现状

基地内农田丰富，由于退耕还林政策，耕作性农作物较少，基地主要经济作物为山楂、板栗，间有玉米等作物，但面积较少，村庄位于山谷，水资源丰富，现有建筑多为一层或两层的低层建筑，且空心现象严重。112国道穿过村庄，带来游客的同时也带来噪音、污染、安全等诸多方面的问题。村庄基础设施较为落后，路灯、供水、绿地、公共空间匮乏。

村庄现状

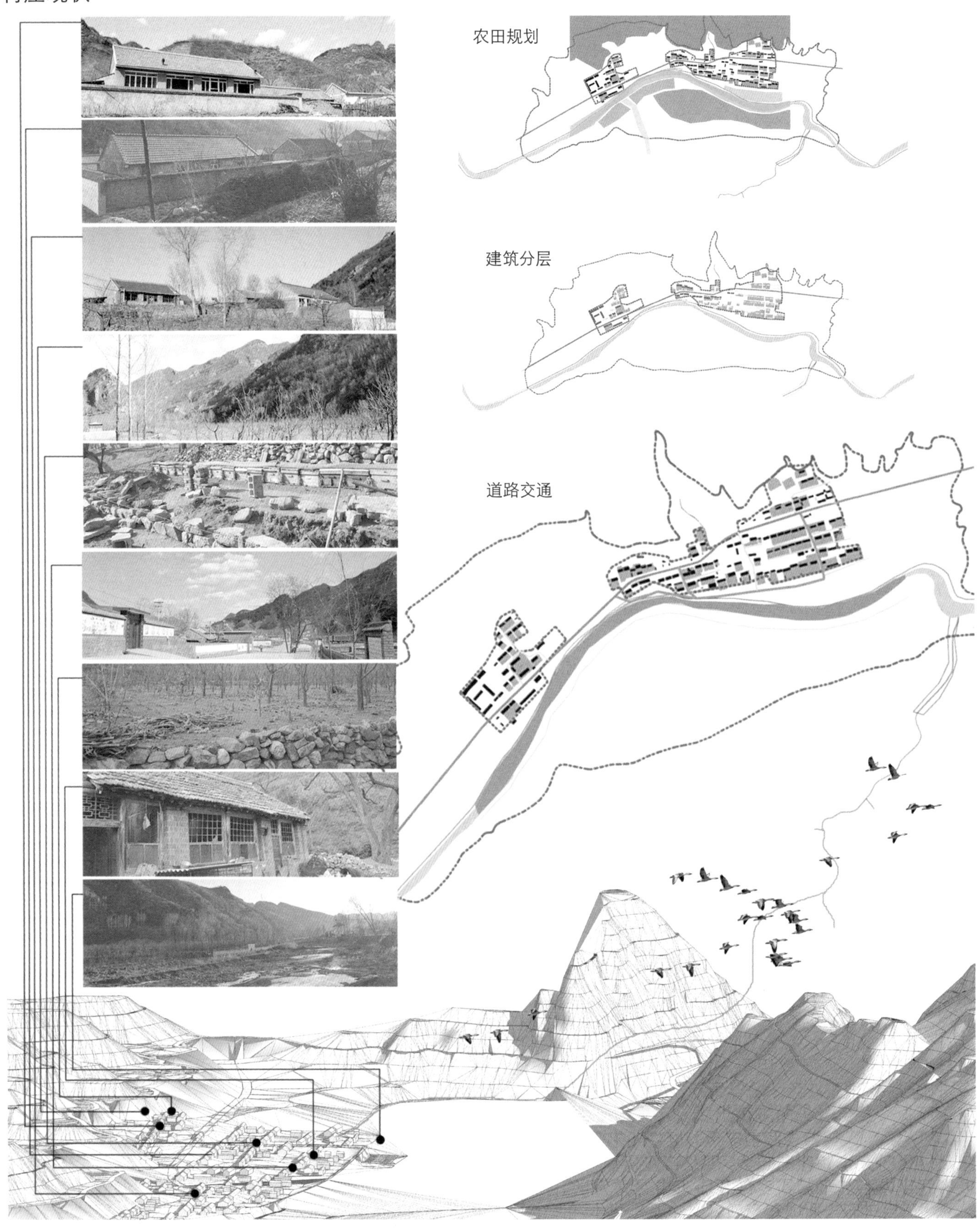

在过去的时光，儿童与自然、儿童与成人、儿童与儿童之间的关系非常亲密，儿童心理和生理健康得到各方面保证。

随着社会发展，工业化和城市化使我们生活的环境中充斥着非自然的元素，儿童与自然、儿童、成人之间的关系越来越淡漠。

经过整体规划和设计，儿童与自然、儿童与成人、儿童与儿童之间的联系被重新建立，儿童回到一个自然、融洽的生活环境中。

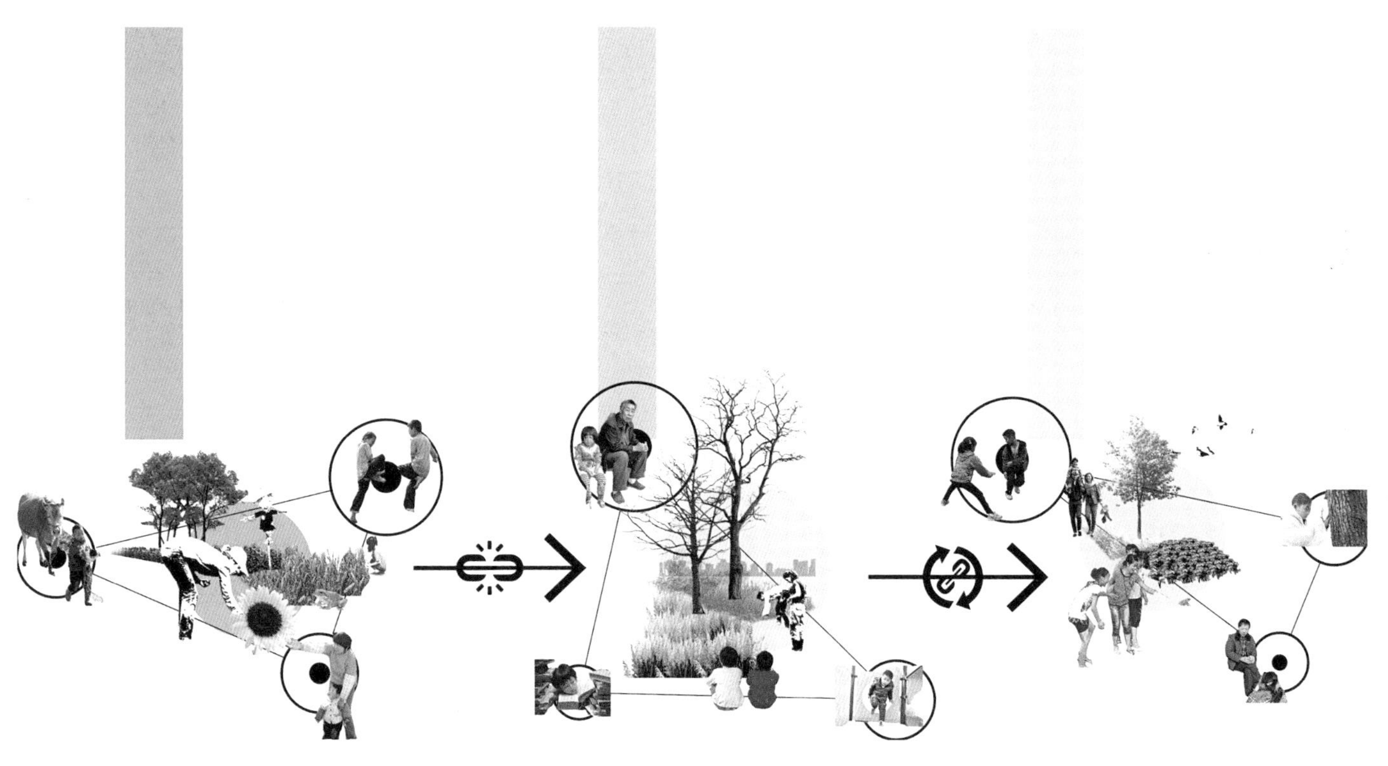

实践

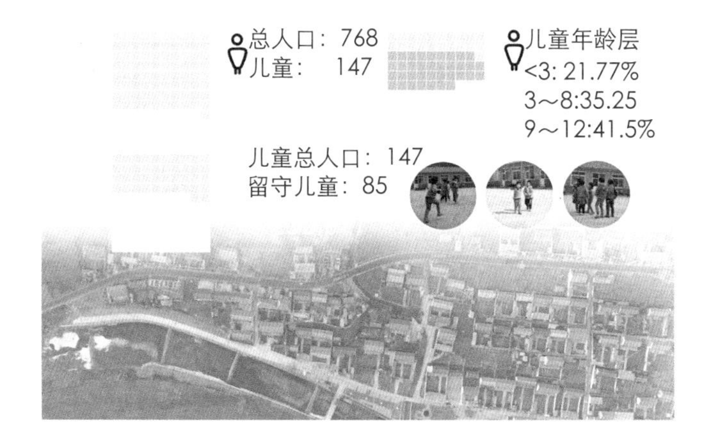

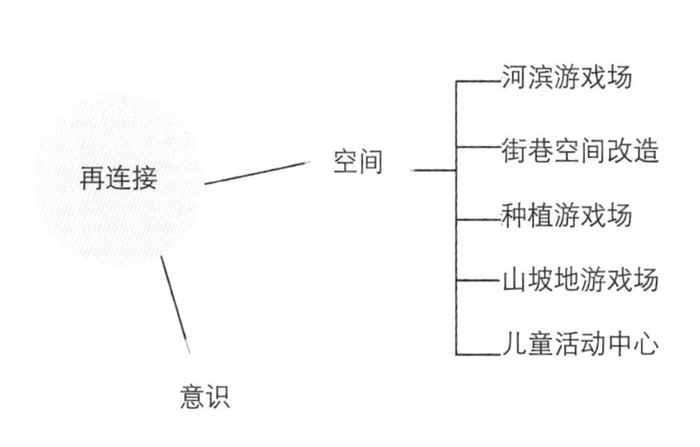

总体规划
河滨活动场地平面
植物种植营造
河道
湿地/鸟类栖息地
观鸟
丛林
阔叶林
利用村庄常见材料搭建动物栖息地，同时促进水生植物生长。
湿地/鸟类栖息地
观鸟
丛林
阔叶林
动植物栖息剖面营造
水流方向
植物种植
水位分析
功能结构
水流方向
河滨湿地设计
恢复期 2016年
发展期 2026年
成熟期 2046年
河道两岸因地制宜保留了原有植物，并增添地方性湿地植物，形成多样化的植物群落，同时发挥雨水处理作用，实现水循环。
恢复水系调节能力，同时利用水系涨落幅度结合人的活动，打造和谐的人与自然的关系。
河滨生态恢复展望

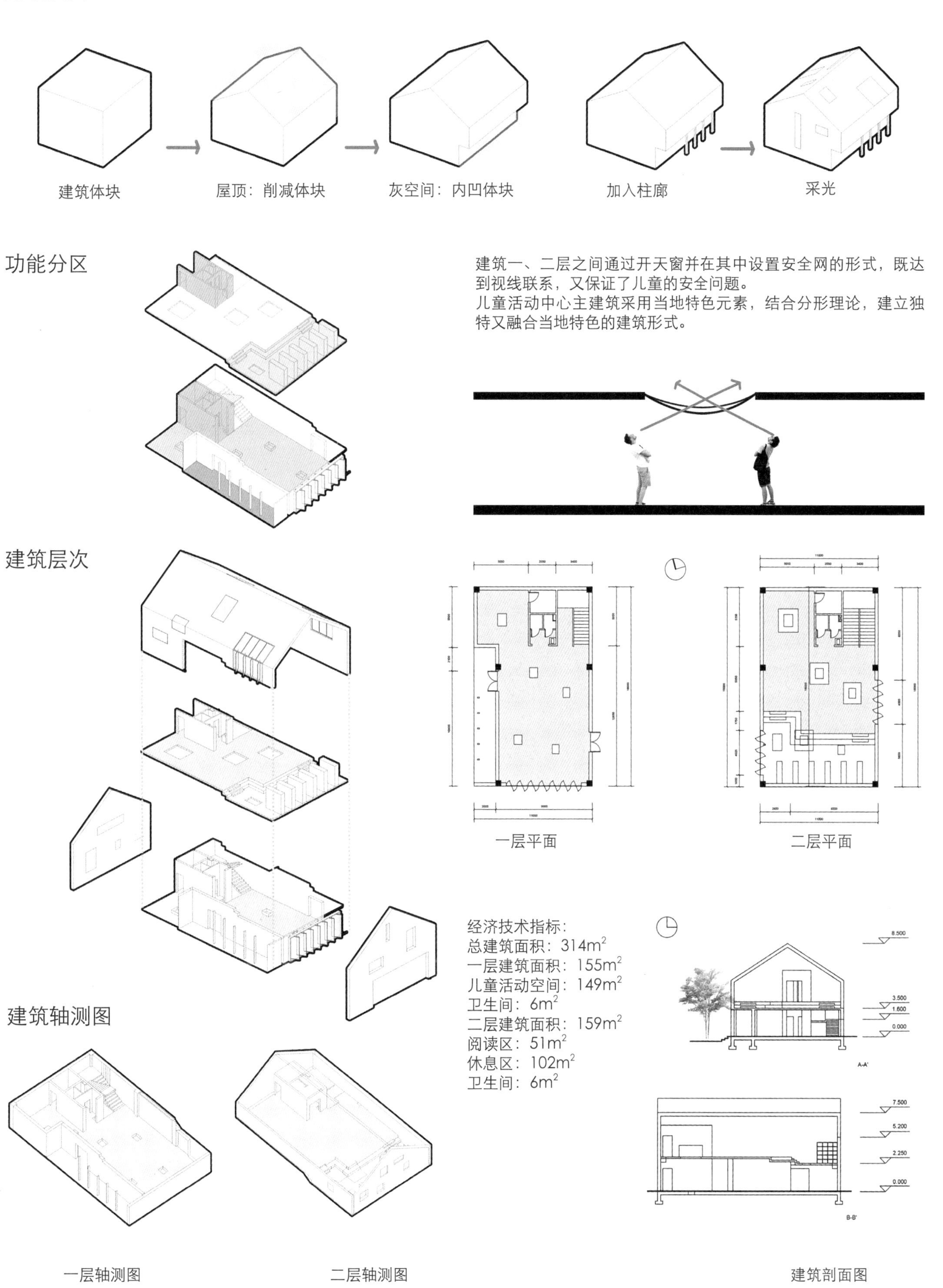

建筑演变
建筑体块
屋顶：削减体块
灰空间：内凹体块
加入柱廊
采光
功能分区
建筑一、二层之间通过开天窗并在其中设置安全网的形式，既达到视线联系，又保证了儿童的安全问题。
儿童活动中心主建筑采用当地特色元素，结合分形理论，建立独特又融合当地特色的建筑形式。
建筑层次
一层平面
二层平面
经济技术指标：
总建筑面积：314m^2
一层建筑面积：155m^2
儿童活动空间：149m^2
卫生间：6m^2
二层建筑面积：159m^2
阅读区：51m^2
休息区：102m^2
卫生间：6m^2
8.500
3.500
1.600
0.000
A-A'
7.500
5.200
2.250
0.000
B-B'
建筑轴测图
一层轴测图
二层轴测图
建筑剖面图

街巷空间演变

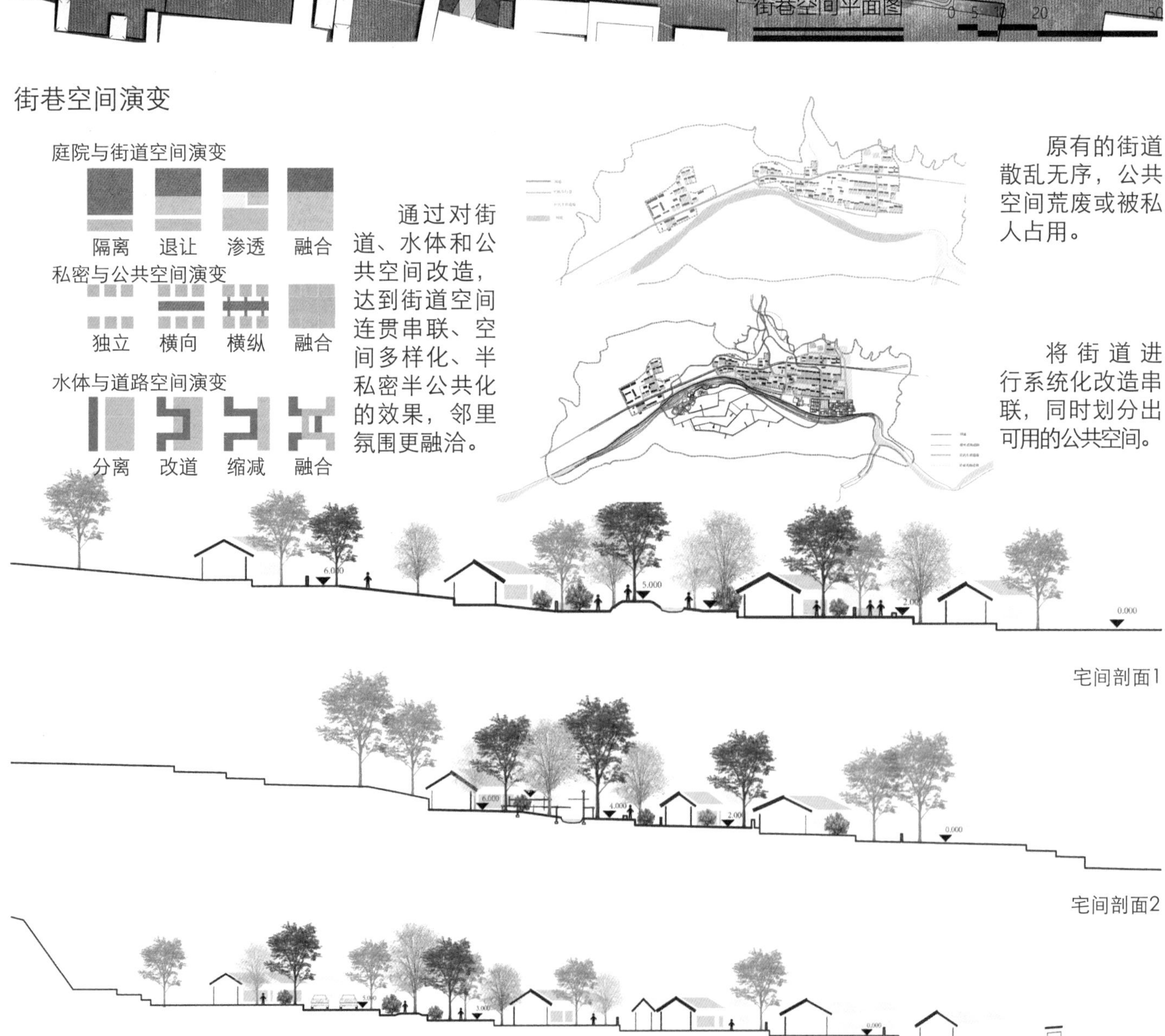

通过对街道、水体和公共空间改造，达到街道空间连贯串联、空间多样化、半私密半公共化的效果，邻里氛围更融洽。

原有的街道散乱无序，公共空间荒废或被私人占用。

将街道进行系统化改造串联，同时划分出可用的公共空间。

宅间剖面1

宅间剖面2

宅间剖面3

雨季或山泉水丰水期，水流沿着设计的道路形成水系和水洼，供儿童玩耍。旱季或山泉枯水期，设计道路与游线形成更丰富的路网，水洼形成凹陷活动空间。

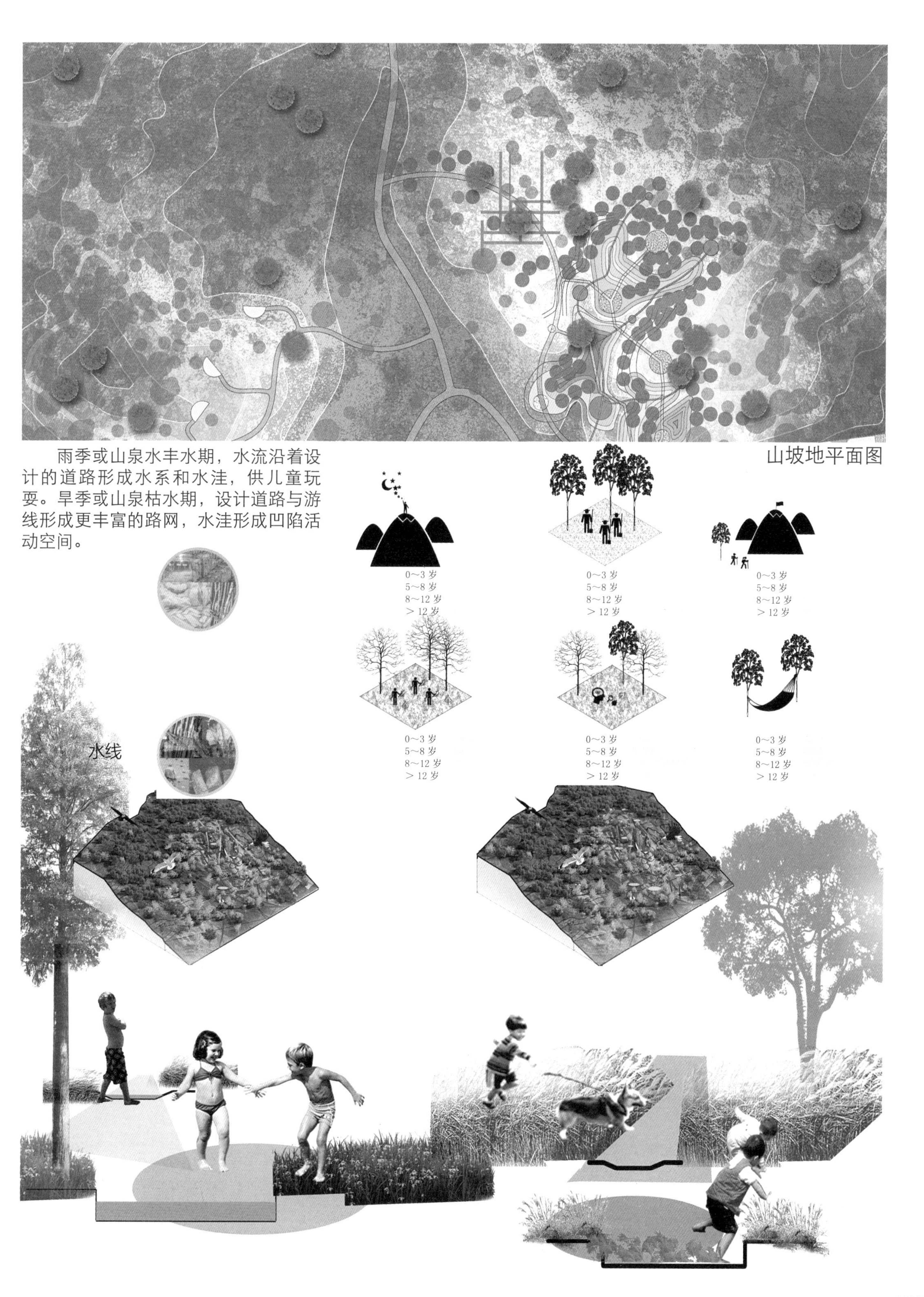

总体空间分析

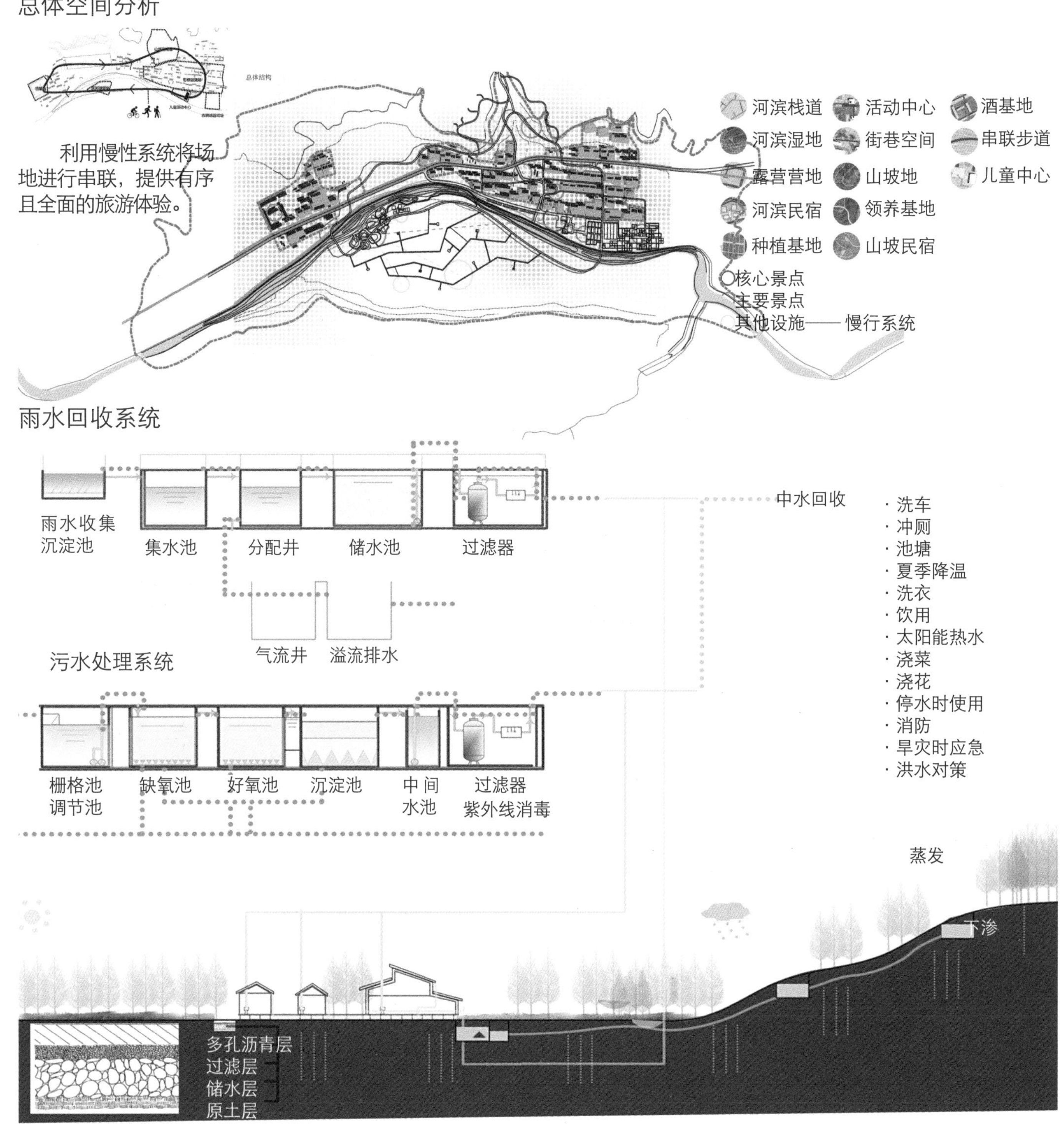

利用慢性系统将场地进行串联，提供有序且全面的旅游体验。
河滨栈道
活动中心
酒基地
河滨湿地
街巷空间
串联步道
露营营地
山坡地
儿童中心
河滨民宿
领养基地
种植基地
山坡民宿
核心景点
主要景点
其他设施
慢行系统
雨水回收系统
雨水收集
沉淀池
集水池
分配井
储水池
过滤器
中水回收
气流井
溢流排水
污水处理系统
栅格池
调节池
缺氧池
好氧池
沉淀池
中间
水池
过滤器
紫外线消毒
· 洗车
· 冲厕
· 池塘
· 夏季降温
· 洗衣
· 饮用
· 太阳能热水
· 浇菜
· 浇花
· 停水时使用
· 消防
· 旱灾时应急
· 洪水对策
蒸发
下渗
多孔沥青层
过滤层
储水层
原土层

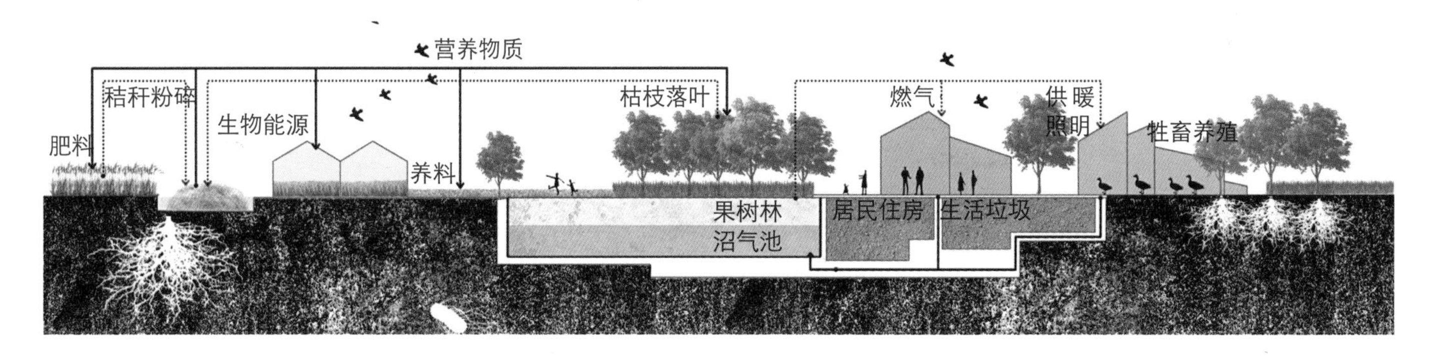

营养物质
秸秆粉碎
肥料
生物能源
养料
枯枝落叶
燃气
供暖
照明
牲畜养殖
果树林
沼气池
居民住房
生活垃圾

郴州市苏仙区西凤渡镇岗脚村的保护与复兴
Preservation and Revival Design in Gangjiao Village

学　生：殷子健
导　师：王小保　沈竹
学　校：湖南师范大学
专　业：环境艺术设计

基地概况

基地位于中国湖南省郴州市苏仙区西凤渡镇的岗脚村，地处低纬度亚热带湿润季风气候区，老岗脚区域内，有优越的自然环境、悠久的历史遗迹、深厚的人文底蕴和周边淳朴的民风民俗。

岗脚村区域位置图

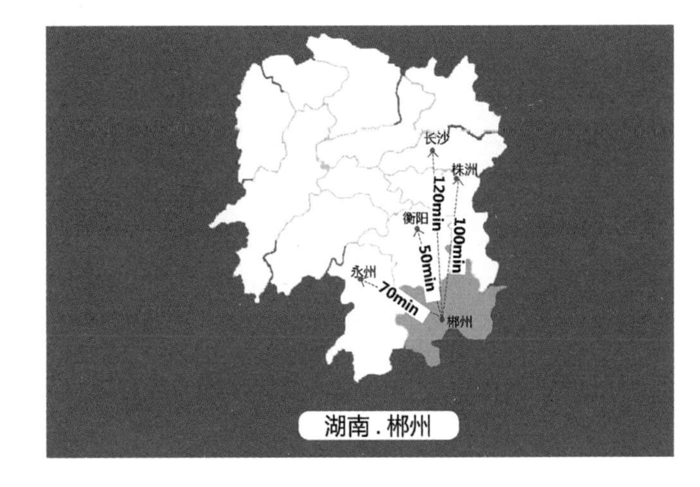

山水示意图

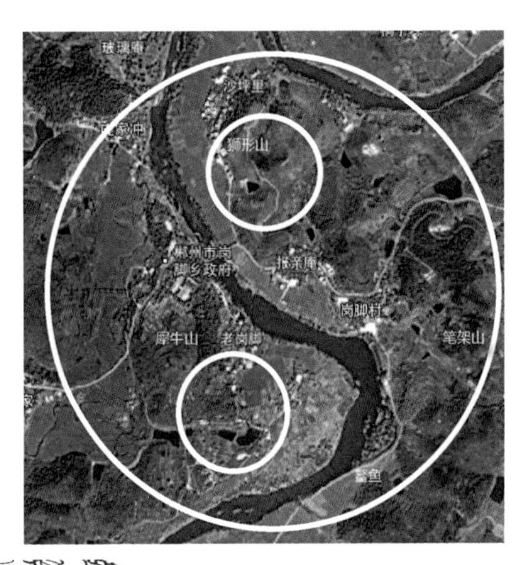

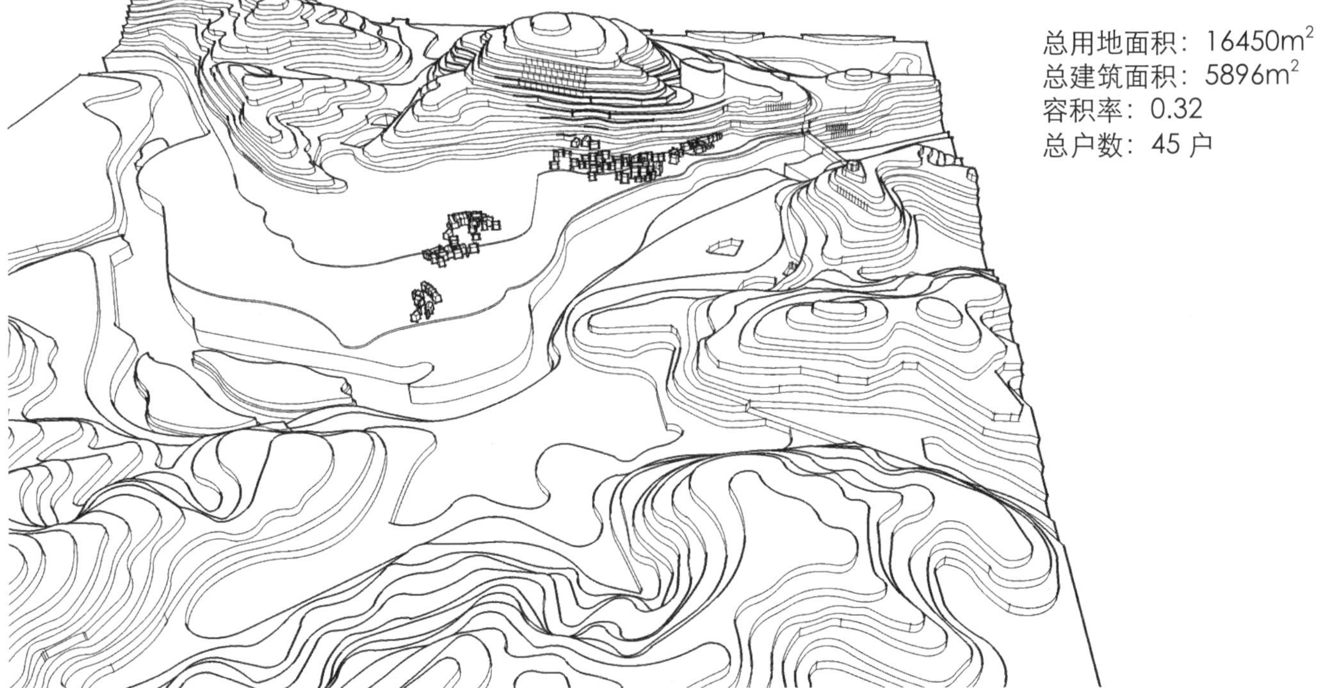

总用地面积：16450m²
总建筑面积：5896m²
容积率：0.32
总户数：45 户

建筑分析

老岗脚是古民居保存最多的地方，同时当地还穿插了传统的湘南民居和一些与老建筑群不协调的新建现代民居。通过实地考察，将当地的建筑分为以下三类。

历史文化建筑

传统湘南民居

新型现代民居

从建筑年代上来看，规划涵盖了从明清到现代多个时期的建筑，现在保存下来的老建筑主要分布在栖河沿岸，建筑布局朝向都较为统一。而新中国成立后各时期的建筑分布较为零散，没有规律。

建筑年代示意图

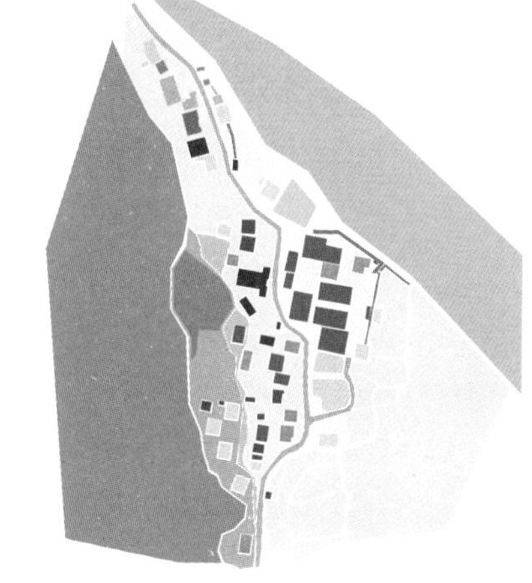

300～250年前清朝

约200年前清朝晚期

1949～1968年

1968～1980年

20世纪80年代至今

遗址考证

通过考证当地遗留下来的建筑遗址制作的古建筑恢复图，可以发现，以前的古建筑和至今还保留下来的古建筑有很高的一致性，都为多开间多进式超大型单幢民居，都是做工精细的大青砖所砌成，而且房屋朝向都是朝东偏南10° 方向，正对“笔架山”，并且靠山面水，所以说一直到晚清的建筑还保留着祖辈的风水格局，可见他们对自然环境的尊敬。

古民居的建筑遗址是文脉发展的重要依据，所以通过建筑修复和景观设计等方法来再现或者保存这些遗址。

遗址现状图

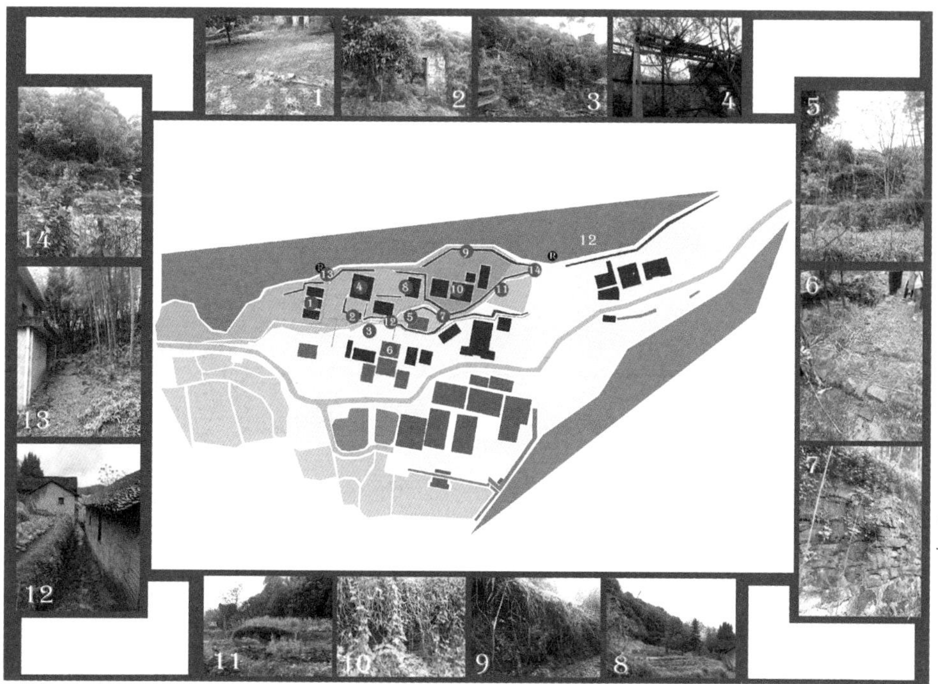

遗址分布示意图

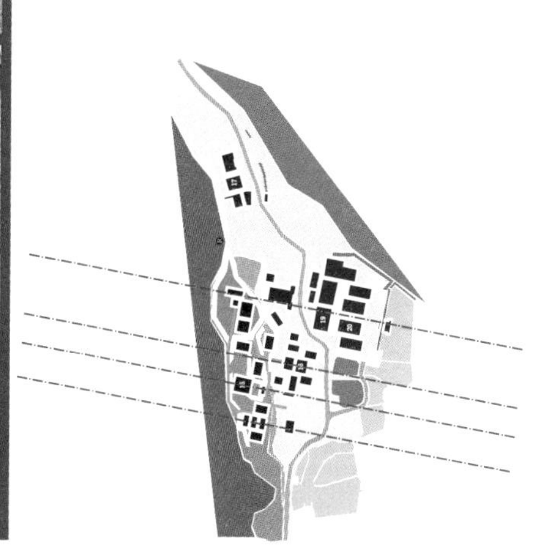

通过对建筑基址的考证和当地居民的采访，得到以下文脉发展路线。

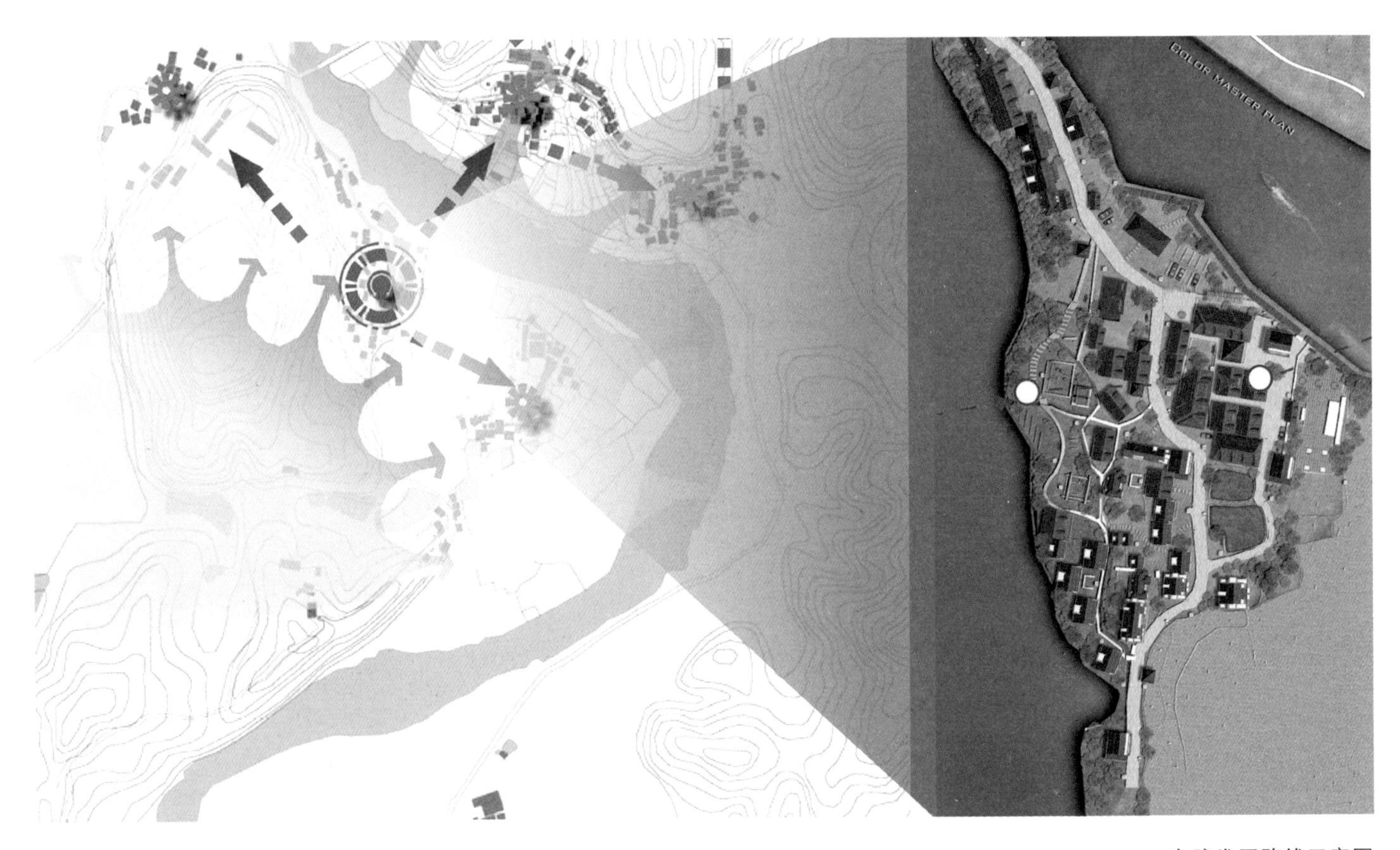

文脉发展路线示意图

整体空间规划布局

规划手法：

1. 整合辐射周边山体水域等自然资源；

2. 打通外界交通道路；

3. 根据历史文化主脉络延展场地记忆。

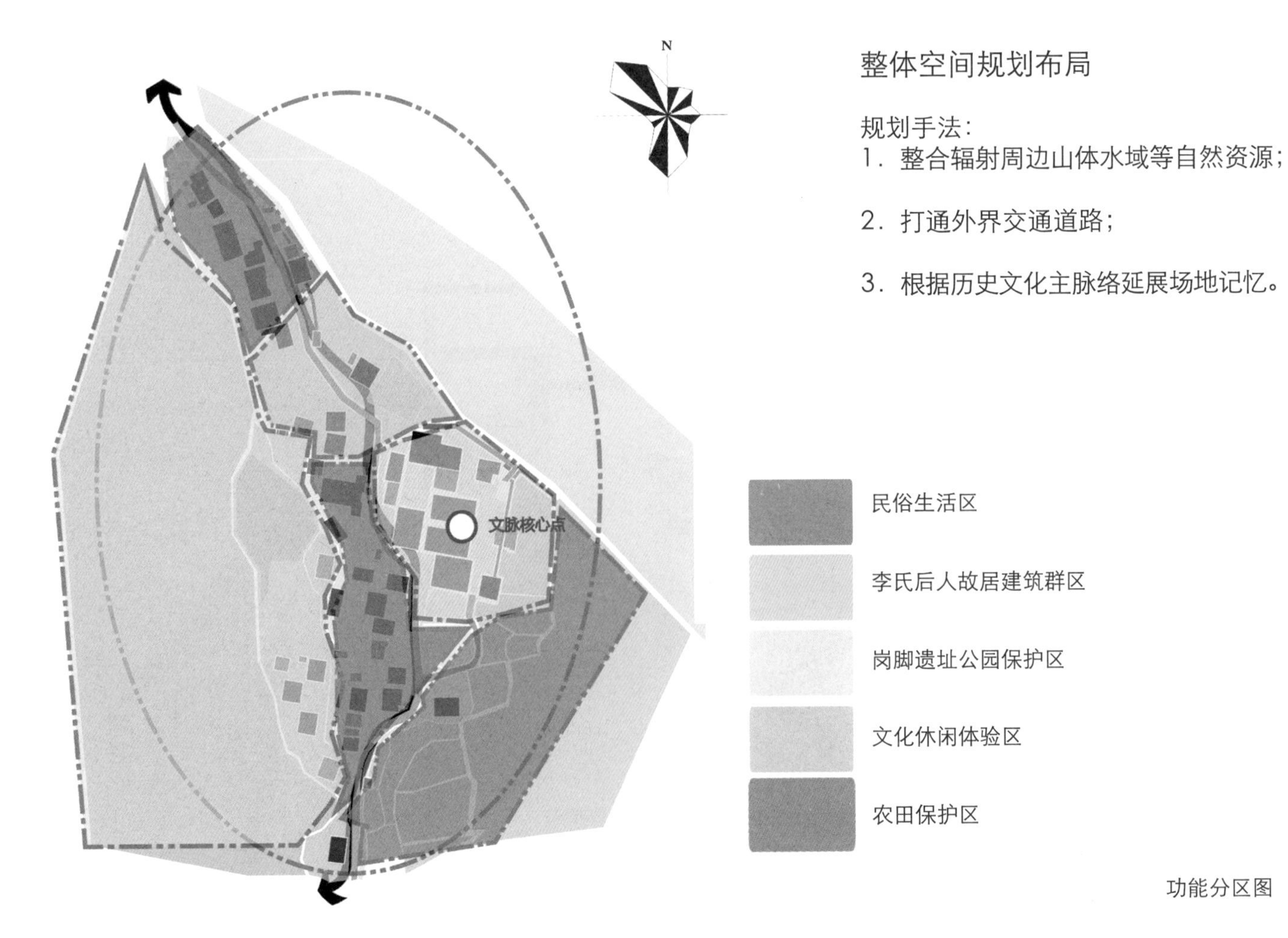

功能分区图

方案设计

设计主要来源于此地的文脉发展线路，300年前李廷之的后人逐渐从山腰上迁移至西河旁，历经100年，如今山腰上只留下了残损的建筑基址，杂草丛生，与栖河旁200年之久保存较完好的建筑群早已没有了对话，而中间则是被两幢破损不堪的建国之后的建筑所隔断。为了重新恢复这条文脉，我对山腰上的基址进行保留和环境的重新营造，在中间部分建设一个小型的民俗博物馆，重新连接东西两头。因为此地是村中入口，所以在北部建设一些民宿和旅游接待点。

以下是我做的5个节点。

节点分布图

文脉路线

服务功能

主要节点

次要节点

0 8 32m

项目	指标
总用地面积	7950m^2
总建筑面积	2930m^2
容积率	0.32
绿化率	33.2%
总户数	13
居住总人口	87
道路面积	882m^2

总平面图

1. 李庭芝纪念馆
2. 民俗博物馆
3. 休闲观光产业园
4. 民宿
5. 旅游接待处

0 8 32m

李庭芝纪念馆

这是对200年老建筑的修复，采用原有的材料和做法进行修复，作为李庭芝纪念馆，保留天井和马头墙，弥补了没有厕所的不足。

建筑结构：砖木结构
建筑面积：264m^2
主要建筑材料：梓木、中空玻璃、青砖、青瓦

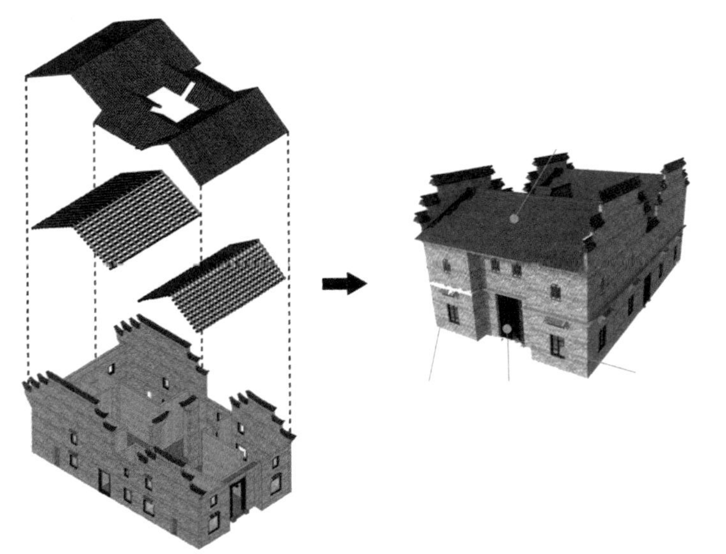

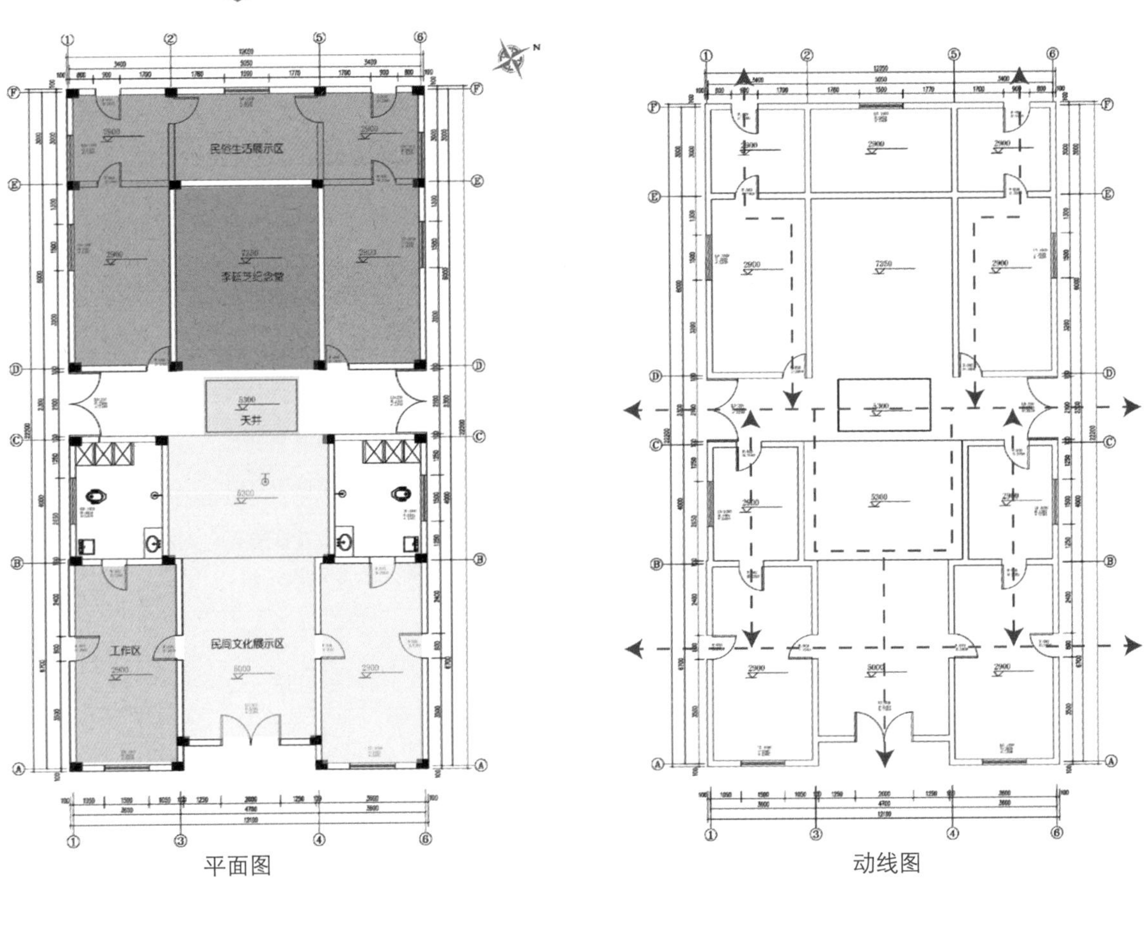

平面图　　动线图

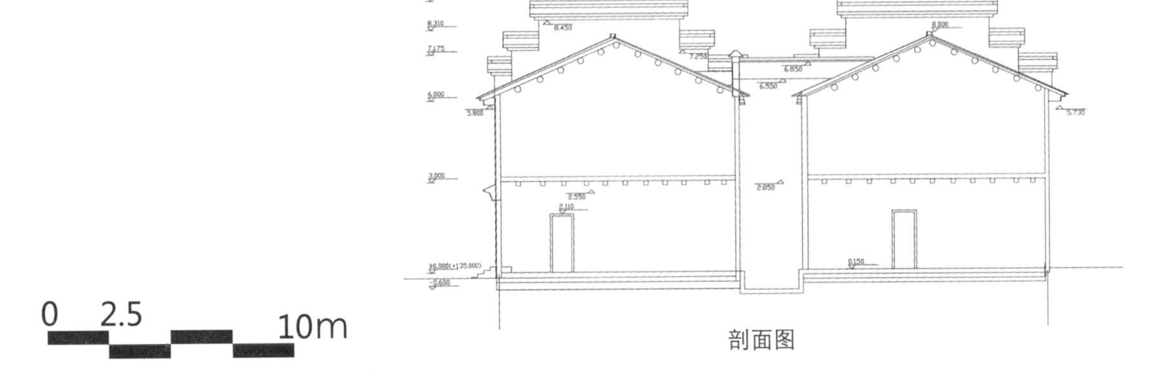

剖面图

民俗博物馆

在老建筑基址上重建的民俗博物馆，保留了原有的建筑格局，沿用了当地的青砖青瓦，并加入了铝合金型材、仿木铝扣板等新材料，根据当地的笔架山进行变形设计，提高建筑的采光。一层主要是展厅附带两个工作间，二层后面的长廊直接通向山腰的公园。

建筑结构：砖混结构

建筑面积：845m²

主要建筑材料：中空玻璃、青砖、青瓦、钢化玻璃、铝合金型材、仿木质铝扣板

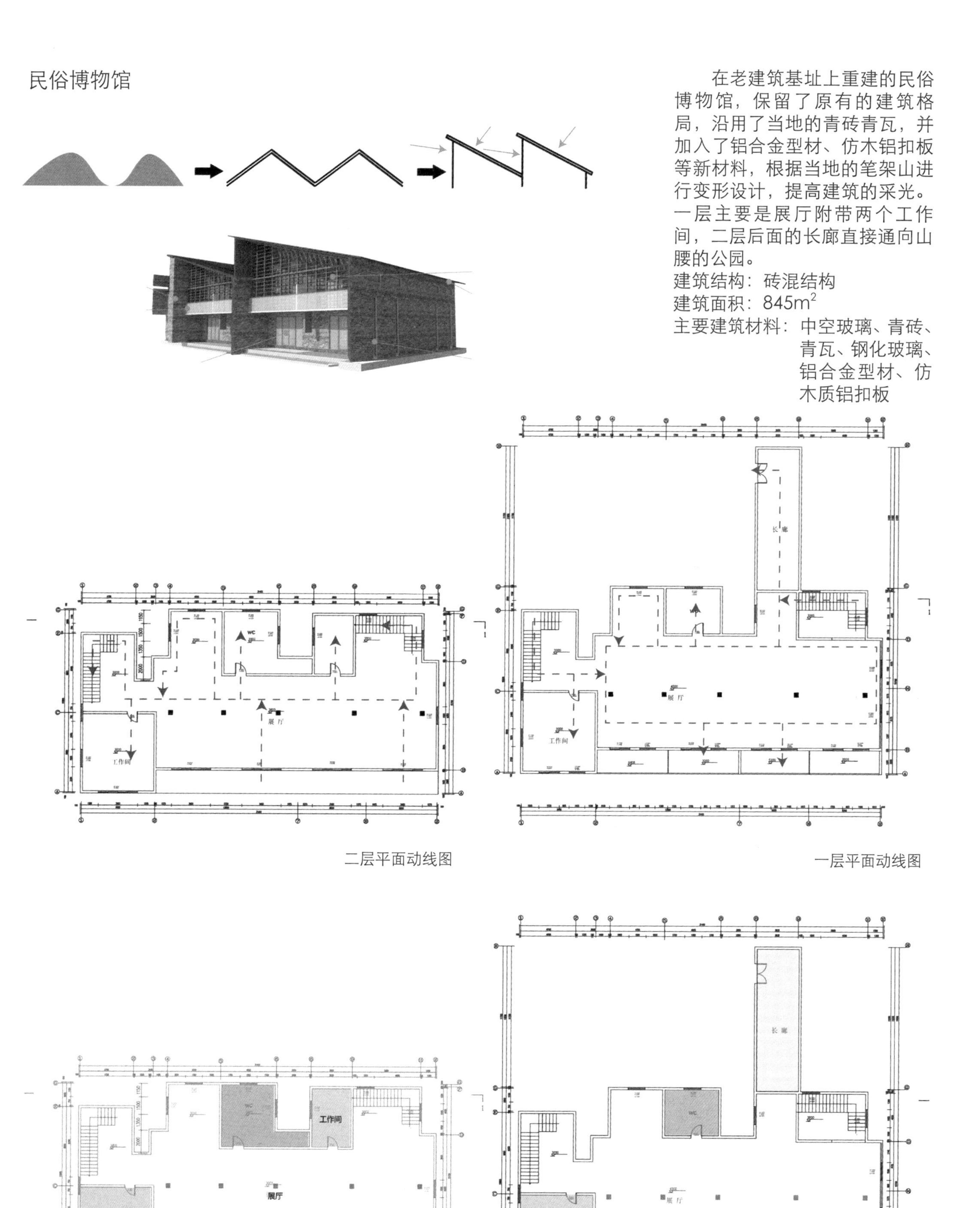

二层平面动线图

一层平面动线图

二层平面图

一层平面图

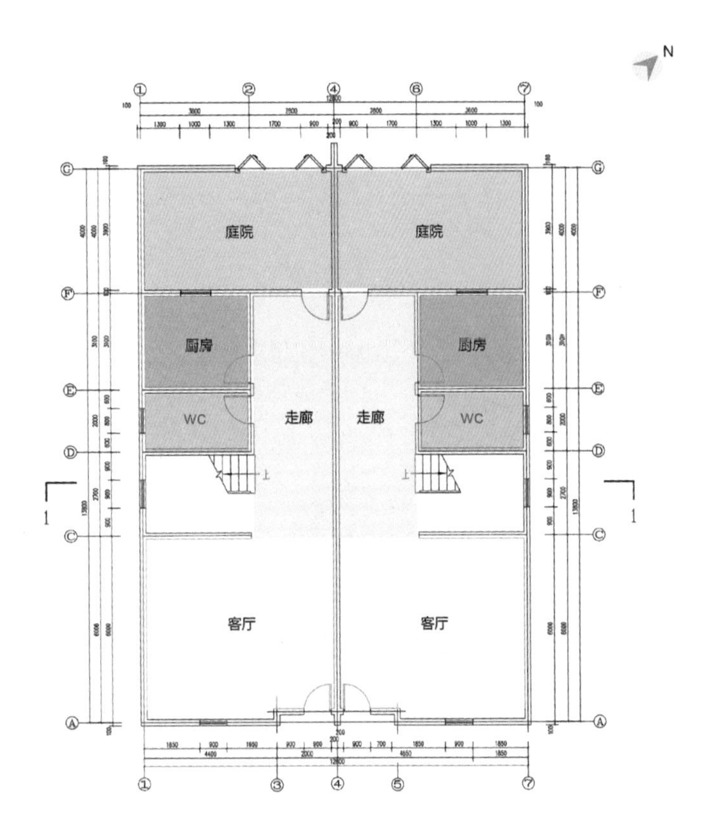

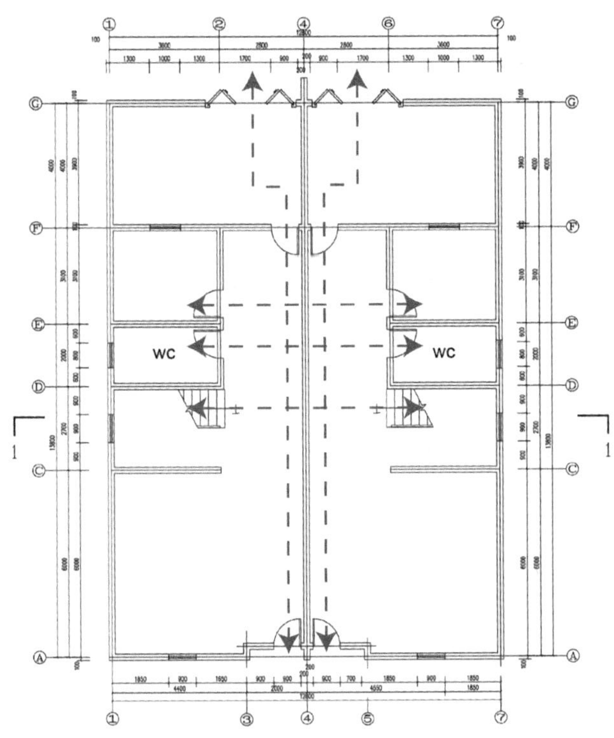

一层平面图

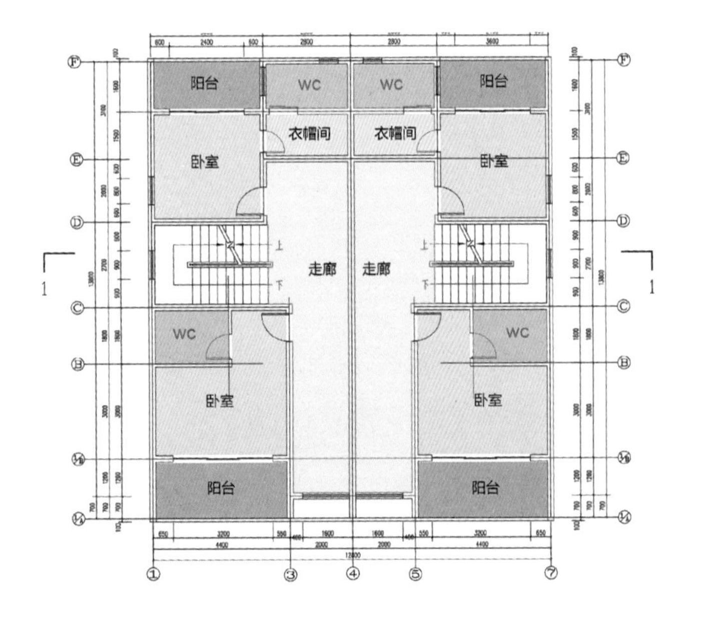

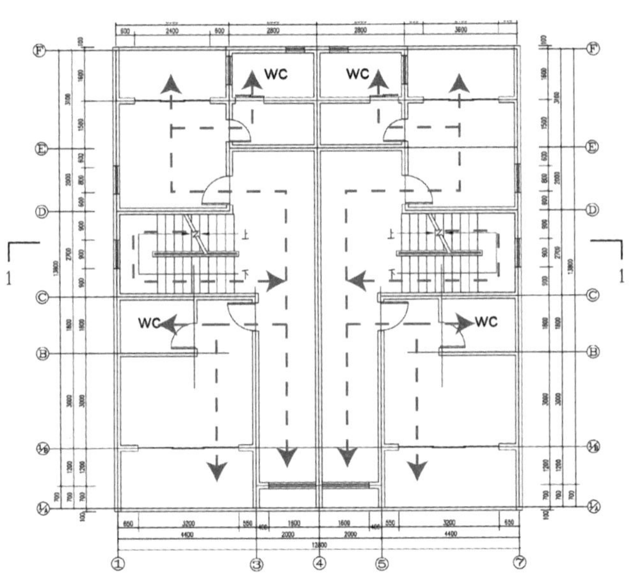

0 1.5 6m

二层平面图

旅游接待处

建筑结构：砖混结构
建筑面积：216m^2
主要建筑材料：梓木、金属钢架、青砖、青瓦

此建筑在老建筑的基址上建设，对两层建筑进行错位，加入钢架，作为通风走廊。一层为工作接待区，二层为休息厅。

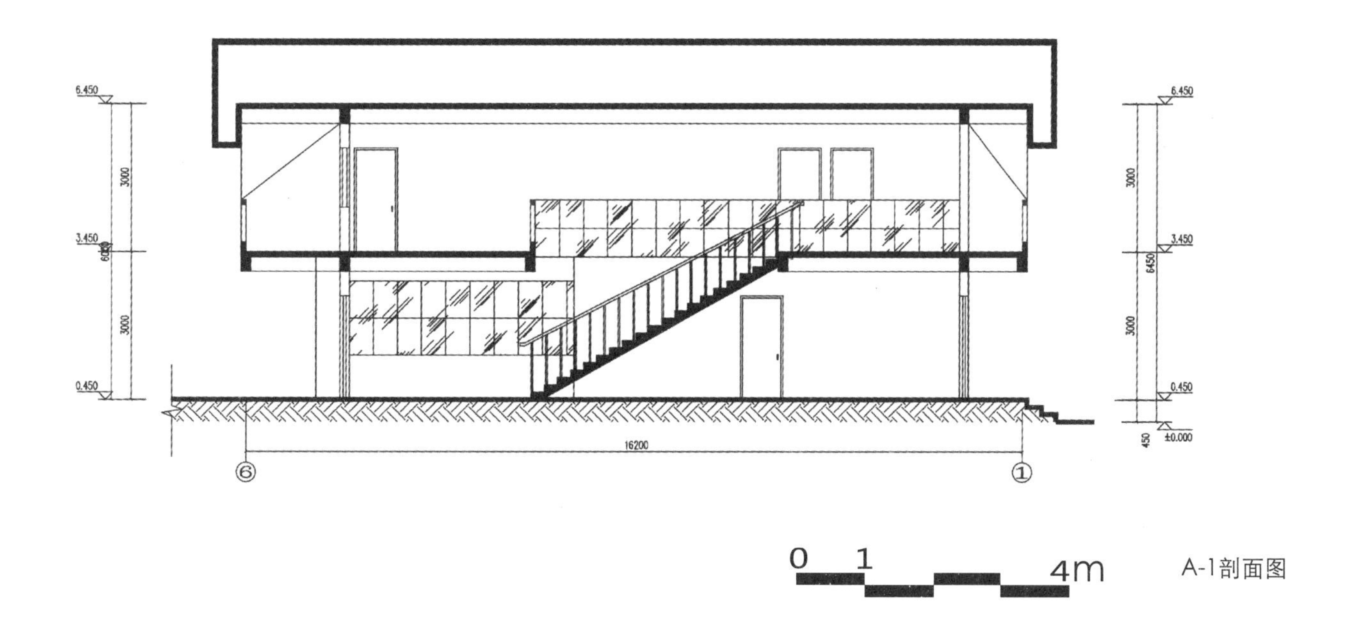

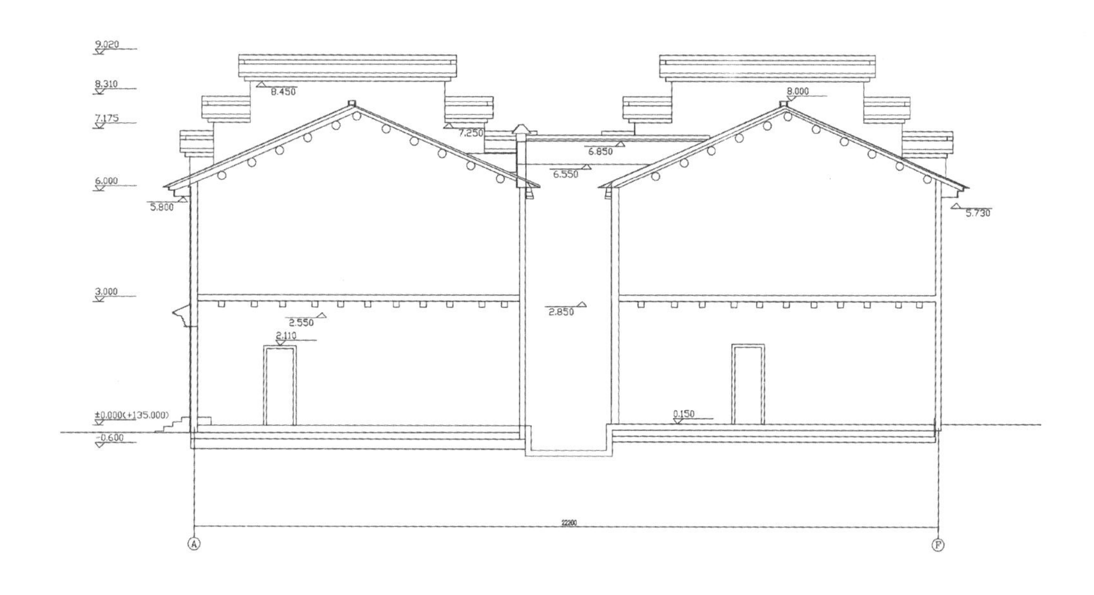

A-F剖面图

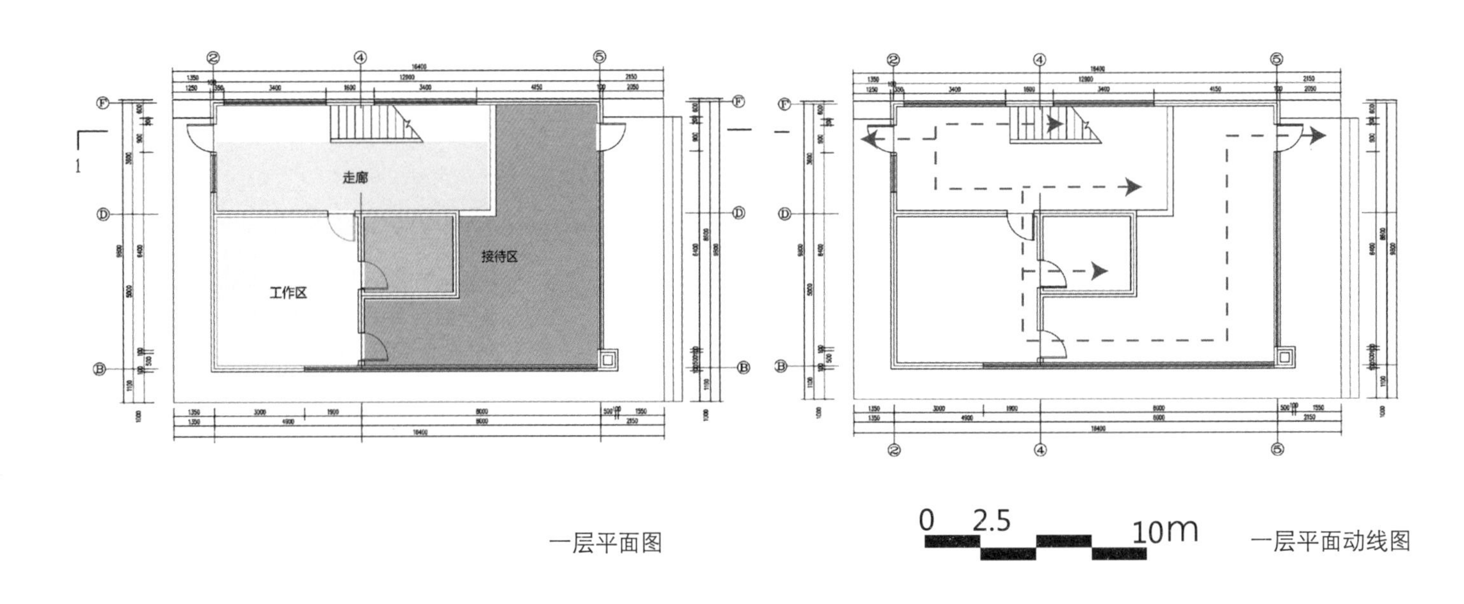

一层平面图　　一层平面动线图

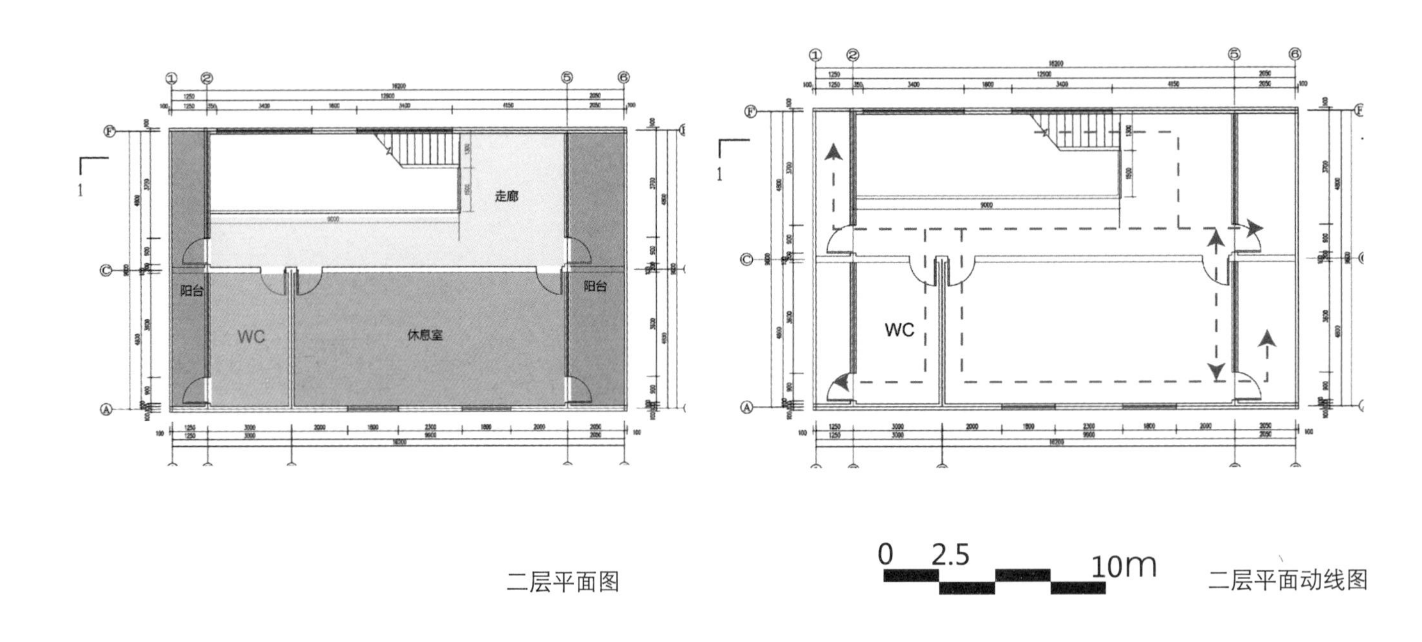

二层平面图　　二层平面动线图

安吉剑山湿地景观民宿酒店设计
Jianshan Wetland View Vacation Home Design in Anji

学　生：闫婧宇
导　师：钱晓宏
学　校：苏州大学
专　业：环境艺术设计

湿地景观民宿效果图

位于安吉县剑山村脚下的荒废的湿地公园，建筑荒废，景观疏于管理，如何使它再现生机，实现建筑、景观、自然、社会的和谐发展，是面临的最大的挑战。

基地概况

基地位于中国浙江省湖州市安吉县剑山村的西侧，现状是一个已经建成但是未能正常开放使用并已荒废的湿地公园，基地周边现存有村民自建的民居以及农田，安吉位于上海两小时交通圈、杭州一小时交通圈内，近年来当地旅游产业发展迅速，依托良好的自然环境、丰富的文化资源、独特的竹文化氛围，成了长三角地区周边游的重要景点。基地现存有部分景观设施和建筑，但都无法满足民宿酒店的功能需求。

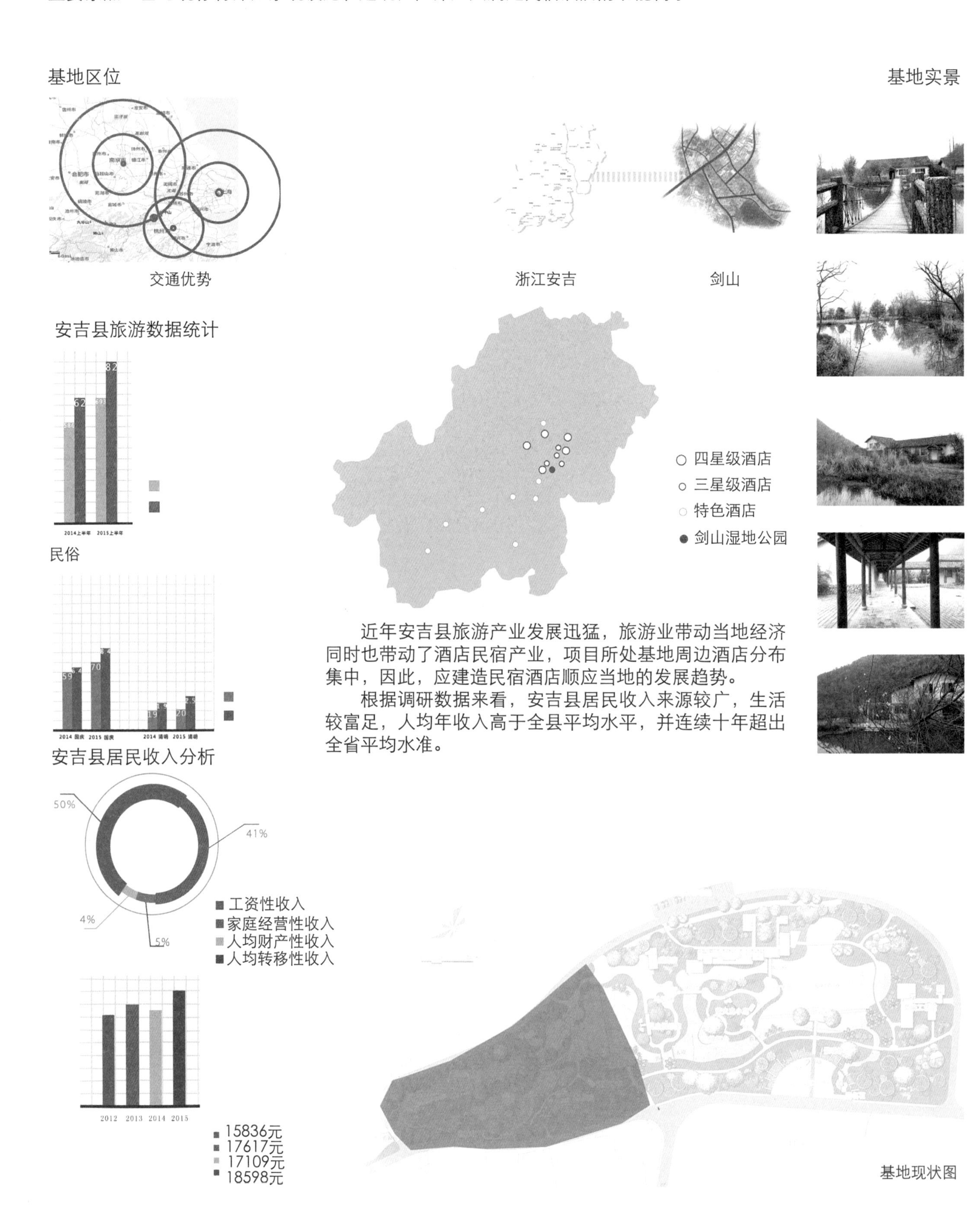

近年安吉县旅游产业发展迅猛，旅游业带动当地经济同时也带动了酒店民宿产业，项目所处基地周边酒店分布集中，因此，应建造民宿酒店顺应当地的发展趋势。

根据调研数据来看，安吉县居民收入来源较广，生活较富足，人均年收入高于全县平均水平，并连续十年超出全省平均水准。

湿地环境解读

被间歇的或永久的浅水层覆盖

(1) 系统的生物多样性

(2) 系统的生态脆弱性

(3) 生产力的高效性

(4) 效益的综合性

(5) 生态系统的易变性

湿地建筑要求

尊重
Respect
再利用
Reuse
可循环
Recycle

可再生
Renew
减少
Reduce
记忆
Remember

建筑功能空间 ………… 相对封闭

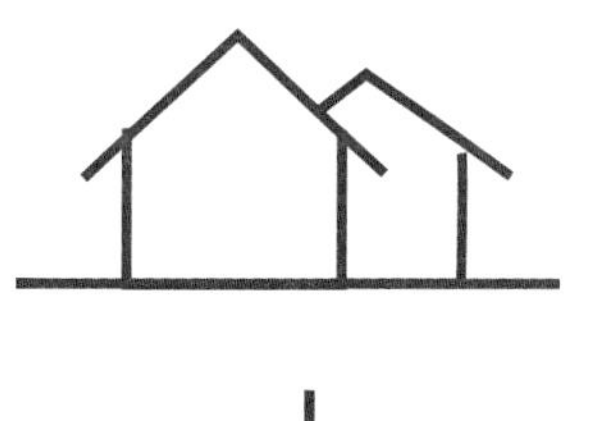

竖向关系

+

湿地

景观空间 ………… 相对开放

概念生成

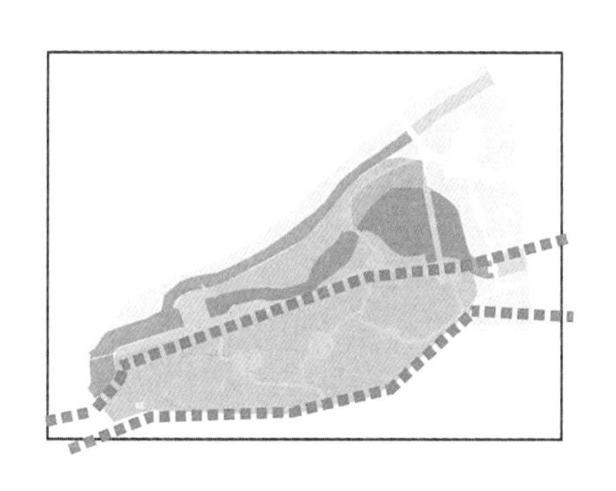

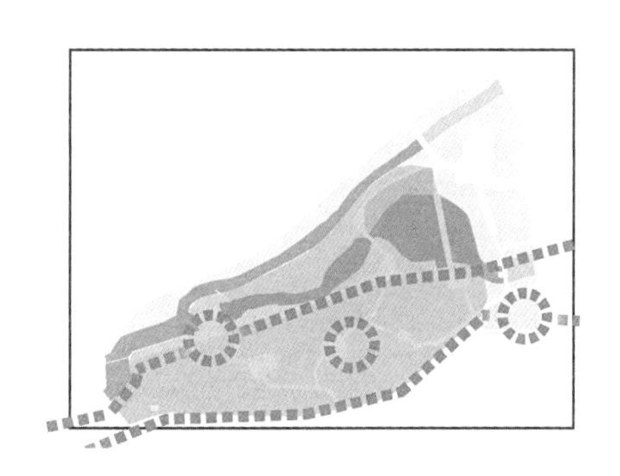

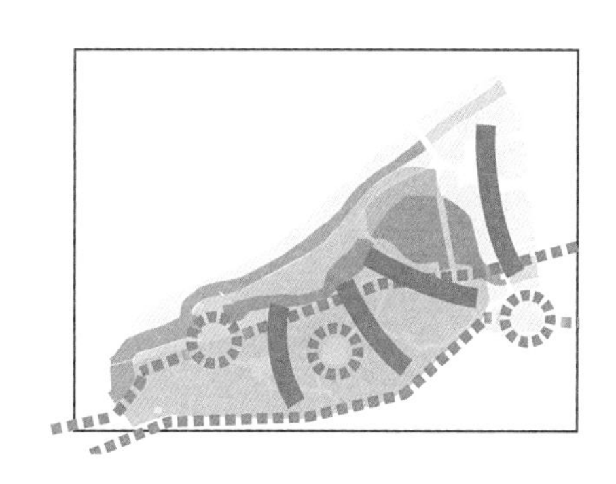

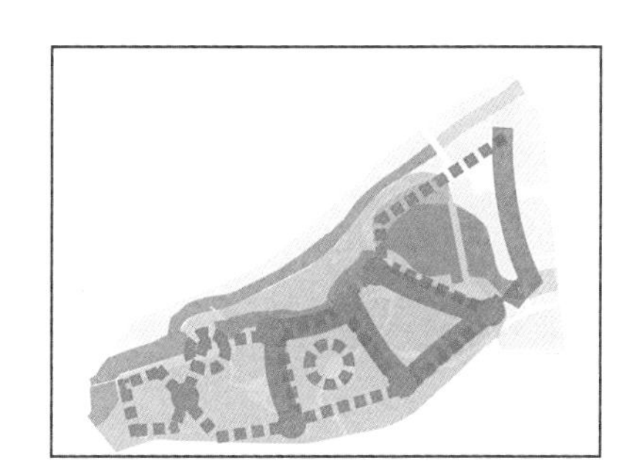

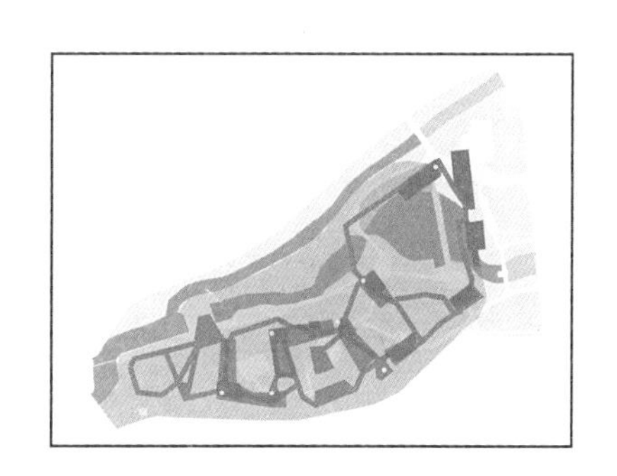

方案生成

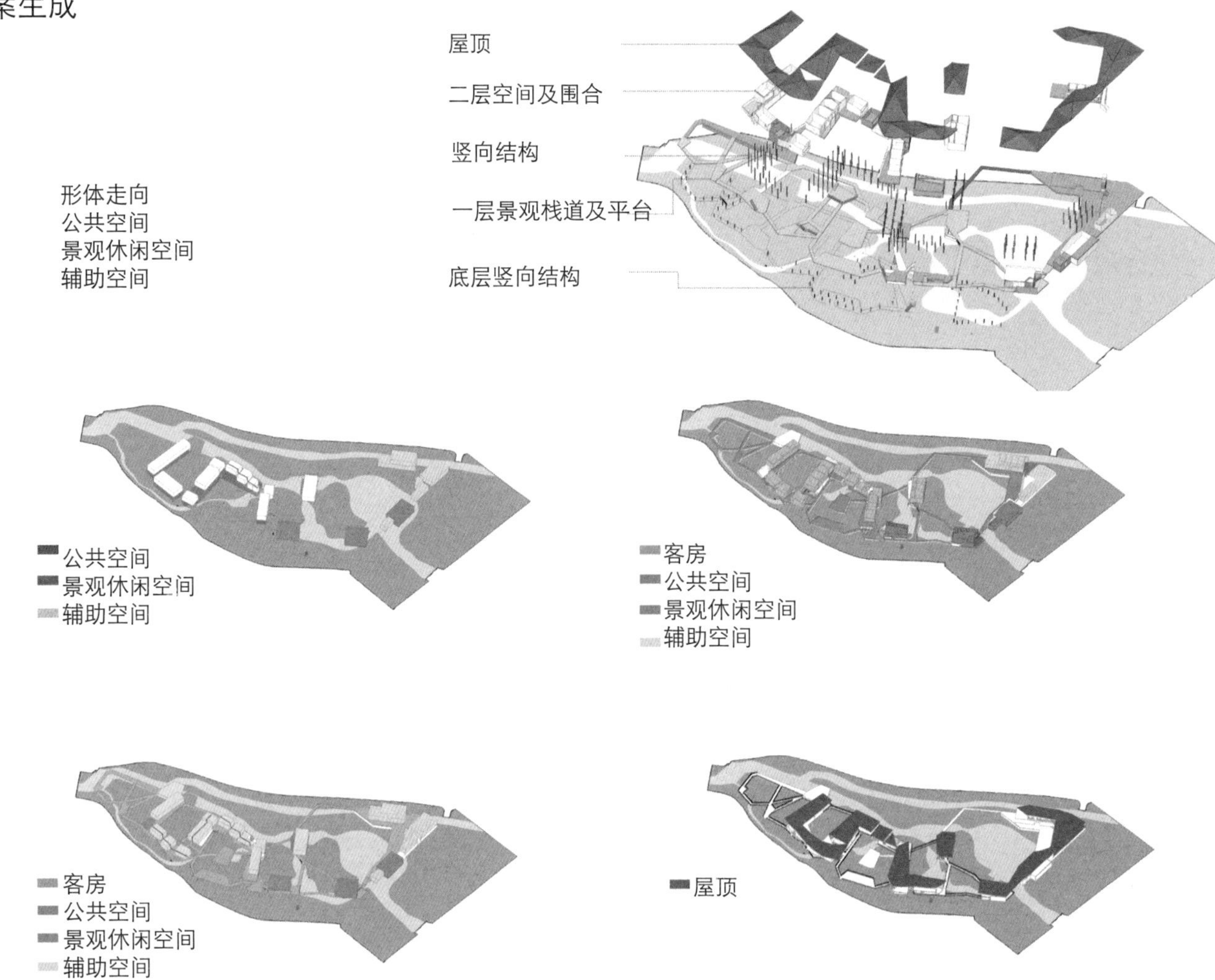

屋顶
二层空间及围合
竖向结构
一层景观栈道及平台
底层竖向结构
形体走向
公共空间
景观休闲空间
辅助空间
公共空间
景观休闲空间
辅助空间
客房
公共空间
景观休闲空间
辅助空间
客房
公共空间
景观休闲空间
辅助空间
屋顶

总平面图

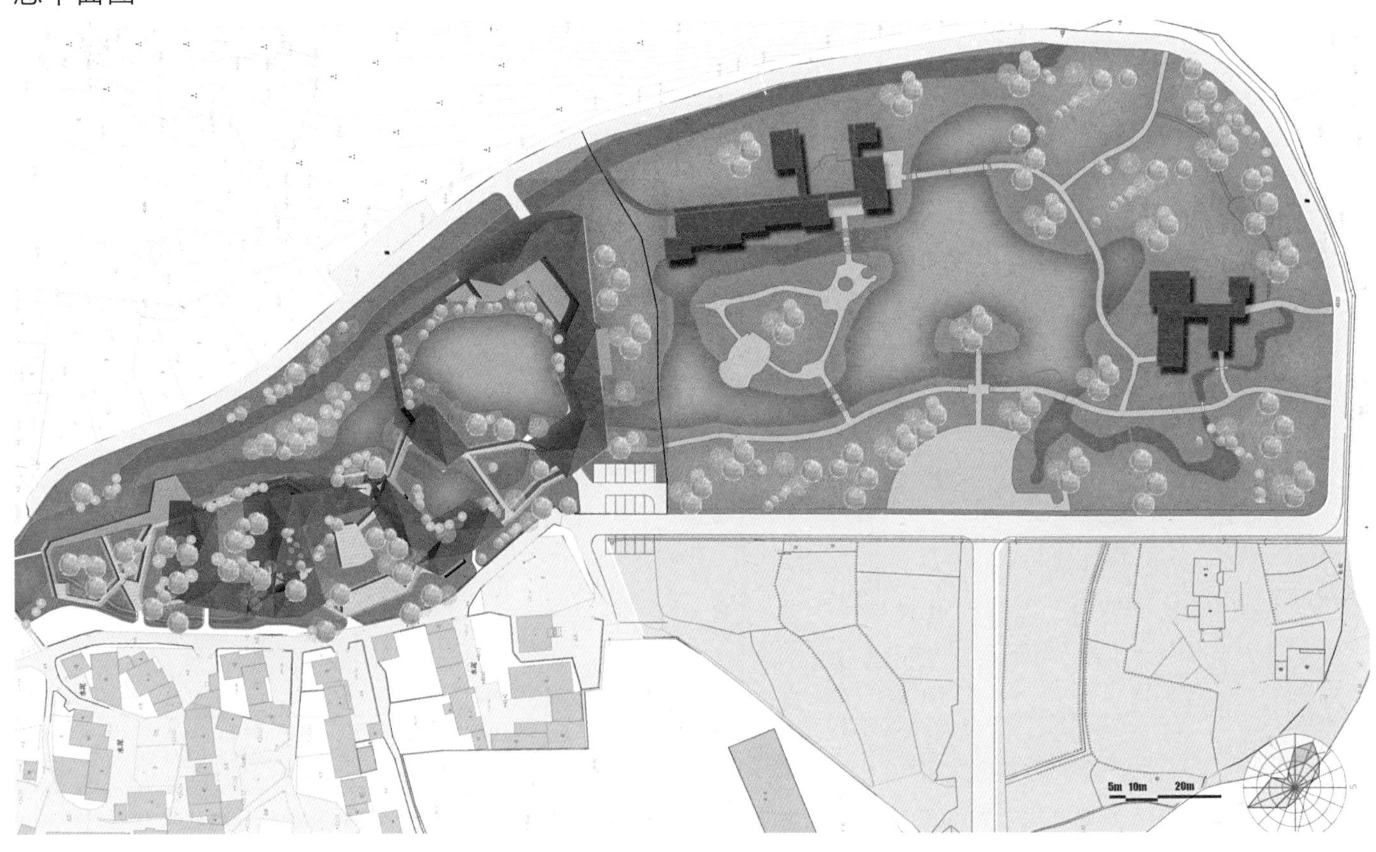

5m 10m 20m

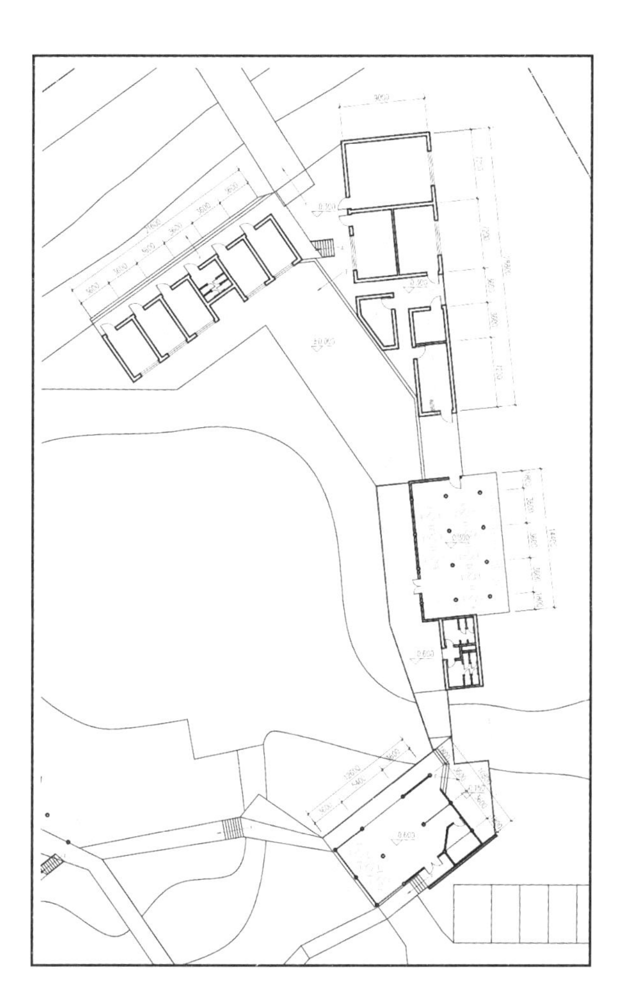

一层平面图

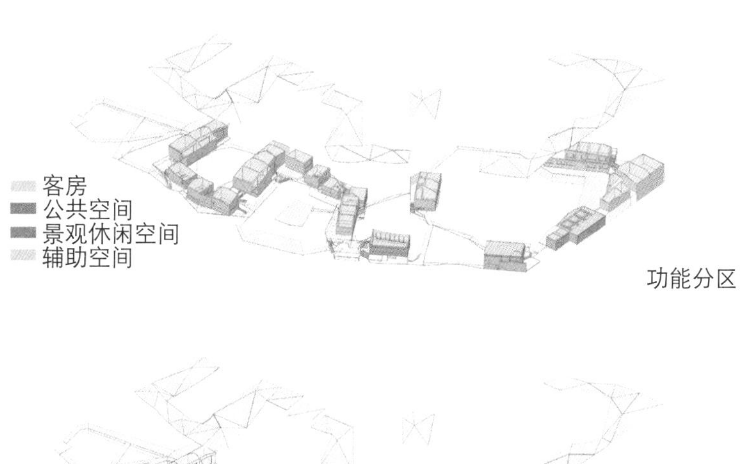

功能分区

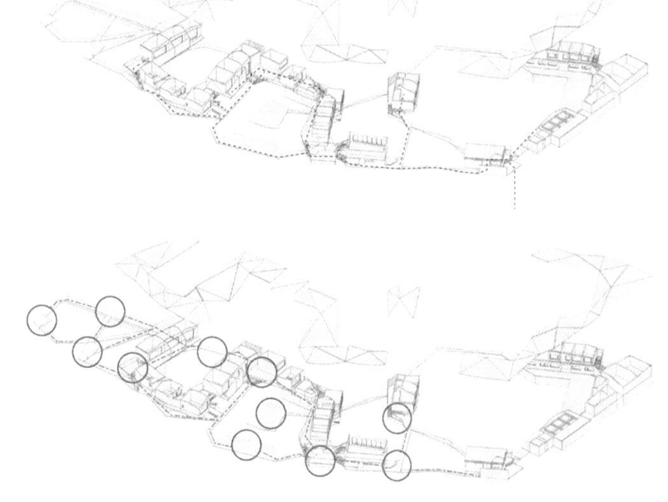

交通流线

1 接待处
2 餐厅
3 后厨
4 仓库
5 设备间
6 员工休息室
7 办公后勤
8 书吧

1 景观凉亭
2 中央舞台
3 看台
4 观景平台
5 沿河堤岸

1 主入口
2 次入口1
3 次入口2
4 次入口3
5 次入口4
6 后勤入口
7 停车场

功能分区

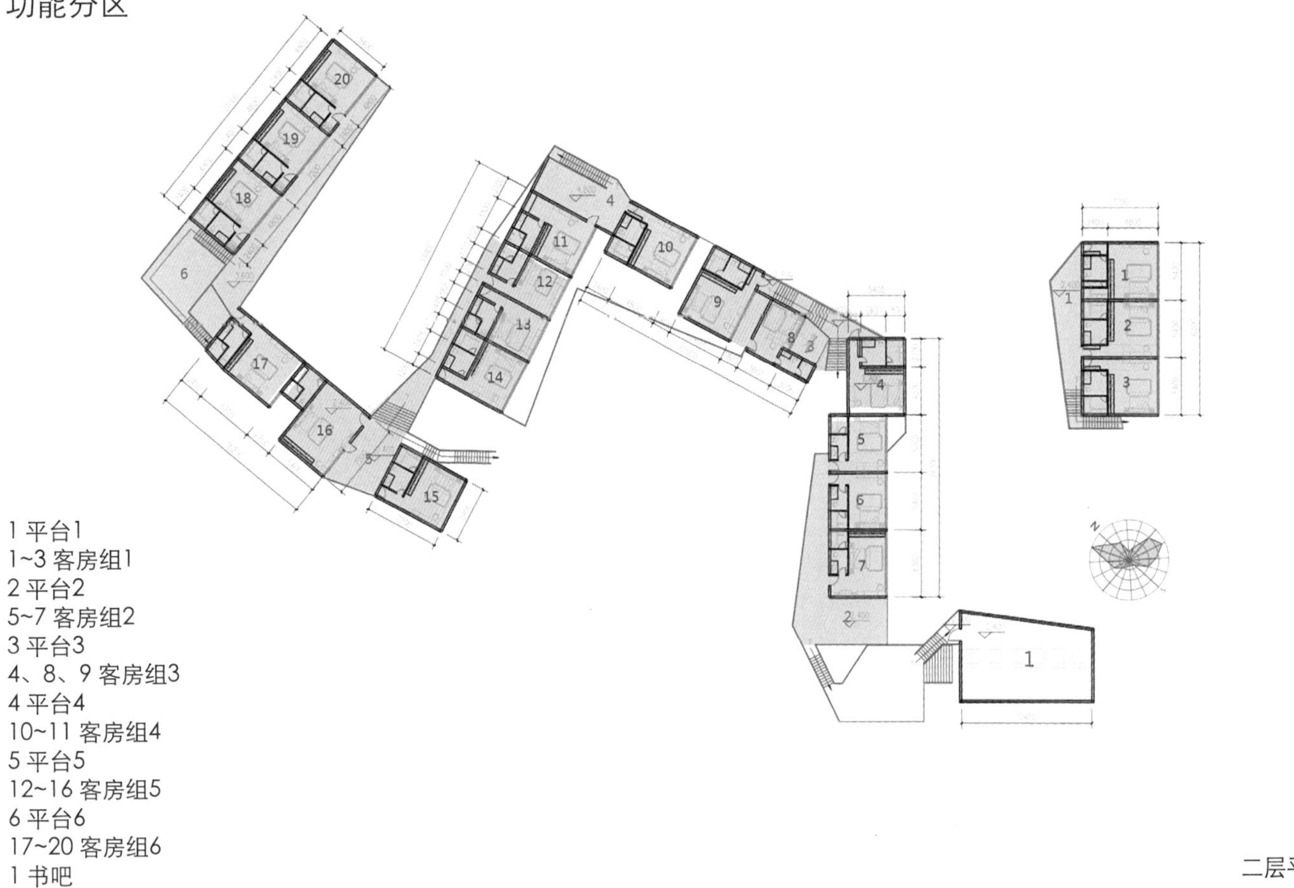

1 平台1
1~3 客房组1
2 平台2
5~7 客房组2
3 平台3
4、8、9 客房组3
4 平台4
10~11 客房组4
5 平台5
12~16 客房组5
6 平台6
17~20 客房组6
1 书吧

二层平面图

东立面图

西立面图

构造与材料

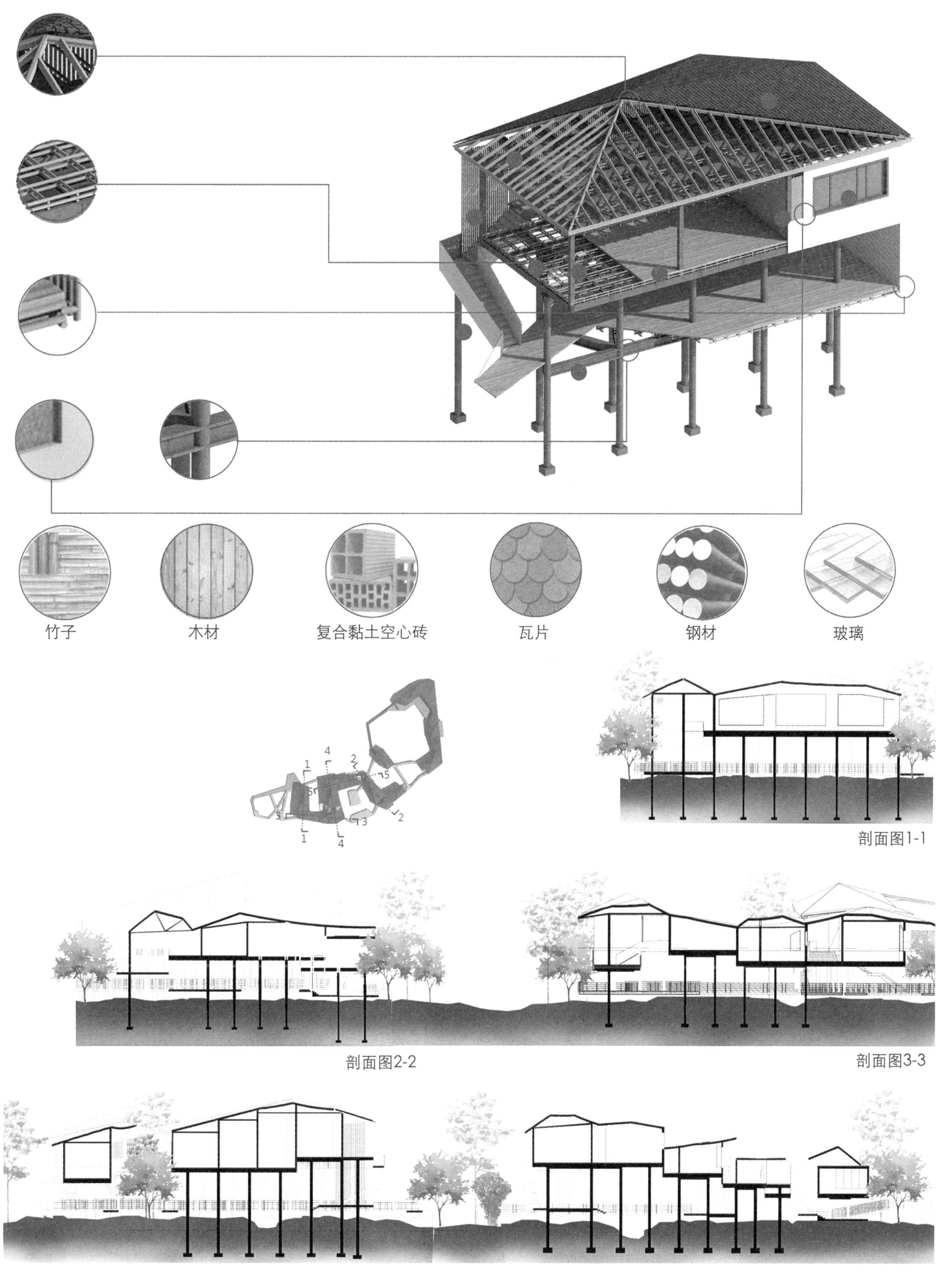
竹子
木材
复合黏土空心砖
瓦片
钢材
玻璃
1
4
2
5
5
3
3
2
1
4
剖面图1-1
剖面图2-2
剖面图3-3
剖面图4-4
剖面图5-5

透视效果图

湿地景观民宿效果图

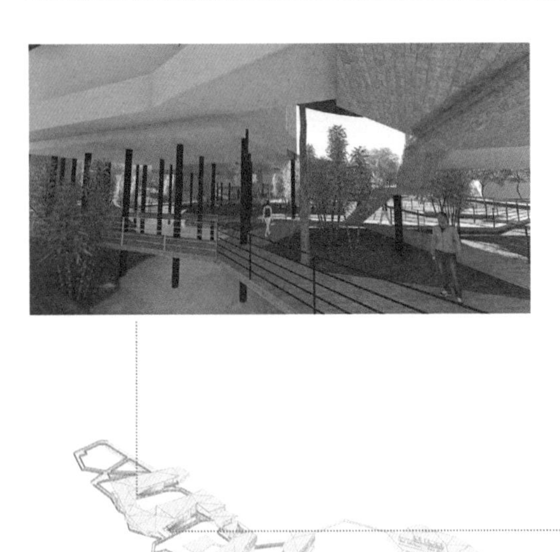

湿地景观民宿效果图

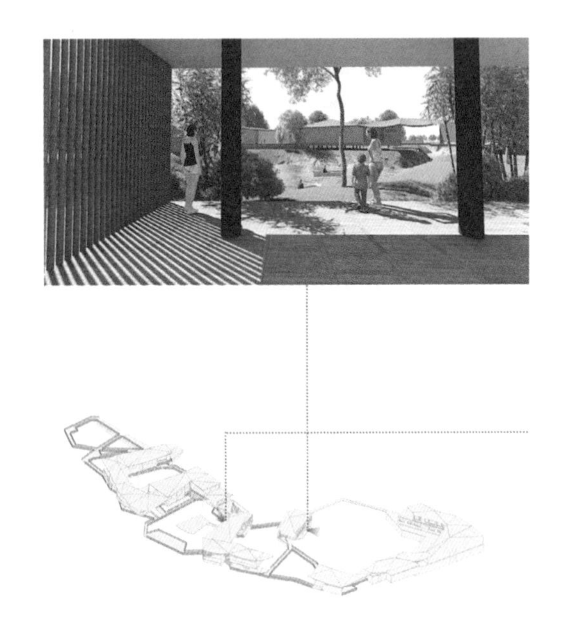

谷家峪村溪谷民居规划方案设计

Planning and Design of Stream Valley and Folk House in Gujiayu Village

学　生：李勇
导　师：陈华新　陈淑飞
学　校：山东建筑大学
专　业：环境艺术设计

溪谷景观带效果图

传统的乡村环境与村居生活，因千百年来缓慢的发展，在社会与自然因子间总能找到适应的生存之道。但近百年来，因为工业化的跃进，乡村开始成为附属于都市的生产基地，失去其自己的主体性。而理想中的村居生活，应该是介于都市与乡野之间人为改造的二次自然，是生产、生活与生态平衡永续经营的村落……

基地概况

谷家峪村位于河北省石家庄市鹿泉区，是一个拥有着200多户，700多人的北方典型聚集村落。村庄被一条干涸的溪谷分割为老村、新村两部分。老村依靠山坡，建筑层级而上，形成极具特色的太行山典型民居。村貌自然形态保留较好，相当一部分民居因为谷家峪落后的经济状况得以保留，但建筑已经萧条破败；新村为整齐划一的现代民居。整个村落空巢化严重，常驻居民以留守老人及孩童为主。

基地位置

区位交通

河北

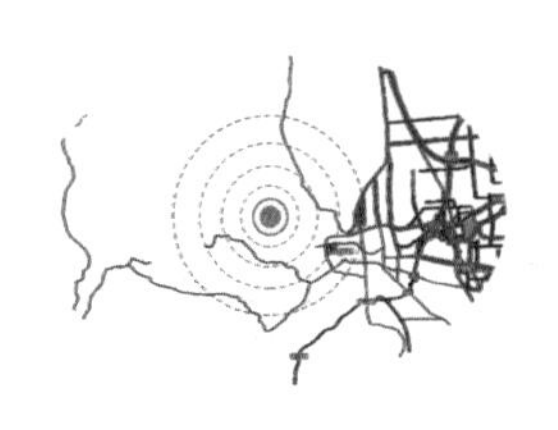

鹿泉区

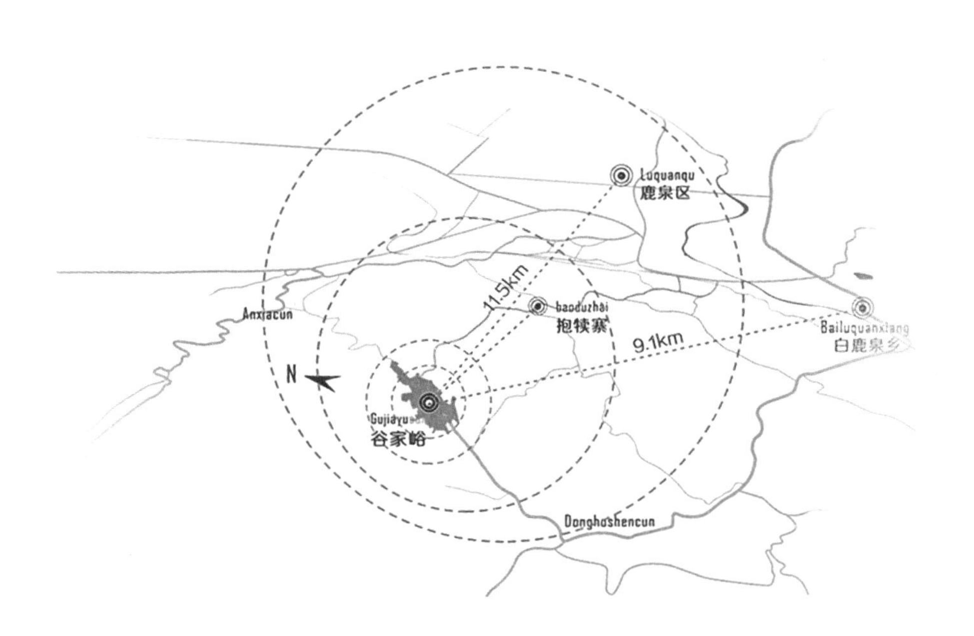

谷家峪村地处太行山区，有新建旅游公路与鹿泉市区保持联系，距离鹿泉城区11.5公里，距离G5京昆高速鹿泉出口25公里。公路交通相对便捷。

基地现状图片

谷家峪村位于鹿泉市中部山区，距鹿泉市 10 公里。村域面积有耕地 1453 亩、林地 2370 亩。村庄地势平坦，村口水岸曲折，林木葱郁。该村土壤、气候非常适合香椿生长。经过现场调研分析，村庄主要面临以下问题。

1. 谷家峪村住户密集，除入村主路外，村庄内部道路相对狭窄，交通系统不便。
2. 原先溪流冲积形成的溪谷，现今堆满生活垃圾，环境污染亟待解决。
3. 旧村中入村小庙及左侧冲沟，两侧村庄台地院落，高低错落，是具有潜力的重要景观资源。
4. 谷家峪公共设施缺乏，特别是教育以及文化设施的缺失，成为谷家峪村民生活素质提高的短板。
5. 此外缺乏村民集散和疏散区域。

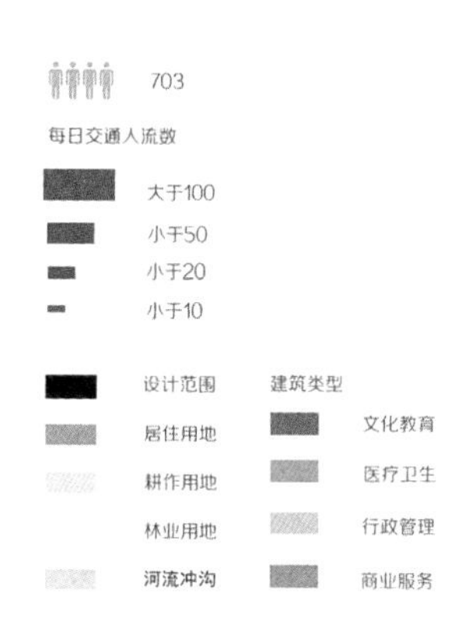

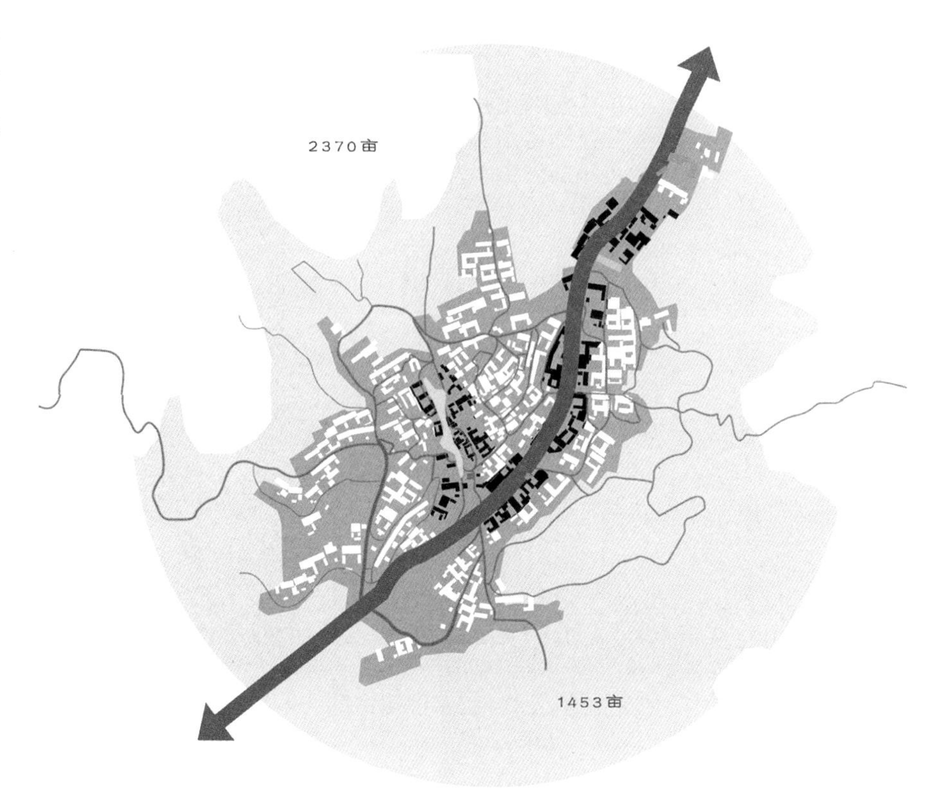

用地分析

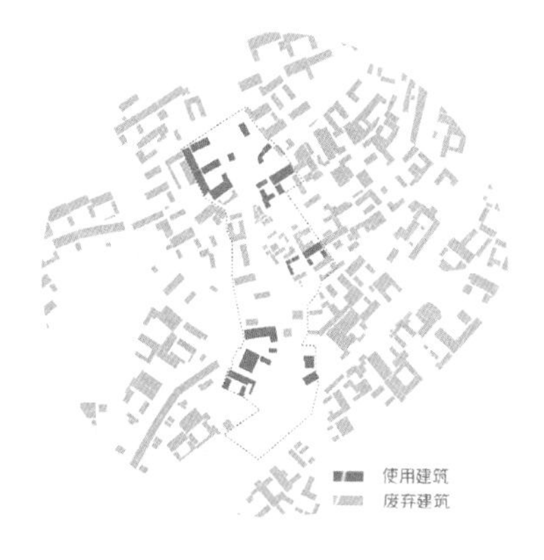

基地交通

基地内道路多为泥泞的羊肠小道或崎岖的砖石土路，交通环境恶劣，不能很好地满足生活需求。

建筑类型

基地内建筑以单层平顶建筑为主，个别建筑两层，依靠山坡的地方还存在窑洞各类型的建筑，现代建筑较少。

建筑使用情况

基地内建筑空心化严重，传统民居已经鲜有人居住。

村庄规划设计思路

结合村庄目前的问题与未来的发展方向，工作主要围绕村庄环境整治、民居改造与基础设施配套、景观建设与旅游产业引导等内容重点开展。

老村规划突出村落与溪谷的关系，增强亲水性。新村重点提升村民的居住品质，通过街巷和公共绿地的设计营造村庄的氛围，探索北方排房化整齐划一的村庄规划设计新思路，引导有条件、有能力的农户从事乡村旅游服务业。

基地规划步骤

PHASE 1
移除破损及违规建筑

PHASE 2
移除、整治污染土地

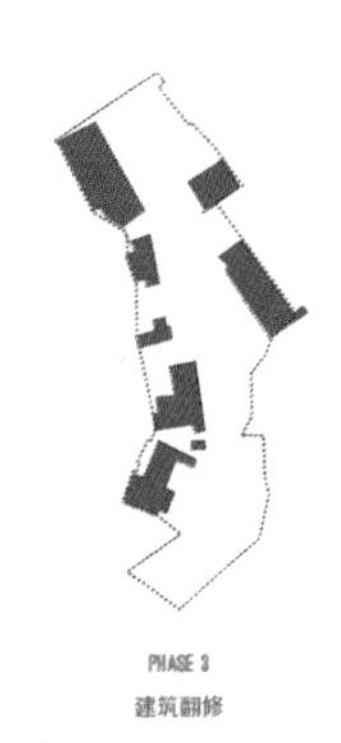
PHASE 3
建筑翻修

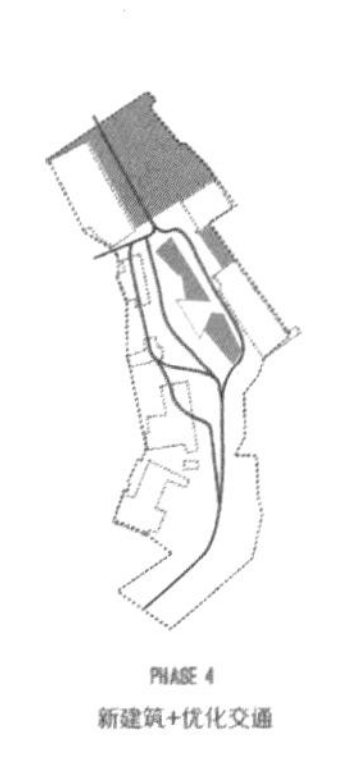
PHASE 4
新建筑+优化交通

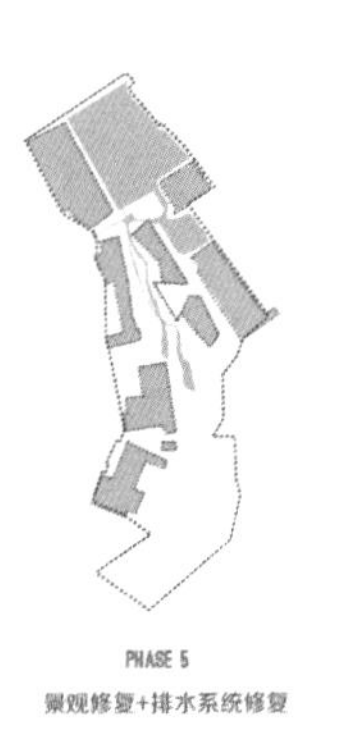
PHASE 5
景观修复+排水系统修复

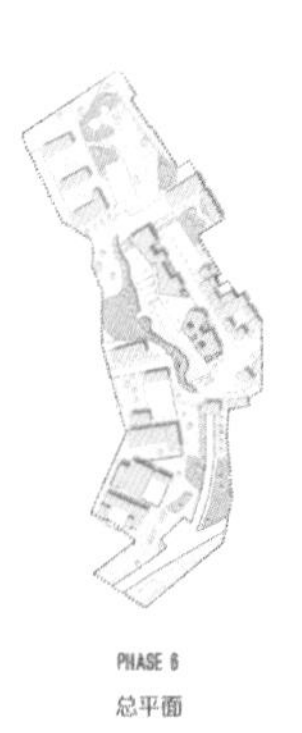
PHASE 6
总平面

村庄规划设计内容

本次课题设计范围为美丽乡村规划重点示范区，以村停车场为南部起点，向北段沿小庙汇水冲沟到达村北碾盘广场北部院落，总占地面积13899m²，建筑面积3606m²，景观面积10293m²。

规划后场地内主要的功能划分为：旧村西北部分的村民活动广场、整治干涸河谷后形成的溪谷景观带、拆除破损废弃建筑后新建的旅游文化中心、翻新改造后的新民居以及民宿酒店等。

溪谷
规划总平面

总用地面积：13899m²

总建筑面积：3606m²

景观面积：10293m²

绿化率：28%

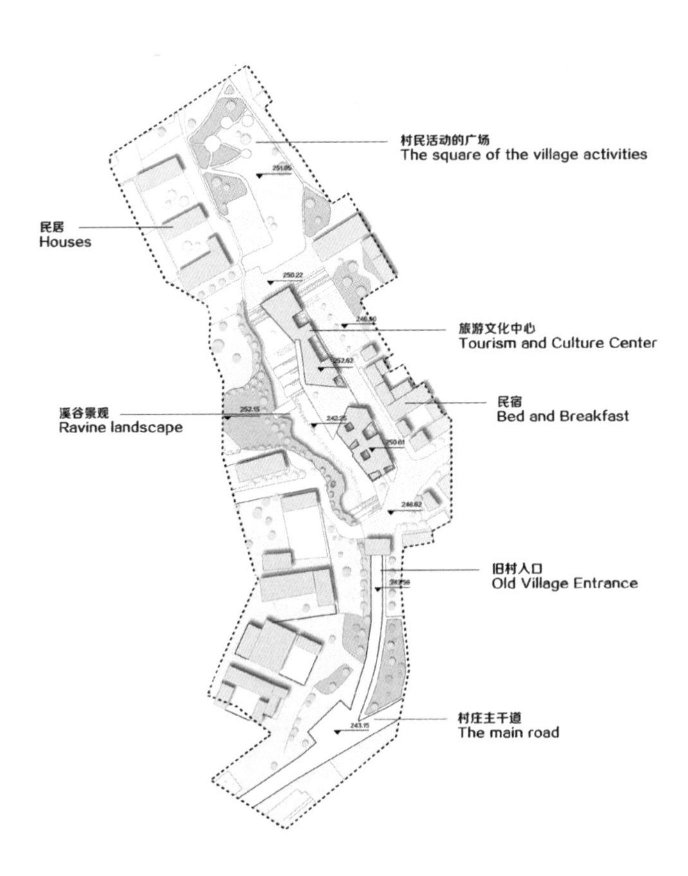

土壤利用类型

结构性土壤

草甸土壤

灌木土壤

植物过滤土壤

树木土壤

溪流

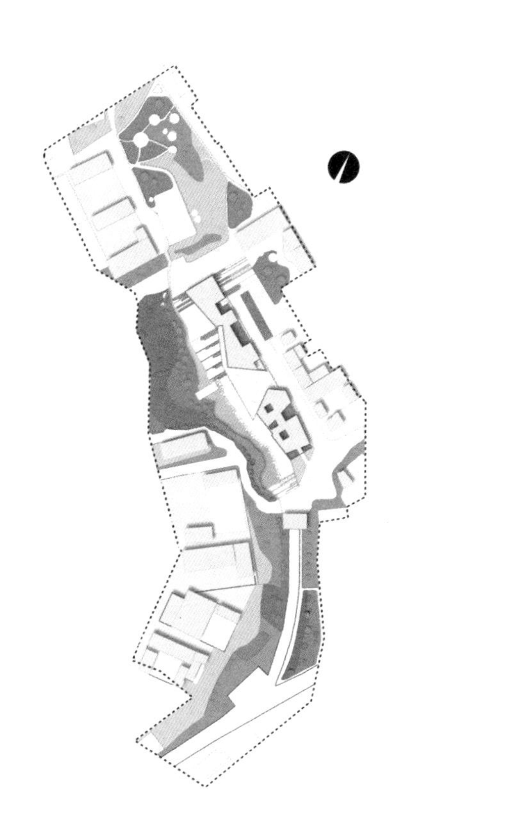

场地蓄水系统

雨水通道

地下连接

渗透盆地

植被地表水径流

溪流

硬地面径流

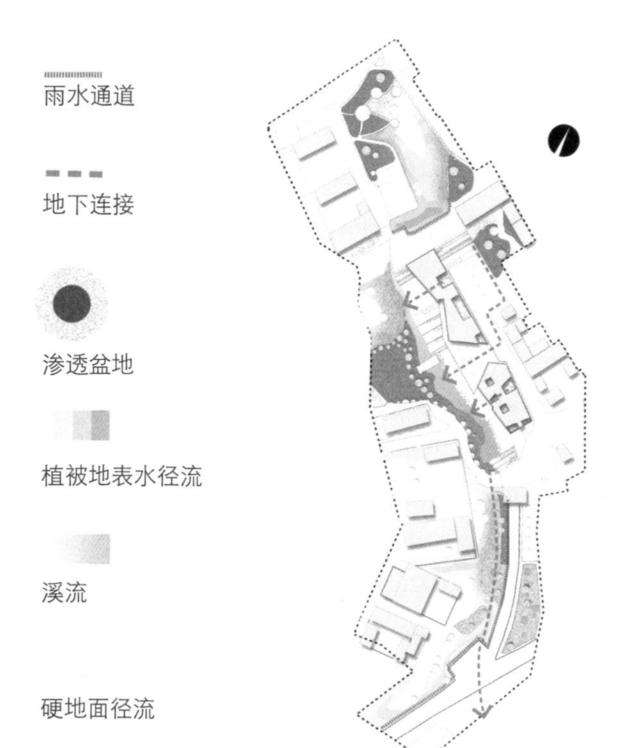

谷家峪村水资源相对缺乏，降水主要集中在夏季，加上水资源利用效率不高，溪谷大部分时间都处于半干涸状态。因此，我们以旧村溪谷作为场地规划的出发点，通过对场地内建筑、道路、绿地等功能节点的雨水收集系统的优化，以地表径流、植被渗透、排水通道等方式将雨水汇入溪谷并储存，在形成溪谷景观的同时，也为水资源的重复利用提供可行的解决办法。由于场地内不同区域内雨水汇集、渗透的差异，区域内土壤利用类型也因地制宜。

设计选取三个节点做重点示范

1. 溪谷景观带

溪谷景观带的规划集中在新建阶梯步道、优化河道、植被修复三个方面。

植物修复：溪谷景观带修复当地植被并引入适应当地气候的亲水植物，丰富溪谷处的景观资源。

压实土壤形成室外阶梯步道

新建阶梯：硬化溪谷景观带土地，通过压实土壤新建连贯溪谷的阶梯步道，在增加溪谷区与人的亲密性的同时，优化基地内交通。

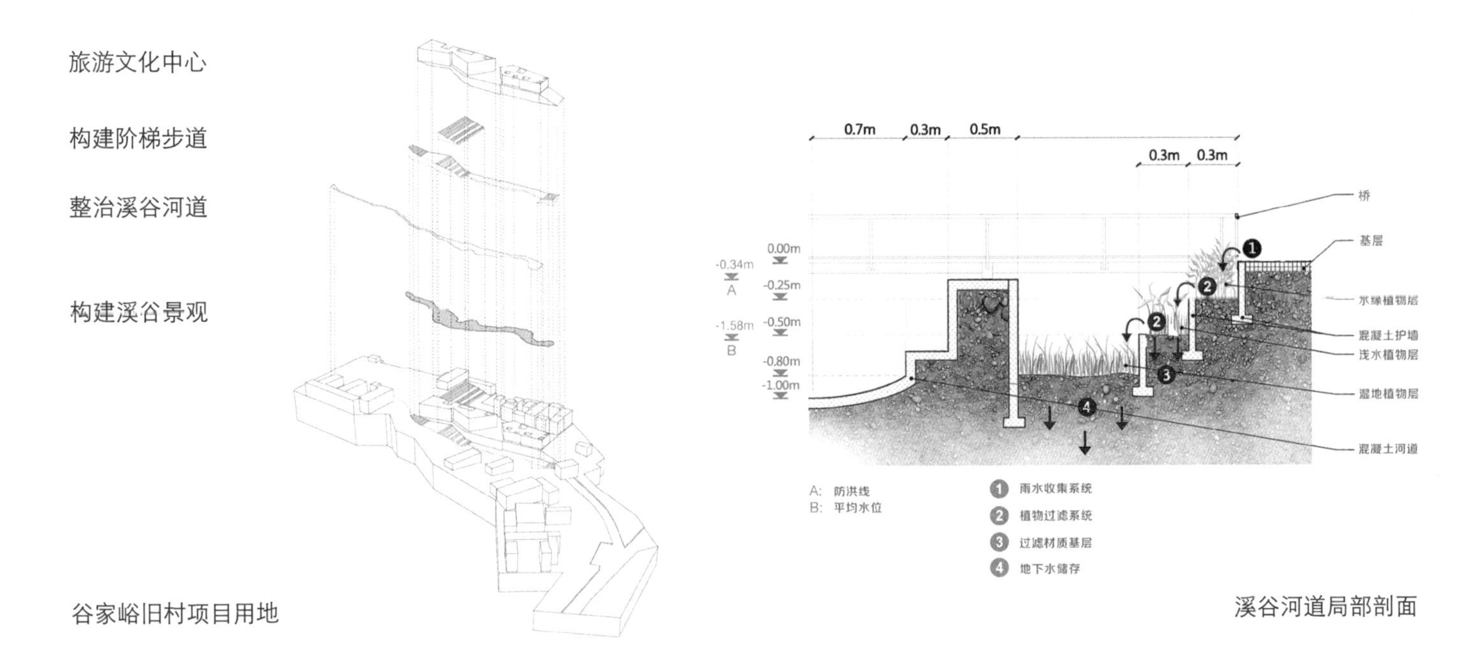

谷家峪旧村项目用地

溪谷河道局部剖面

硬化河道：溪谷景观带规划的首要任务是对河道的硬化，并建立完善的泄洪系统与雨水储存系统。

2. 旧房翻新

谷家峪旧村民居大部分已经破败废弃，鲜有人烟，重新活化现在已经无用和被遗忘的空间，使这个古老村落的基础设施满足现在的美丽乡村对居住环境的空间要求是这次规划的另一个重点内容。

民居表现图1

改造并非只有拆除才是唯一解决办法，我们打通原有部分封闭的墙，打破墙面隔阂，让空间渗入光与绿意，视觉尺度往外延伸至室外花园，模糊了室内外的界线。

民居表现图2

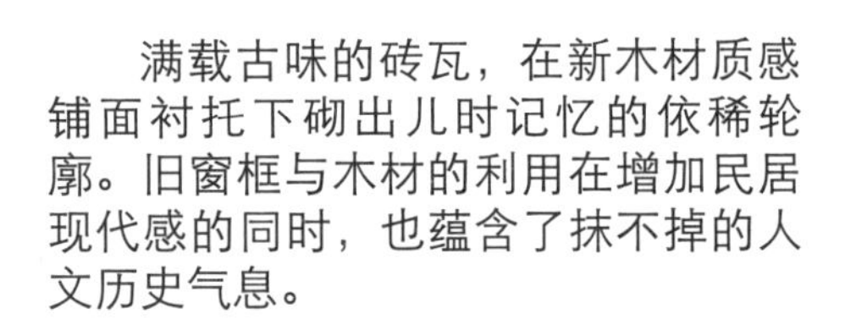
满载古味的砖瓦，在新木材质感铺面衬托下砌出儿时记忆的依稀轮廓。旧窗框与木材的利用在增加民居现代感的同时，也蕴含了抹不掉的人文历史气息。

3. 旅游文化中心

借助抱犊寨丰富的旅游资源及优秀的文化遗产，结合谷家峪自身对于公共设施的需求，以及自身拥有的独特建筑地景资源，场地规划方案的最主要的内容是在谷家峪旧村遗址上建立一处旅游文化中心。在满足谷家峪作为旅游目标村所需要的旅游接待、餐饮住宿功能的同时，也满足村民学习、休闲、活动等需求。同时以此为中心，向周边辐射带动村庄基础设施、村庄整治的建设。

旅游文化中心建筑效果图

建筑功能

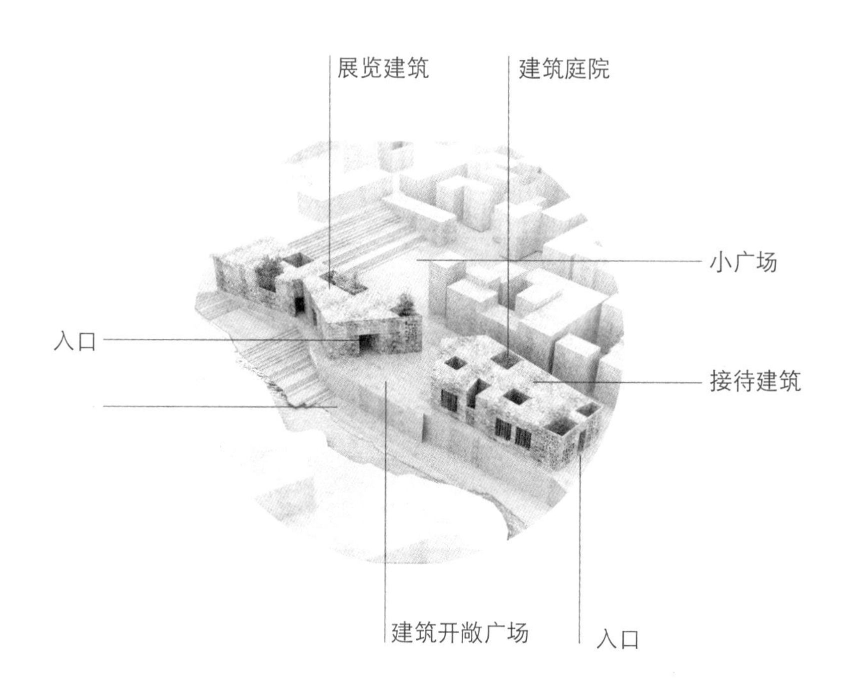

设计从一开始就在探索怎样新建一座建筑在满足功能的同时，还能提供给人们最简单的接近自然的方式。因此我们将建筑功能沿溪谷延伸开来，并解决溪谷方向的入口功能。同时为了避免过长的建筑形体对于右侧街道的视野阻挡，将中间部分移除，形成建筑中间的开敞广场。两座建筑将分别用作展览和接待。

通过旅游文化中心，以解说传授和信息服务作为基本的交流手段，使旅游者了解整个区域内环境，景物和旅游组成要素的分布及现存问题，可让大众清楚、明白关于自然和文化资源的意义和价值。同时也为来访者提供住宿、休息、餐饮、娱乐等功能需求。

河北省承德市兴隆县郭家庄村整体规划设计

The Overall Planning and Design of Guojia Village, Xinglong Country, Chengde City, Hebei Province

学　生：尚宪福
导　师：段邦毅　李荣智
学　校：山东师范大学
专　业：美术学

郭家庄整体鸟瞰图

根据2016创基金（四校四导师）4X4课题建筑与人居环境“美丽乡村”设计任务书，以及河北省委关于建设社会主义新农村为目标，按照“生产发展、生活宽裕、乡风文明、村容整洁、管理民主、创新特色”的要求，协调推进基地各项事业的发展。将规划与郭家庄的社会经济发展结合起来，使之有利于农村产业结构调整，逐步解决农民就业问题，增加农民收入。规划与产业发展、农民就业、社会伦理、完善配套等相结合，构筑新农村社区。

基地概况

河北省环抱首都北京，地处东经113° 27′ ～119° 50′ ，北纬36° 05′ ～42° 40′ 之间。总面积18.85万平方公里，省会石家庄市。北距北京283公里，东与天津市毗连并紧傍渤海，东南部、南部衔山东、河南两省，西倚太行山与山西省为邻，西北部、北部与内蒙古自治区交界，东北部与辽宁省接壤。本次规划设计的郭家庄位于河北省承德市兴隆县南天门乡。这里交通便利，112国道从境内穿过,并且有新修公路通向郭家庄，东距迁西35公里，南距唐山110公里，西距北京160公里，北距承德160公里。方便北京、天津、唐山以及承德本地游客的到来。

郭家庄调研

民俗

自然资源

建筑质量风貌

经过实际的调研分析，保留郭家庄的大部分民居建筑，对八座满族传统民居进行重点保护，对相对比较完整的遗存进行重点保护。保留其空间内现有，且与当地环境比较吻合的完整建筑。

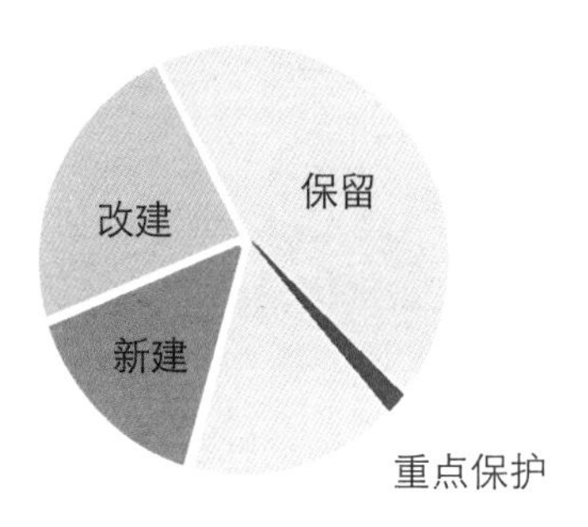

建筑调研分析总结

人口布局、人员活动分布

调研分析

对郭家庄的高程、坡度、植被覆盖情况进行了深入的调研分析之后，找到了郭家庄适宜建设的这一部分土地，图例黄色部分，是本次规划设计重点建设的土地。

土地建设适宜性分析

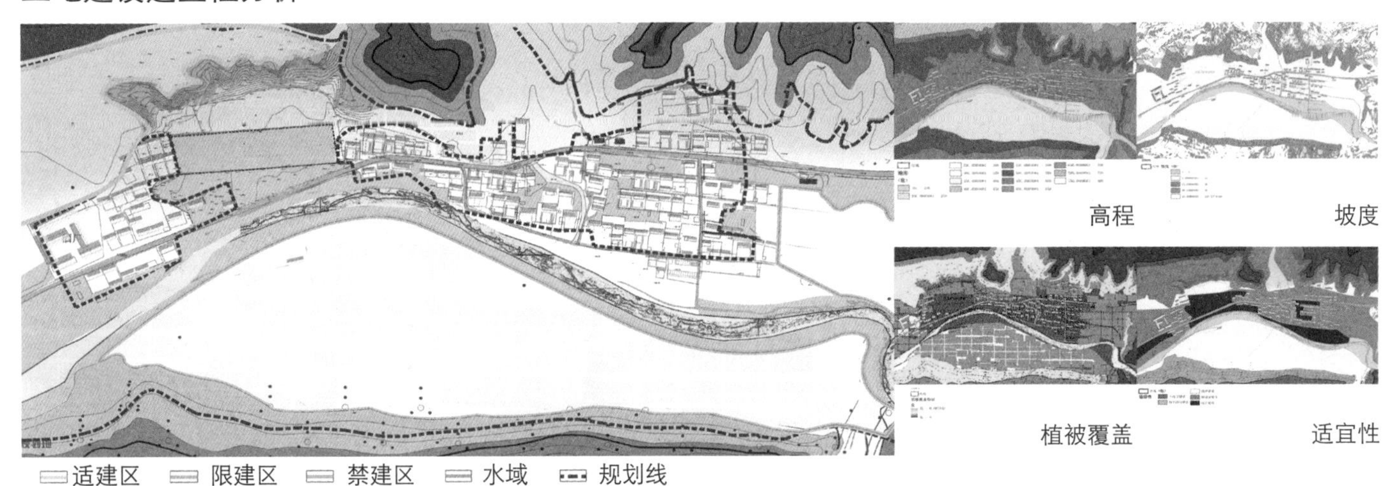

经过实地调研分析，根据郭家庄的实际情况有目的性地提出了以下三点。问题一：未规划河道与已规划河道之间的衔接关系？问题二：传统民居面对当代怎么办？问题三：千篇一律的农村怎样寻求产业的升级？这是本次规划设计重点解决的问题。

规划总平面图

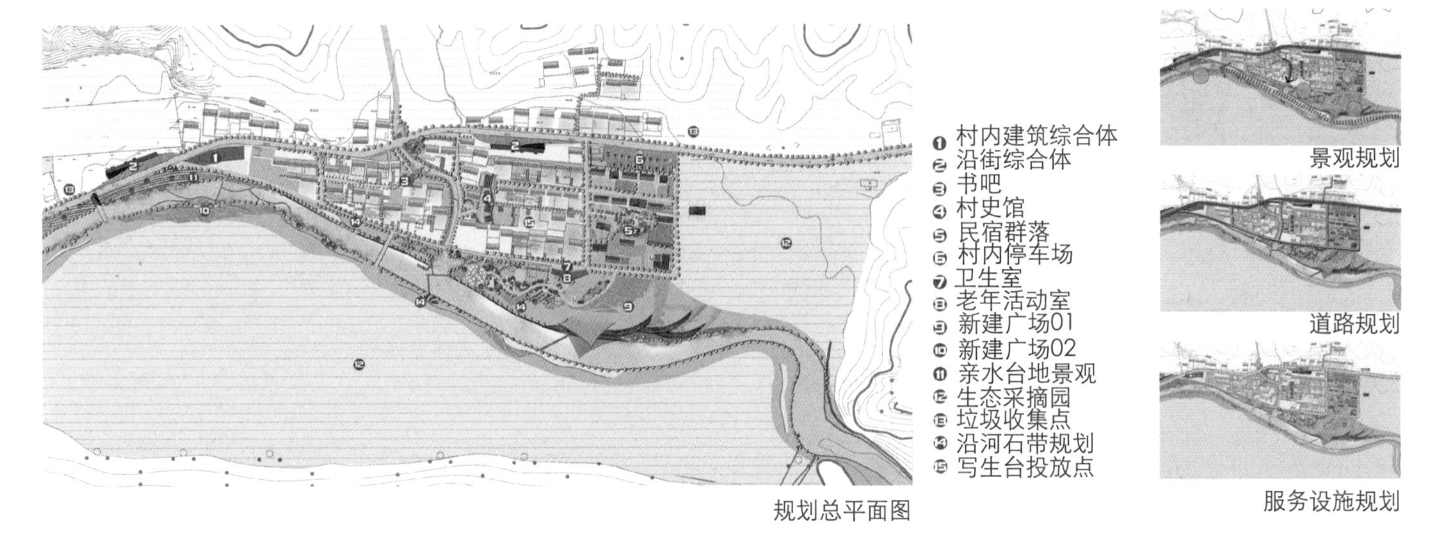

规划总平面图

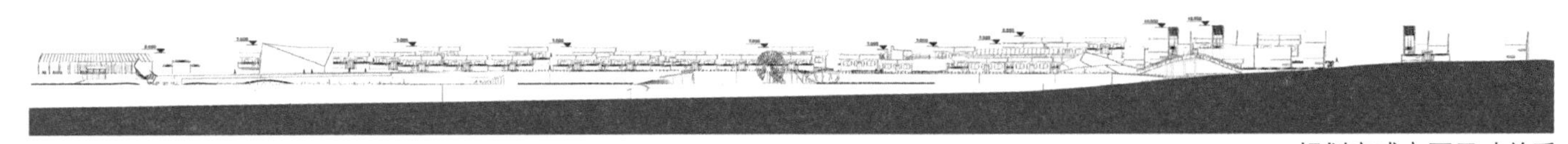

规划完成立面尺寸关系

规划完成立面尺寸关系

整体规划完成后郭家庄的立面尺寸关系，能看到东高西底的整体趋势关系，以及整个郭家庄的规划与整个周边环境互融的关系。

景观规划设计

从整个郭家庄规划设计中选择了四个点进行深入的规划设计，首先是洒河景观规划设计，以洒河为中心轴，带动整个郭家庄的景观规划。

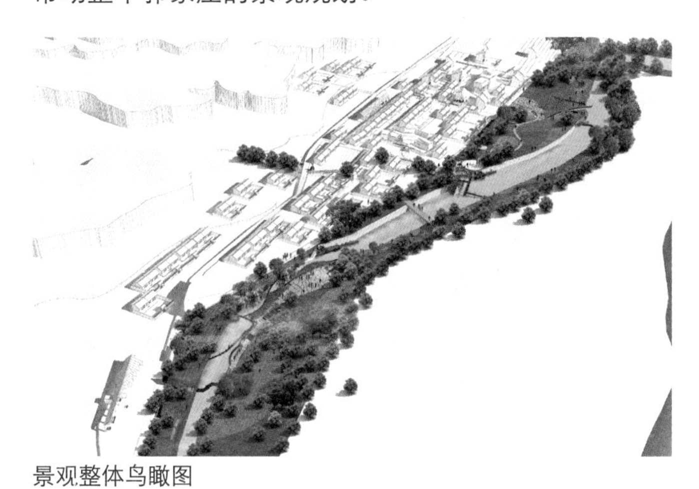

景观整体鸟瞰图

新：符合郭家庄实际情况的新形态，是一个潮流时尚的东西。
旧：传统生态原汁原味的东西。

整体规划思想

洒河景观规划

对郭家庄洒河进行土地利用规划、功能分区规划、人流动线规划，以及主要景观节点规划。想通过整个景观规划，以洒河为中心轴，辐射整个郭家庄的景观。

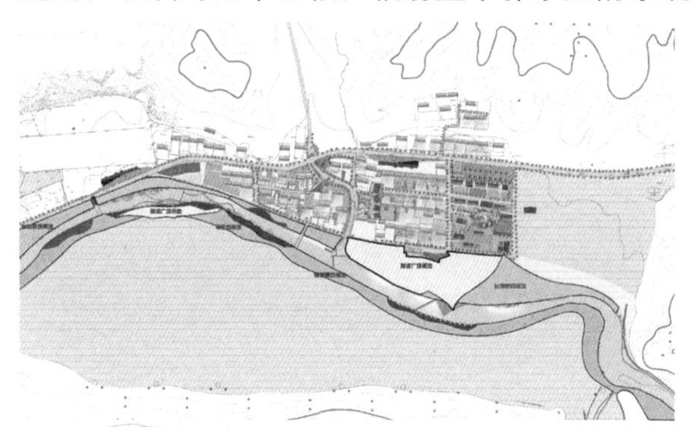

景观土地利用规划

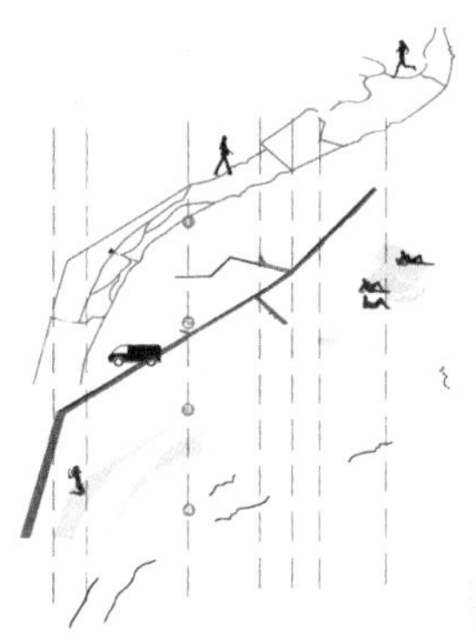

人流动线分析图

景观规划思路

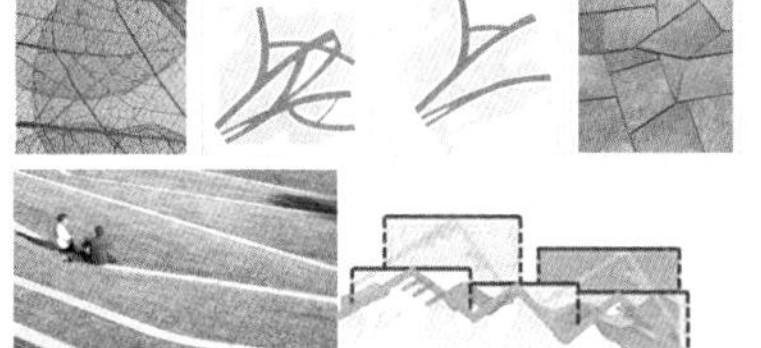

景观道路

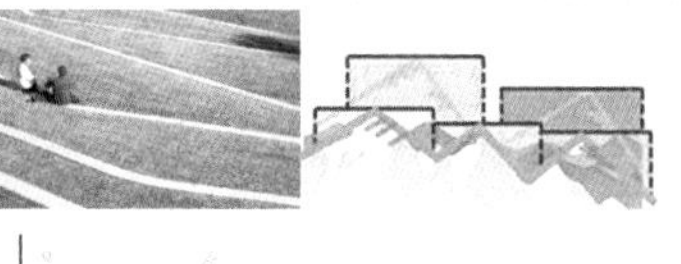

景观地形

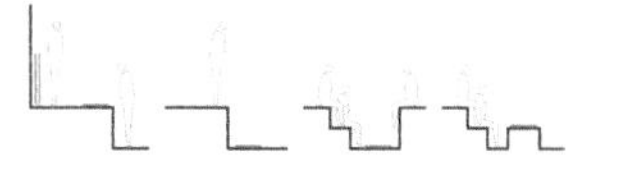

景观地形

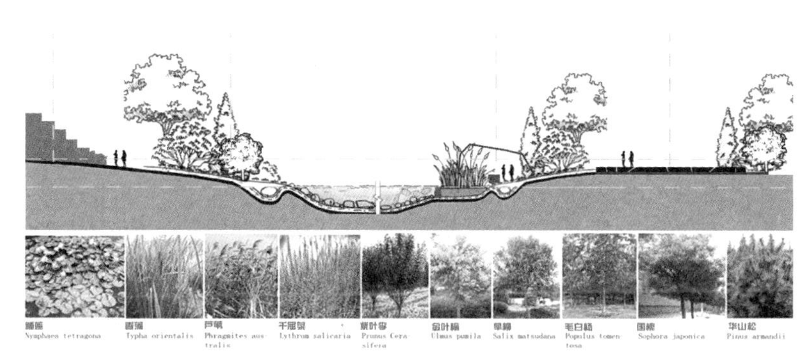

河道的竖向剖切关系，能看到利用当地的乡土适生植被，对整个河道进行涵养性设计，以及整个河岸不同水期的植被规划。

全民参与

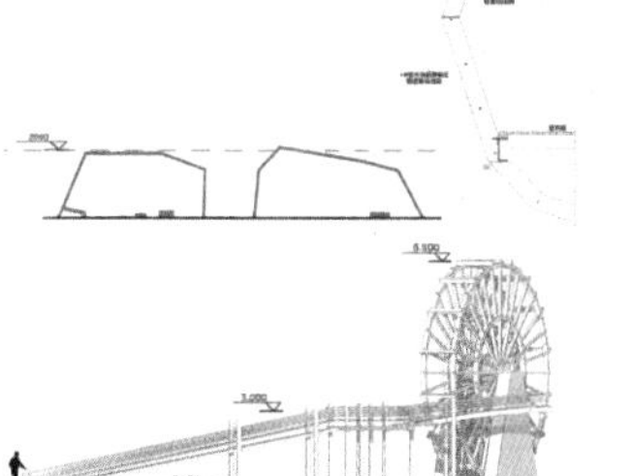

廊道设计

水车区域

新建休闲广场方案设计

配合周边的台地式景观，我设计了这样的一个高起，让其与人的行为发生关系，可以遮阳、避雨，成为整个新建广场的一个中心点。同时高起部分与郭家庄周围的群山，以及整个民宿群的建筑，依山就势遥相呼应。

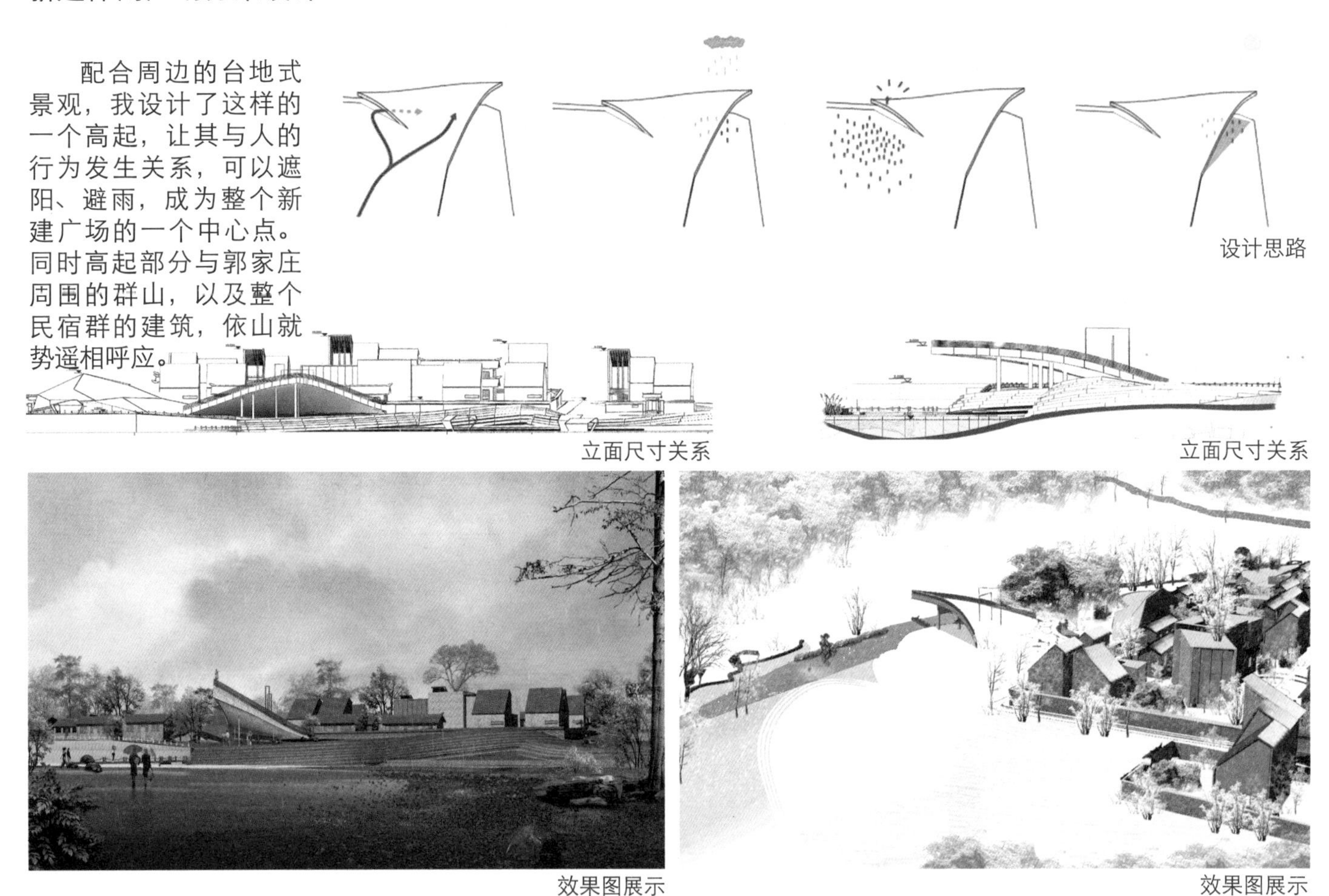

设计思路

立面尺寸关系　　立面尺寸关系

效果图展示　　效果图展示

村史馆方案设计

文化意义：　满族文化体体现了郭家庄的文化底蕴，力求打造一座反映满族文化底蕴的小型村史馆，成为弘扬满族文化、提升郭家庄形象的小型历史文化场馆。民族的才是世界的，只有发展好自己的文化，才能发扬光大。

社会意义：　把郭家庄巨大的满族文化资源转化为产业优势、发展优势和竞争力，把特色办成品牌，使文化经济成为最具爆发力的增长点。

设计思路：

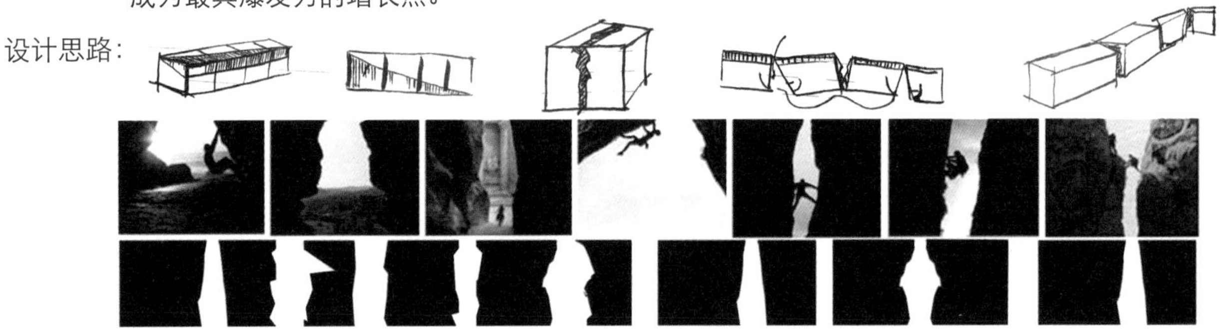

整个设计思路来自于大山的裂缝带给人的断裂的感觉，将这种断裂的感觉融入整个建筑设计当中，找到一种有秩序的序列感，形成不同的功能分区空间。整个建筑设计体现了与郭家庄互融的关系。

建筑选址

选址在地主家后面，受满族传统建筑地窨子的启发，利用地主家后面的3米多高的高差，设计了村史馆的地下部分。

地窨子

村域选址

村域的竖向关系

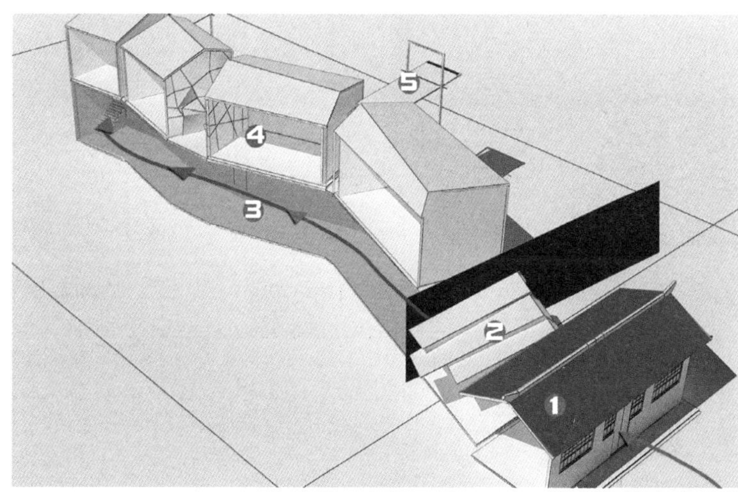

1 地主家
2 藤编连廊
3 村史馆地下部分
4 村史馆地上部分
5 藤编旋转连廊

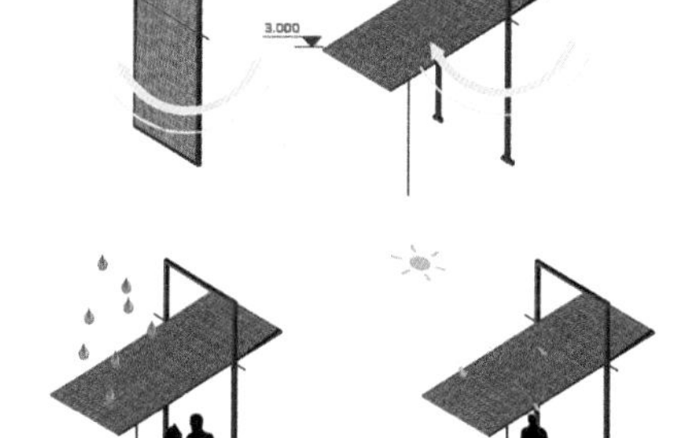

衔接点

空间跟空间的衔接方面，设计了可以旋转的藤编衔接点。

功能分区分析

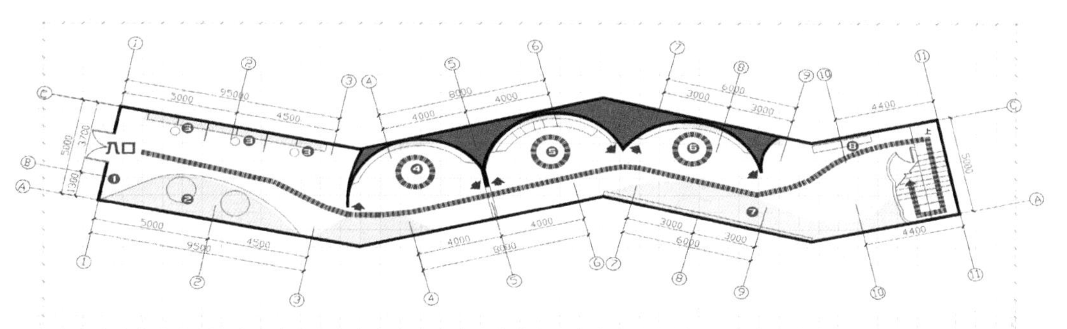

1 序厅
2 电子沙盘
3 村史展示屏
4 展厅
5 展厅

一层功能分区人流动线

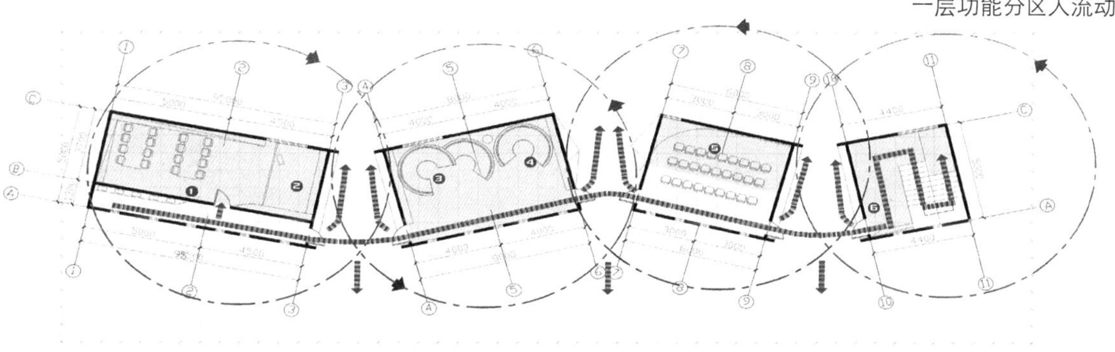

1 满族文化体验
2 展示台
3 书吧
4 书吧
5 放映室

二层功能分区人流动线

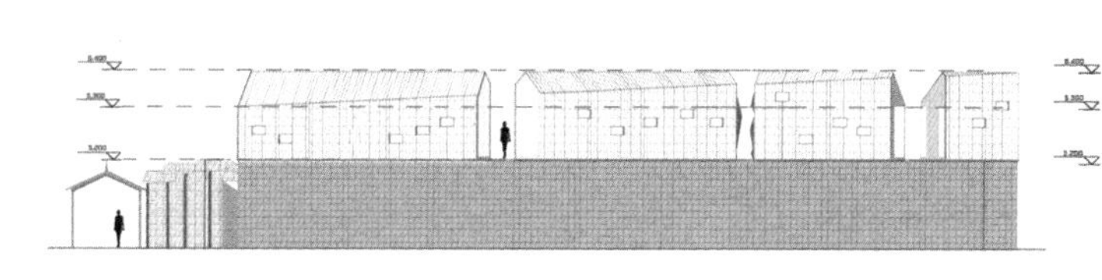

建筑东立面

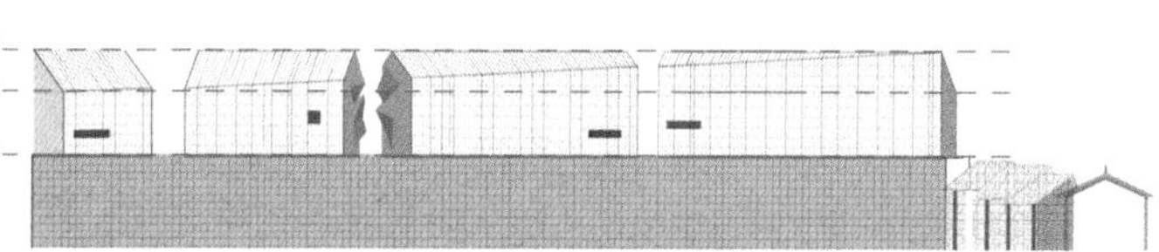

建筑西立面

主要剖面

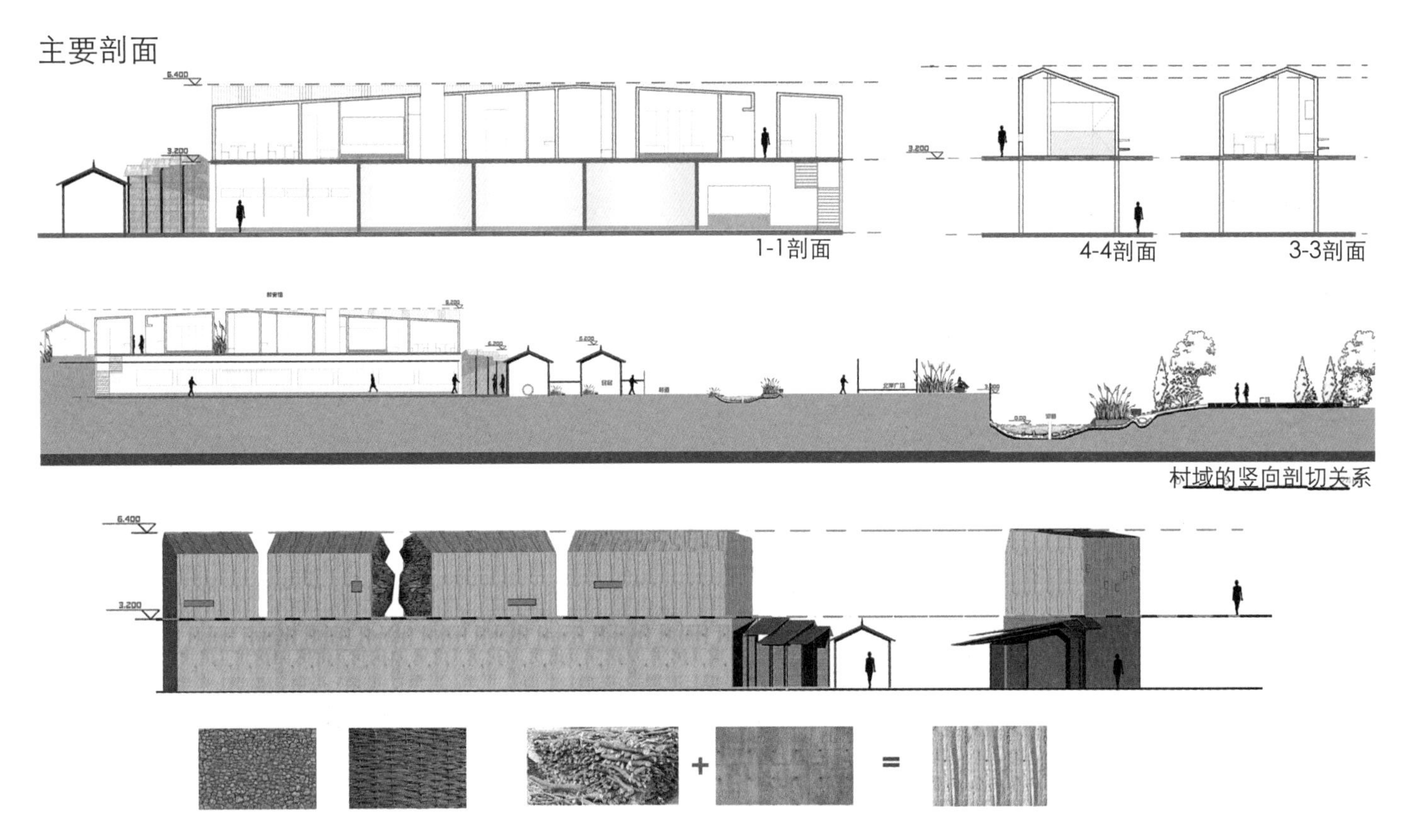

在现浇的过程中，使整个建筑的外立面与当地的果树枝产生联系，形成一种竖向的纹理关系，同时地上部分选用浅色的水泥，与模板形成的挡土墙的灰水泥有一种颜色跟肌理上的对比。

效果图展示　　效果图展示

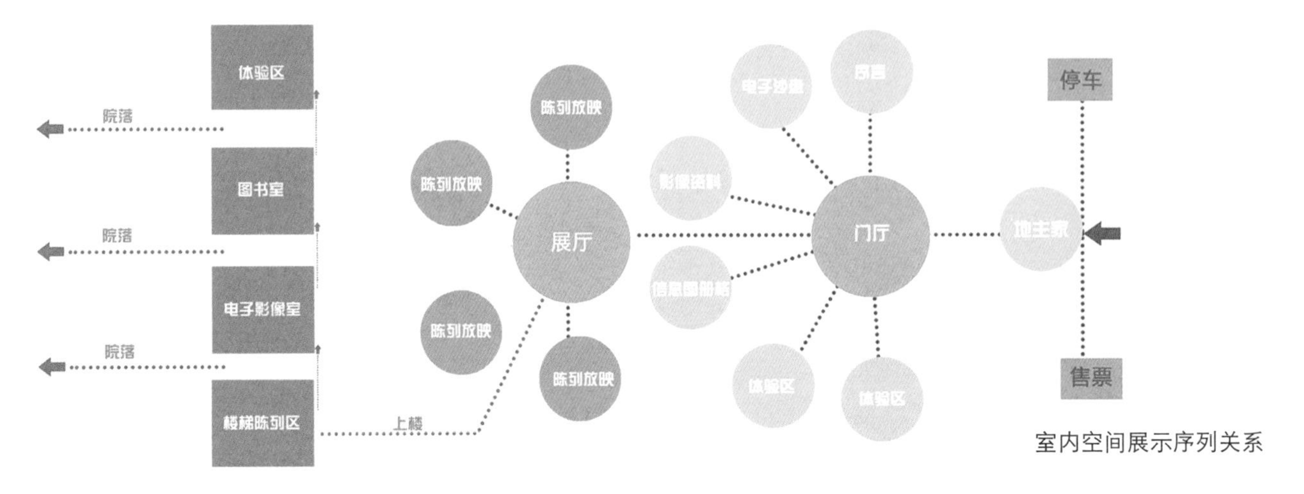

室内空间展示序列关系

建筑分析

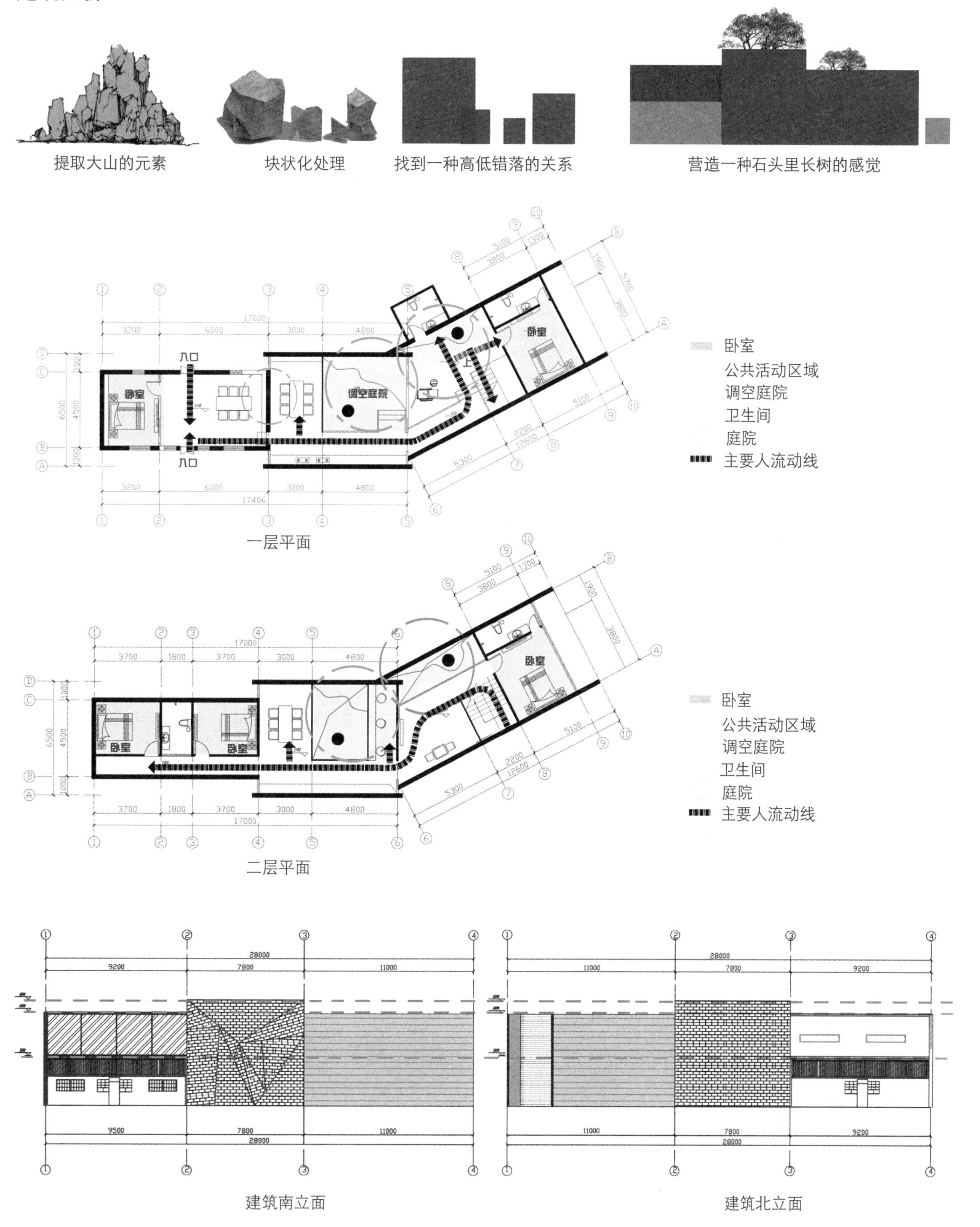

整个建筑的设计，从郭家庄连绵的大山中提取大山的石块元素，将其块状化处理以后，找到一种高低错落的关系，同时想营造一种石头里面长树的感觉。整个建筑设计，利用两棵大树营造空间，同时加强公共空间的设计。

对早中晚的人流量进行了实际调查，对村庄内部的待用地进行梳理，围绕村中人口居住布局设计了两个售卖点。

建筑推导

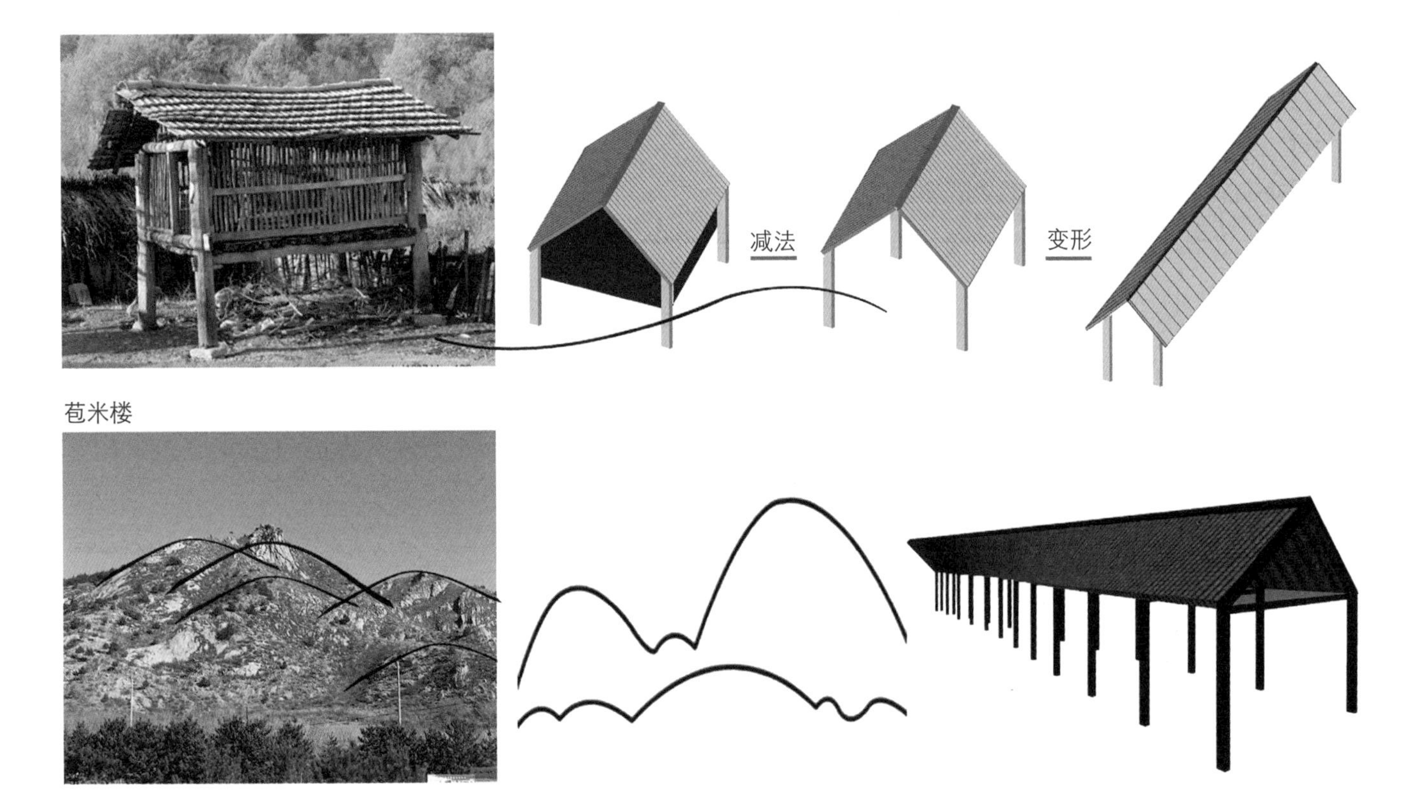

苞米楼

与大山的扭曲相结合

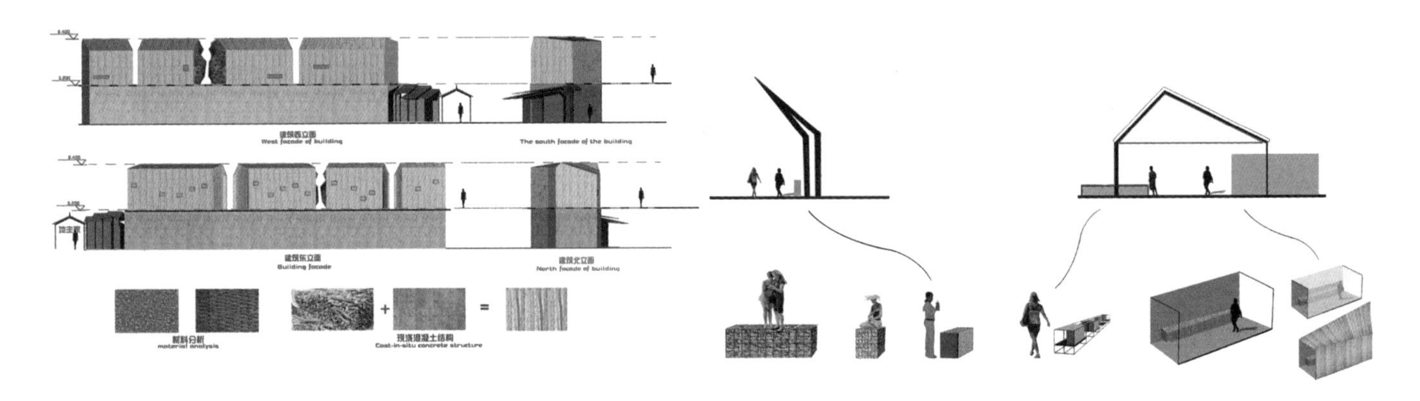

灵活多变的方块体

从满族传统的苞米楼入手，对它进行减法、变形，让其与大山的扭曲相结合，得到我想要的建筑体，同时在建筑体的下面设计了灵活多变的灵活体，让方块体与人的各种行为发生关系，可以用来坐、依靠、摆放果品售卖、信息张贴等活动。

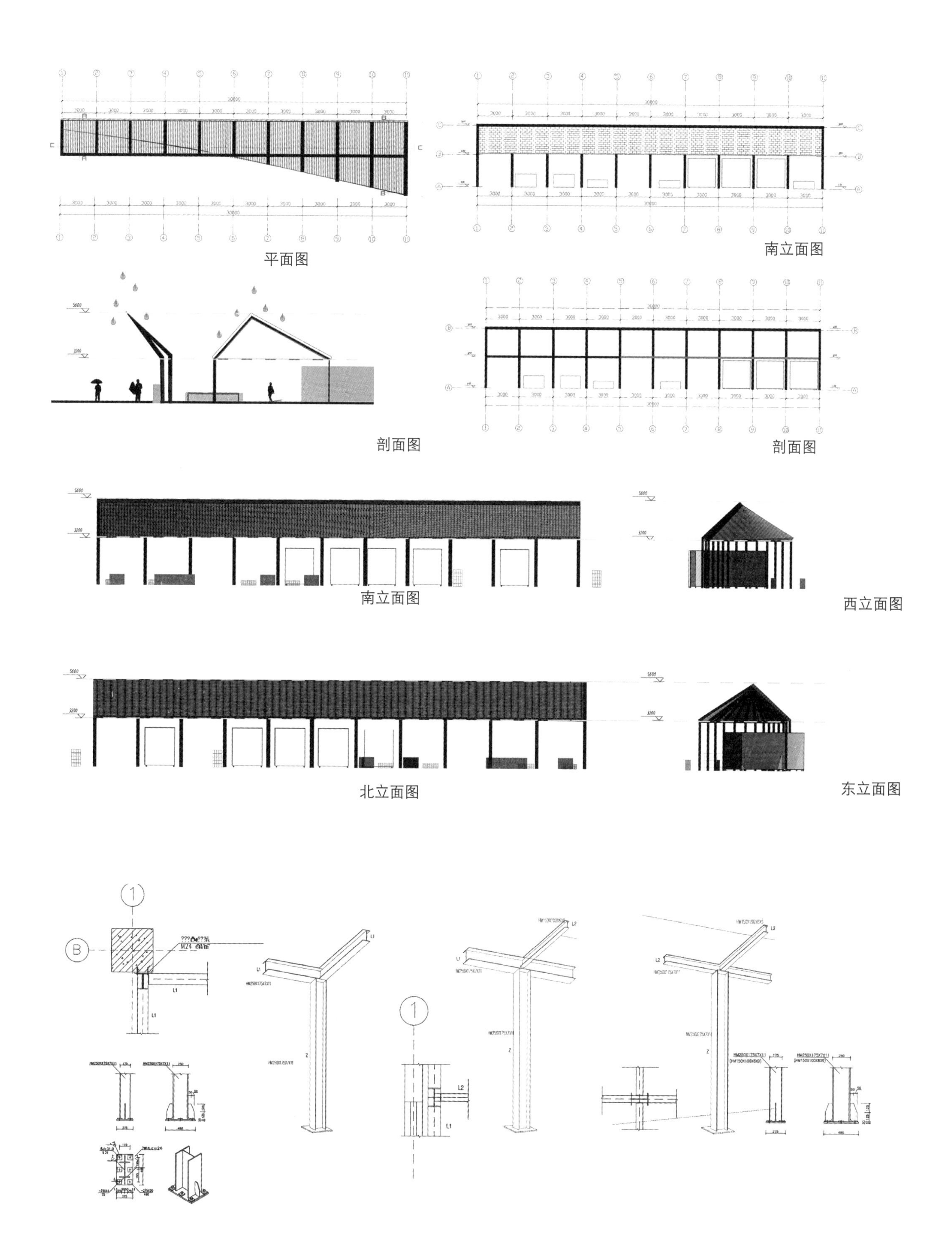

能看到整个建筑体的扭曲关系，整个建筑采用H型钢结构搭建，力求简洁环保，在整个的设计当中，充分考虑到乡村建筑的融入性，以及多功能性设计。

计划内

佳作奖学生获奖作品

Works of the Fine Prize Winning Students

艺匠——谷家峪村落改造设计

For Craftsman Art：Transformation Planning and Design of Gujiayu Village

学　生：张秋语
导　师：王铁　钟山风
学　校：中央美术学院
专　业：风景园林

谷家峪村落改造鸟瞰图

村落的发展需要新的活力，单一的居住建筑不能够满足人们生活的基本需求，基础设施不全面，文化设施几乎没有，空心户比例逐年提高。

基地概况

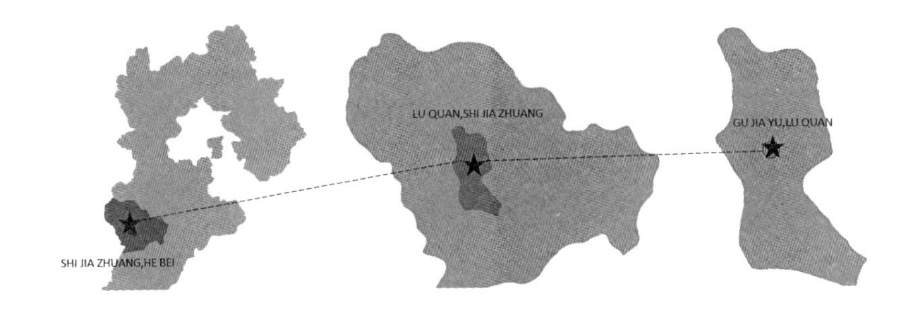

1. 基地位于河北省石家庄市鹿泉市，距离市区1小时车程，属于可达性较高的周末出行的目的地。
2. 现有基础设施不完善及单一农耕产业限制了当地经济发展，但当地已成规模的香椿种植产业有挖掘发展的潜力。

3．范围从谷家峪村的入口处延伸至核心地带，项目基地总占地面积约13899平方米，建筑占地面积3606平方米。

4．现状条件分析——谷家峪村是一个四面环山、西部临水、空间层次非常丰富的一个村子，由地形划分的三大区块竖向空间关系为设计提供了依据。

区块A -居于基地最东侧

-位于所在建筑群的第二阶梯处

不宜拔升空间以免破坏整个地形变化的节奏感和层次感。

区块B -位于基地核心部分

-两侧地形落差大

-左侧临沟谷，右侧与区块C及东侧建筑群形成层层叠叠的台地式景观，视野上南北向较开阔而东西向相对狭窄

不宜拔升。

区块C -位于基地西侧

-地势北高南低，区块内南北向地形起伏变化大

-东西均有比较好的视野

有拔升空间。

5．现状排水

顺地形排水，最终通过基地内的小溪流汇入村间的河流。

6．现有的交通状况并不能满足现代人的生活需求，一级道路太少，不能顾及村子中心的民宅，同时存在安全隐患；二级道路现状混乱。

7．村内一共200余户，基地内20余户。基地内空心户非常多，约占45%，多已搬离村子去城市居住；这里按照损坏程度及是否处于使用状态对建筑进行评估。

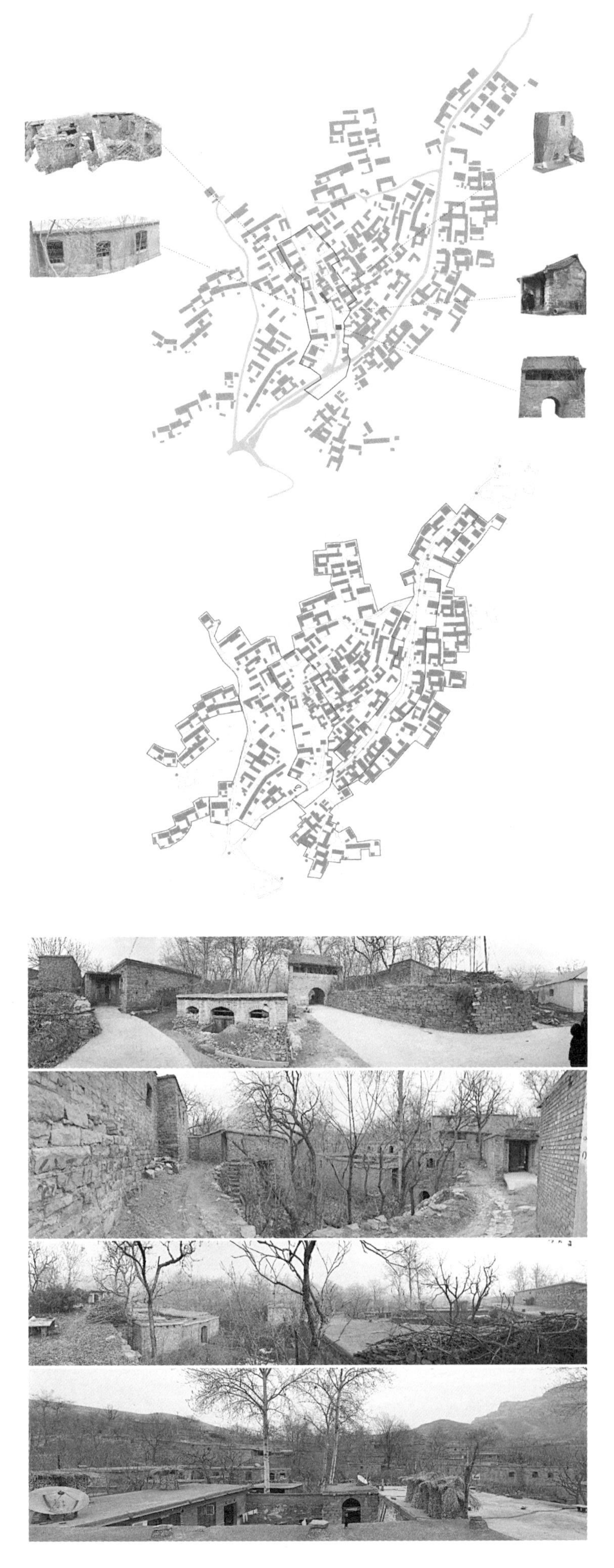

8．单层平顶建筑为主，较东侧而言，西侧院落格局非常凌乱，可考虑重新布局；现状建筑立面材质不统一，以当地的石材堆砌为主，整体色彩单调沉闷。

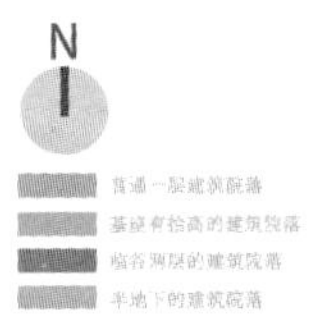

9．现状照明——都是近年来新增补的现代化照明设施，但是个别区域照明不足，路灯样式单一，且与基地环境非常不协调。

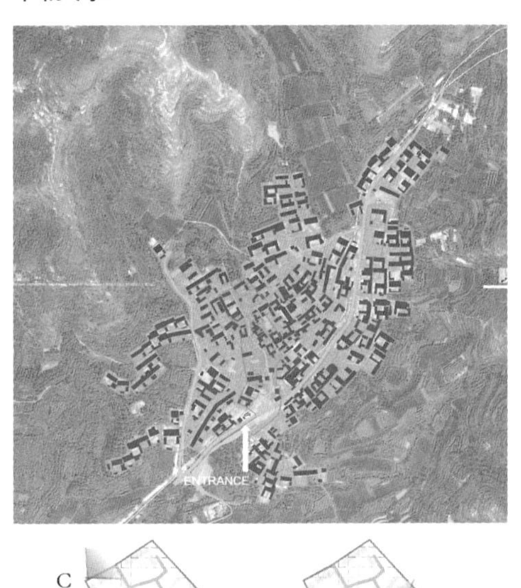

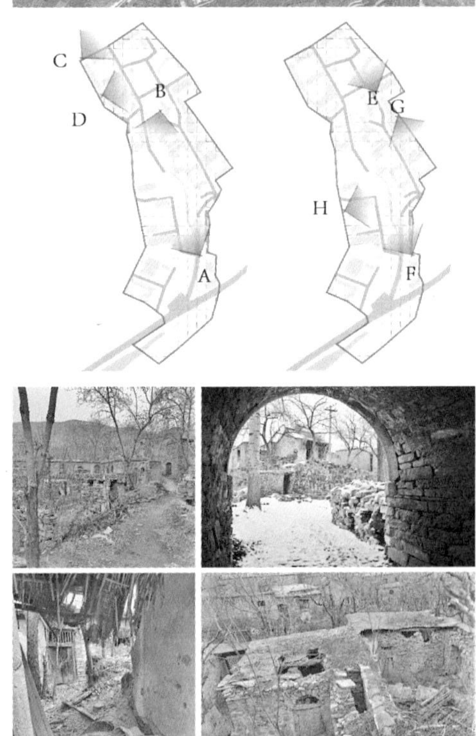

设计目的

1. 改善人居环境，提高居民的生活水平，基础设施标准化、现代化，保证居民安全便利的生活环境；
2. 通过改造促进当地居民的经济发展，建设起一个支柱产业，提高居民收入；
3. 解决空心户比例高、资源浪费的问题；
4. 改善生态环境。

手段

1. 制定交通、建筑、景观等一系列标准，遵循“实现农村布局优化、民居美化、道路硬化、村庄绿化、饮水净化、卫生洁化、路灯亮化、服务强化”的原则，并建设重点示范区，滚动式带动周边区域，改善人居环境；
2. 借助当地的自然资源及附近的旅游资源，塑造村落的新面貌；
3. 明确以石家庄周边城市为长期客户、面向全世界开放的周末休闲度假的市场定位；
4. 通过招租等方式吸引艺术人才长期进驻，成为村落的文化吸引力之一，为村落的经济发展助力。

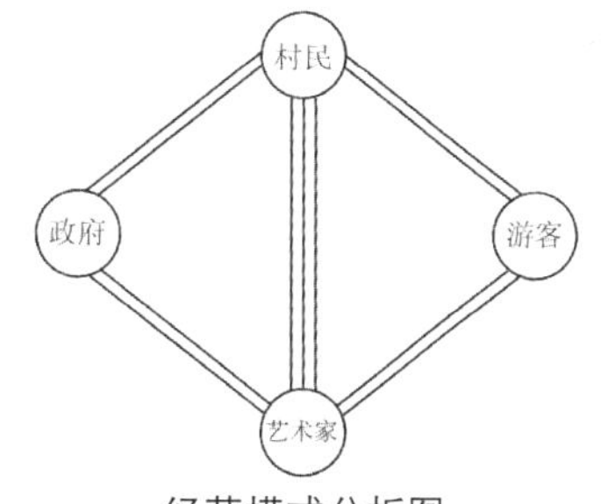

经营模式分析图

基地概况

平面图

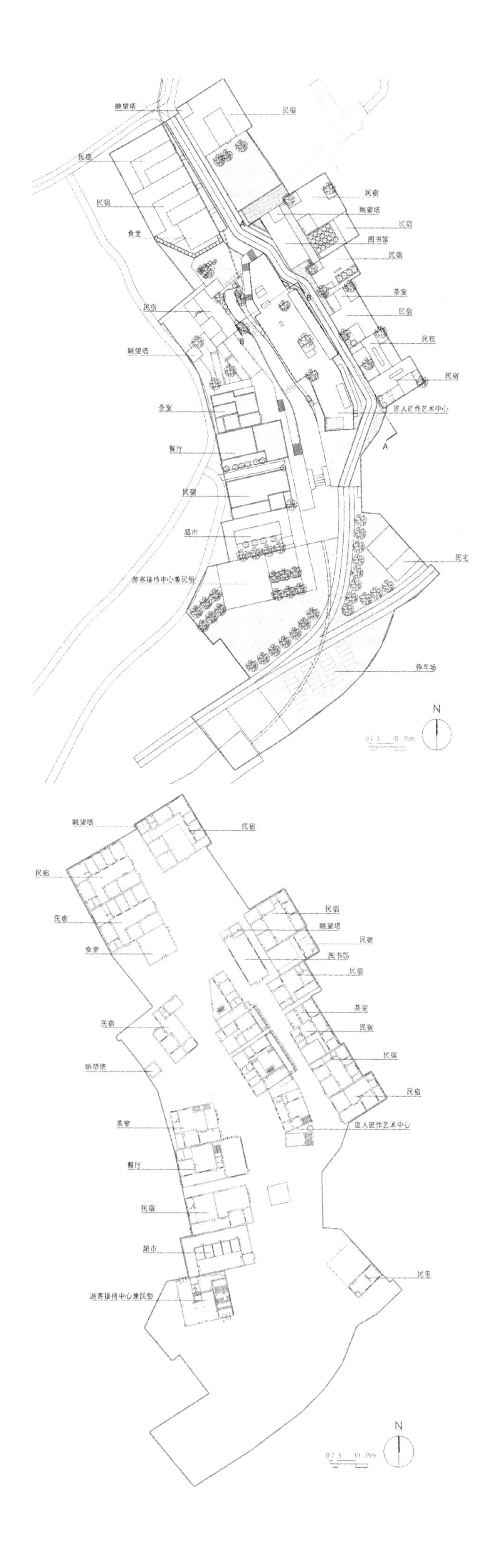

一层平面功能分区示意图

二层平面功能分区示意图

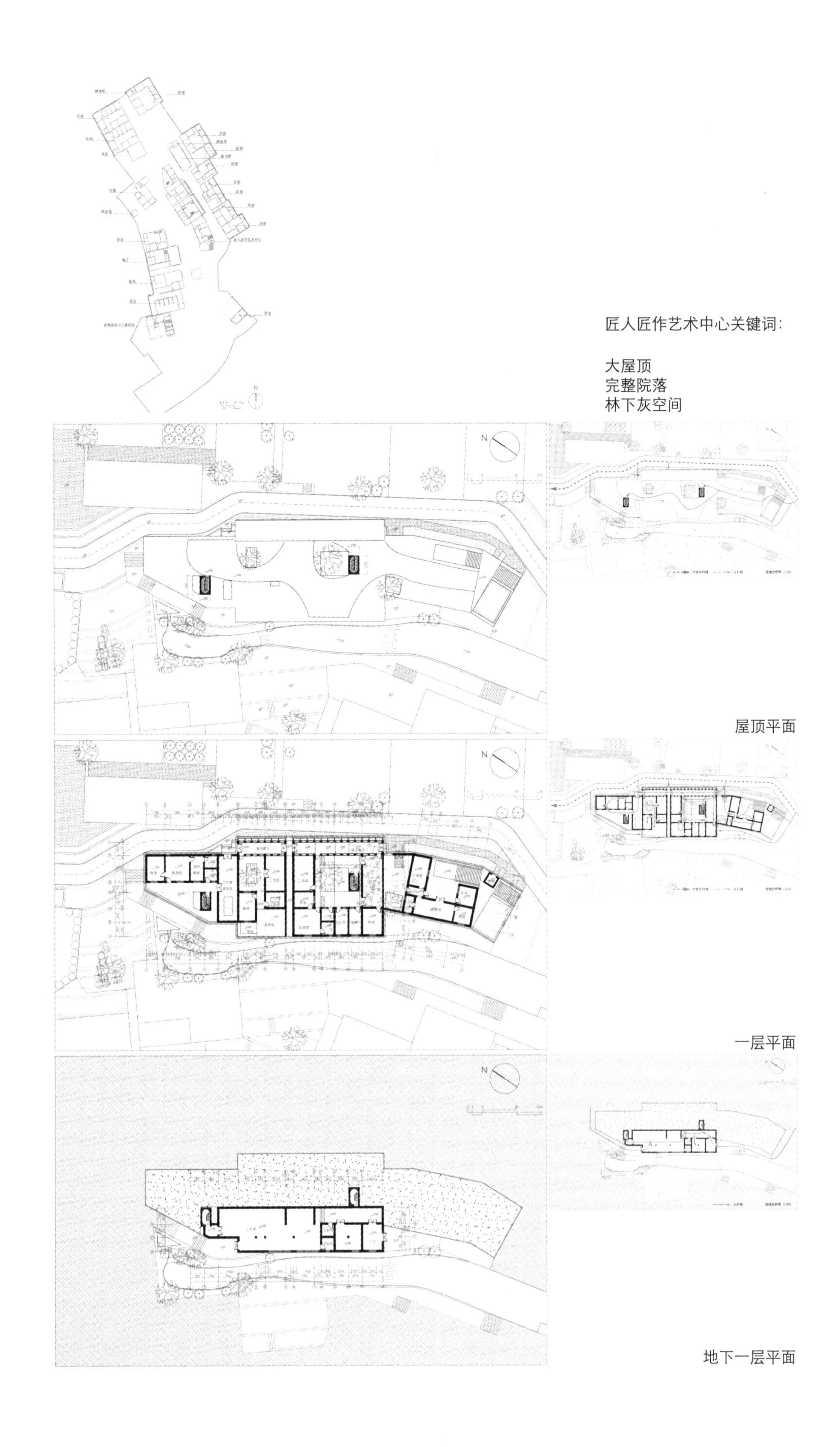

匠人匠作艺术中心关键词:

大屋顶
完整院落
林下灰空间

屋顶平面

一层平面

地下一层平面

效果图展示

入口处效果图

庭院效果图

街道效果图

安吉剑山公园景观改造

Landscape Renovation of Jianshan Park in Anji Country

学　生：杨小晗
导　师：刘伟
学　校：苏州大学
专　业：风景园林学

安吉剑山公园效果图

经济的快速发展使乡村的物质生活得到很大改善，优良的生态环境、浓郁的地域文化氛围，极大地吸引着城镇居民的目光，同时也对乡村提出一系列的挑战，乡村需要发展，需要全方位的发展——集生态、文化、经济于一体的综合发展……

基地概况

基地位于中国浙江安吉县剑山村，地处长三角经济圈几何中心，基地位于安吉县灵峰度假区内，距离安吉县城约6公里，毗邻S306浦源大道及S201省道，交通便利。基地背靠剑山，形成自然屏障，面向龙王山景区，周围有众多自然风光景区呼应。基地内水资源及植物资源丰富，场地规划初见雏形。

基地现状

安吉剑山

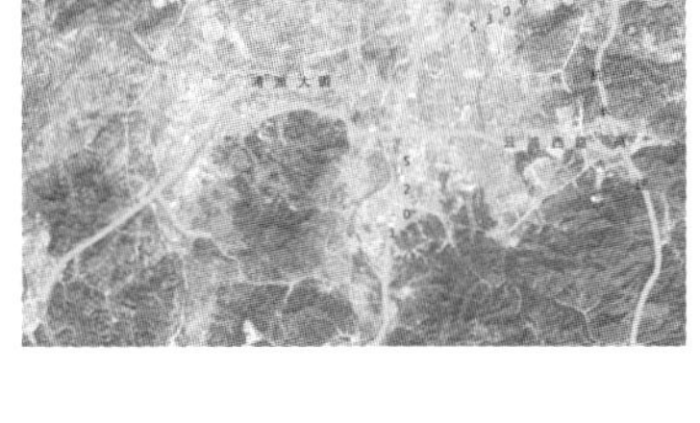

基地

用地范围：规划总面积约59800m²，包括原湿地公园45000m²、周边农田及民房14800m²。

形态定位：仰望高山，平视绿野，俯瞰湖水。以剑山为自然屏障，以基地水体为中心，合理布置园路，配置各类景观元素。

公园定位：为当地居民提供日常休闲场所，发展当地民俗文化，并积极开发公园的附属价值。

丰富的水资源

古朴的建筑

“七分园 · 三分宿”概念

首先，明确项目性质——公园。其次，明确该公园的服务主体——当地村民，由此推出该公园的主要功能——为当地村民提供休闲娱乐的绿色空间。同时，基于对乡村经济的考虑，注重开发公园的附属价值，结合对周边业态的分析，以及对基地现状的综合利用，将基地内的建筑改造为民宿，为外来游客提供住宿、餐饮等消费空间，为当地村民带来额外的经济收入。

园 · 宿分析

第一服务主体——当地居民

第一功能要求——休闲、观赏、游憩

附属功能要求——增加经济收入

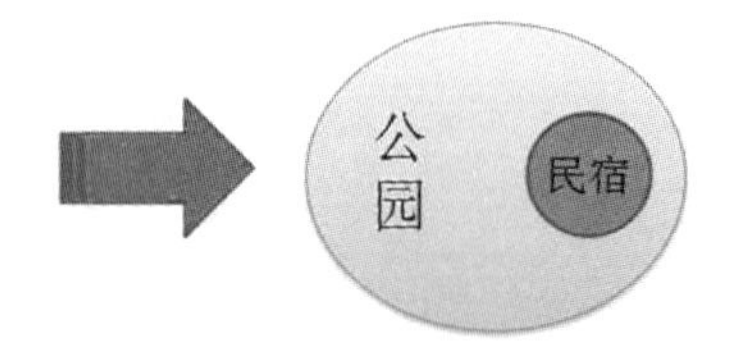

第二服务主体——外来游客

第二功能要求——旅游、住宿、消费

明确公园的主要功能，注重乡土景观元素的应用，对基地内的建筑进行功能改造，在公园中设置民宿区域，既满足当地村民对公园的使用需求，又可以吸引外来游客前来观光、消费，促进当地经济增长。

将整个公园分为两个主要功能——70%的公园+30%的民宿。

形态的提取、生成

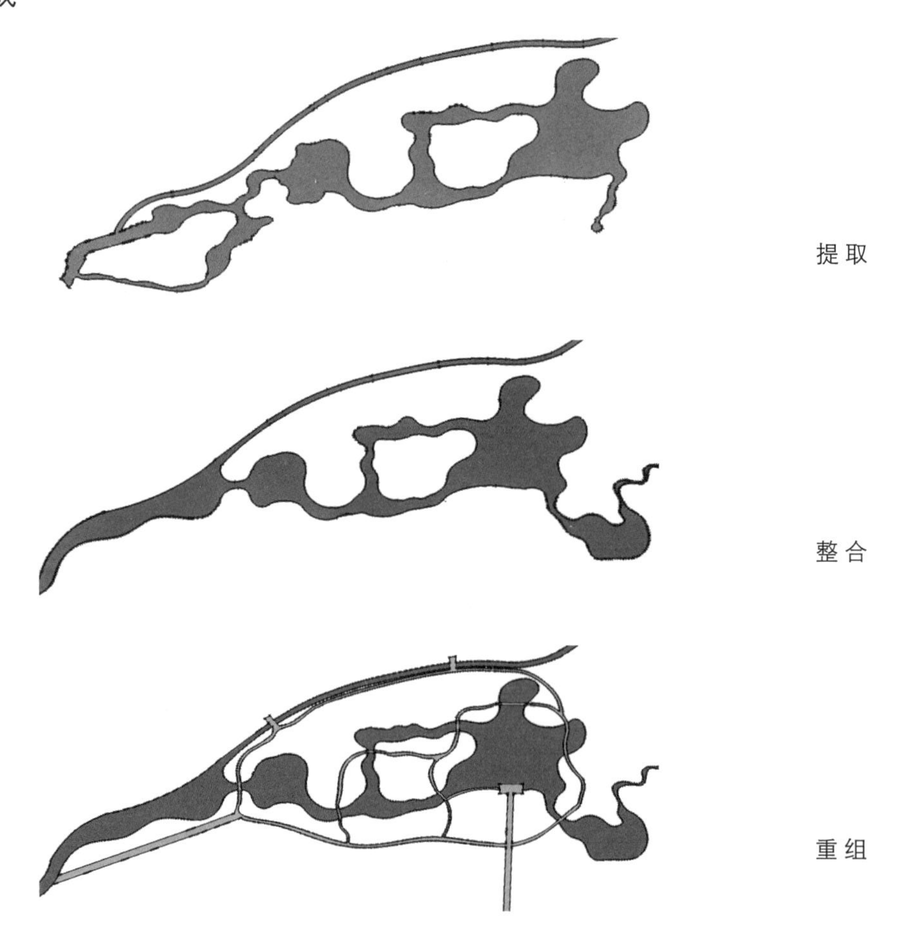

提取

整合

重组

方案设计

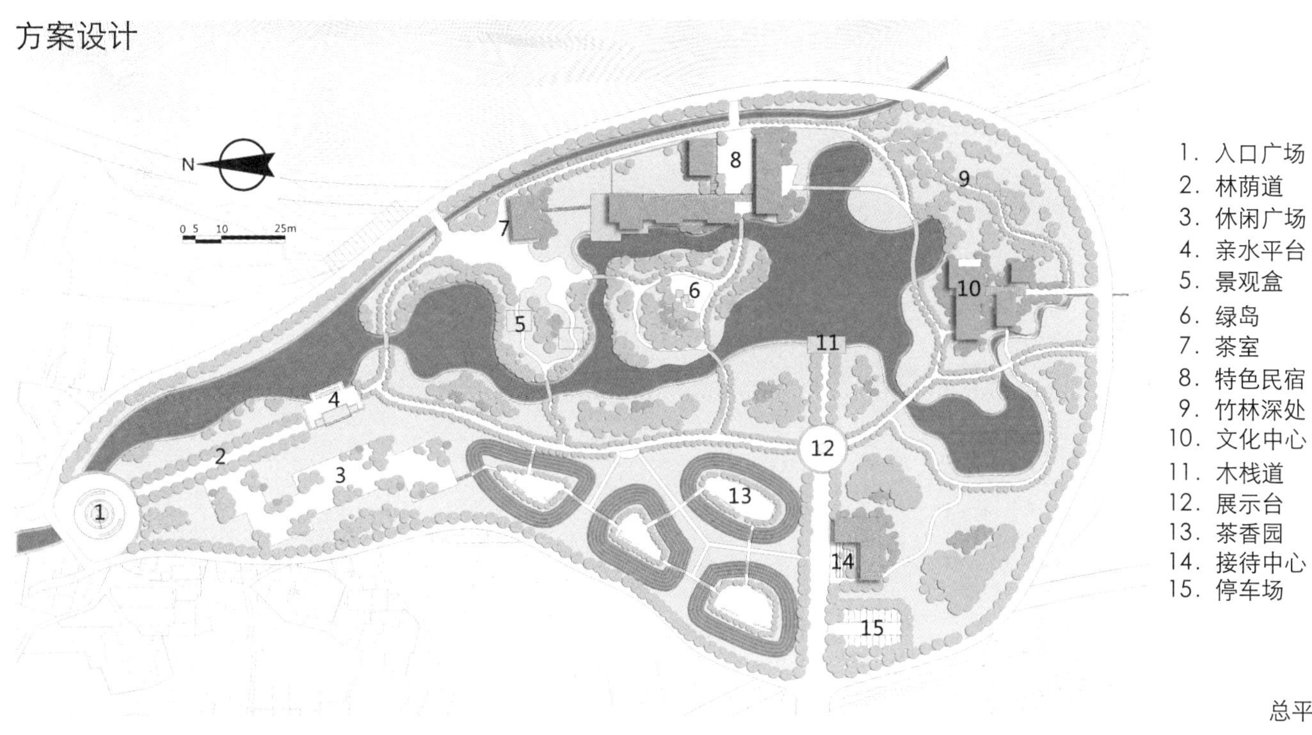

1. 入口广场
2. 林荫道
3. 休闲广场
4. 亲水平台
5. 景观盒
6. 绿岛
7. 茶室
8. 特色民宿
9. 竹林深处
10. 文化中心
11. 木栈道
12. 展示台
13. 茶香园
14. 接待中心
15. 停车场

总平面图

建筑层

植被层

铺装层

水体层

平面分析图

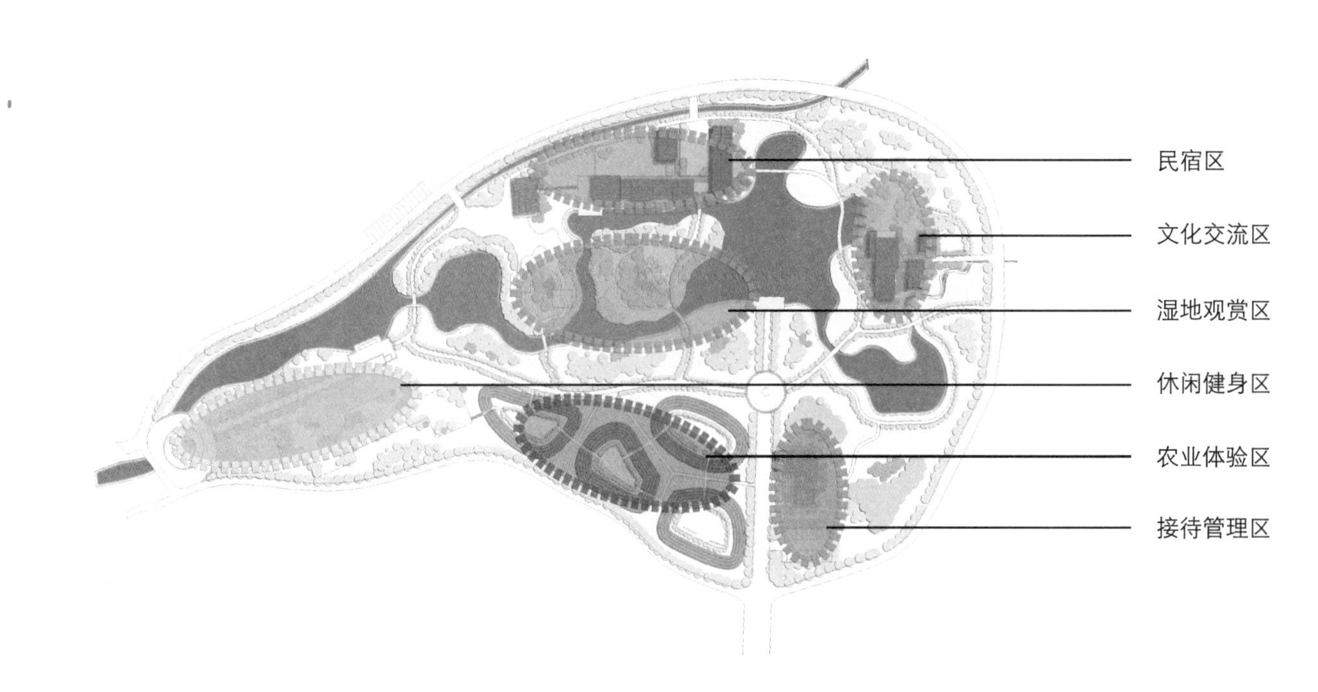

功能分析图

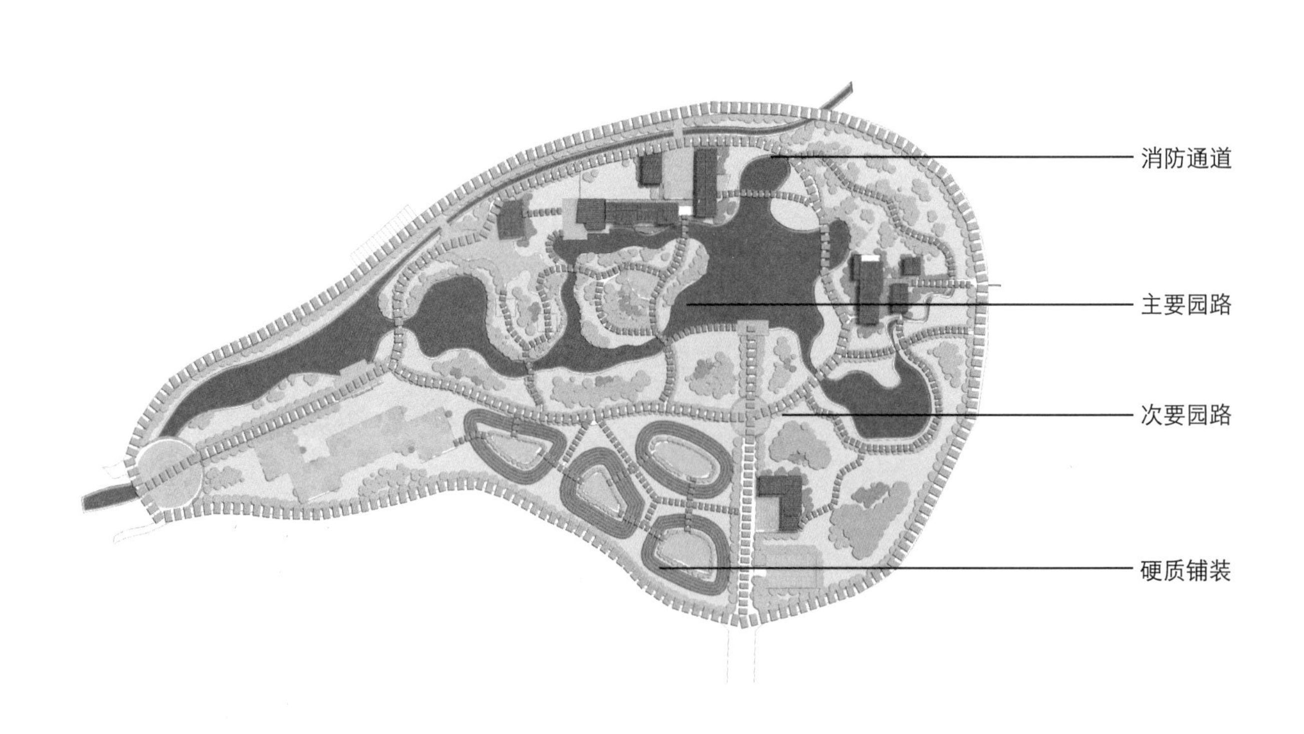

交通分析图

平面分析

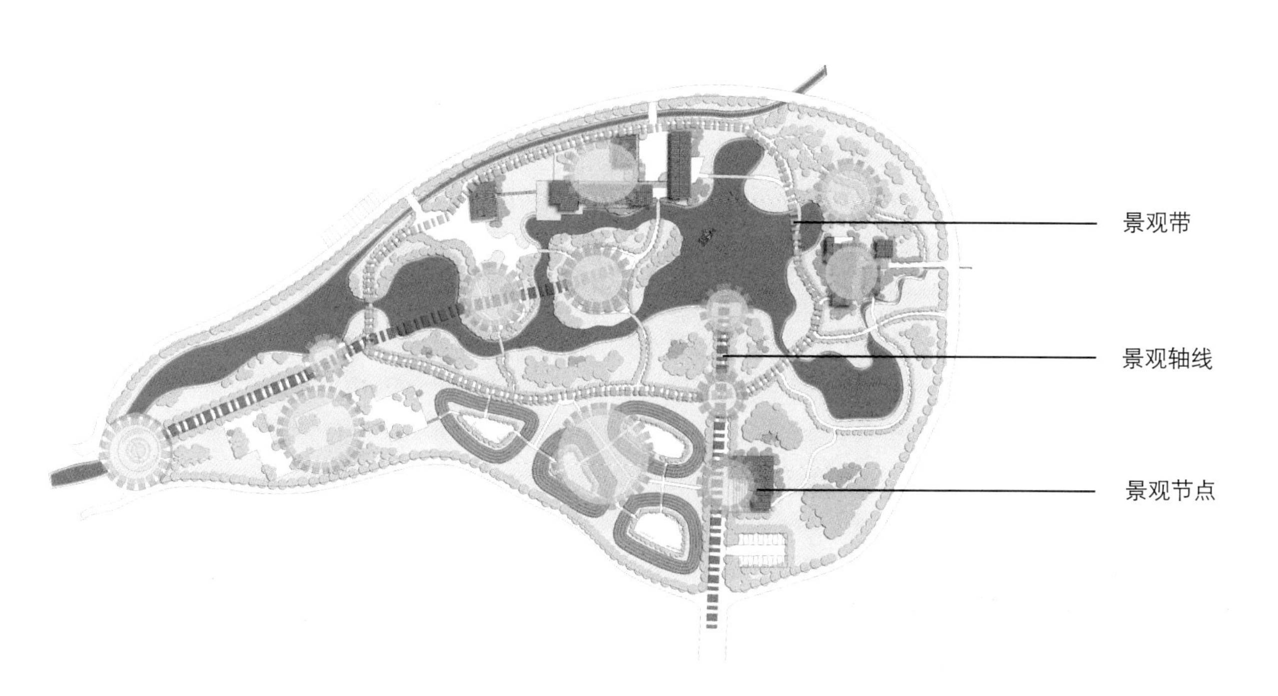

景观结构分析图

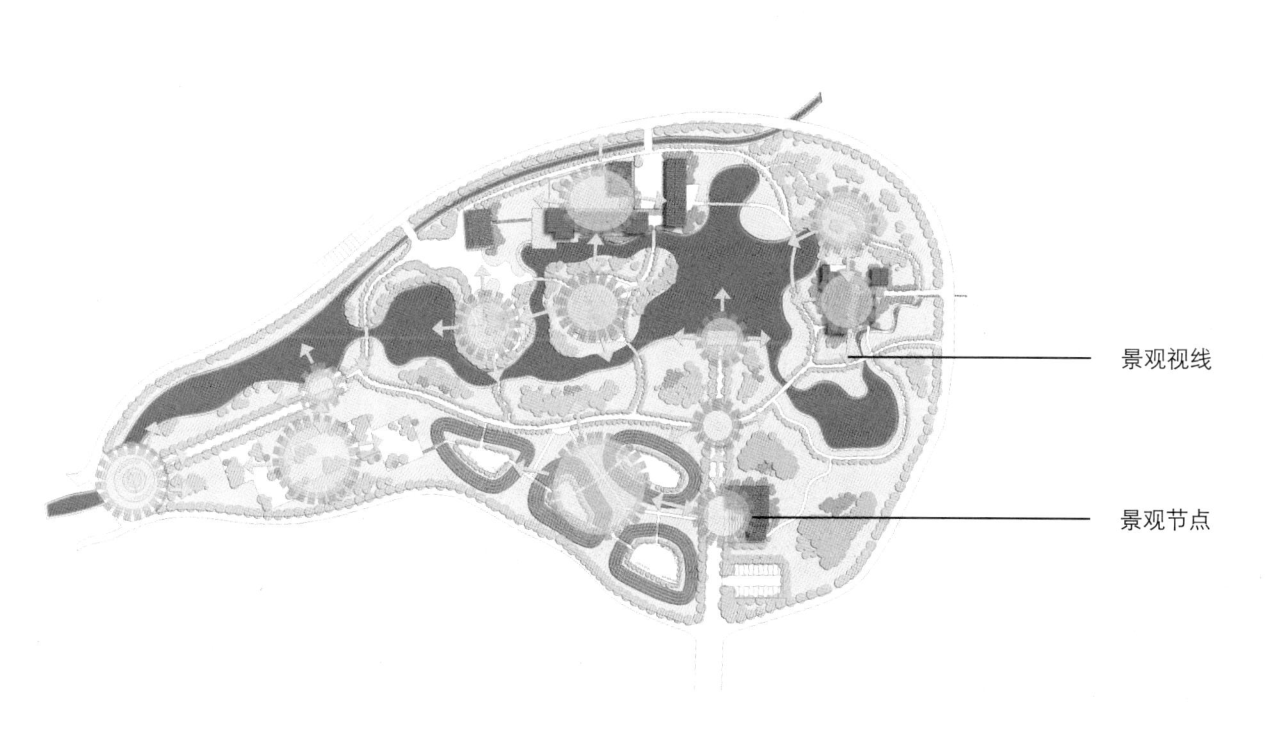

景观视线分析图

植物分析

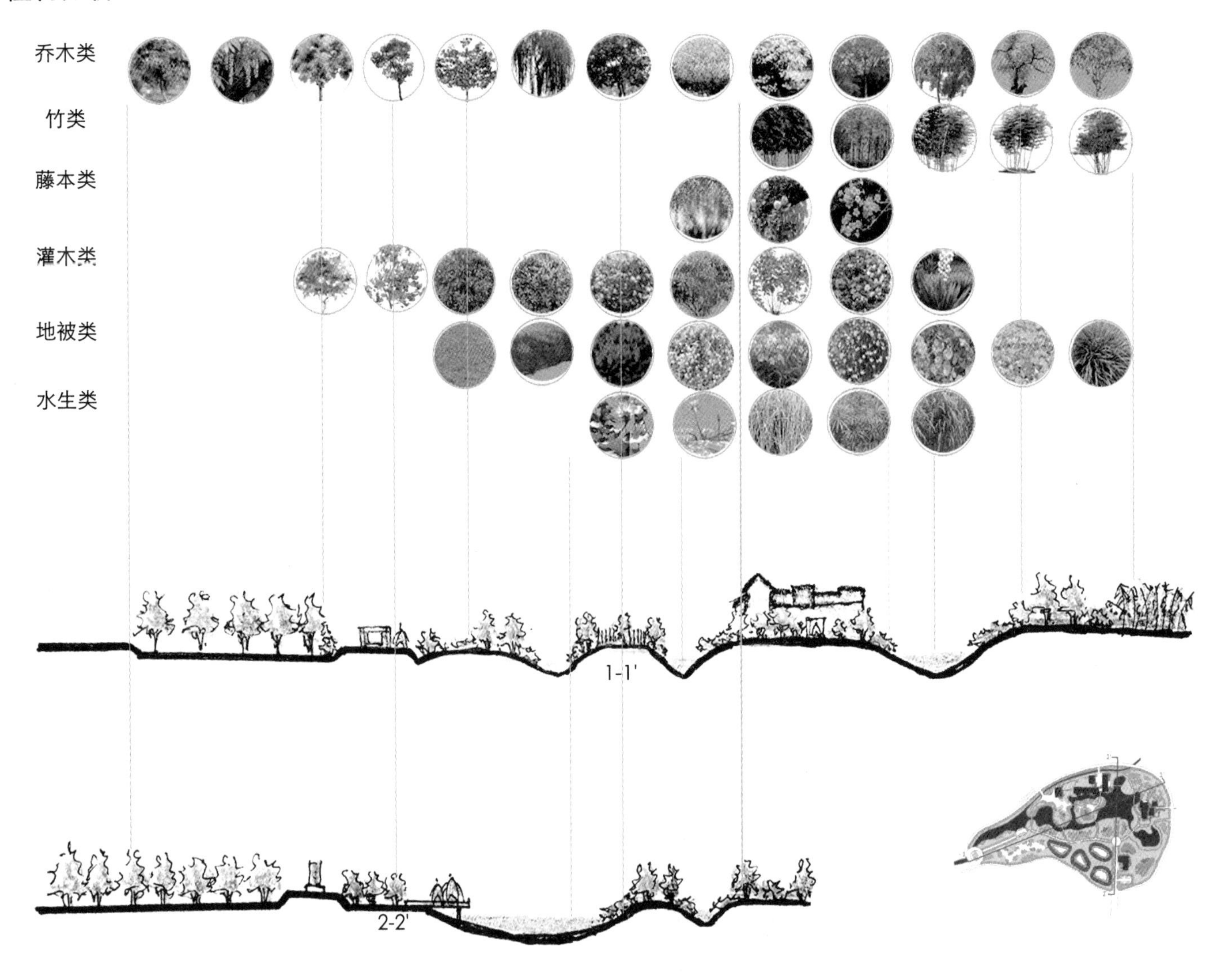

植物分析图

植物设计以乡土品种为主，强调地方特色，尽可能多地使用当地常见的树种，如枫杨、竹、香樟、广玉兰等，注意植物种类及空间层次的丰富性，希望营造出立面层次错落有致、季相连续的植物景观，同时，在满足景观营造效果的前提下，注重选取经济作物，如竹、白茶等。

策略总结

1．以人为本，明确服务主体

强调公园的第一服务主体是当地村民，首先为他们创造休闲娱乐的公共空间；第二服务主体是外来游客，为他们创造宁静自然的民宿环境。

2．生态优先，注重可持续

乡土植物为主，充分发挥植物的生态功能，减少人工景观的运用；注重公园建设短期与长期目标的协调统筹，以长远、全面的眼光，全面深化公园的可持续发展。

3．文化传承，强调地域特色

保护和发展当地文化，提取安吉、剑山的特色元素，创造具有代表性的文化景观。

4．经济实用，提高利用率

注重功能实用性；坚持节约，避免浪费；以当地建设材料及工艺为主，减少建设成本；循环利用，变废为宝。

石头的故事——河北省谷家峪村景观设计

The Story of Stone: Landscape Design in Gujiayu Village Shijiazhuang Hebei Province

学　生：张婧

导　师：谭晖　赵宇

学　校：四川美术学院

专　业：环境艺术设计

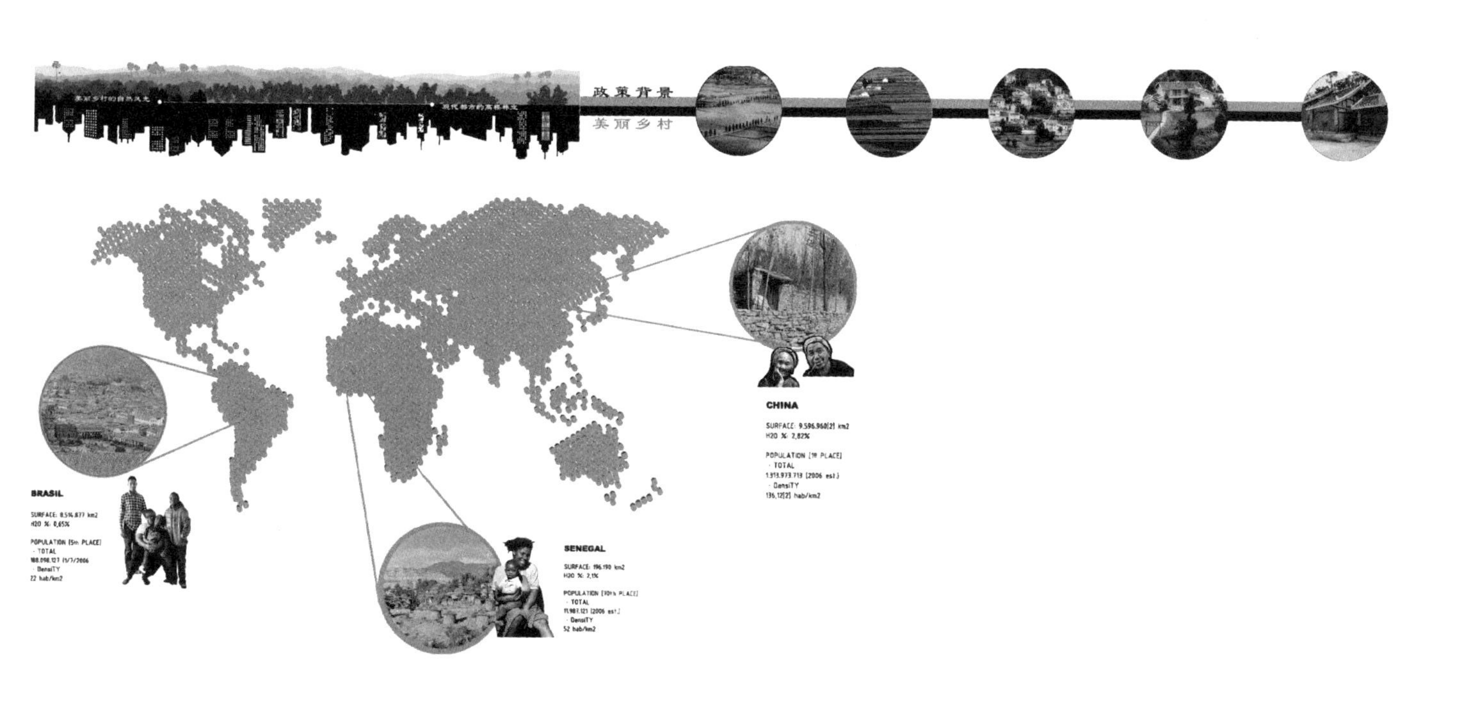

在中国，农村地域和农村人口占了中国的绝大部分，建设美丽乡村是建设美丽中国的重点和难点。在快速城镇化、工业化和乡村转型发展的背景下，美丽乡村建设对空心村整治、农村人居环境改善、乡村空间重构、缩小城乡差距和城乡一体化发展具有重要的现实意义。当前我国美丽乡村建设在人口、就业、土地、生态环境等方面面临诸多挑战。

基地概况

谷家峪村位于河北省石家庄市鹿泉市城区西部，属山区村，距鹿泉市城区中心10公里，南有县道东通青银公路，西通井陉县威州镇。谷家峪紧邻河北省4A级景区抱犊寨，位于景区抱犊寨山脚下。三面环山，西北高，东南低，西部属太行山余脉，为低山丘陵区，区间基岩裸露，山峦起伏，沟谷发育，标高300～500米。村西不远，是"太行八陉"之一的井陉古道口；村南抱犊山上的抱犊寨，被誉为"天下第一奇寨"；山脚下的白鹿泉，因韩信"射鹿找水"而得名。

谷家峪印象

谷

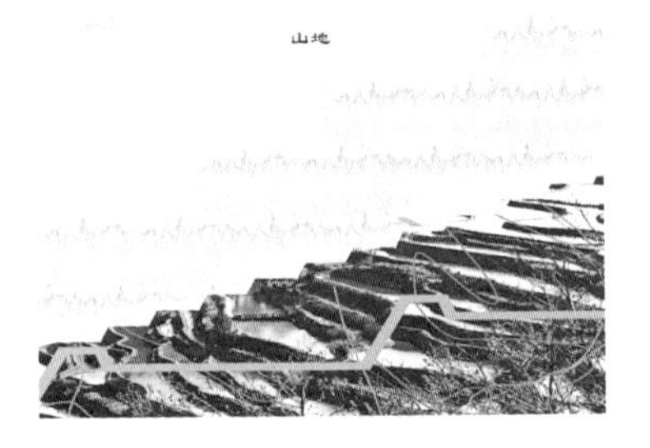

山

峪

建筑规模：
建筑总立面改造面积：6635平方米
建筑占地面积：3606平方米
总占地面积：13899平方米
景观面积：10293平方米

设计规划平面图

场地区位

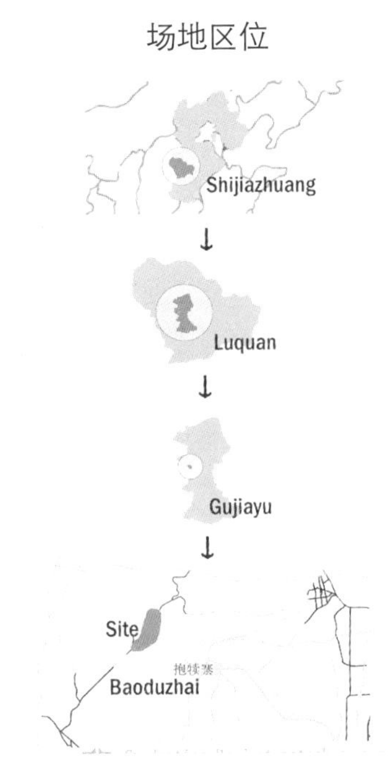

劣势：谷家峪村位于河北省石家庄市鹿泉市城区西部，属山区村，没有亮点经济。

优势：谷家峪紧邻河北省 4A 级景区抱犊寨，位于景区抱犊寨山脚下。

对策：将景区游客引入谷家峪村，发展乡村旅游产业。

场地关系
景区路线
景区
村

场地关系

美丽乡村设计是通过发展乡村旅游经济来实现的，首先在这个偏远山区中谷家峪村它没有特色来发展乡村旅游产业，但是它紧邻国家4A级景区，所以可以通过把一部分游客引到谷家峪村来实现乡村旅游经济。如何引入游客？基于 O2O 模式的乡村旅游 APP 平台，对乡村进行展示，从而吸引游客。

农民需求

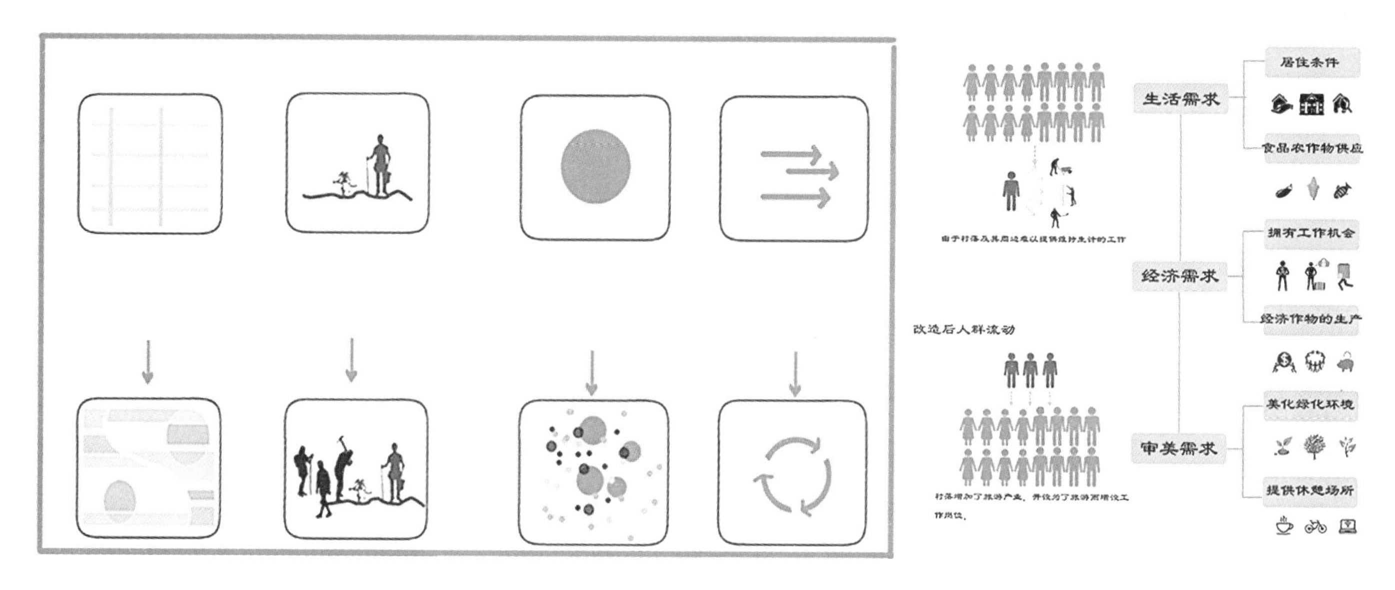

将游客引入谷家峪

地形分析

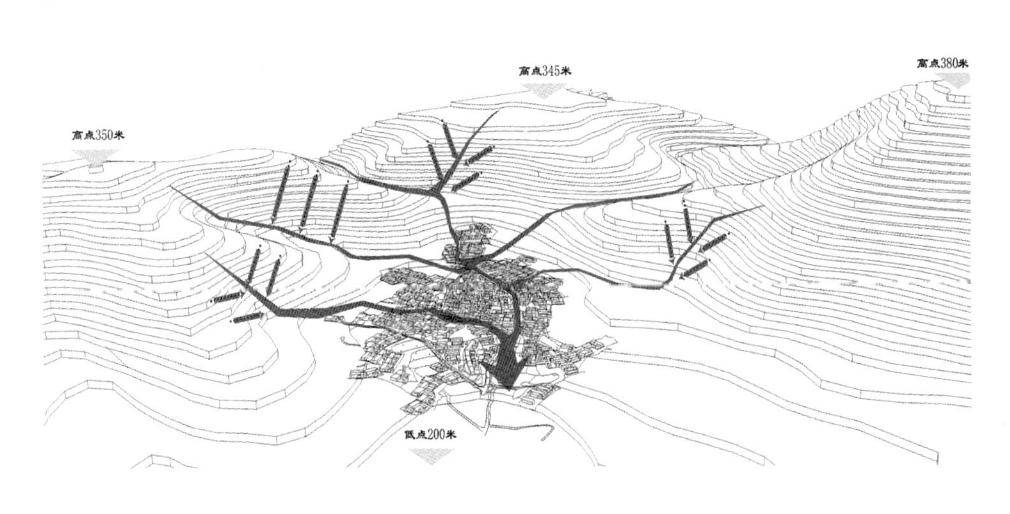

三面环山，西北高，东南低，西部属太行山余脉，为低山丘陵区，区间基岩裸露，山峦起伏，沟谷发育，标高300～500米。

土质

土质肥厚，微碱性。

水系

东部邻水，由水路沟通淀内。

场地分析

谷家峪三面环山，西北高，东南低。视线良好，建筑和耕地完整，丰富的植被围合了场地空间，一条主干道贯穿村子，村子周围为台地地形。

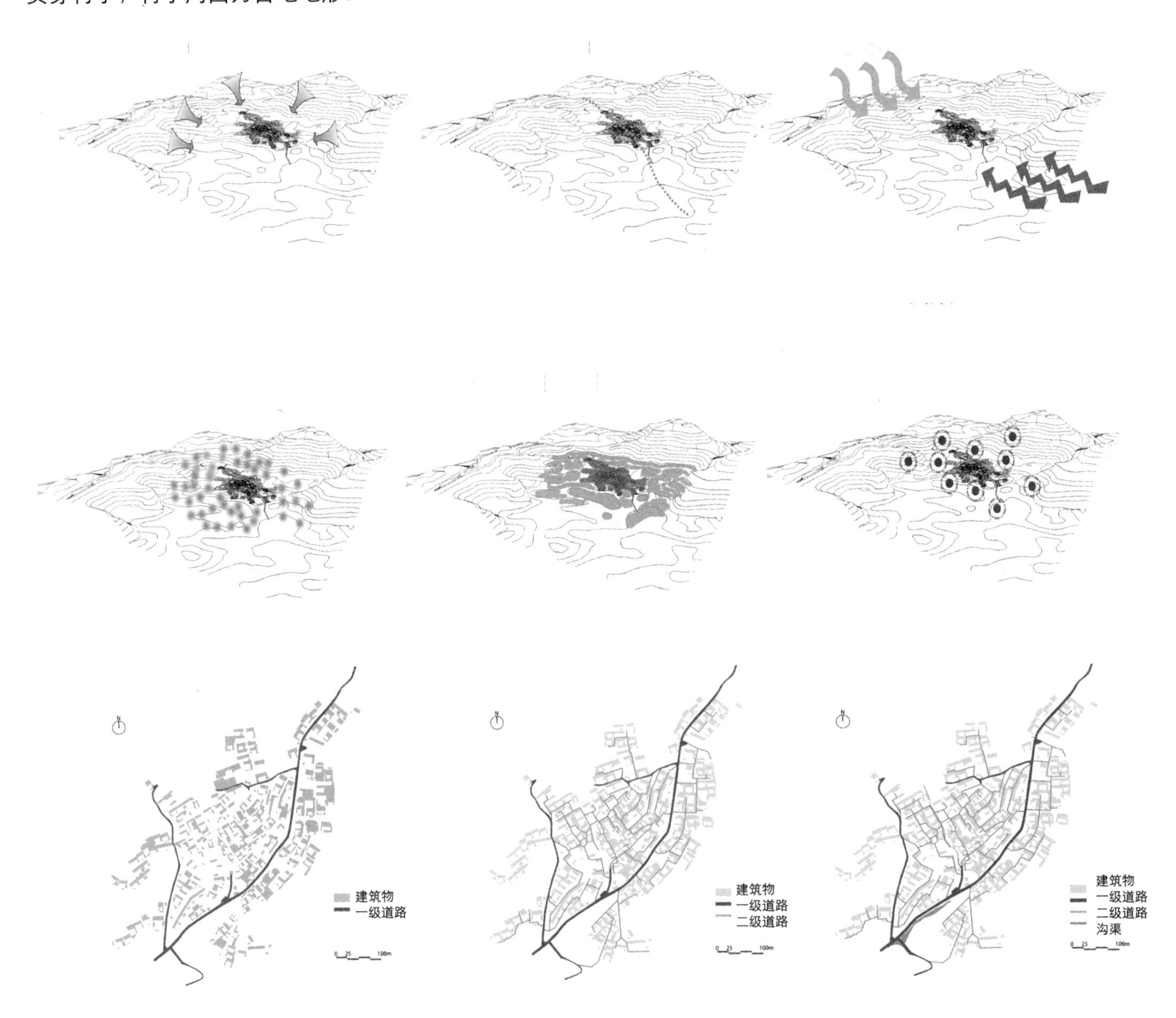

设计红线

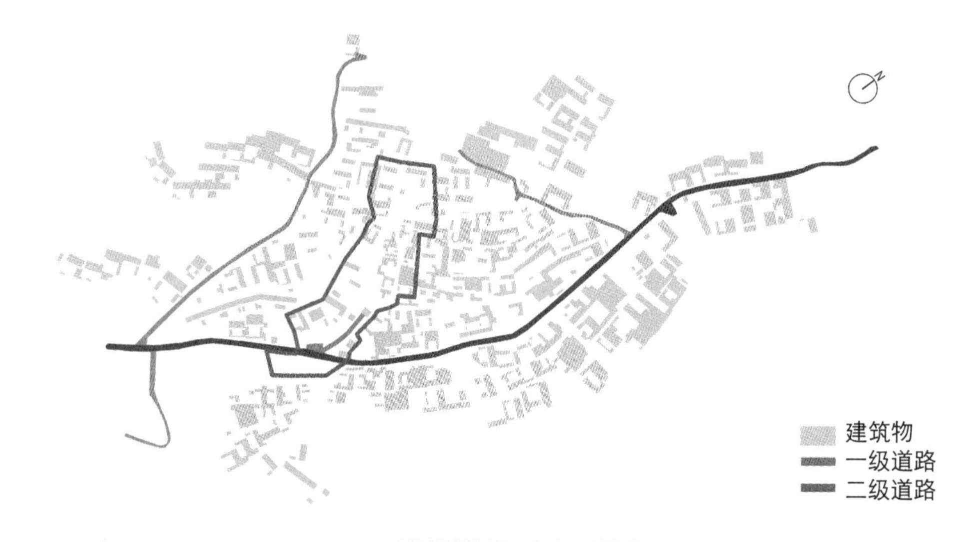

概念引入

1	石头的建筑	4	石头的台阶
2	石头的拱门	5	石头的挡土墙
3	石头的挡墙	6	石头的铺地

建筑形式不同，材料相同，石头是谷家峪村重要的元素。

用石头讲述他们的故事

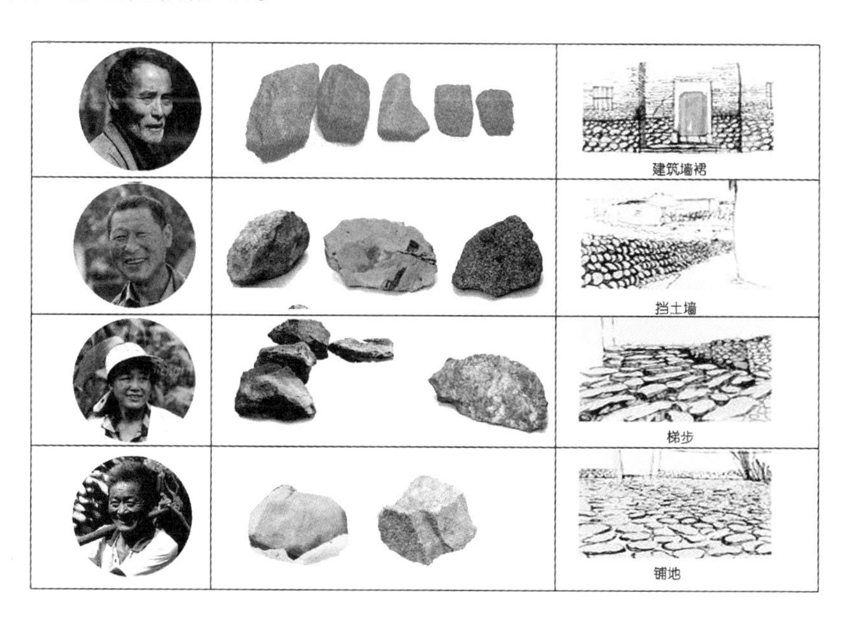

每一户每一家都是用石头建造他们自己的生活，每一户每一家都有一个老故事，关于石头的故事。

确定主题：石头的故事

场地内有石头的建筑、石头的拱门、石头的挡墙、石头的台阶、石头的挡土墙、石头的铺地。建筑形式不同，材料相同，石头是谷家峪村特有符号。

村民用石头建造了他们家的建筑墙裙，他们用石头建造了挡土墙，用石头建造了梯步，用石头进行铺地。

《石头的故事》这本书记录了每一户人家与石头的故事，当你翻看这本书，你会看到一个一个石头的故事，当你走近谷家峪，你便会去寻找每一个石头的故事。

设计策略

谷家峪村有一条河沟，有水时它是一条河，没有水时里面都是石头，我叫它石头河。

我设计了一些小空间，用石头河将万能小空间串联起来，人们通过行走石头河体验不同的小空间、体验不同的空间感受，无拘无束地穿插在其中，获得新的乡村体验。

WI FI
App Store
MEN
WOMEN
网络
读书
休息
娱乐
卖货
公共卫生间
自由市场

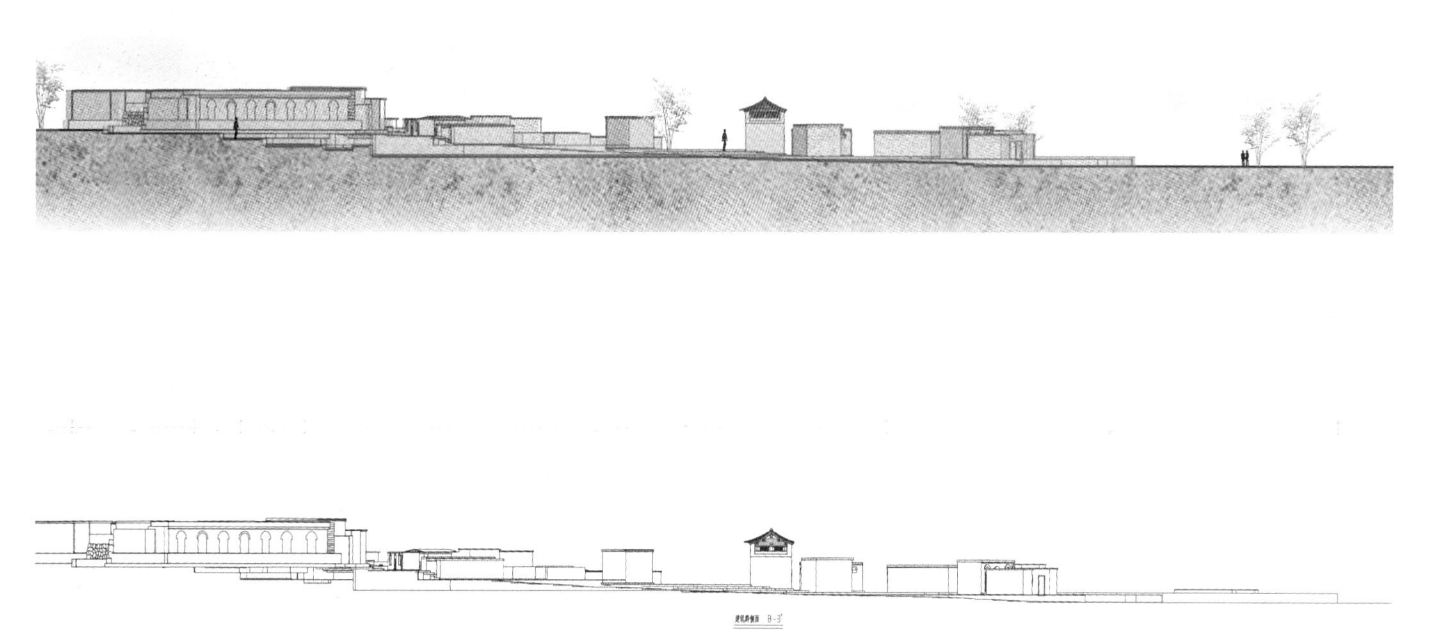

功能分区

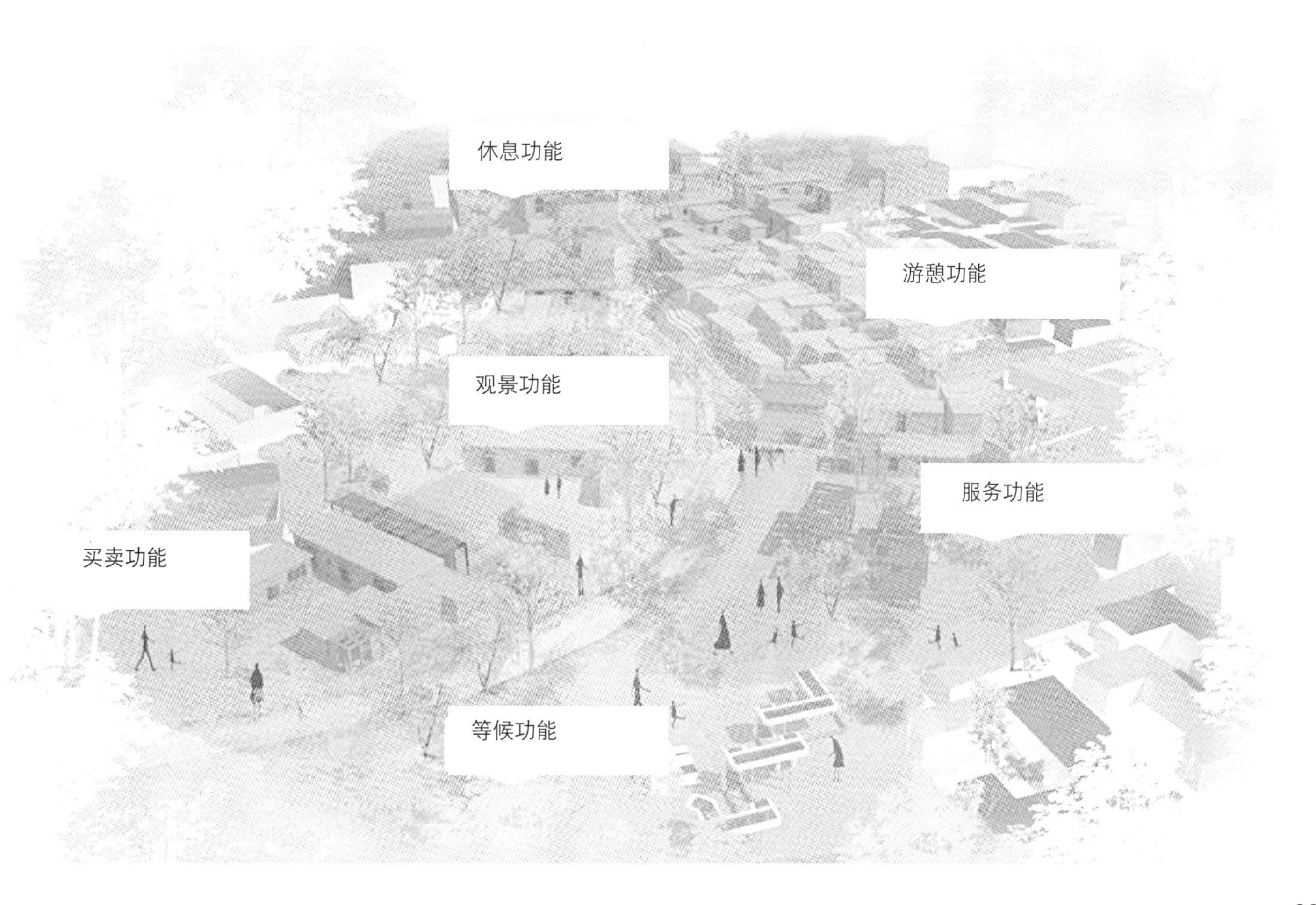
休息功能
游憩功能
观景功能
服务功能
买卖功能
等候功能

分区效果图

石头村
ROCK TOWN
石头墙
ROCK WALL

民俗小空间
FOLK CUSTOM LITTLE SPACE
石头河
ROCK RIVER

环境效果

安吉剑山湿地公园改造

Wetland Park Transformation in Jianshan Anji

学　生：鲁天姣
导　师：王琼
学　校：苏州大学
专　业：建筑学（室内设计）

民宿客房效果图

乡愁是一种情愫，更是一种文化表达，从古至今，横亘千年，历久弥坚。它是“父母在，不远游”的浓情画卷；也是故园家国的情怀、风物长宜的胸襟；更是乡土、乡音和乡味的牵挂。

数据分析与定位

根据调研数据来看，安吉县居民收入来源较广、生活较富足，人均年收入高于全县平均水平，并连续十年超出全省平均水平。

近年安吉县居民收入来源分析图

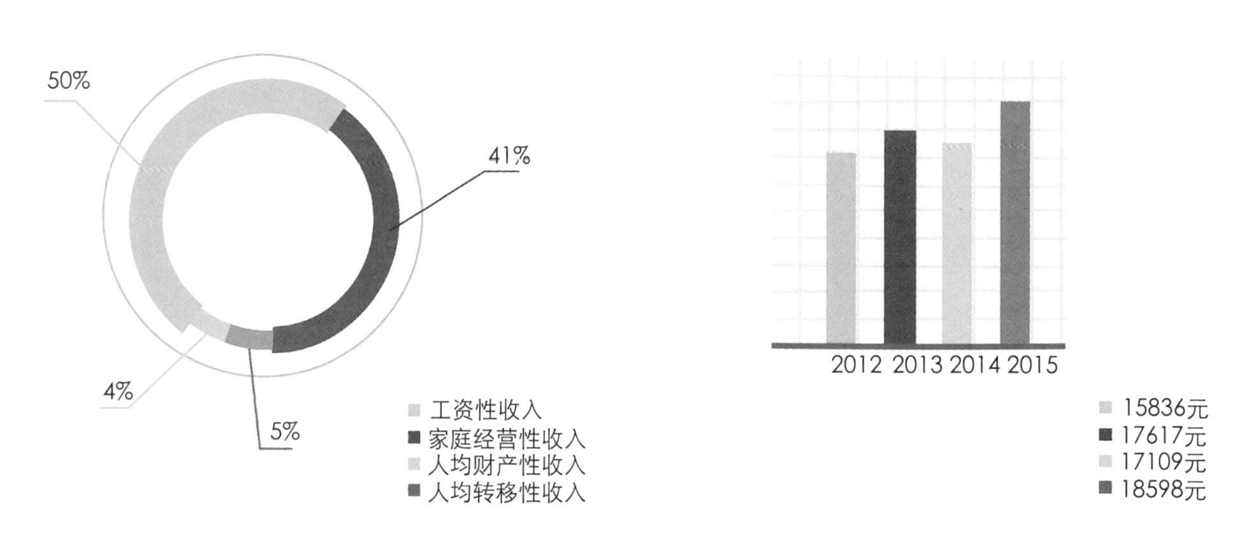

近年安吉县旅游产业发展迅猛，旅游业带动当地经济的同时，也带动了酒店、民宿产业，项目所处基地周边酒店分布集中，因此，建造民宿酒店顺应了当地发展趋势。

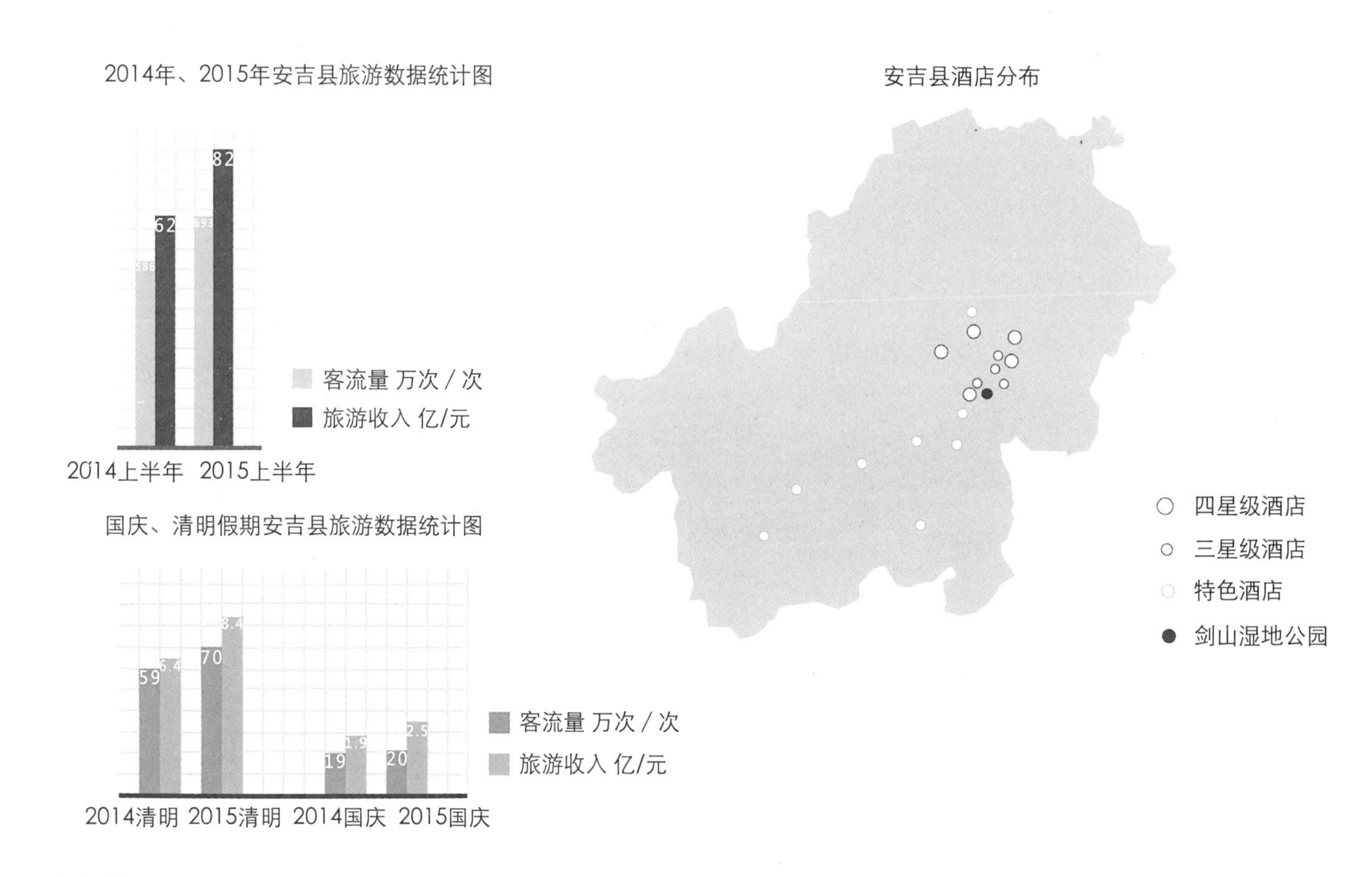

设计定位

利用安吉县剑山村现有空闲湿地及部分剩余闲置建筑，对室内外环境进行梳理改造，设计出与美丽乡村结合的精品民宿酒店。

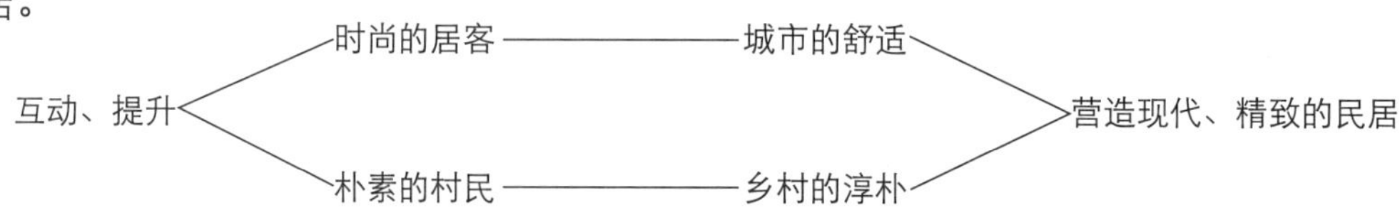

区位与业态分析

安吉县，地处浙江西北部，北靠天目山，面向沪宁杭，区域条件十分优越，地处长三角经济圈的几何中心，是杭州都市经济圈重要的西北节点。

安吉县周边相似业态众多，分布较为集中，主打项目各有不同，而区别于周边业态的安吉县的主打项目就是扎根于本土的民宿产业。

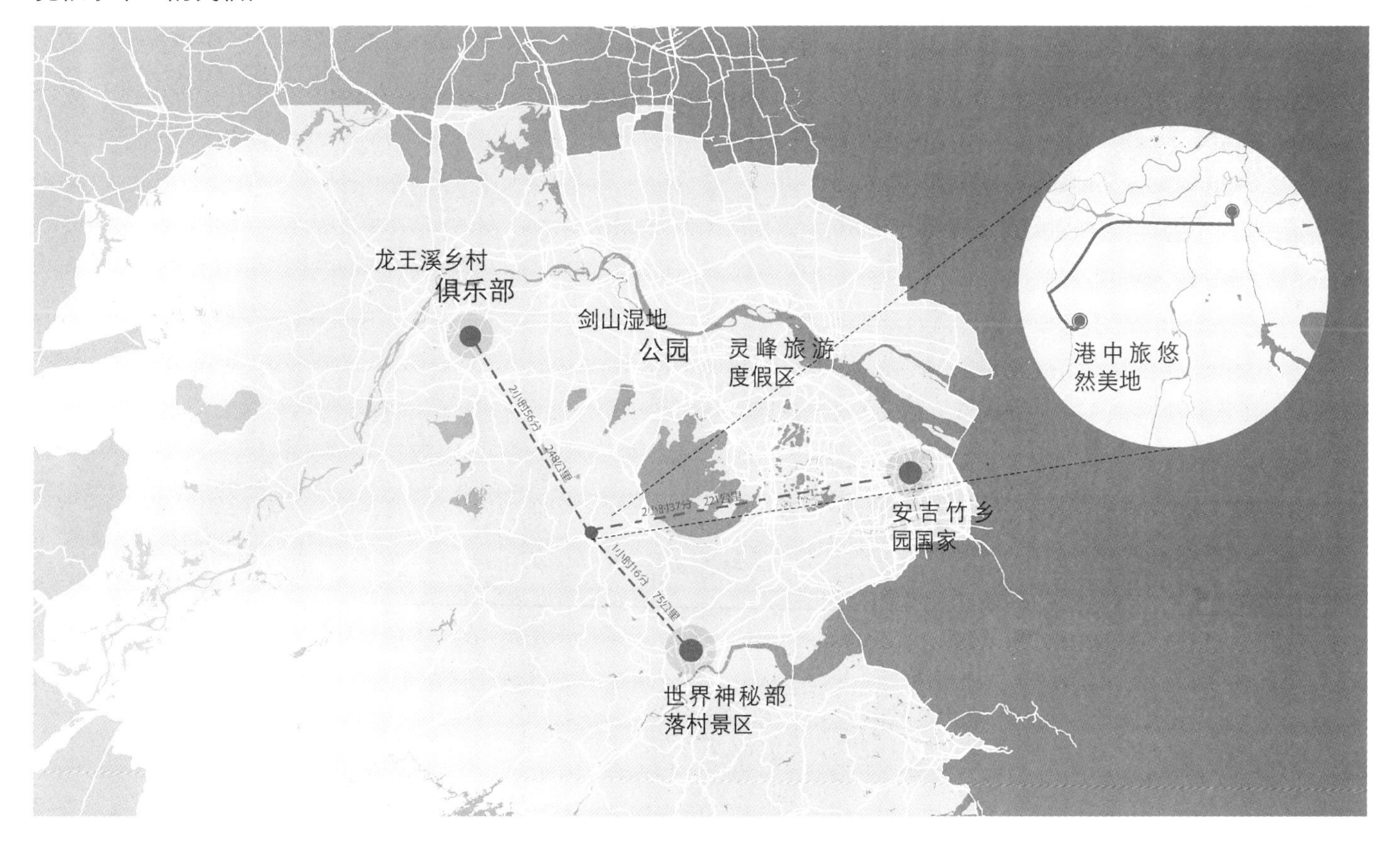

场地调研分析

在对基地进行了实地调研后，分别从a点到f点对场地现状进行宏观概览，此外分别将道路网、水网和草地分离开来进行具体分析。

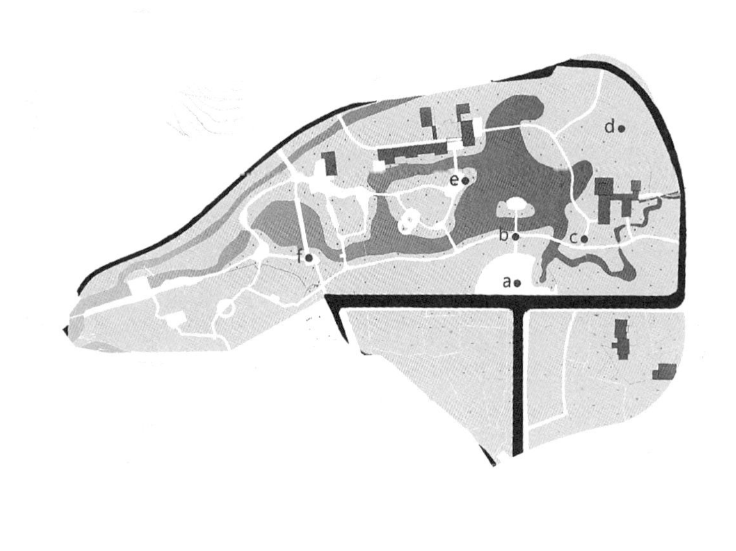

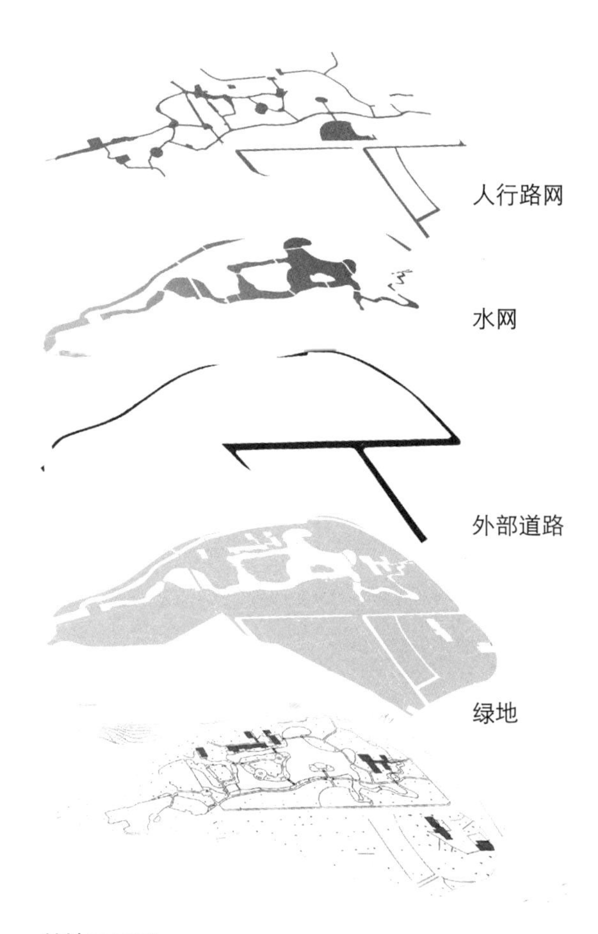

基地卫星图

形态提取

基地中现有的闲置建筑是用现代手法建造的仿古建筑，基本形态有很多可取之处，在设计过程中首先对原建筑进行建模还原，之后提取建筑立面轮廓，发现其形式具有传统江南韵味，因而在接下来的改造中适当保留了具有江南韵味的轮廓。

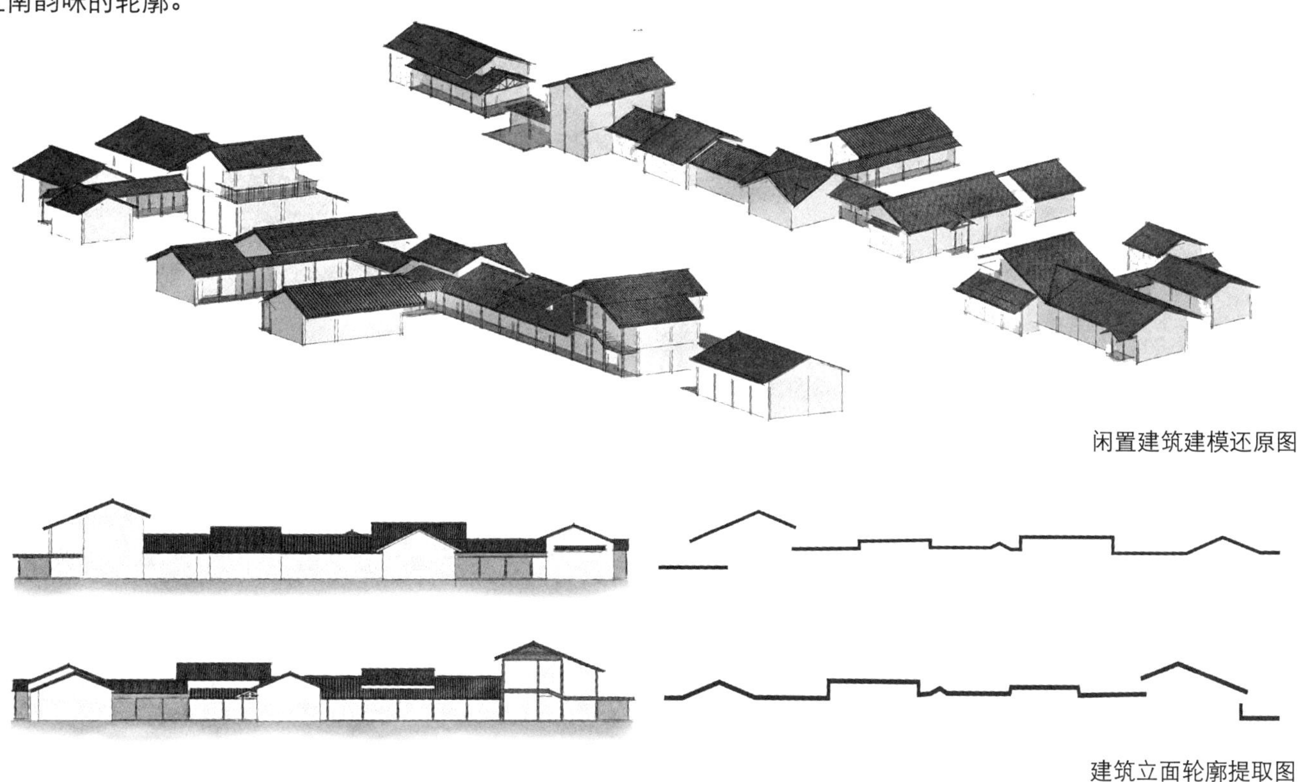

闲置建筑建模还原图

建筑立面轮廓提取图

然而建筑的改造不是简单地照搬与模仿，因而我的设计主要针对建筑的外立面与空间利用，摈弃原先的建筑外皮，采用具有江南韵味的白墙灰瓦，建筑形态沿用坡屋顶的形式，加入玻璃盒子的概念，将传统的坡屋顶形态与具有现代感的玻璃盒子结合，让建筑有了虚实结合的关系，实现体验空间的人与自然之间的更加密切的互动，以此达到革新的目的。

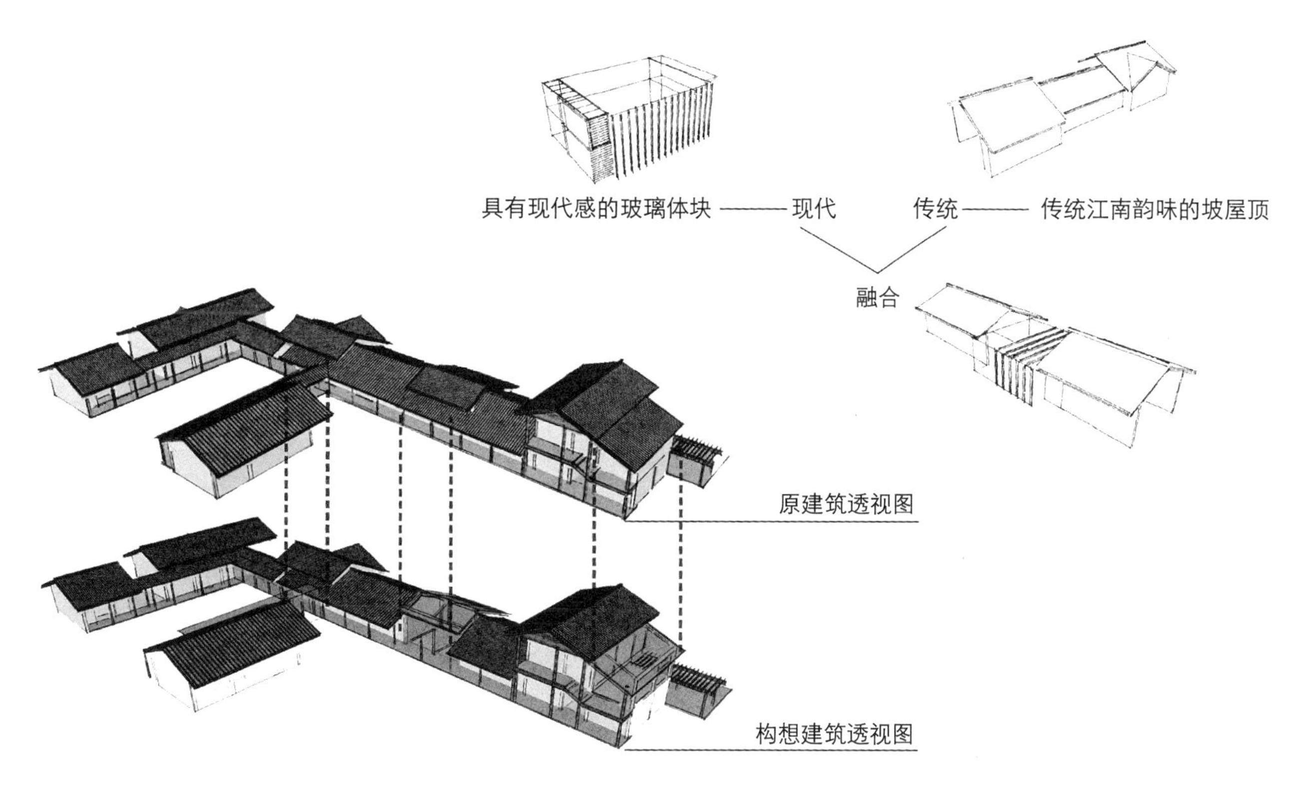

原建筑透视图

构想建筑透视图

安吉以丰富的竹资源著称，竹子，不仅作为其地理环境覆盖要素，依托于竹木资源的竹产业更是当地社会经济的重要组成部分。

因而在改造中使用了很多由竹提取出来的元素。

提取生长茂密的竹林排布紧密的纵向线条，将竹简化为线，将线排布规律化，以此衍生出间距有规律变化的木条用于建筑立面装饰。

提取生长中的竹笋三角形的纹理，横向排布开来，演化成门窗的造型设计，形成了随着门窗开合角度不同会产生不同韵律感的效果。

建筑形态提取

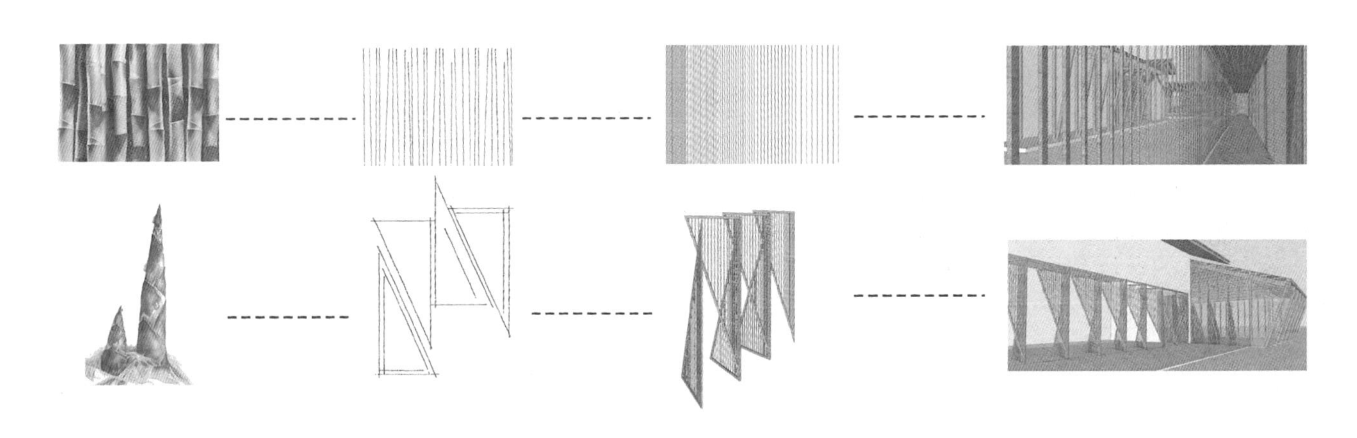

建筑形态改造

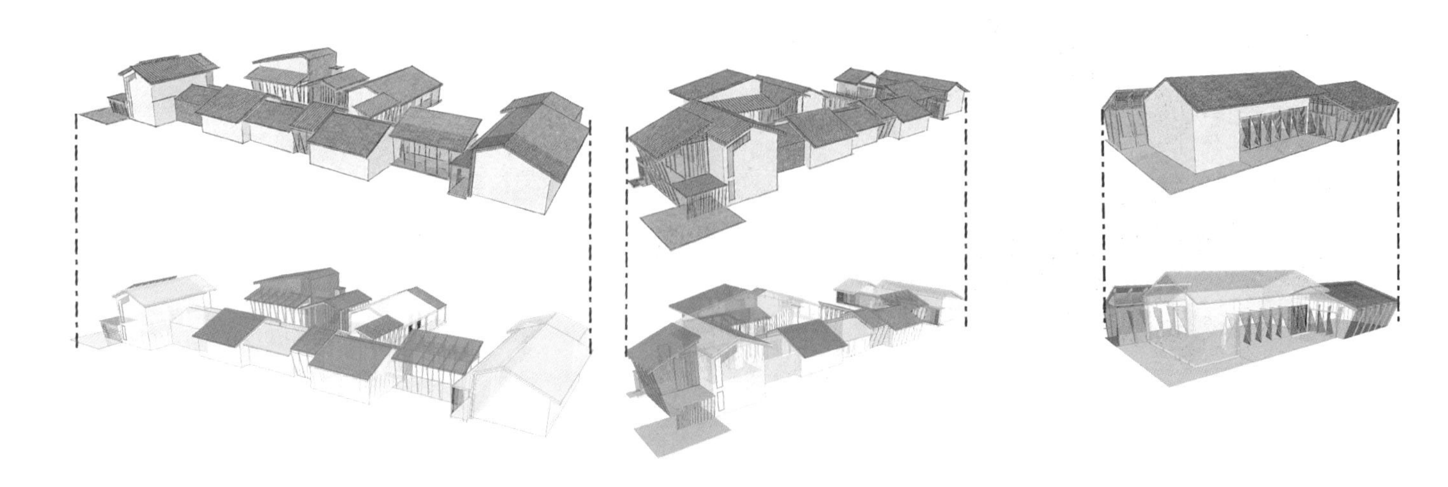

接待区平面图

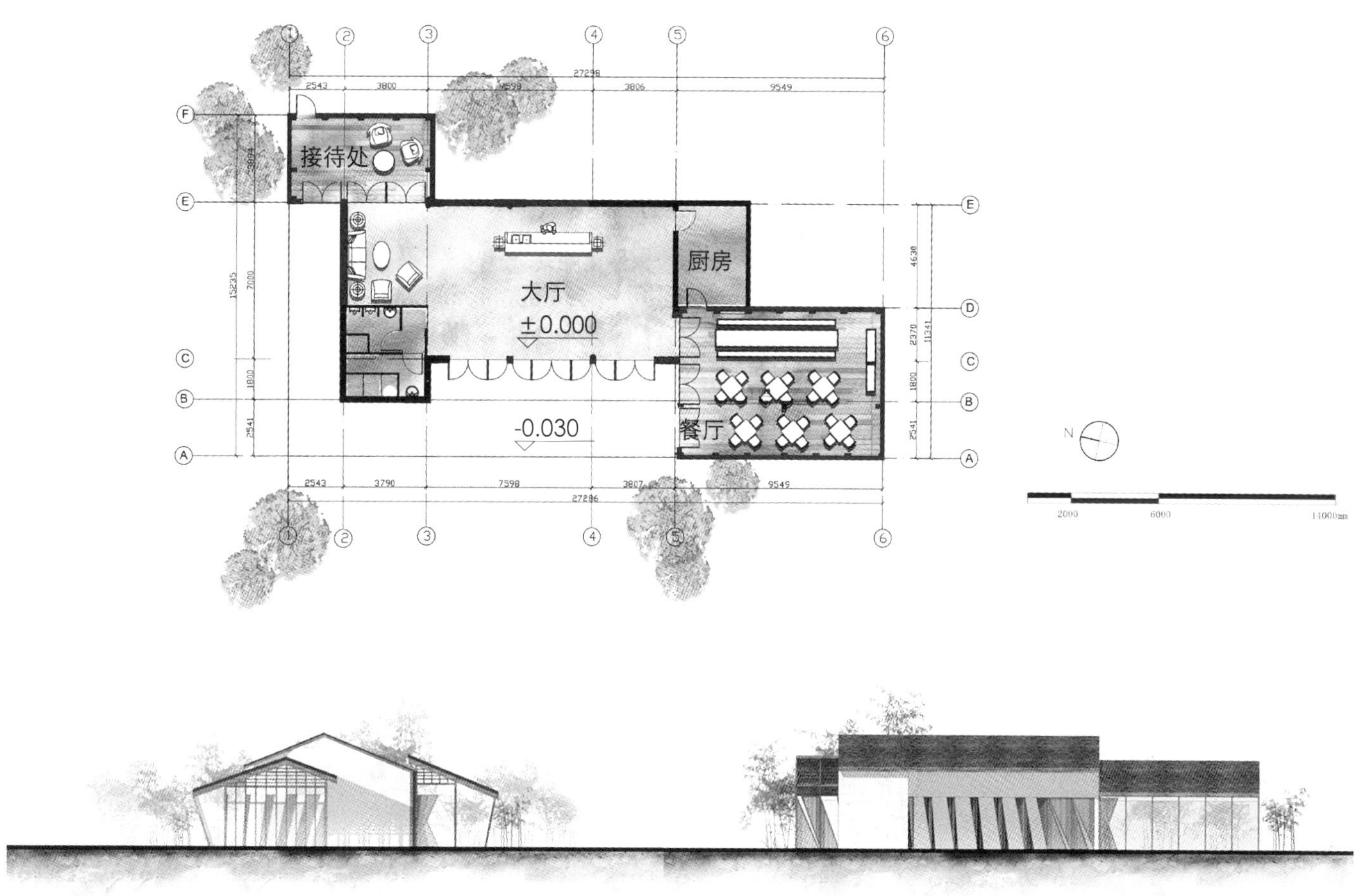

接待区北立面图

接待区效果图

客房区一层平面图

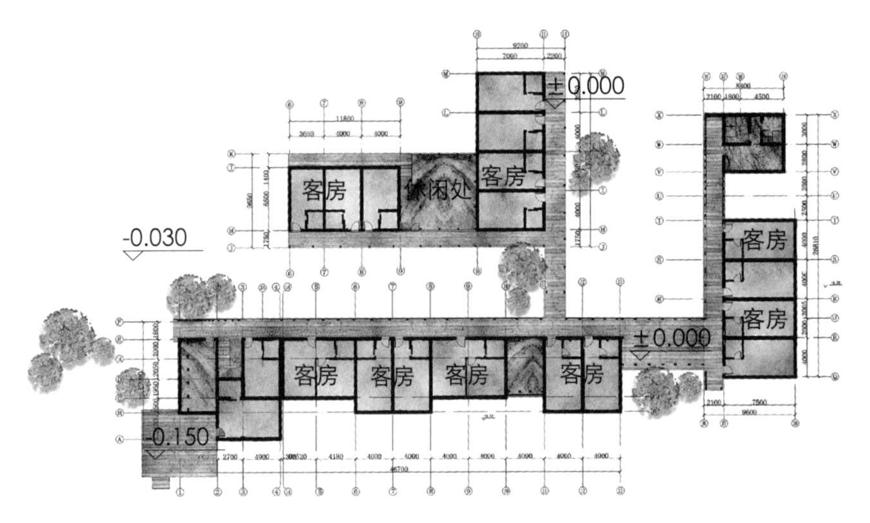

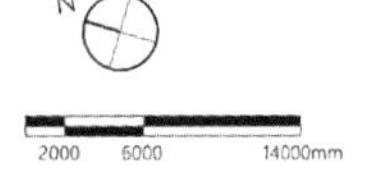

客房区二层平面图

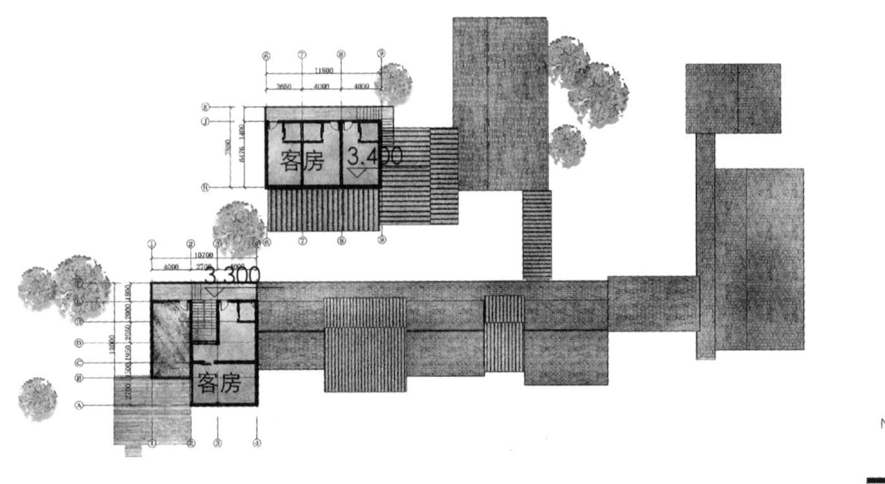

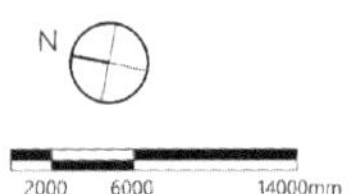

客房区建筑概念图

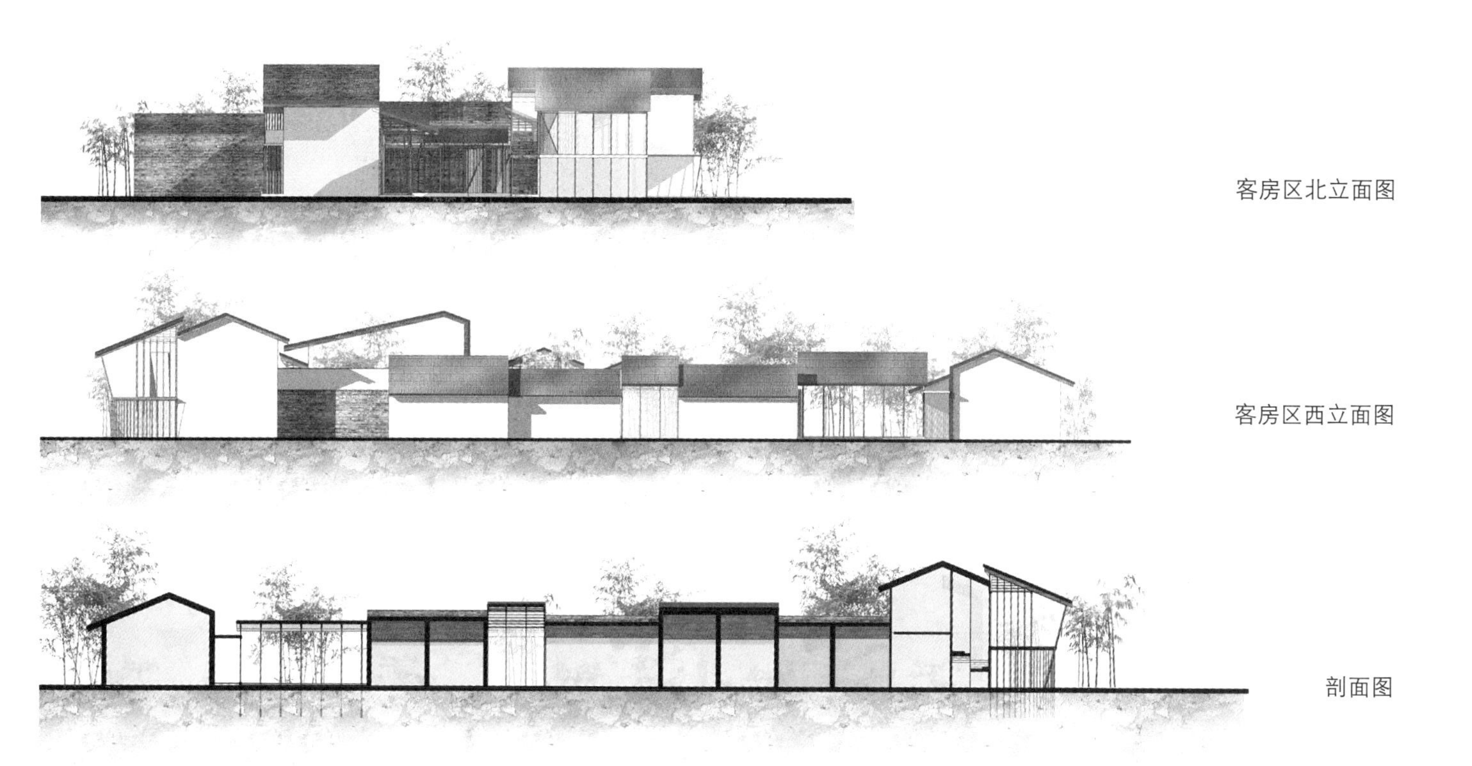

客房区北立面图

客房区西立面图

剖面图

客房区效果图

美丽乡村设计实践——以湖南省郴州市岗脚村为例

The Design Practice of the Beautiful Country

学　生：李书娇

导　师：彭军　高颖

学　校：天津美术学院

专　业：环境艺术设计

我选取了湖南省郴州市岗脚村的美丽乡村建设作为研究对象，从建筑景观以及河道的重新设计入手，通过一系列的设计阐述美丽乡村建设的内涵、目的、意义、设计原则、设计手法等，希望引发大家对美丽乡村建设的思考和探究。

研究方法

1．文献分析 2．个案研究法 3．图示法

对美丽乡村建设的认识

1．历史追踪

2．美丽乡村建设的内涵

一是立足于自然与社会层面的含义。

建设产业发展、农民富裕、特色鲜明、社会和谐、生态良好、环境优美、布局合理、设施完善的美丽乡村。

二是立足于生产、生活与生态之间关系的含义。

三是立足于消除城乡差别的含义，实现城乡等值化。

3．美丽乡村建设的原因：城乡剪刀差所造成的城乡二元结构。

以“现代化”为表征的“福特式”生产生活模式，统一、规范、批量化的主流价值取向所产生的特色危机、多样性缺失、本土性缺失，也就是大家一直说的“千城一面、千村一面”。由于乡村基础设施较差，农村人口涌向城市务工。资源分布不均导致乡村衰败。而在审美层面中国文人始终保持着自然审美的优秀传统。物质环境深深扎根于本土的地理环境和文化氛围的这种审美充满了地域感、民俗感、场所感和礼序感，因此，基于这些原因分析，应从物质和精神两个层面建设美丽乡村。

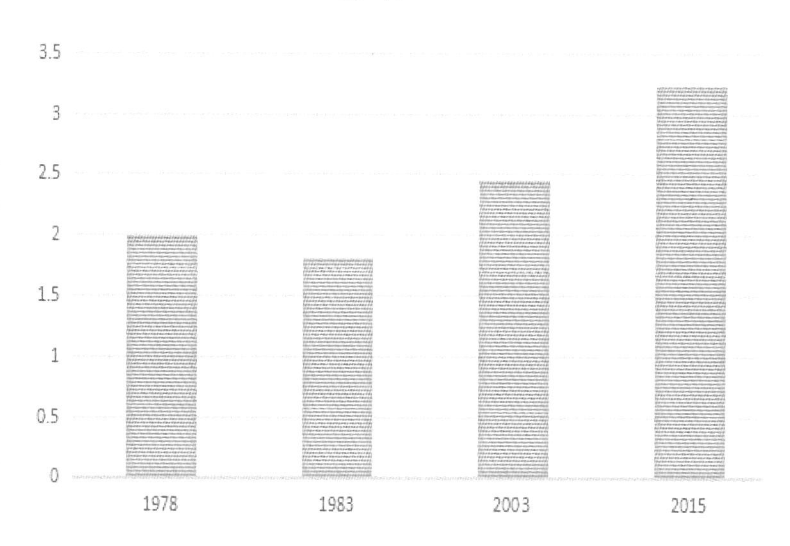

美丽乡村建设的目标为：统筹城乡规划建设和深入推进村庄环境整治、农村文化教育建设、农村特色产业发展和公共服务建设。

美丽乡村的最终目标是经营乡村，以可持续发展为前提，用高水平的乡村建设夯实乡村经营的基础，用高效益的乡村经营实现新农村建设和发展的可持续性。

美丽乡村的建设，应在区域性完整保护规划的情况下，为乡村注入新活力，以生态文化为主题，以山水田园为格局，以乡土文化为脉络，在自然资源优良的前提下塑造农村产业。

基地概况

基地位于湖南省郴州市栖凤渡镇岗脚村，被定位为发展休闲文化旅游的中部经济区。这里极具区位优势，交通便捷，属中亚热带季风性湿润气候。基地周边地貌分区明显，类型多样。以低山浅丘为主，平地较少。西河贯穿基地。

基地北部的栖河，是流域面积较大的一条河流，为耒水一级支流，发源于骑田岭后鼓山西麓的南溪乡安乐洞，由西向东转北向流过，于太平乡洗金滩处注入耒水。

客源市场分析图

河流示意图

辐射半径

岗脚村市场培育应锁定周边城市，将一小时、两小时交通圈作为重点开拓市场，旅游产品应针对周边城市居民进行市场推广。

建筑风格

岗脚古民居的建筑远承徽派古民居，又因地制宜，别具风格。

河岸农田效果图

业态分析

根据对某些典型古城古镇的业态分布调研表明这些古镇过于商业化，丧失了原始风貌和底蕴。因此，岗脚村业态总体布局，要遵循原汁原味的规划原则，偏向于对传统生活方式的体验。

总体布局

根据场地的建筑年代属性以及建筑建设现状，对场地进行分期建设，因历史建筑集中在这个区域，将这里作为重点研究范围。

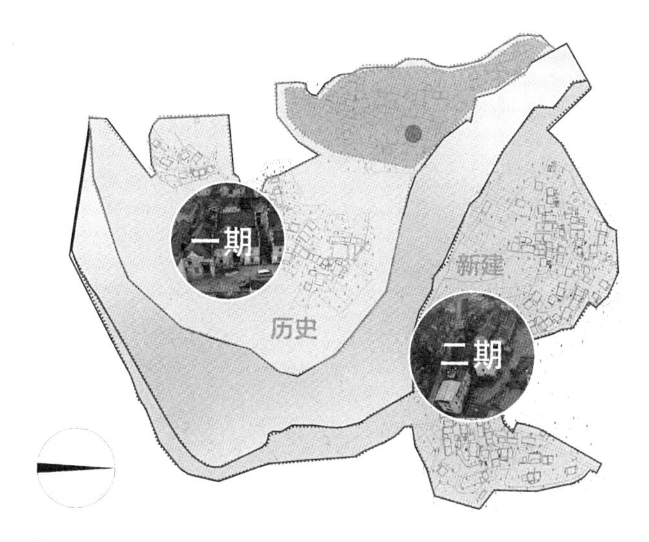

道路系统

对于岗脚村道路系统的完善，首先拆除部分车行街道，增设停车场，保持车行系统的独立性和完整性。对于人行道路，增加内部环线，增强各个节点的连接性，提高景点可达性，对于水泥道路将恢复为原始青石铺路。

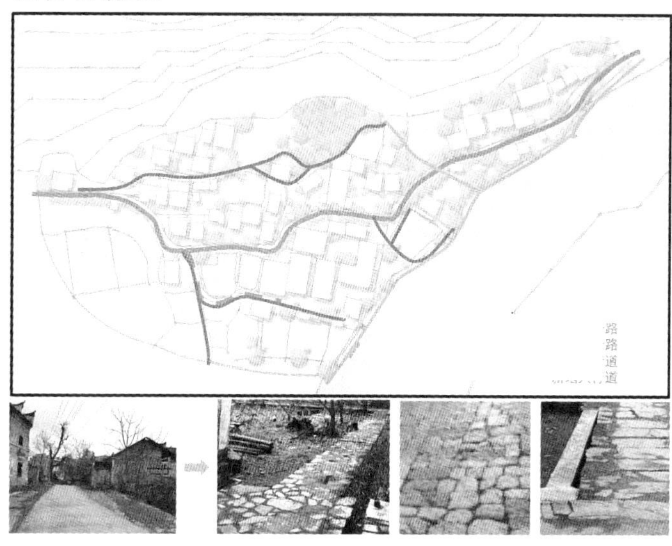

街道尺度分析

研究发现步行街道宽度在3～4m时，街道尺度比较宜人，宜于氛围打造。在设计中将利用这一结论合理控制街道尺度。

建筑分析

根据历史文化名城保护规划规范，对建筑分别进行保护修缮、改建、拆建、重建等。

原始街道示意图

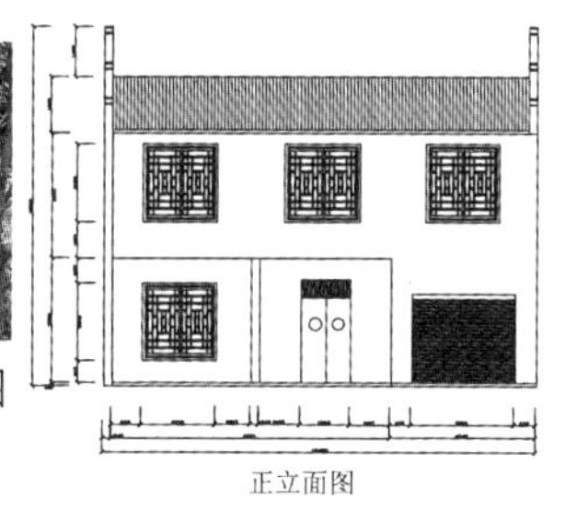

正立面图

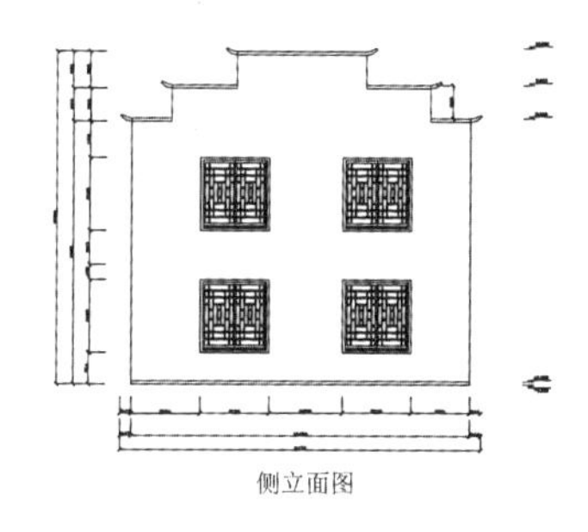

侧立面图

改造后街道示意图

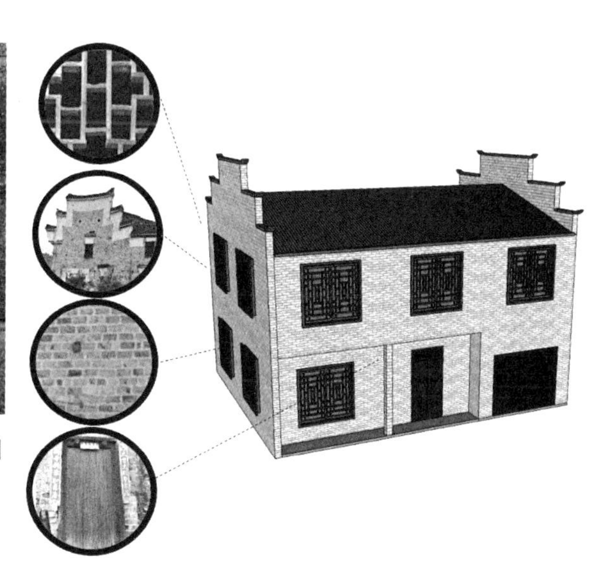

新建建筑分析

根据传统的外庭院内天井的结构以及现代农村人的居住需求，恢复天井空间。

改造建筑示意图

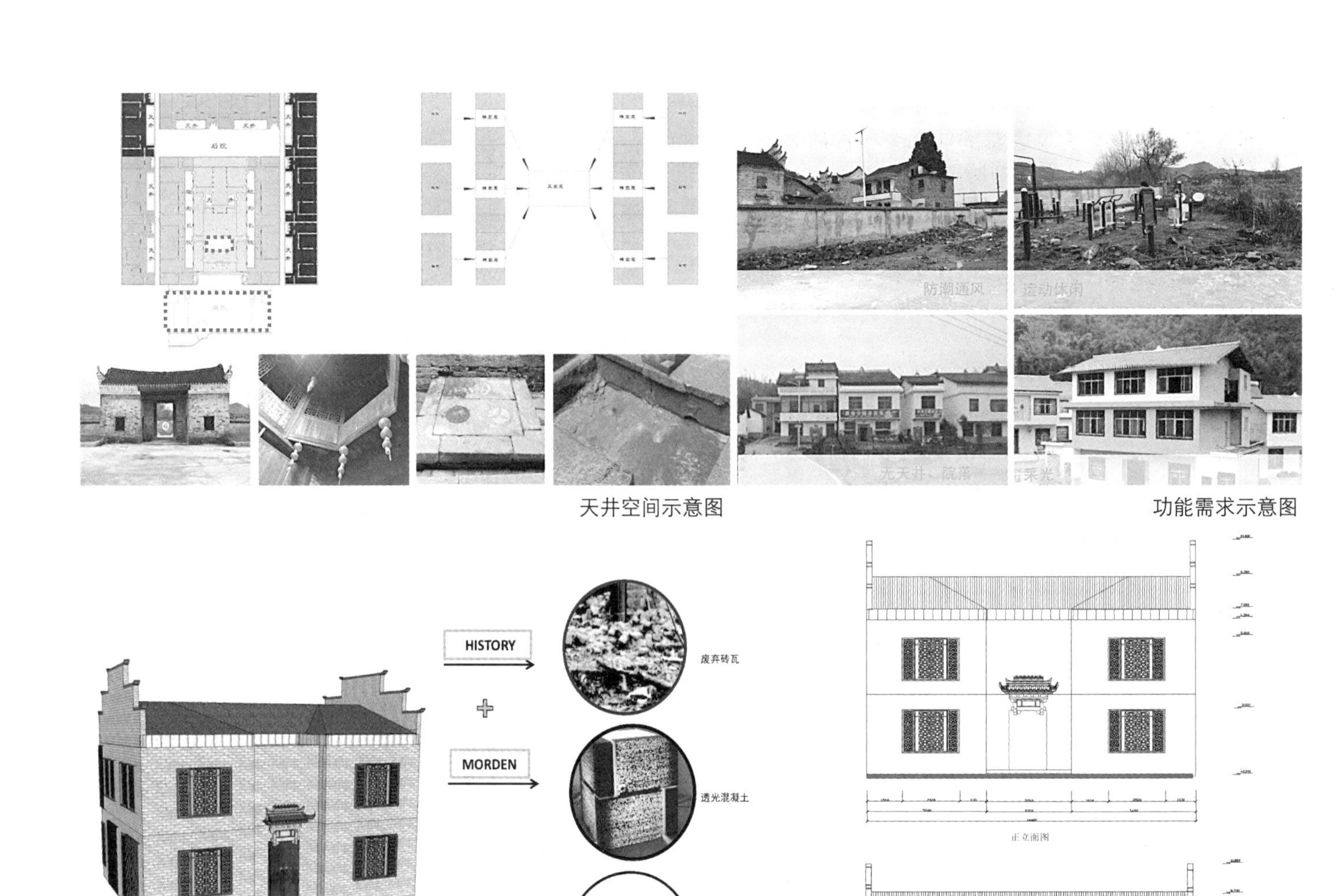

天井空间示意图　　功能需求示意图

新建建筑材料分析

利用拆除建筑的废旧砖瓦让老建筑得以重生。同时采用透光混凝土等新型材料，用U形玻璃开高窗解决采光。

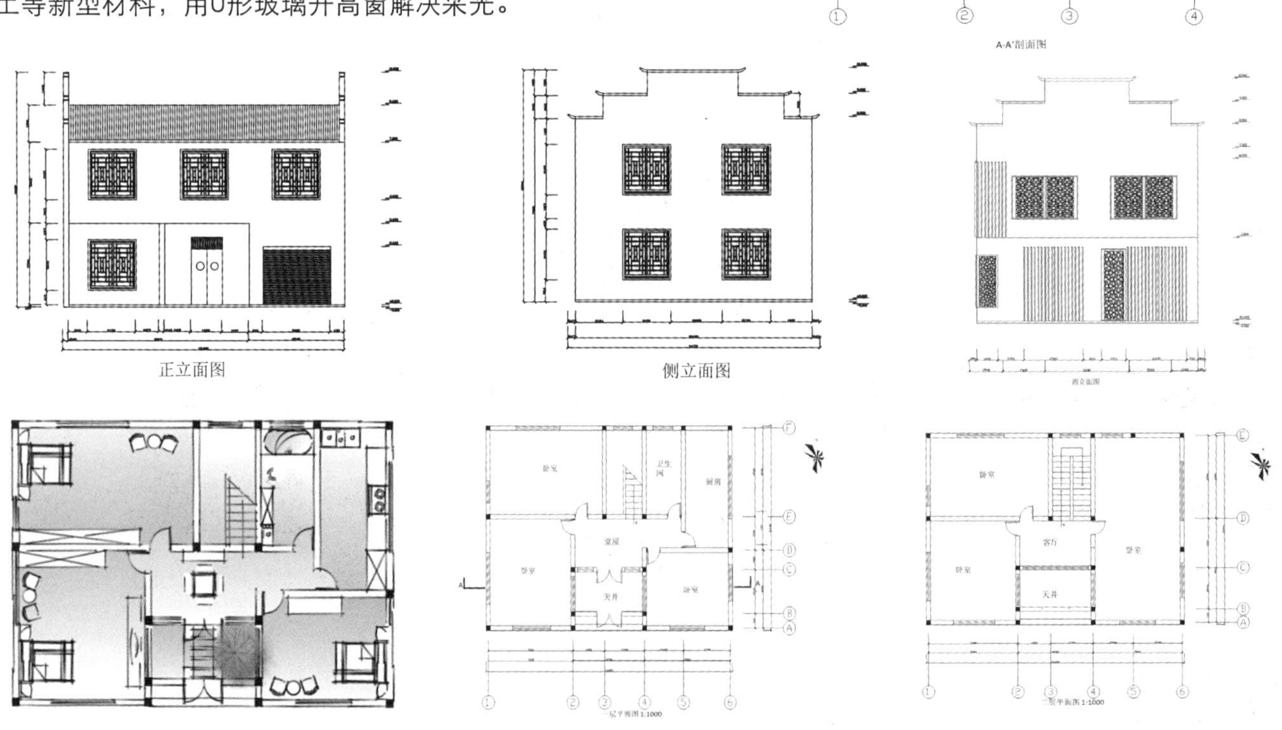

天井空间

利用传统四水归堂的格局打造新型天井空间。

总体用地控制

以各方面可持续发展为原则，合理控制基地用地比例。

景观控制

从农业、山林、水体、河岸修复、驳岸、河道整治等方面进行景观控制。

❶ 村口停车场
❷ 管理用房
❸ 雕刻民俗体验区
❹ 民宿精品度假旅馆
❺ 山林步道入口
❻ 农家乐餐饮住宿
❼ 岗脚老宅民宿
❽ 村民活动广场
❾ 河岸休闲步道
❿ 岗脚码头
⓫ 农业体验景观
⓬ 新民服务中心
⓭ 河岸景观民宿
⓮ 资源分类中心
⓯ 鱼塘

总平面图

农业体验景观手绘图

驳岸示意图

骑行示意图

驳岸示意图

结论

通过此次研究，将岗脚村作为案例，美丽乡村建设并不是单纯的修复保护行为，而是要根据当地乡村自身的特色注入新的元素，以改善农民生活为目的，以科学的手段，去塑造农村的物质层面以及精神层面。同时，美丽乡村背景下的农村河岸景观设计应以恢复、优化自然生态环境为前提，在此基础上融入新功能，实现对生态自然的尊重和对人的关怀。

参考文献

[1] 金学智．美丽乡村实践 [M]．中国建筑工业出版社，2000．
[2] 彭一刚．河岸景观分析 [M]．北京：中国建筑工业出版社，1986．
[3] 杨丽倚，李娟，许先升．驳岸设计手法 [J]．方园艺，2012，（1）:13．
[4] 廖秋林．河川生态保育究 [C]．2015．
[5] 邹伟周．水边之景观设计 [C]．现代园艺，2011．
[6] 张震宇，陈强富，张展翔．农村河道生态治理模式 [J]．中国农村水利水电，2009．
[7] 钱正英．中国水利工作新理念．人与自然和谐共处 [J]．水利学报，2003．

河北省长河套村星空人文馆设计

Star Humanities Museum Design in Changhetao Village Chengde Hebei Province

学　生：徐蓉
导　师：彭军　高颖
学　校：天津美术学院
专　业：环境艺术设计

星空人文馆俯视效果图

近年来乡村建设如火如荼，表达的不只是乡愁还有源源不断的机遇。而对设计师来说，“乡建”这一课题恐怕最难放下单纯对形式的追求、对曝光率的渴望。乡建不能再重复城市建设的巨大浪费和低效。先要想清楚为什么做、做什么、怎么做，然后再去做。

基项目概况

长河套村位于河北省承德市兴隆县兴隆镇，距兴隆县城9公里。

长河套村地处燕山腹地，且得天独厚的地理环造就了优越的旅游资源，现有居民169户，总人口645人。村民主要收入来源以卖红果和外出打工为主。

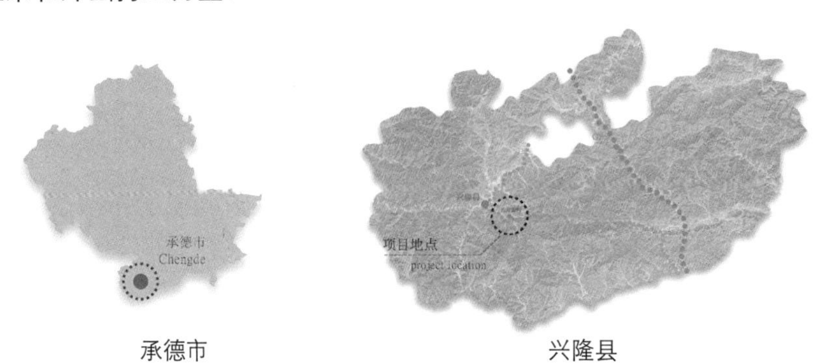

承德市　　兴隆县

旅游资源分析

通过对长河套周边的旅游资源进行整合，一共发现六处景区离长河套村距离较近，均在20公里以内，周边各类旅游资源非常丰富，可借助景区资源，打造旅游目标的村庄。

项目特色

中国科学院国家天文台兴隆观测站是我国重要的实测天体物理基地。

现状分析

经过我们对当地的调研与了解，绘制出当地现有的村内房屋现状。从图中可以看出长河套村分为4个村民小组，村西面有4座二层新建住宅，但是除此之外还有多处房屋需要重新修缮。

长河套村现状分析图

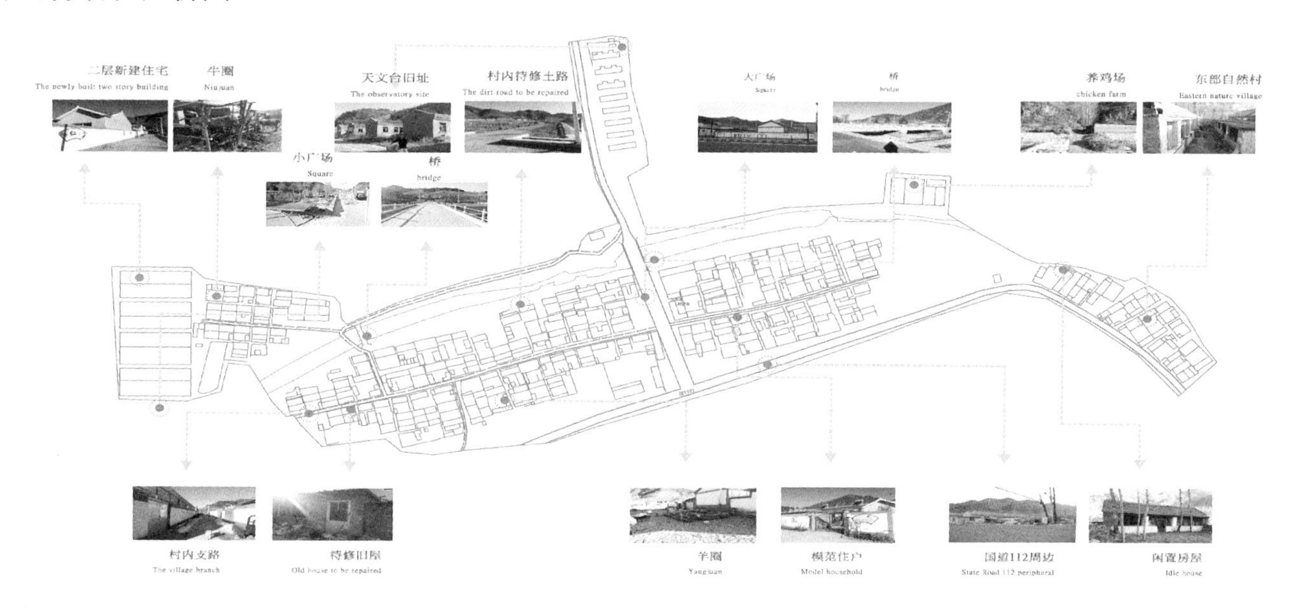

原始空间布局

村庄原有空间布局过于单一，仅有居民区两处小广场面积狭小，公共空间不足，休闲娱乐设施不完善，村内现对于旅游没有接待能力。

村委会

卫生所

村民居住区

休闲广场

二层新建住宅

天文台旧址

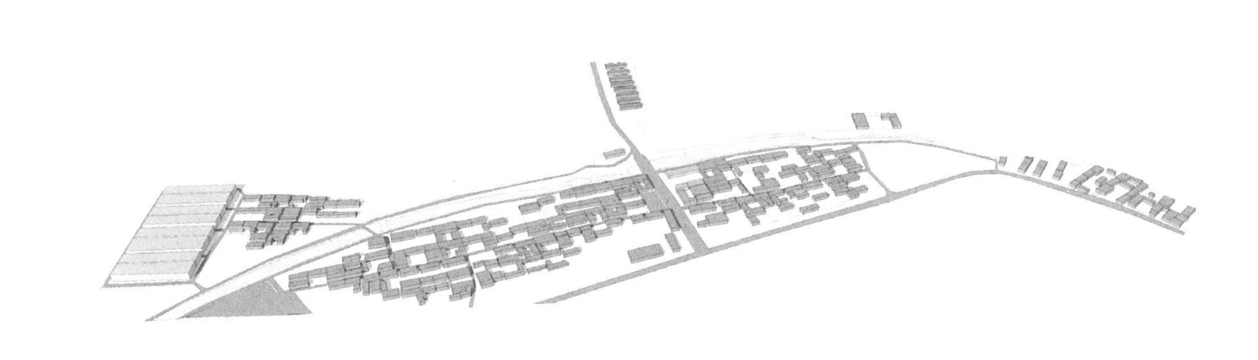

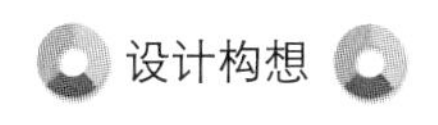

规划以提升环境质量、倡导生态旅游消费为设计理念，以乡村生态环境为依托，以天文观测站为载体，打造集天文观光、采摘度假、生态旅游为一体的乡村旅游观光度假村。

服务：乡村 + 体验，乡村观光、文化形民宿

文创：天文科普课程、天文台观测、星空人文馆

体验：开展红果玉米采摘园、生态农业园

彩色平面图

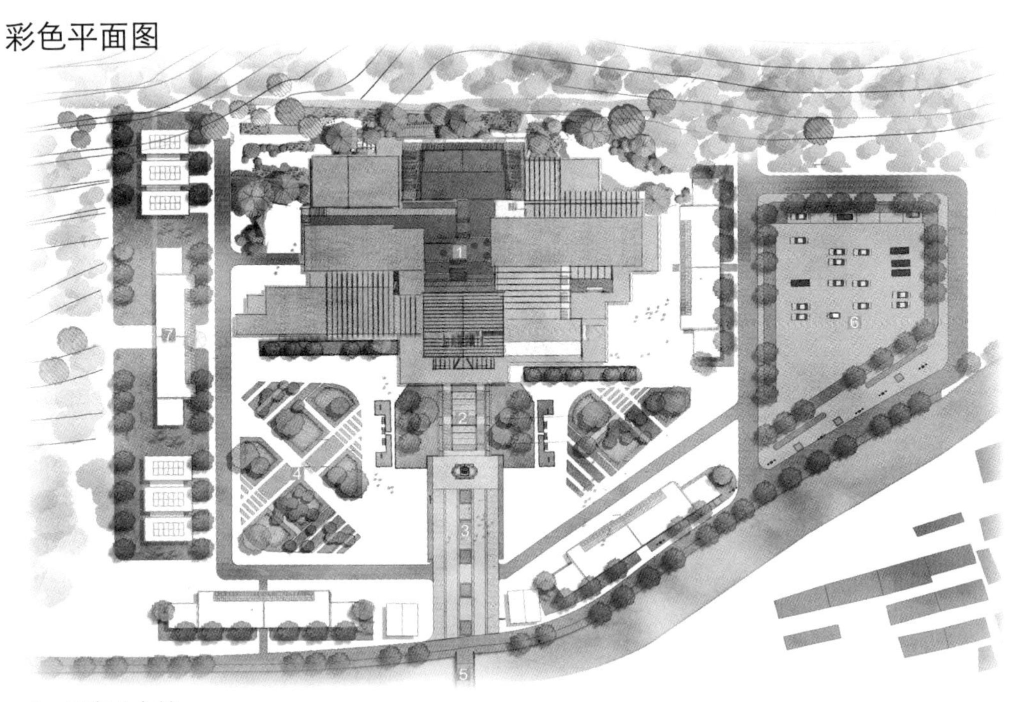

1. 星空人文馆
2. 入口景观
3. 前广场互动区
4. 开放广场
5. 入口桥梁
6. 停车场
7. 功能房

地块主要经济技术指标

总用地面积：2.82 万平方米

建筑用地面积：3504 平方米

建筑总面积：5579 平方米

建筑层数：四层

建筑高度：25 米

绿化覆盖率：31%

容积率建筑密度 :17.7 %

停车位 :70

block the main economic and technical index

total land area: 2.82m^2

land area: 3504m^2

total area: 5579m^2

construction layer:4

building height: 25m

green coverage rate: 31%

volume rate of building density: 17.7%

parking spaces: 70

建筑功能空间分析图

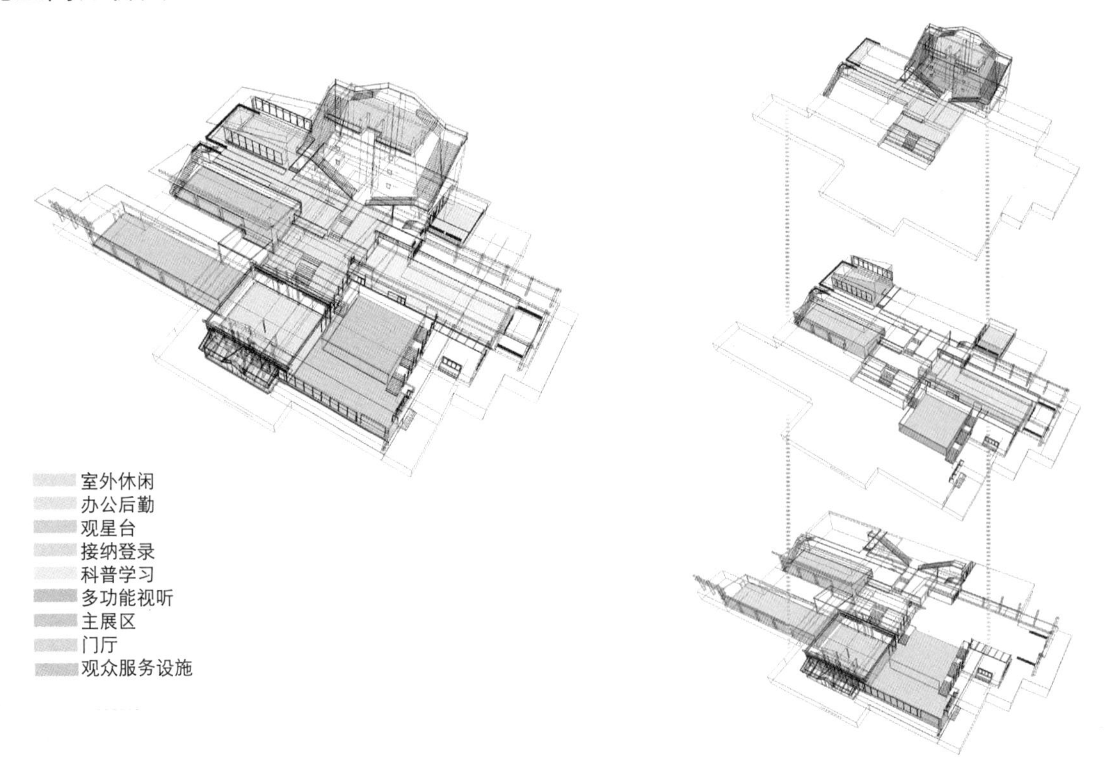

偏重科普知识传播与艺术展览。作为乡村的文化展示，同时也是艺术展厅，不仅向游客展示天文观测的知识，村民文化生活得到丰富，同时也可以作为游客与村民的交流空间。

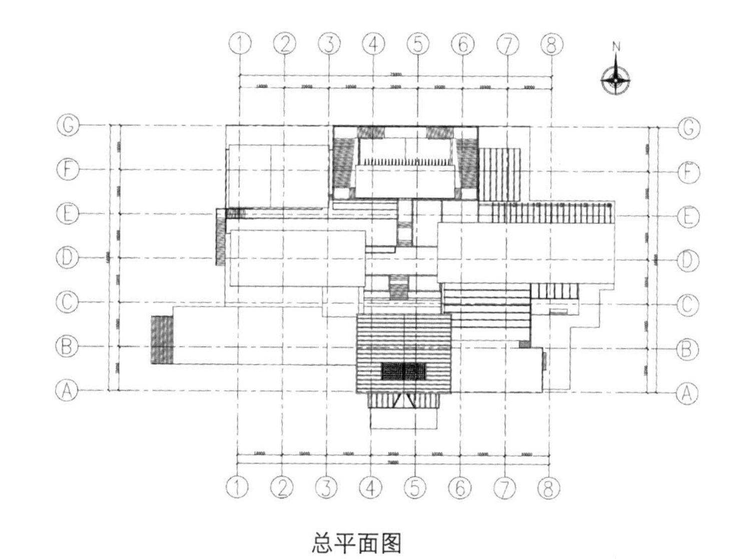

总平面图

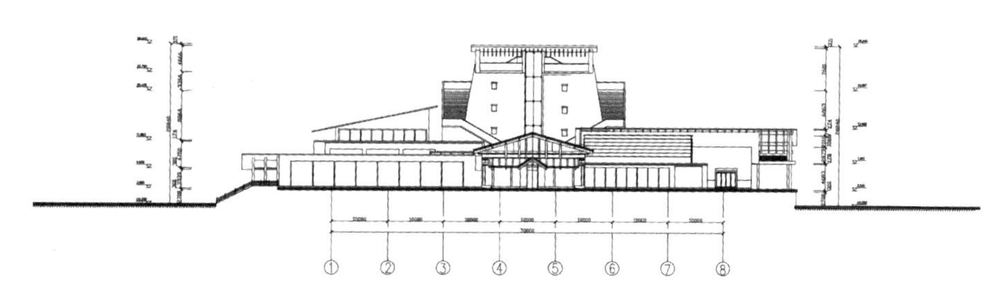

总立面图

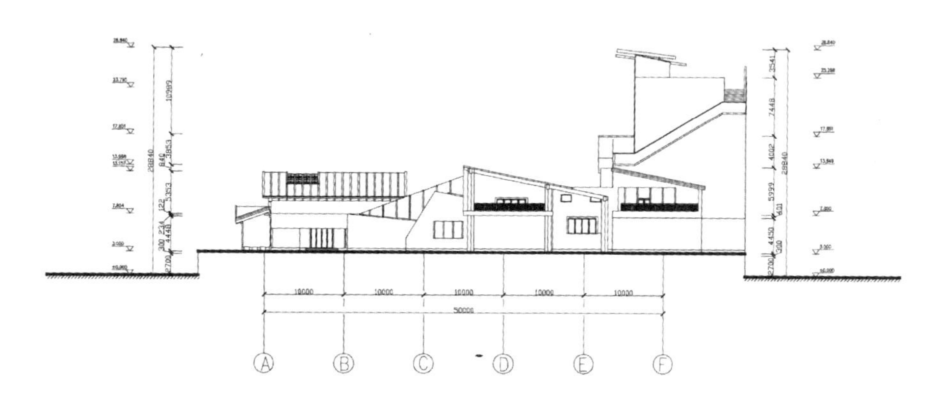

侧立面图一

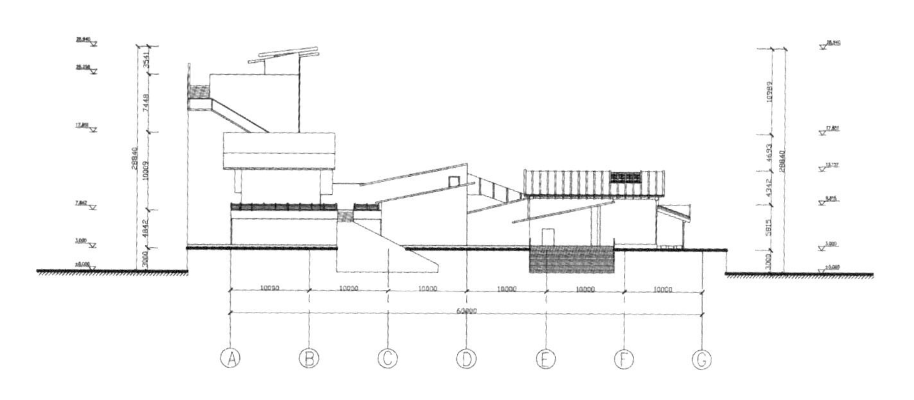

侧立面图二

一层平面图

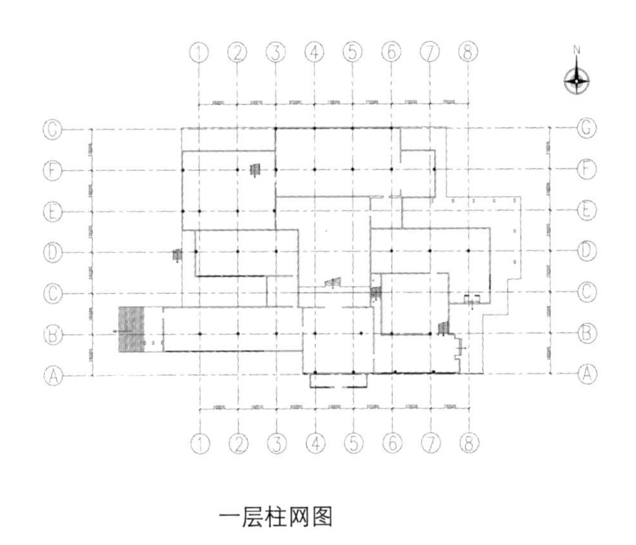

一层柱网图

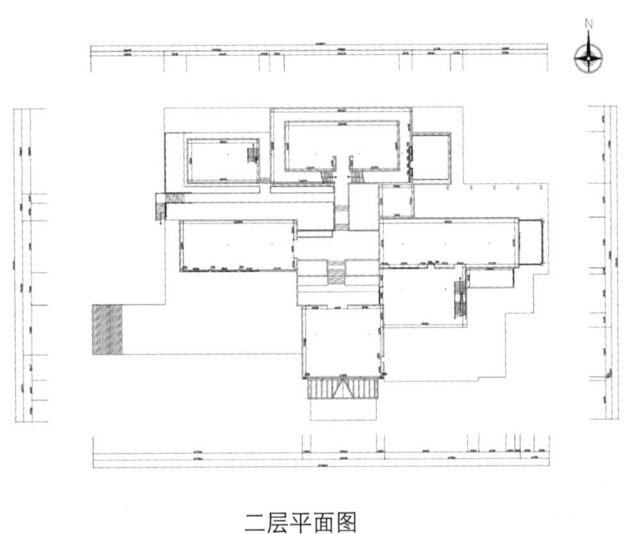

二层平面图

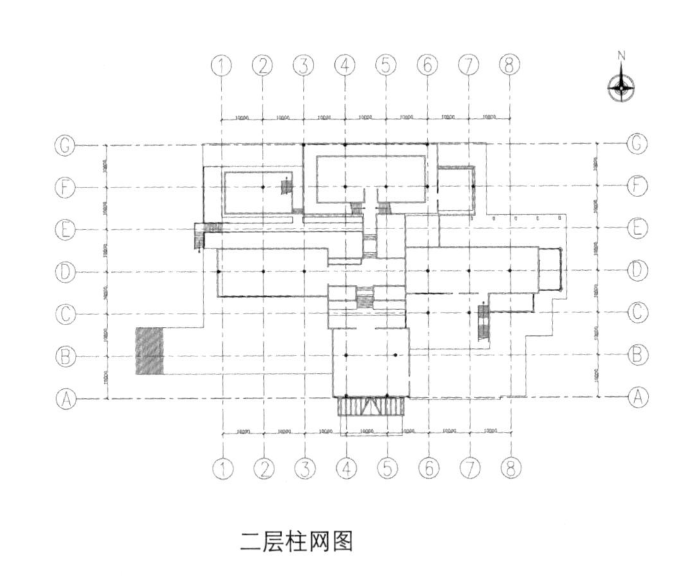

二层柱网图

三层平面图

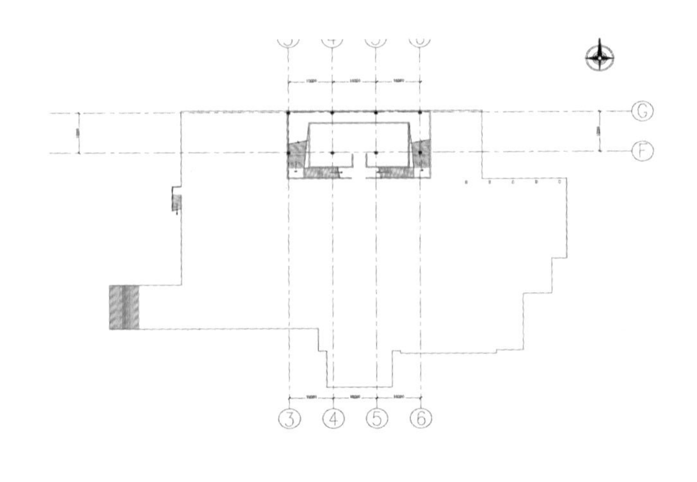

三层柱网图

场地入口景观

外环境效果

建筑外观设计：充分考虑了要与当地民居、环境和材料等物质文化的融入。

外观保留了村内特色石板材质，加以大面积的玻璃材质，建筑风貌以现代建筑风格为主。

老舍——郭家庄村美丽乡间民宿室内设计

Old House: Beautiful Countryside Houses Interior Design in Guojiazhuang Village

学　生：蔡勇超

导　师：齐伟民　马辉

学　校：吉林建筑大学

专　业：景观学

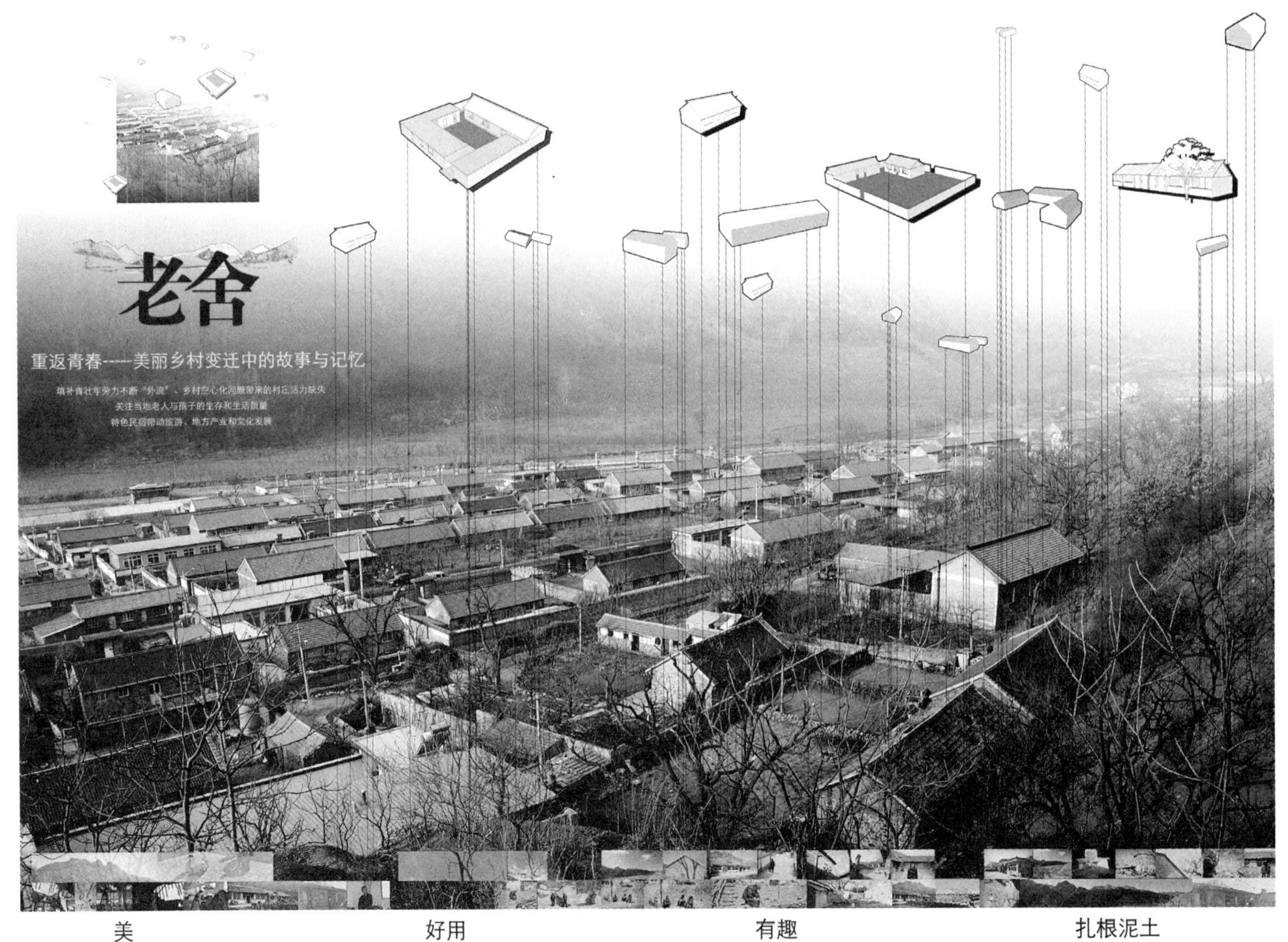

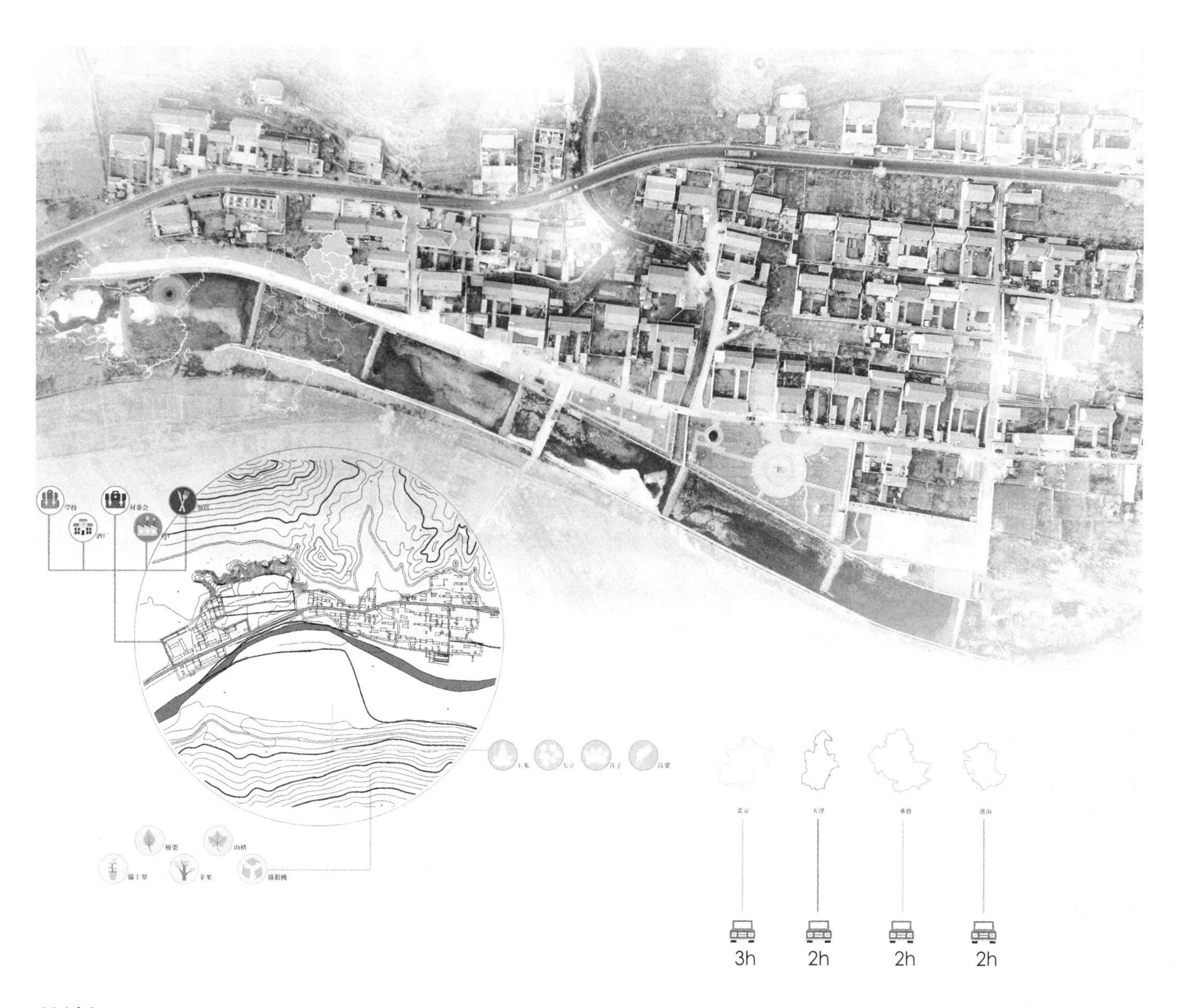

基地概况

位于中国北方，处于“十里画廊”景区中心位置，具有浓郁的民族气息、优越的地理位置和丰富的生态资源，纯朴、自然、环境优美、山形俊秀、水体清澈的小山村，保留了浓郁的满族文化特色，为发展乡村旅游提供了得天独厚的优势。

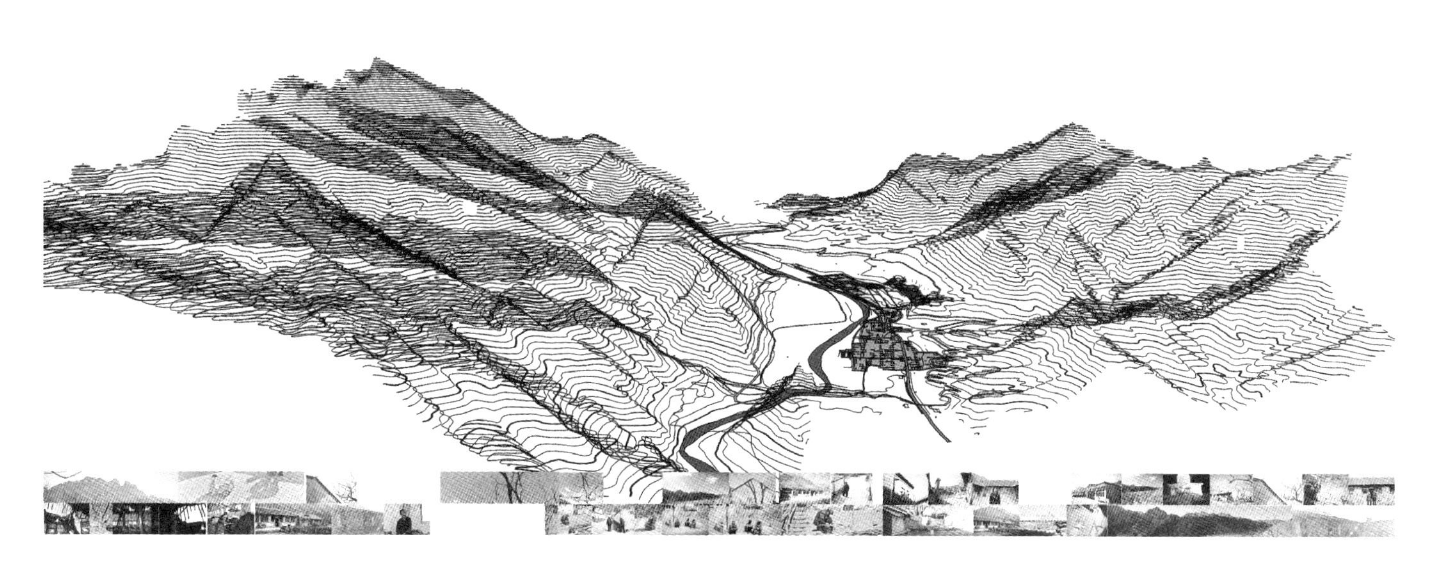

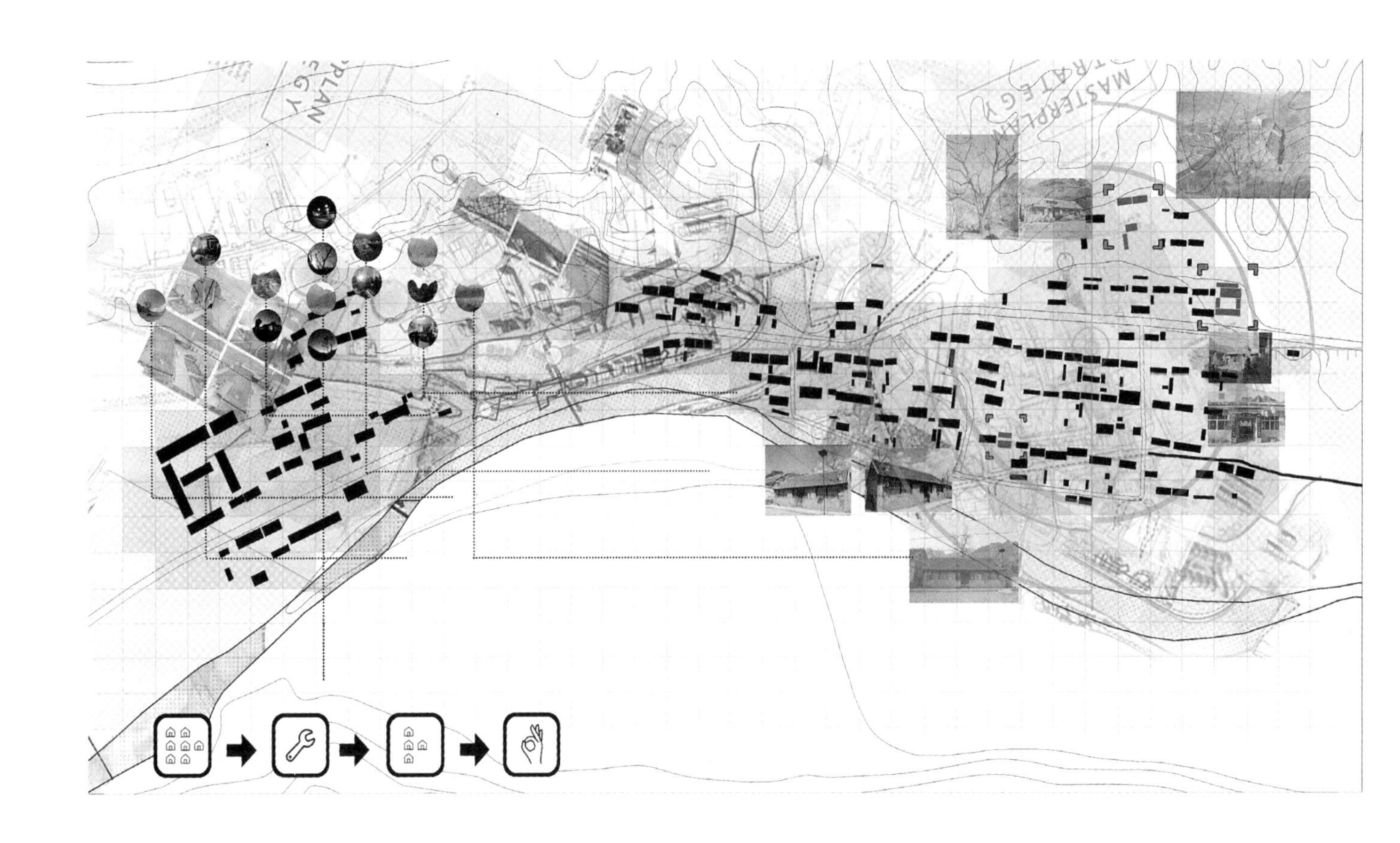

空心村

重塑青春——美丽乡村变迁中的故事与记忆

填补青壮年劳力不断“外流”、乡村空心化问题带来的村庄活力缺失；关注当地老人与孩子的生存和生活质量；特色民宿带动旅游、地方产业和文化发展。

关注满族文化
关注特色酒业
关注魅力人物

三间房

不同的主题，不同的民宿

1. 老传统 .... 新舞台
2. 老产业 .... 新生命
3. 老故事 .... 新情怀

老传统——新舞台

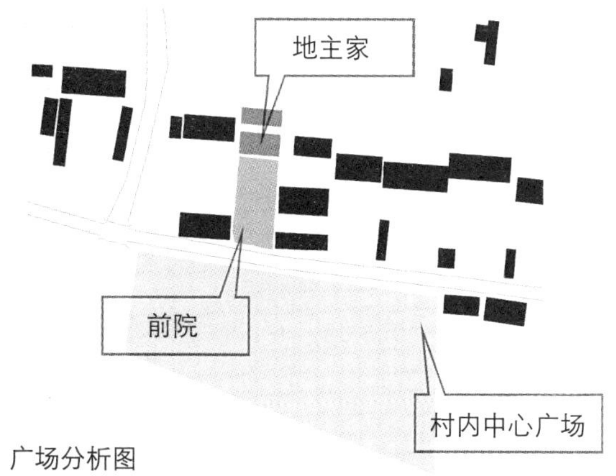

广场分析图

选择了当地最具满族传统建筑特色的“老地主家”。他家拥有一个适合庆典人流集散的前院广场，计划将这个地方作为满族庆典的聚集场所来设计。

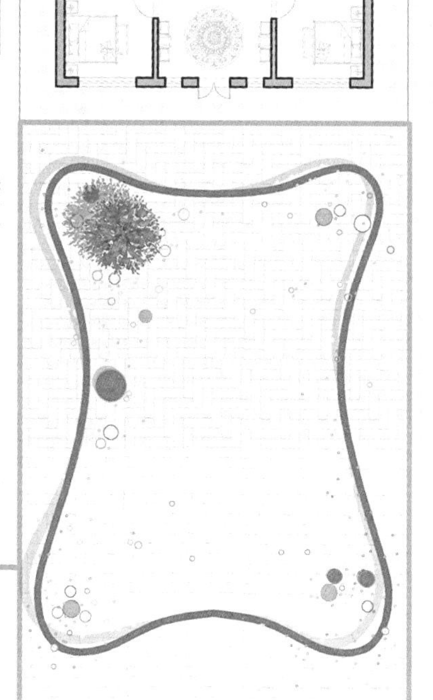

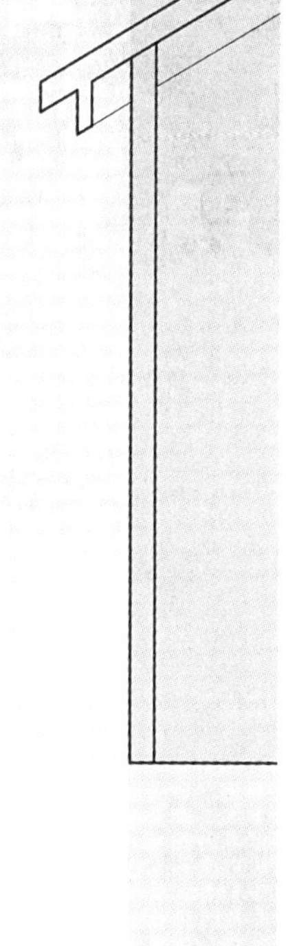

广场参考示意图

彩色平面图

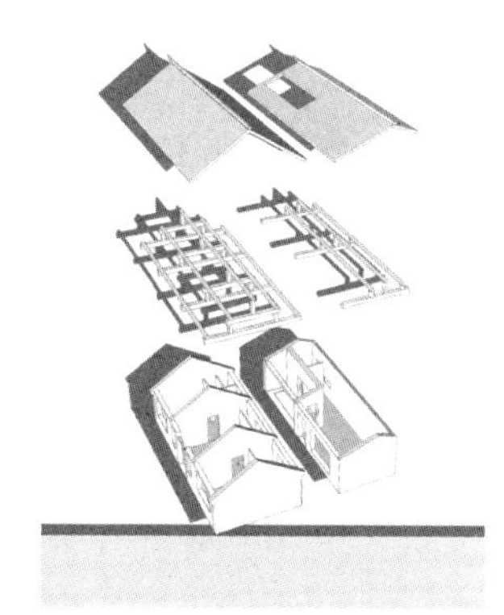

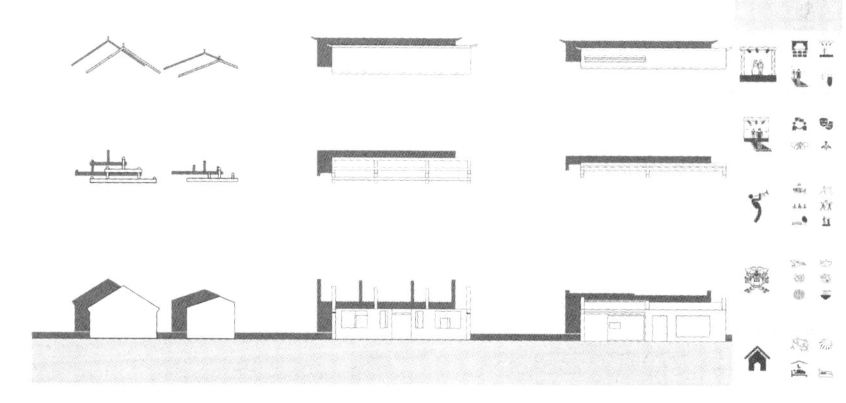

传统与现代相辅相成，新者更新，旧者更旧。传统东西，现代演绎，具有时代性，留住当地文化和风情。

中轴线对称

总体以中国传统建筑的中轴线对称的布局方式，中规中矩更适合庆典中的仪式感的体现。

用现代语言方式把传统的东西继续传承下去。

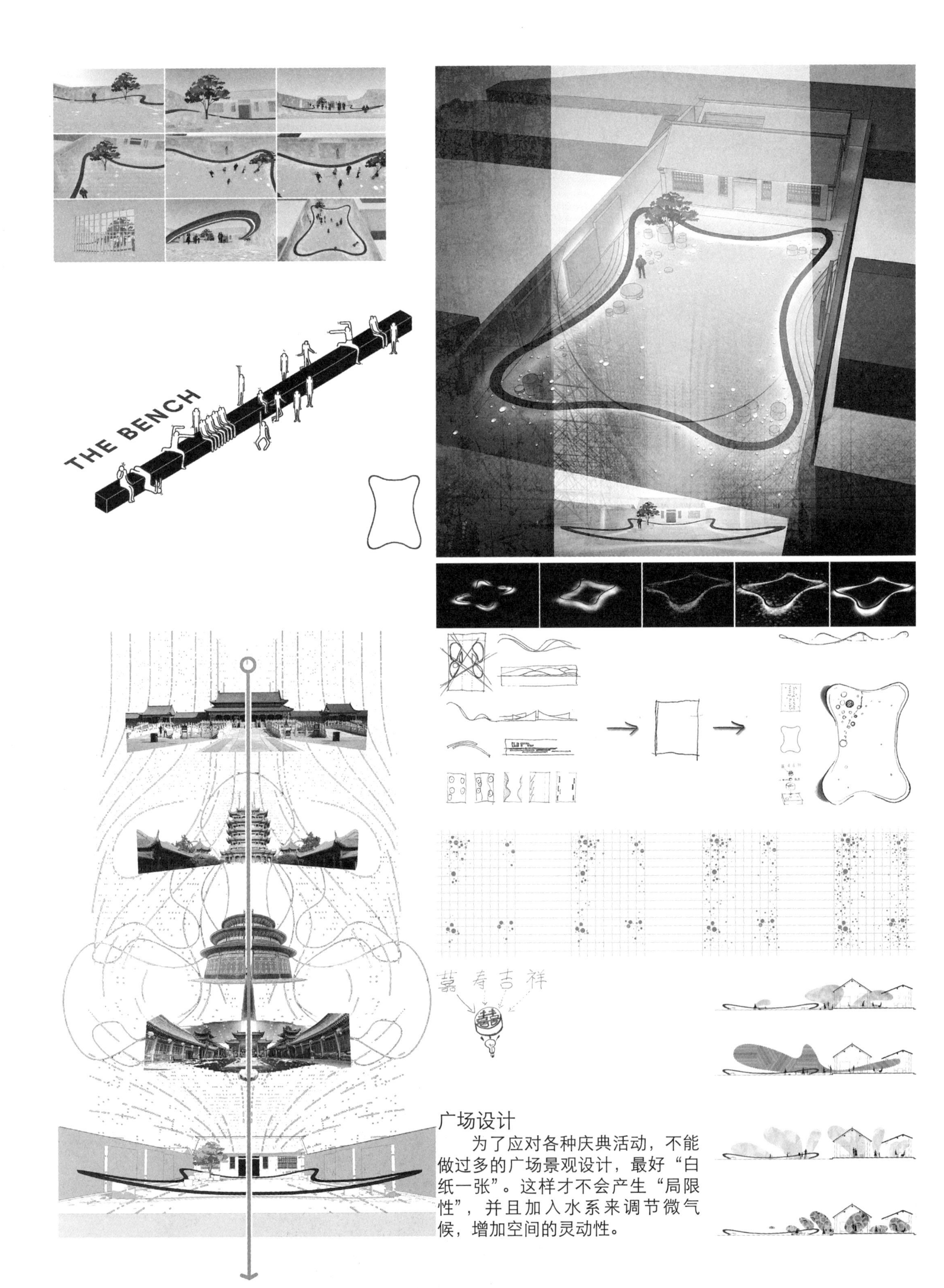

广场设计

为了应对各种庆典活动，不能做过多的广场景观设计，最好“白纸一张”。这样才不会产生“局限性”，并且加入水系来调节微气候，增加空间的灵动性。

老传统——新舞台

选择了一家位于北山脚下拥有酒产业背景的一个特色院落，并且是三栋改建民居中风景最为优美的。

在后院屋子旁有一棵40多年穹劲有力的老板栗树。村内有一家酒厂，酒厂中有当地独具特色的板栗酒，希望以板栗为元素对整个村子酒产业有一个促进发展的作用。

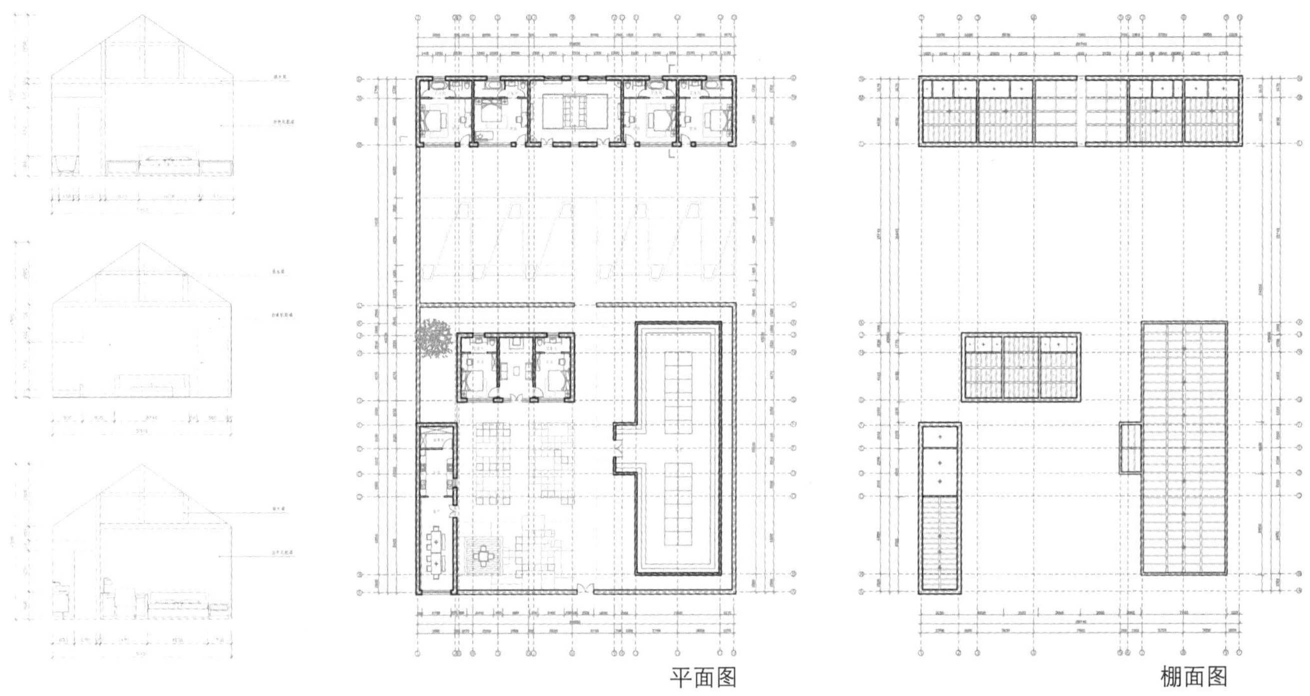

平面图　　　　棚面图

大量运用棕色进行设计，给墙面附上特色的板栗画，希望给予人浓浓的板栗情；保留了原有屋子棚顶的木构架结构，墙面重新以白色乳胶漆饰面，棕色、灰色、白色三色调让整个空间干净沉稳。

把板栗树抽象为剪影的方式运用到餐厅的装饰设计中，希望人们在就餐的时候，就像在板栗树下一样，喝着板栗酒。

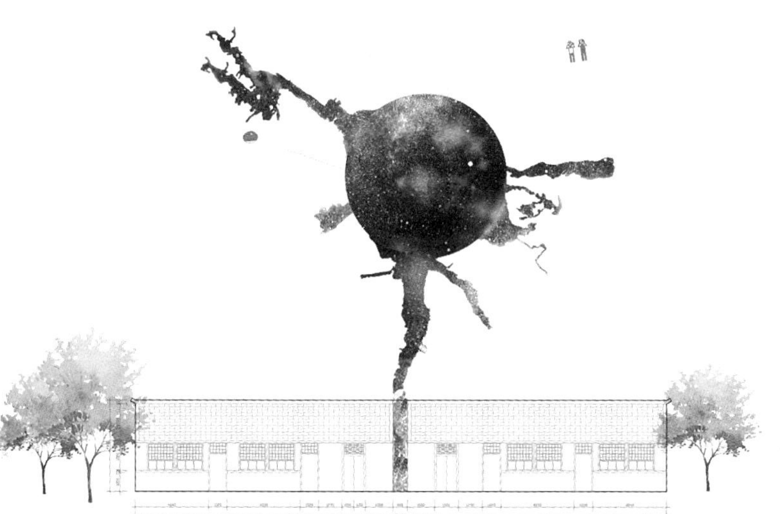

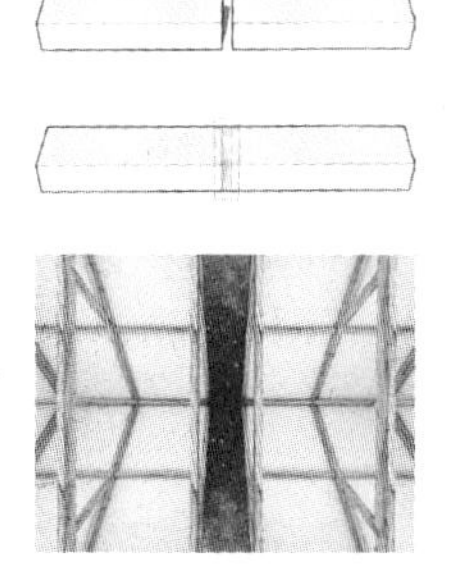

这两栋建筑中间是一条狭长的过道。将这个地方设计成一个独特的空间，希望不仅在白天有事情可做，在晚上也能望望天空，看看星星。

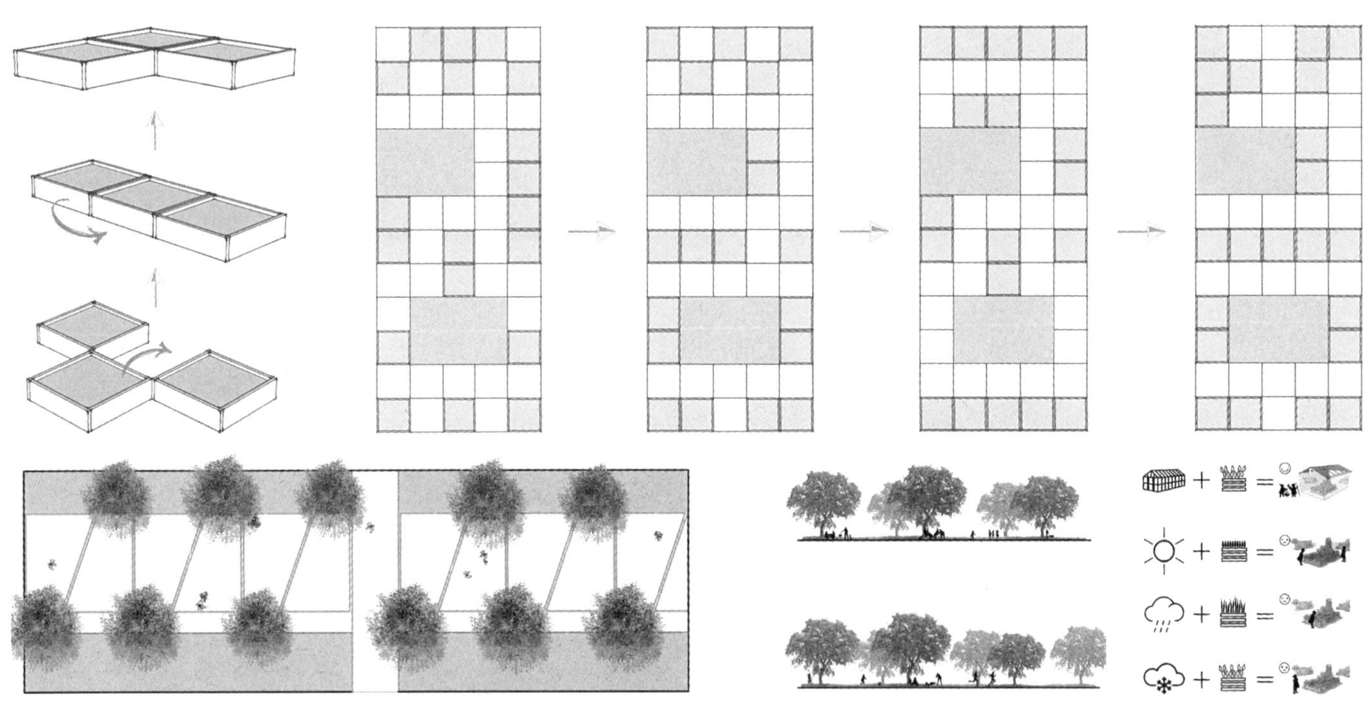

整个庭院是以板栗树为核心的内蕴环境，附以一米菜园。菜园的格子里有各种蔬菜和水体，方便人们采摘和游戏。庭院内有一部分为种植大棚，用来补充人们冬天的一部分收入。

老故事——新情怀

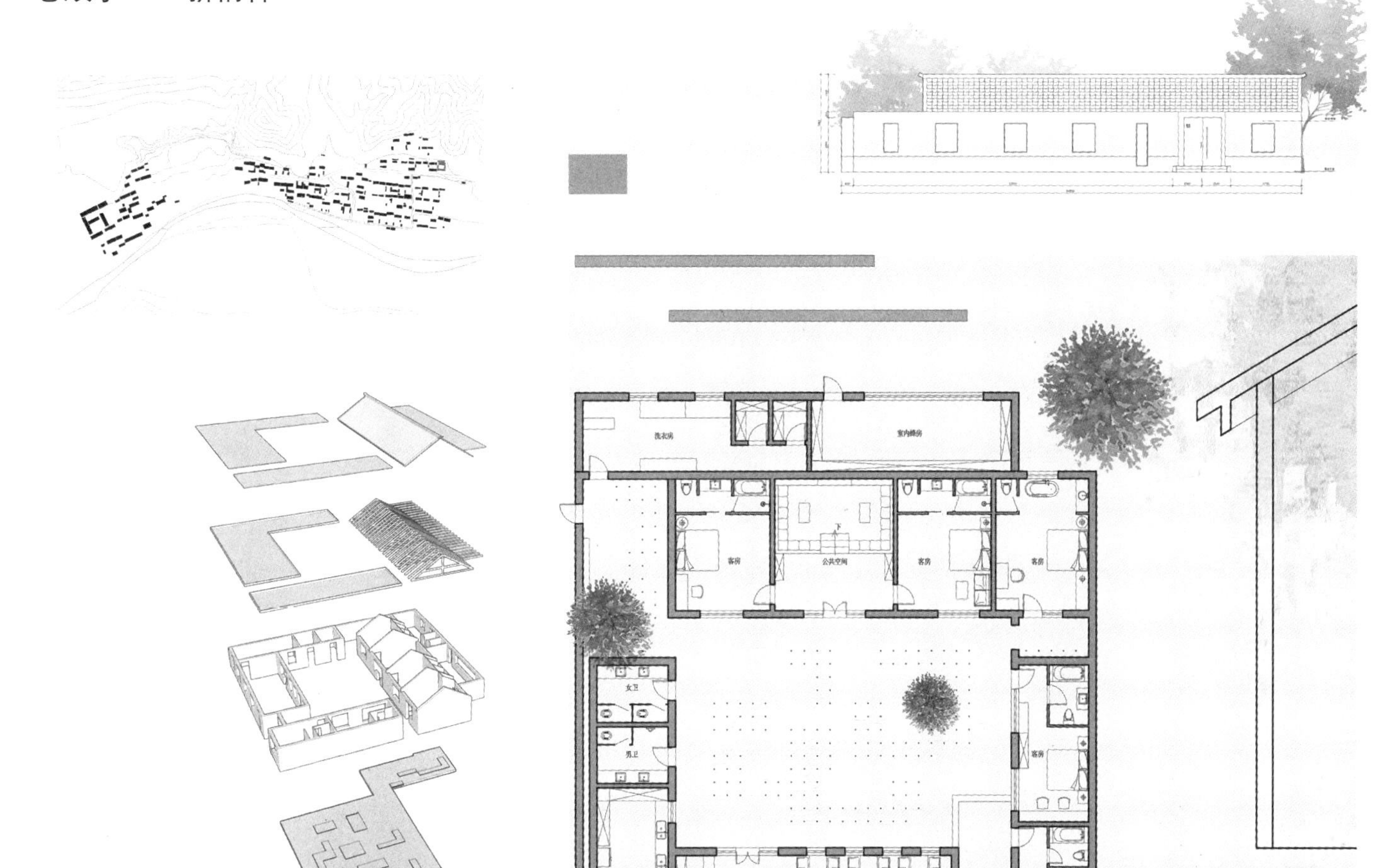

选择了一个曾住着一位当地非常有名望的乡绅家的四合院。

四合院具有围合性和向心力，便于交流。希望以“老故事”为主题展开设计。每栋房子都带有主人的文化意识和时代印记，老房子有底层情感的温度，给人一种归属感。在老房子里遇到新的朋友，产生新的记忆和新的感受，使故事传承下去。

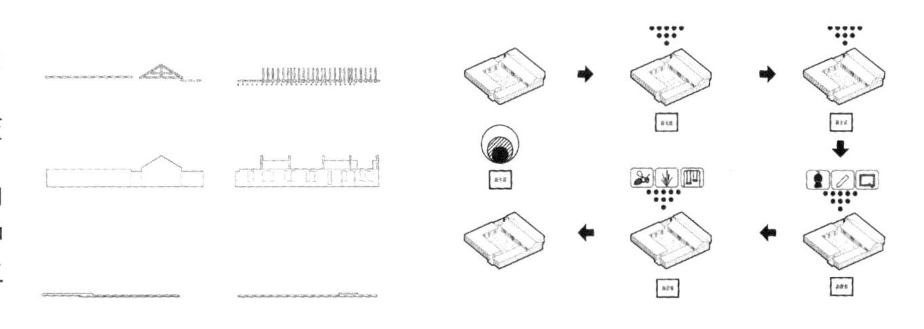

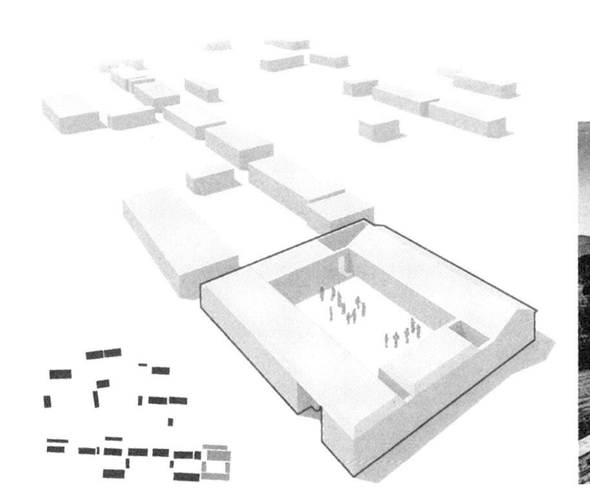

计划营造一条旅游丝带，使它成为村庄各旅游景点的连接，民宿也在其中。在这条丝带经过的地方有时间计划地种植当地最具代表性的板栗树。伴随时间的推移，村子的绿化质量也会随之提高。这些旅游路途中一个个“驿站”使板栗的印记随处可见，并形成情感和记忆。

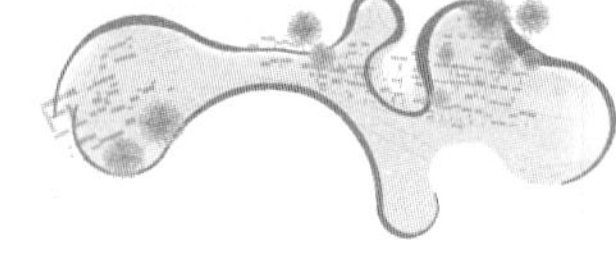

2~3年

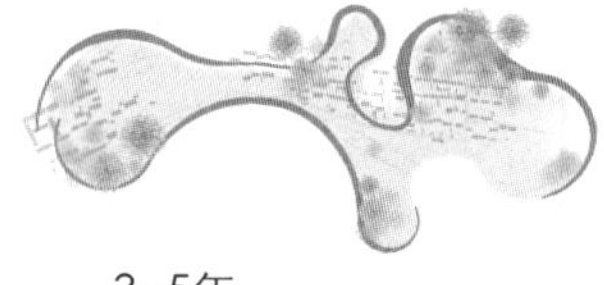

3~5年

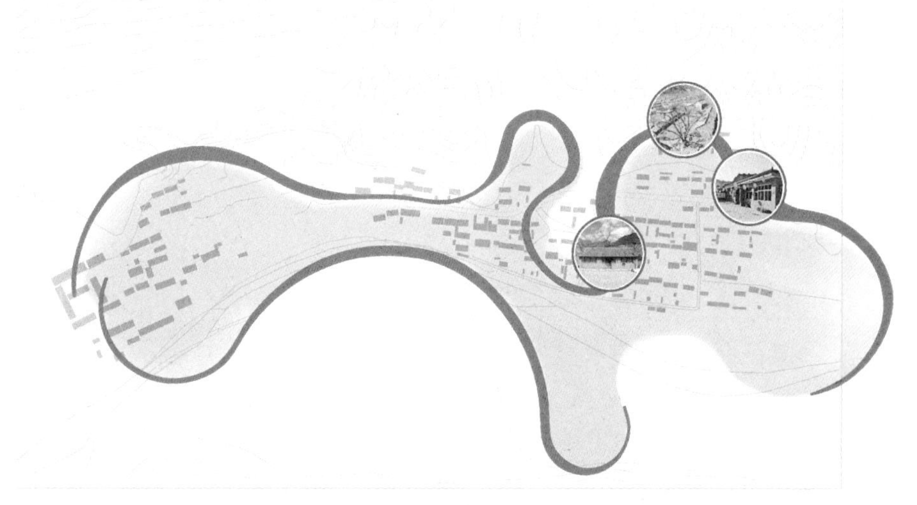

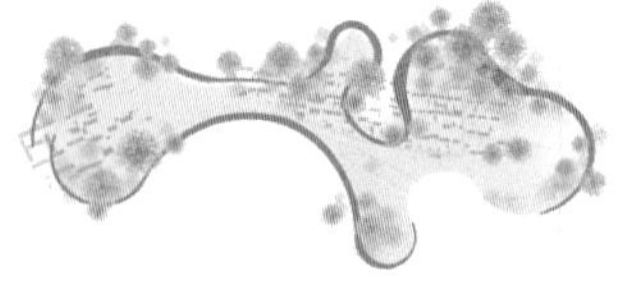

5~10年

我们的任务已经完成了，空间的真正价值和灵魂是与居住者一起营建。

——安藤忠雄

老年活动中心概念设计

The Concept Design of the Old Age Activity Center

学　生：胡娜

导　师：谭大珂　张茜

　　　　贺德坤　李洁玫

学　校：青岛理工大学

专　业：环境艺术设计

老年活动中心效果图

随着国家对乡村建设发展的关注，当下农村建设中的负面问题渐渐暴露，乡村中的老龄化严重、青壮年缺失、人口日渐减少、“空心村”等问题日渐显著。在“美丽乡村”的建设中，更应尊重现状，从实际出发……

基地概况

项目选址在河北省承德市兴隆县郭家庄村。郭家庄村位于兴隆县城东南，全村总面积9.1平方公里，现有耕地680亩，荒山山场600亩。

区位分析

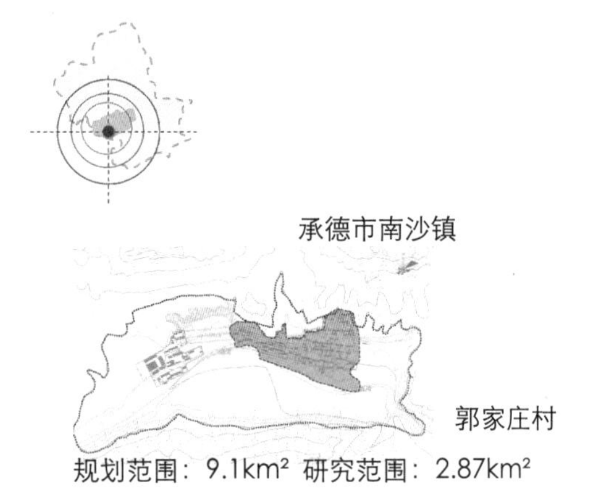

现场调研图

基地现状分析

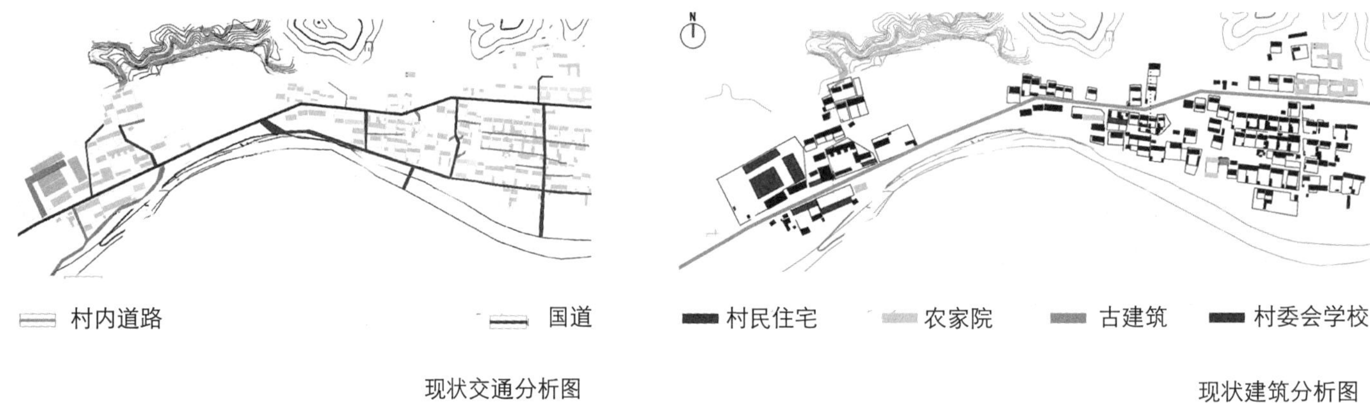

现状交通分析图

现状建筑分析图

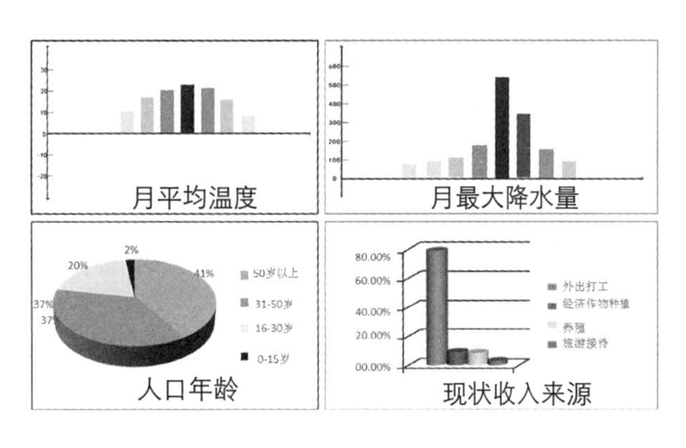

数据分析图

住宅区　新建小区　共建区
酒厂　商业区　农家乐

现状功能分析图

概念分析

基于郭家庄村目前环境空间现状及村内所存在的老龄化问题，设计以老年人为本，是针对老年人的环境空间设计。

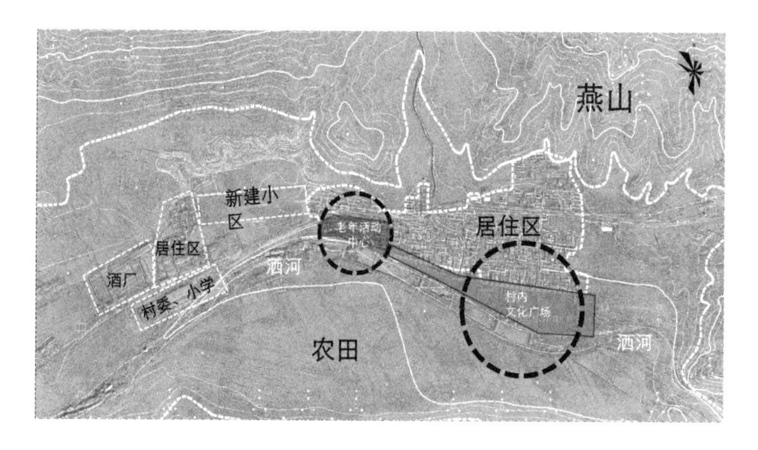

选址

在选址上将老年活动中心设置在新建小区与居住区的中心地带，在村内的原有文化广场上增设老年人活动空间。

形体推演与景观创意分析

老年活动中心设计概念为“燕山绿毯”，郭家庄村自然环境优越，因此在设计时将建筑退居于自然之后，老年活动中心建筑采用覆土的表现形式。

景观上主要采用圆弧围合形式，同时配以不同层次的植物，打造绿色生态空间，同时配有圆形座椅及服务于老年人的配套式护栏扶手。

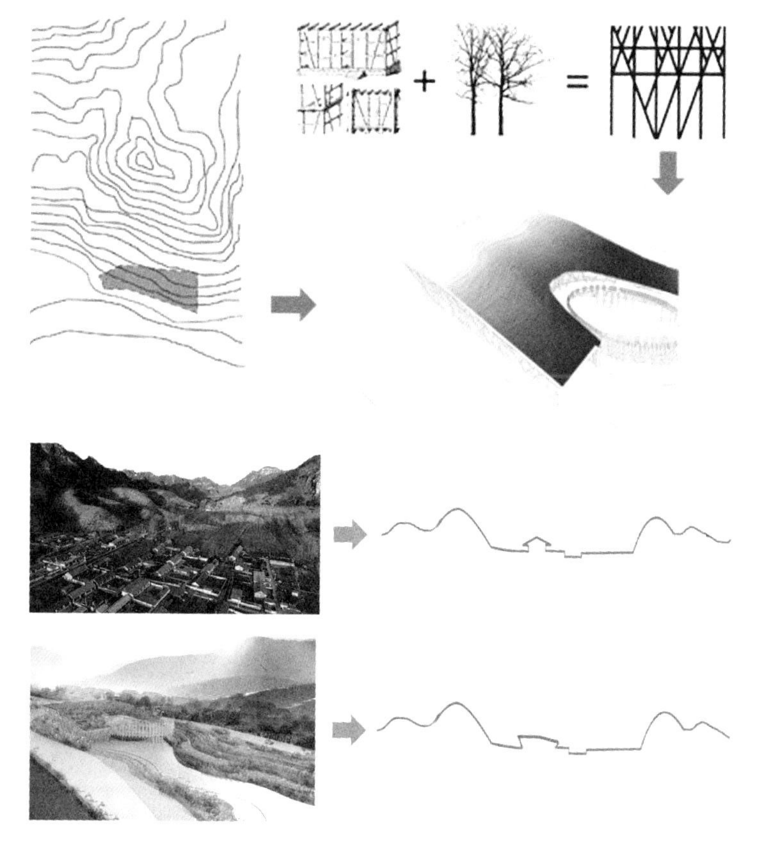

建筑形体推演图

景观创意分析图

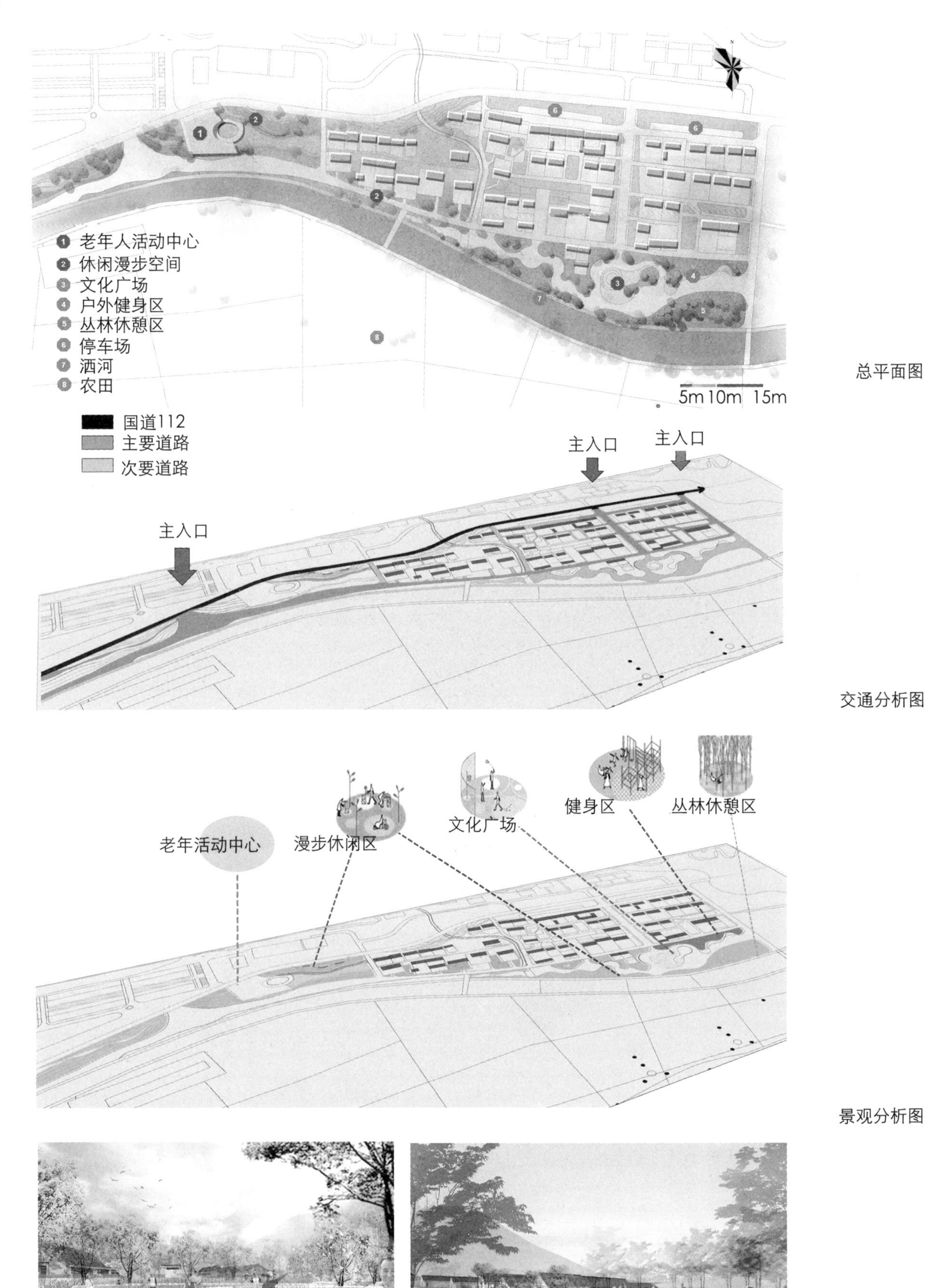

总平面图

交通分析图

景观分析图

漫步休闲与文化广场效果图

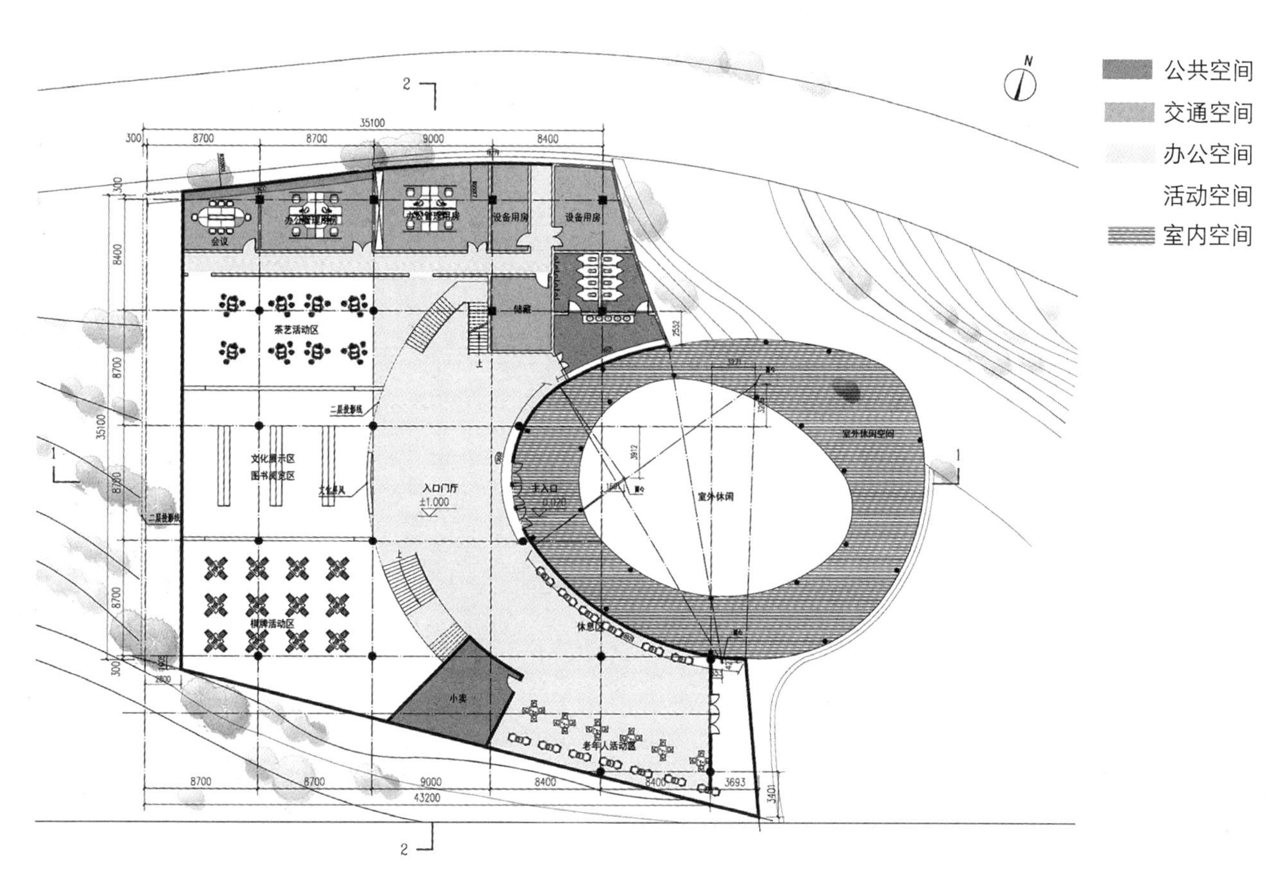

一层平面图　总面积：1516m²

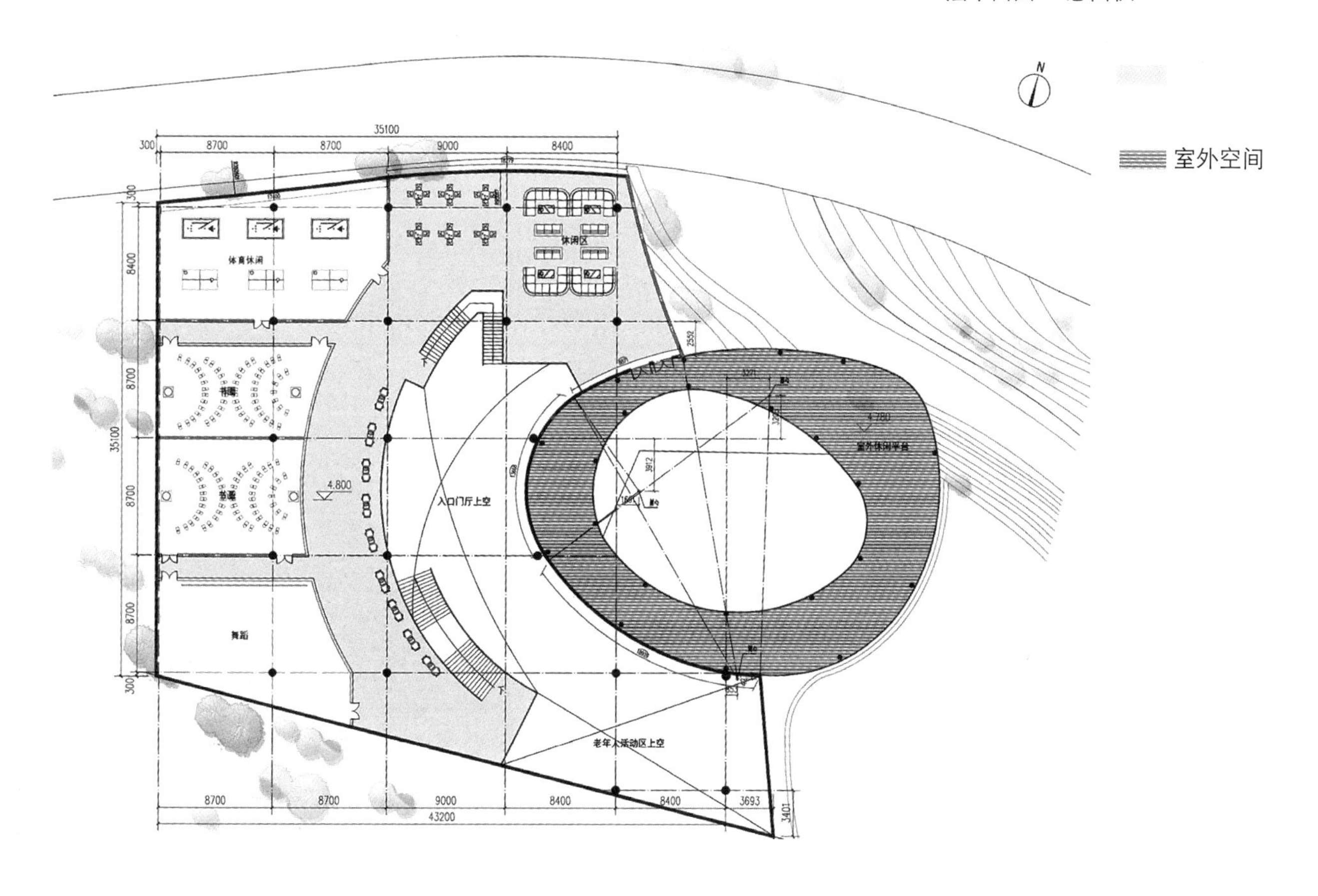

二层平面图　总面积：1516m²

建筑分析

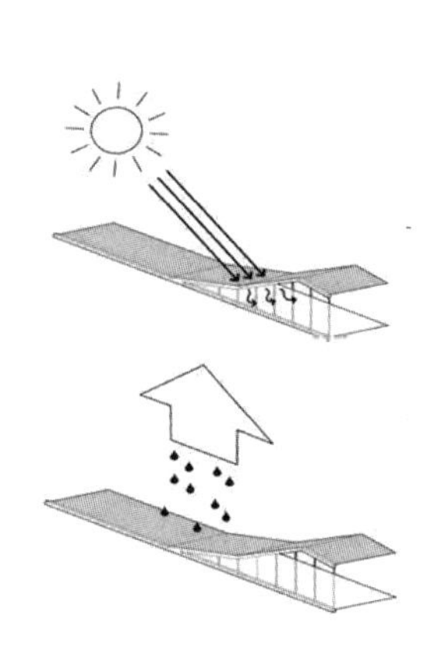

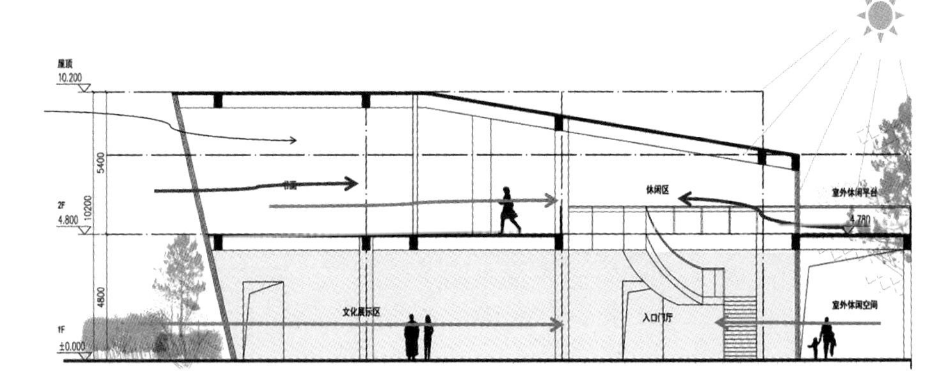

覆土分析图

覆土分析

覆土的建筑形式使土壤具有良好的保温隔热性能，温度波动较少，可以降低建筑内部受外部气候环境的影响，微气候稳定，提高室内舒适度，屋顶上的覆土和纸杯可以有效地续存雨水，建设地表径流。

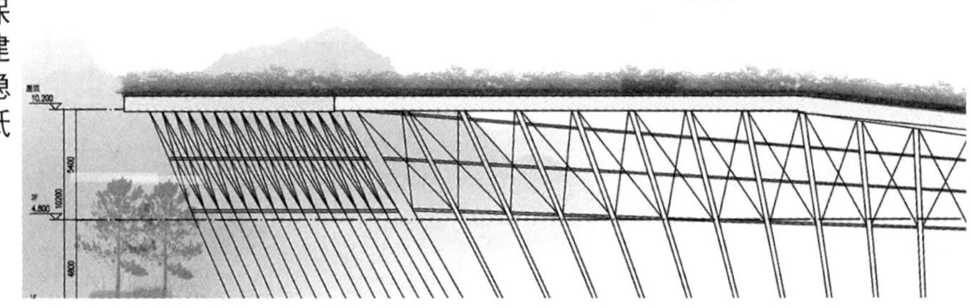

老年活动中心效果图

剖立面图

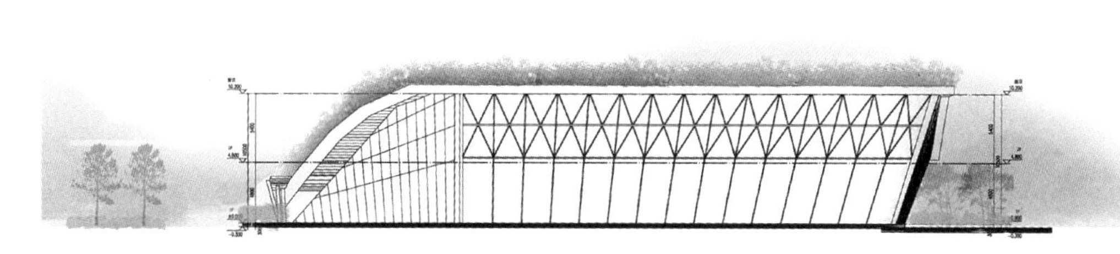

1-1剖面图

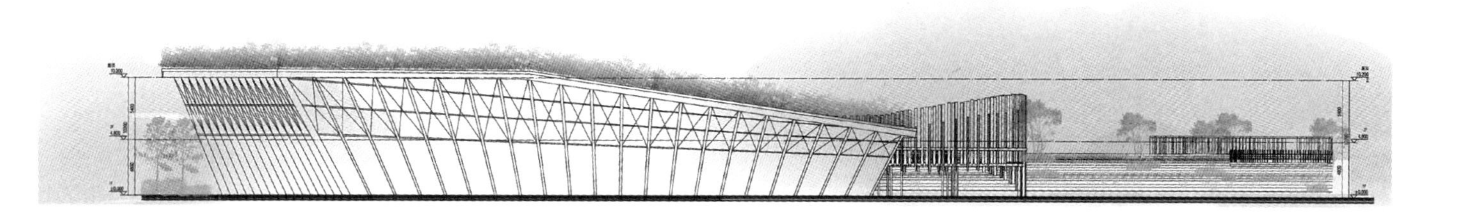

2-2剖面图

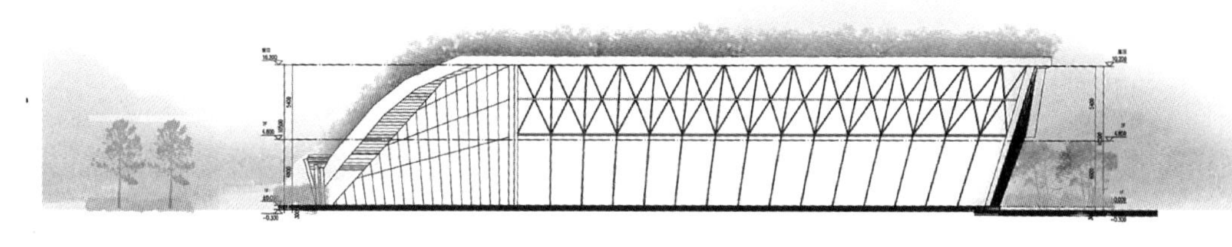

立面图

立面图

复归自在——乡村康复性景观设计

Return Free: Healing Landscape Design in Rural Areas

学　生：刘丽宇
导　师：朱力　陈翊斌
学　校：中南大学
专　业：环境艺术设计

城市环境污染日益严重，农村大量青壮年外出留下老人和儿童，一系列的环境问题与自身的身心健康问题都使他们想要一个与自然共生的精神压力释放空间，复归自在。

解读任务书

以郴州市承办全国农村旅游节为项目背景，将栖凤水打造成为重点旅游景观带。项目地点位于旅游景观带上的岗脚村，目标是利用栖河自然风光，打造度假休闲胜地。目的是通过旅游使岗脚村获得更多的对外交流基础，提高经济收入，切实提高村民的幸福感和满意度。

针对人群

1. 城市者

提到旅游，城市者需要什么？城市近年突出问题就是空气污染，通过数据可知，空气污染导致城市居民感到焦虑，环境压力过大，使他们想要去环境优美的地方调节身心，而乡村旅游顺应了这一趋势。

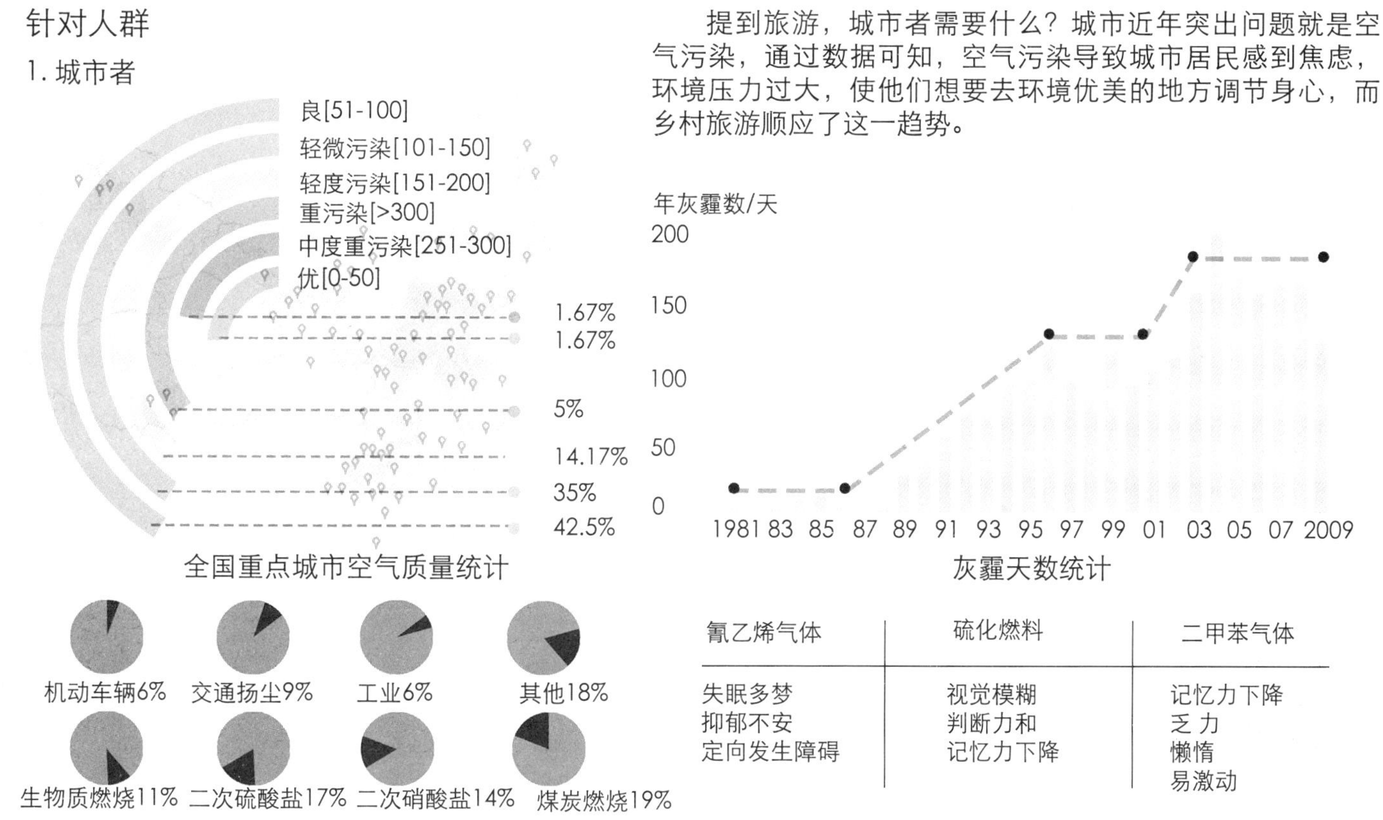

全国重点城市空气质量统计

灰霾天数统计

PM2.5 源解析

氰乙烯气体	硫化燃料	二甲苯气体
失眠多梦 抑郁不安 定向发生障碍	视觉模糊 判断力和 记忆力下降	记忆力下降 乏力 懒惰 易激动

城市空气污染引起的心理问题

2. 岗脚村

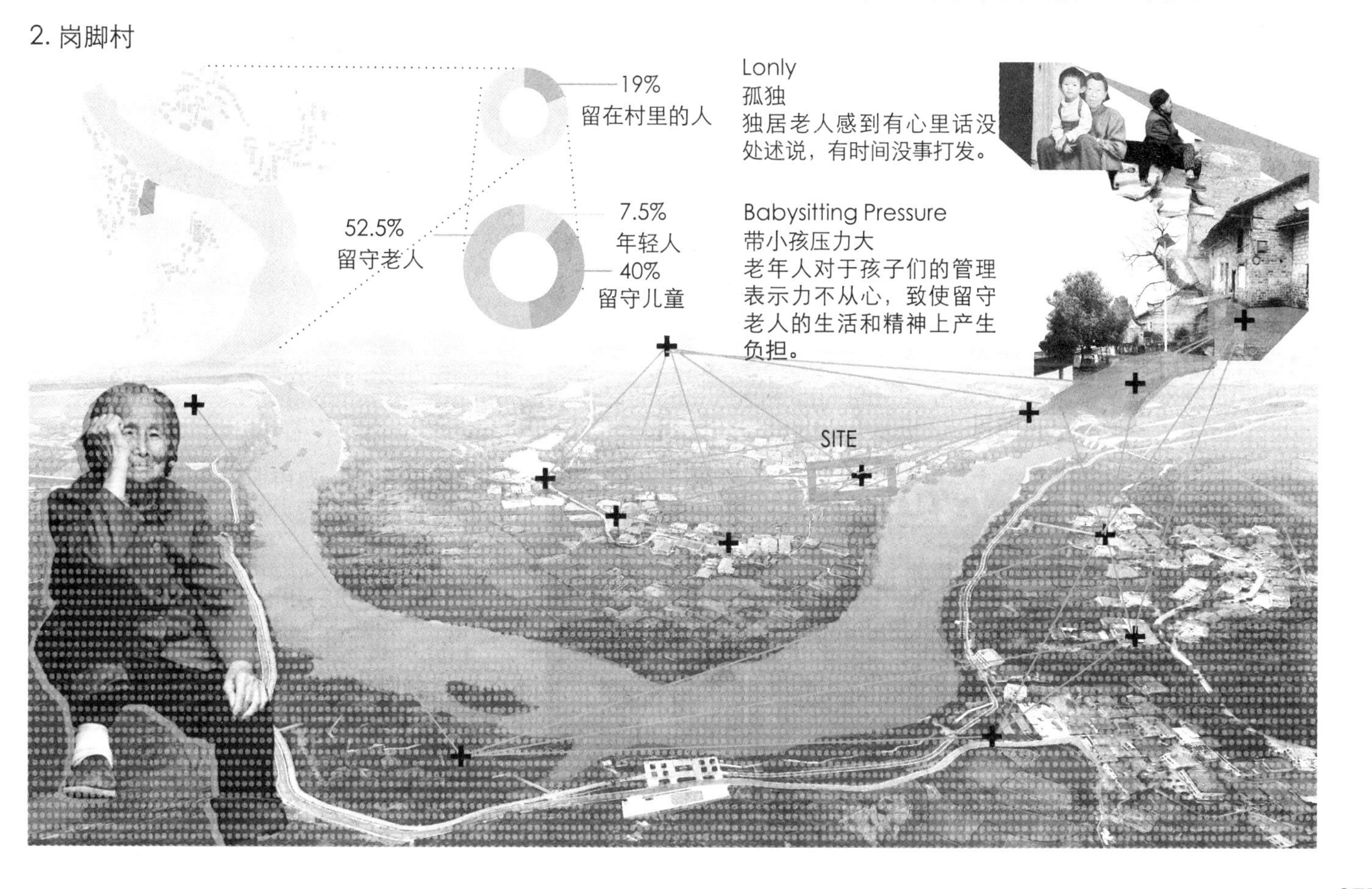

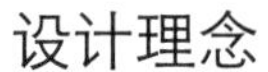

设计理念

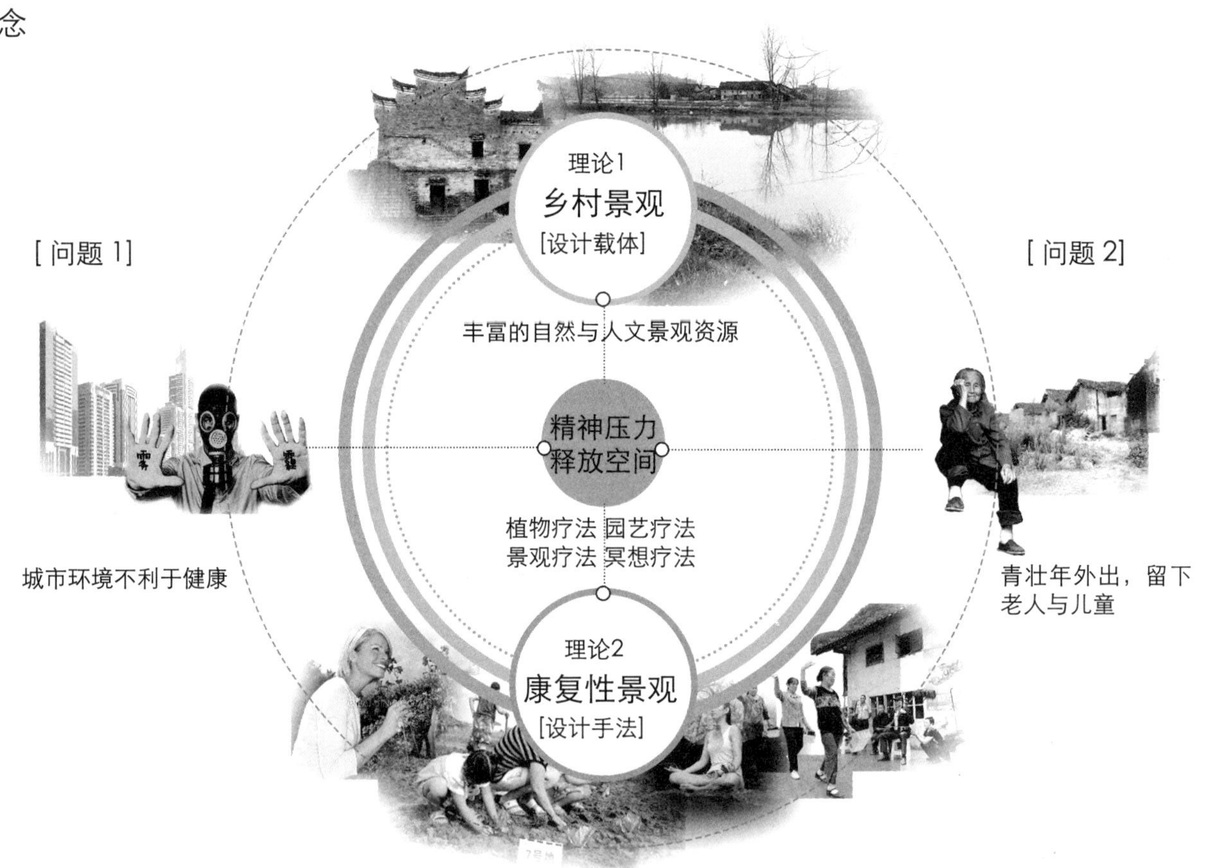

场地定位

场地位于岗脚古宅东面前坪，面积约3230m^2。北面临栖水，东面、南面均与水田相连，景观资源丰富，自然景色优美。

岗脚乡村人文景观源远流长，场地西北面紧靠古宅，有与古宅一起建造的朝门、古代供文人烧毁不再使用文字的昔字炉，还有犀牛角等。以上均为乡村康复性景观设计提供了有利的条件。

交通分析

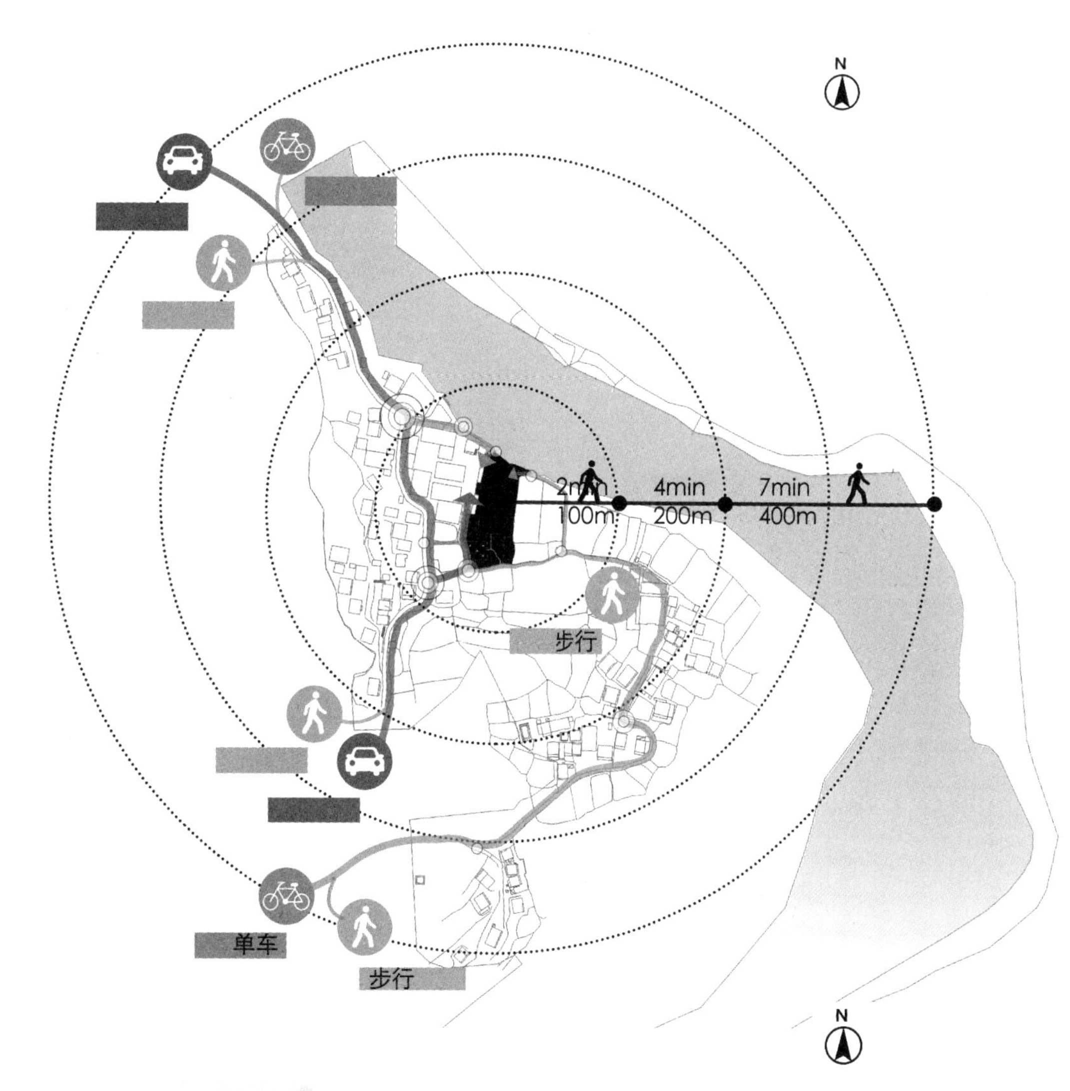

自然环境分析

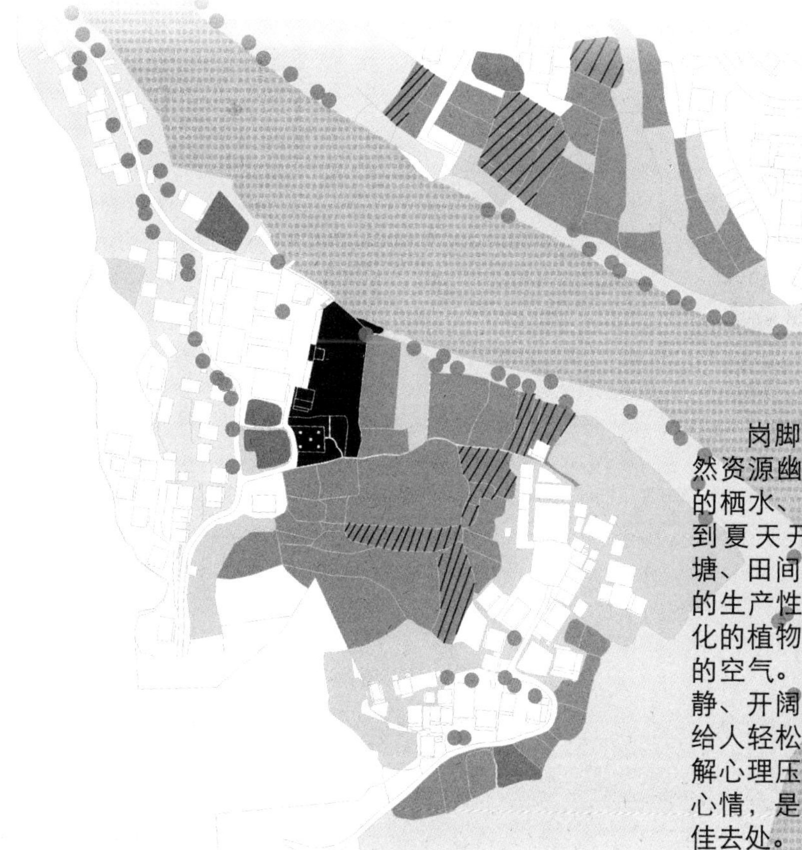

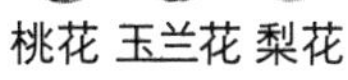

岗脚村景观中的自然资源幽美秀丽：悠悠的栖水、古老的码头、到夏天开满荷花的水塘、田间菜地形成丰富的生产性景观、富有变化的植物景观以及清新的空气。乡村自然、宁静、开阔的景观环境能给人轻松愉悦之感，缓解心理压力，调节烦闷心情，是恢复精神的最佳去处。

视线分析

场地周边的乡村人文景观表达了岗脚村独特的精神，不仅具有使用价值，且见证了先民改造自然的尝试和努力，印记了乡村的兴衰荣辱和沧桑变化。应结合当地的人文景观融入设计中。

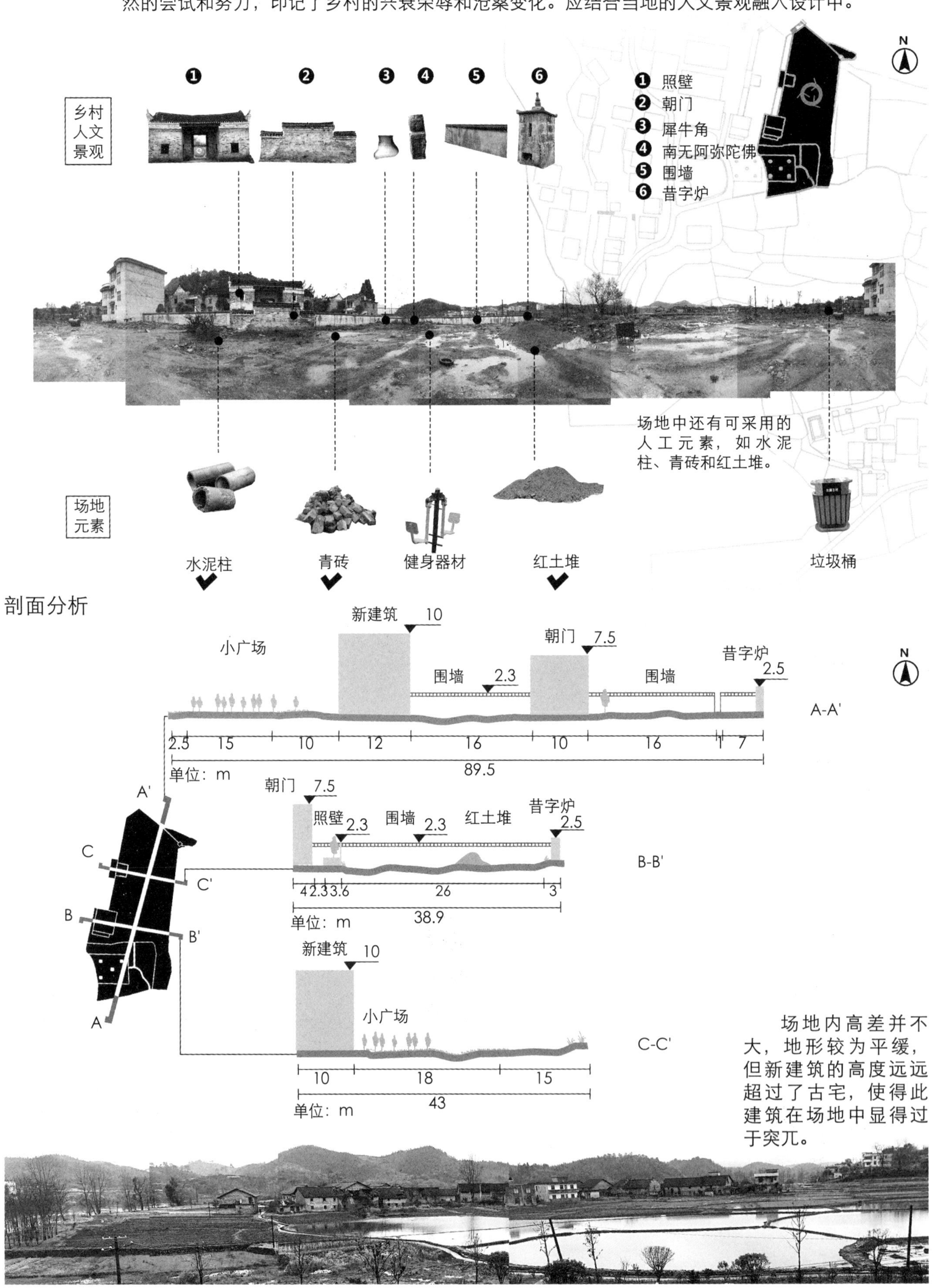

场地中还有可采用的人工元素，如水泥柱、青砖和红土堆。

剖面分析

场地内高差并不大，地形较为平缓，但新建筑的高度远远超过了古宅，使得此建筑在场地中显得过于突兀。

节点分析

植物疗法 —— 体验

1. 体验视觉上的植物色彩

→ 不同的色彩在表达上有不同的情感，不仅能消除视觉疲劳，还能缓解心理疲劳。

2. 体验触觉上的植物叶脉

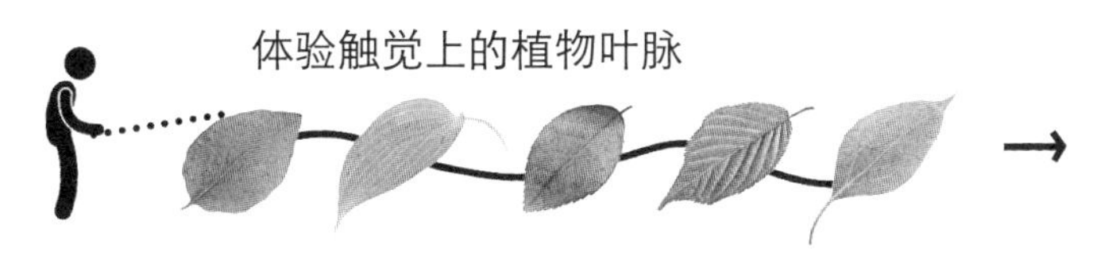

→ 通过触摸产生新奇、快乐之感，从而改善心情、促进交谈，以达到增进健康的目的。

3. 体验嗅觉上的植物芳香

→ 通过种植芳香植物来刺激人们的嗅觉感官。植物芳香可有效减缓紧张情绪，使人愉悦，并增进睡眠。

需要修剪的规则布局 ✕

几乎不需要修剪的自然式布局 ✓

? 针对少数需要维护的植物

游客旅游的季节性 ✚ 不同季节的园艺课程

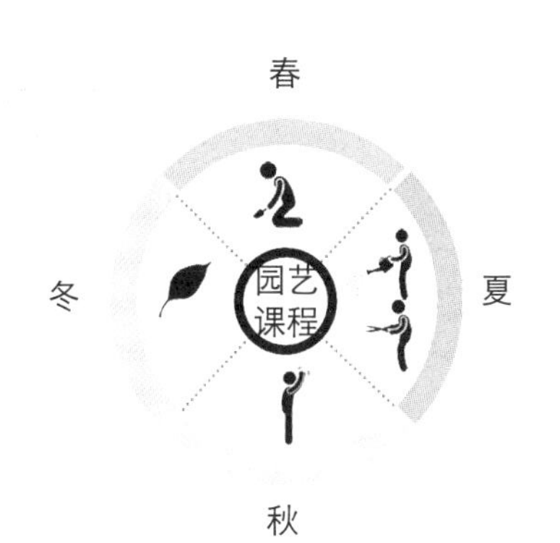

鸟瞰图

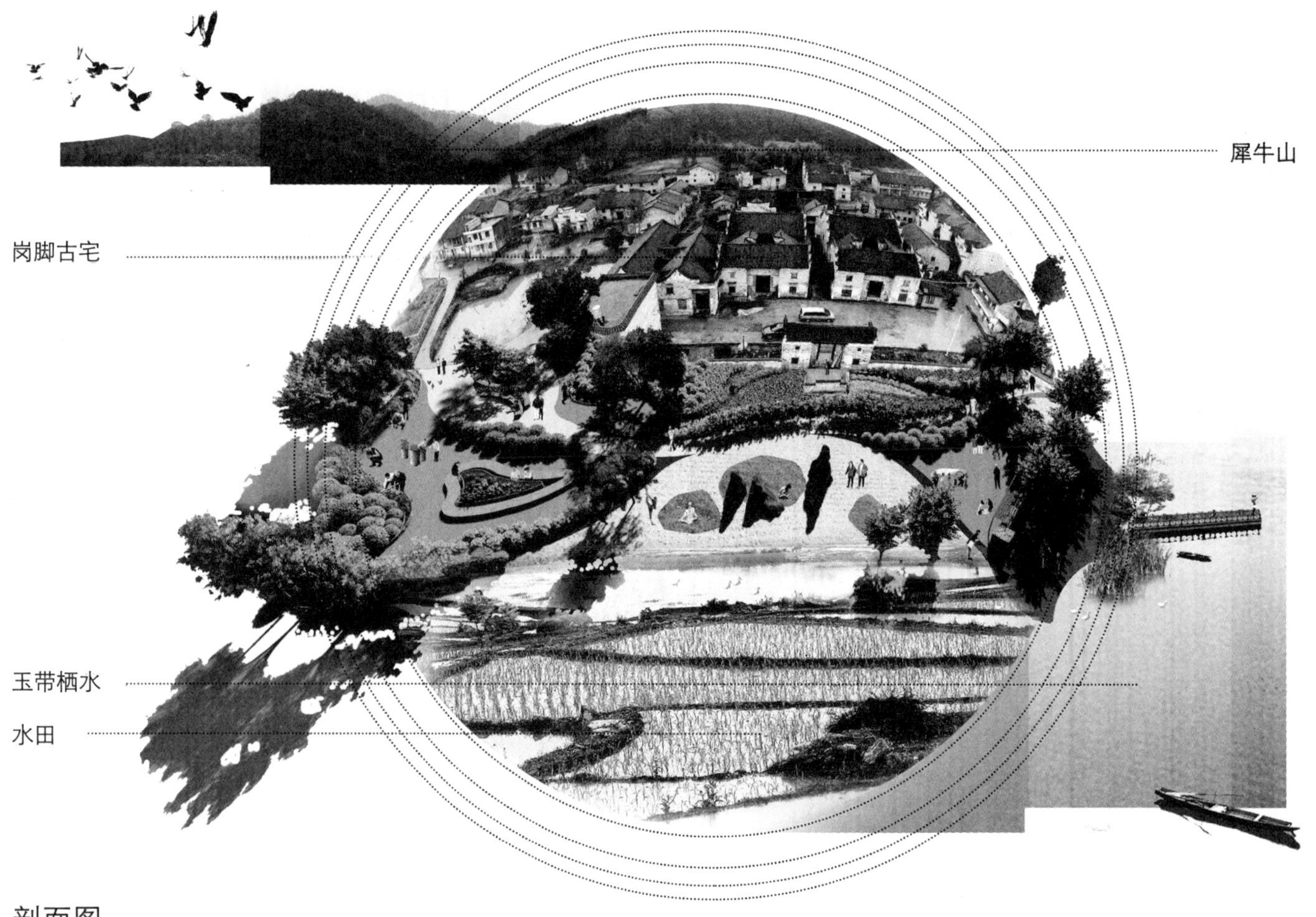

剖面图

在立面上可看出四种疗法形成的各空间，各空间的植物通过栖水吹来的微风使植物叶子发出不同的声音频率，且将植物散发的芳香环绕整个场地，使其疗法功效更为显著。

岗脚村老年活动中心设计

The Senior Club Design of Gangjiao Village

学　生：罗妮
导　师：王小保　沈竹
学　校：湖南师范大学
专　业：环境艺术设计

岗脚村老年活动中心鸟瞰图

据实地考察调研资料显示，郴州市岗脚村已进入了人口老年型社会，跨入了老龄化时代。2016年岗脚村65岁以上老年人口达245人，占总人口的15%，与前几年相比老年人口增加了42人，比重上升了0.3个百分点。人口老龄化程度在加快，空巢老人、高龄老人增长较快，老人服务和养老方式都面临挑战。根据当前家庭小型化、空巢家庭和独居老人的增加趋势，家庭养老功能弱化的特点，最贴近老年人生活需求、医疗保健的是社区福利服务机构中最迫切的需求，而且需求不断增加。因此设计老年活动中心可以缓解当地养老问题所带来的压力。

设计愿景：千年古韵，养老宜生

1．生态村——生态可持续发展的优质环境
2．养生谷——当地和外地的老年人生活康复疗养的基地

功能定位——老年活动中心

以牛态保护与可持续发展为前提，以保护和复兴古村落为核心，以营造健康阳光的老年生沽环境为目标，满足老年人的生活需求，为当地老人提供一个安享晚年的养老场所。

图片来源于百度

项目选址

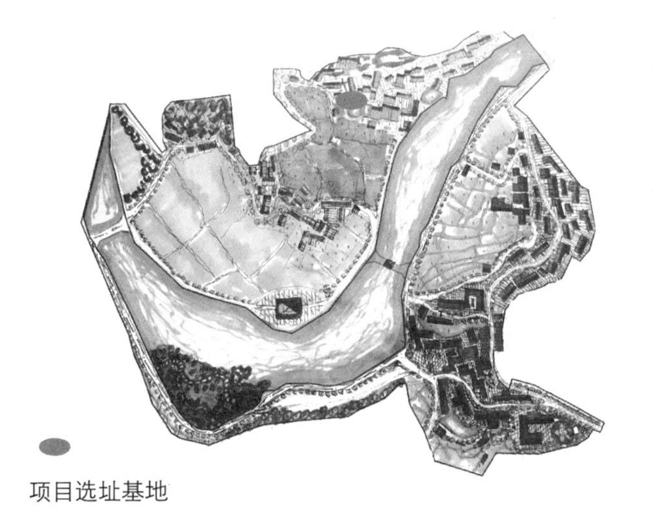

项目选址基地

选址原因
1．地理位置优越，前朝笔架山，后坐犀牛岭。
2．基地是历史遗迹，是李氏第十五代建筑遗址炳公祠。
3．这里是荒废的公共用地。
4．在祠堂、村委会和炳公祠三处，有42%的村民选择了炳公祠。

基地概况

基地位于郴州市苏仙区栖凤渡镇岗脚村的发源地岗脚六组。其坐西朝东，后坐犀牛岭，前朝笔架山。郴州属中亚热带季风性湿润气候区，受南岭山脉综合条件（地貌、土壤、植被、海拔）影响，太阳辐射形成多种类型的立体分布，垂直和地域差异大。具有四季分明、春早多变、夏热期长、秋晴多旱、冬寒期短的特点。多年平均气温17.4℃，多年平均降水量1452.1毫米。

建筑规模：规划总面积约6932m²，建筑占地面积约2088m²。

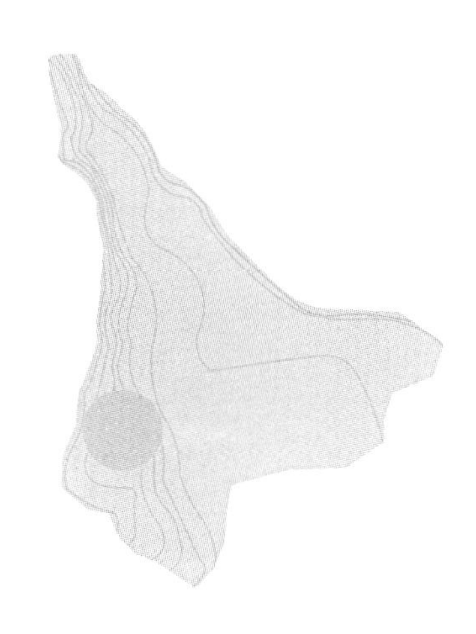

设计规划地形图

岗脚村地形图

总平面图

0 25 100m

1. 人行主入口　2. 车行主入口　3. 生态停车场　4. 休闲广场　5. 健身场地　6. 休闲区
7. 居住区　8. 遗址景观　9. 服务区　10. 医养区　11. 高岗山

总平面分析图

平面分析

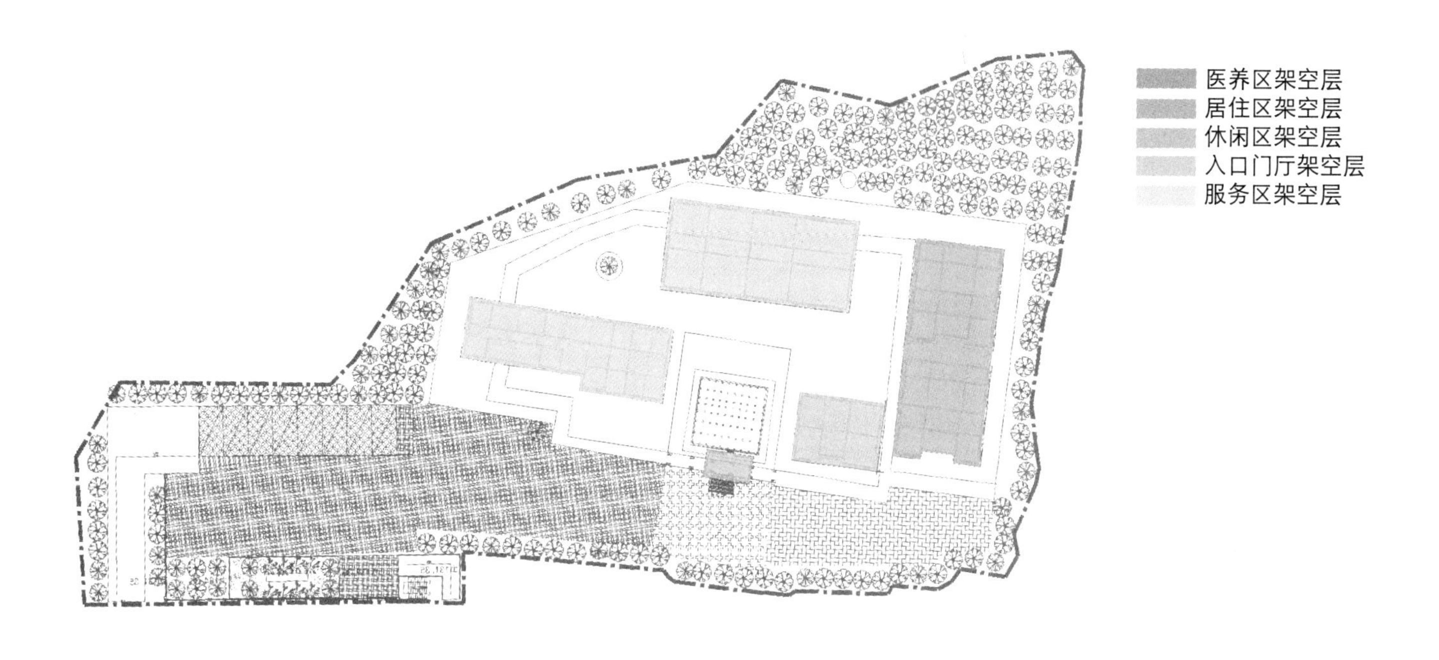

架空层平面　总面积：826.9m^2

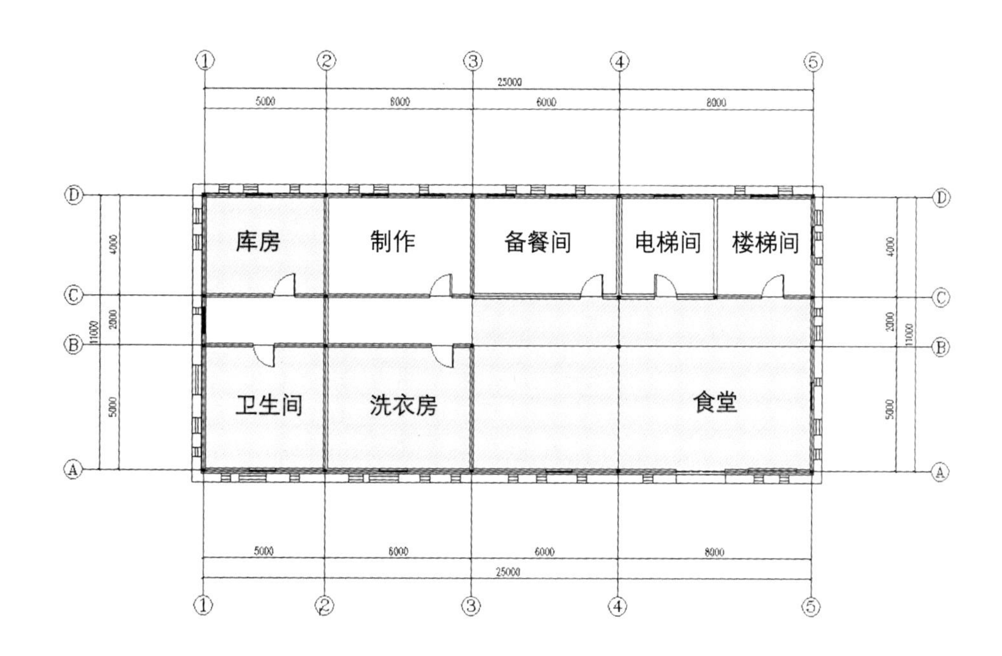

居住区一层平面 总面积：242.5m^2

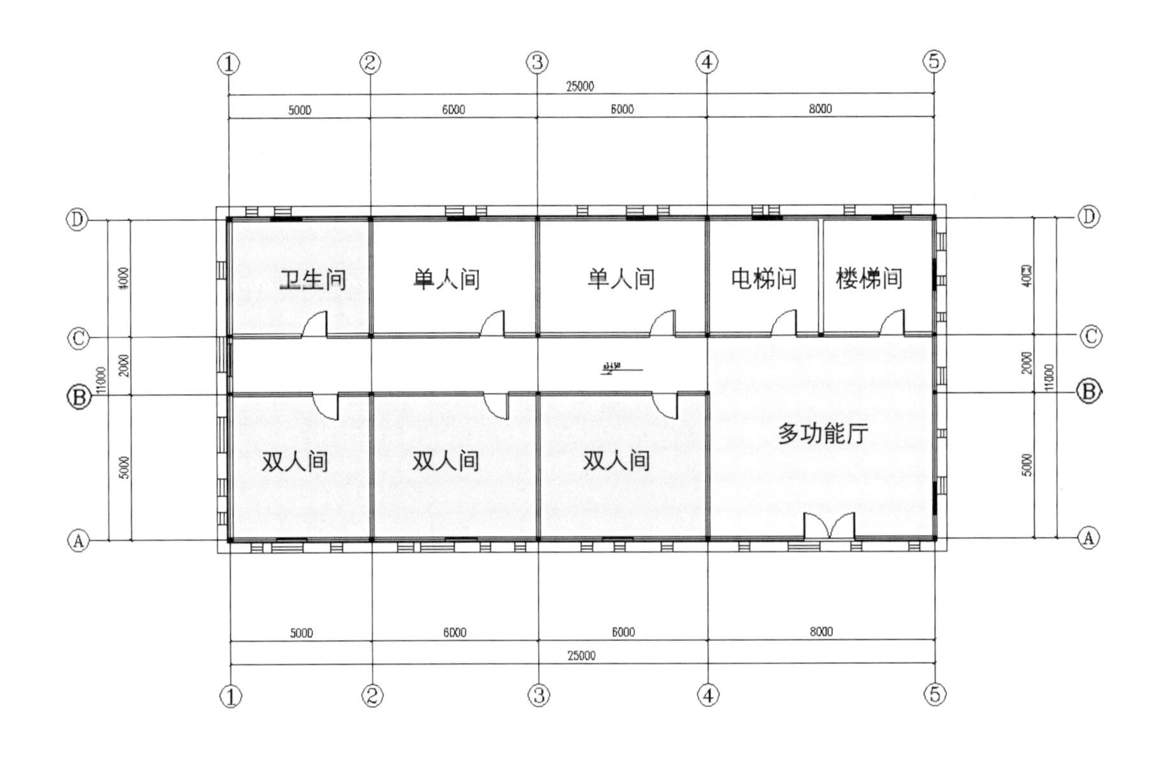

居住区二层平面图 总面积：242.5m^2

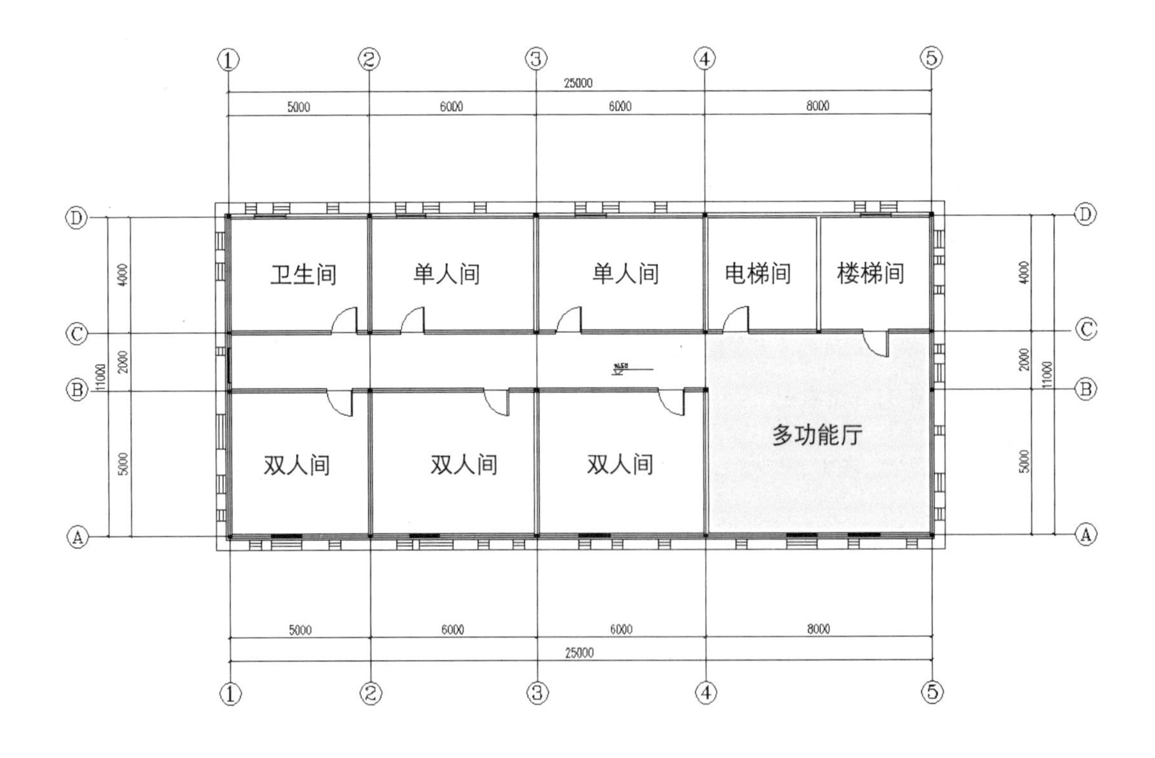

居住区三层平面 总面积：242.5m^2

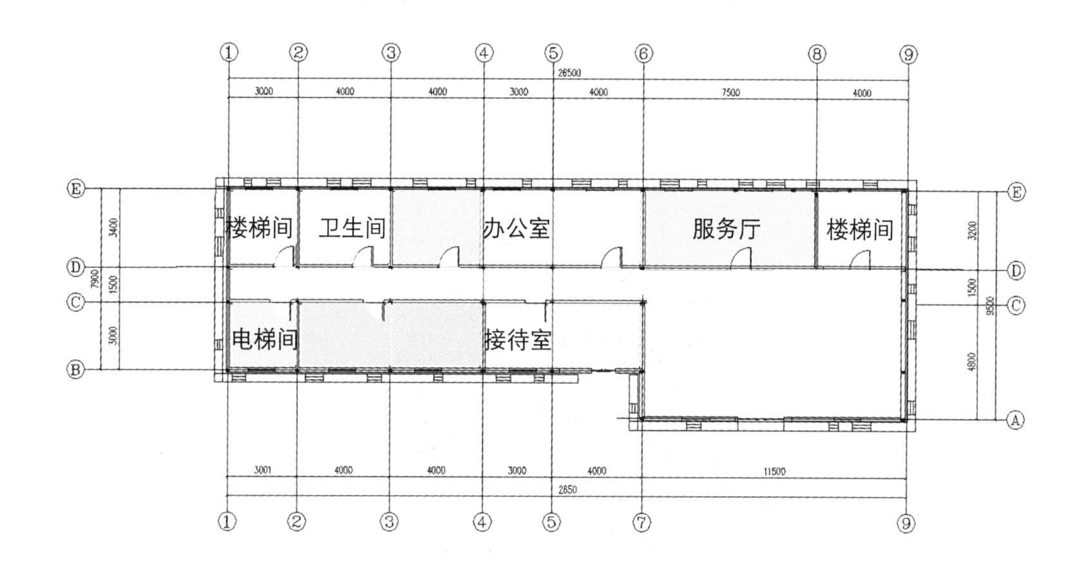

休闲区一层平面 总面积：202m²

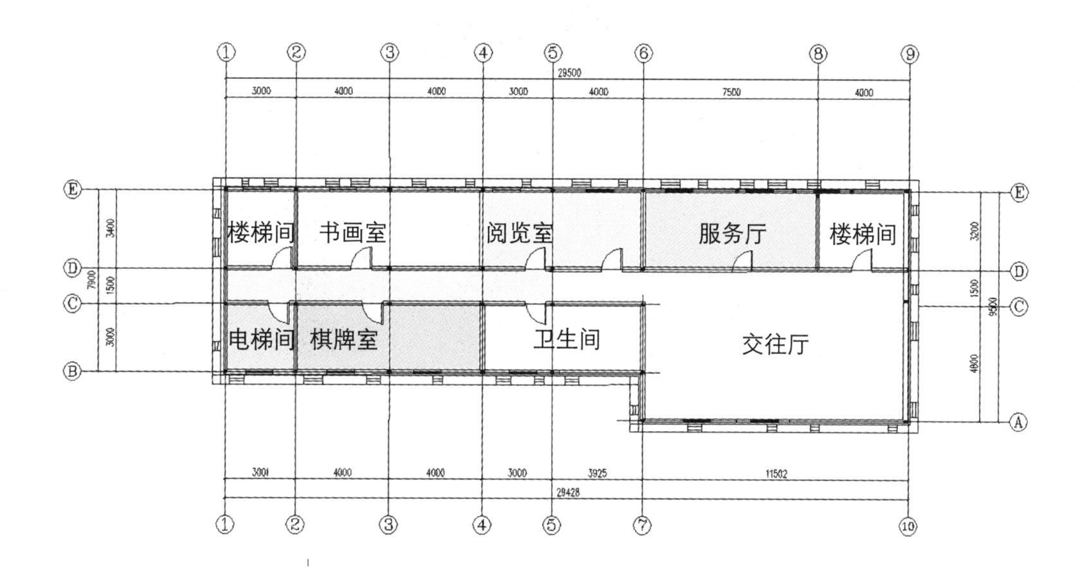

休闲区二层平面 总面积：202m²

谷家峪乡村民宿设计
Gujiayu Village Home Design

学　生：赵忠波
导　师：陈华新　陈淑飞
学　校：山东建筑大学
专　业：艺术设计

乡村民宿效果图

民宿，之所以越来越热门，是因为都市人们宿于乡村、隐于田园、归于慢生活的诉求和情怀越来越浓。暂别都市的喧嚣，走进乡村的宁静；远离世间的纷争，融入和谐的生态；放松疲惫的身心，享受自在的时光；怀揣梦里的乡愁，追寻原本的生活；守望美丽乡村，关爱生态生命……

基地概况

基地位于中国河北石家庄市鹿泉区谷家峪村，太行山脉的东侧末端，紧邻市郊主要风景区之一——抱犊寨，地处中纬度暖温带季风性气候区，气候类型多样。地貌复杂，地势落差大，具有形成自然风景区的有利条件。

谷家峪印象

梯田

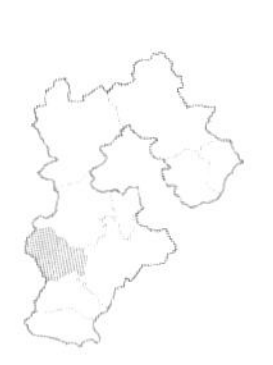

石家庄

民俗

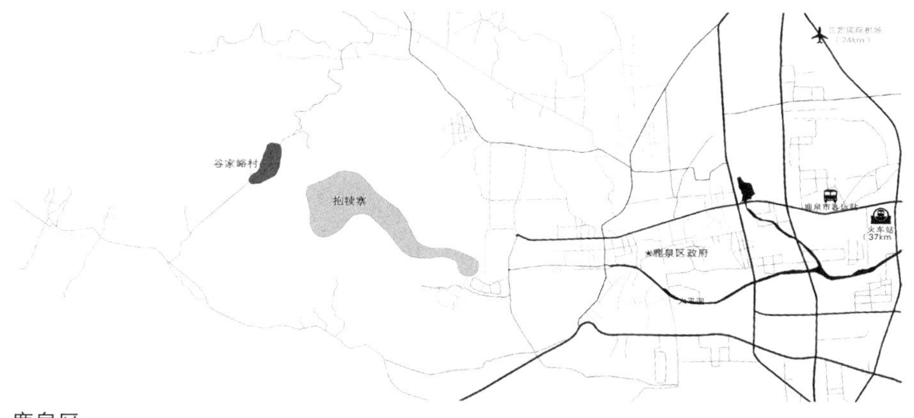

鹿泉区

人文

鹿泉历史悠久，在唐代就是远近闻名的旱码头。旅游资源丰富，拥有白鹿泉，抱犊寨等鹿泉八景。

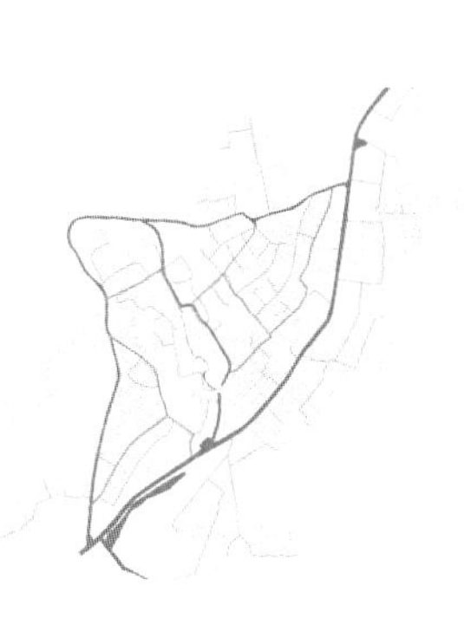

村庄规划地形图

谷家峪村地形图

基地规划

基地中部沿溪谷地带非常适合建设民宿酒店，因为它临近入村广场，交通便利，西部是溪谷景观带，东西方向都可以看到村庄的台地景观，北向也有广场等开阔的视野，所以决定拆除这一区域内的建筑，植入新建民宿酒店。保护小庙，利用废旧的砖石形成民俗活动的完整广场。修缮轻微破损的建筑，改造建筑立面。引进星级酒店的服务管理模式，将分布于个区域内的房屋统一维护、管理、出售。

基地建筑评估

使用中的院子 15座
保存完整、无人使用的院子 10座
破败倒塌的院子 2座
保存完好、有象征意义的院子 1座

基地规划

民居保留
带保护古建
需要替代或取消轮廓区域

形态的提取、生成

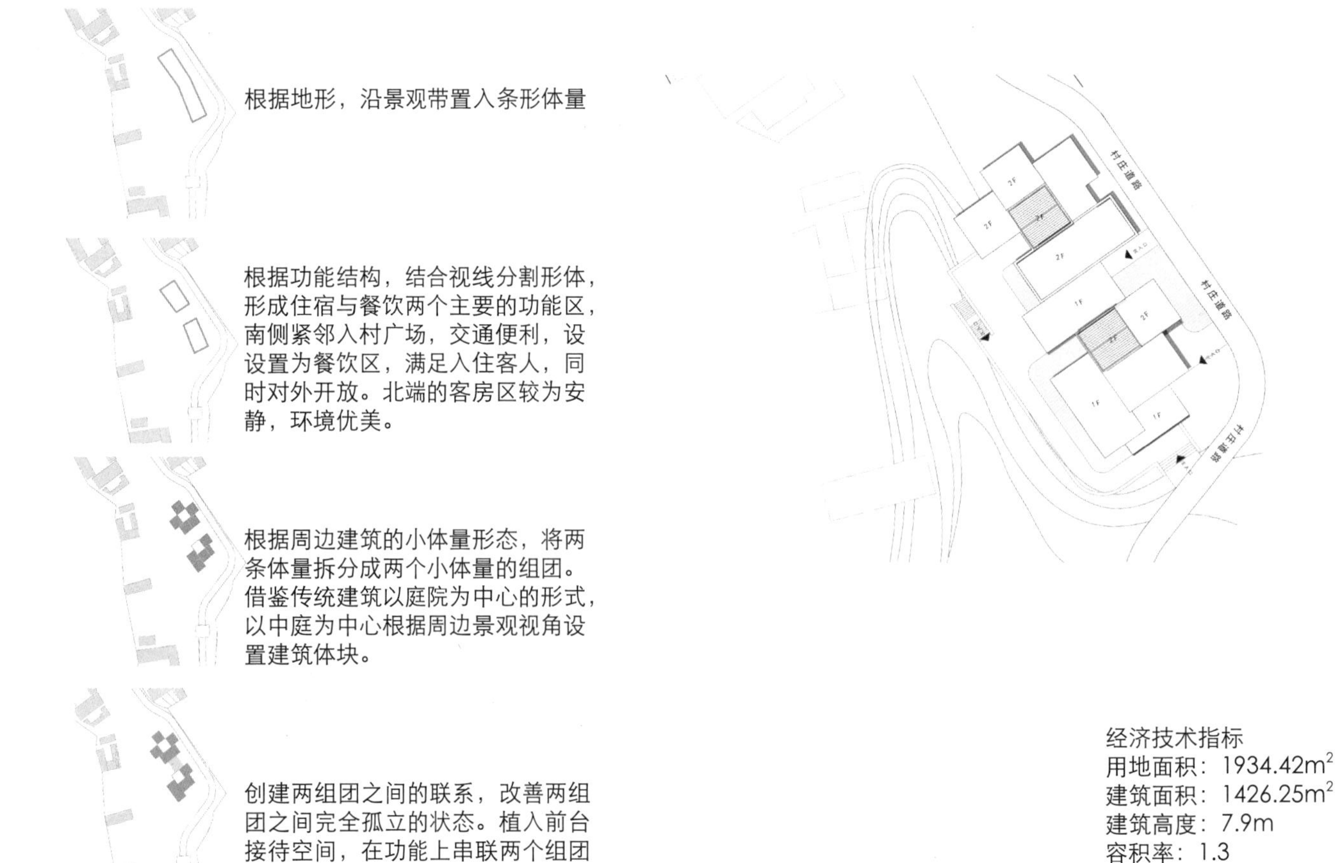

经济技术指标
用地面积：1934.42m^2
建筑面积：1426.25m^2
建筑高度：7.9m
容积率：1.3
绿化率：56%

民族文化的创造性演绎

将哈尼族的文化语言加入展馆设计中，使展馆特色鲜明，意味深长。

民宿鸟瞰效果图

建筑形体分析图

主入口效果图

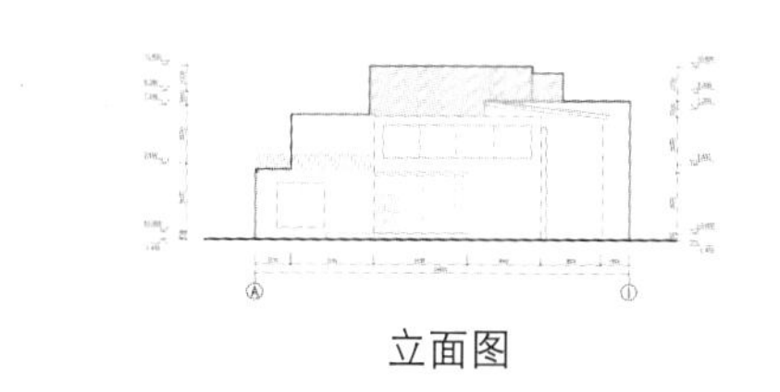

立面图

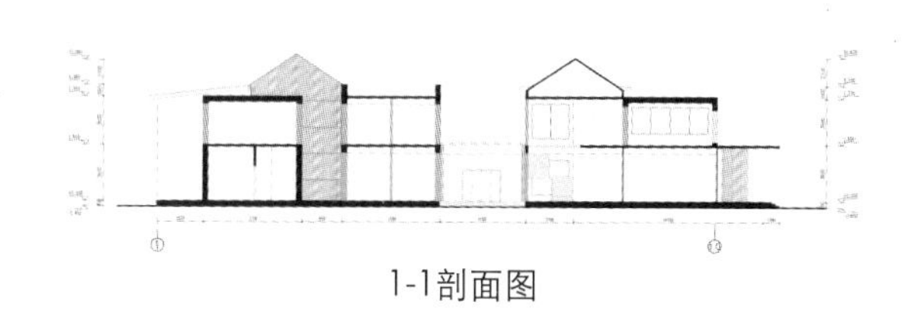

1-1剖面图

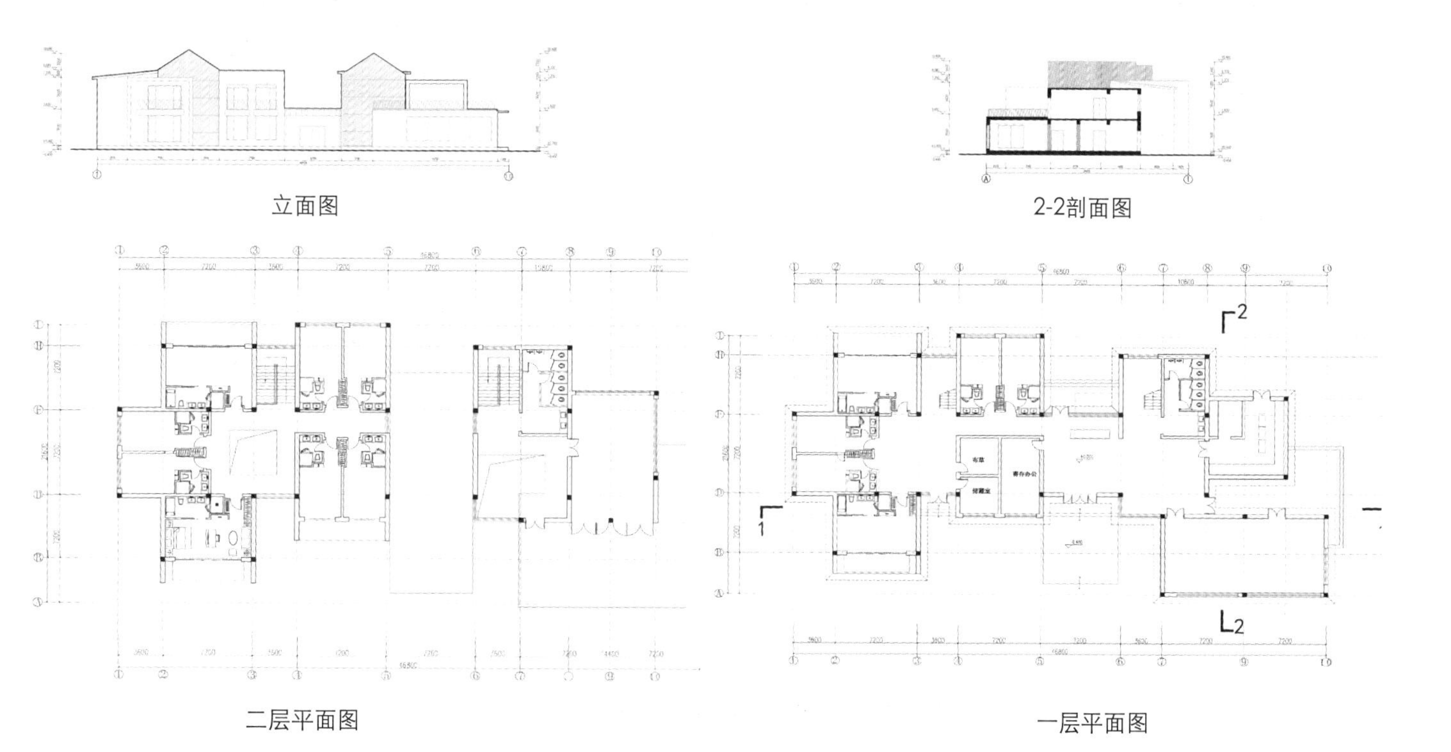

立面图

2-2剖面图

二层平面图

一层平面图

岗脚村“易水同归”景观设计

Streams Rives Converged Landscape Design of Gangjiao Village

学　生：王艺静

导　师：王小保　沈竹

学　校：湖南师范大学

专　业：工艺美术

鸟瞰图

岗脚村是一个与水的关系十分密切的村落，水通过不同的形式持续不断地影响着当地人的生活。本设计将水作为切入点，以水为主题进行景观设计，也希望能通过这次设计延续和发扬当地的文化。

基地概况

岗脚村古民居位于苏仙区以北岗脚乡中部，俗称老岗脚，地理坐标为东经112° 41′ 、北纬25° 25′ ，处于南岭山脉与罗霄山脉交错、长江水系与珠江水系分流的地带。属亚热带湿润季风性气候，四季分明，利于打造自然景观，雨热同期，降水充沛，无霜期长。它是一座风景秀丽、历史悠久和文化灿烂的古代民居，也是郴州罕见的保存完好的元朝古民居。

岗脚村印象

马头山墙

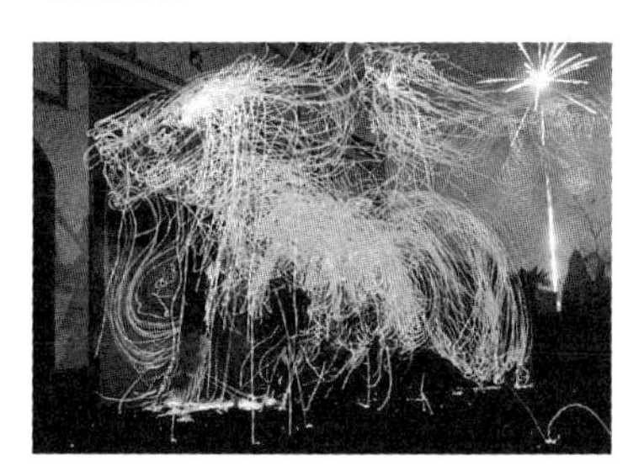

香火龙（来源：网络）

旱龙船

建筑规模：规划总面积约16151m²，建筑占地面积约6005m²。

湖南省

郴州市

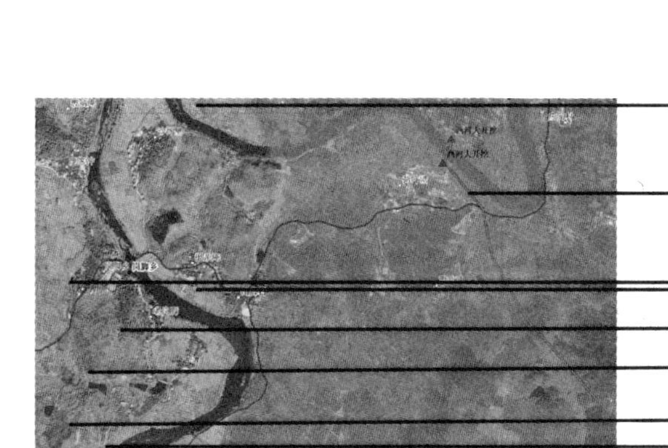

岗脚村风水特征：

后座犀牛岭，前朝笔架山。

鳌鱼河边走，狮子锁海口。

岗脚八景

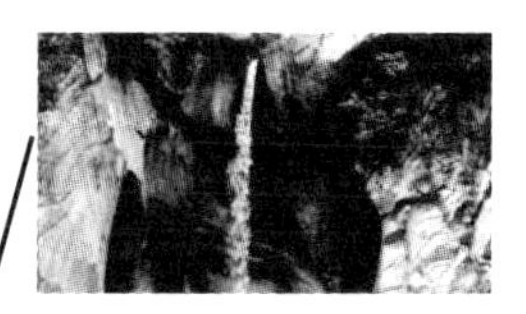

铜壶滴漏（来源：网络）

荷花塘艳（来源：网络）

云峰钟声（来源：网络）

栖河萦带

高岗凤鸣（来源：网络）

小溪月夜（来源：网络）

西塔彩云（来源：网络）

辕门观涛

设计规划地形图

郴州市岗脚村地形图

人文历史

岗脚村古民居为南宋名将右丞相李庭芝的后裔所建，据族谱记载，当年李庭芝来湖南提刑时从江西带长子宏甫公来到高岗寨（今苏仙区岗脚乡岗脚村老岗脚后高岗寨），宏甫公便隐居于此。现在的古民居始建于元末明初。

除了李庭芝的后人外，北宋著名哲学家周敦颐也曾在郴州任职，郴州的理学思想也因此奠定了基础。

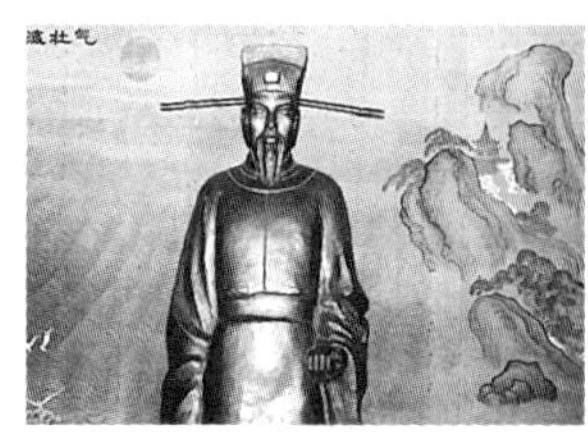
李庭芝像（来源：网络）

宏甫公及其后人顺着水源将住所由高岗山上逐步迁至山下，故名岗脚村。水源在人类的生存发展中一直占据十分重要的地位，在岗脚村，人与水的关系则更为密切。

水文化的存在形式

在人与水的长期共存中，创造了丰富的水文化，水文化与人的生活紧密相连，不可分割。

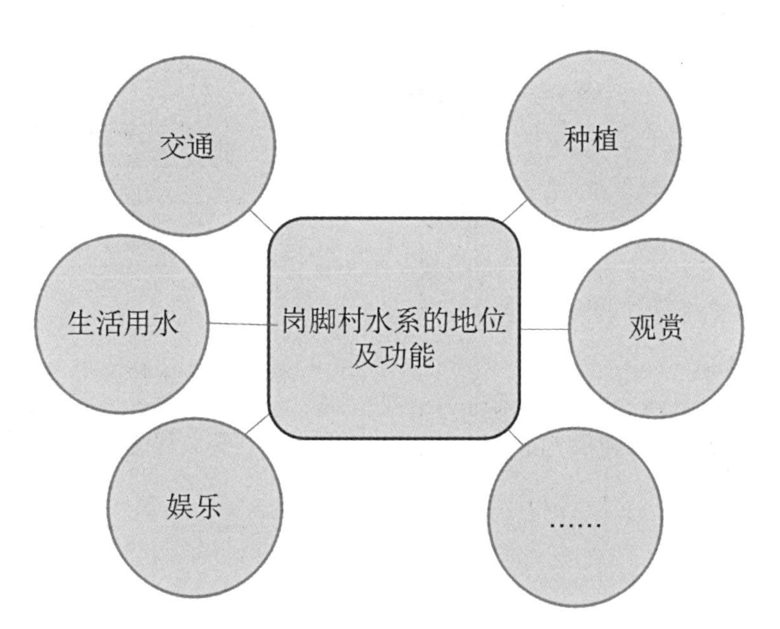

由于水和人类具有天然的情感上很强的亲近性。事实上，水和文化的关系从来都是非常密切的。从古到今，人类在与水打交道的过程中就创造了丰富的水文化，这种文化深深地根植于民族文化和人类文化之中。可以说，在人类的精神文化活动中，水文化是一种客观存在的文化形态。

在自来水流入岗脚村家家户户的时候，村民们仍旧选择聚集在河边的台阶上洗衣服、洗菜，在河里游泳、洗澡，自来水管道的铺设并没有使人与河流的关系疏远，水文与人文的交流也从未结束。人们依赖水流生活发展，水流也因人的活动生机勃勃。

建筑分析图

建筑轴线分析图

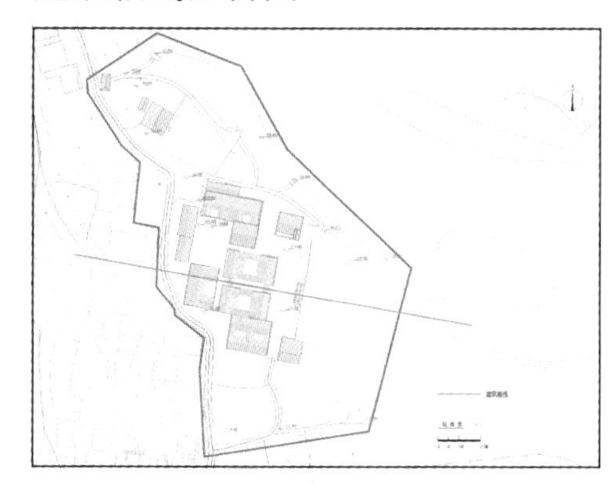

改动前

建筑结合了当地的地形、地貌、风水，通过轴线相互联系。保护建筑轴线对当地的文化保护的意义重大。

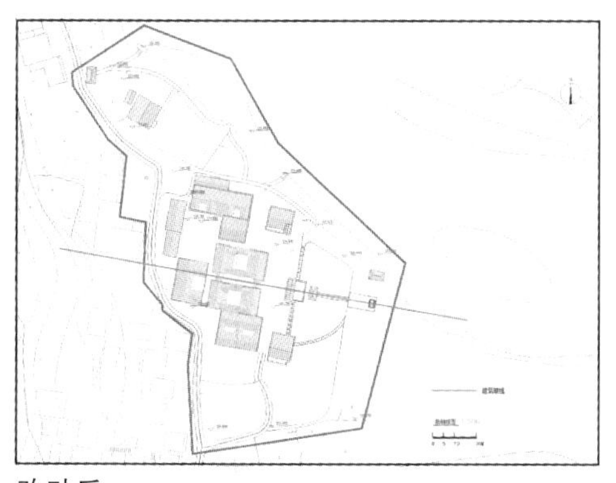

改动后

景观设计在轴线上新建了亭子和戏台，加强和延续了原本的建筑轴线。

设计将东南方的空地挖成荷花塘，用以还原“岗脚八景”之一——荷花塘艳。同时在老宅建筑轴线上新建一个戏台和亭子，通过廊道相互连接，用以延续强调轴线和提供休息娱乐的场所。在垂直轴线的方向新修一个渡口和朝门，强调轴线和增强场所感。种植当地植物，降低成本的同时也方便打理。

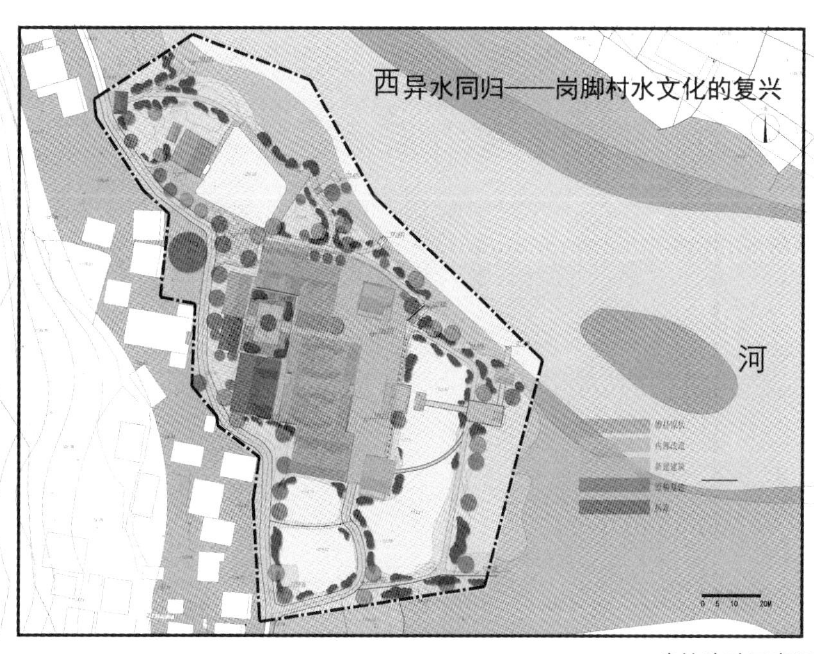

建筑改动示意图

总平面图

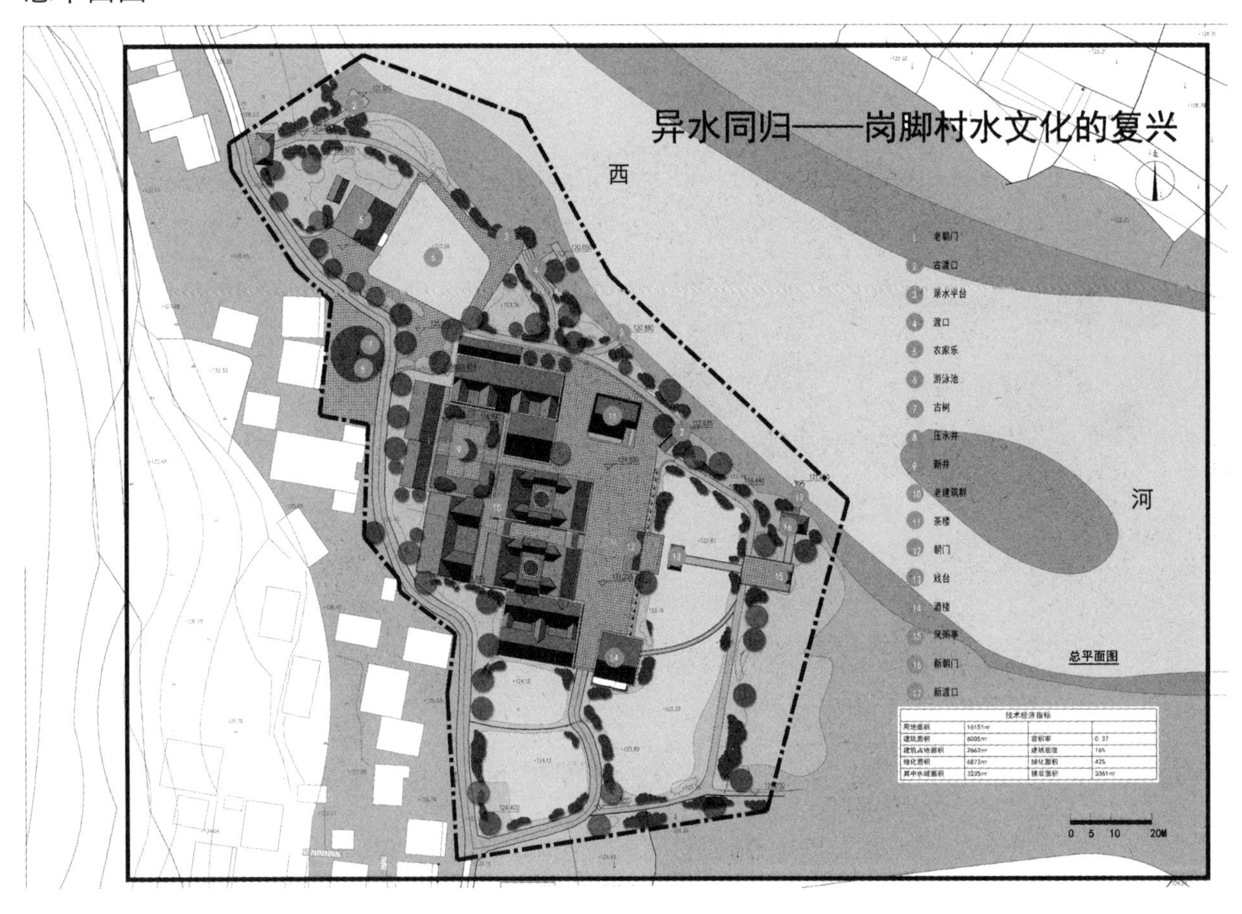

技术经济指标			
用地面积	16151㎡		
建筑面积	6005㎡	容积率	0.37
建筑占地面积	2662㎡	建筑密度	16%
绿化面积	6873㎡	绿化面积	42%
其中水域面积	3235㎡	铺装面积	3361㎡

公共服务设施分布图

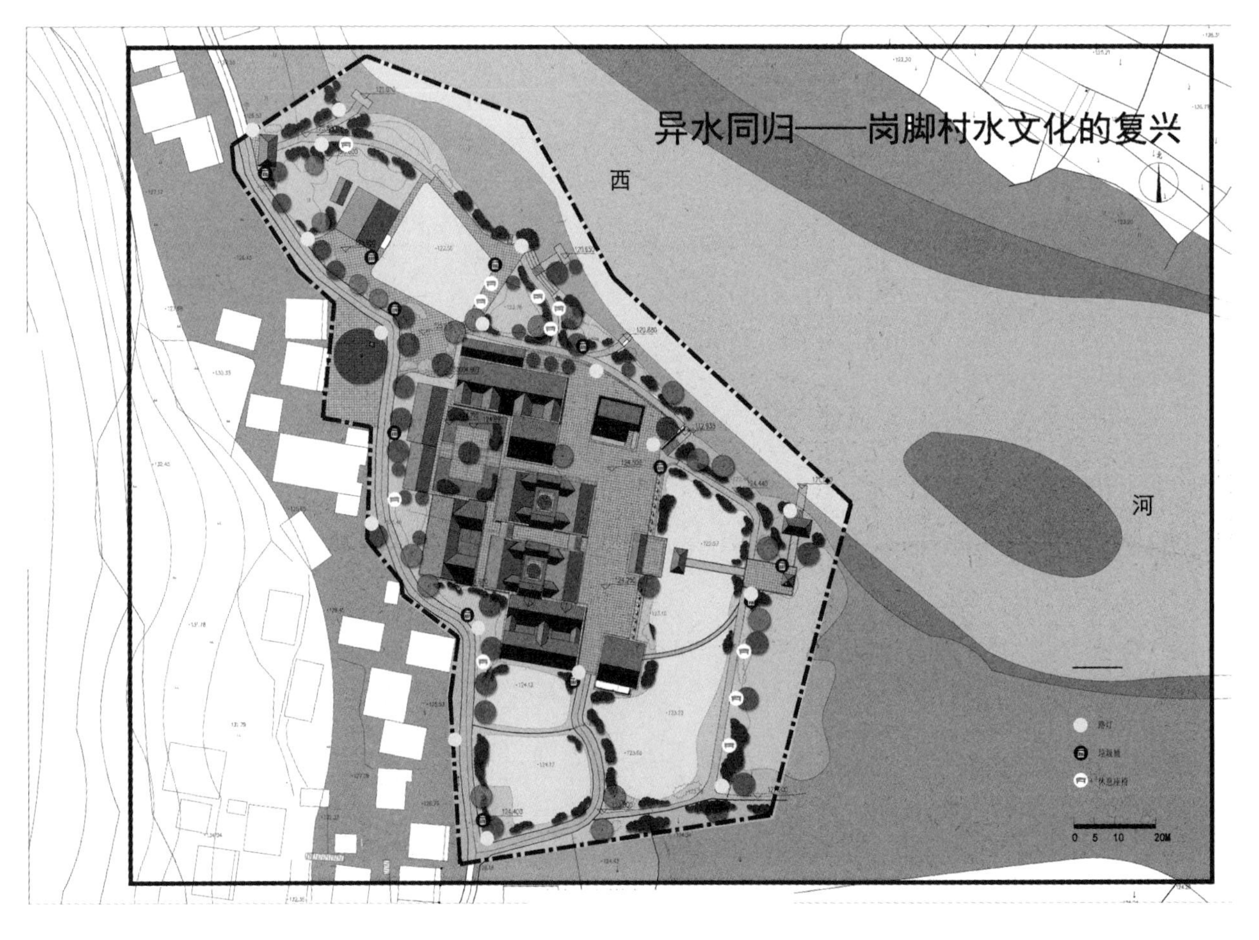

谷家峪民宿改造设计

The Design of Gujiayu Hostel Renovation

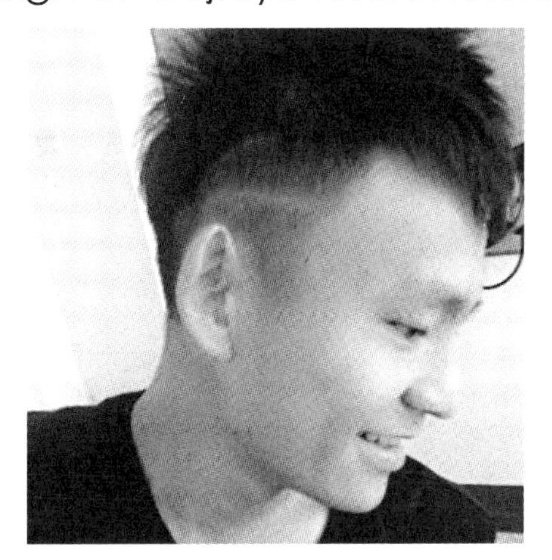

学　生：李一
导　师：陈华新　陈淑飞
学　校：山东建筑大学
专　业：艺术设计

谷家峪民宿区鸟瞰图

改革开放以来，城市的快速发展，使成千上万个自然村落消失，传统的乡村文化生态遭到致命破坏。为此我感到十分惋惜。乡村需要历史，需要传承……

基地概况

谷家峪村位于河北省石家庄市鹿泉市的中西部山区，属暖温带季风气候，整体地势东北高、西南低，局部落差大。清朝中期，井陉县金柱岭谷姓人家迁来居住立庄，因地处山峪之中，故名谷家峪村。

谷家峪村距鹿泉市区10公里，距石家庄市区15公里。目前主村207户，703人。村域面积有耕地1453亩，林地2370亩。该村土壤、气候非常适合香椿生长，故该村香椿芽壮枝嫩，香气浓郁，颜色翠绿，营养丰富，久已闻名，在省会亦享有盛誉。近年曾连续举办香椿节，其香椿已远销北京等地。

区位分析

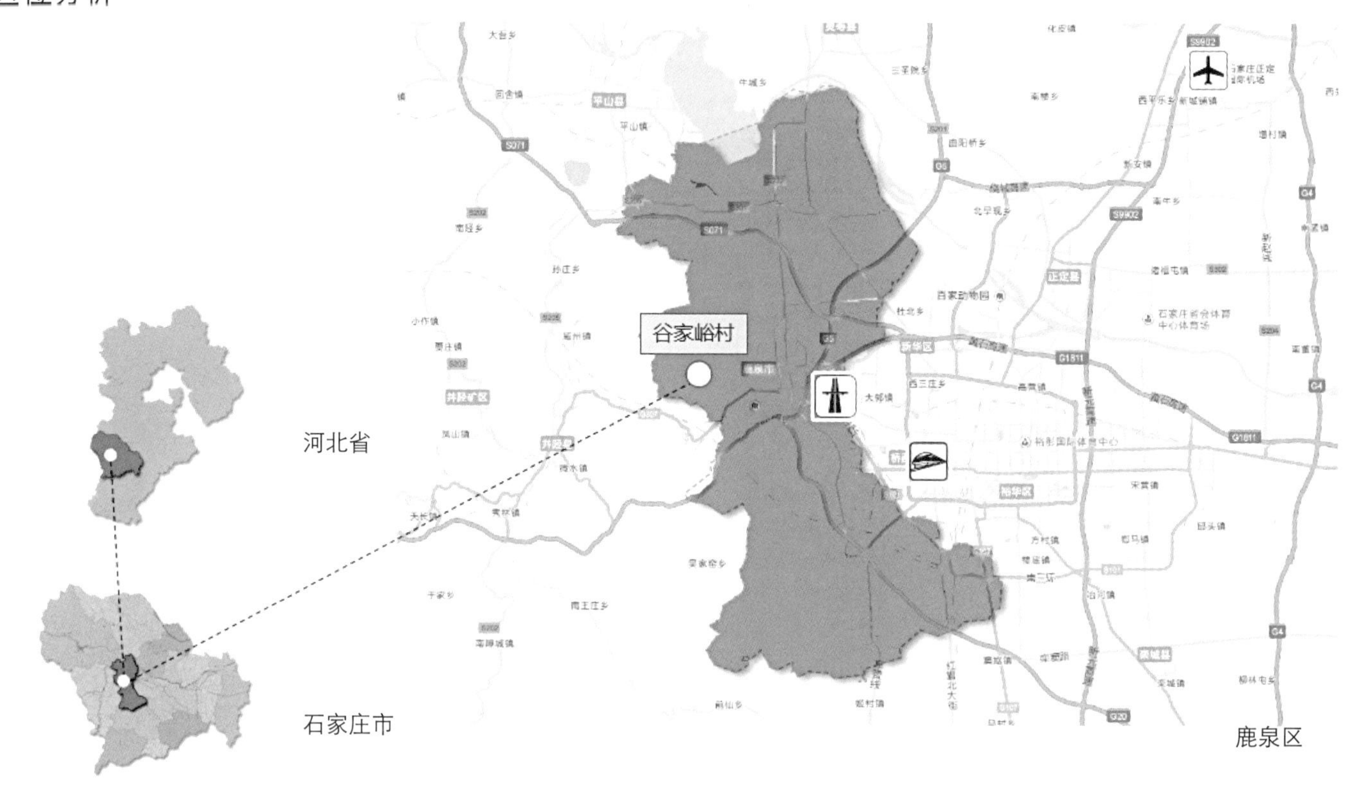

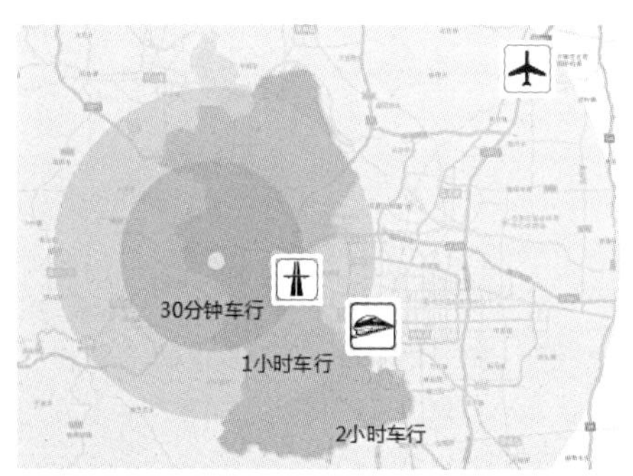

区位分析图

谷家峪与鹿泉市区由新建的乡村旅游公路相连。另外东临4A级景区抱犊寨，有盘山步道可以直通抱犊寨北门，所以此处有发展乡村旅游民宿经济的天然优势。

总平面图

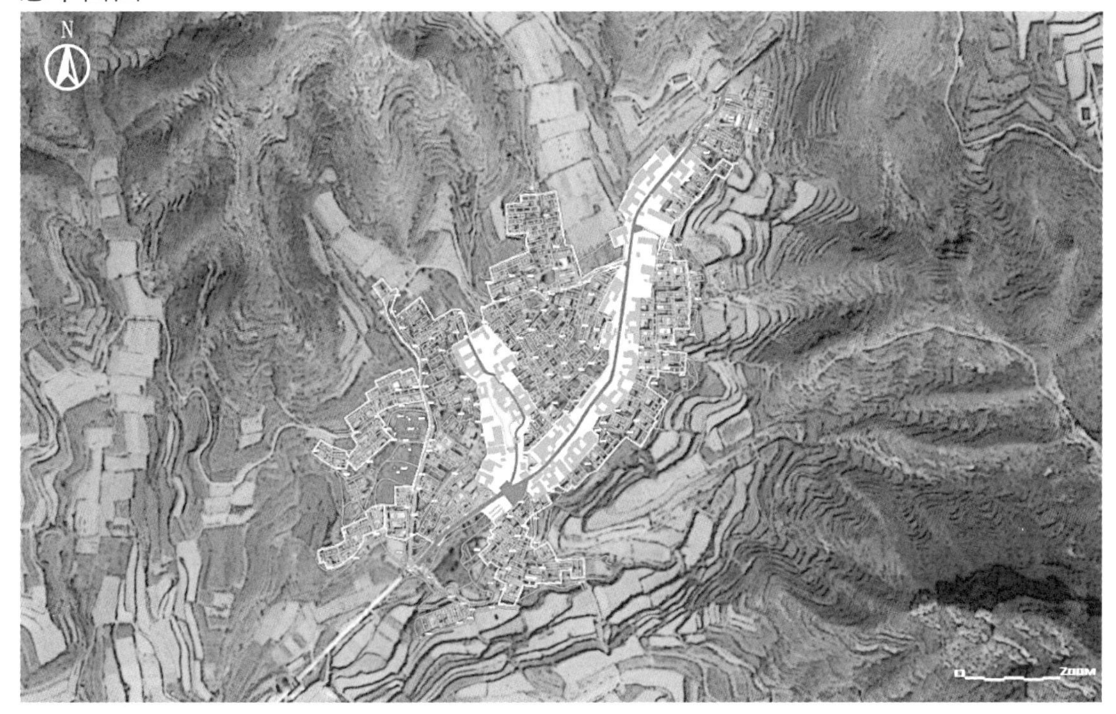

现场调研（旧村沟谷区域）

谷家峪旧村现存石头窑洞院落，具有地域特色，设计范围内的建筑多为一至二层，建筑尺度与道路宽度比例协调。

现场调研（新村街道区域）

谷家峪新村中现有建筑部分为 20 世纪 80 年代至 2000 年左右修建，街道较为整洁，另外香椿树随处可见。

现场调研（鸟瞰图）

此图拍摄于村庄北侧山顶，谷家峪村三面环山，犹如掌上明珠一般坐落于大山之中。

村落特征总结

环境

谷家峪村位于大山之中，犹如世外桃源，自然环境优美，林木葱郁。广泛种植梧桐树和香椿树，拥有良好的环境资源。

但村庄内部环境较差，干涸的溪谷堆满了生活垃圾。村庄生活区现有景观缺乏地域特征，也未能为旅游产业发展提供支持。

建筑

谷家峪村村庄分为旧村与新村两个部分，其中旧村现存石头窑洞院落，具有地域特色，建筑尺度与道路宽度比例协调。

但旧村中空心户较多，部分建筑荒废，需要进行改造和重建。新村中现有建筑部分为 20 世纪 80 年代至 2000 年左右修建，新村没有传统民居遗存，建筑混杂，没有地域特色。

交通

谷家峪村地处鹿泉区西，有新建旅游公路与区中心联系，新村建有公路，便于接待游客。

但谷家峪村户密集，除入村主路外，村庄内部道路相对狭窄，交通系统不够健全。此外缺乏村民集散和疏散区域。

产业

谷家峪位于 4A 级景区抱犊寨门区。以香椿种植为特色产业，已形成规模和声誉。利用产业特色成为村庄发展的动力。

但谷家峪目前不是旅游村，缺乏旅游接待设施，且没有充分利用景观优势。谷家峪村口处缺乏视觉吸引点和经营性休憩场所，对游客到访的吸引力不足。

设计初步

N

设计区域
入村主路
村内步道
原始民居

道路分析图

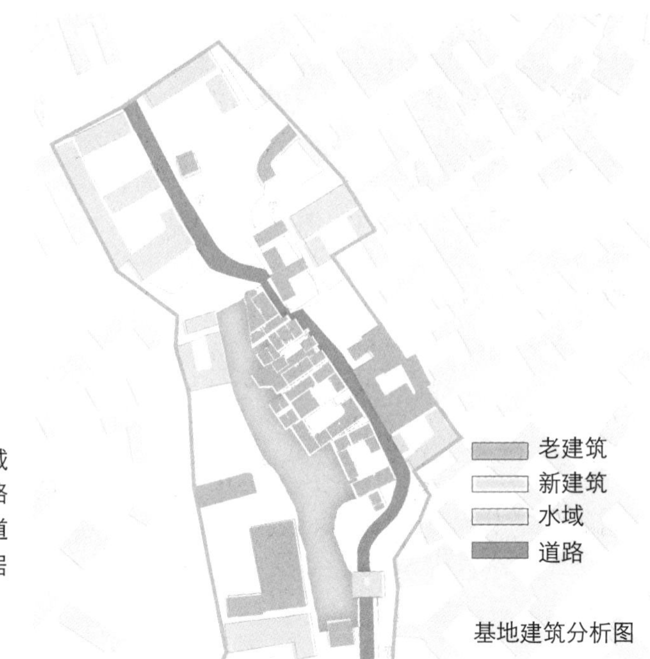

基地建筑分析图

基地户型分析

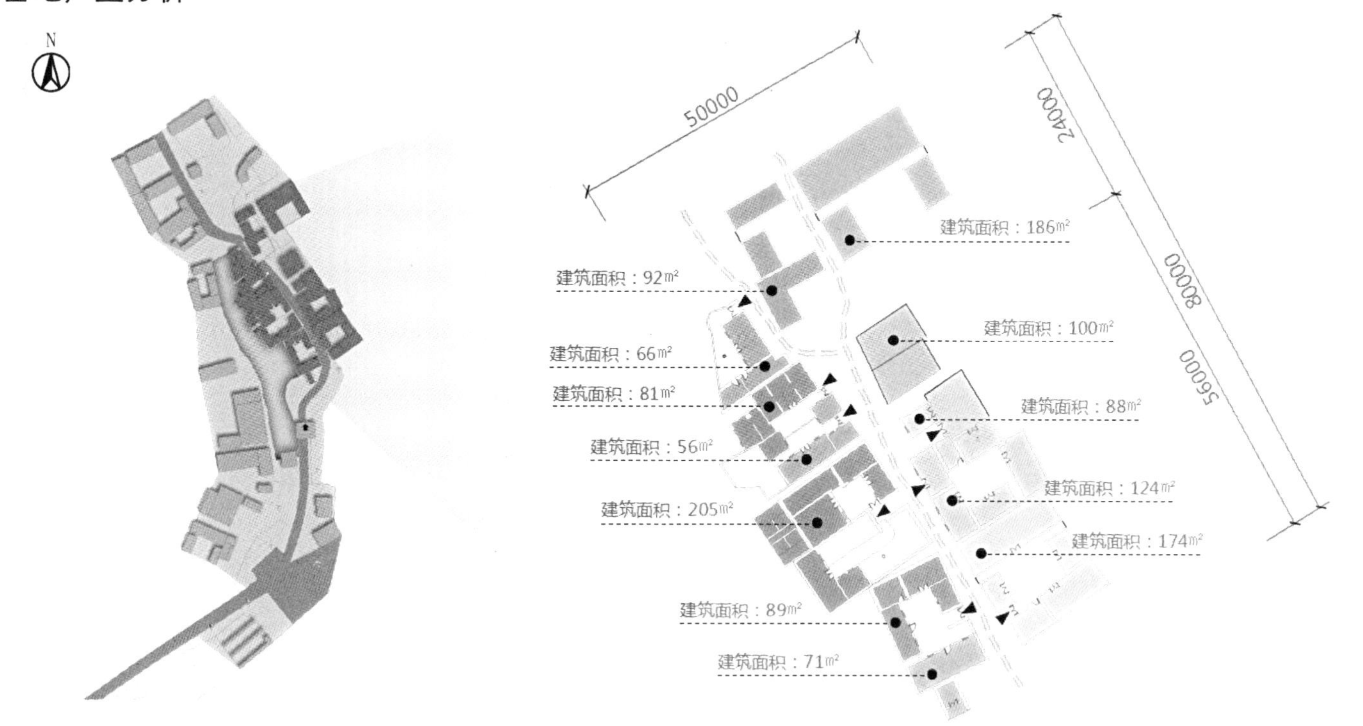

此区域总占地面积为4000m^2，其中建筑面积为1330m^2。共11户，多为破旧的空心房，靠近溪谷的部分建筑为两层，平均每间房屋面积约为30~40m^2。建筑的朝向、院落入口朝向、道路走向较为合理。每套房屋之间的空间关系相对杂乱。

建筑形态组合分析

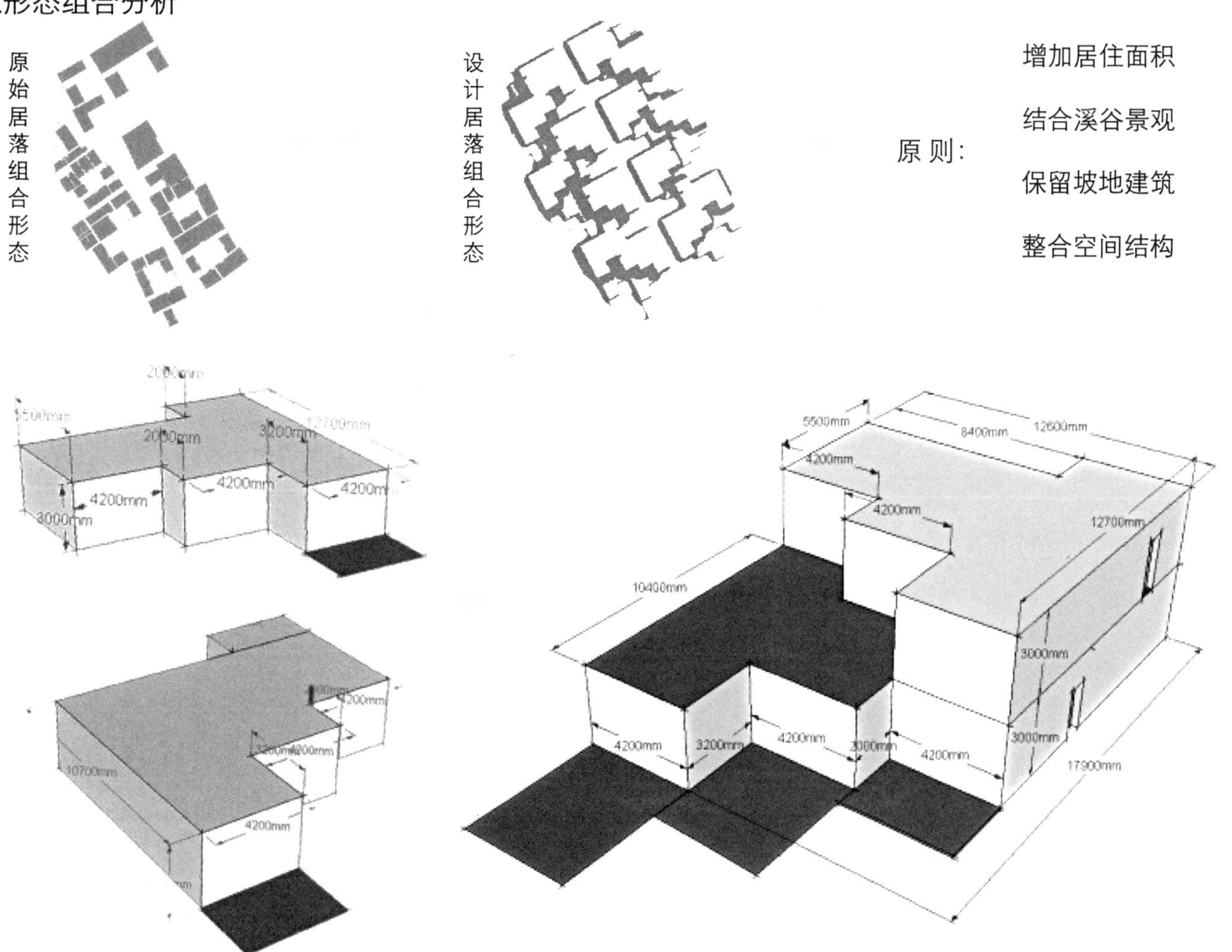

设计深化

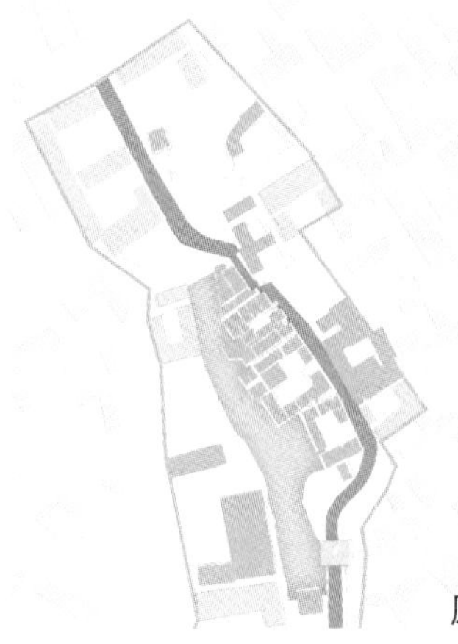

原始平面图

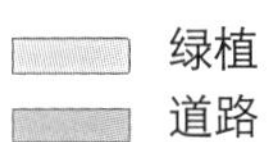

绿植
道路
水域
原始民居
设计区域

设计区域总平面图

建筑立面效果图

建筑西侧立面图

建筑东侧立面图

建筑平面图

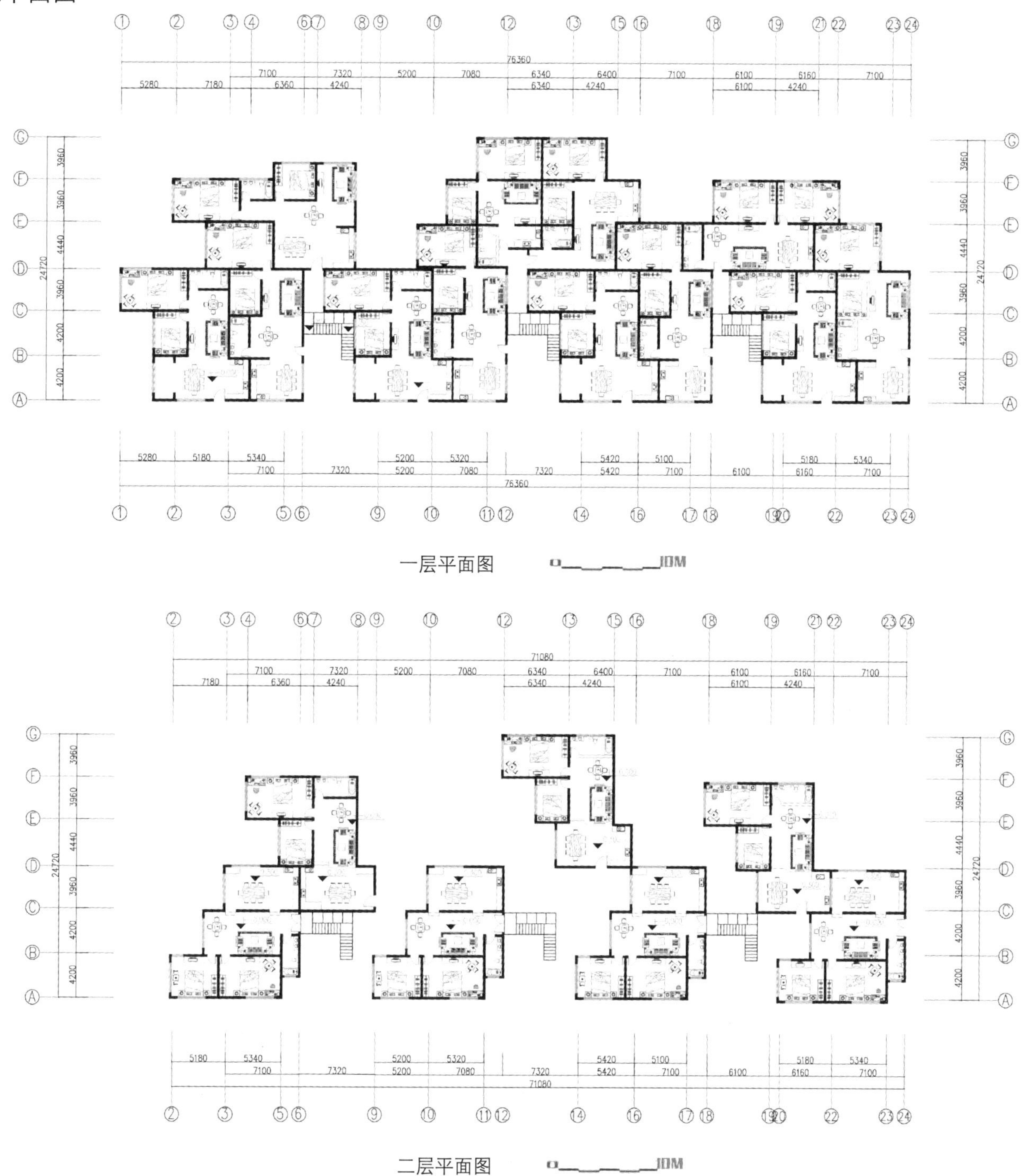

一层平面图

二层平面图

建筑立面图

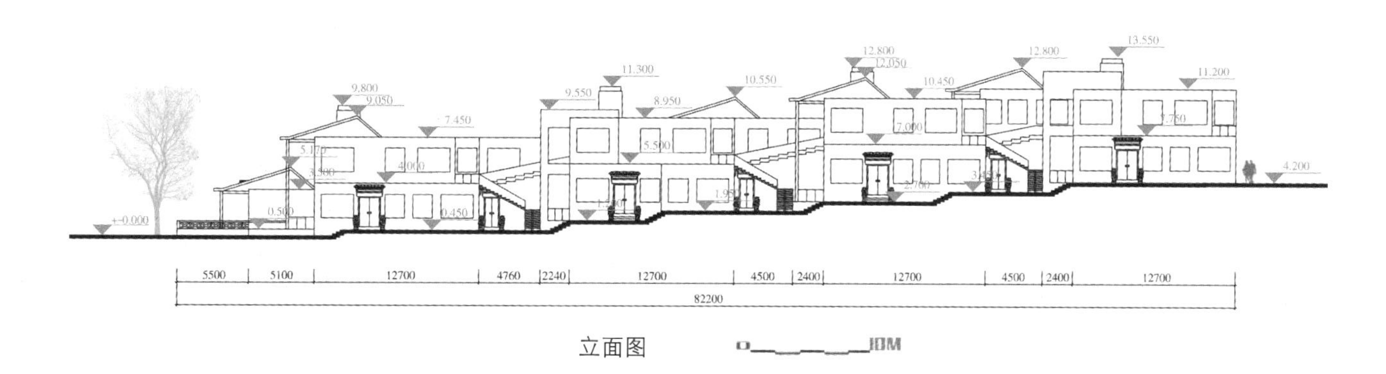

立面图

平面分析图

户型1　户型2　户型3　户型4　户型5　户型6　户型7

一层户型流线图

二层户型流线图

一层共 12 户，由 6 种户型组成，总建筑面积为 1165m²。 二层共 7 户，由 2 种户型组成，总建筑面积为 672m²。

设计深化

鸟瞰图

各户型平面布置图

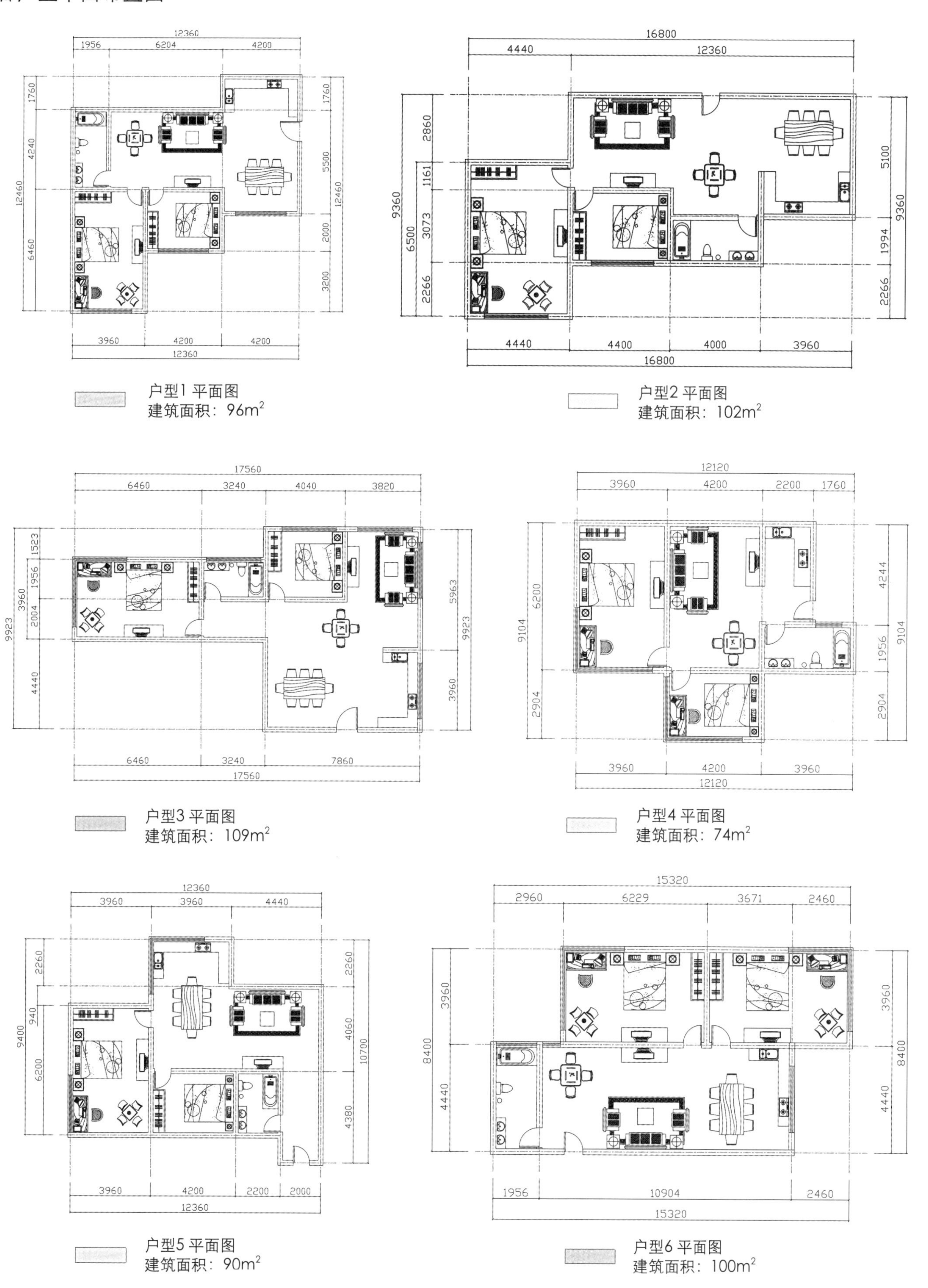
12360
1956
6204
4200
1760
4240
6460
12460
5500
2000
3200
3960
4200
4200
12360
户型1 平面图
建筑面积：96m2
16800
4440
12360
2860
1161
3073
2266
9360
6500
5100
1994
2266
9360
4440
4400
4000
3960
16800
户型2 平面图
建筑面积：102m2
17560
6460
3240
4040
3820
1523
1956
2004
3960
4440
9923
5963
3960
9923
6460
3240
7860
17560
户型3 平面图
建筑面积：109m2
12120
3960
4200
2200
1760
6200
2904
9104
4244
1956
2904
9104
3960
4200
3960
12120
户型4 平面图
建筑面积：74m2
12360
3960
3960
4440
2260
940
6200
9400
2260
4060
4380
10700
3960
4200
2200
2000
12360
户型5 平面图
建筑面积：90m2
15320
2960
6229
3671
2460
3960
4440
8400
3960
4440
8400
1956
10904
2460
15320
户型6 平面图
建筑面积：100m2

河北省承德市郭家庄村民宿设计

Guojiazhuang Village Home Design in Hebei Province

学　生：梁轩
导　师：龙国跃　赵宇
学　校：四川美术学院
专　业：环境艺术设计

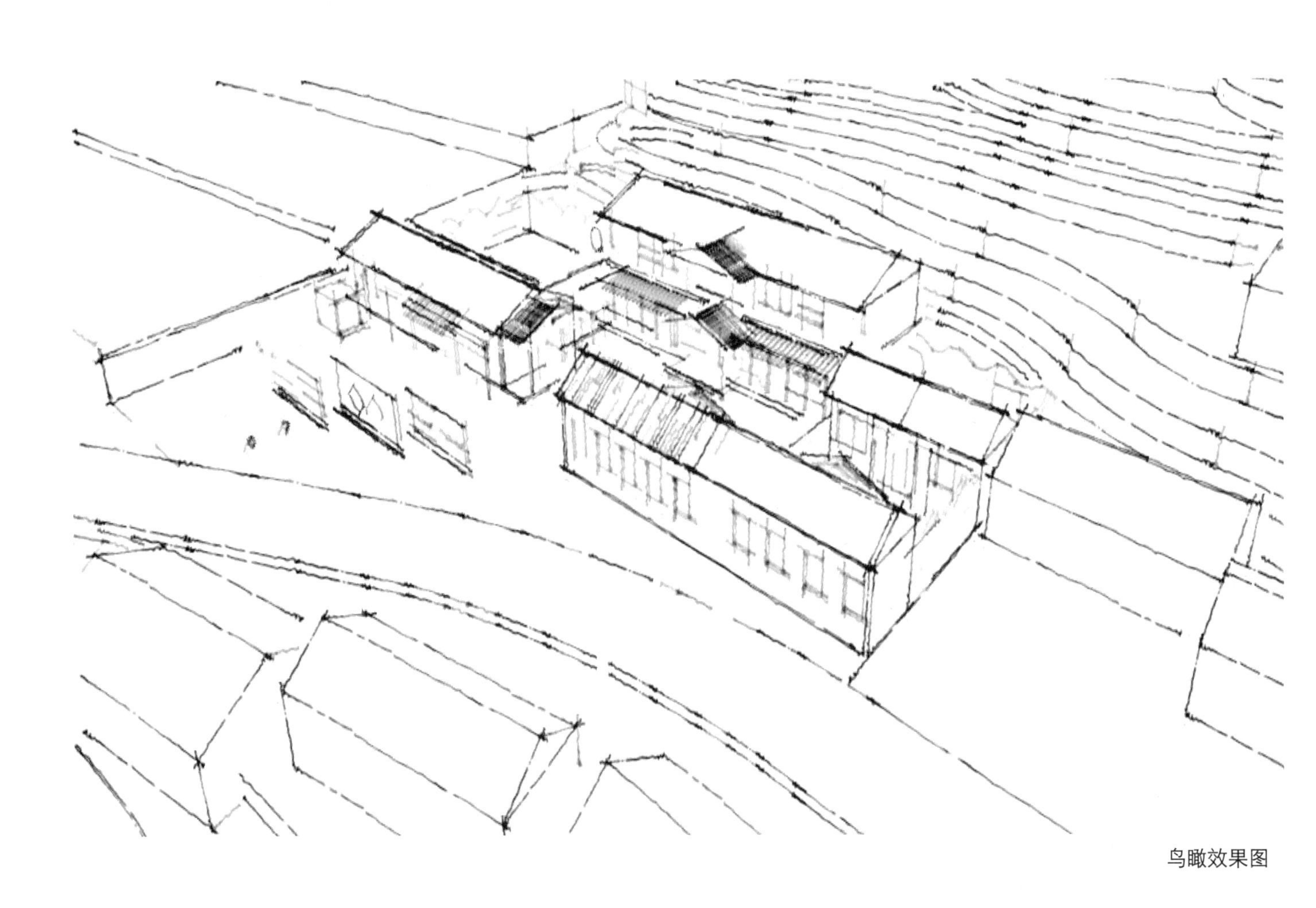

鸟瞰效果图

这座民宿应实现其应具有的价值：为都市疲惫的灵魂找到片刻归属停留……

基地概况

郭家庄村位于兴隆县城东南，南天门乡政府东侧2公里，226户，726口人，7个居民小组；全村总面积9.1平方公里。

现有耕地680亩；荒山山场6000亩。优势：自然资源优越，满族文化底蕴浓厚。

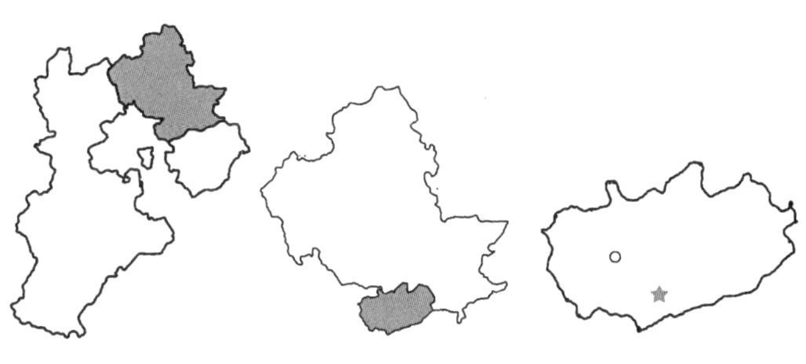

郭家庄村现状

设计成立

《承德市兴隆县南天门乡郭家庄村美丽乡村建设设计任务书》：村中建筑特色依在，沿山地错落，古朴素雅，具有燕山民居的典型特征。周边群山树木葱郁，高大的树木成荫。村里地形条件，具有清静幽深安全的山居特色。旧民居群落是具有潜力的重要景观和旅游发展的资源，村庄台地院落，高低错落，是创造北方乡村民宿酒店的最佳有利条件。

“我国农业发展正处于转型的十字路口，急需把产业链、价值链等现代产业组织方式引入农业，促进一、二、三产业融合互动，形成的互动型、融合性发展模式，打造全新的‘第六产业’。”——朱启臻

在连续13个中央一号文件中，党中央、国务院多次强调并始终将“三农”工作作为各项工作的重中之重。2016年，是美丽乡村建设的重要之年，国家全力发展乡创事业。“美丽乡村，大众旅游”成为十三五规划中的热词。

2016年03月，国家七部门联合印发《关于金融助推脱贫攻坚的实施意见》，提出精准对接脱贫攻坚多元化融资需求。

各金融机构要立足贫困地区资源禀赋、产业特色，积极支持能吸收贫困人口就业、带动贫困人口增收的绿色生态种养业、休闲农业、传统手工业、乡村旅游、农村电商等特色产业发展。

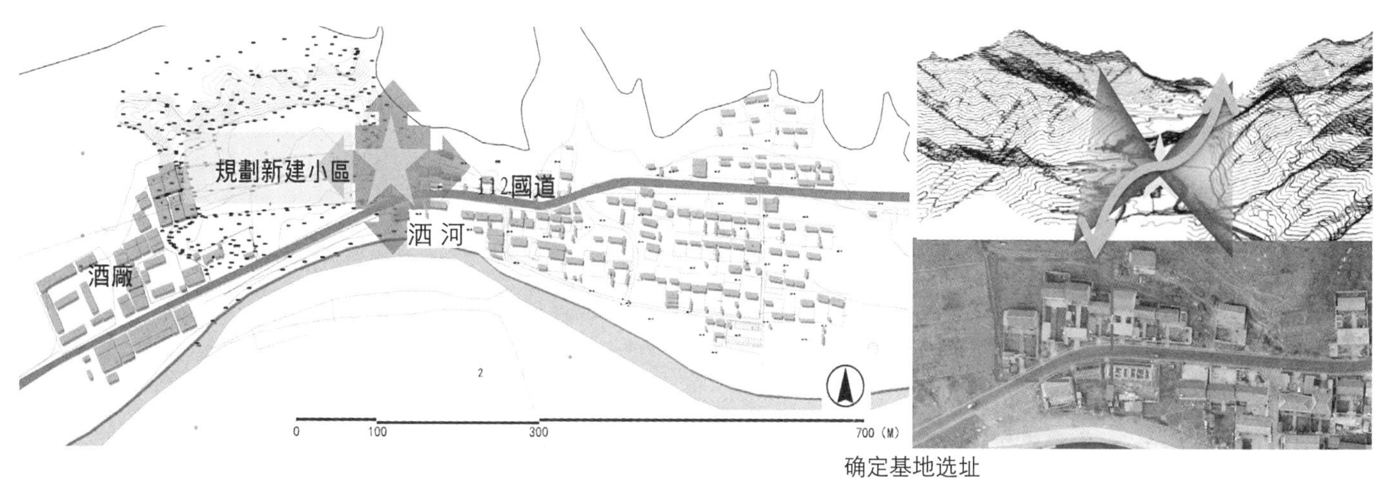

确定基地选址

A：毗邻国道，交通便利 B：村庄腹地，四通八达

C：新建小区，吸纳客源 D：地形特征，燕山谷底

E：季风吹拂，轻快凉爽 F：观景平台，南北开阔

郭家庄村打造民宿具有哪些优势?

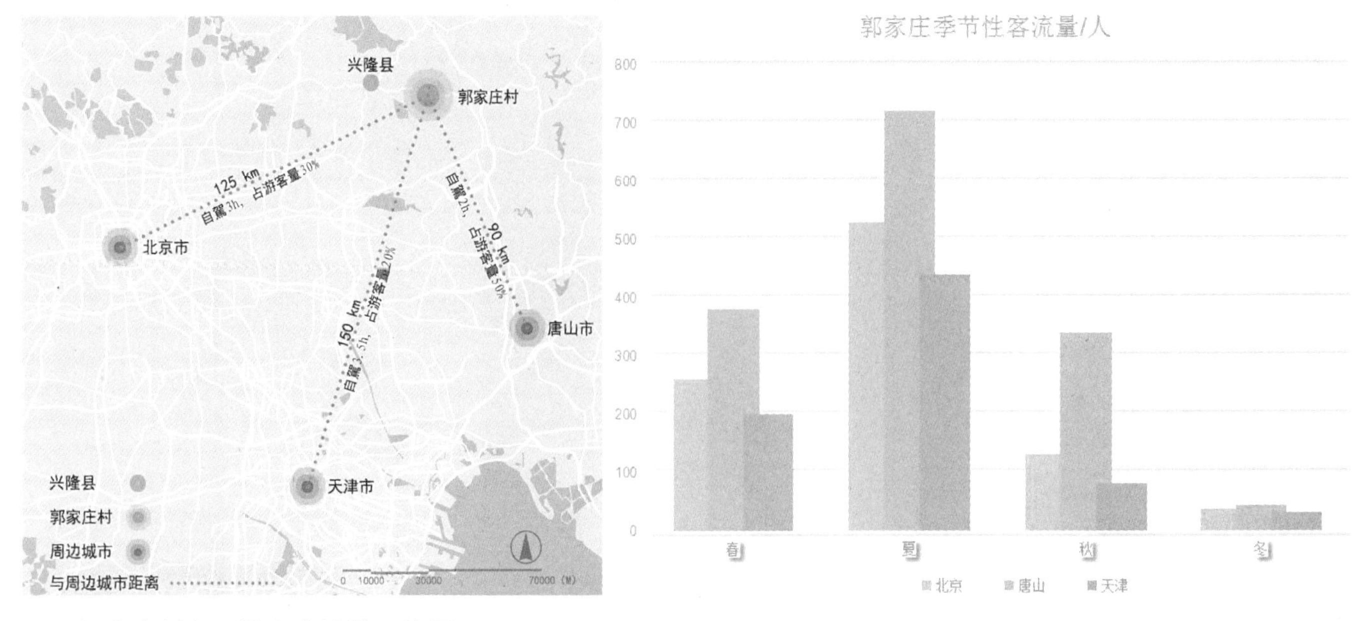

郭家庄村主要游客来访地及流量

出游方式：自驾 途经：112国道进入郭家庄村　数据来源：当地调研

比较112国道上郭家庄周边景区，落脚点为双石井自然风景区。结论:郭家庄村民宿可以作为双石井自然风景区的旅游产业链延伸而存在。

设计基地整体布局

基地劣势

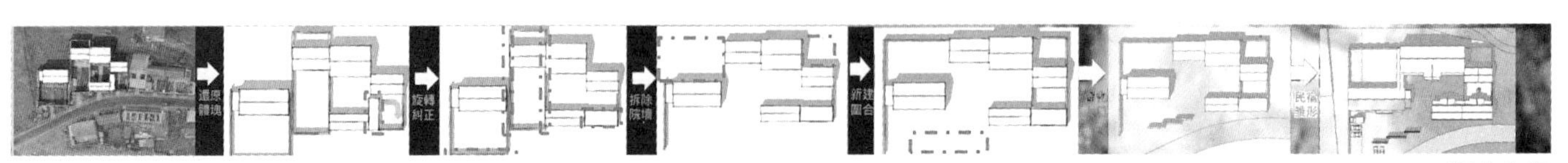

解决方案

建筑体块推导

原场地建筑

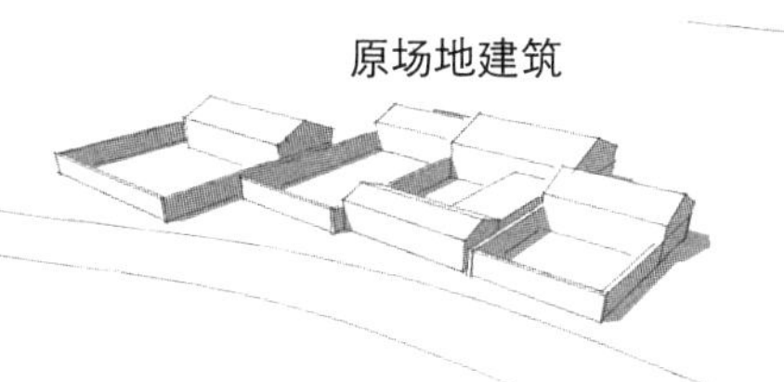

打通围墙，空间对话

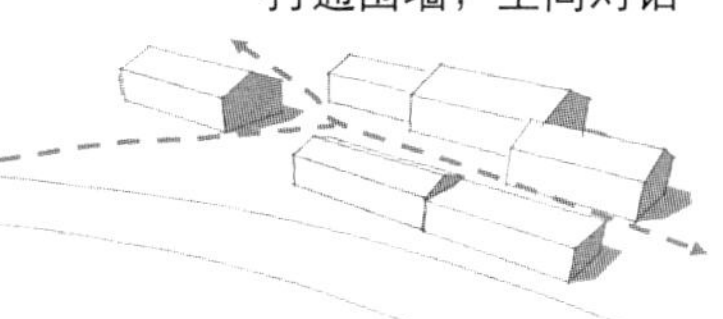

建筑重组，功能为先
增加住宿客房面积，
总体群落呼应山体形态

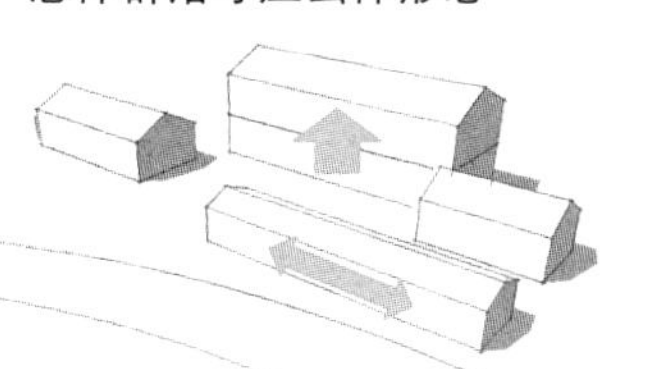

建院落重组，体验交互
4个院落，3个农作体验区

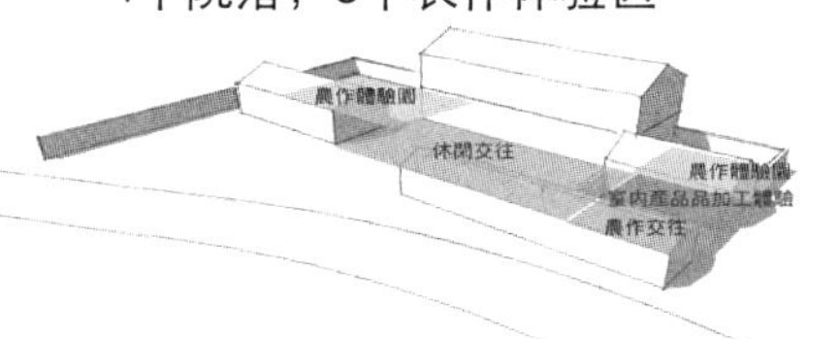

入口影壁：强调、遮挡
影壁，是对民宿场所的强调，
同时也是空间的遮挡，吸引、好奇并存

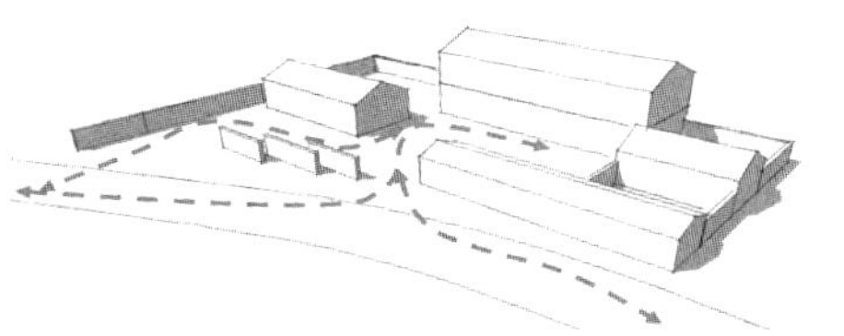

廊道语言，休憩载体
廊道语言穿梭于建筑体块之间，
遮阳挡雨，为交互空间提供休憩载体

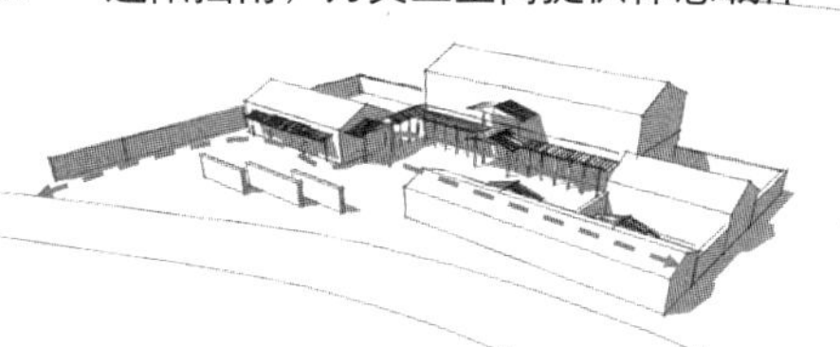

民宿雏形

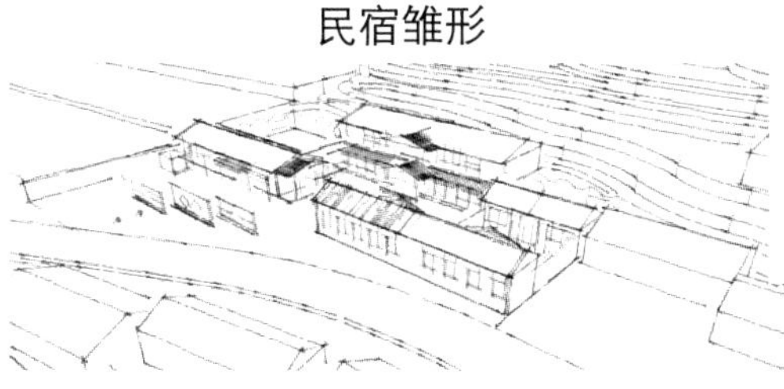

功能布局

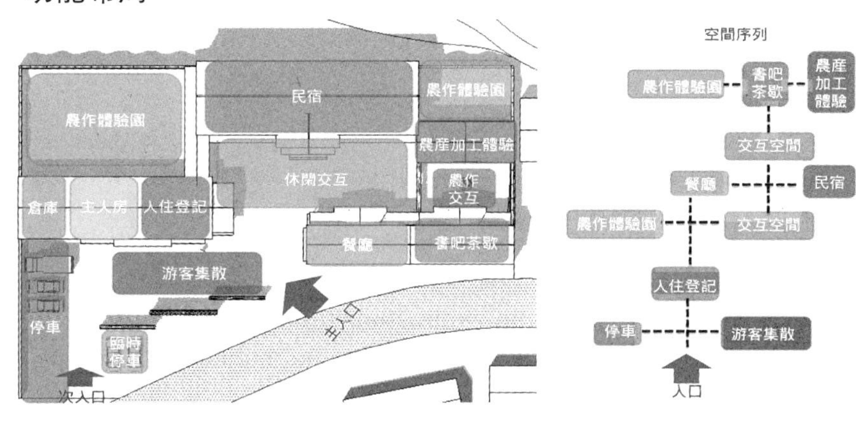

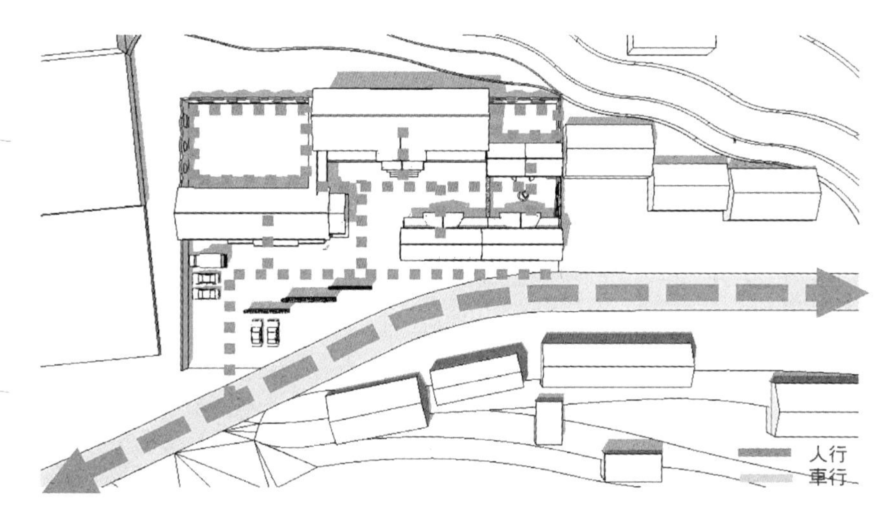

建筑概貌

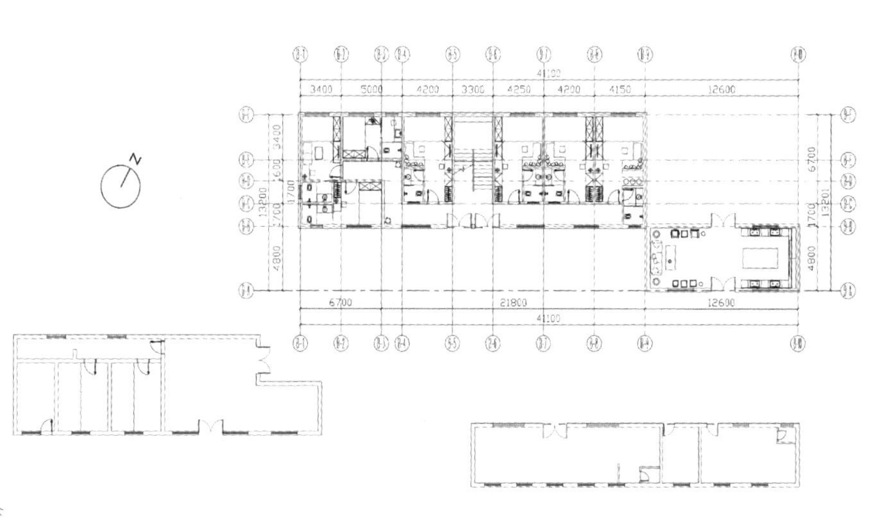

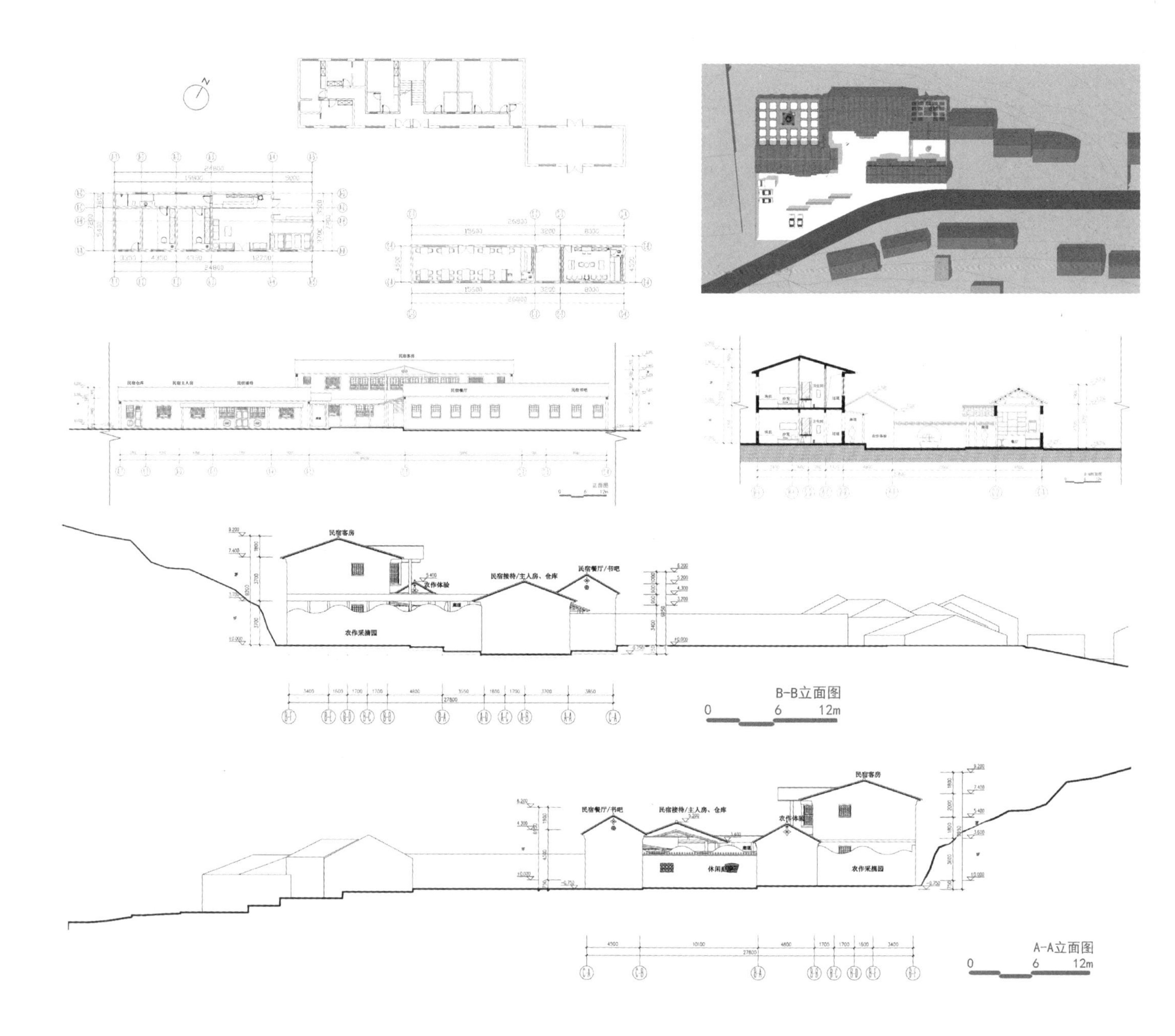

地域基因

建筑是一片地域的基因，也是地域文化的最直接体现。提取部分最能体现当地村庄的元素基因，传承在新建的民宿建筑中，对文化的尊重，也是对未来期许，过去的就是未来的。

建筑构架组成

形成民宿

转角平台，通达民宿各功能区.入住登记出口，直接观景农作体验园及步道连廊,休闲坐板，确保边缘空间的热度使用

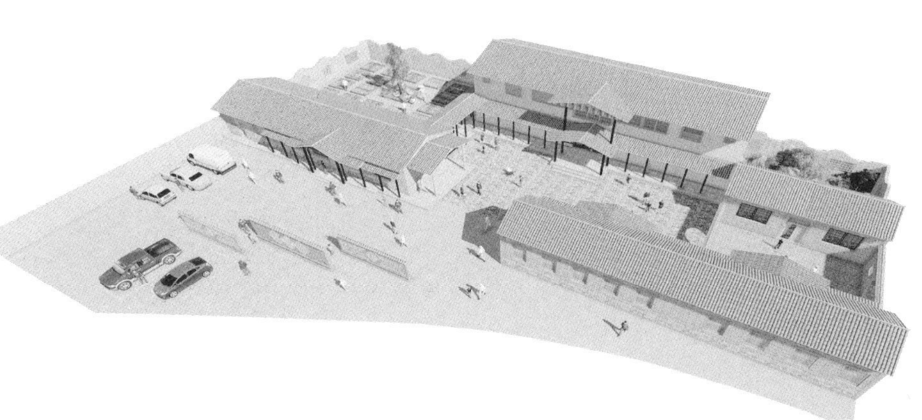

入口影壁及双层挑檐，强调场所氛围

郭家庄沿河景观带设计
Guojiazhuang River Landscape Design

学　生：成喆
导　师：郑革委　罗亦鸣
学　校：湖北工业大学
专　业：环境艺术设计

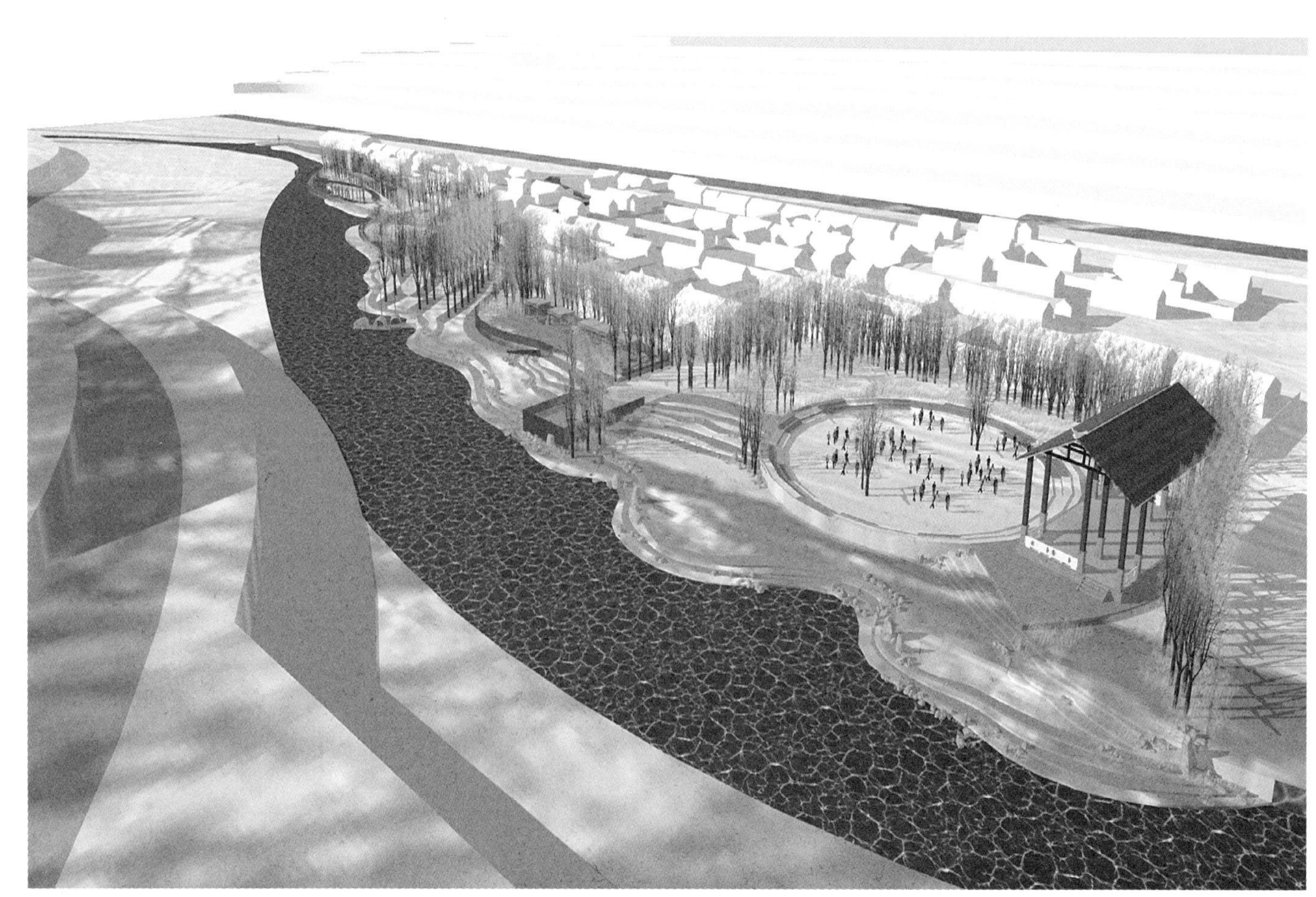

整体鸟瞰图

基地概况

基地位于中国河北省承德市兴隆县郭家庄，距离京津唐、承德较近，约1小时车程，交通便捷，是市民寻求城市短途度假的绝佳场所。郭家庄地处中纬，自然地理条件较为复杂，气候多变，地域差异较大，为典型的温带半湿润大陆性季风气候。

项目区位

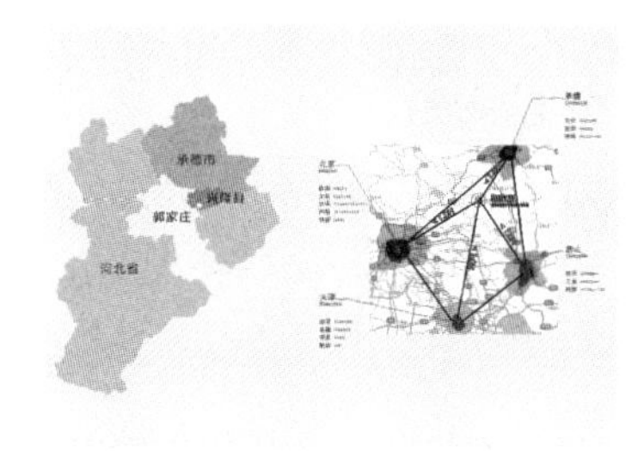

地形地貌

郭家庄是一个“九山半水半分田”的石质深山区，由于雾灵山耸立于兴隆县境的西北，因此县内地域海拔高程相差悬殊。全县平均海拔582.8m，地势西北高，东南低，自西北向东南成阶梯状缓降。

按地貌类型划分，可划分为：河川谷地

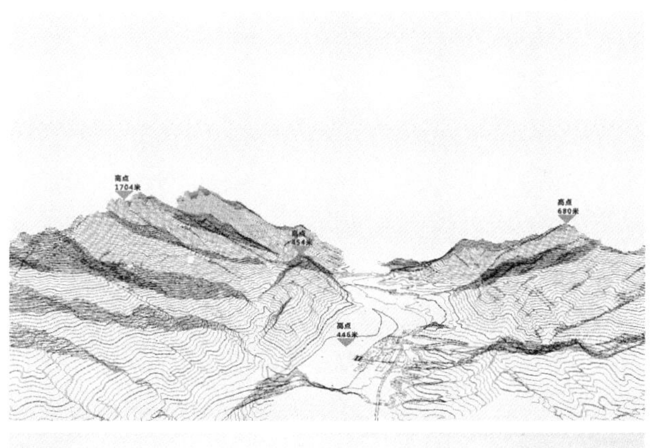

郭家庄布局依山就势，沿洒河有机分布
自然水路及独特的生态保护区
平均海拔 1000m
平均温度 7.5℃
年平均降水量 590.4mm
境内气候凉爽，水秀山清，植被繁茂，矿产资源丰富，被誉为“燕塞名珠”

研究范围：$14.5hm^2$
由酒厂、新建民居区、旧居民区、沿河景观带四个部分组成
设计范围：$2.3hm^2$

温带半湿润大陆性气候

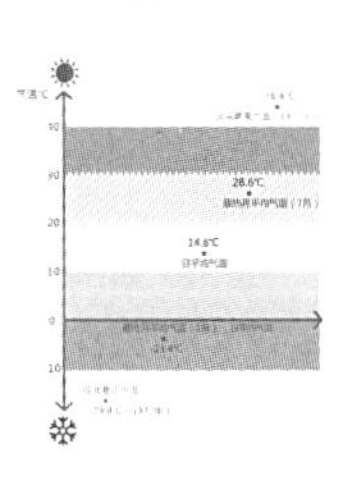

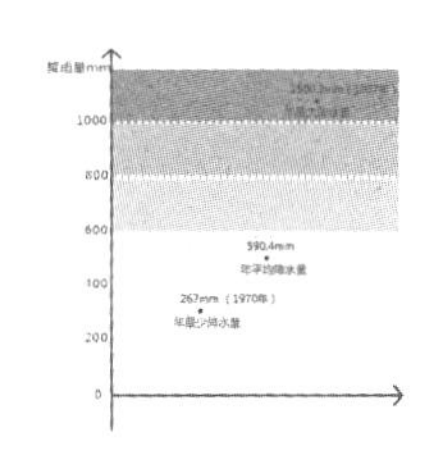

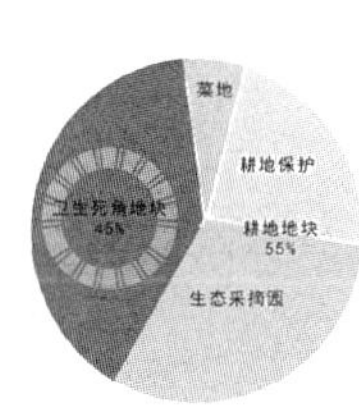

设计范围

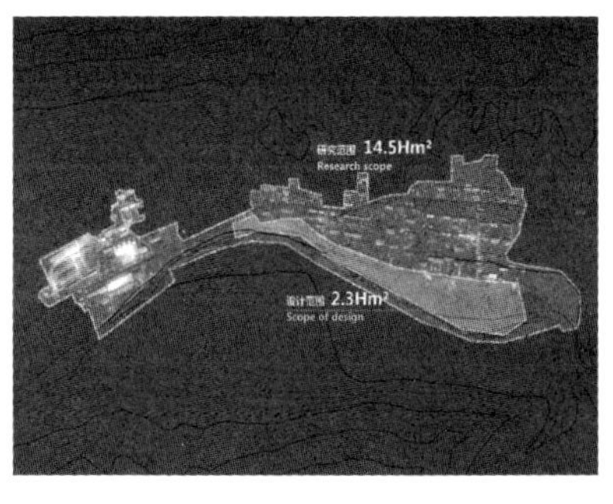

村庄人口

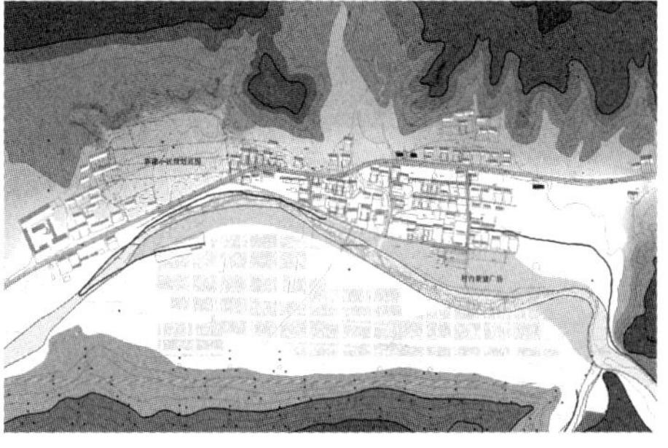

人员活动分布

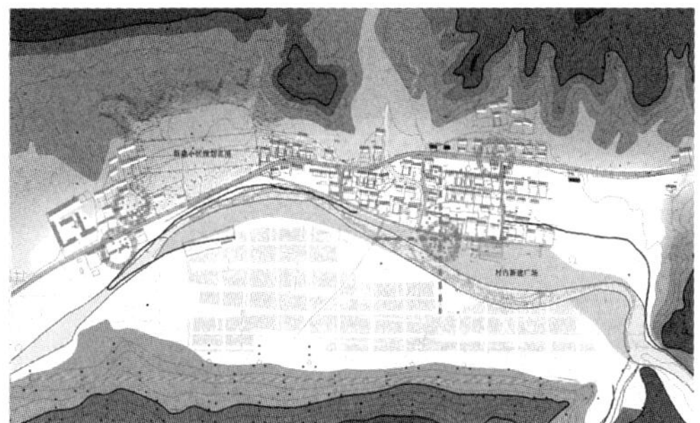

基地特征及对策

特征：

1. 临河的景观带。

2. 用地狭长（总长约600m，最宽60m，最窄约10m）

3. 绿化配置单一。

场地问题：

1. 入口处缺乏视觉吸引点。
2. 有大量空地没有合理利用，居民住宅和景观带之间没有过渡带。
3. 铺装和绿化形式单一。
4. 广场中历史悠久的古井用铁丝网封闭，没有和景观设计相结合。这个很好的历史元素没有与居民和游客形成互动。
5. 文化广场照明不足。
6. 新建广场视野良好（可欣赏对面的36盘山的美景），却没有充分利用。
7. 村东村西空旷荒芜，杂草丛生。
8. 河岸线平直，现有堤岸使人无法近水亲水。

驳岸分析

休闲服务设施分析

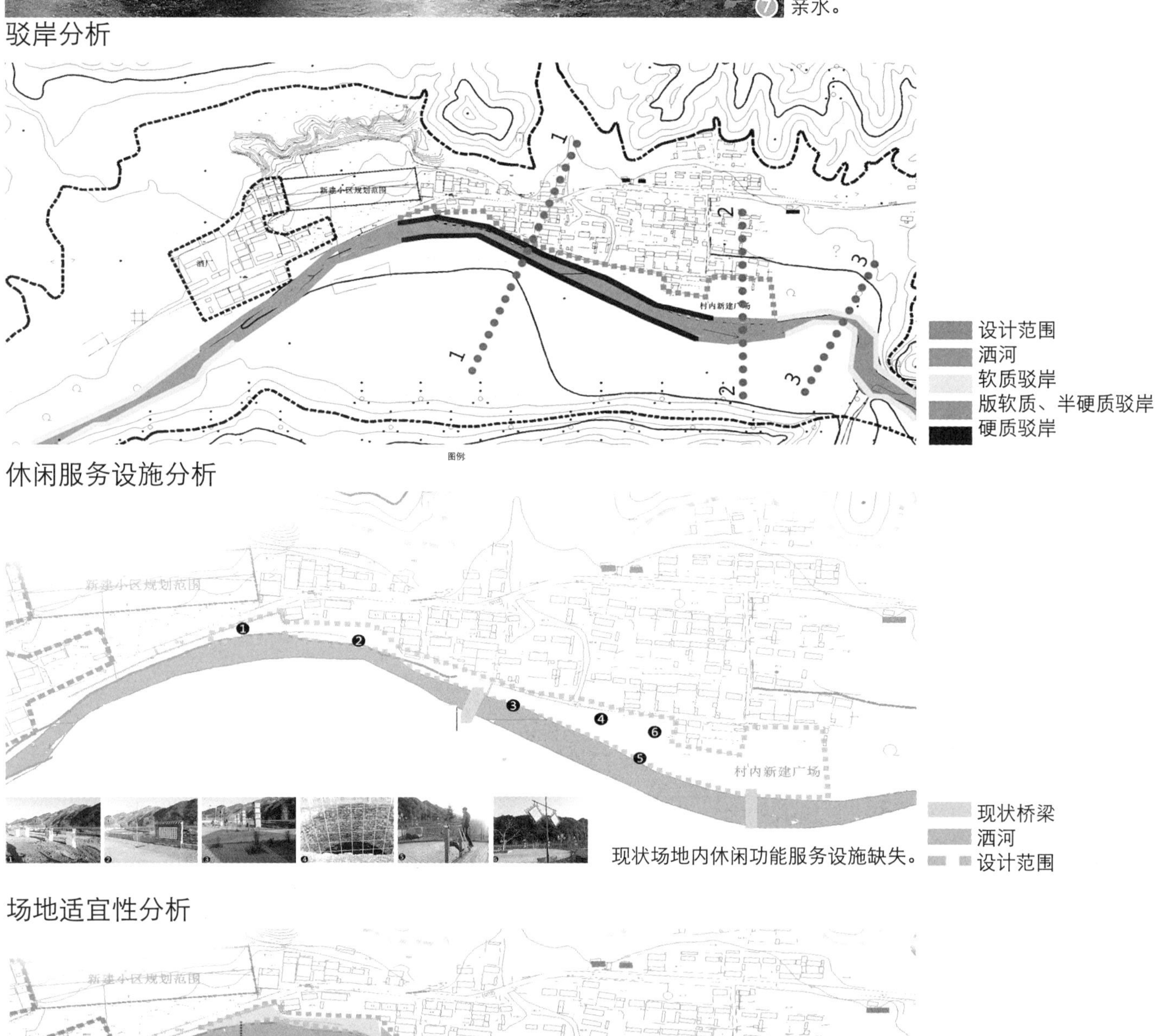

现状场地内休闲功能服务设施缺失。

场地适宜性分析

临近新建小区和村中酒厂，功能将以作为景观带的入口为主，应设置为视觉吸引点。

地块狭长，临近居住区和酒河，使私密区和公共区划分不明。应设置具有隔离作用的绿化带。

现为村中的文化广场，区域用地开阔，是村中人气最高的区域。

该区段现状为荒地，未来将成为村内的新建广场。同时，该区段是景观带的结尾，宜将此处营造为生态节点，强化林、果、农田为主的乡土作物。

景观分层体系解析

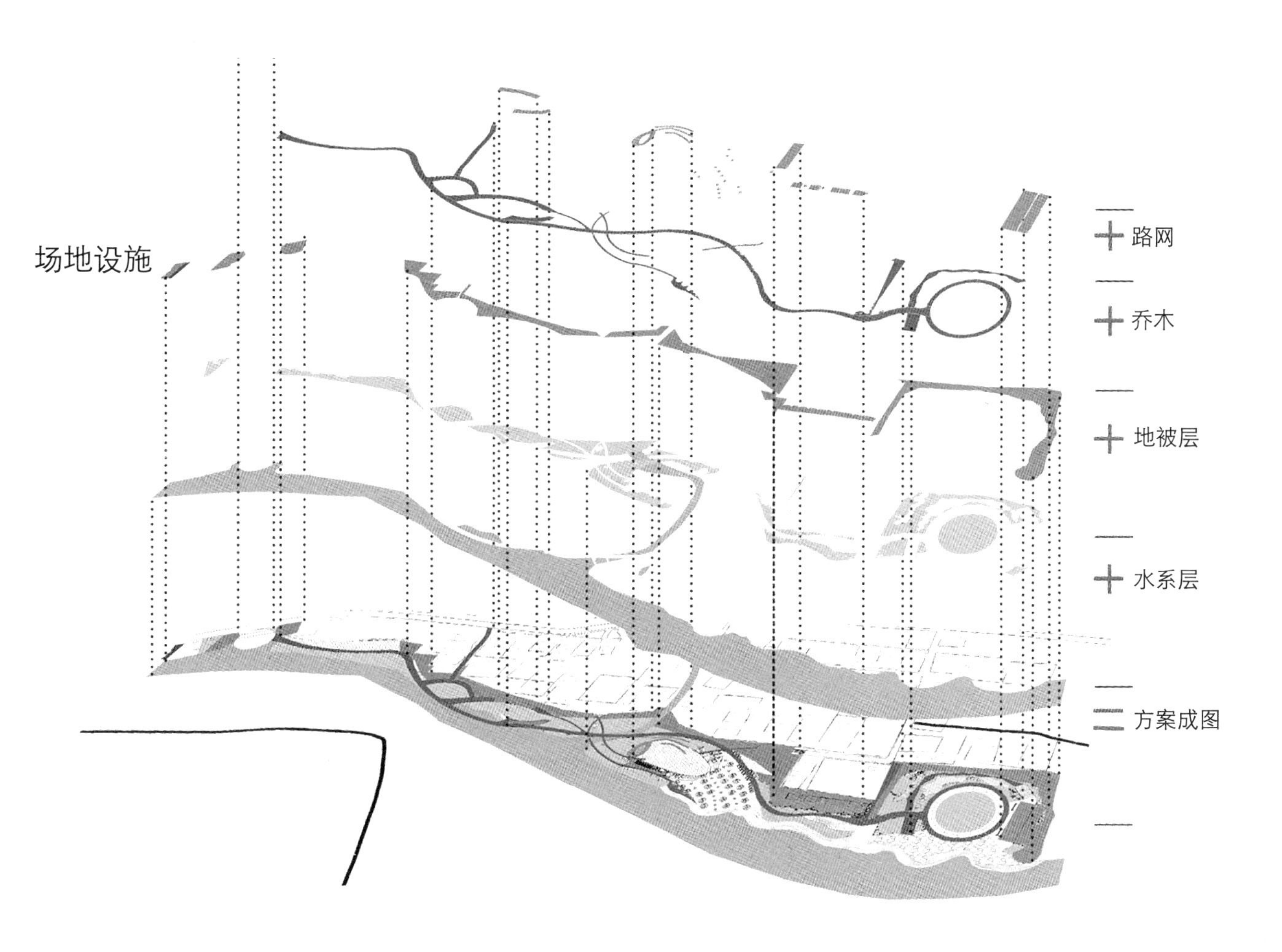

彩色总平面图

服务设施分析

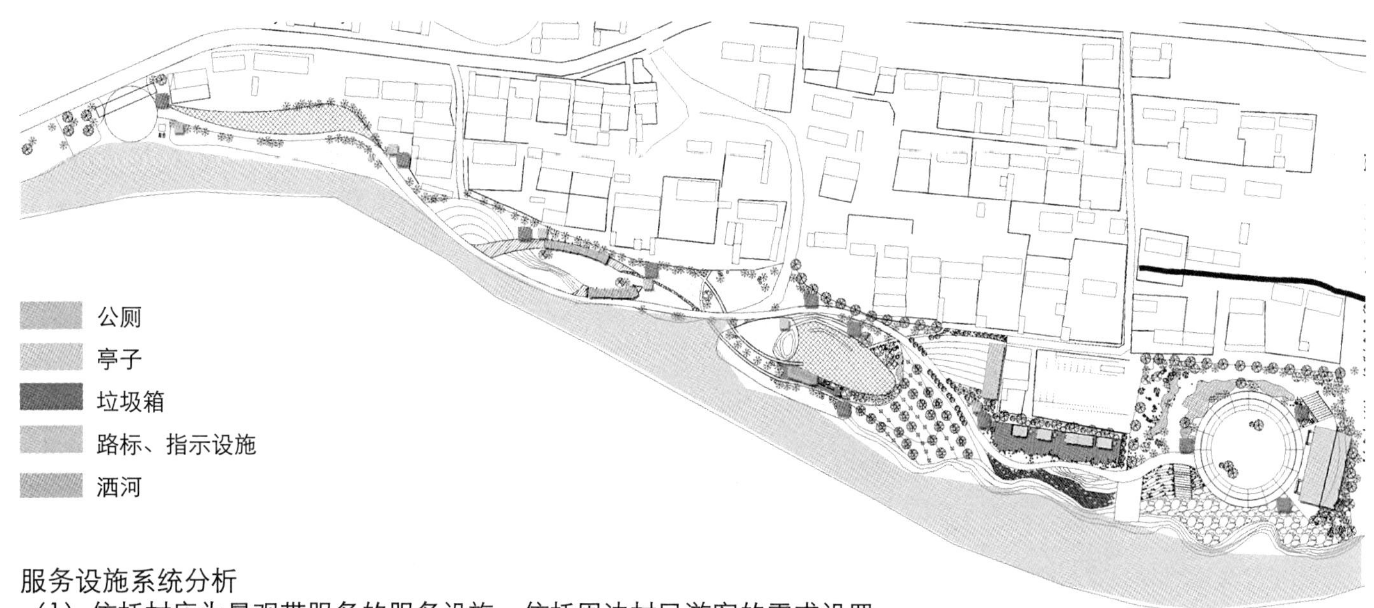

服务设施系统分析

（1）依托村庄为景观带服务的服务设施，依托周边村民游客的需求设置。
（2）网络式布局：按照使用者对不同类型服务设施的需求，确定服务设施的服务半径，科学布点，形成网络。
（3）环境优化：小型配套设施点状分布镶嵌于绿色背景中，成为美化环境的有机组成部分。

周边建筑质量分析

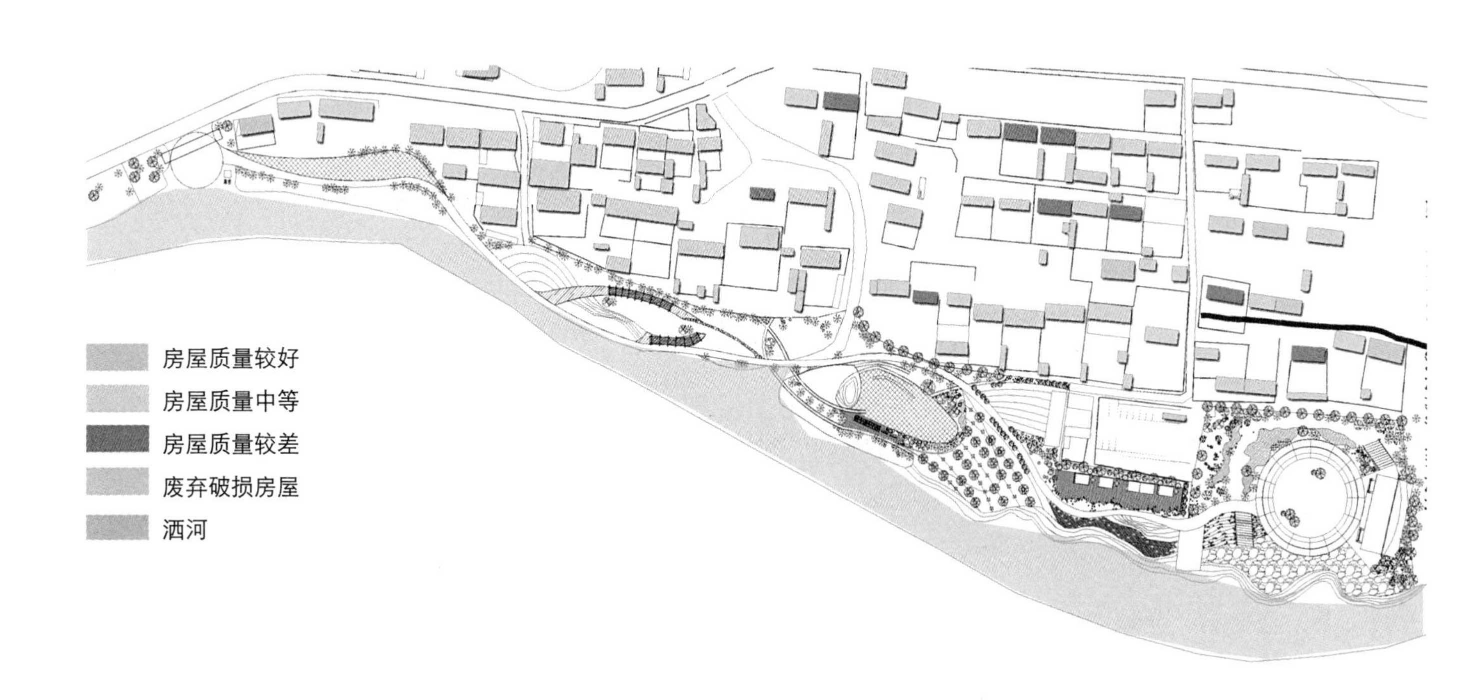

河道北部用地性质为老民居区，是居住与旅游用地的主要区域，河道南部另有大部分公共绿地。
根据洒河滨河景观设计，结合规划用地性质，力求使景观建设对河道空间的控制与周边建设有指导意义。

节奏波——郭家庄村酒厂园区设计
Metachronal Wave：Winery Park Design in Guojiazhuang Village

学　生：周蕾
导　师：段邦毅　李荣智
学　校：山东师范大学
专　业：艺术设计

郭家庄村德隆酒业酒厂原貌

基地选址

经过现场调研及考察，我们从图上可以看出，原酒厂建筑缺乏当地的建筑特色；酒厂内部环境较差，空间没有得到合理的利用，各项安全系数不高。

德隆酒业作为郭家庄村的村内企业，应该借助当地的自然景观等优势，转化为产业优势、发展优势等，扩大对游客的吸引力，将特色办成品牌，不仅可以带动酒厂的经营运作，同时也会带动旅游产业的发展以及第三方产业经济的水平，推动当地的经济发展，增加居民收入，改善人居环境。

设计用地范围

现场调研

概念推导

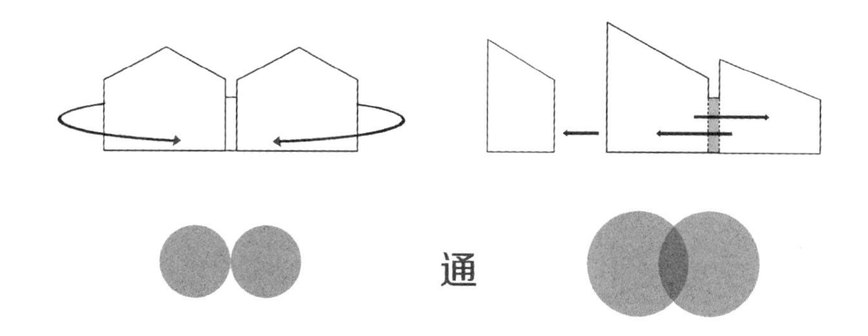

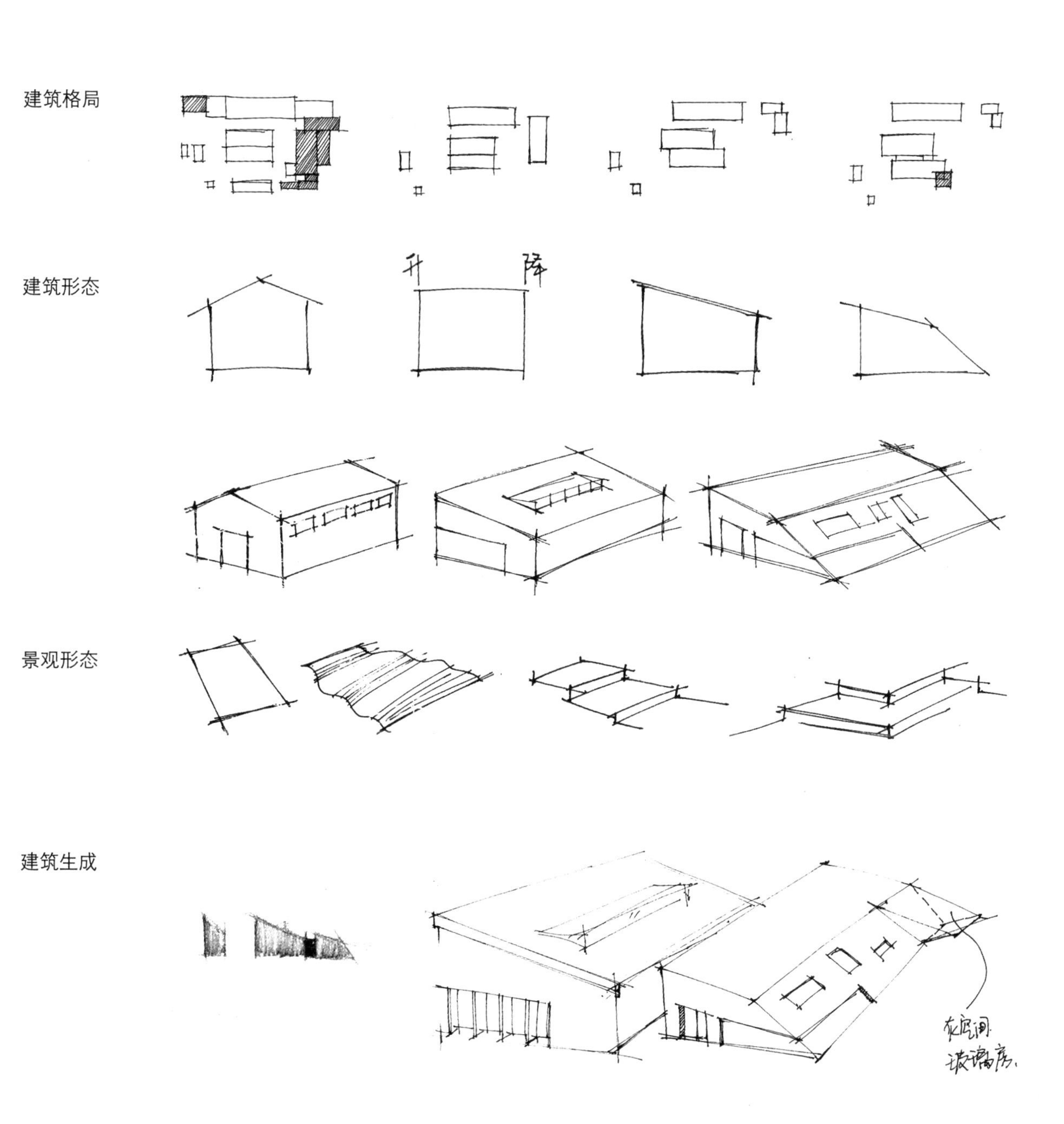

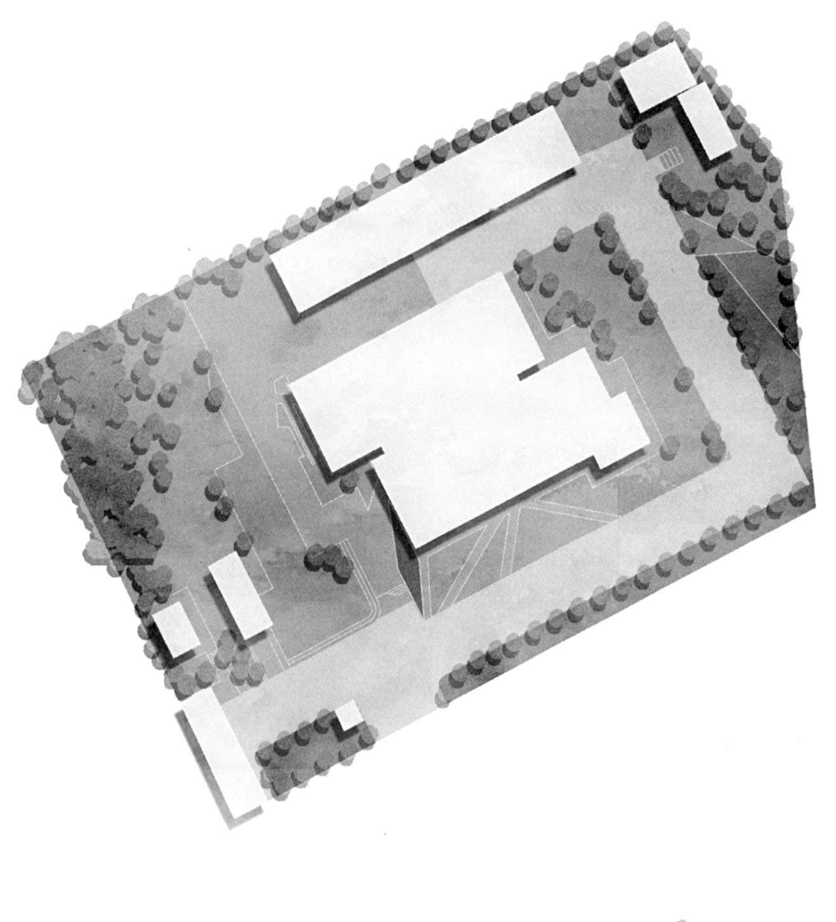

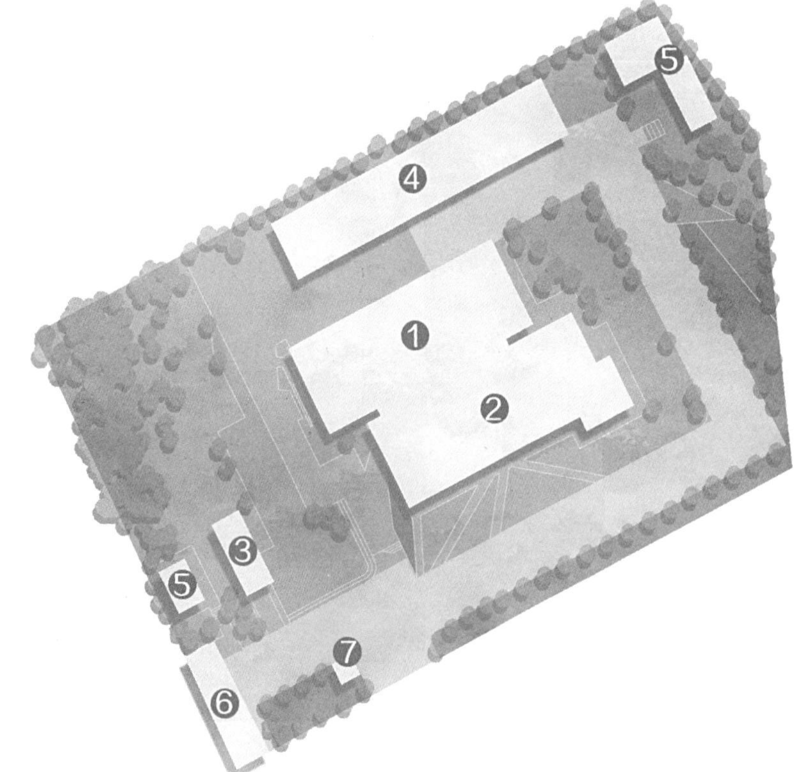

❶ 互动空间
❷ 交流空间
❸ 地下酿酒空间
❹ 办公楼(保留)
❺ 卫生间(保留)
❻ 车棚
❼ 门卫

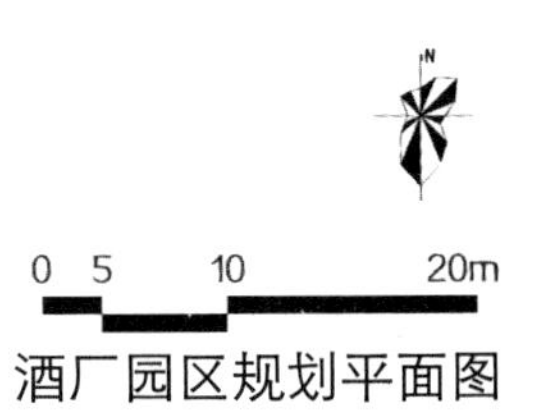

酒厂园区规划平面图

平面分析

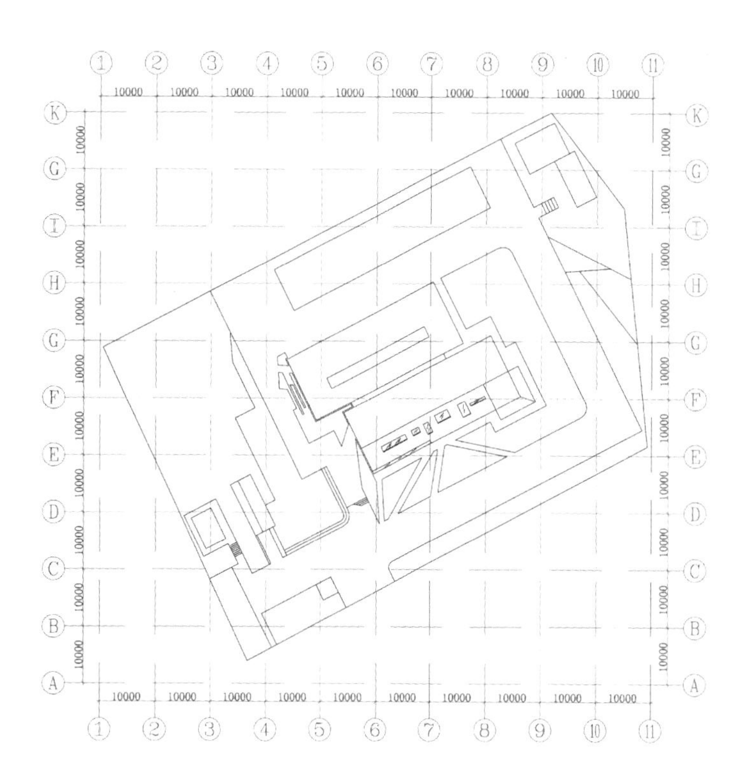

酒厂园区规划总平面图

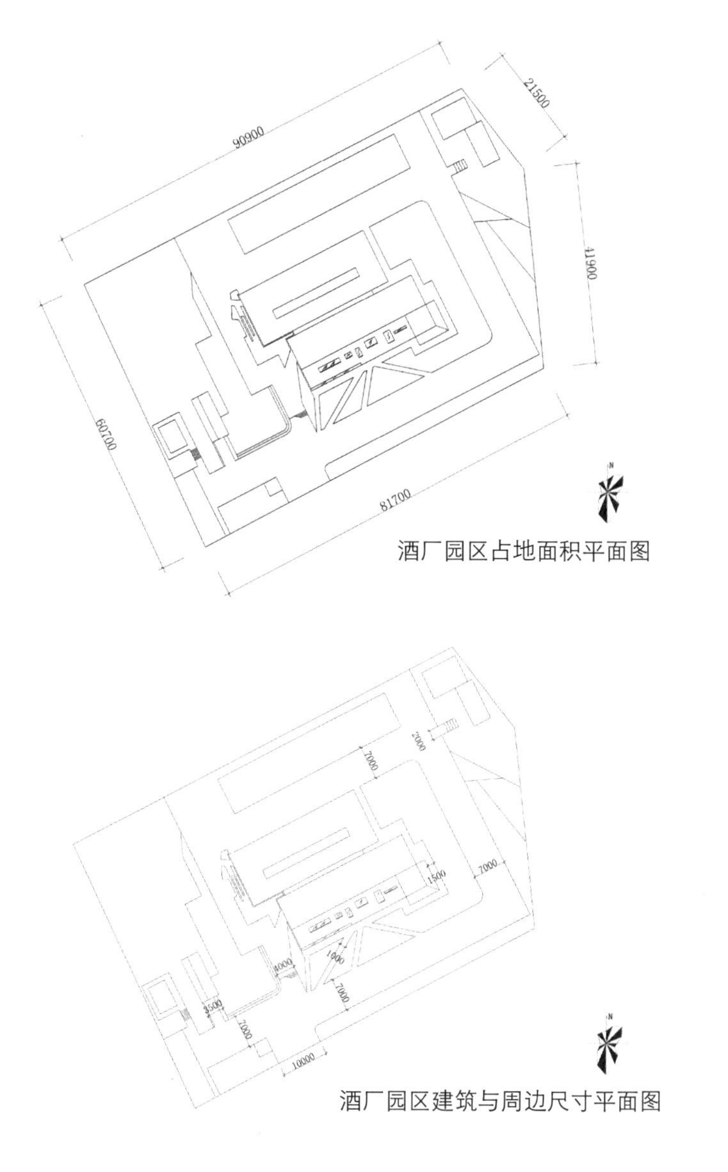

酒厂园区占地面积平面图

酒厂园区建筑与周边尺寸平面图

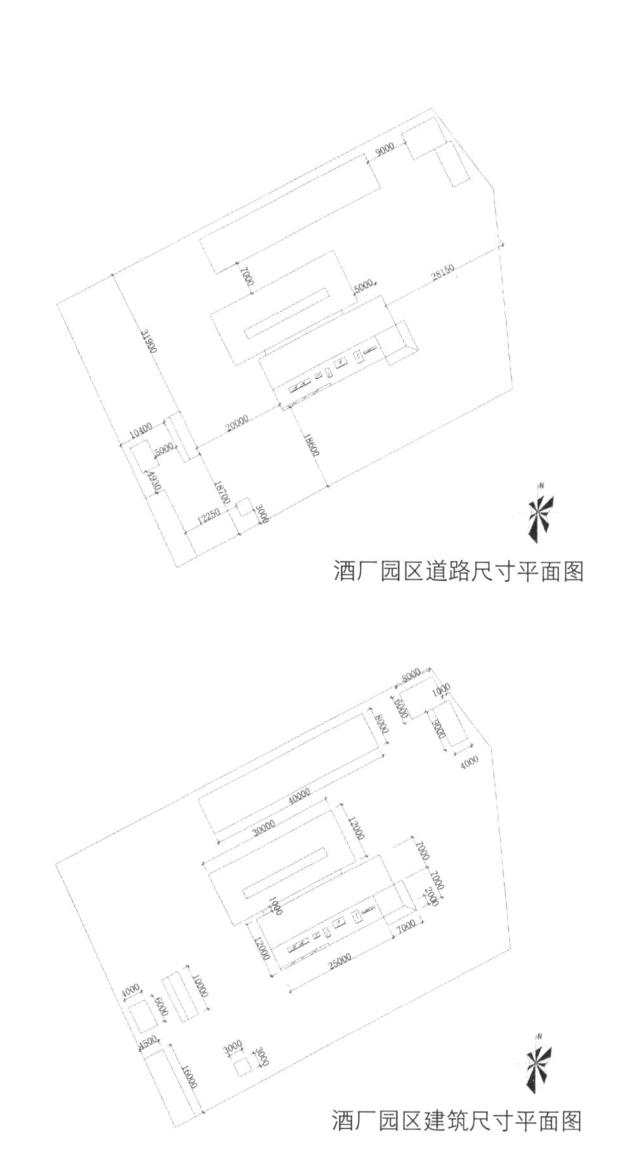

酒厂园区道路尺寸平面图

酒厂园区建筑尺寸平面图

建筑剖立面表现

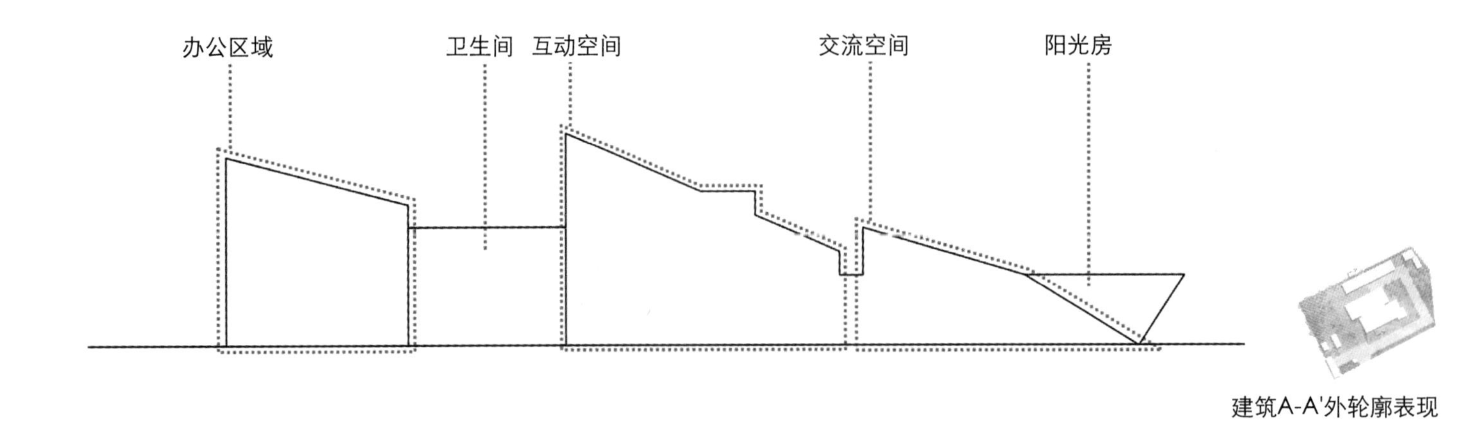

建筑A-A'外轮廓表现

15°
23°
30°
15°
8.000
8.000
6.000
5.040
5.000
3.000
3.200
400
4400
2400
3200
1000
2000

建筑A-A'屋顶斜度表现

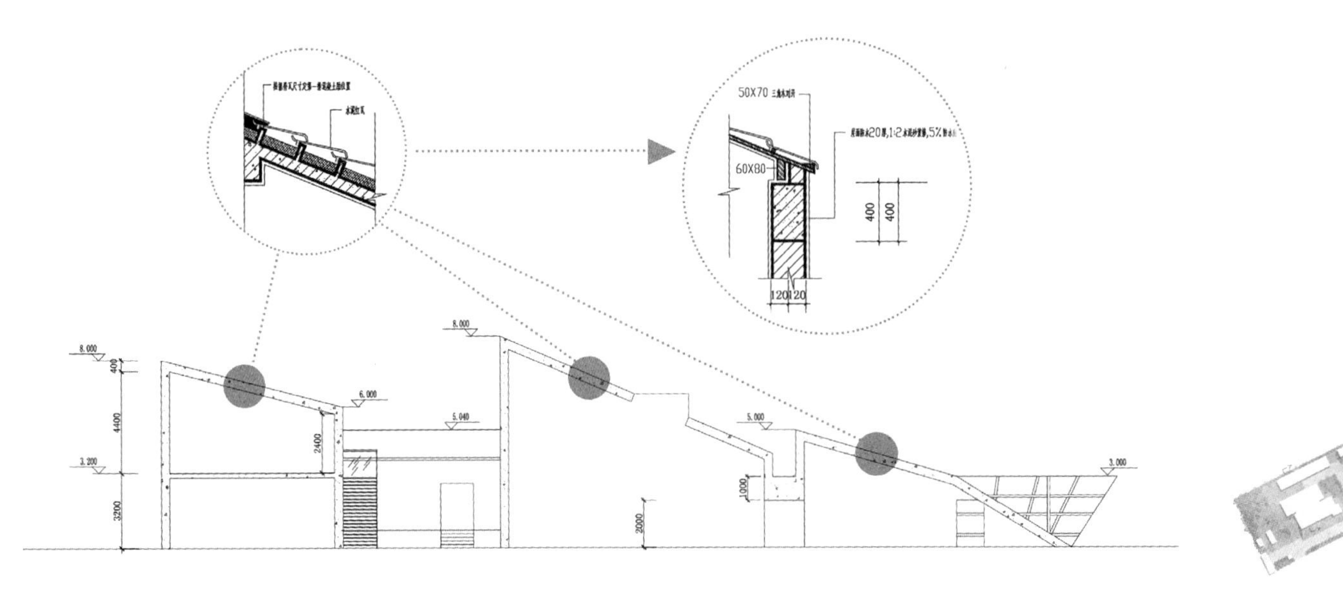

建筑A-A'外墙构造表现

建筑分析

该建筑共两层，地上一层，地下一层，东西建筑设有地下廊道连通整个建筑群。

整个建筑群体的疏散功能完善，共有12个安全出入口。一般来访者、游客主要通过交流与互动空间西侧的安全出入口，管理人员及工作人员则是通过地下酿酒室及互动空间北侧的出入口进出。

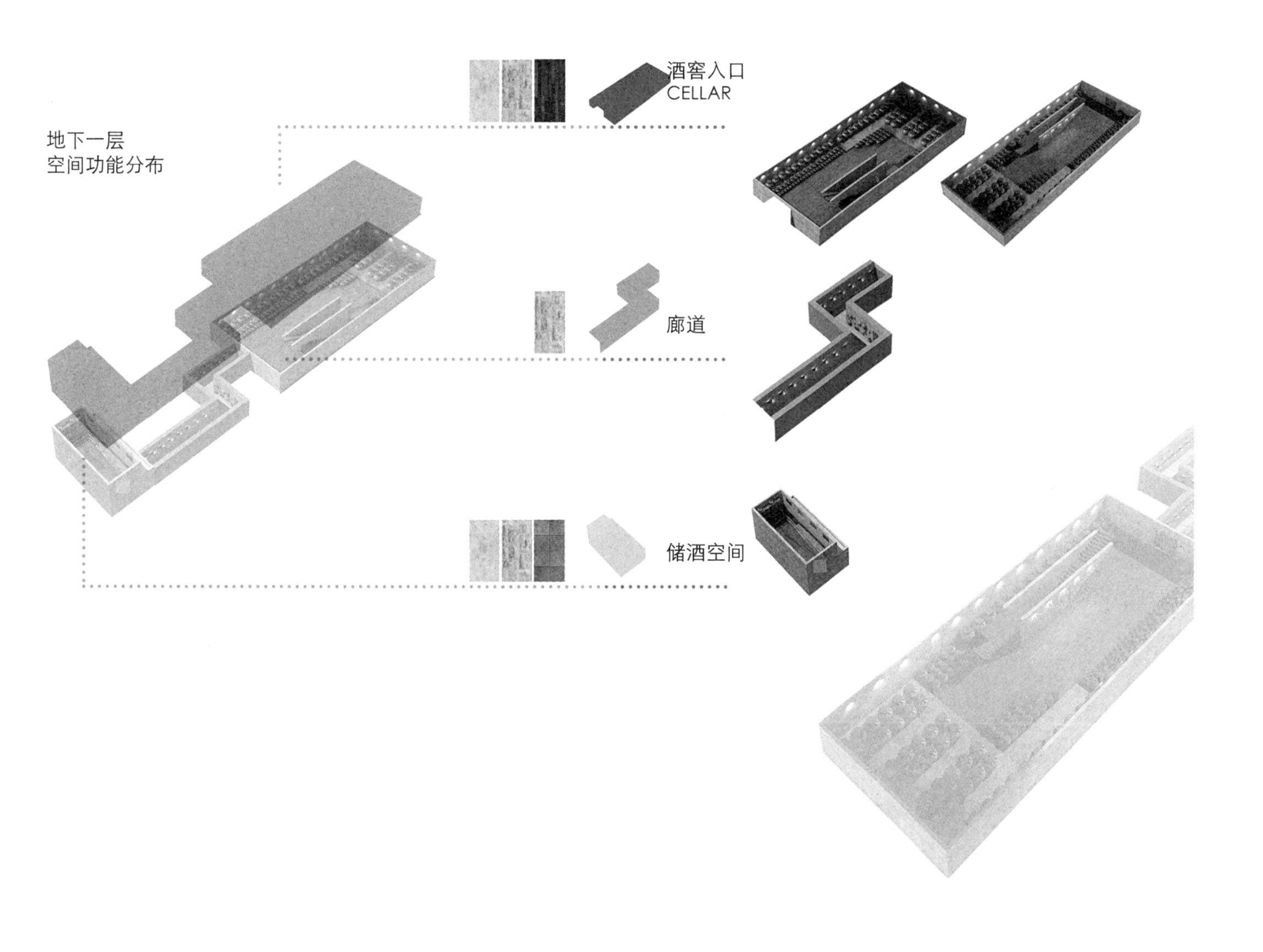

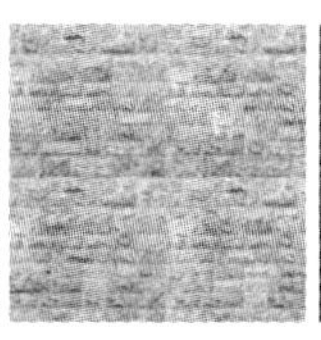

空间塑造表现

整个酒厂建筑内部空间延续了之前未改造的厂房结构，自然裸露的石墙与木材、白色肌理墙体相结合；空间上部结构暴露在外的换气、排气系统，不仅使空间的空气流通得到较好的改善，还丰富了整个空间的历史年代感；配以酒红色的沙发、座椅，与整个空间氛围相融合；四处散落的酒坛子及展柜、展台所陈列的酒瓶更好地诠释了酒厂互动空间、交流空间所带来的文化气息。

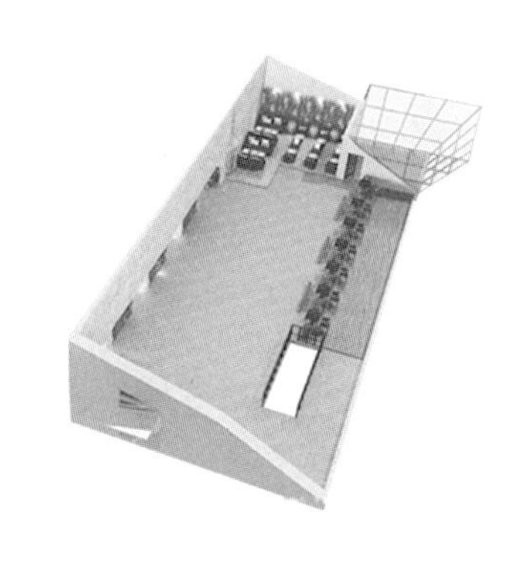

室内/酒窖交流空间

室内/酒厂交流空间效果展示

室内/酒厂交流空间/酒品展陈展柜效果展示

河北省郭家庄村民居改造设计

Design for the Dwellings in Guojiazhuang Village Hebei Province

学　生：葛鹏
导　师：于冬波　郭鑫　张享东
学　校：吉林艺术学院
专　业：环境设计

哈尼民俗展馆效果图

地貌的破坏是城市发展形成的必然，尽管它已经被申请为世界文化遗产，但是破坏仍旧没有终止，令人感到十分惋惜。城市需要历史，需要流传……

基地概况

郭家庄村位于
兴隆县城东南
南天门乡政府
东侧2公里

226户
726口人
7个居民小组

全村总面积
9.1平方公里
现有耕地680亩
荒山山场6000亩

基础设施优越
水电充沛
交通便利
村现有闲置房屋
若干

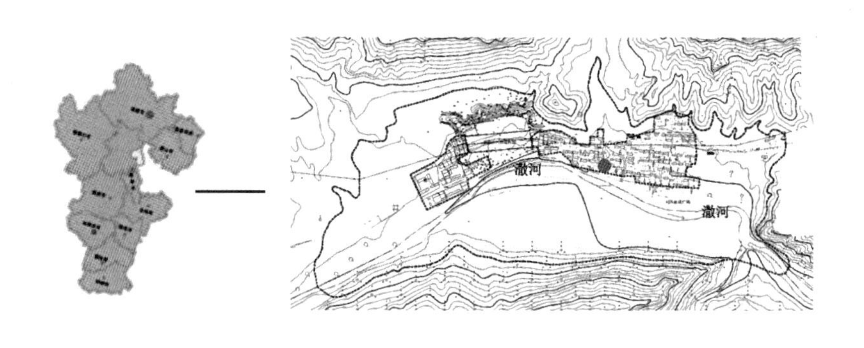

河北省承德市　　　　兴隆县南天门乡郭家庄村

交通分析

村庄依山就势，沿洒河有机分布，林木葱郁。

郭家庄村中有112国道穿过，并且有新建公路通向郭家庄村。

方便北京、天津、唐山及承德本地游客的到来。

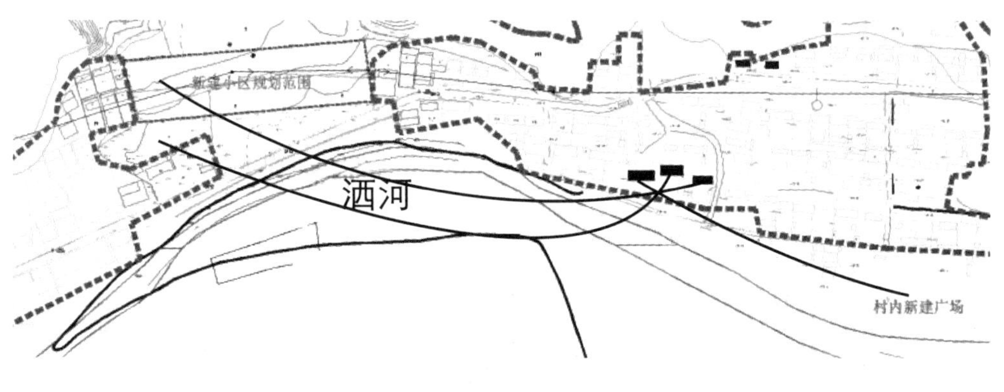

现场调研

（以上图片均来源于现场调研）

- 村民想要一个宽敞明亮整洁的环境，向往城市的生活
- 老人们想保留、传承传统民俗文化
- 孩子希望父母陪在身边
- 增加工作岗位，在外务工人员能回到自己的家乡发展第三产业，带动经济增长

民宿融合

将满族婚礼及后续的宴请、住宿等集合成多样性的旅游服务体系，满足游客对新文化新地点的需求，打造吃、住、行、玩，一体化。

建筑形式要提取燕山民居的形态特征、建筑工艺、建造技艺，再融入现代工艺，做到与周边环境的有机结合。

将基础落后功能配套不全的闲置房屋进行如厕所、洗浴等的改善，接待游客的硬件设施、景点建设及环境打造极具特色与吸引人，并做到基础设施的配套齐全，满足游客吃、住、游、购、娱等多方面的需要。

（以上参考图片均来源于网络）

设计实施

项目选址

选择广场入口处三间民居使外来旅游群体切身感受到当地文化气息，主要体现在以下三个方面：

1. 便捷性
2. 标志性
3. 参与性

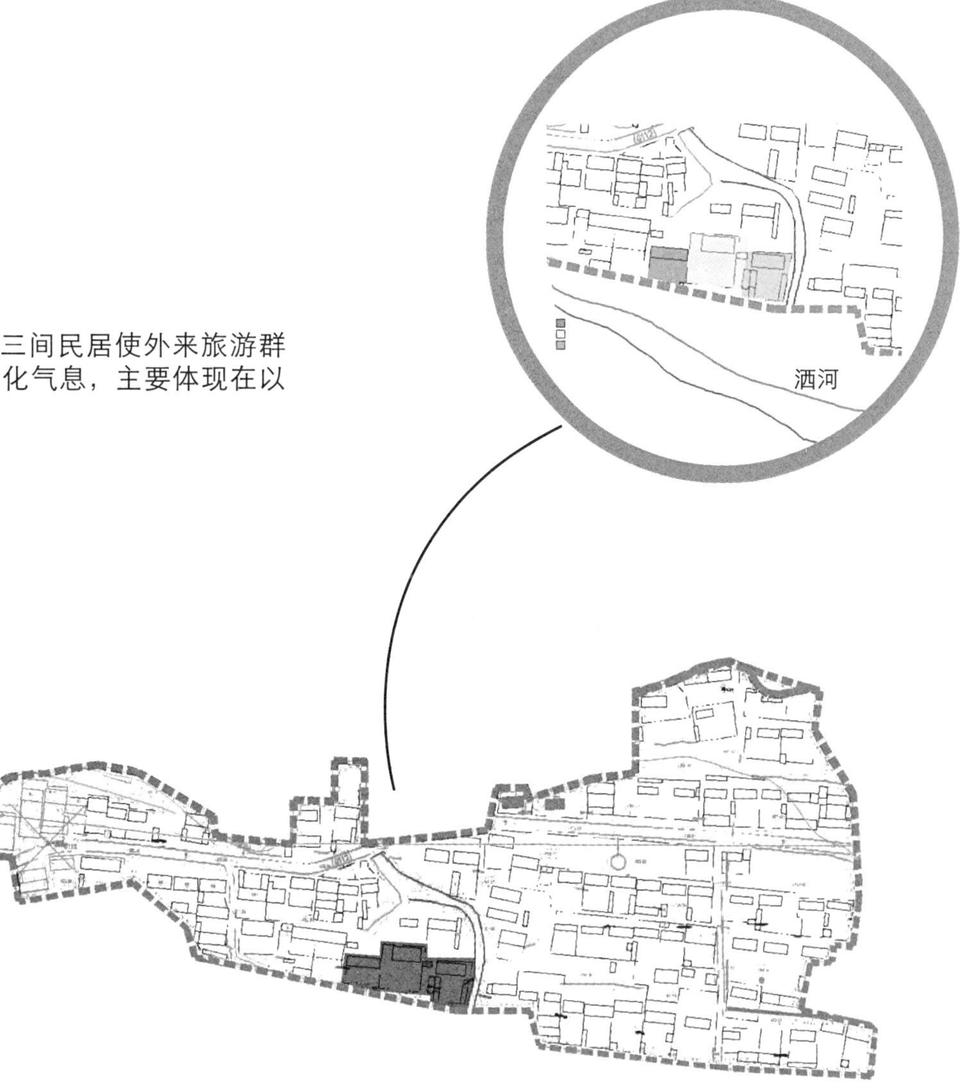

民宿图纸

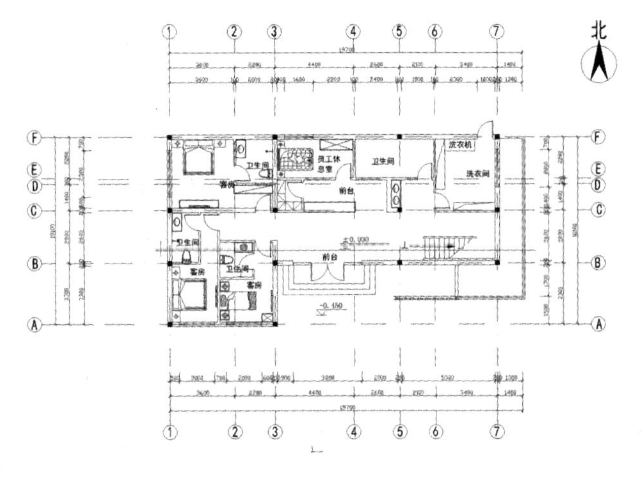

一层平面图

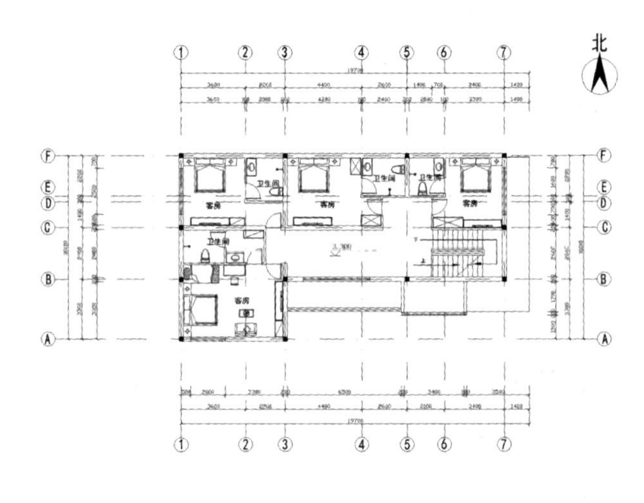

二层平面图

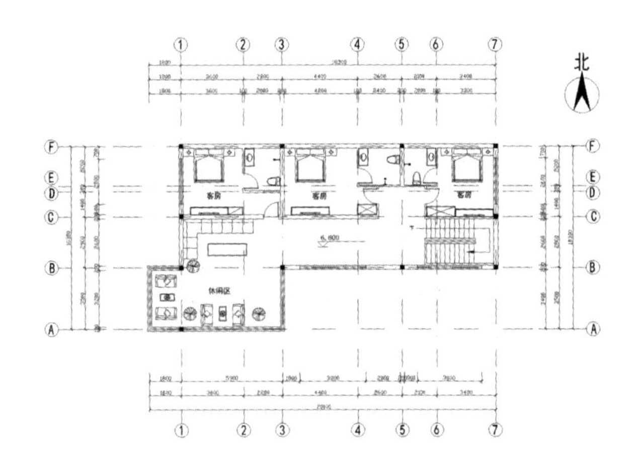

三层平面图

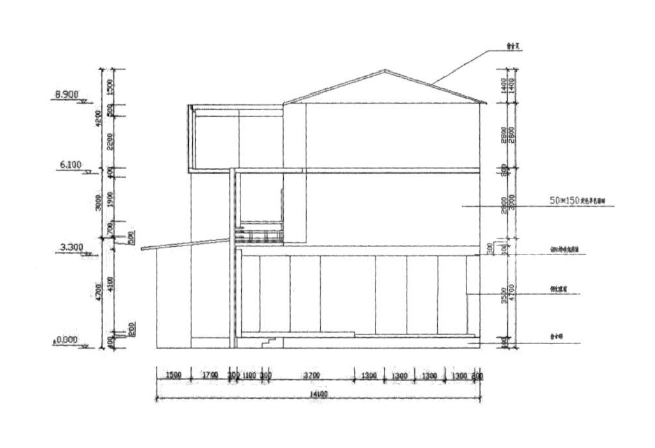

立面图

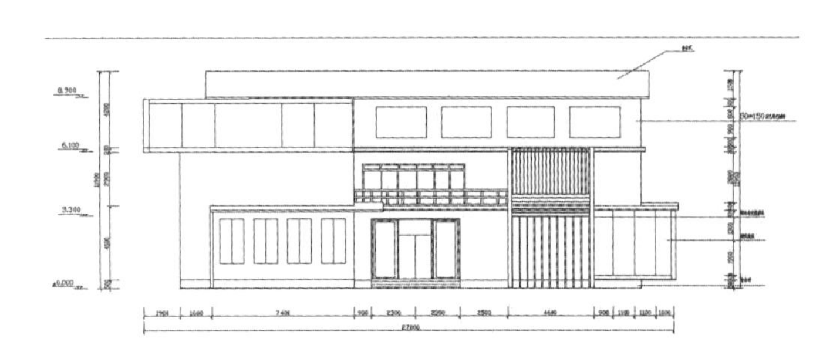

立面图

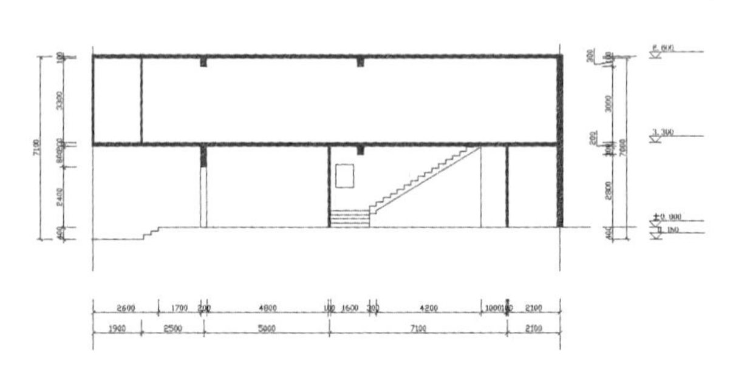

剖面图

民宿效果图

山一层，水亦承
——郭家庄村山居文化民宿建筑改造概念设计
Redesign and Reconstruct Plan for Cultural Heritage Mountain Household Tourist Attraction in Guojiazhuang Village

学　生：王衍融
导　师：陈建国　莫媛媛
学　校：广西艺术学院
专　业：景观建筑设计

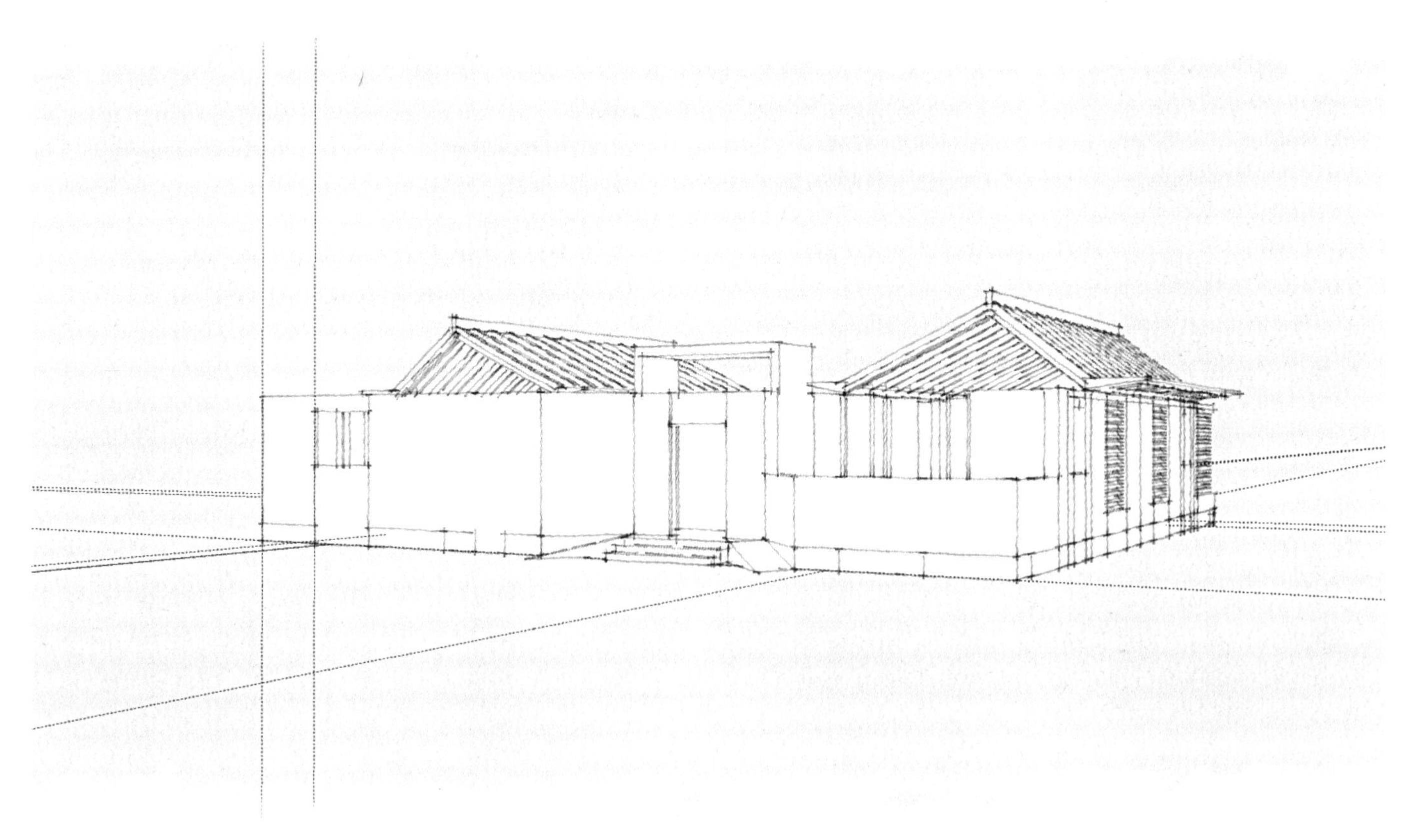

满族山居民宿效果图

基地概况

基地位于中国河北省承德市兴隆县南天门乡郭家庄村，地处温带大陆性季风山地气候，四季分明，冬天虽然寒冷，但由于四周环山，阻滞了来自蒙古高原寒流的袭击，故温度要高于其他同纬度地区，夏季凉爽，雨量集中，基本上无炎热期。

区位分析

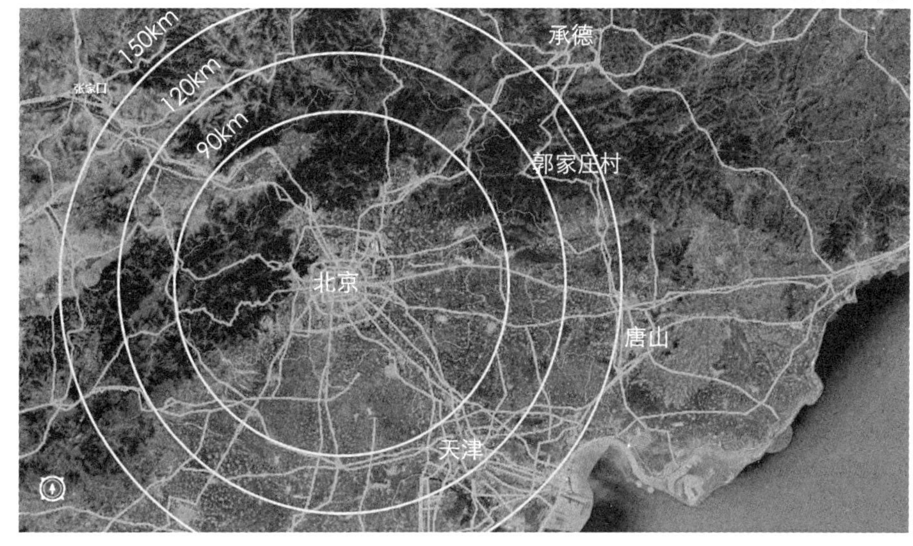

周围各大城市均可短途到达郭家庄村，辐射面及受众面广。

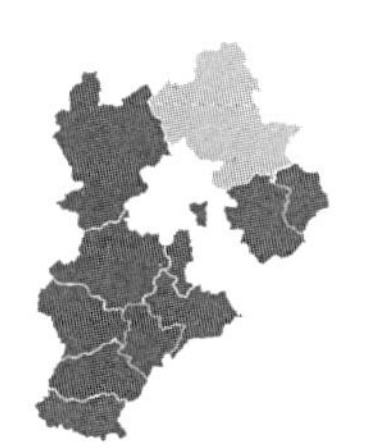

河北省承德市

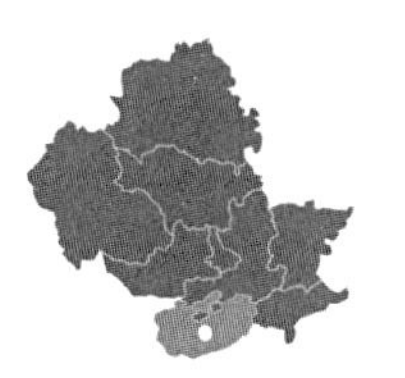

兴隆县

用地分析

规划范围：
总面积约 76000km^2
耕地约 400000m^2
山场约 228000m^2
平均海拔约 400～600m
西距南天门满族乡约 2km
东距冯家庄村约 2km
南距清东陵约 30km

历史延承

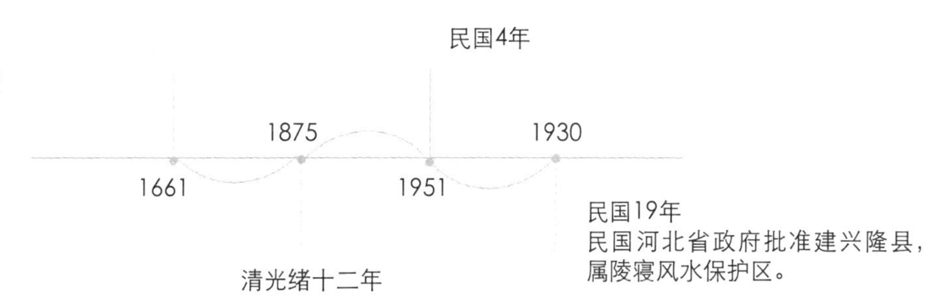

场地调研总结

1. 区位：周围各大城市均可短途到达项目地，且辐射面积广。

2. 气候：温带大陆性季风山地气候，全年基本无炎热期，适宜开发成旅游避暑胜地。

3. 交通：国道G211穿越其中，村内道路系统单一。

4. 建筑：村内有一座百年老宅，保存较为完好，现无人使用，对设计有极高的利用价值，民居为村民自造及国家“三管五改”后建起的新房，部分没特色的房屋需要将其拆除。

解读任务书

北京至此3小时14分钟
毗邻承德避暑山庄及清东陵
清朝后龙风水境地
满族守灵人历史文化的传承地
......

具有良好的短期旅居开发条件

高端山居度假酒店

山居文化旅游小镇

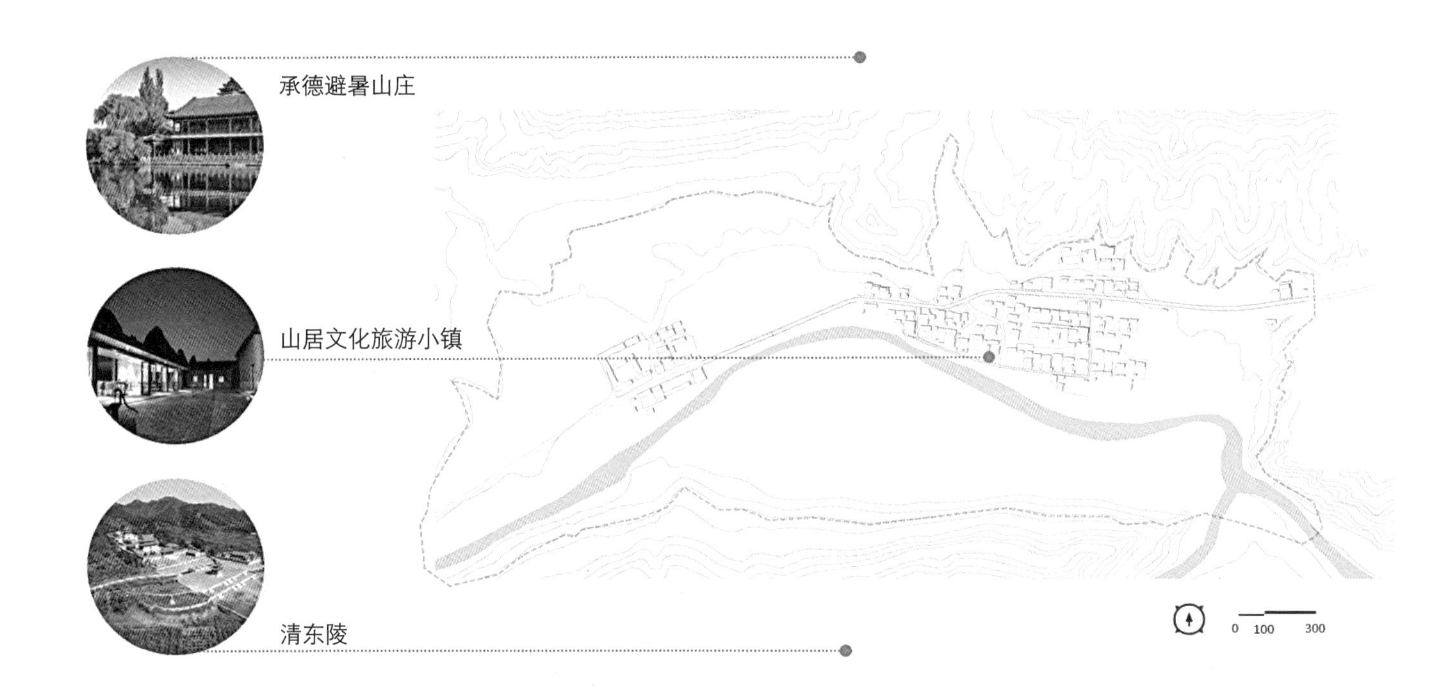

发展方向

乡村 活力 再赋予，再注入

产业活力：农家乐、高粱酒、山楂树种植......　　特色民宿、旅行伴手礼、果园......

民族活力：满族传统运动、锁龙杆、八大碗......　　野外骑行体验、风味餐馆......

生态活力：冰瀑、山桃花......　　野营、赏花......

新兴活力：归家的青壮年力量、外乡游客......　　合家团聚、信息流、资金流......

设计推导

山一层，水亦承
河北省承德市兴隆郭家庄村美丽乡村山居文化旅游小镇景观规划设计

山水传承
山：静，象征满族守陵人后代不变的民族精神
水：动，时代的交替，文化的进步，村庄的发展
山是不变的，水是变的
山的不变就像满族守陵人世世代代传承的民族精神那样坚定不移
水和人都是会变化的，流动的，时光在流逝，文化在进步，村庄在发展
流动的水会将这样的精神在村子里世代传承，逐渐形成

建筑能解决的问题

带来大量资金流和信息流
当地农产品实现了就地转化
为村庄今后发展提供上升平台
满族传统文化得到复兴
历史文化特色得到传承

实现当地就业
“留守儿童、孤寡老人、空心村”问题得到解决
复兴了守陵人的精神

找到假日最佳出行方式
更直接地购买到实惠的农产品

红线范围

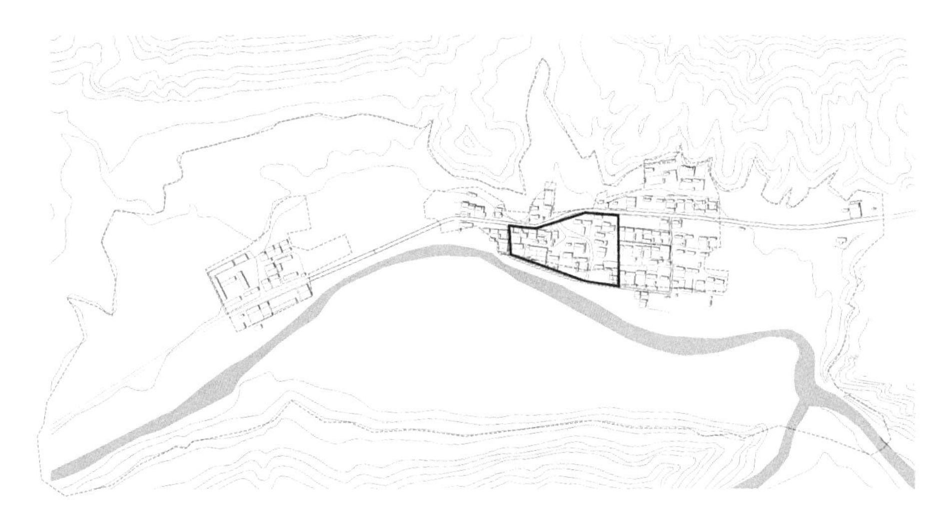

现有建筑质量评定

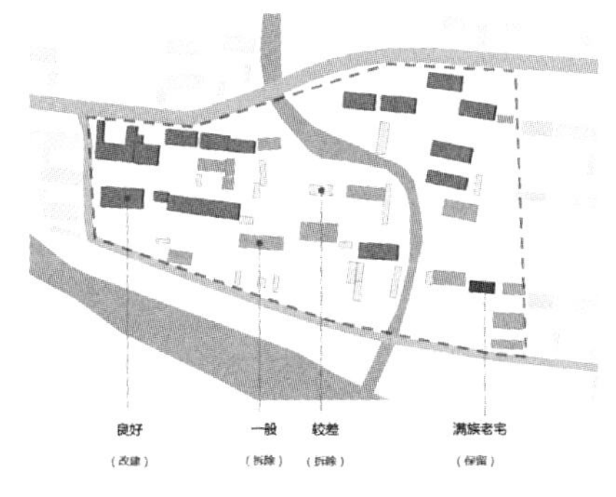

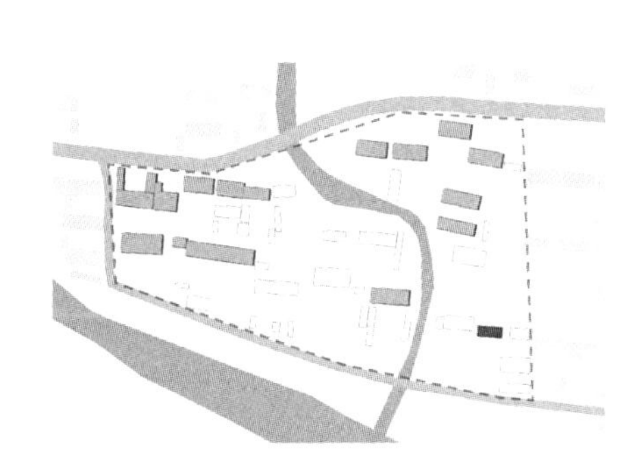

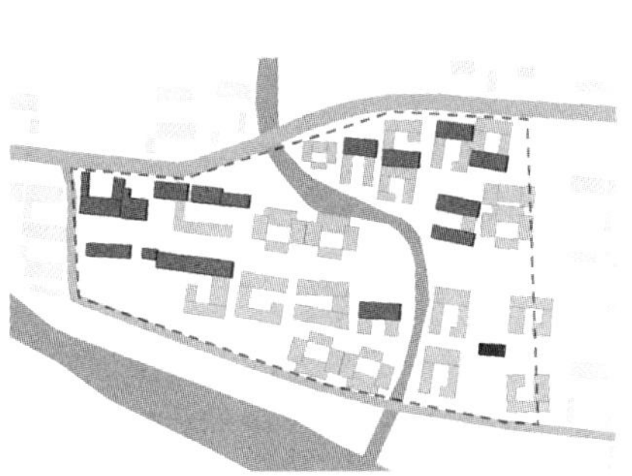

总平面图

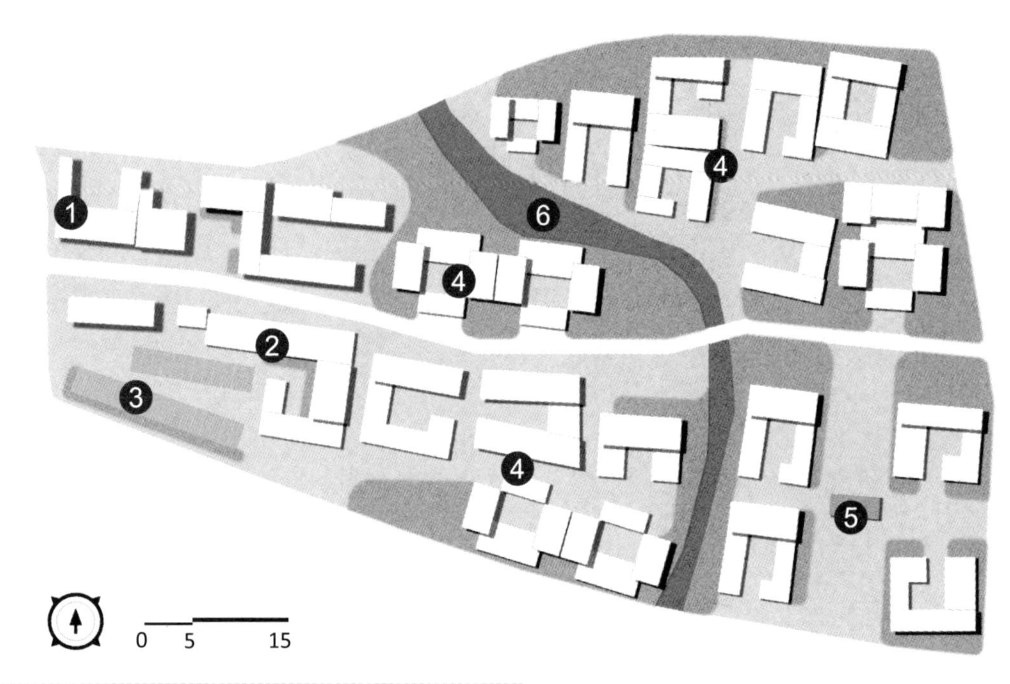

用地面积	22089m^2 (33亩)	村史陈列	58
交通面积	970m^2	建筑占地面积	13455
总建筑面积	23379 m^2	建筑密度	60%
旅游接待处	4932m^2	容积率	0.37
民俗特色餐厅	459	绿化率	23%
民宿酒店建筑	8064		

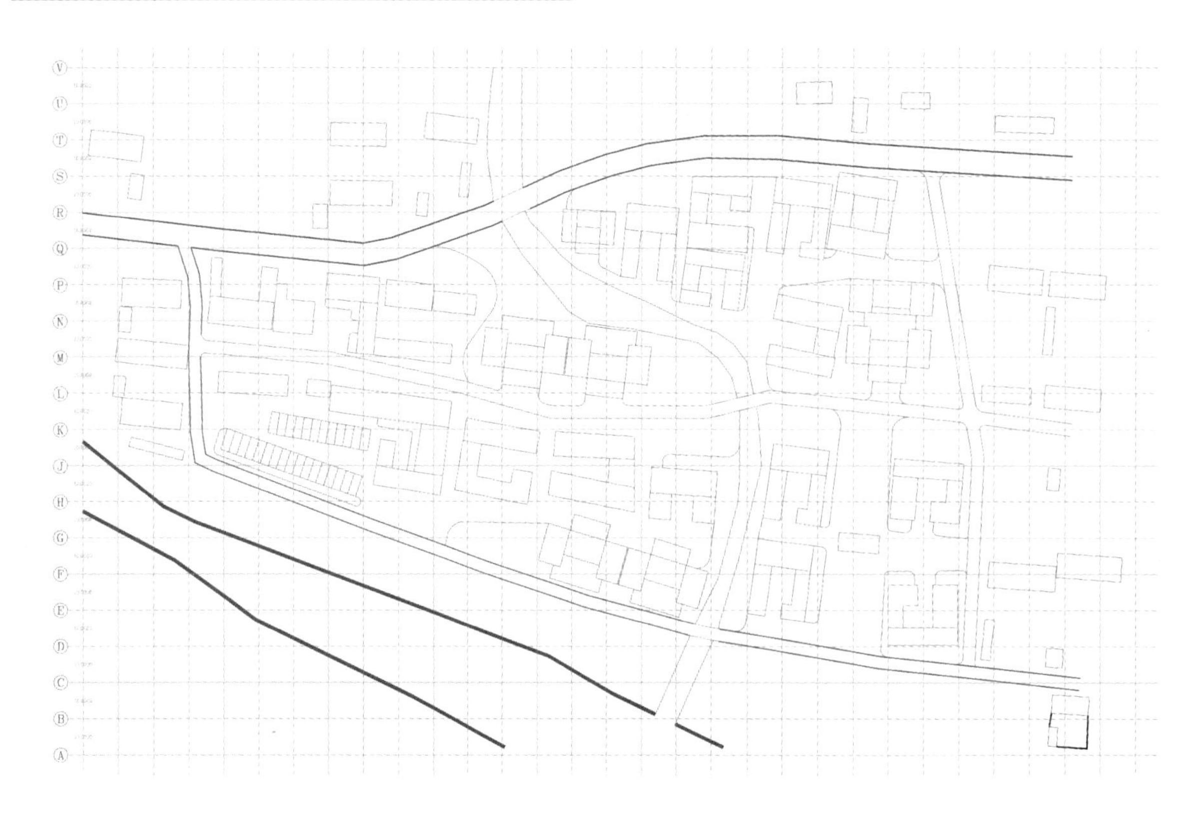

功能分区

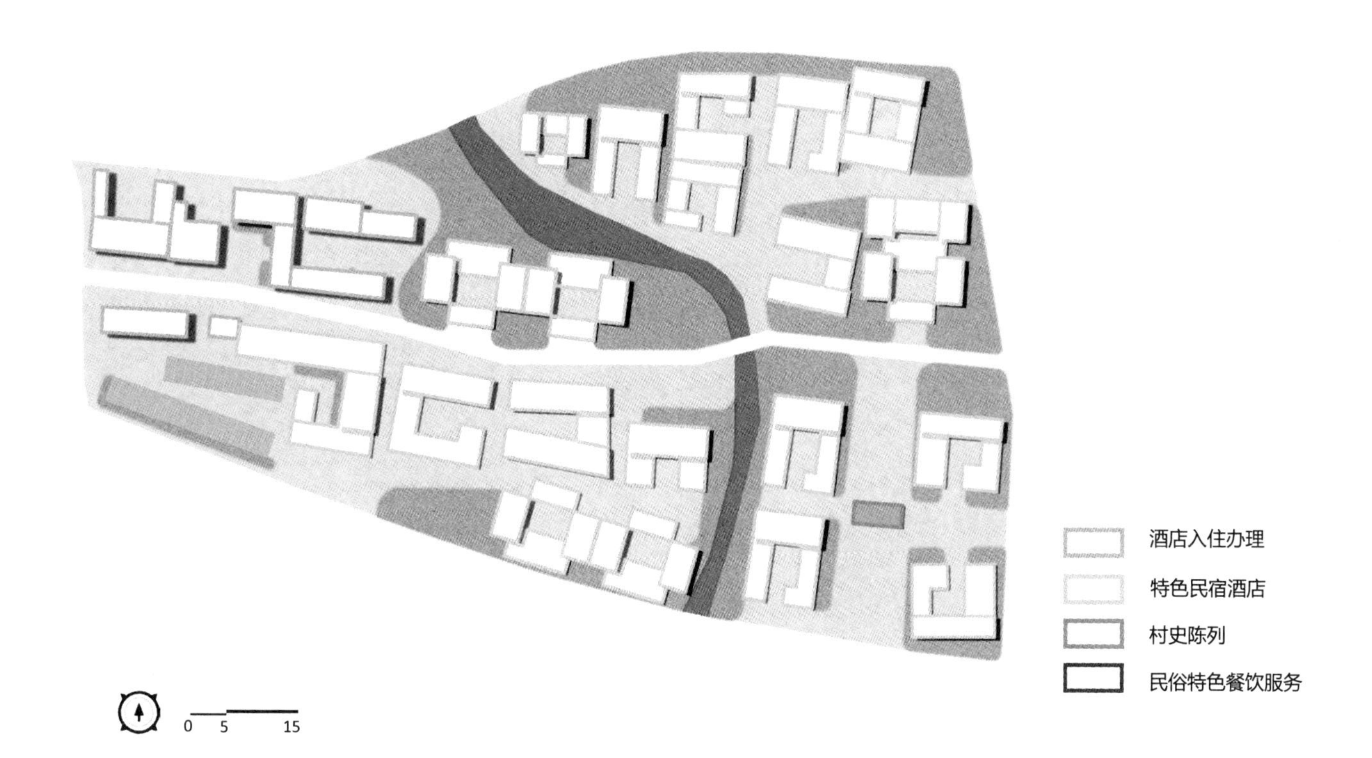

交通流线

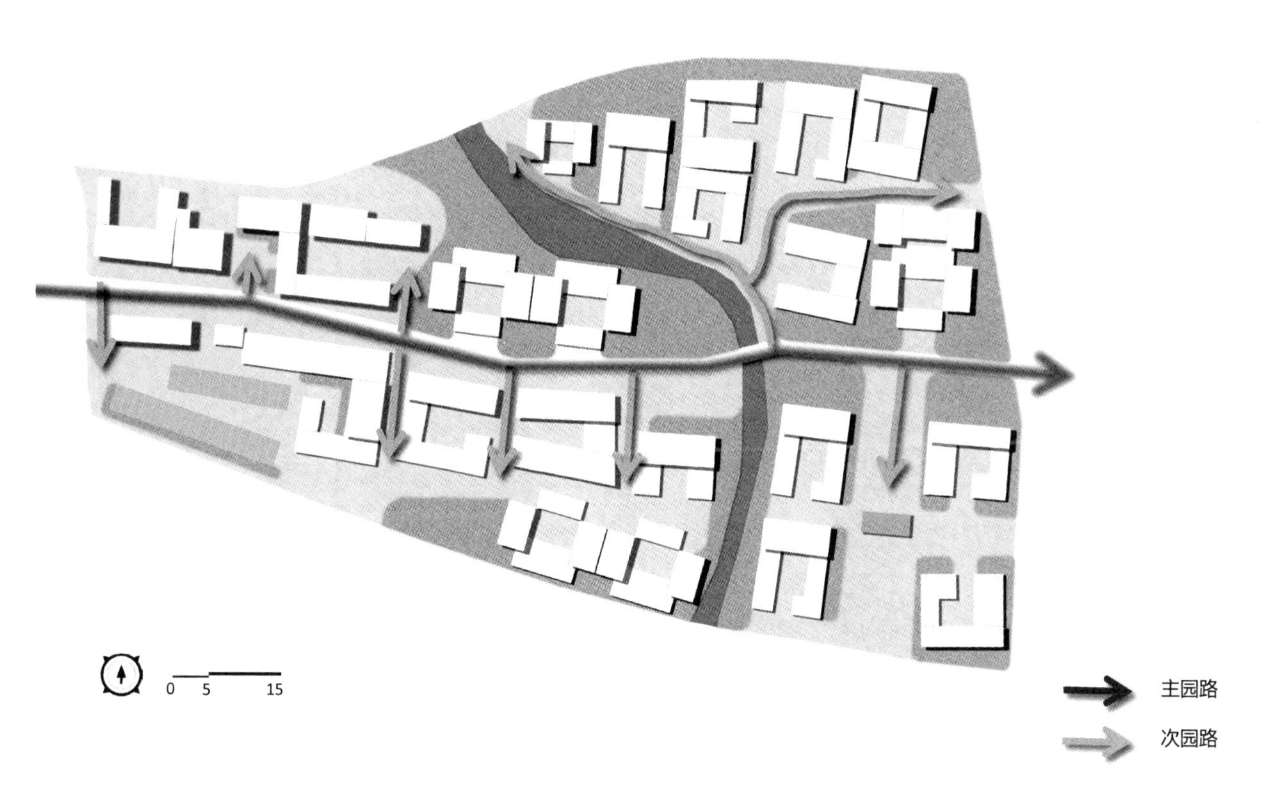

场地剖面

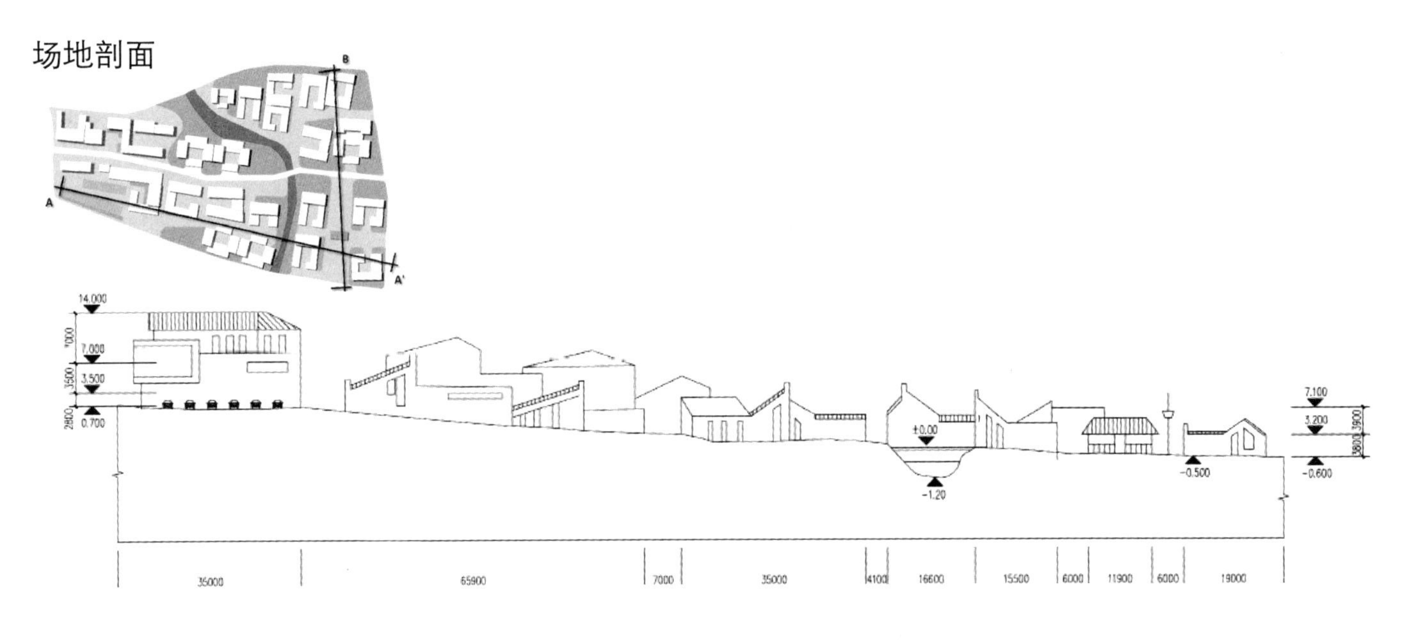

A-A剖面图

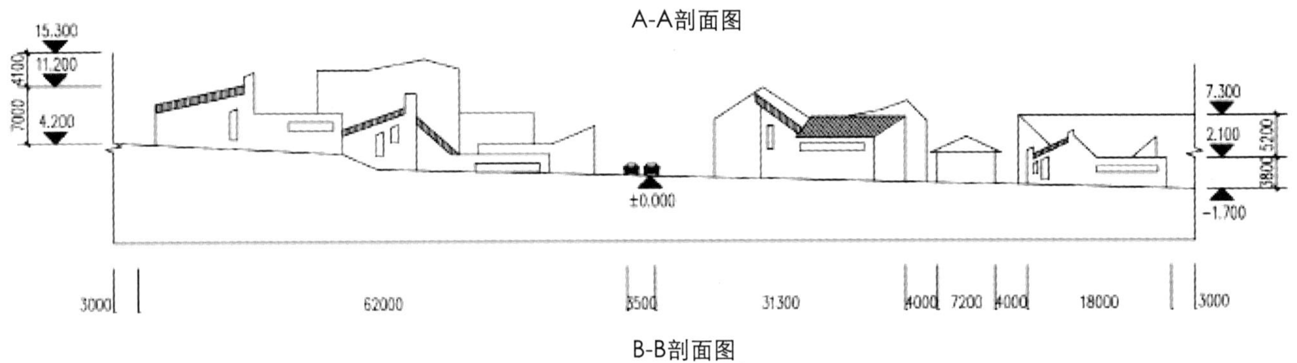

B-B剖面图

场地民宿类型

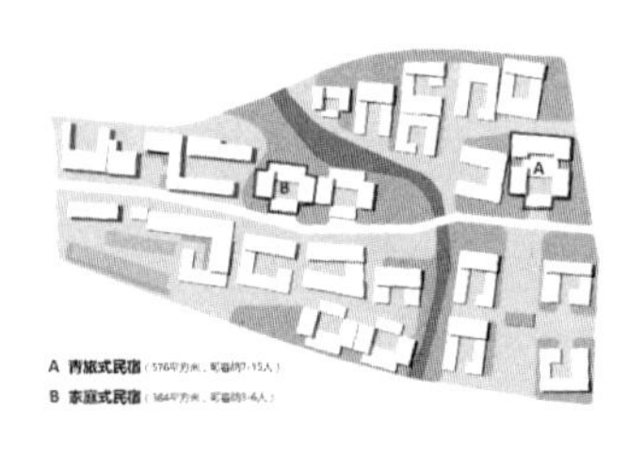

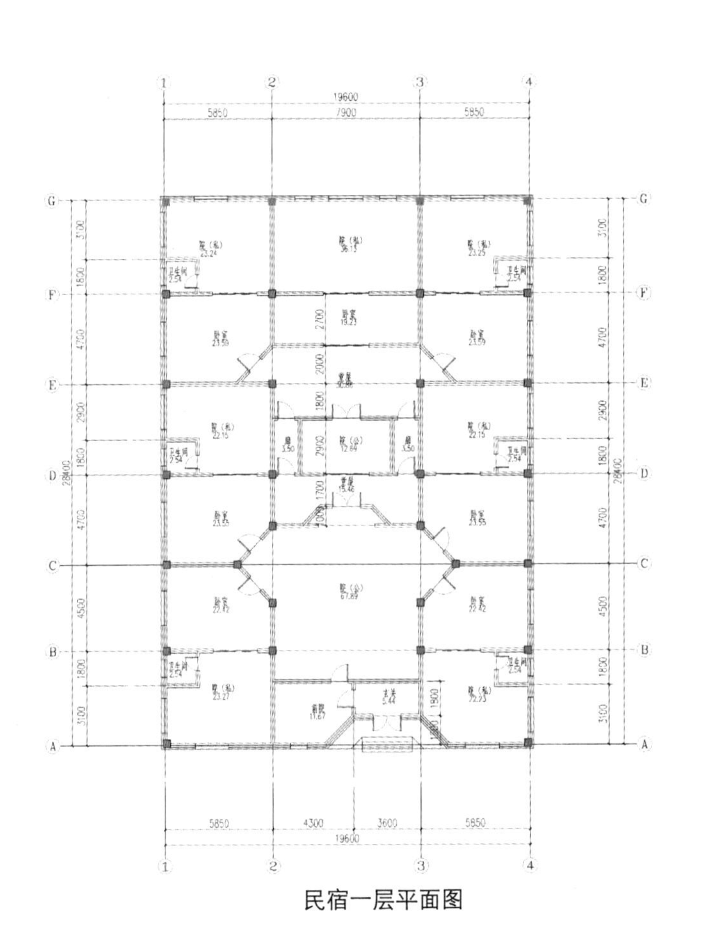

民宿一层平面图

A 青旅式民宿
总面积：756m²

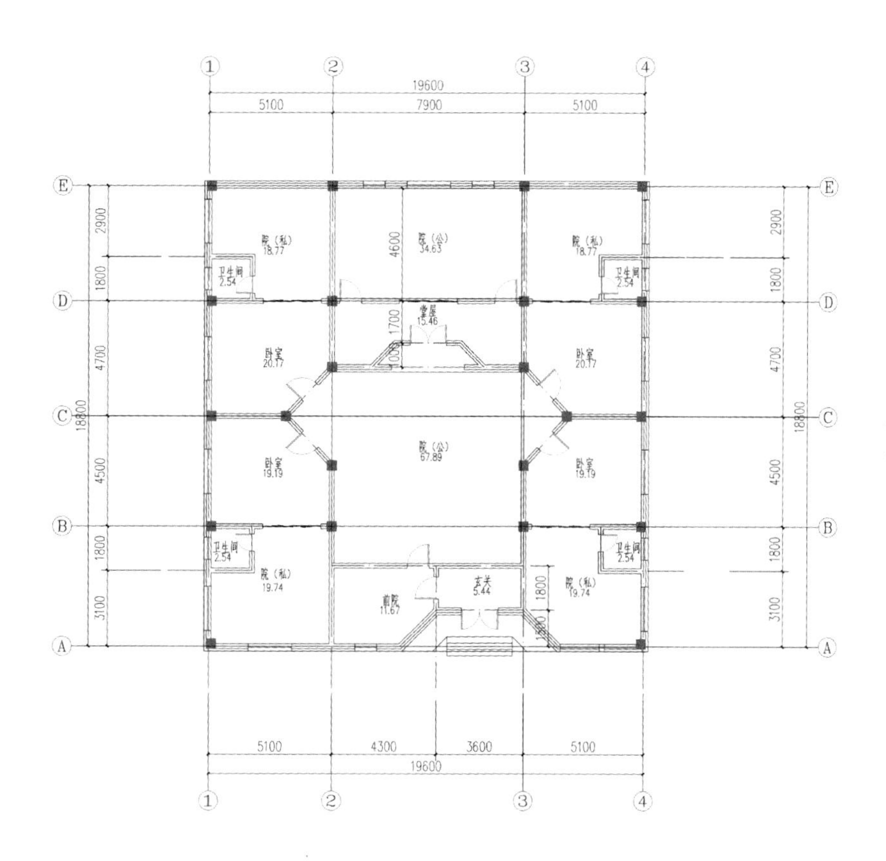

A 家庭式民宿
总面积：384m²

民宿二层平面图

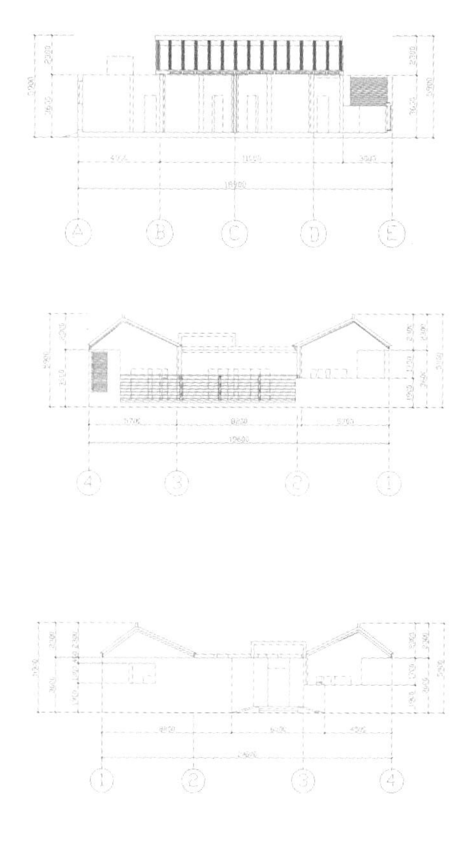

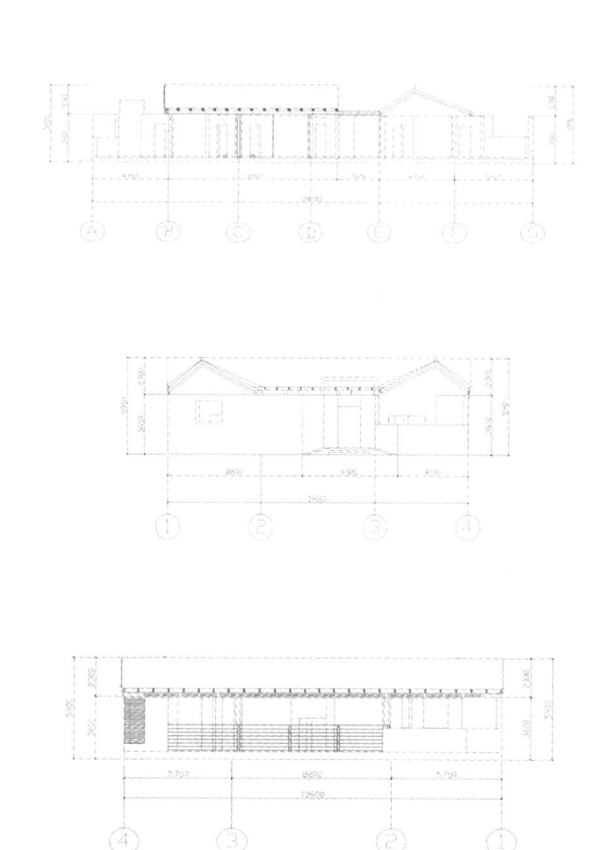

郭家庄沿河景观设计——圆·满

Circular · Perfect: Waterfront Landscape Design of Guojiazhuang Village

学　生：刘善炯

导　师：于冬波　郭鑫　张享东

学　校：吉林艺术学院

专　业：环境设计

郭家庄沿河景观效果图

项目概况

项目所在地兴隆县，地处河北省东北部，承德市最南端，长城北侧。北纬40度11分至41度42分，东经117度12分至118度15分。“一县连三省”，是京、津、唐、承四市的近邻。兴隆县总面积3123平方公里，山地面积占84%，是“九山半水半分田”的深山区县，项目所在地郭家庄村位于河北兴隆县南天门乡政府东侧4华里，耕地面积680亩，保留着历史悠久的满族文化，项目是沿洒河北部的一条长约600m的线状景观带，总面积大约为31亩(不含河道面积)。

项目地点

河北省承德市

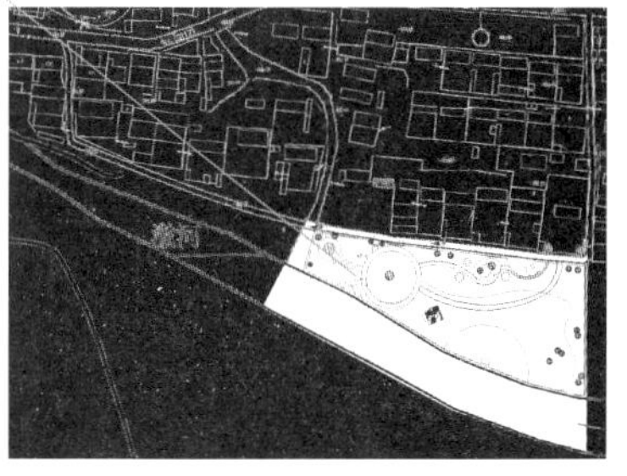

卫星地图

现状调研

主要交通方式

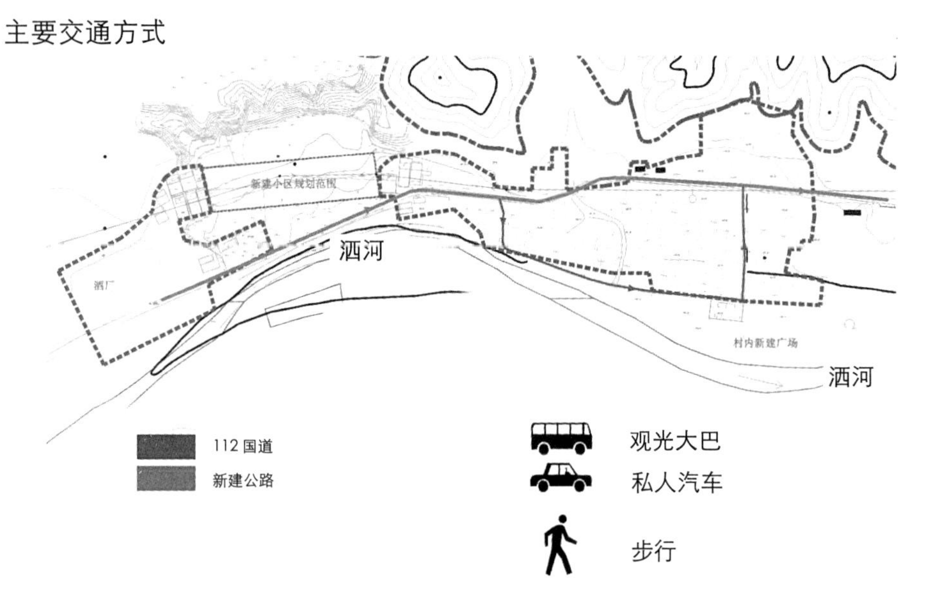

作为一个乡村内沿河景观区域，不宜行驶大型机动车。故在景区内人车分流，以步行观景为主。

交通现状分析

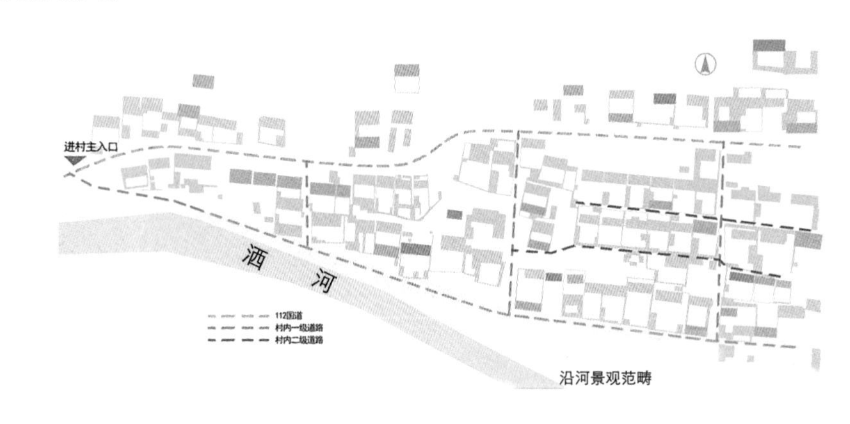

主要路线经由112国道由村庄入口处分流至村内新建乡道，一路贯穿整个沿河区域。

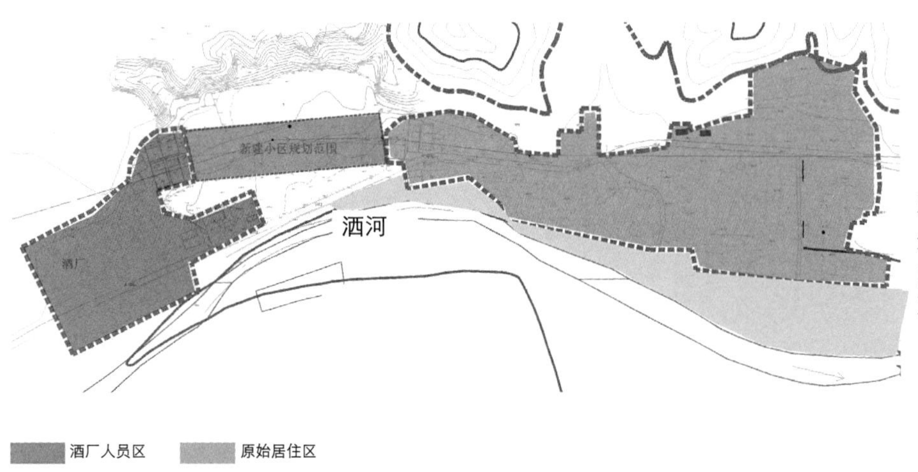

沿河景观带承载的职能：一是郭家庄村民日常活动的区域，二是外来游客驻足休憩和村民相互交流的区域。在设计上应考虑如何用景观设计来促进彼此的交流和接触。

郭家庄村沿河景观改造

规划总面积：313877.88m^2

网格定位图

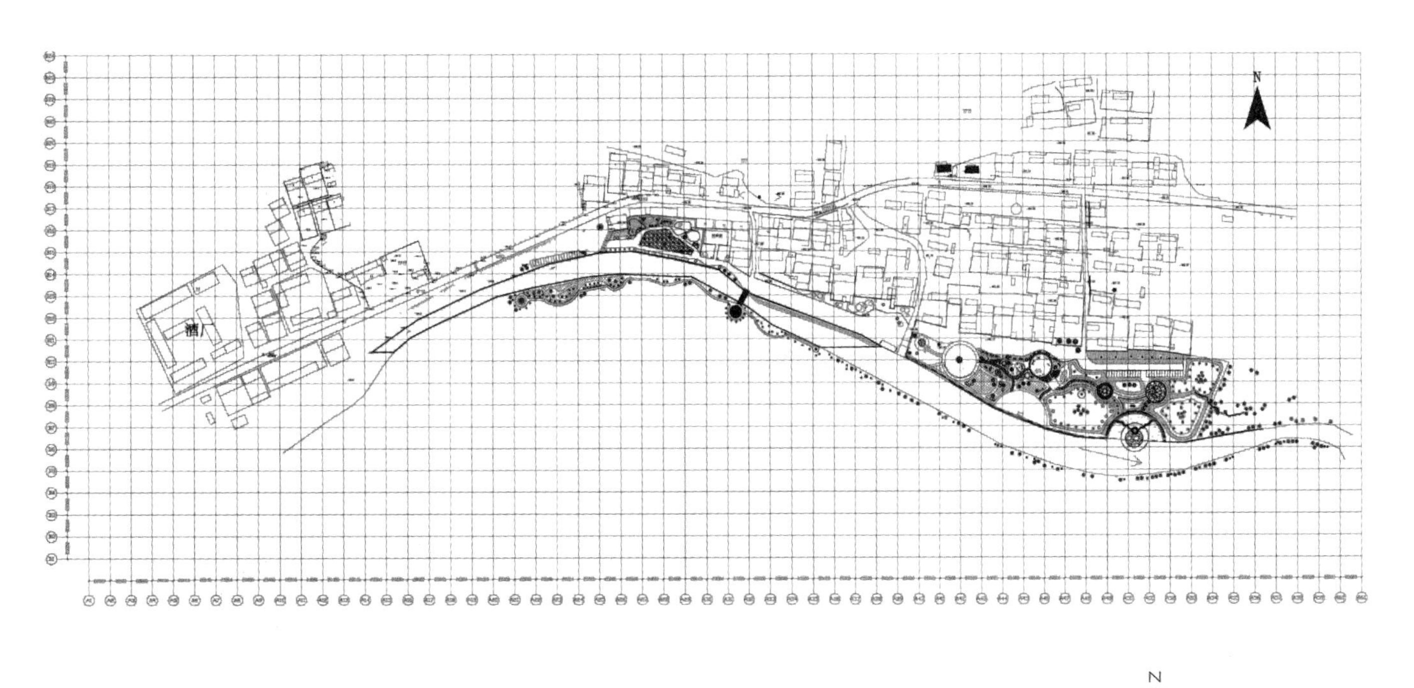

总平面图

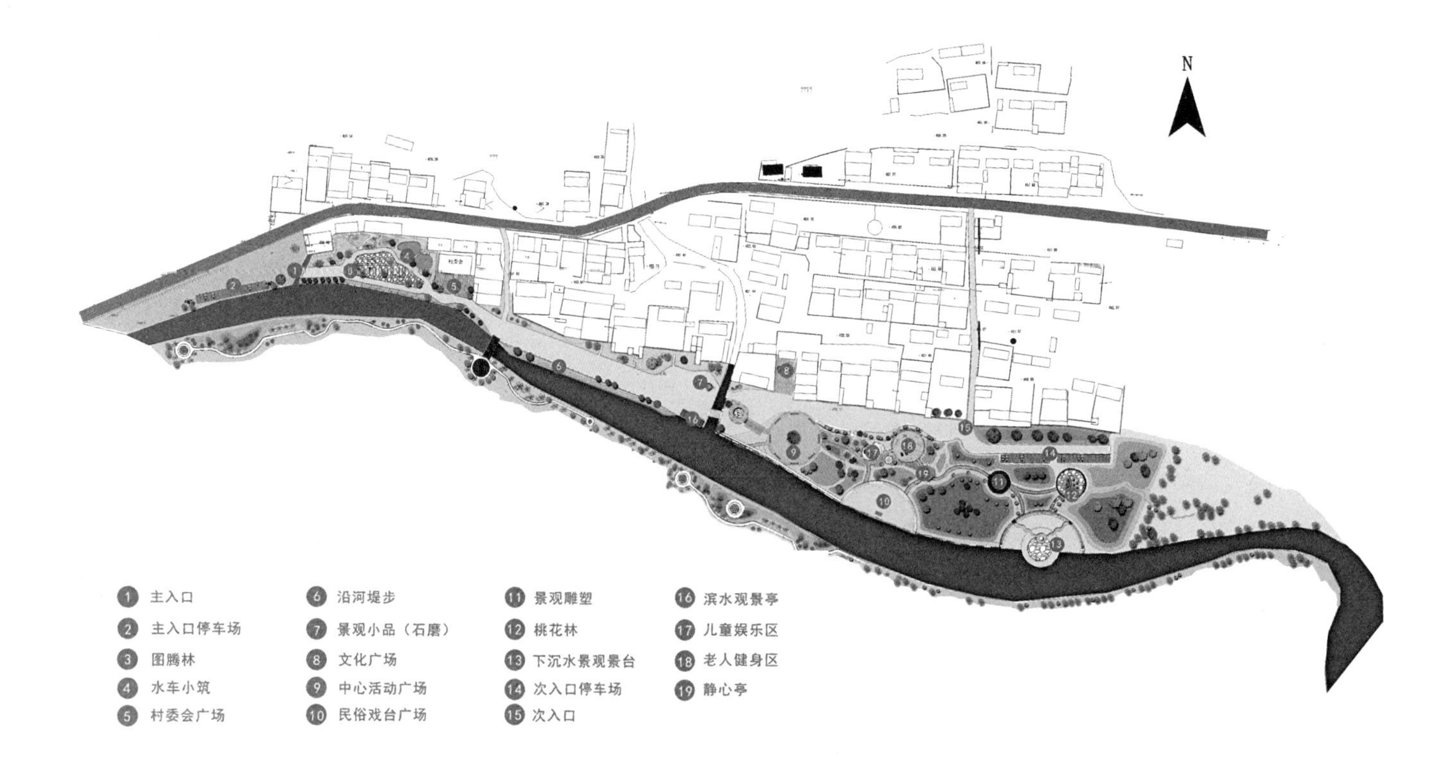
N
1 主入口
2 主入口停车场
3 图腾林
4 水车小筑
5 村委会广场
6 沿河堤步
7 景观小品（石磨）
8 文化广场
9 中心活动广场
10 民俗戏台广场
11 景观雕塑
12 桃花林
13 下沉水景观景台
14 次入口停车场
15 次入口
16 滨水观景亭
17 儿童娱乐区
18 老人健身区
19 静心亭

景观架构分析

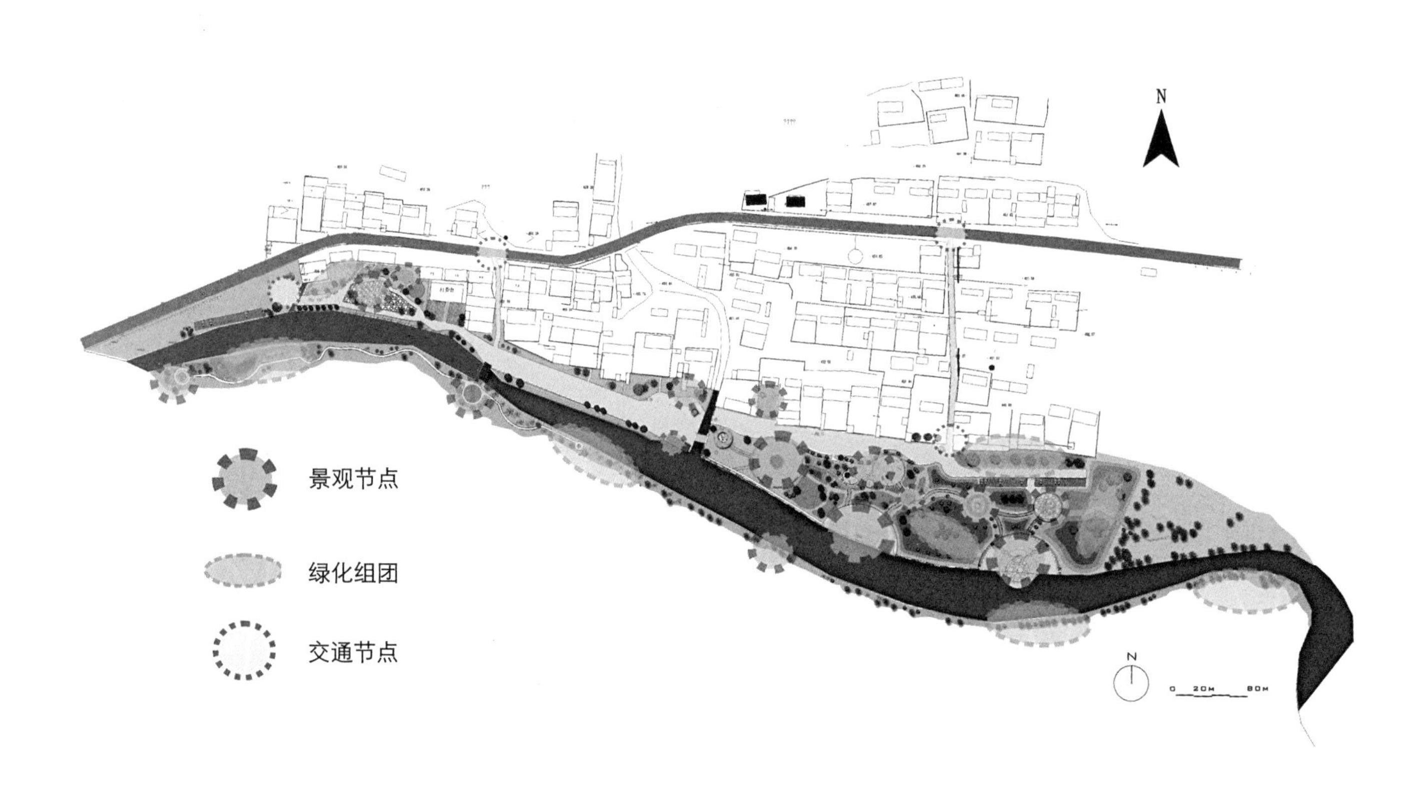
N
景观节点
绿化组团
交通节点

交通分析图

植物配置总平图

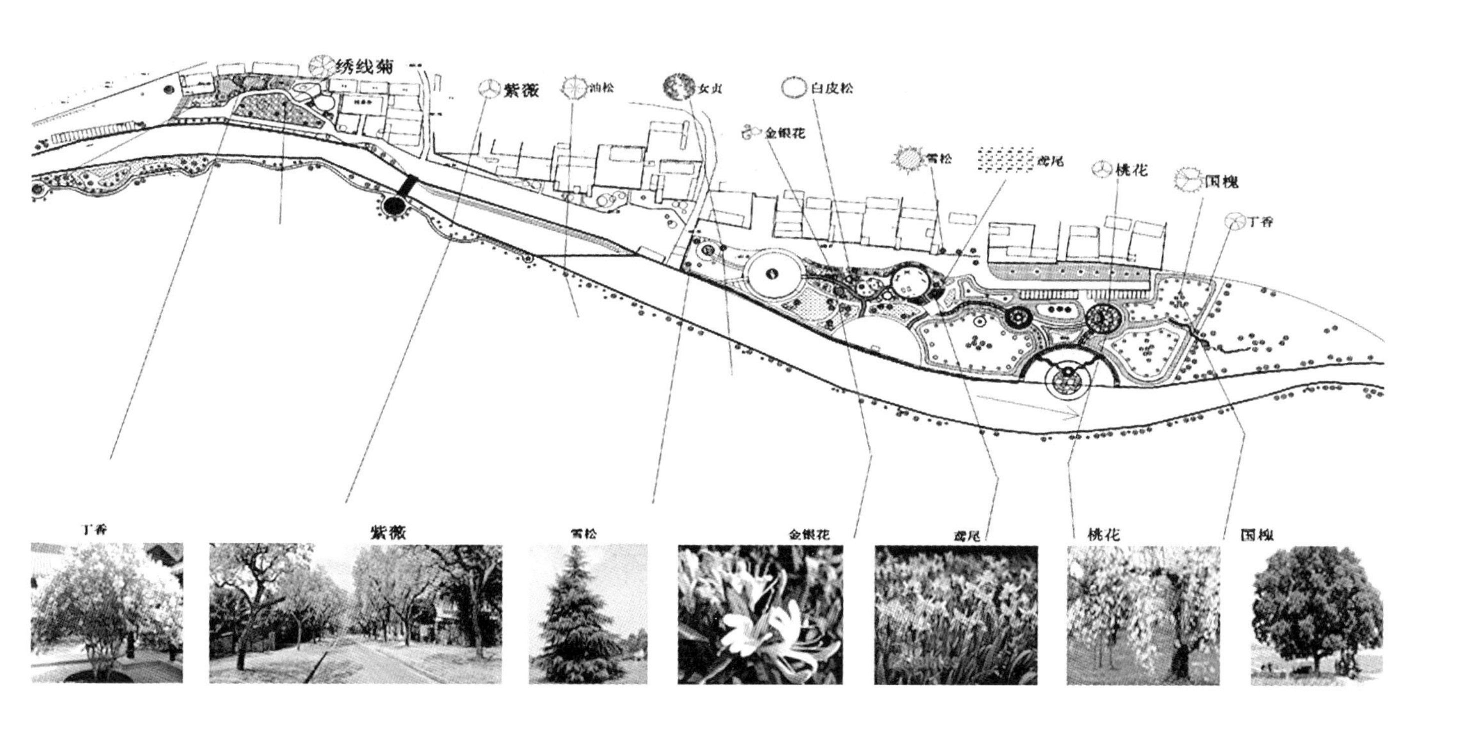

本土经济类植物：山楂、板栗。

入口区剖面图

A-A剖面图

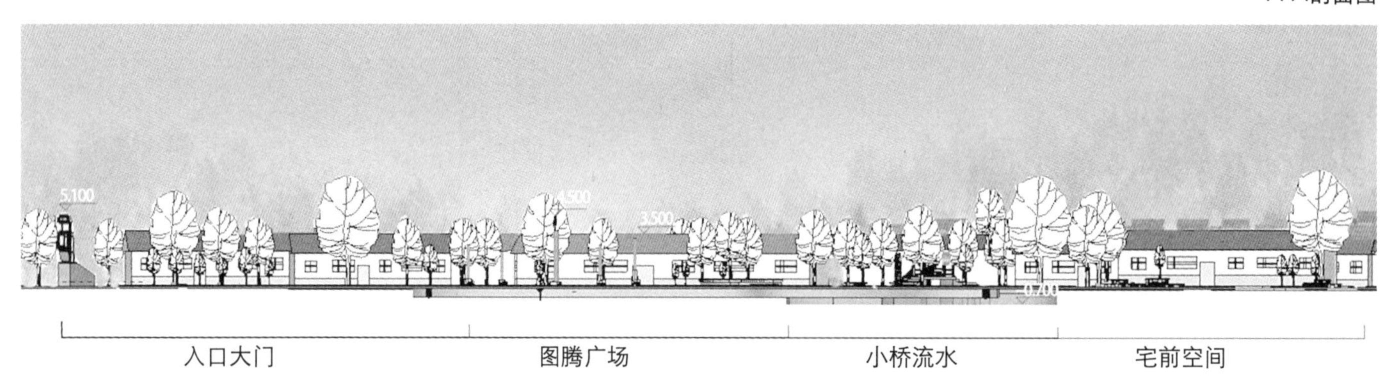

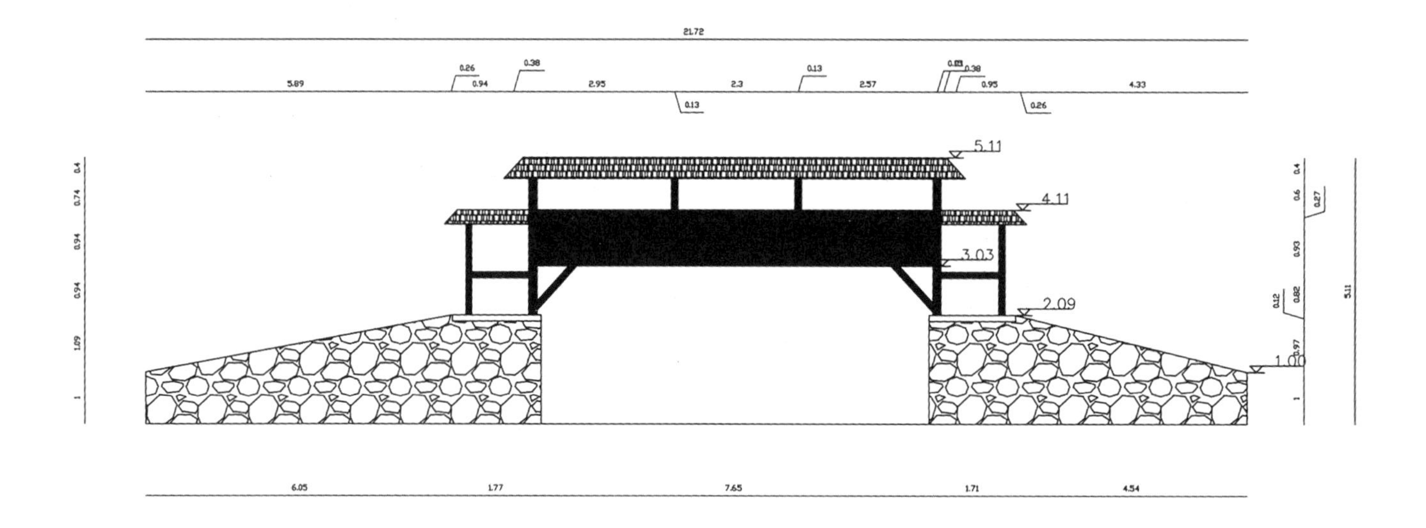

入口大门概念图

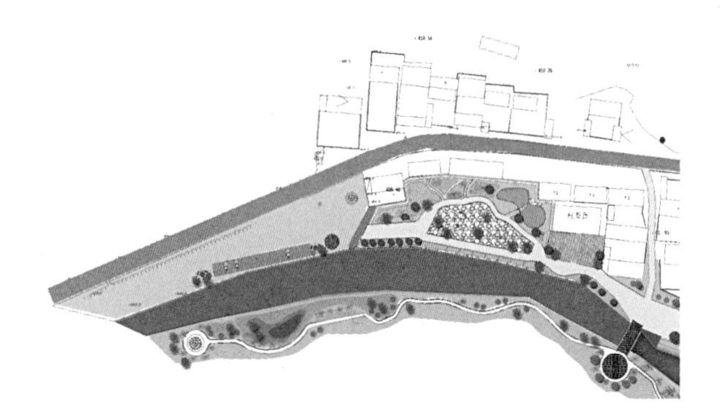

逝者如斯——洒河欢
承德市兴隆县南天门乡郭家庄村村庄景观规划设计
Landscape Planning and Design of Guojiazhuang Village Nantianmen Xinglong County Chengde City

学　生：谈博
导　师：陈建国　莫媛媛
学　校：广西艺术学院
专　业：城市景观艺术设计

整体鸟瞰效果图

“逝者如斯夫”出自《论语·子罕》。
孔子认为：时间就像流水一样不停地流逝，一去不复返。
苏东坡认为：时间并没有流逝，而是川流不息的，不会因时间断了先人的足迹。
“逝者如斯”是对历史的一种诠释——历史沉重的包袱就像这水一样一逝而过，但山河还在，民风还在。

区域定位

项目地址：郭嘉庄村位于河北省承德市兴隆县城东南，南天门乡政府东侧 2 公里，226 户，726 口人，7 个居民小组。

项目规模：全村总面积 9.1 平方公里；耕地 680 亩；荒山山场 6000 亩。

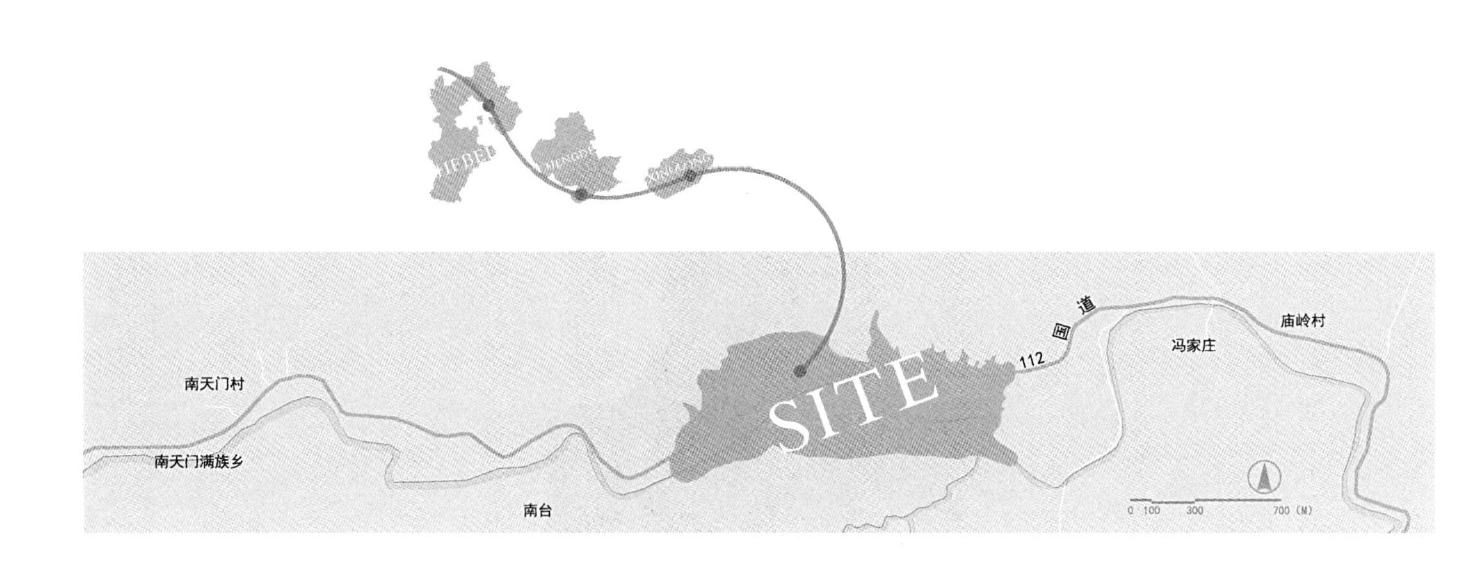

解读任务书

设计要求：

1. 借助景区资源，打造旅游目标的村庄。
2. 发现资源与需求，作为乡村发展的动力。
3. 精准的目标定位是研究差异化发展的创新点。

设计面积：2800000m²

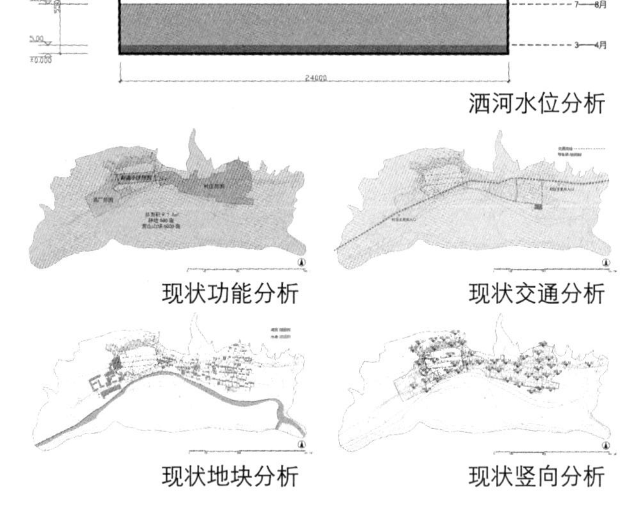

洒河水位分析

现状功能分析　现状交通分析

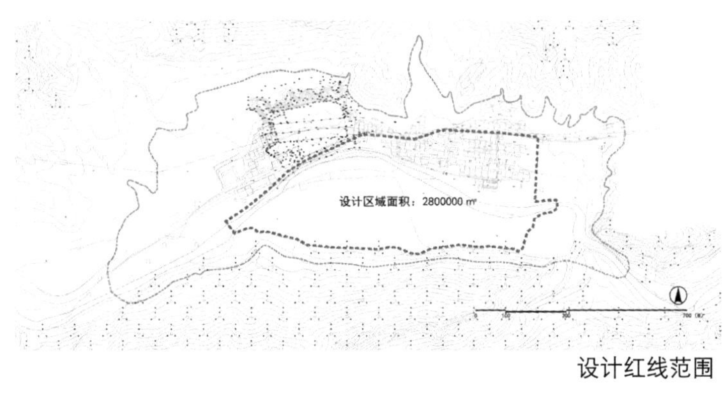

设计红线范围

现状地块分析　现状竖向分析

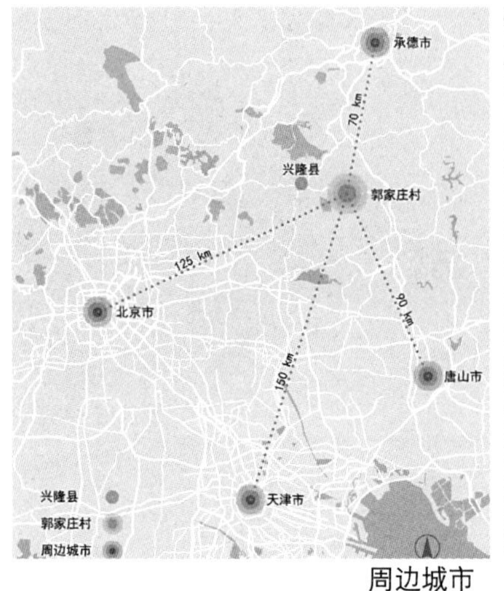

周边城市

周边景区

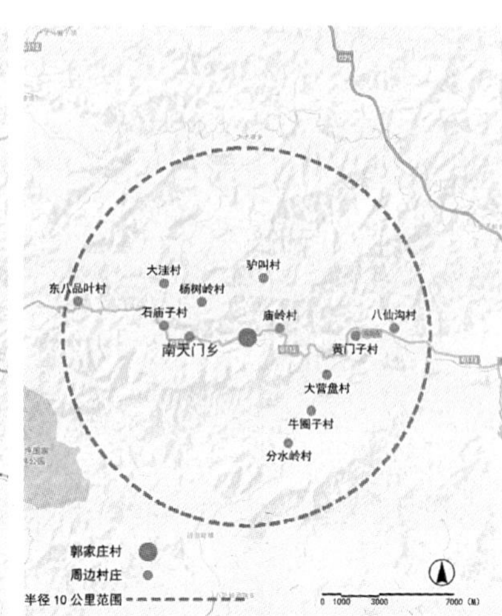

周边村庄

现状总结

1. 村庄没有统一规划，空心村严重，无民居亮点，闲置房若干，缺乏与周边邻村的贸易往来；
2. 村内道路宽度不够； 3. 旅游公共设施缺乏； 4. 村务公开栏不完善，缺乏宣传栏、报栏等；
5. 沿河景观未进行合理设计，没有充分利用景观优势，缺乏便民休闲小路；
6. 缺乏具有特色的旅游吸引点，村庄入村处缺乏视觉吸引点和经营性休憩场所。

现状照片

设计方案（景观篇）

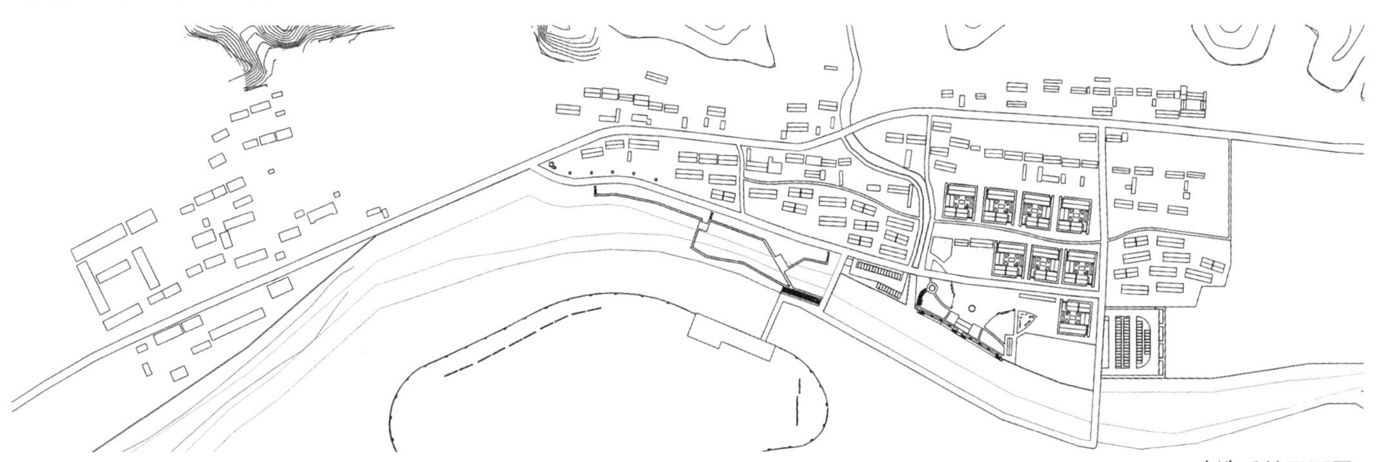

改造后总平面图

设计定位——旅游文化、满族文化

❶ 村庄出入口 ❹ 停车场 ❼ 餐馆
❷ 滨水河道 ❺ 村内广场 ❽ 农业采摘园
❸ 民宿 ❻ 乡村综合体 ❾ 跑马骑射场

总平面图

用地规划技术指标

用地性质	面积（m^2）	备注
村内广场	5900	
广场亲水区	170	
公共厕所	60	建筑面积
停车场	4200	
跑马骑射区	44700	
农业采摘园	2370	
乡村综合体	300	建筑面积
餐厅	125	建筑面积
民宿区	8000	建筑占地面积

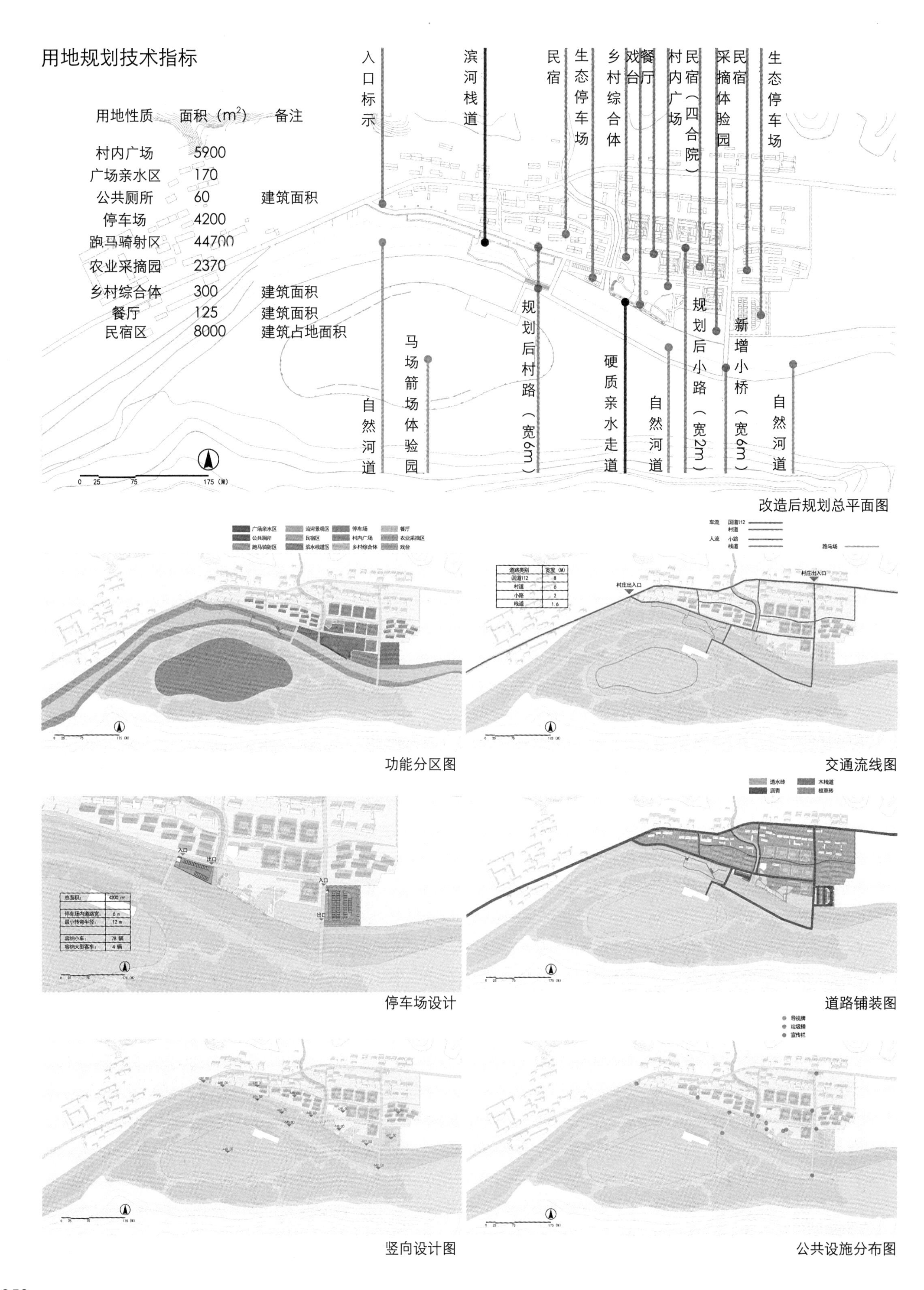

改造后规划总平面图

功能分区图

交通流线图

停车场设计

道路铺装图

竖向设计图

公共设施分布图

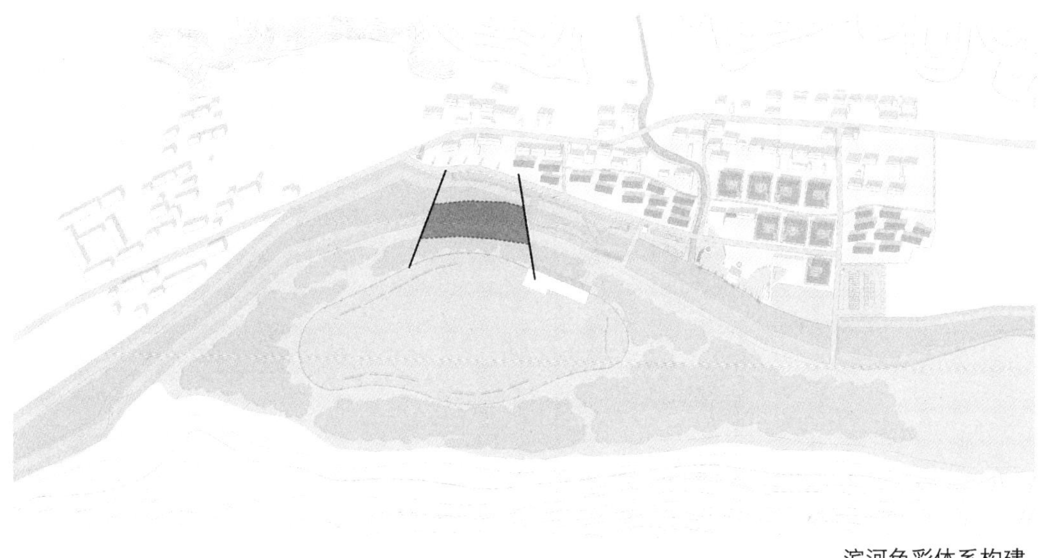

基本色
浅绿、嫩绿、黄绿、蓝绿
地被类、水生类植物颜色
狗牙草、灯芯草、花叶芦竹等

点缀色
亮黄、暗红、粉红、大红
乔木类、水生类植物颜色
黄花鸢尾、香蒲、北美红栎等

主导色
浅绿、中绿、暗绿
乔木类植物颜色
垂柳、北美红栎、白桦等

背景色
浅绿、中绿、灰黄、灰绿
山体

滨河色彩体系构建

春

秋

设计方案（建筑篇）

清东陵守陵人八旗镶黄旗后裔

↓

时间流逝、时代变化、山河民风依在

↓

一种坚韧、一种精神、一种文化

↓

建筑形式基于传统

↓

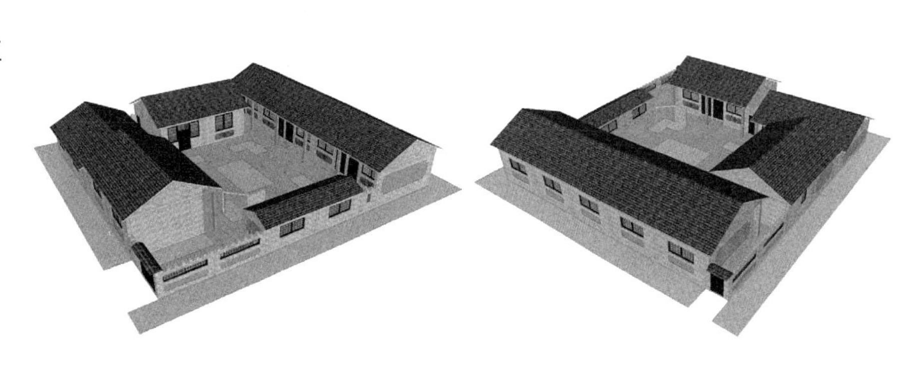

单体建筑占地面积：600m²
单体建筑面积：323m²

建筑基本形态生成

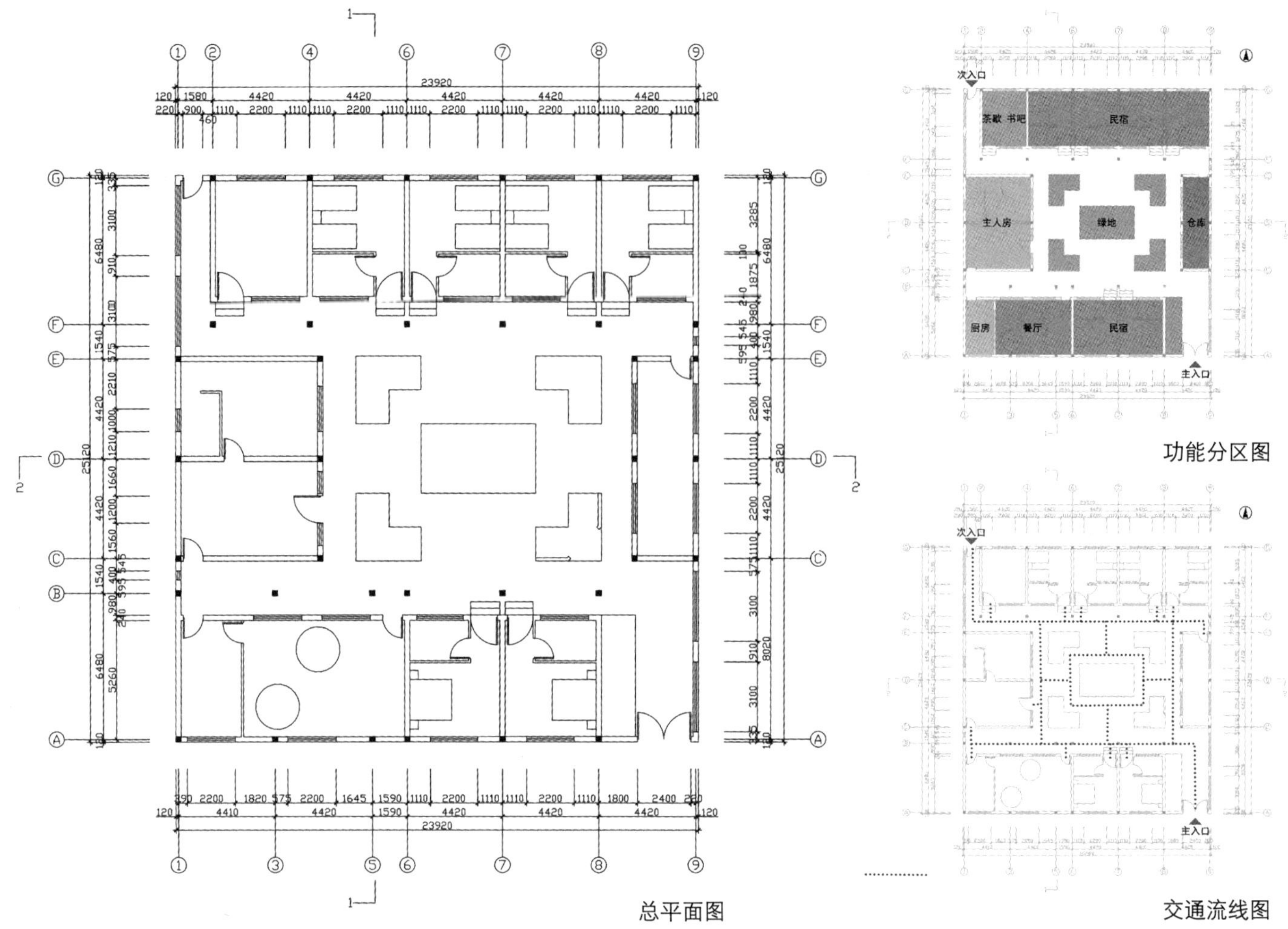

功能分区图

总平面图

交通流线图

单体建筑占地面积：600m²

单体建筑面积：323m²

主人房面积：35m²　　民宿总面积：85m²　　民宿单体面积：14m²（6 间接纳 12 人，独立卫生间）

Ⓐ～Ⓖ立面图

①～⑨立面图

Ⓖ～Ⓐ立面图

⑨～①立面图

1-1 剖面图

2-2 剖面图

东立面

南立面

西立面

北立面

院落效果图展示

郭家庄沿河景观设计——孤独的嫁接
Lonely Grafting：Waterfront Landscape Design of Guojiazhuang Village

学　生：程璐
导　师：郑革委　罗亦鸣
学　校：湖北工业大学
专　业：环境设计专业

郭家庄村入口模型

中国农村的物质与精神已经被拆开，而且几乎处于完全割裂的状态。前往郭家庄村的路上，我们看到的是，被抛弃的荒地、被污染的河流、村内仅存的老弱妇孺。“我们急于将粗野和丰产变为高雅而无用；我们拆掉了数以百计平方米的民房和工厂，来营造奇异和‘辉煌’。”

基地概况

宏观："都市后花园"，是京津冀地区五大城市辐射带焦点。

中观：1. 位于兴隆县城东南，南天门乡政府东侧 2 公里。
2. 临近国家AAA级风景区。
3. 村中有112国道穿过，并且有新建公路通向郭家庄村。

微观：全村总面积 9.1 平方公里，226户，726口人，"山楂之乡"、"板栗之乡"。

周边用地分析

本项目景观设计范围为郭家庄村内沿洒河南北两岸及新建小区，全长约943米，宽度约为317米，总设计面积为0.11平方公里（含水域面积）。

用地最西部是当地酒厂，产当地特色山楂酒；西北部为村庄规划发展新建小区，以居住、商住为主；东部为旧居民区，主要人口聚集于此，主要用地性质以居住、文化娱乐为主；南部以洒河为界，北侧部分硬化路面和自然坡地混合，南侧以农田栗林为主。

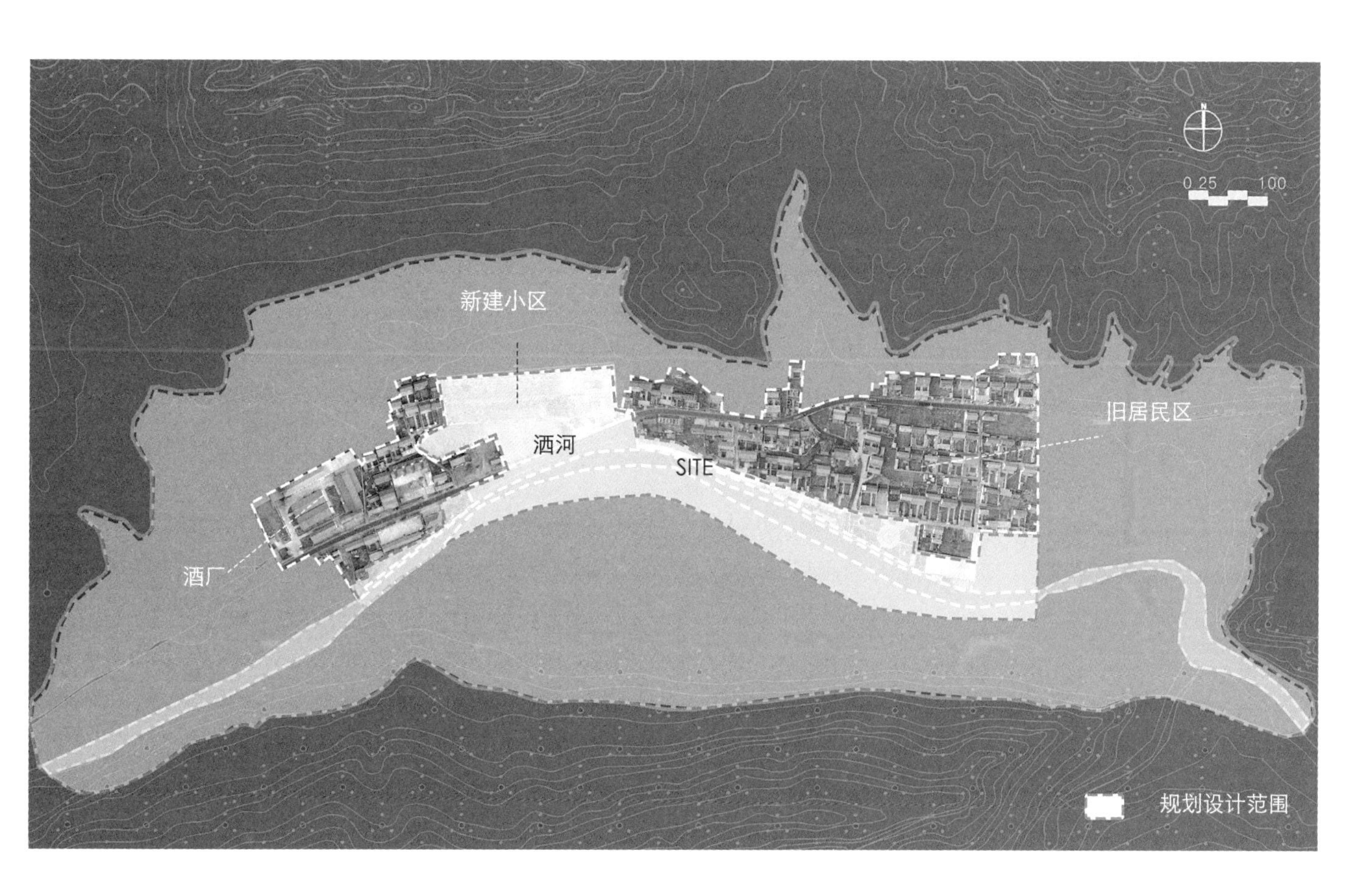

交通及路面分析

112国道贯穿全村，与旧民居区相互连通，但村内人车混行，存在安全隐患；沿河两岸土地与硬质路面混搭，没有形成统一规范。

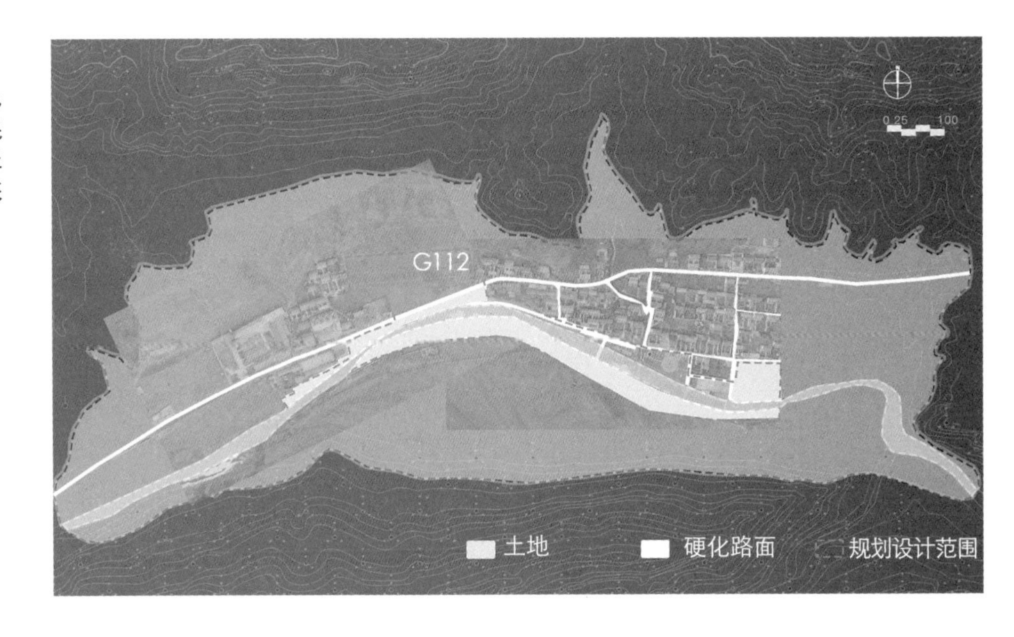

气候及水文分析

本区域处于暖温带和寒温带过渡地带，气候特征四季分明，主要表现为：春季干旱少雨，夏季高温多雨，秋季昼暖夜凉；冬季干燥少雪。

洒河属滦河水系一级支流，发源于兴隆县东八叶品，径流郭家庄村等乡镇流入迁西县境内，为自西向东流向。每年7～8月是洪水的多发期，河道是其主要排泄通道。

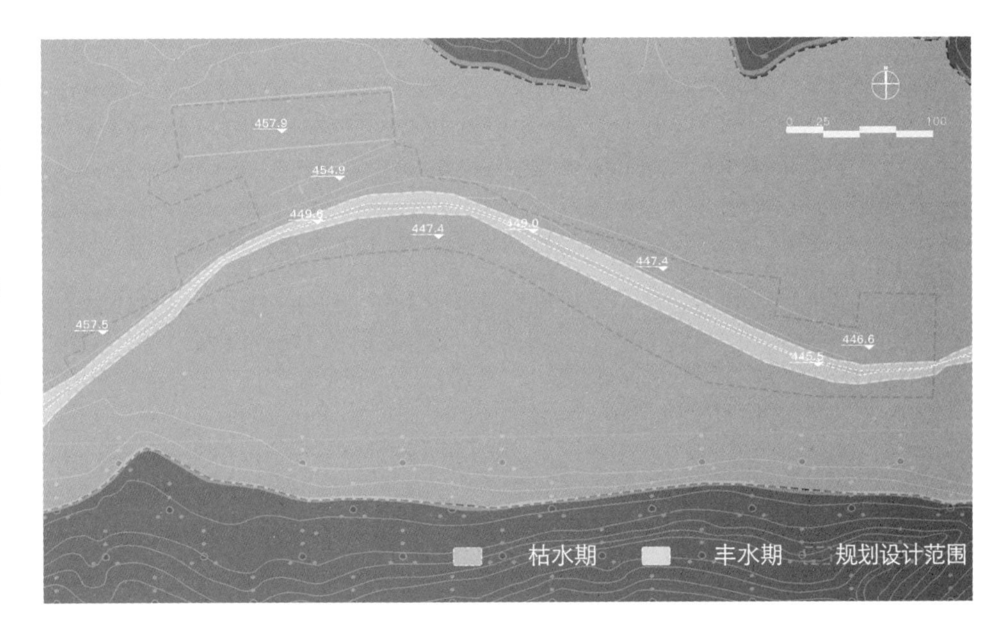

驳岸及水质分析

设计范围内西侧以生态软质堤岸为主，东侧从村入口一直到村东部以硬质水泥护坡为主。

洒河地表水质类别为三类水，符合农灌用水，但地下水水质极差，且在枯水季节，常有缺水现象。

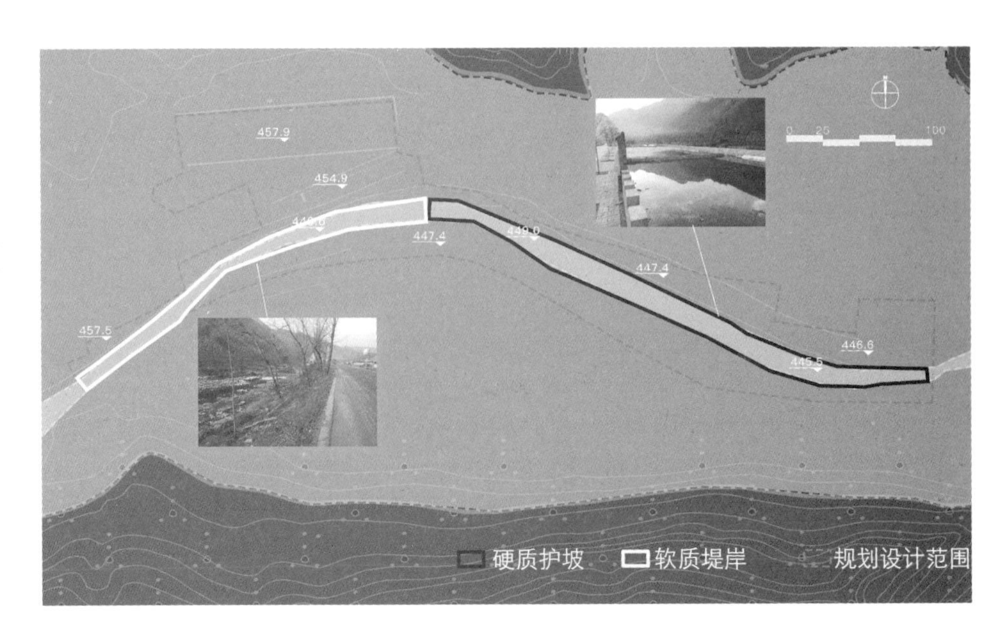

方案设计

平面分层图——田埂

田埂的网格划分由来是根据旧宅的延长线与网格巴尔干化组成，以家庭为单位承包使用田地。

平面分层图——水体

水体形态分为：深水、浅水、湿地，不同的水体景观效果。

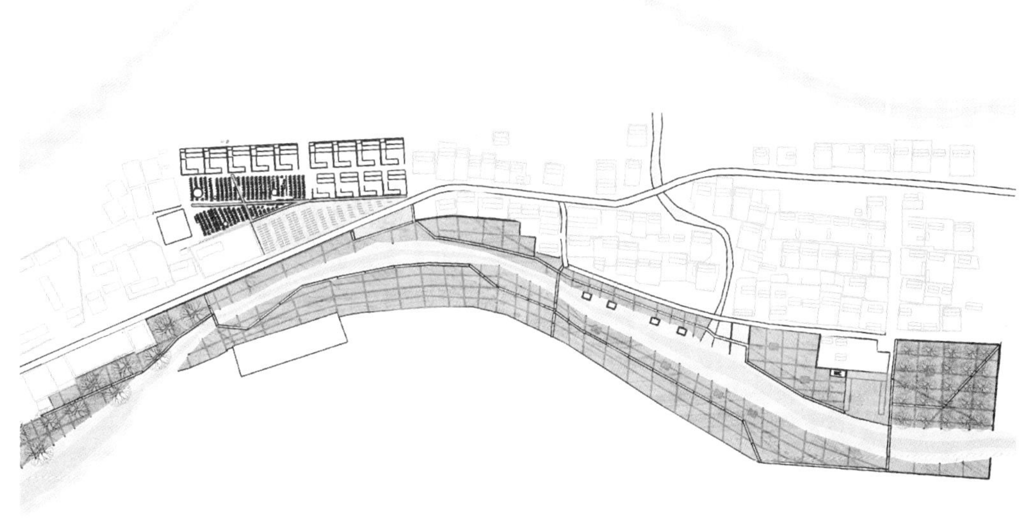

平面分层图——田地

田地分区从西至东依次为山楂树经济作物林、高粱水稻经济作物田、栗子树经济作物林。在竖向空间上，西北侧高中间低，南北两侧高，沿河低。

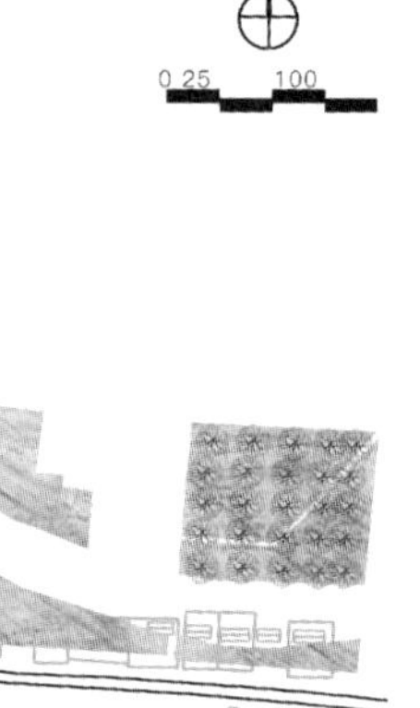

平面分布图——交通路网

道路体系分为三部分：

1. 112 国道
2. 村内消防通道
3. 环沿河带景观步道

平面分布图——服务设施

一条环形游线串联入口、亲水平台、戏台、休息节点，将场地连接成为一个整体。入口设置停车场，戏台旁设置厕所，方便使用。

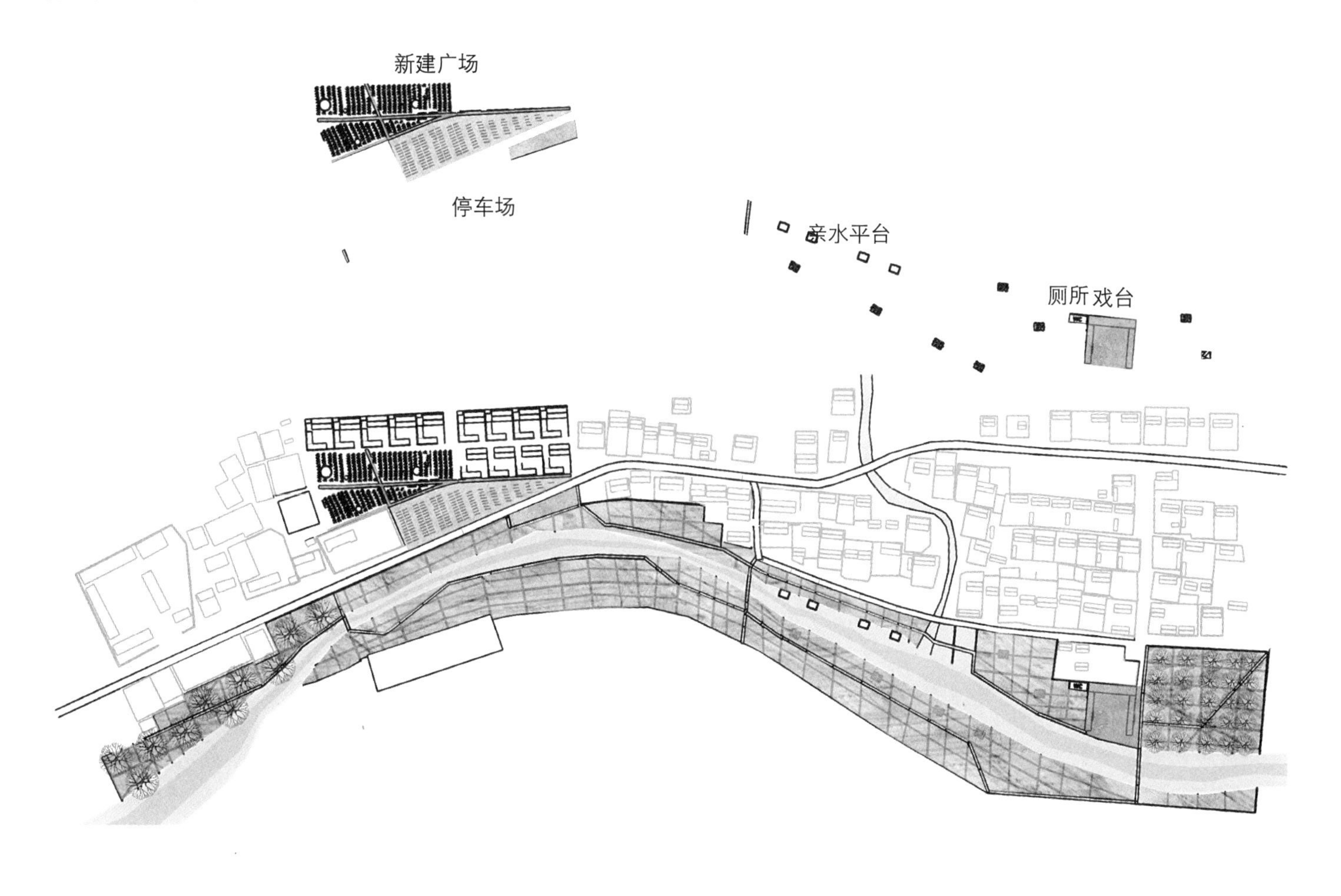

总平面图

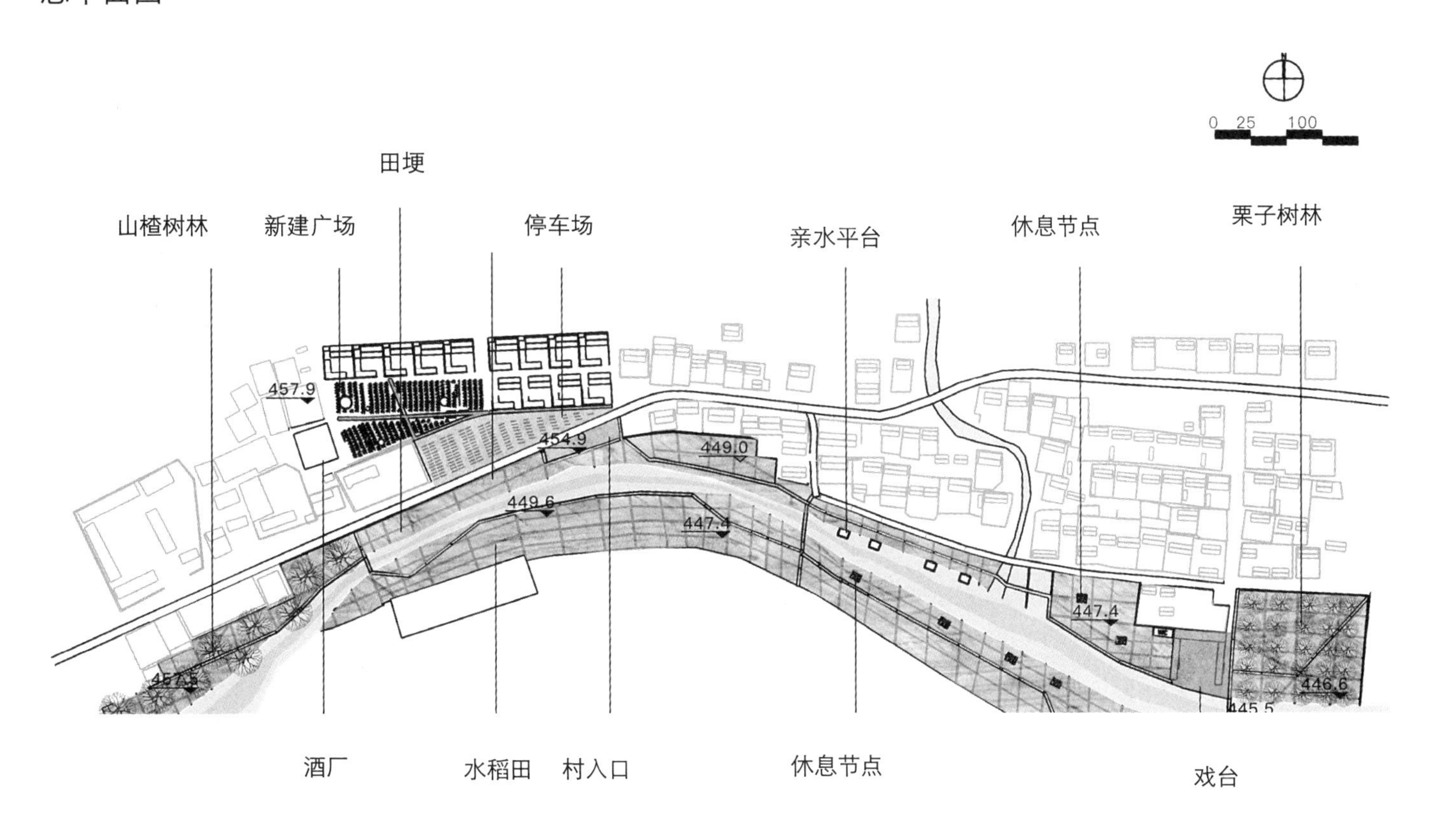

作物田效果图

沿河景观效果图

兴隆县郭家庄村整体规划设计

The Overall Planning and Design of Guojiazhuang Village in Xinglong Country

学　生：于涵冰
导　师：段邦毅　李荣智
学　校：山东师范大学
专　业：艺术设计

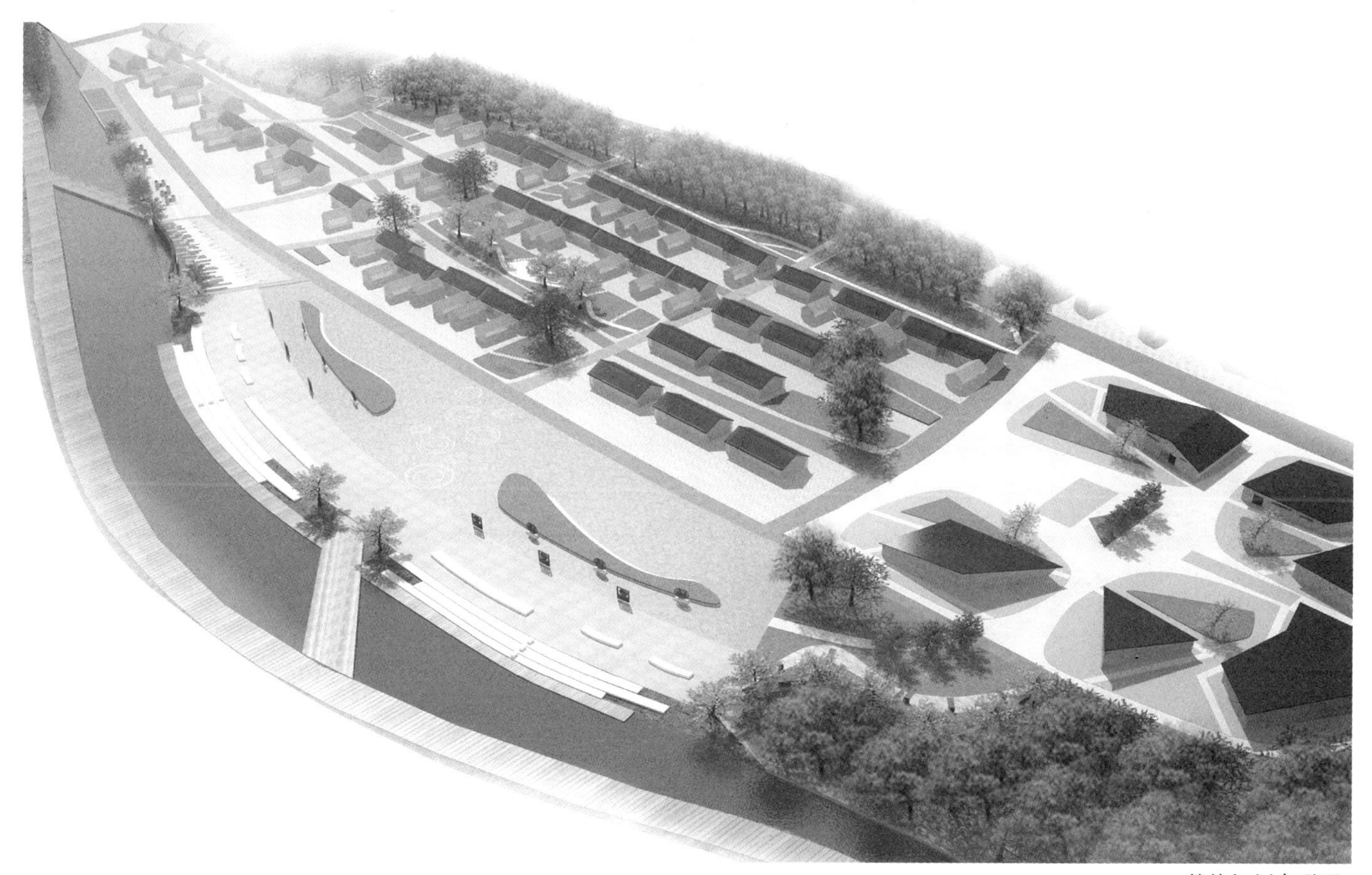

整体规划鸟瞰图

对村庄进行整体规划设计，发挥传统资源优势，把握时代脉搏，保护与发展并重。继承优秀传统文化，挖掘农 业特色、民俗文化特色，将其变为发展优势。

基地概况

位置：位于兴隆县城东南，南天门乡政府东侧 2 公里
人口：226 户，726 口人，7 个居民小组
基础设施优越，水电充沛，交通便利
全村总面积：9.1 平方公里

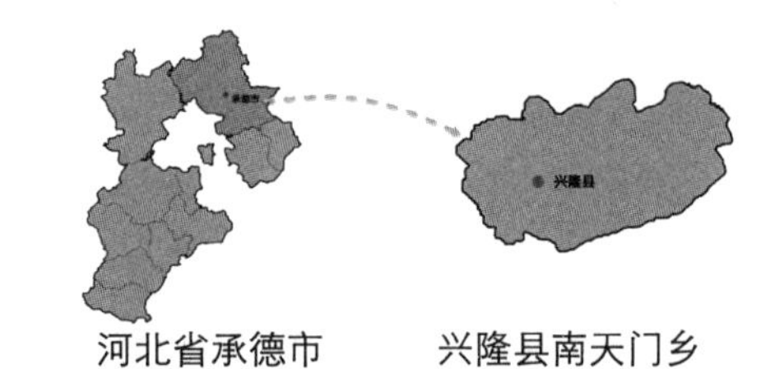

区位分析

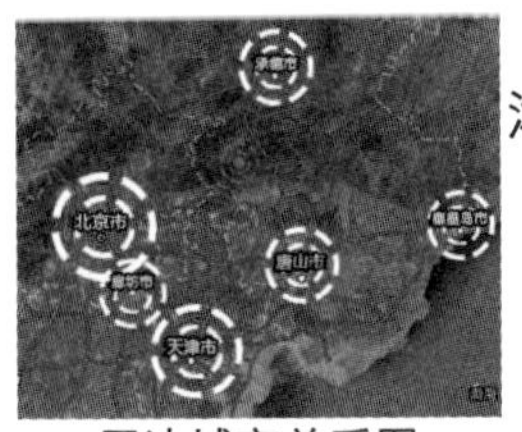

周边城市关系图

“一县连三省”，是京、津、唐、承四市的近邻。

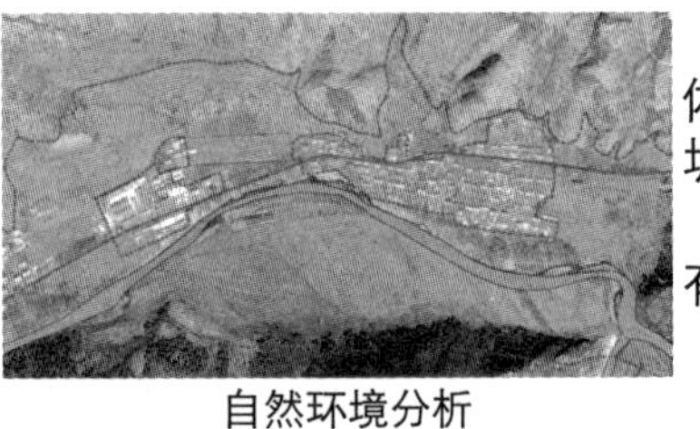
自然环境分析

地属燕山山脉，全乡整体地貌特征是山高、谷深、坡陡、路曲。

村庄依山就势，沿洒河有机分布，林木葱郁。

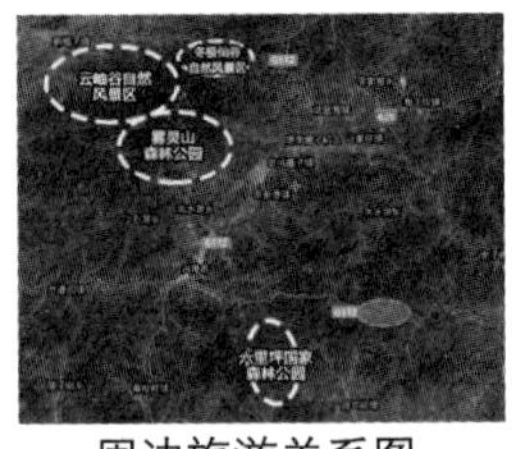
周边旅游关系图

周边旅游资源丰富，毗邻六里坪国家森林公园、雾灵山森林公园、云岫谷自然景区等旅游景区。

周边交通分析

交通便利，112国道从境内穿过，并且有新建公路通向郭家庄村，方便北京、天津、唐山及承德本地游客的到来。

农业与民俗文化分析

农业：果树资源丰富，种植农作物玉米、大豆、谷子、高粱。林果方面，种植板栗，年产75吨，山楂年产200吨，被称为“山楂之乡”、“板栗之乡”；还种植锦丰梨400多亩，另有少量苹果。

民俗文化：作为满族聚集地，具有剪纸、满绣、八大碗、戏曲等民俗文化特色。

基地现状

建筑风貌现状

建筑质量现状

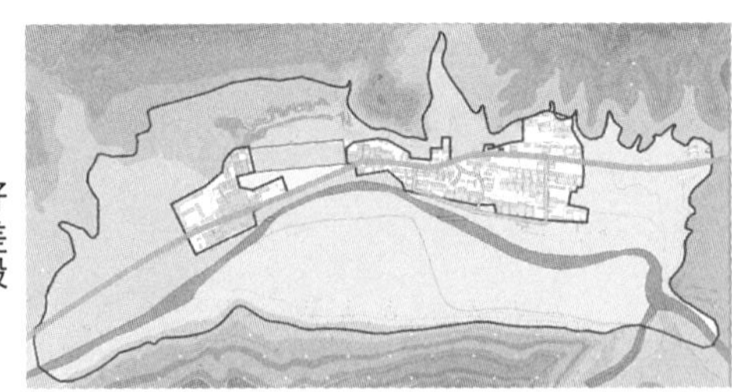
村落交通现状

景观风貌现状

民居肌理现状

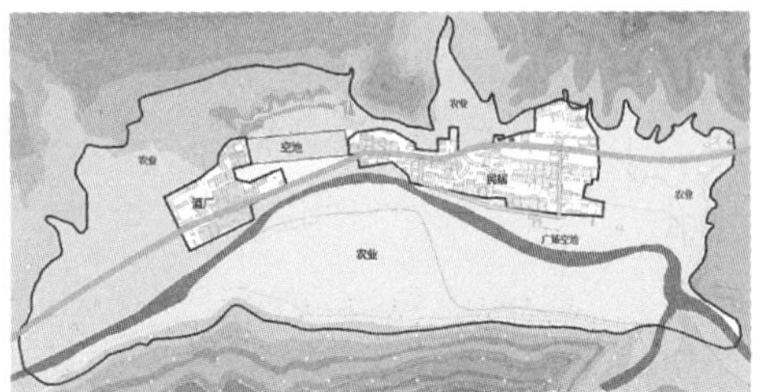

村落功能结构现状

村庄现状优劣分析

劣

1．经济来源单一，缺乏旅游设施和其他公共设施。
2．旧民居整体布局散乱，空心户较多，建筑荒废严重。
3．农业特色没有利用，缺少公共绿地和公共活动空间。
4．河流岸线绿化较差，垃圾较多。
5．村道相对不完善，道路附属设施不够齐全。
6．没有利用满族文化资源优势，发展民俗文化特色产业。

优

1．村庄依山傍水，种植苹果、红果、板栗，适合发展现代农业采摘。
2．满族文化风情浓厚。
3．112国道穿过，适宜发展民宿产业，增加经济来源。
4．传统建筑是具有特色的石板房。
5．村民居建筑肌理以半围合式为主。

村庄发展思路

1．保护满族文化、改善人居环境、发展特色产业。
2．挖掘农业特色、民俗文化特色，继承优秀传统文化，将其变为发展优势。
3．产业转型。
4．依托当地的建筑特色以及地形条件，建设能够满足现代都市人释放压力、寻求个性的旅游资源需求。

设计定位

乡土性、文化性、多样性——休闲、体验、观光、教育、娱乐为一体的乡村环境。

设计理念

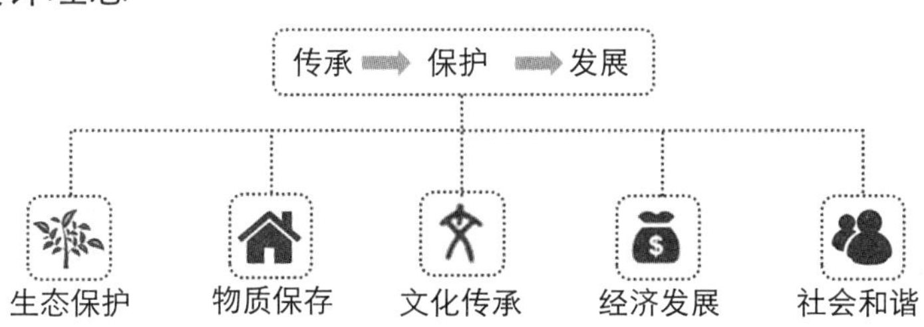

1．保护村庄原始风貌及乡土文化，融入时代特色。
2．尊重现有发展肌理：再整治，可持续的发展。
3．转变传统农业产业模式：大力发展乡村经济。
4．以传承优秀文化为主：挖掘农业特色、民俗文化特色，将其变为发展优势。
5．借助现代主义的空间手法：适应现代商业和文化的需求。

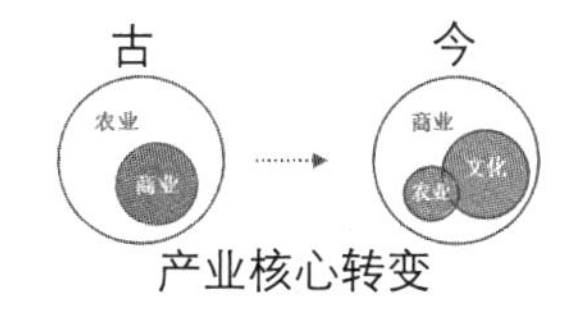

产业核心转变

整体规划思路

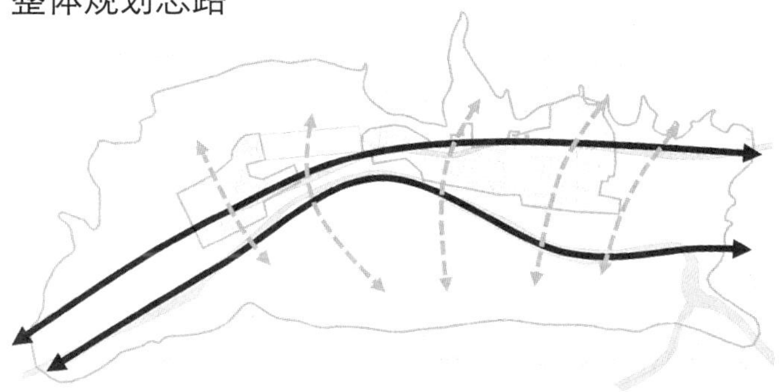

“点穴通脉”　　点→线→面的衍生

顺应村落肌理，强化自然山水与村庄风貌的协调与过渡，形成富有山水特色和民俗文化的景观公共空间，打造宜居、宜业、宜游的村落环境。

结构规划

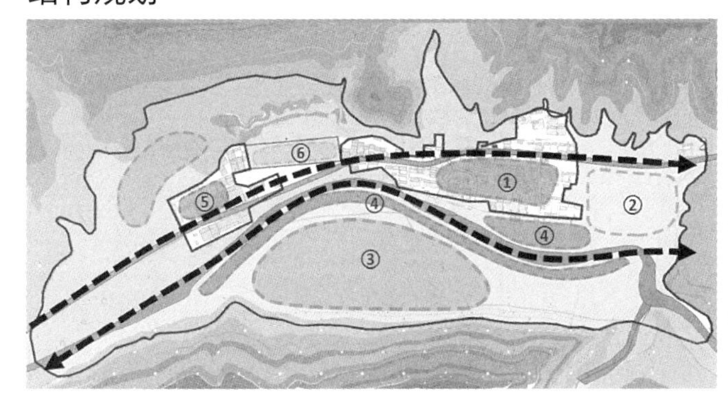

沿两带（溪流、道路）贯穿连接，形成重点区域划分

①民宿酒店接待区：山居民宿酒店、餐饮、休闲设施，作为村落最具特色的旅游接待区域。

②民俗文化区：村庄文化节点，展示村庄民俗文化的特色。

③现代观光农业区：结合后山台地农业园区，打造具有吸引力的产业观光园区。

④村中心广场服务区：旅游集散中心区，对内作为村民社区活动广场。

⑤酒厂园区。

⑥新建小区。

整体设计

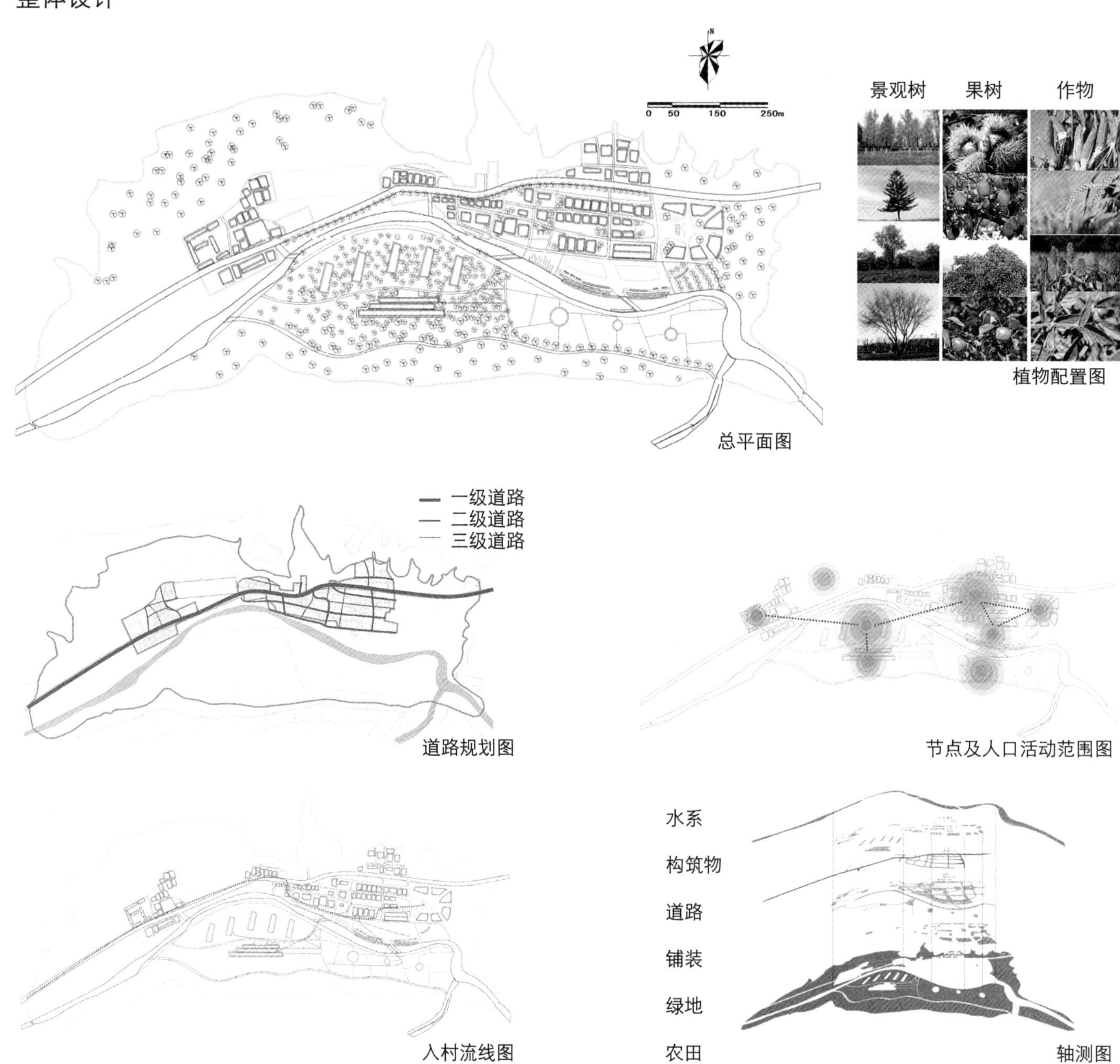

总平面图

植物配置图

道路规划图

节点及人口活动范围图

入村流线图

轴测图

重点区域规划　形成四大重点区域划分：乐、感、赏、逸

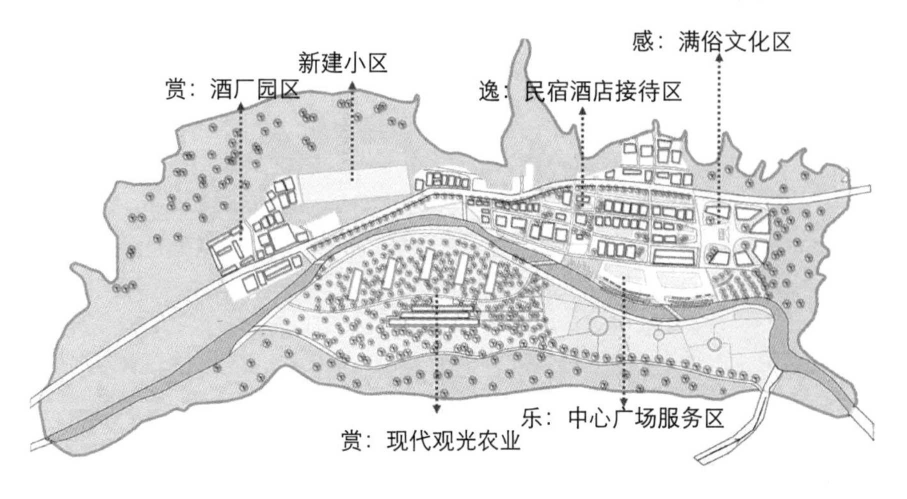

经济技术指标

总规划用地面积：	0.44km^2
公共建筑占地面积：	16672m^2
民居建筑占地面积：	45750m^2
总建筑面积：	62422m^2
道路广场面积：	3100m^2
停车场面积：	1200m^2
观光农业面积：	36000m^2
采摘种植面积：	60000m^2
景观绿地面积：	13000m^2
建筑密度：	14%
绿地率：	85%
规划户数：	226户
规划人数：	726个

特色民宿区设计

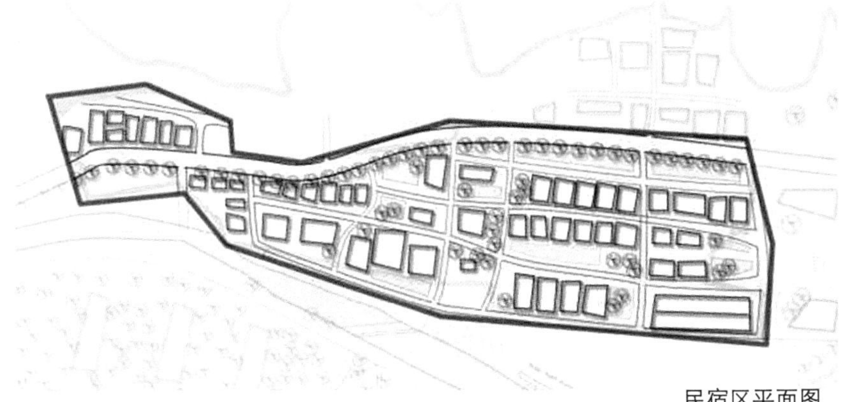

民宿区平面图

“逸”——绿色安逸

改善道路和基础设施，将旧民居、空心户改建为具有当地特色的餐饮民宿，增加绿化面积，打造绿色安逸的民居环境。

旧民居、道路改造设计

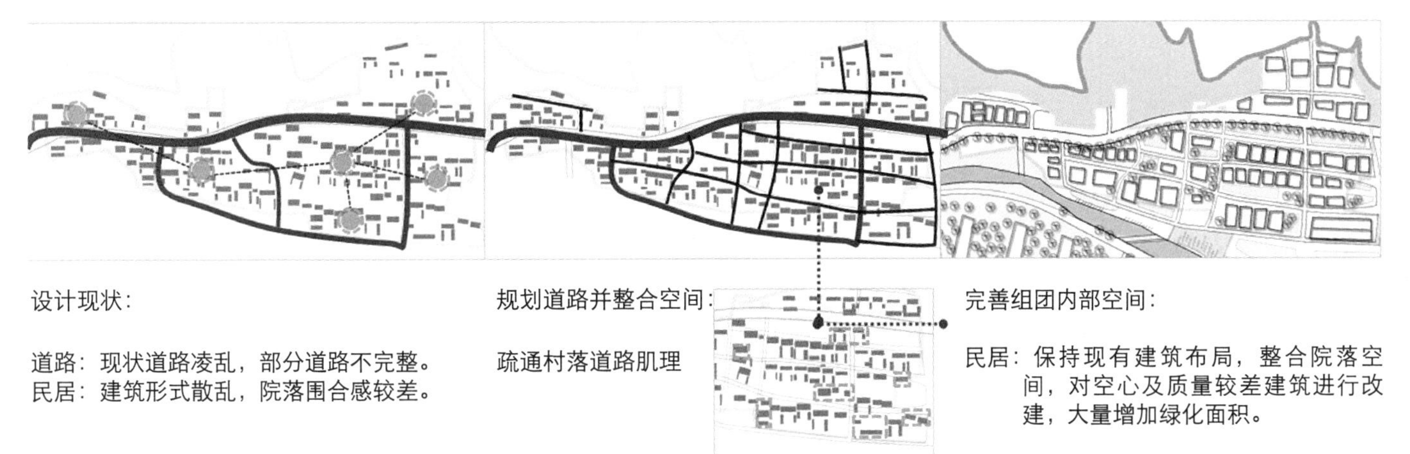

设计现状：

道路：现状道路凌乱，部分道路不完整。
民居：建筑形式散乱，院落围合感较差。

规划道路并整合空间：

疏通村落道路肌理

完善组团内部空间：

民居：保持现有建筑布局，整合院落空间，对空心及质量较差建筑进行改建，大量增加绿化面积。

道路改造设计

路网改造

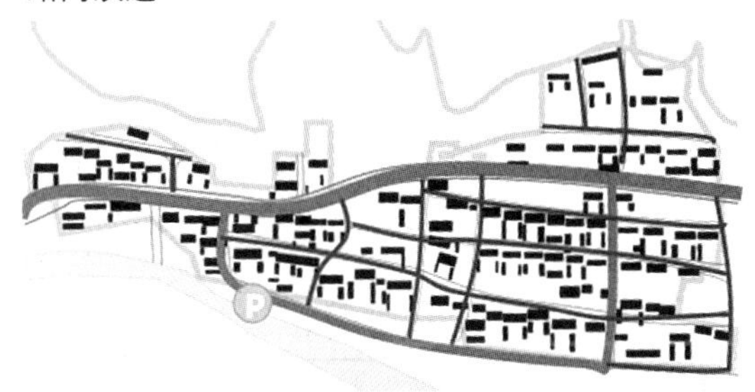

保留大的路网格局，着重梳理巷道

路面改造

村内主要道路旁边规划停车场，满足村内大型机动车或者小型私家车的停车需求。

混凝土路面构造示意

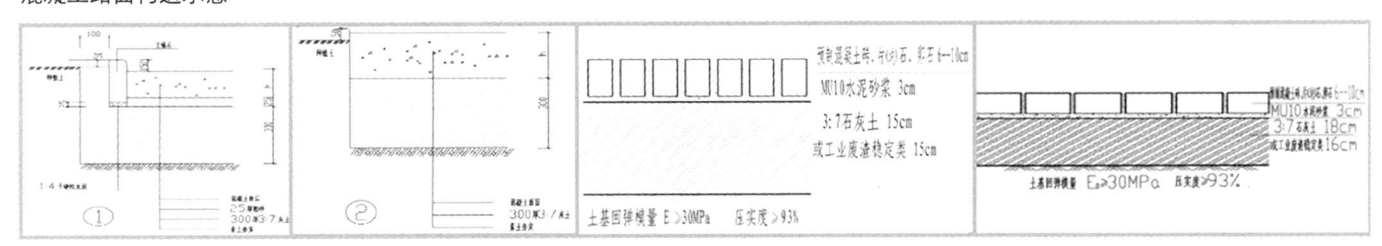

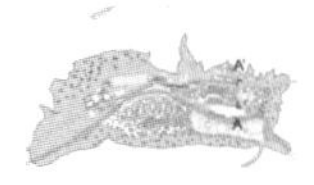

剖面图

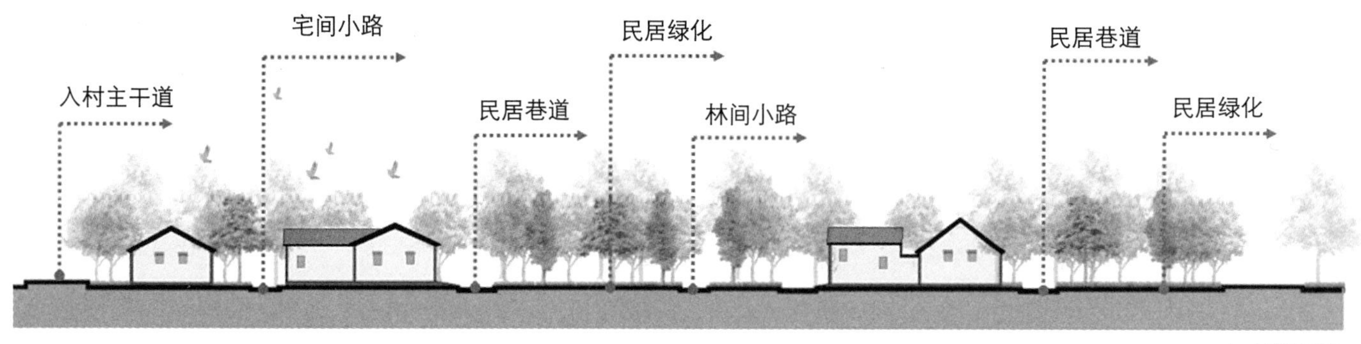

A-A'剖面图

现代农业观光区设计

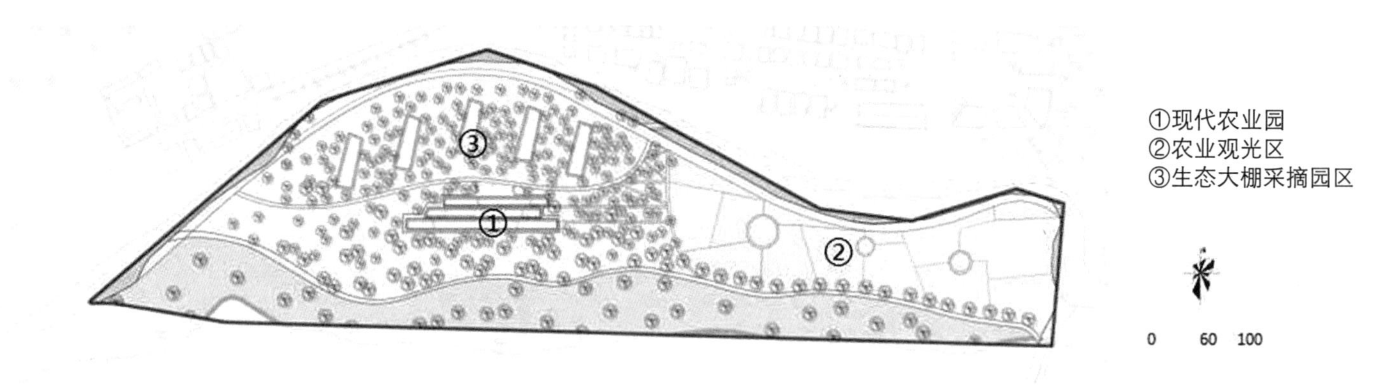

把农业生产与教育、农业文化、农事参与、旅游度假有机结合起来，为城乡居民提供一个春天踏青、夏季郊游、秋天采摘、冬季观景的休闲度假场所。

现代农业园基础形态推导

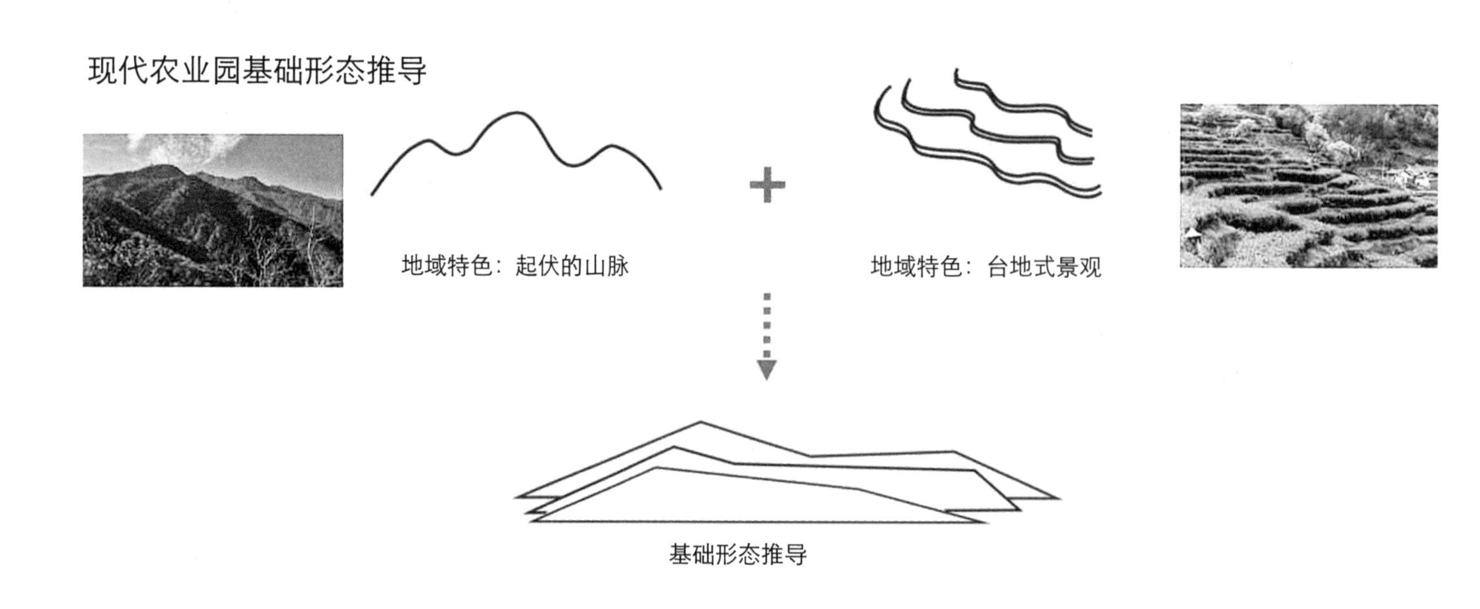

结合后山台地式的景观形态以木材和绿植材质相结合。

建筑平面图

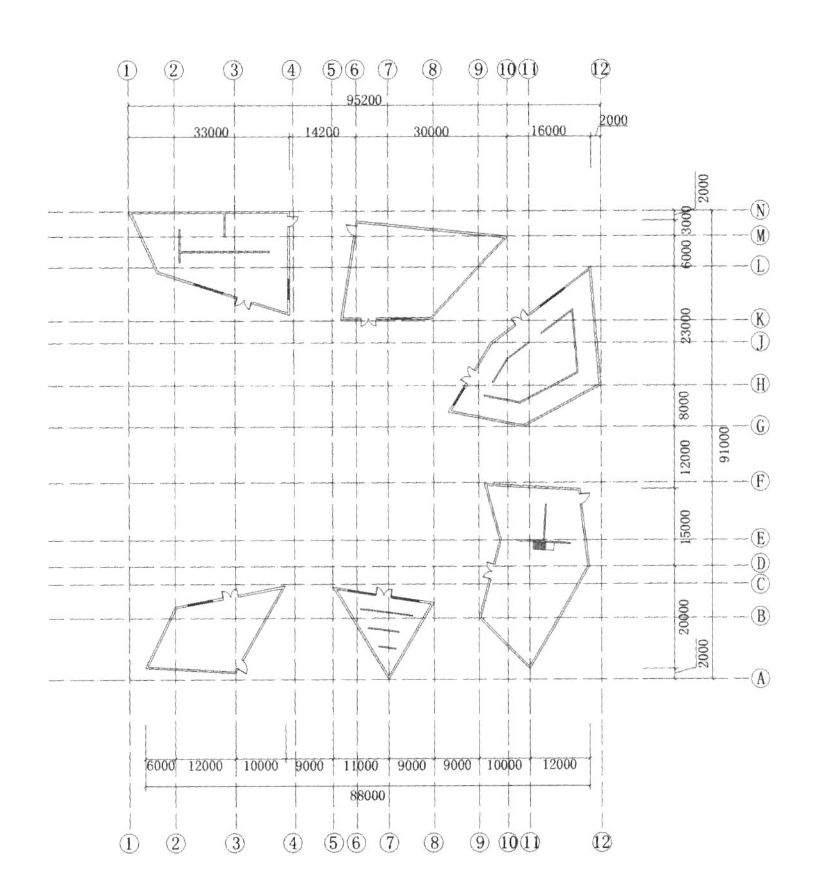

建筑正立面图

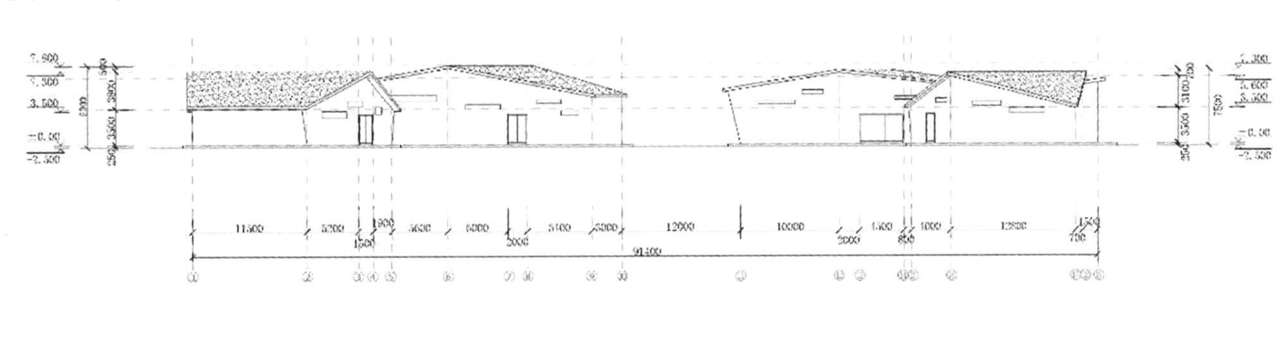

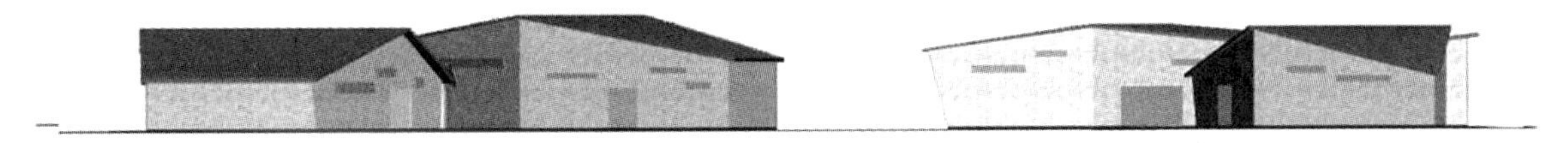

建筑剖面图

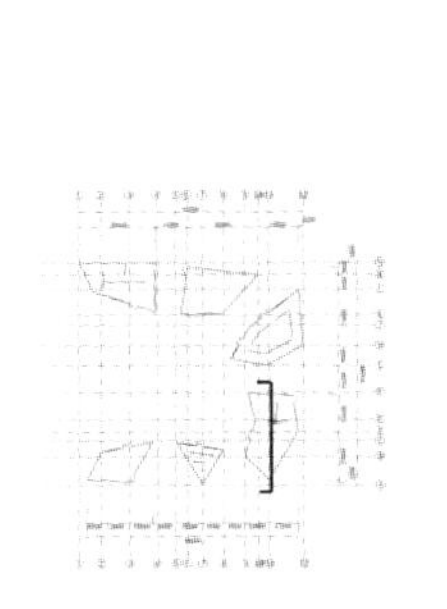

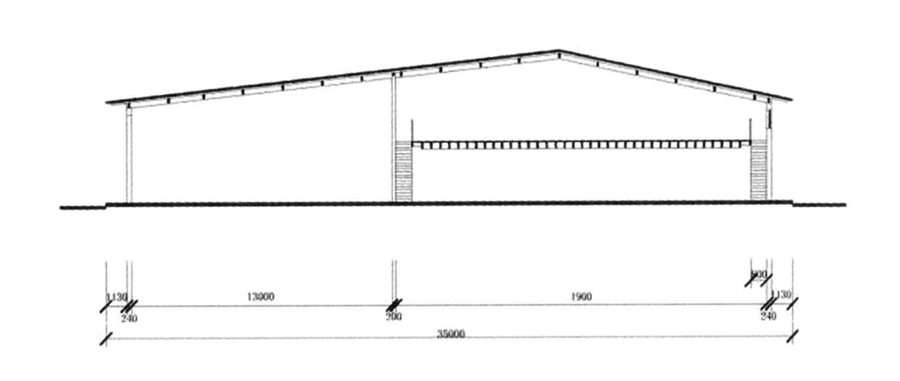

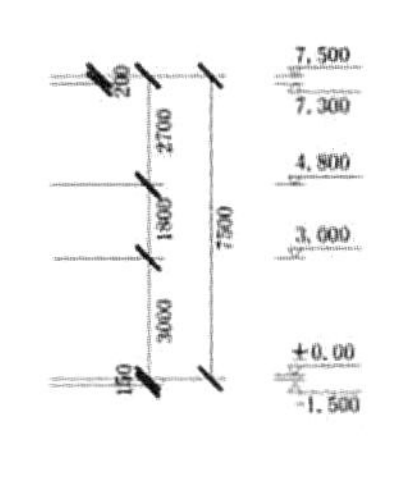

功能分区图

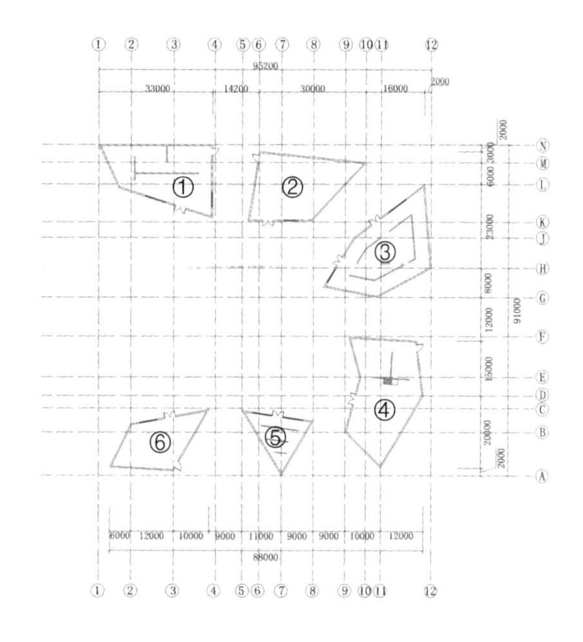

① 传统民俗馆

② 特色文化馆

③ 戏曲表演馆

④ 文化体验馆

⑤ 售卖厅

⑥ 临时展厅

人流动线图

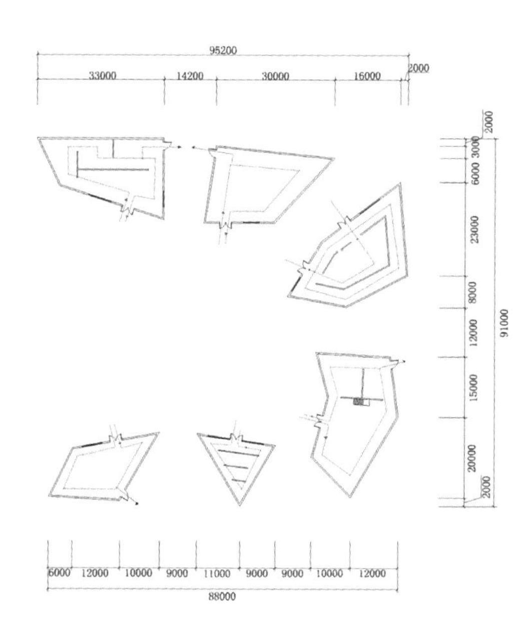

效果表现图

生长与长生——河北省承德市兴隆县郭家庄村“美丽乡村”农业景观旅游规划设计

Growth and Longevity: “Beautiful Village” Agriculture Landscape Tourism Planning and Design in Guojiazhuang Village Xinglong County Chengde City Hebei Province

学　生：赵胜利
导　师：周维娜　海继平　王娟
学　校：西安美术学院
专　业：环境艺术设计

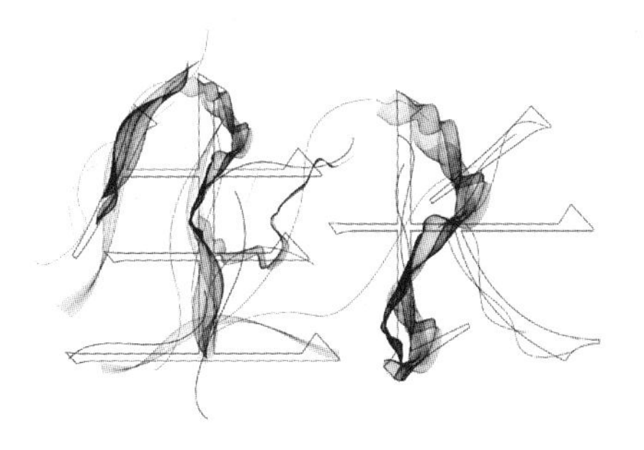

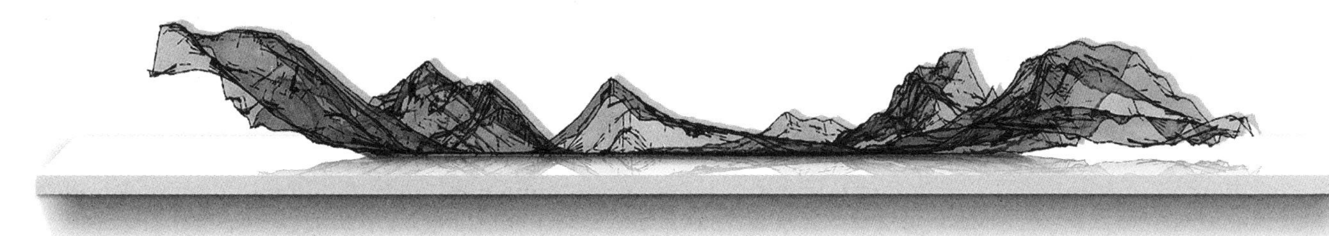

河北省承德市兴隆县郭家庄村“美丽乡村”农业景观旅游规划设计

基地概况

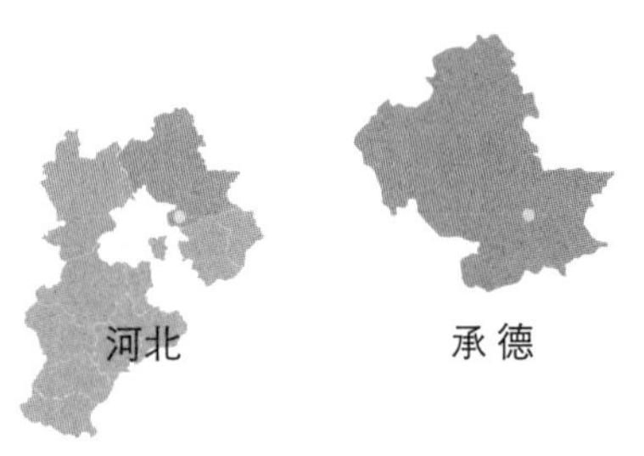

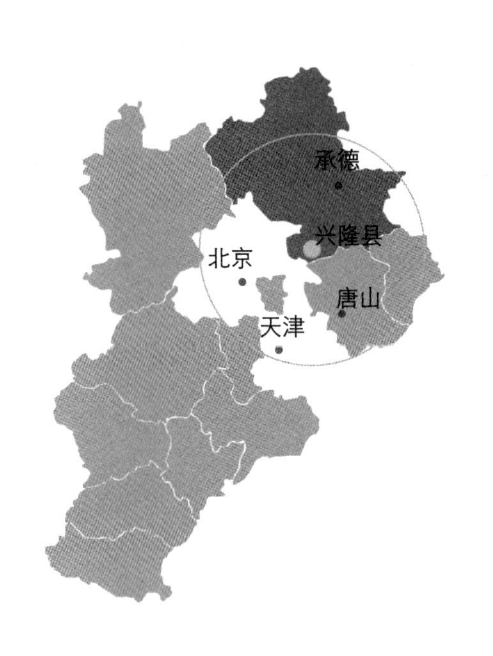

郭家庄村位于兴隆县城东南，南大门乡政府东侧2公里，226户，726口人，7个居民小组；全村总面积9.1平方公里，现有耕地680亩；山场6000亩。基础设施优越，水电充沛，交通便利。村现有闲置房屋若干。

郭家庄现状

村中酒厂是村子原本的产业优势，并且为郭家庄的旅游提供了体验项目，结合农业景观，利用采摘优化产业结构。

交通路网原本是一条国道和几条简单的村巷。根据农作物的区域划分，自然地划分出道路，使景观与流线自然互动。

原本的农产是玉米、大豆、谷子、高粱、板栗、山楂、梨、苹果、猕猴桃，在此基础上添加了槐树、樱花、樱桃、油菜，利用农作物的生长周期和颜色对比，打造因地制宜的农业景观。

郭家庄村自然环境优美，山形俊秀，水体清澈。村庄依山就势，沿洒河有机分布，林木葱郁。郭家庄村中有112国道穿过，并且有新建公路通向郭家庄村，方便北京、天津、唐山及承德本地游客的到来。

在“美丽乡村”政策的推进下，农村应该怎样发展？如何结合村庄的特色真正发展成“一村一品”？如何协调农村产业经济的发展？我们尝试着打造一种模式，可以将这种发展模式套用在各个农村的发展中，以河北省承德市兴隆县郭家庄村为例，将农业景观和产业经济结合起来，发展景观农业带动农村三大产业结构之间的变化和协调。

地貌分析

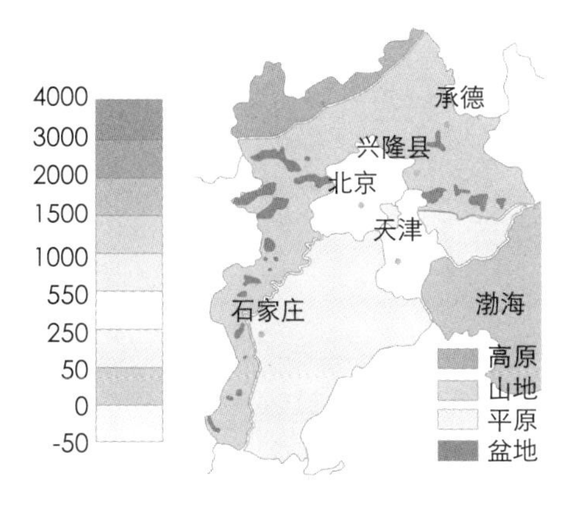

兴隆县大地构造属于华北台地，北部位于内蒙古地轴南缘，南部位于华北地台内二级大地构造单元和燕山纬向沉降带三级大地构造单元。属冀北山地地貌，山地格局为“八山一水一分田”。受燕山岩性构造的影响，地貌类型为山地，所处大地构造单元为燕山地槽与内蒙古背斜过地带，地势北高南低。

水文分析

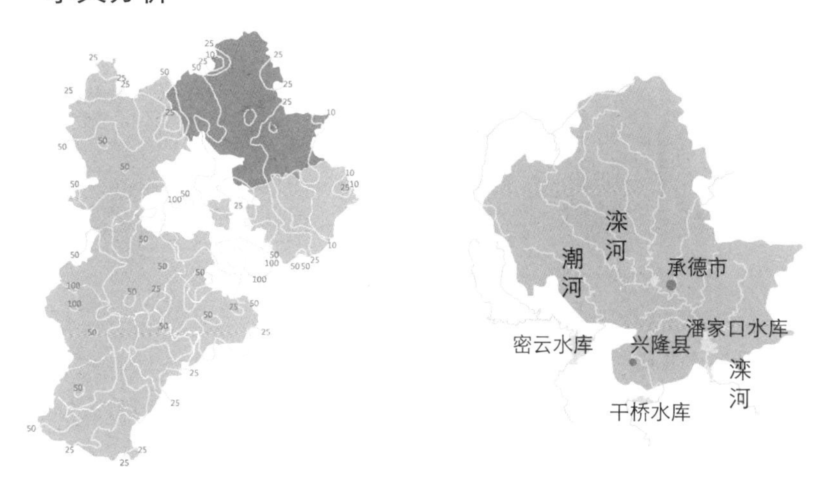

承德市境内有滦河、潮河、辽河、大凌河四大水系，年产水量37.6亿m^3，是京津唐的重要供水源地（占潘家口水库年入库总水量的93.4%、密云水库入库总水量的56.7%）。林地面积占河北省的43.4%，草地面积占40%，森林覆盖率48%。

洒河属于滦河水系一级支流，发源于兴隆县东八叶品，流经南天门、半壁山、蓝旗营、三道河等乡镇如迁西县境内。流域面积965.85km^2，流域内多年平均降水量744.6mm，多年平均径流量2.4293亿m^3。蓝旗营水文站集水面积为646km^2，实测多年平均径流量1.6367亿m^3，多年平均含沙量0.44kg/m^3，输沙率0.90万吨，实测最大洪峰流量2183m^3/s（1962.7.25）。

气候分析

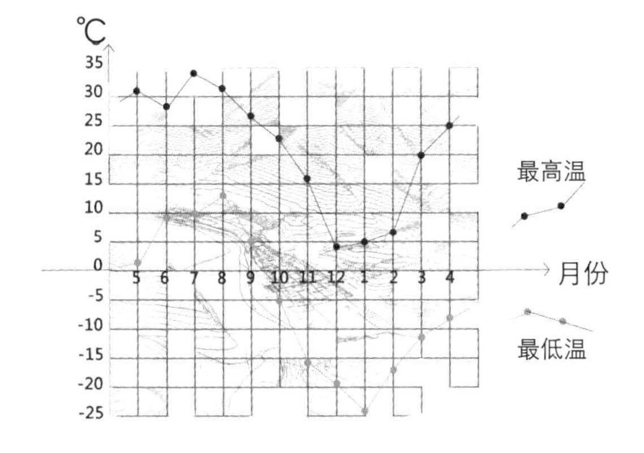

兴隆县地处温带大陆性季风气候，由暖温带向中温带过渡，是半干旱向半湿润过渡区域，属于典型的大陆性季风型燕山山地气候。地势由西北向东南阶梯下降，因此气候南北差异明显，气象要素呈立体分布，使气候具有多样性。冬季寒冷少雪；春季干旱少雨；夏季温和多雷阵雨；秋季凉爽，昼夜温差大、霜害较重。四季分明，雨热同季，昼夜温差大，地域差别明显，年平均积温3200℃，平均气温5.9℃～9.0℃，南北平均温差3.1℃，年内最冷（1月）平均气温-8.9℃，极端最低气温值-21.3℃，最热（7月）平均气温24℃，极端最高气温值34.7℃。

土壤分析

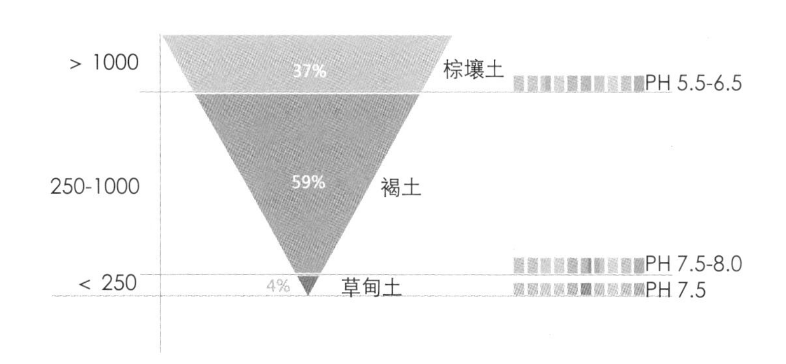

土分为3个土类，9个亚类，52个土属，181个土种。褐土占总面积的59%，主要分布在丘陵山地，海拔在250～700米之间，有机含量及养分状况比较一般，pH值7.5～8.0；棕壤土占总面积37%，主要分布在海拔1000米以上的山地，pH值5.5～6.5；草甸土占总面积的4%，主要分布在两岸滩地，有机质及养分含量较高，pH值7.5左右，是高产的农作区。土壤质地多为壤质，土壤pH值都偏酸性，绝大部分适合暖温带多数针、阔叶乔灌木树从生长。

概念构思

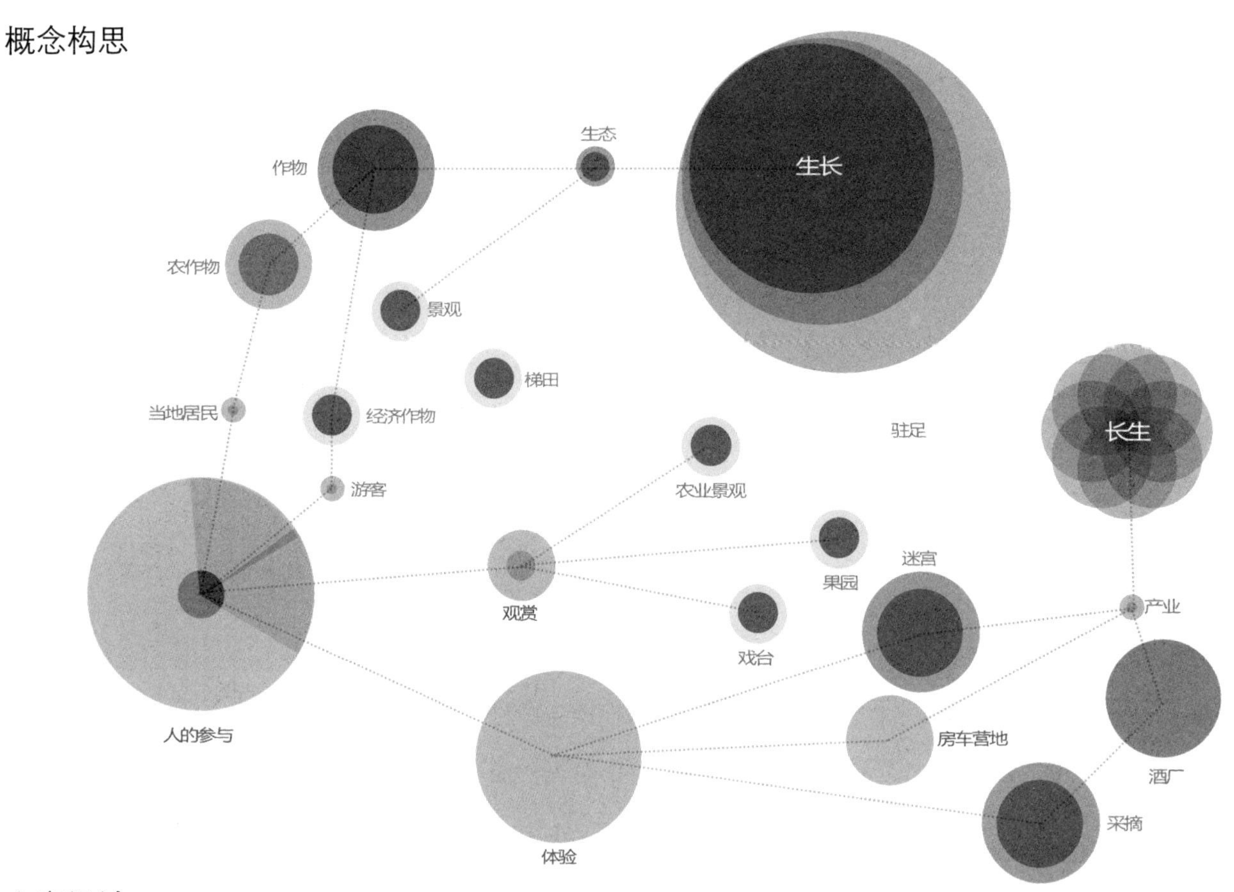

方案设计

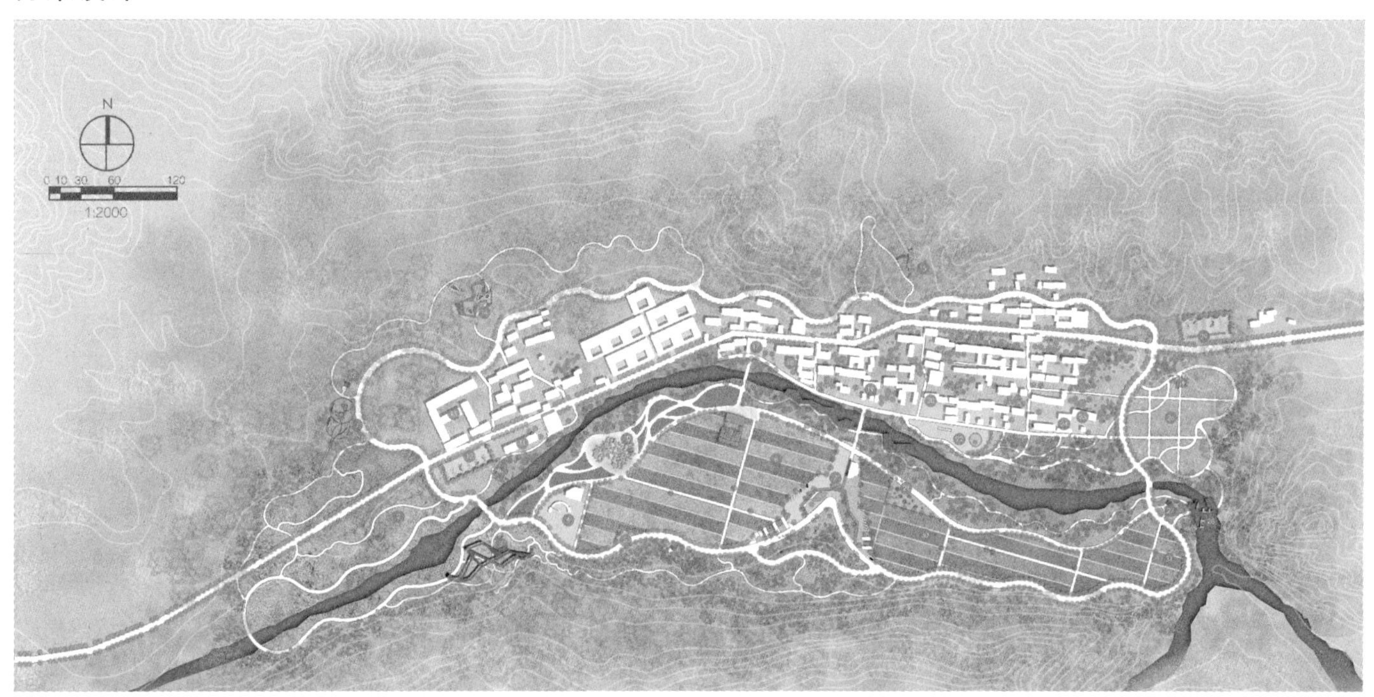

总平面图

1 落英缤纷
2 油菜种植区
3 观景高架
4 晾晒场
5 麦田休息区
6 厕所
7 房车营地
8 麦田种植区
9 田间舞台
10 畦头娱乐区
11 高级民俗接待
12 生态停车场
13 酒厂创意体验区
14 林下活动广场
15 观景台
16 水果干果加工
17 农业集中管理中心
18 榨油作坊
19 房车营地资源配备
20 工艺品加工
21 棉花种植休息区
22 村内广场
23 生态景观恢复
24 豆制品加工区
25 时蔬餐饮
26 果蔬采摘区
27 厕所
28 闲情渔趣
29 生态停车场
30 棉花种植休息区
31 大豆种植区
32 厕所

交通分析

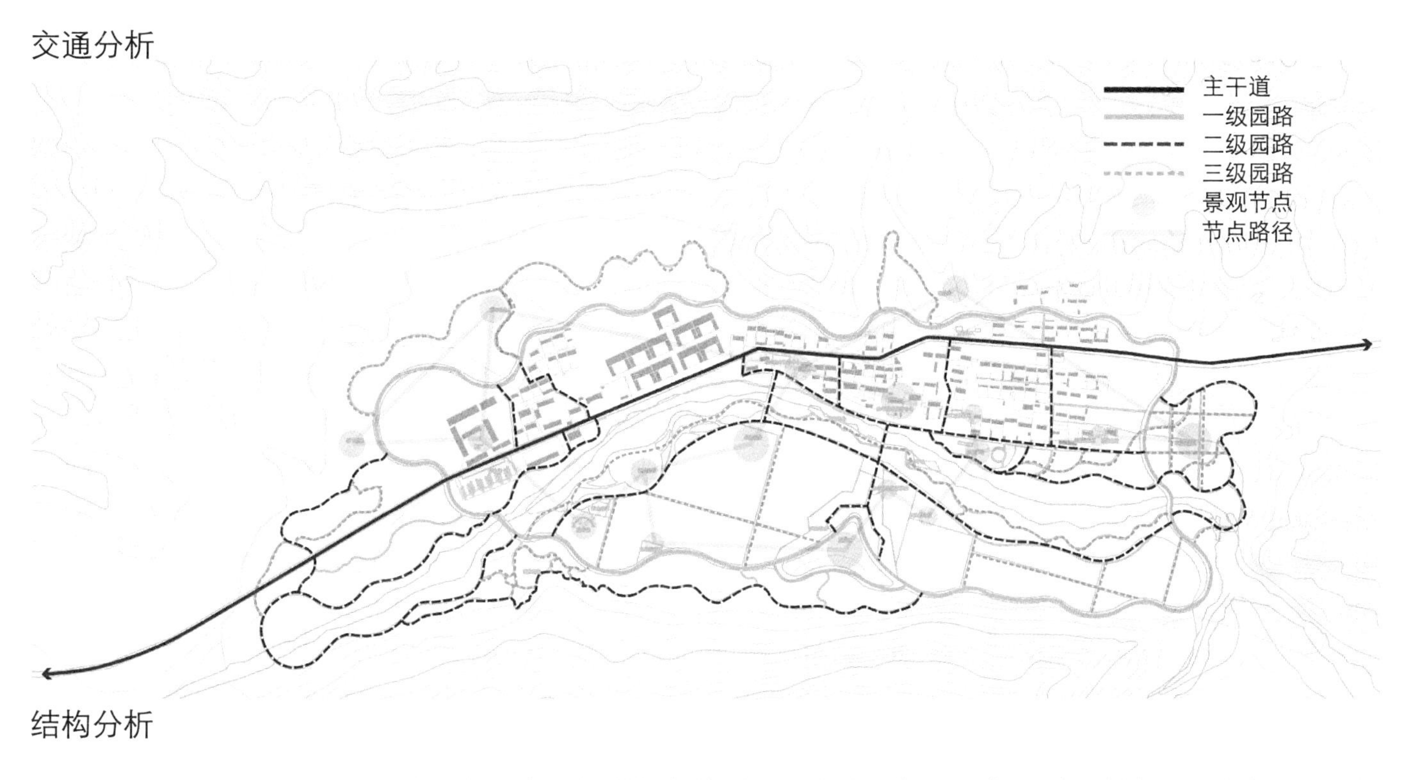

结构分析

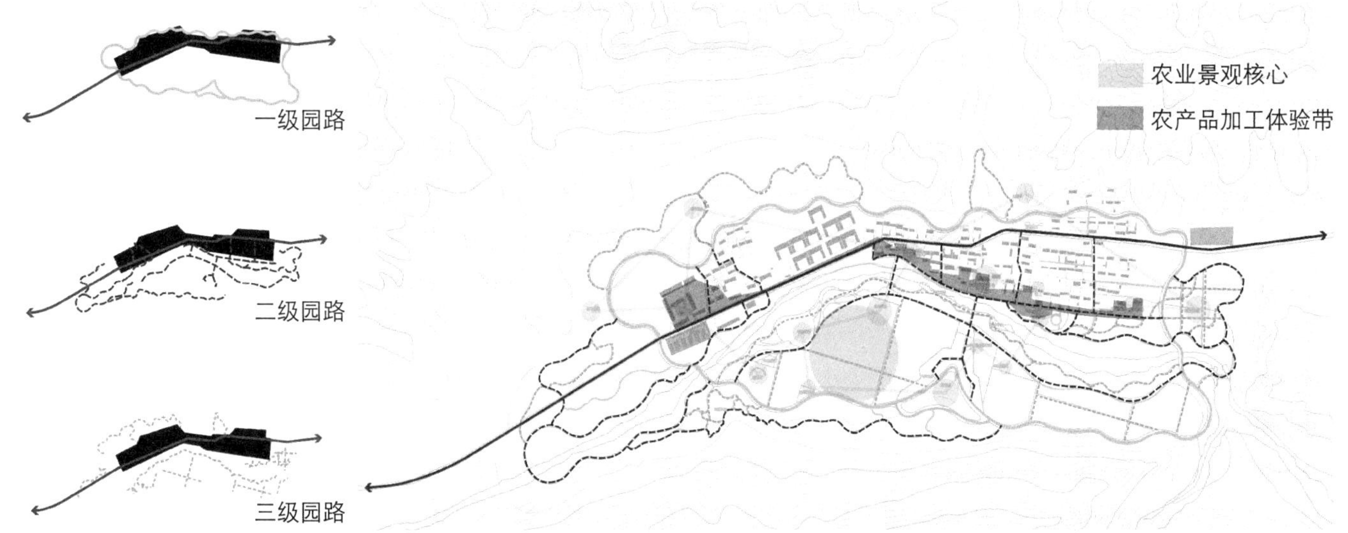

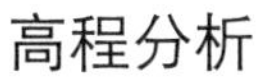

高程分析

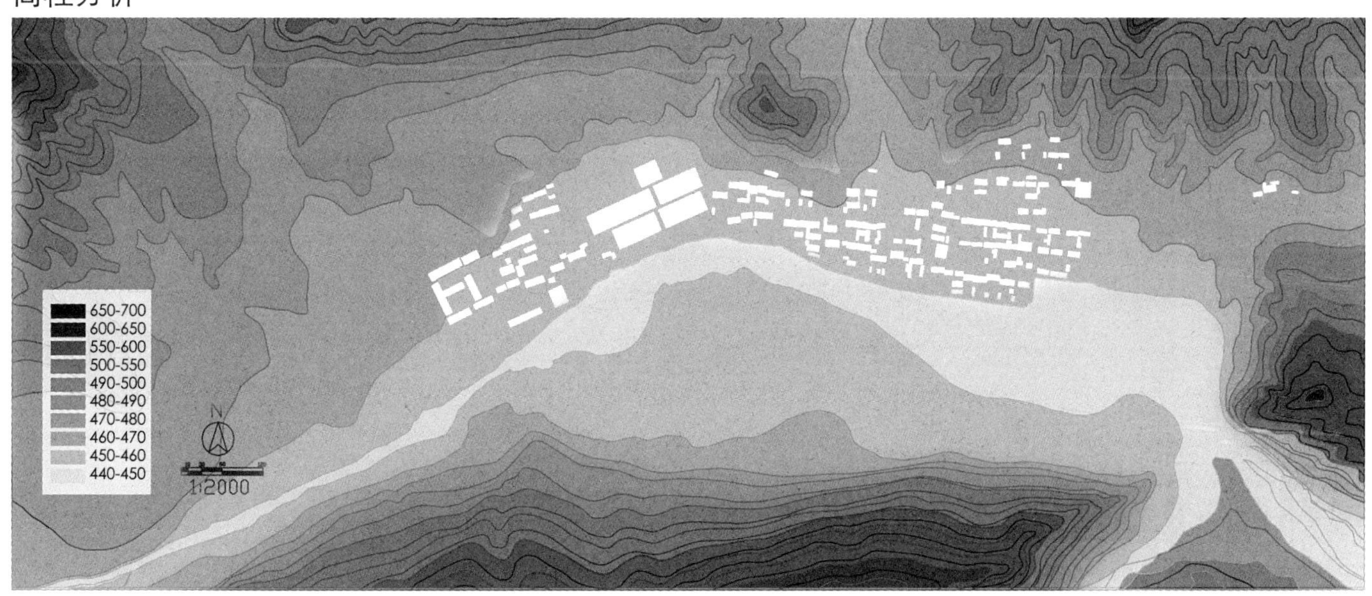

田间戏台效果图

观景台效果图

郭家庄沿河景观设计
Waterfront Landscape Design of Guojiazhuang Village

学　生：黄振凯
导　师：郑革委　罗亦鸣
学　校：湖北工业大学
专　业：环境设计

郭家庄景观设计鸟瞰图

随着中国城市化的发展，乡村社会结构转变加速。农村景观格局不断演变，景观形态趋同、地域景观差异消失。通过美丽乡村这一课题，深入探讨农村村域景观问题，力求改善村民生活环境，提高生活质量。

基地概况

基地位于中国河北省承德市兴隆县郭家庄，地处中纬度温带半湿润性季风气候区，气候舒适宜人。郭家庄是“九山半水半分田”的石质深山区，地势西北高，东南低。全村东西长1.6公里，南北宽0.8公里，总面积为9.1平方公里。其中荒山山场6000亩，现有耕地680亩，226户人家，726口人。

区位分析

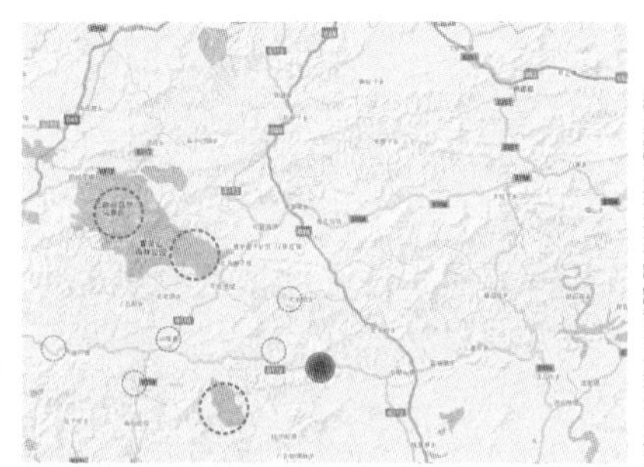

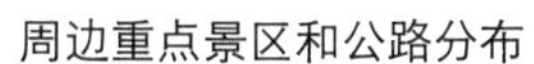
周边重点景区和公路分布

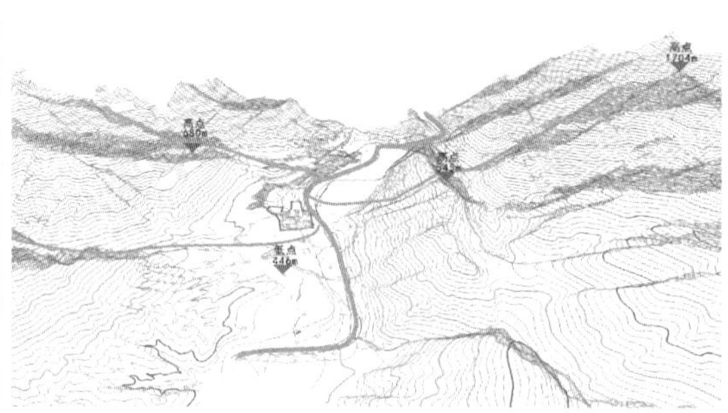
周边地形地貌和地表径流分布

项目周边旅游资源丰富，112国道贯穿村落，交通便利；南北依山，洒河自西向东流经村庄，水资源丰富。

项目定位

郭家庄地形地貌图（图片来源：百度地图）

该项目旨在结合地形地貌特征，保护村庄质朴、自然的原始风貌及乡土文化，同时融入现代元素，突出人与自然相互交融的整体空间环境特色。

设计目的

1. 完善基础设施，达到城市基本标准；优化村域路网，硬化道路，符合国家消防标准；完备旅游接待设施，满足村民发展旅游业的愿景。
2. 提高村民生活质量，改善村民生活条件。

设计要求

满足村民所需的前提下，减少不必要的建设。基础设施达到城市规划基本指标的同时，充分保留了村落的自然景观，营造一个自然和谐且可持续发展的美丽乡村。

调研分析

劣势
1．沿河景观带与居民生活区杂糅，私密性较差。
2．村口周边路基杂乱无章，国道与沿河景观带存在 2 ～ 2.5 米落差。
3．没有遮阳避雨及休憩的设施，旅游接待设施不齐备。
4．随着外出务工的村民的回归，村中小孩逐渐增多，缺少儿童游乐设施。

优势
1．交通便利，旅游资源丰富。
2．村域周边绿化率高，物产丰富，空气负氧离子远超于周边城区。
3．具有满族文化特色，能够成为吸引游客的人文景观。
4．当地村民具有发展旅游意愿及旅游接待能力。

理念提出

乡村景观是具有特定指向的景观类型，其景观性质、形态与内涵都有区别于城市景观。通过“低干预”的策略降低对环境的影响和对资源的消耗，减少人工景观对场地的介入，保持村落地域特征，形成特色乡村景观，促进美丽乡村的可持续性发展。

概念推演

依场地特点确定主要观景路线。

据调研规划主要功能区。

完成方案设计，确定主要观赏线路；确定主要功能区，依次为村委广场、休憩区、综合娱乐区。

总平面图

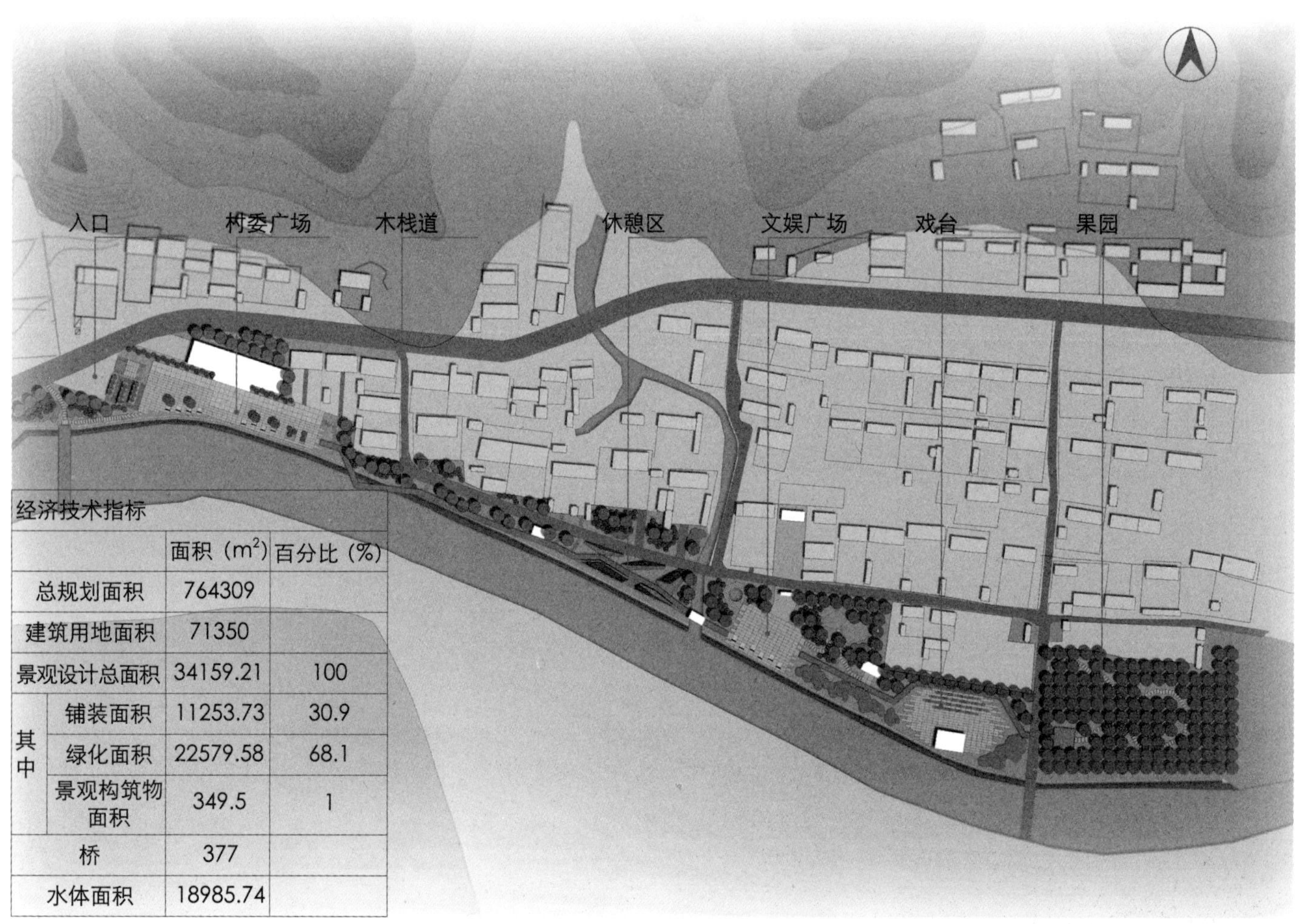

经济技术指标

		面积（m²）	百分比（%）
总规划面积		764309	
建筑用地面积		71350	
景观设计总面积		34159.21	100
其中	铺装面积	11253.73	30.9
	绿化面积	22579.58	68.1
	景观构筑物面积	349.5	1
桥		377	
水体面积		18985.74	

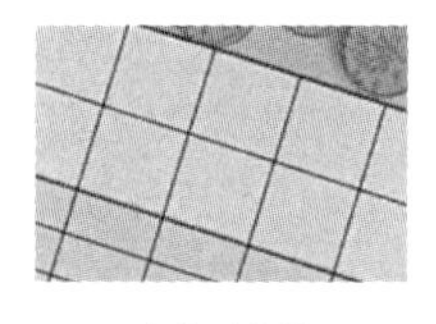

广场铺装

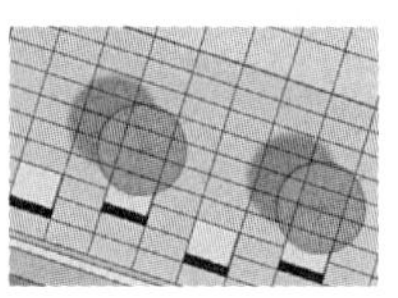

广场座椅

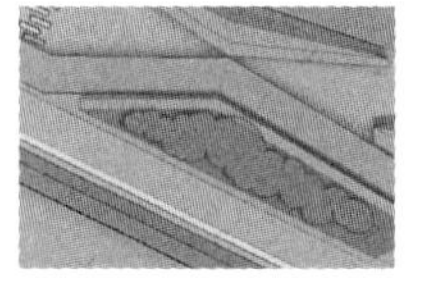

休憩座椅

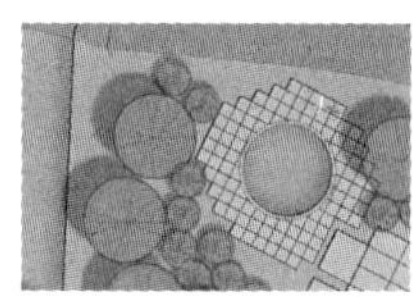

保留古井

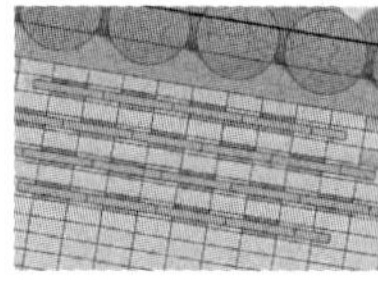

戏台座椅

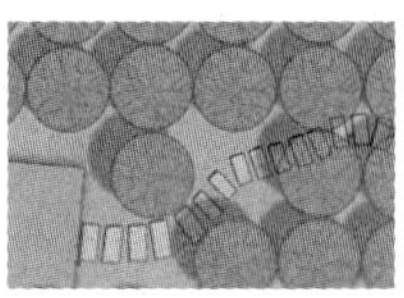

果园

综合分析

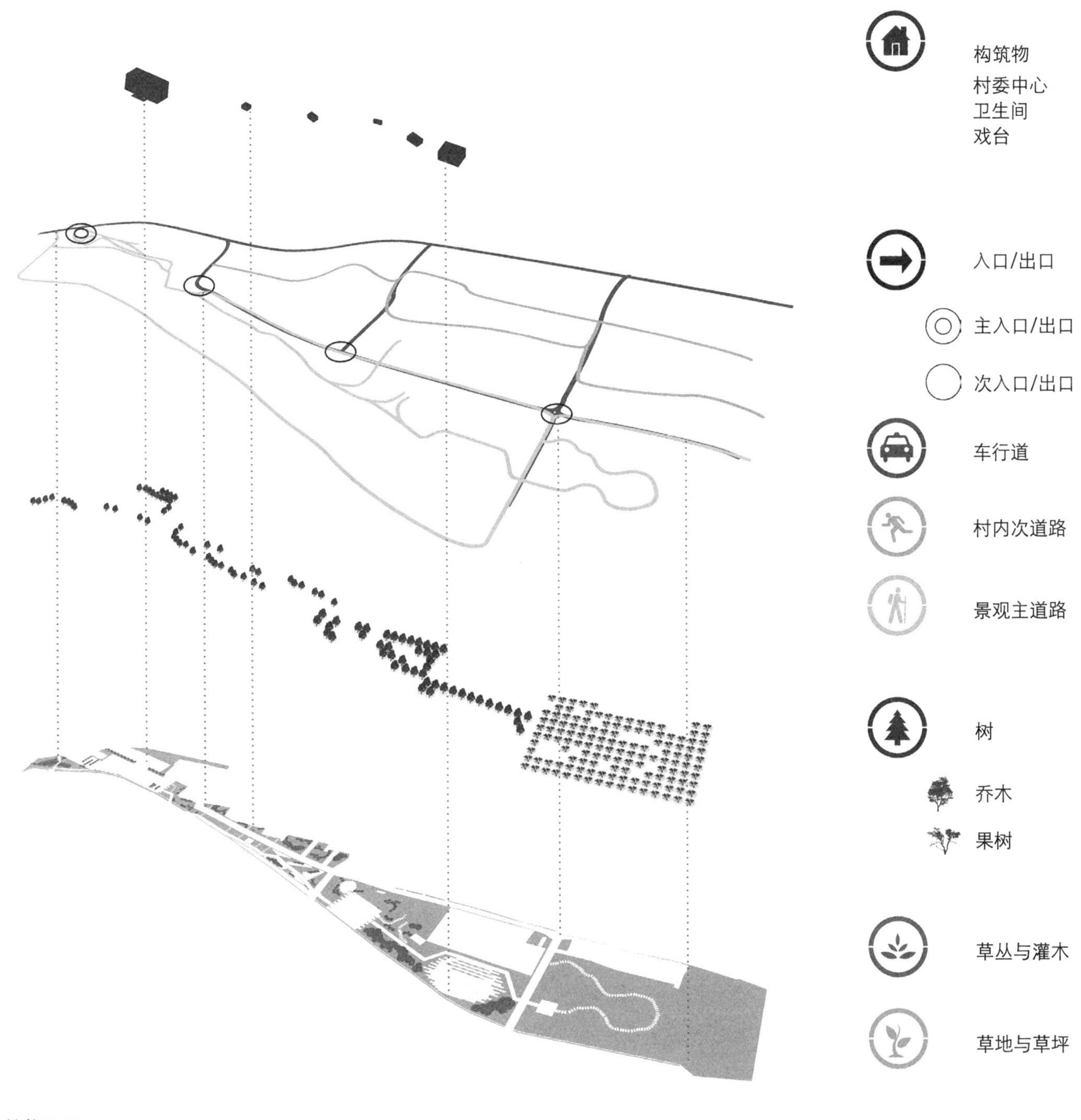

构筑物
村委中心
卫生间
戏台
入口/出口
主入口/出口
次入口/出口
车行道
村内次道路
景观主道路
树
乔木
果树
草丛与灌木
草地与草坪

植物配置

苹果
板栗
山楂
白蜡
银杏
雪松
女贞
榆树
白桦

剖面图

剖面图1

剖面图2

剖面图3

剖面图4

沿河景观效果图

“开轩面场圃，把酒话桑麻”
—— 共享院落+共享菜园的新型交往模式构建
Shared Countyard + Shared Garden Construction of New Type of Social Communication

学　生：赵晓婉
导　师：朱力　陈翊斌
学　校：中南大学
专　业：环境艺术设计

营造“开轩面场圃，把酒话桑麻”的意境。
（打开窗户就能看到自家菜园，在田间地头谈论着农事）

项目位置

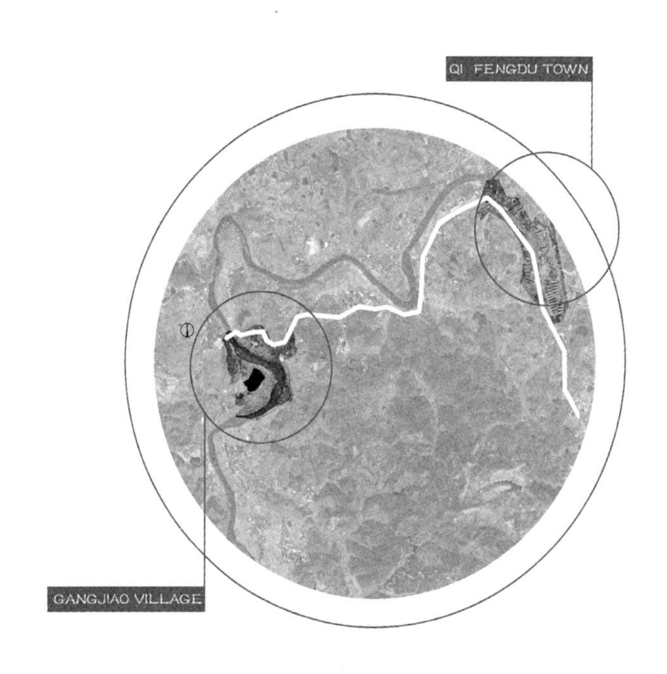

位于湖南省郴州市苏仙区栖凤渡镇隔壁的岗脚乡岗脚村。沿着栖河西行，绕过一座山脚，但见栖河流水潺潺，沿桥过河便到了岗脚村口。它北面与永兴县碧塘乡接壤，西面与桂阳县东成乡、永兴县洋塘相邻，南面与马头岭乡交界，东面与五里牌毗邻。镇政府驻栖凤渡（原栖凤渡镇人民政府驻地），距郴州市中心24km。

栖凤渡镇的岗脚村，是一座具有保护价值的历史村落，以元明清三代的历史建筑为特色，正在申报全国文化旅游名村。

问题

1. 进入这个村庄，我发现了一个现象：有个阿姨在门口站了很久，有人经过时，匆忙地打了招呼，而且为了多说几句，追到了远处。这些匆匆而过的浅层交往已经无法满足村民交往的需求。

2. 然而为了促进村民的交往，丰富他们的生活，为他们增建了这样的一些广场，但是却因不符合他们的行为习惯而无人使用。

3. 为解决这一问题，我的策略是构建新的交往模式。与此同时，也对村中现有的交往模式进行了调查和分析，发现村民的交往活动多发生在必要性活动场所，这给新的交往模式的构建提供了重要的依据。

QUESTION1：匆匆而过的浅层交往

↓

策略

构建新的交往模式

策略

↑

QUESTION2：现有广场不符合村民习惯，使用率极少

场地分析

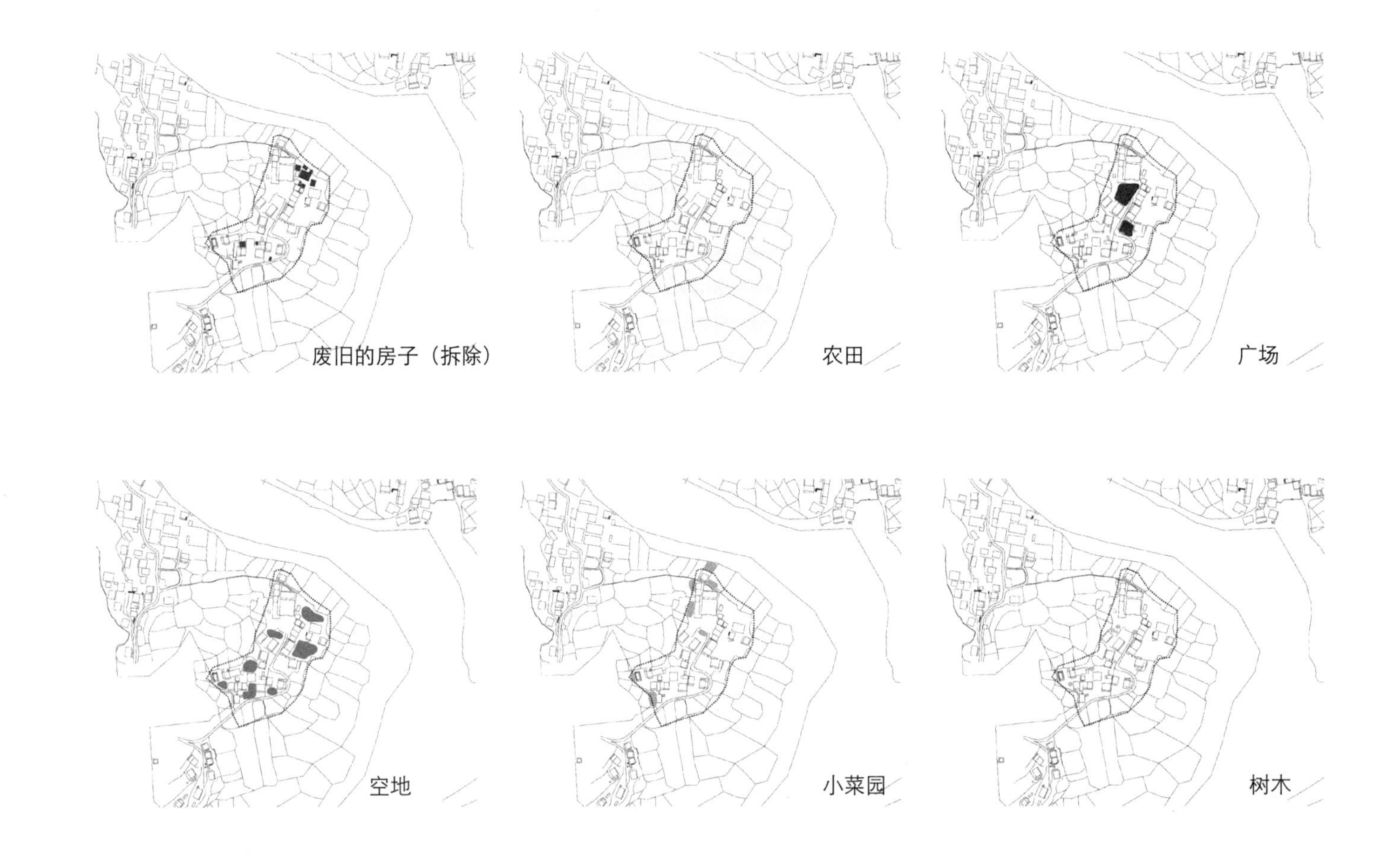

交往模式

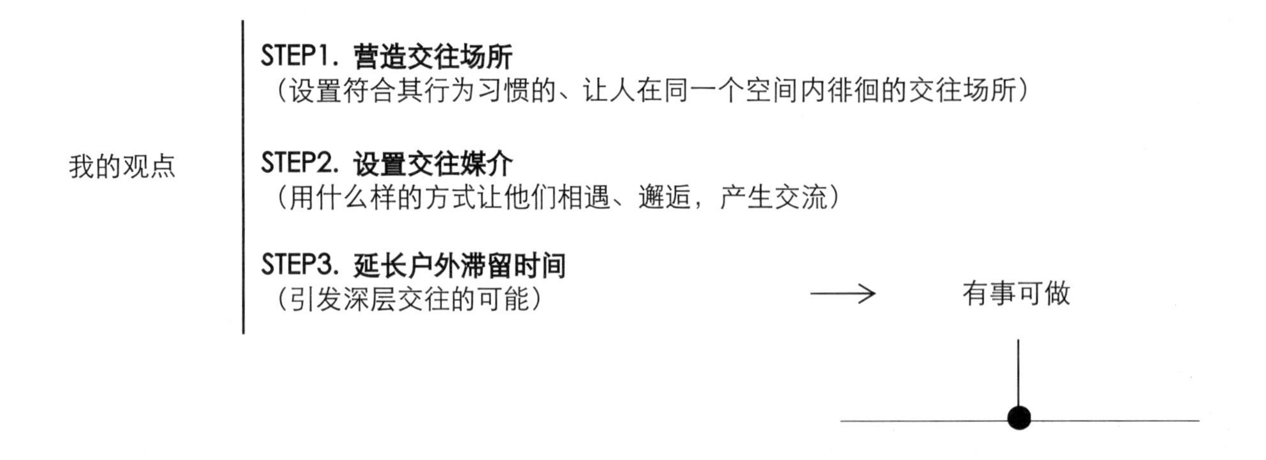

相关研究

在住宅区中，不仅要有散步、小憩的条件，而且还要有进行各种活动的场所，让人们有事可做，这一点是非常重要的。此外，如果有可能将削土豆皮、缝纫、修理、小制作、用餐一类琐碎的日常家务活动移到公共空间中，还可以获得更令人满意的效果。（杨·盖尔.交往与空间[M].中国建筑工业出版社，1992:113.）

STEP1. 营造交往场所——共享院落

传统院落空间是最重要的交往空间

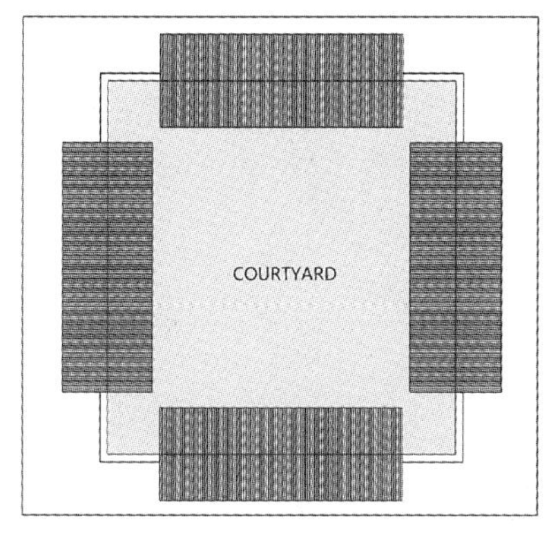

“庭院”为中心的北方四合院

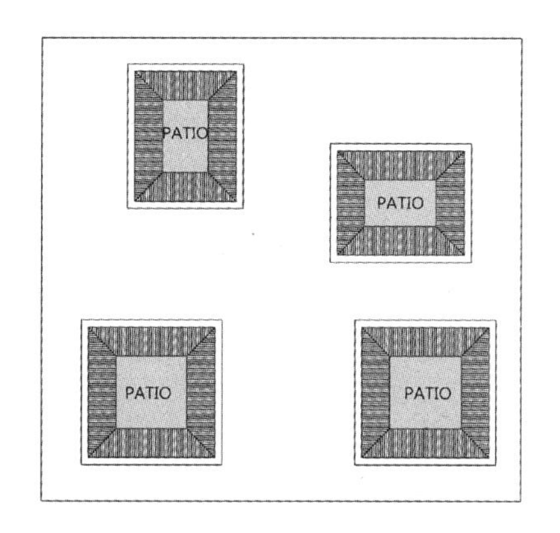

“天井”为中心的南方民居

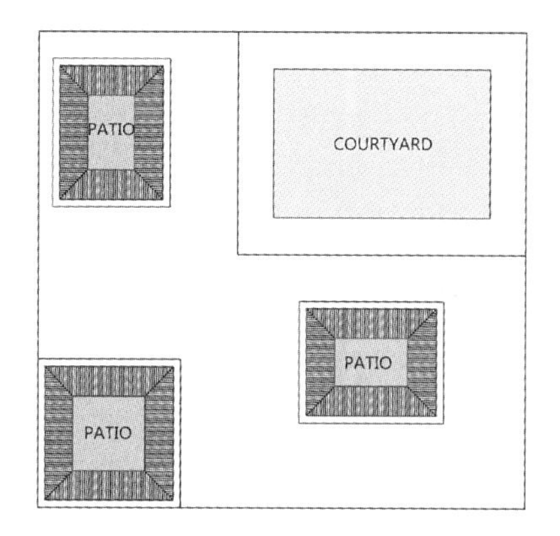

“井院结合”的传统岗脚民居

相关研究

中国的传统居住形态本身就是中国传统文化的重要构成部分，其中包含了功能需求、社会等级、宗教伦理、宇宙观，价值观等多重深刻内涵，从而创造出“四合院”、“四水归堂”、“土楼”、“里弄”、“天井”、“胡同”、“徽派民居”、“江南民居”等各具特色的同源形态——封闭的庭院式住宅。庭院式民居院落空间是中国传统家居中的生活空间，是居住活动的中心场所，它舒适、安全，有很强的归属感和聚合力。这正符合中国绵延几千年的文化底蕴：深厚的邻里和血缘关系。(余剑峰.中国传统庭院式民居空间对当代住宅空间的影响[D].中央美术学院，2007：33，34.)

传统院落中的庭院本身除承担交通功能这样的空间组织，还创造人与人的交流空间，这是在一种非常随意、自然的状态下获得群体交流空间。(余剑峰.中国传统庭院式民居空间对当代住宅空间的影响[D].中央美术学院，2007：37)

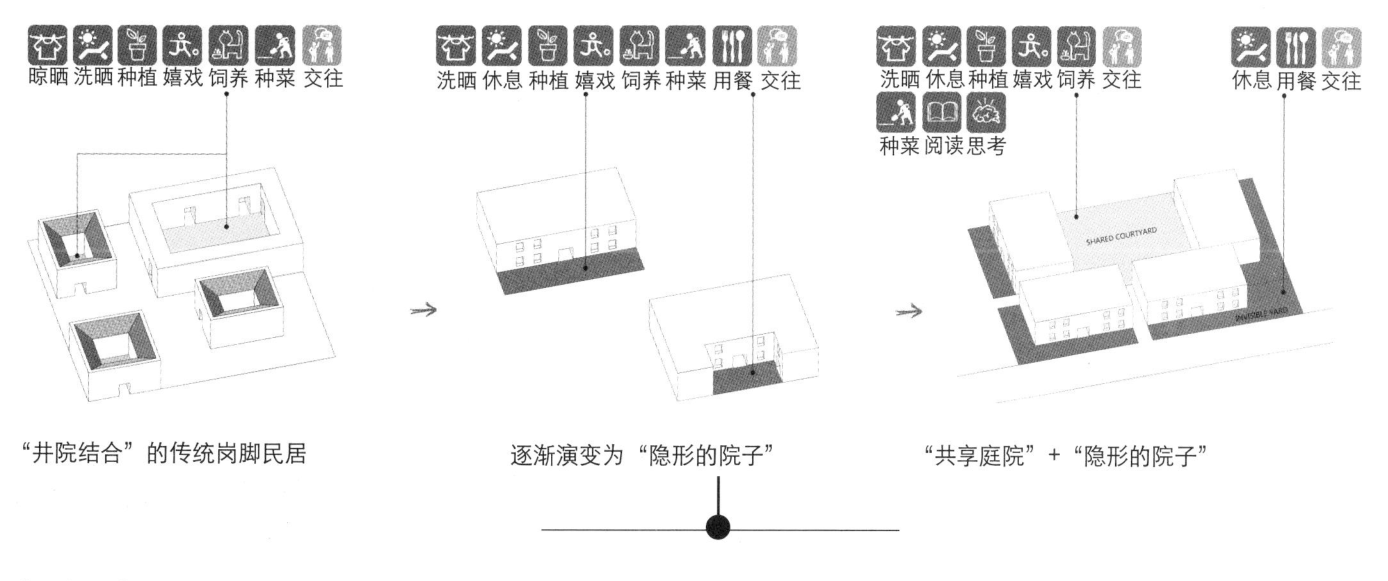

“井院结合”的传统岗脚民居　　逐渐演变为“隐形的院子”　　“共享庭院”+“隐形的院子”

相关研究

通过观察发现，在湖南农村几乎每家每户都有一个看不见的院子。这个院子大多存在于住宅的大门口。

这不是一个新兴的场所，而只是之前类似空间的转移。这里会发生丰富的事件，比如聊天、洗衣、摘菜、吃饭等，而这些生活场景在我国历史的相当长一段时间里是发生在院子里的。(李伟. 新农村建设中住宅院落空间的适宜性转化[J]. 建筑与文化，2013，(8).)

STEP2. 延长户外滞留时间——共享菜园

STEP3. 设置交往媒介——共享菜园

通过对村民行为的观察，房子旁边的小菜园是他们每天最频繁进入的地方，并且时间较为固定。如果把他们的菜园聚集在一起，置于庭院中，就可以保证他们的相遇。让菜园成为交往的载体。

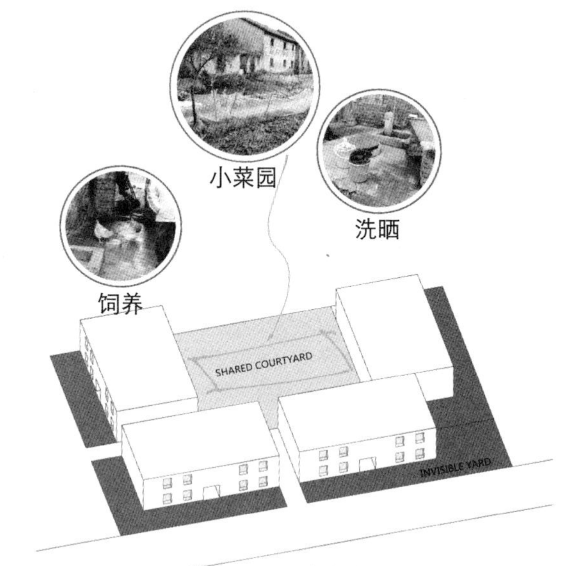

将必要性活动置入“共享庭院”

总结：交往模式构建

总平面

经济技术指标表

规划范围	m²	18216.21
建筑总占地面积	m²	4739.56
总户数	户	28
总人数	人	120
村民共享菜园面积	m²	2654
儿童交往菜园面积	m²	789.09
游客交往菜园面积	m²	460.89
建筑密度	%	26%
绿化率	%	20%

分区一

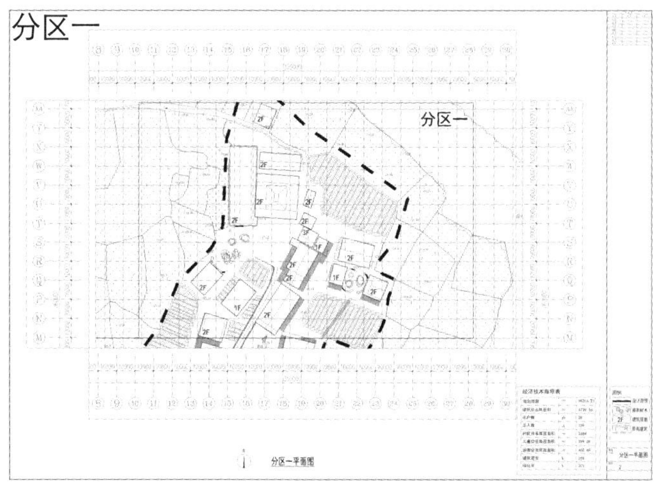

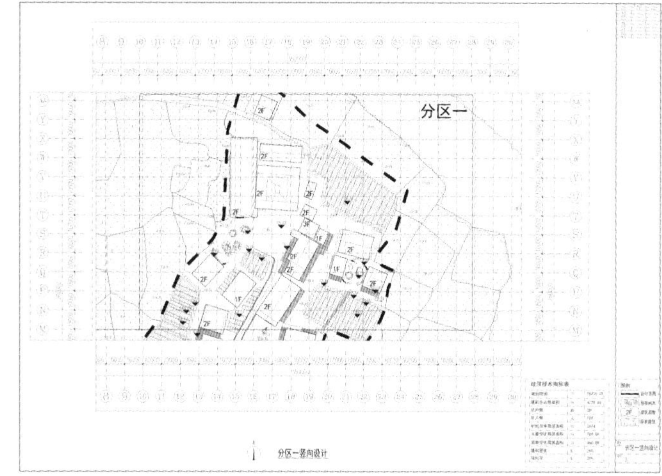

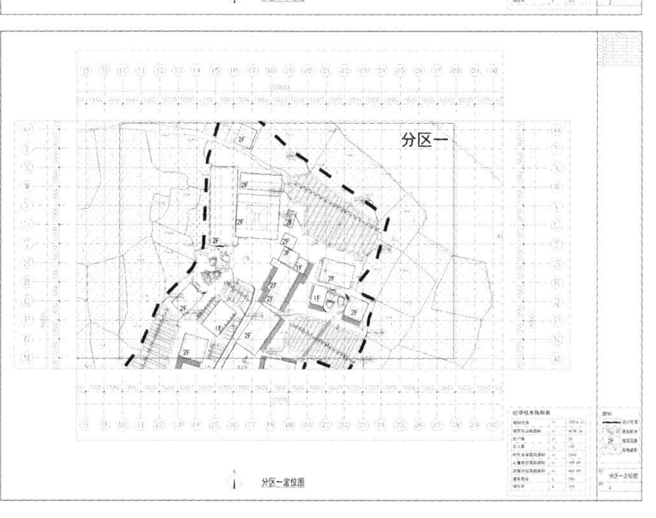

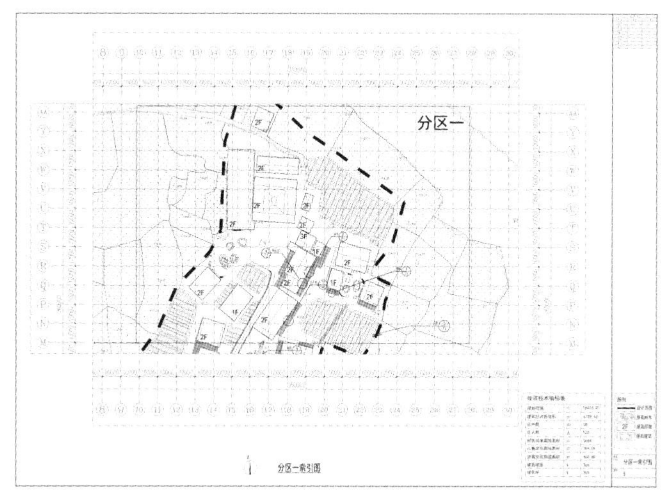

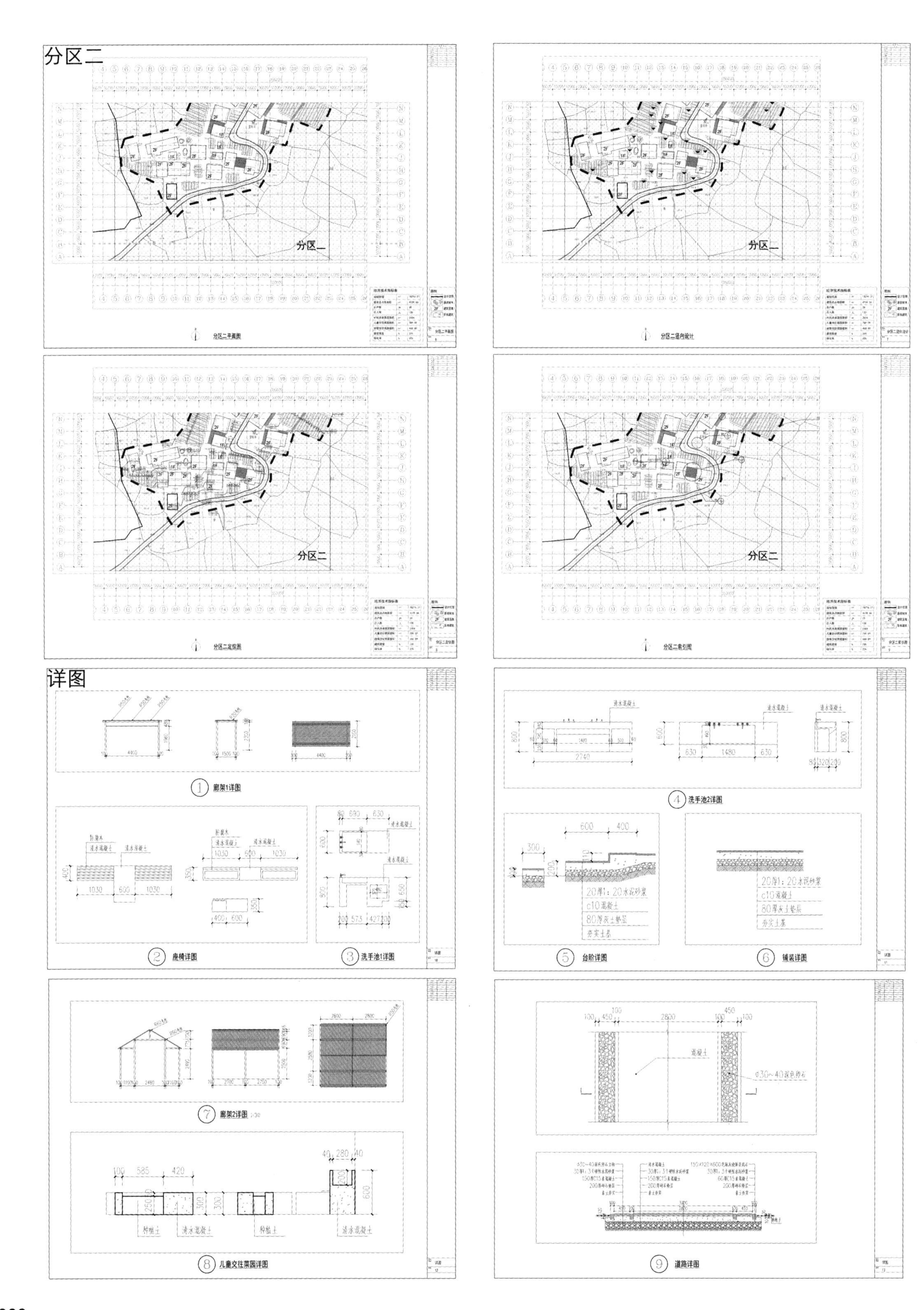
分区二
分区二平面图
分区二竖向设计
分区二定位图
分区二索引图
详图
①廊架1详图
②座椅详图
③洗手池1详图
④洗手池2详图
⑤台阶详图
⑥铺装详图
⑦廊架2详图
⑧儿童文住菜园详图
⑨道路详图
清水混凝土
20厚1：20水泥砂浆
c10混凝土
80厚灰土垫层
夯实土基
混凝土
种植土

彩色平面图

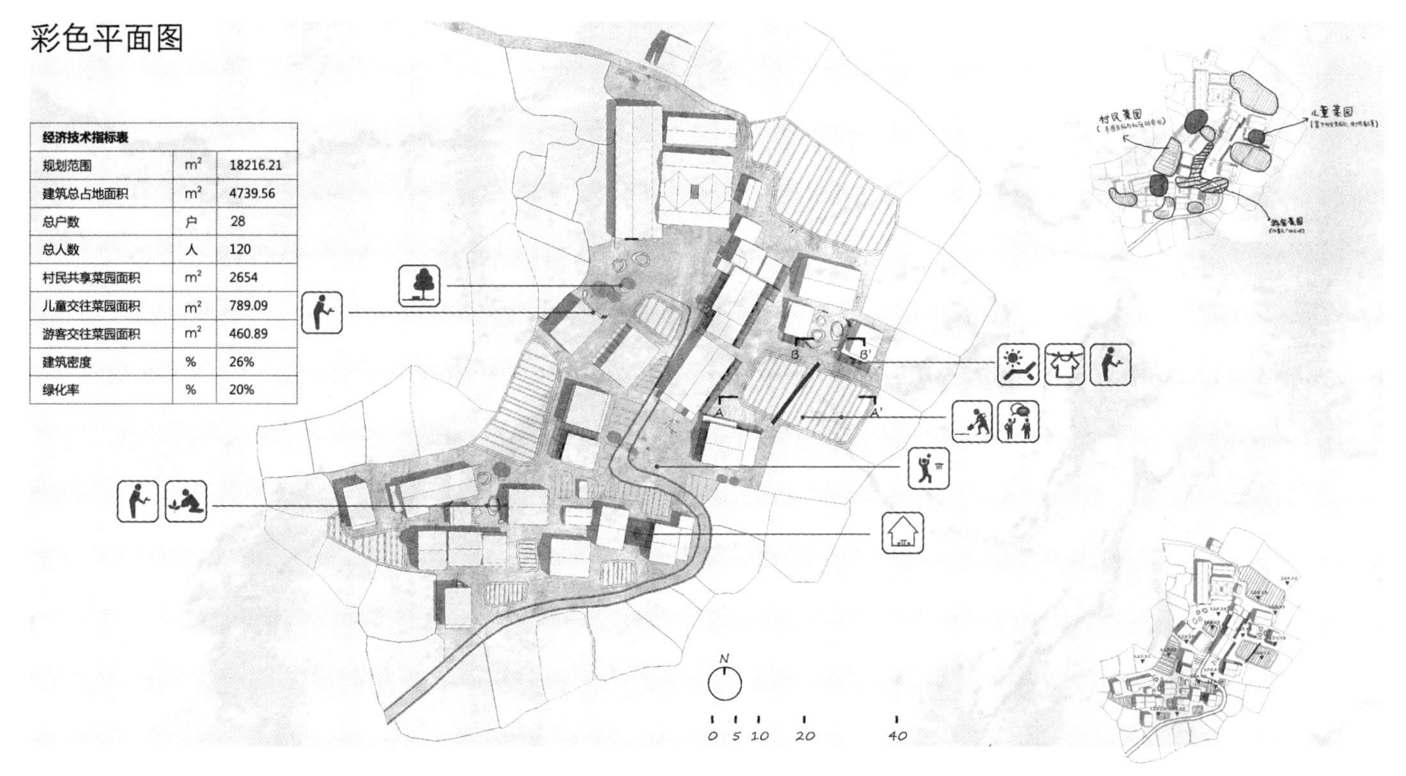

经济技术指标表		
规划范围	m²	18216.21
建筑总占地面积	m²	4739.56
总户数	户	28
总人数	人	120
村民共享菜园面积	m²	2654
儿童交往菜园面积	m²	789.09
游客交往菜园面积	m²	460.89
建筑密度	%	26%
绿化率	%	20%

日照分析

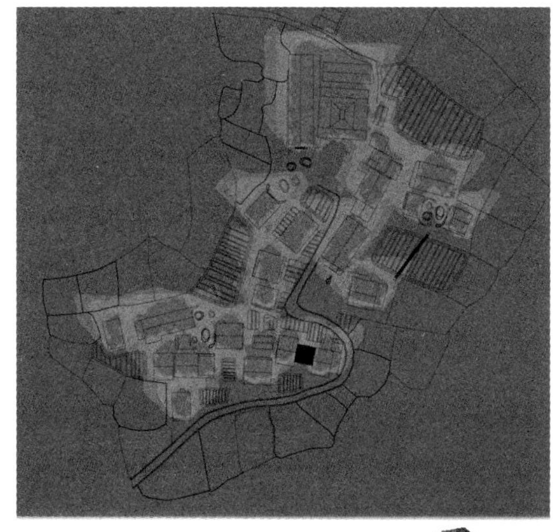

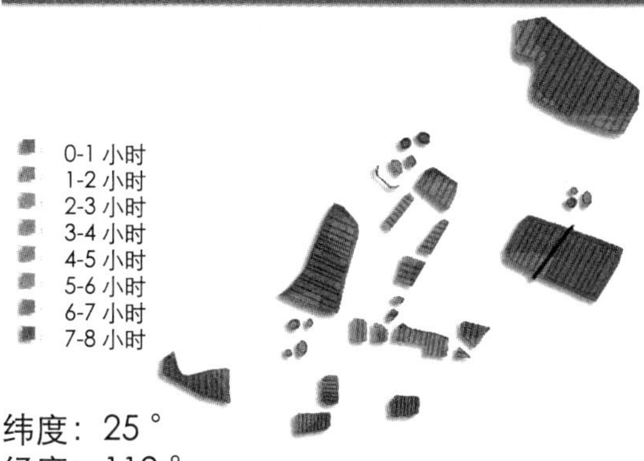

纬度：25°
经度：112°
日照标准日：大寒
扫掠角：无要求
采样点间距：2m
采样时间间隔：8 分钟
三角形：共计 144046 个
分析时间：14+8=22 秒

蔬菜种植时间表

1 月：早春黄瓜、早春西葫芦、早春丝瓜、早春苦瓜、早春冬瓜 春芹菜、春青花菜、春花菜、春甘蓝、结球生菜、小白菜、春菠菜 、春莴笋、晚土豆、荠菜、茴香

2 月：早春黄瓜、早春西葫芦、早春节瓜、有棱丝瓜、早春四季豆早春扁豆、尖干椒、小白菜、大白菜 、菠菜、苋菜、荆芥、马齿苋 、牛皮菜、春萝卜、春胡萝卜、芹菜、春水芹、山药、洋姜、竹叶菜 苋菜、韭菜、大葱、小茴香

4 月：晚黄瓜、高山地黄瓜、菜瓜、晚豇豆、矮豇豆、晚毛豆、高山番茄、高山甘蓝、高山西芹、夏芹菜、高山土豆、小白菜、豆瓣菜、芥菜、生姜、黄秋葵 、笋瓜

5 月：夏黄瓜、夏秋冬瓜、夏豇豆、夏毛豆 、夏茄子、夏辣椒、高山芹菜、高山萝卜、高山胡萝卜、高山热白菜、早熟菜心、竹叶菜、苋菜、小葱、白花菜、小白菜、生菜、荠菜

6 月：夏黄瓜、高山黄瓜、高山瓠瓜、高山四季豆、夏豇豆、秋茄子、秋芹菜、早熟花菜、中熟花菜 、夏甘蓝、球茎甘蓝、热小萝卜、热白菜 、热小白菜、竹叶菜、荸 荠、苋 菜、秋番茄、秋辣椒

7 月：秋黄瓜、秋四季豆、延秋辣椒、延秋茄子、延秋番茄、延秋西芹、秋莴笋、晚花菜、紫甘蓝、秋青花菜、芜菁甘蓝、早熟红菜薹、早秋萝卜、秋胡萝卜、早大白菜、早蒜苗、秋大葱

8 月：延秋黄瓜、越冬辣椒、越冬甜椒、越冬茄子、越冬番茄、延秋莴笋、秋土豆、早芥蓝、秋萝卜、晚熟萝卜、晚熟大白菜、豆瓣菜、油墨菜、秋菠菜、蒜薹、韭 菜、荞头葱、苋菜

9 月：越冬黄瓜、越冬西葫芦、越冬丝瓜、越冬苦瓜、越冬芸豆、荷兰豌豆 、青豌豆、蚕豆、冬莴笋、结球生菜、深冬青花菜、晚熟红菜薹、雪里蕻、小白菜、牛皮菜、菠菜、洋 葱、金针菜、乌塌菜

10 月：早春辣椒、早春茄子、早春甜椒、越冬甘蓝、晚芥蓝、腊菜、越冬萝卜、小白菜、散叶生菜、菠菜

11 月：早春丝瓜、春辣椒、春花菜、早春苦瓜、早春南瓜、早春番茄、早春扁豆、黑油菜菠菜、春茄子、春萝卜、小白菜、早春花菜

12 月：早春黄瓜、早春西葫芦、早春西瓜、早春甜瓜、早春番茄、晚辣椒、晚茄子、早土豆、早春架豆、早春南瓜、春丝瓜、早春苦瓜

篮球场附近的空地可作为游客使用的菜园。以菜园这种必要性活动介入公共空间，增加了人们参与到公共空间的概率，也带动了原本无人使用的篮球场的活力。

置入廊架，提供游客乘凉、休息的场所。

阳光板：轻便价格低廉

毛竹：韧性好、占用空间少、质量轻、灵活性好

混凝土

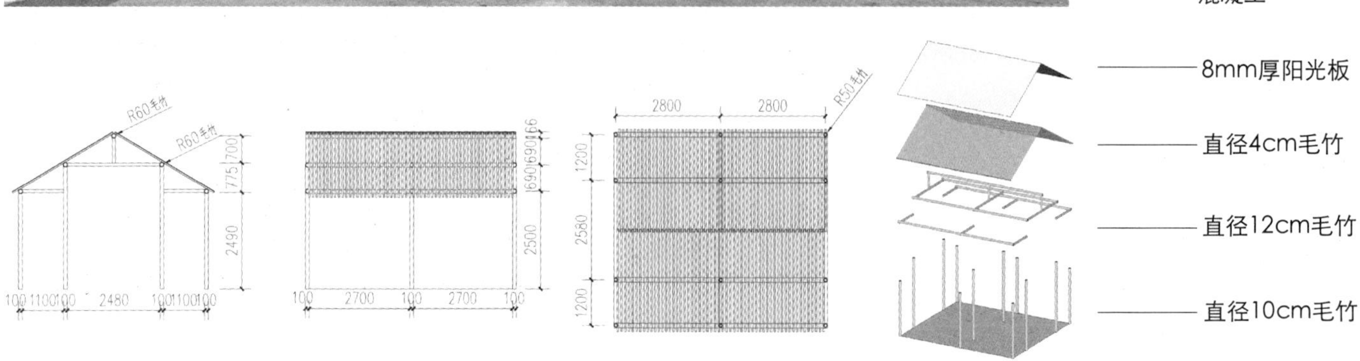

计划外

二等奖学生获奖作品
Works of the Second Prize Winning Students

归巢——河北兴隆郭家庄景观规划设计

Home: Landscape Planning and Design in Guojiazhuang Village

学　生：王磊

导　师：陈建国　莫媛媛

专　业：景观建筑设计

学　校：广西艺术学院

郭家庄现状调研照片

项目背景

建设美丽乡村是中国共产党在新时期提出的要在我国广大农村地区落实生态文明建设方略的重要举措；是实现农村经济可持续发展、实现城乡一体化发展的有效途径。正如习近平在中央城镇化工作会议指出的，“要让居民望得见山、看得见水、记得住乡愁”。

为贯彻落实国务院关于推进农村综合改革，全面推动美丽乡村建设的工作部署，以推进生态发展、持续发展、和谐发展为目标，立足本村优势，与时俱进，抢抓机遇，优化环境，增加农民收入，改善人居环境，河北省委瞄准总体目标、把握总体思路、遵循基本原则、明确工作任务，特制定郭家庄村美丽乡村建设发展规划。

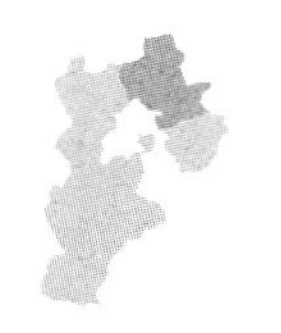

承德市在河北省的位置

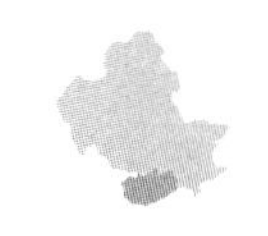

兴隆县在承德市的位置

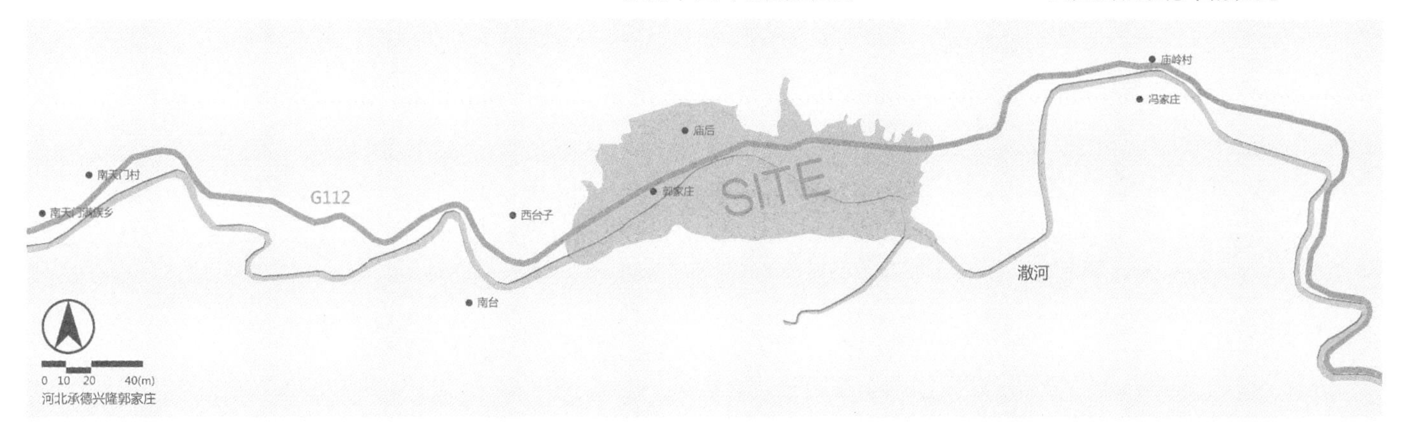

基地位置

项目基地位于河北省承德市兴隆县城东南，南天门乡政府东侧两公里处的郭家庄村；全村共226户，726口人，7个居民小组；项目总面积9.1平方公里，现有耕地680亩，荒山山场6000亩；项目改造范围764309平方米。

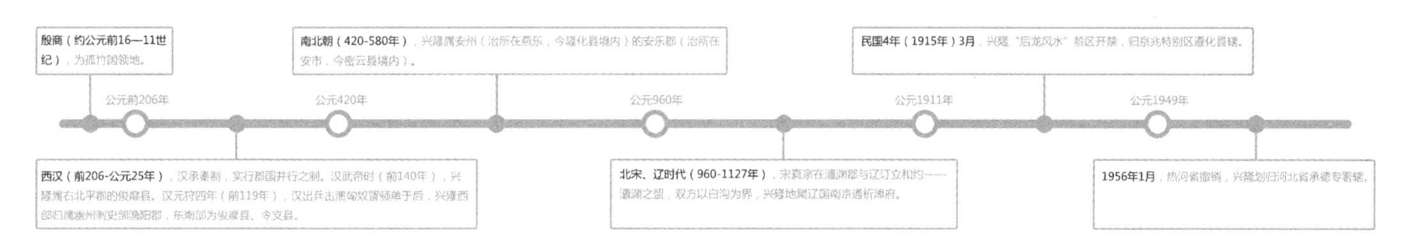

历史沿革

据境内洞庙河、前苇塘、南双洞、半壁山、寿王坟等地出土的文物考证，兴隆境内早在新石器时代就有人类群居。挖掘遗址证实，大多属内地人移居于此，历史上称为红山文化系统。

自然资源

郭家庄地属燕山山脉，距清东陵仅30公里。全村整体地貌特征是山高、谷深、坡陡、路曲。境内群峰对峙，山峦起伏，沟壑纵横，平均海拔在400～600米之间。这里气候温和，四季分明，雨热同季，昼夜温差大，属明显的温带大陆性季风气候，年平均温度7.5℃。周边有近千种野生动植物资源，野生植物有人参、党参、苍术、远志、五味子等，野生动物有山羊、野兔、野鸡、黄鼬、狍子、松鸡等。

郭家庄村自然环境优美，山形俊秀，水体清澈。村庄依山就势，沿洒河有机分布，林木葱郁。郭家庄村中有112国道穿过，并且有新建公路通向郭家庄村，方便北京、天津、唐山及承德本地游客的到来。

郭家庄自然资源优越，着重打造满族文化旅游风景区和旅游目的地，郭家庄村作为满族聚集地，具有发展旅游产业的先天优势，建立旅游合作社，开展满族文化周活动，定期举办剪纸、满绣、八大碗、戏曲表演等系列活动；建立满族风情婚庆体验基地；村中酒厂依托此次美丽乡村建设就势发展，同时为郭家庄未来的旅游提供更多的体验项目。（图片来源于网络）

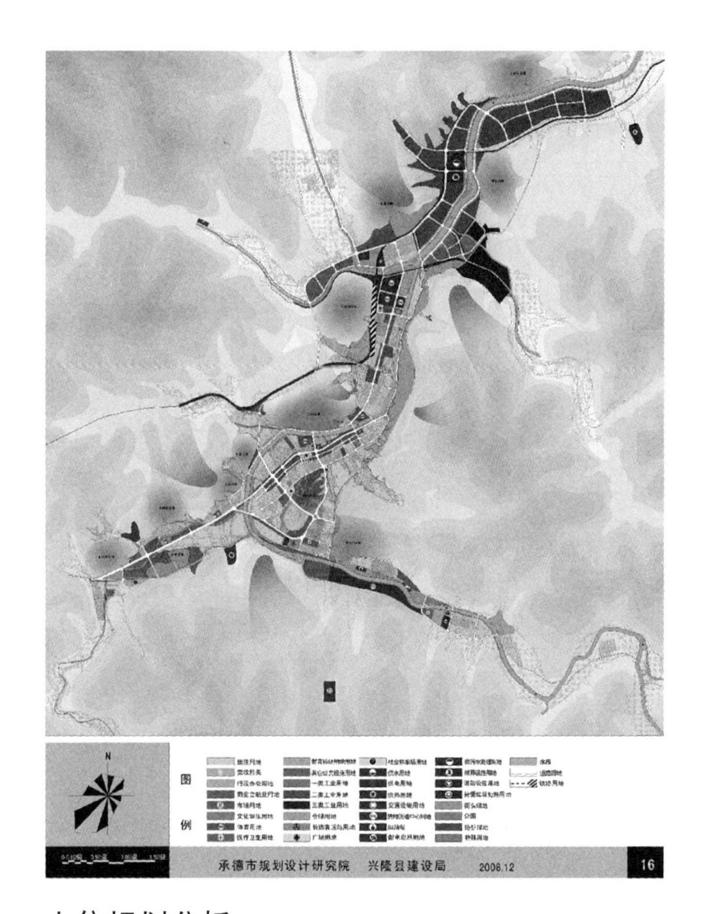

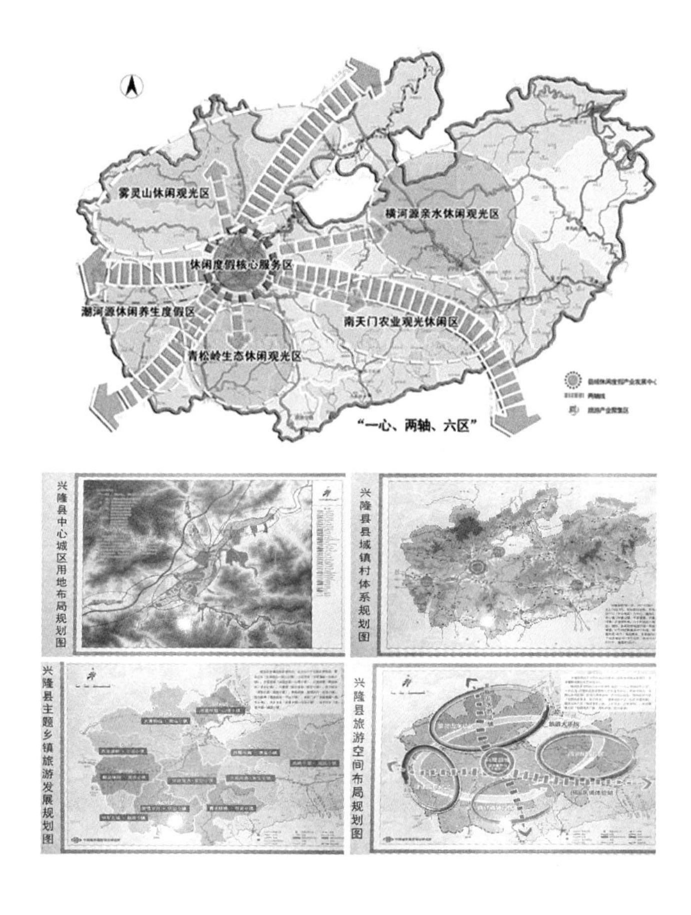

上位规划分析

根据《兴隆县城市总体规划》用地布局规划（2008-2020），可以很清楚地了解到兴隆县对郭家庄的控制规划要求。

发展定位：郭家庄为南天门农业观光休闲区，依托十八盘、三十二盘等景区，重点发展山楂、苹果、板栗、梨等特色林果业，集生态休闲旅游与满族文化于一体，独具南天门满族乡村庄魅力的文化名村。

主题定位：乡村休闲需求与度假需求相结合，创造性地提出郭家庄村旅游发展与乡村规划要点，形成新的休闲度假静养山居主题。

主要功能：农业观光、采摘体验、休闲旅游、山村度假、文化体验。

场地文化核心：林果文化、旅游文化、满族文化。

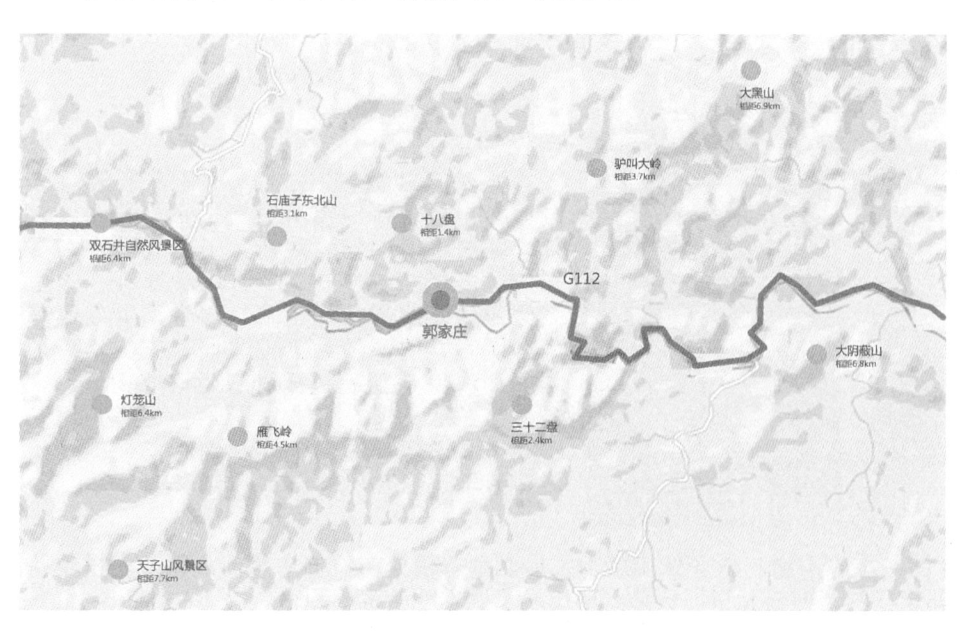

周边景点分布

郭家庄周边有“双石井自然风景区”、“十里画廊旅游观光区”、“南天门南沟自然风景区”等景点，景区内群山环抱，古木丛生，绿水依依，自然风景奇异壮美。（图片来源于网络）

道路交通规划

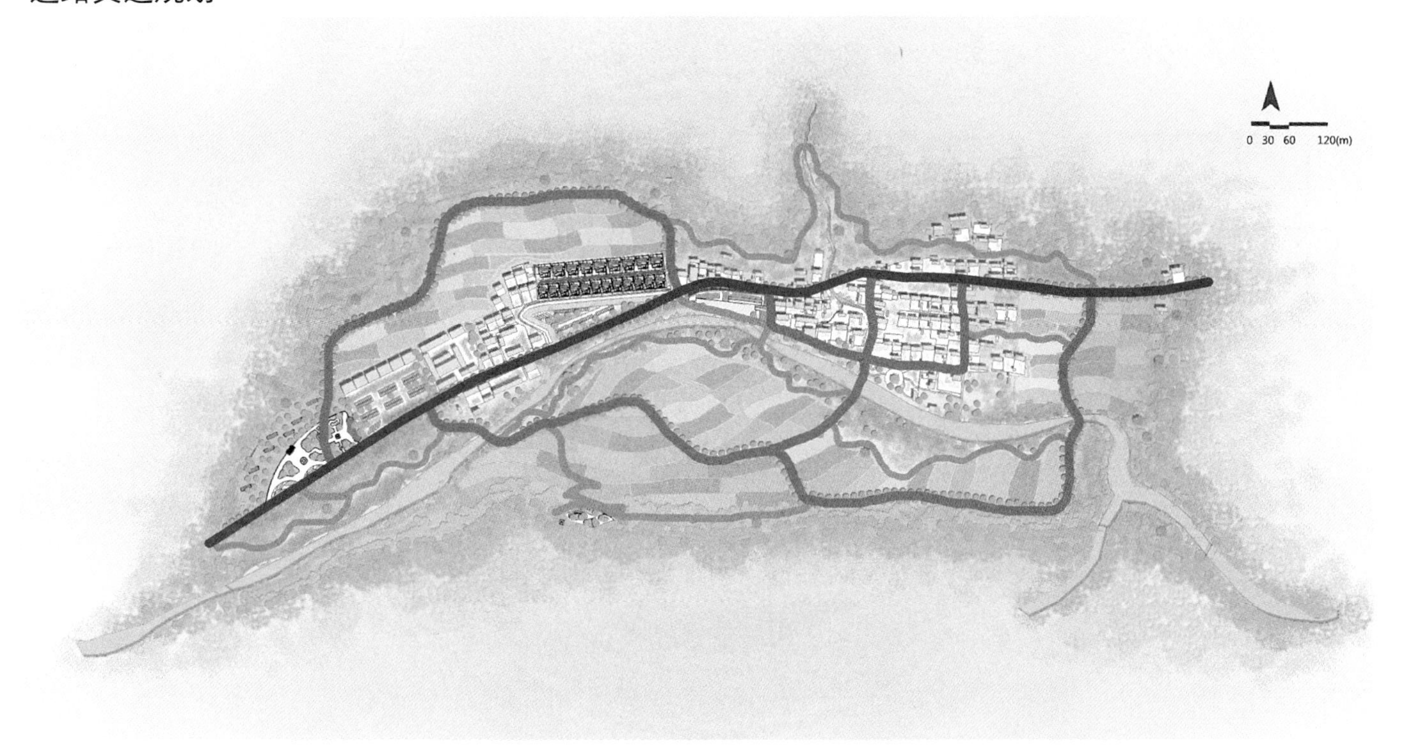

G112国道流线
G112国道为双车道，道宽10m，两侧人行道1m。

村庄主要道路流线
主要道路为单车道，道宽5m，两侧人行道1m。

村庄步行道路流线
步行道路流线为景观道，道宽2m。

公共设施规划

根据设计规范，美丽乡村应有的设施有公共厕所、路标、停车场、垃圾桶等；可有的设施有健身设施、篮球场、歌舞台等。

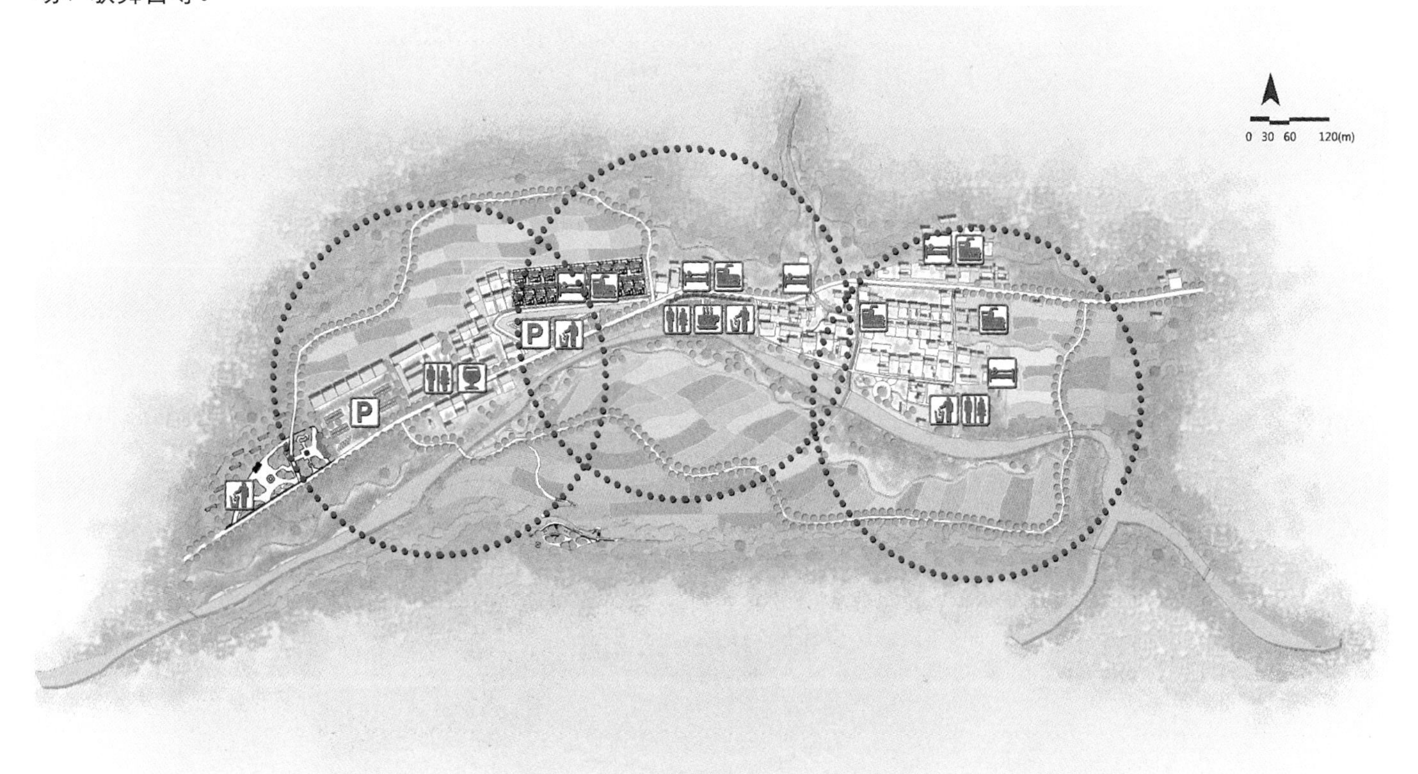

大户型平面图（总面积428m²）

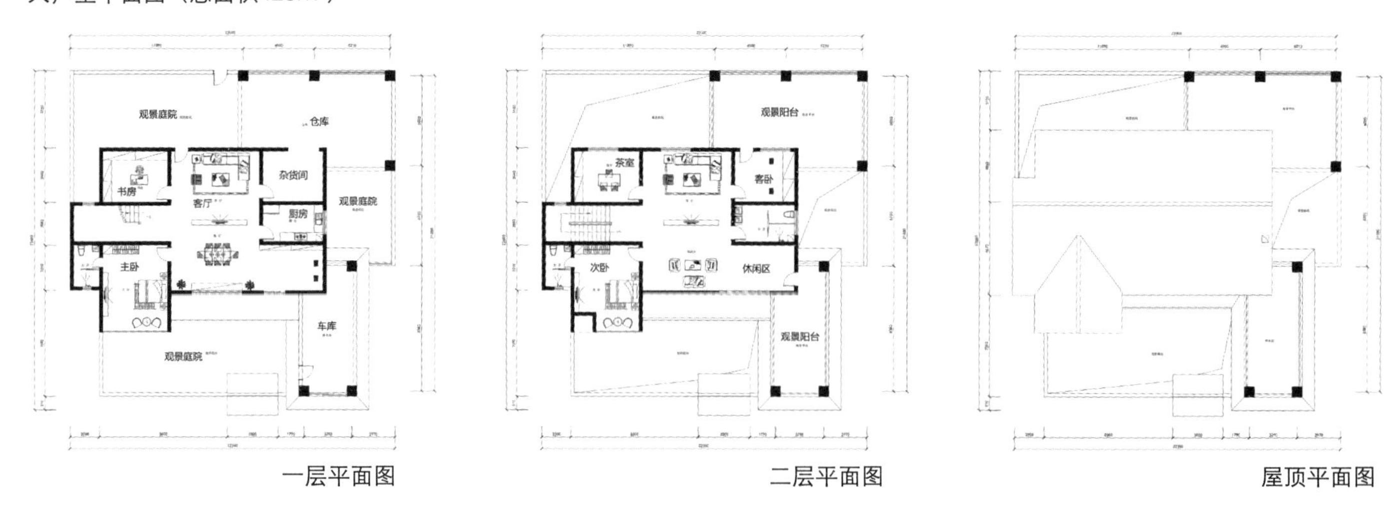

一层平面图　　二层平面图　　屋顶平面图

大户型立面图

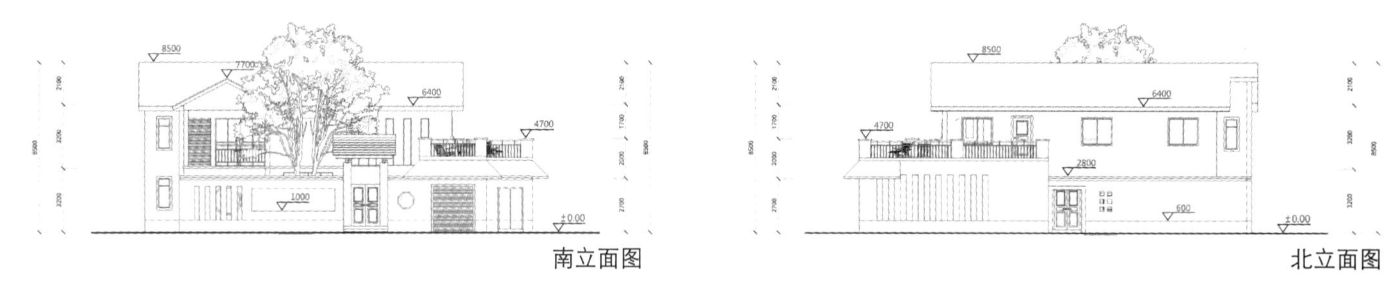

南立面图　　北立面图

大户型剖面图

剖面图1　　剖面图2

大户型效果图

剑山湿地公园概念设计

The Concept Design of Jianshan Wetland Park

学　生：叶子芸
导　师：张月
学　校：清华大学
专　业：环境艺术设计

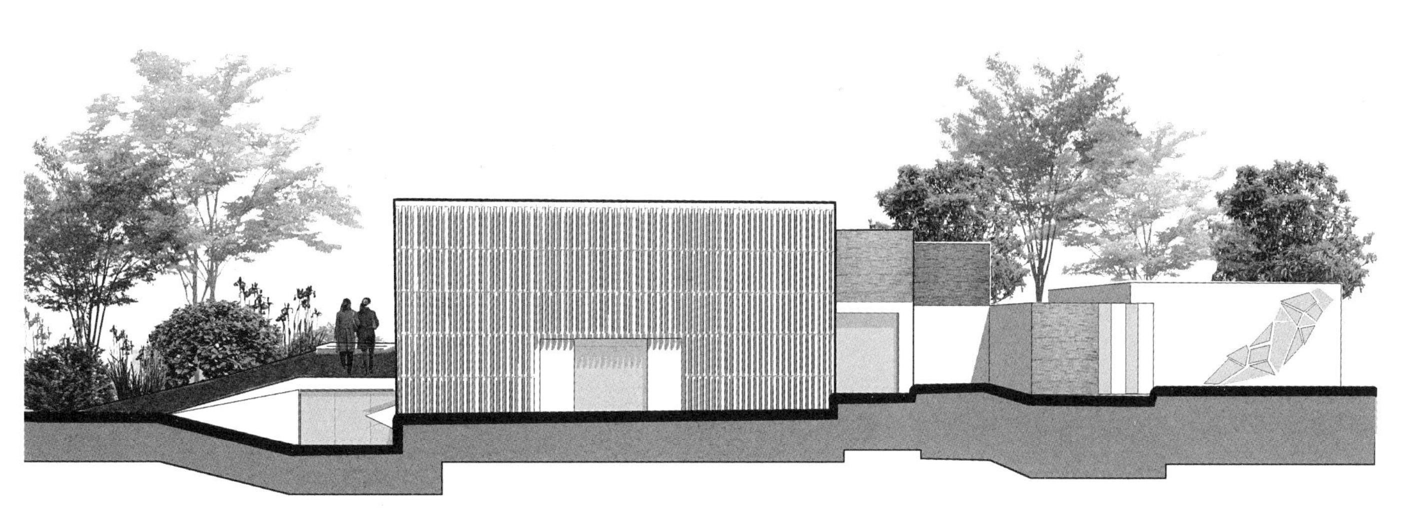

剑山湿地公园酒店大堂正面效果图

城市建设快速发展导致生活节奏也在不断变快，越来越多的人需要在工作之外的时间得到身心的放松，许多农家乐产业也应运而生，但是产品以及服务质量没有达到相应的标准，剑山安吉湿地公园所处长三角经济发达地区，也需要用更高的标准来设计业态……

基地概况

所处安吉县，在长三角腹地，浙江省湖州市的市属县剑山村。与上海、杭州、南京等大城市邻近。 天目山脉自西南入境，分东西两支环抱县境两侧，呈三面环山、中间凹陷、东北开口的“畚箕形”的辐聚状盆地地形。地势西南高、东北低。盛产竹子，为全国著名的“中国竹乡”。 全县植被覆盖率 75%，森林覆盖率 71%，境内空气质量达到一级，水质达到二级以上，被誉为气净、水净、土净的“三净”之地。出县后过长兴经湖州注入太湖，再入黄浦江。浙江七大水系之一的安吉西苕溪航道与京杭大运河相连通千吨级船舶可直达上海港，形成四通八达的交通网络。

文化历史

东汉至隋

东汉末期，阶级矛盾激化，故鄣县辖境广袤辽阔（大致包括今安吉县全境、长兴县西南一部和安徽省广德县全境、郎溪县一部），封建统治者为强化控制，于黄巾大起义的第二年，即灵帝中平二年（185年），割故鄣县南境置安吉县，县治设于天目乡（今孝丰镇），仍属丹阳郡。安吉建县始于此，至今已1800余年。

唐至宋

唐麟德元年（664年），恢复安吉县建制，隶湖州。
唐朝前期，统治者实行宽舒政策，社会渐趋繁荣，生产有较大发展。圣历年间（698～700年），县令钳耳知命督率县民建成石鼓堰、东海堰和邸阁池，改善农业生产的水利条件。开元年间（713～741年），安吉丝及丝织品质称上乘，奉为贡品。茶叶生产普遍，唐陆羽《茶经》载：安吉、武康两县茶叶为浙西上品。竹和竹笋更是境内特产，白居易《食笋诗》：“此州乃竹乡，春笋满山谷，山夫折盈抢，抢来早市鬻。”诗中“此州”指湖州，安吉为湖州最主要的产竹县。当时境内经济发展尤以西苕溪中游以下地区更快，因而于开元二十六年（738年），将县治北移至今安城镇址附近。

元至清

元灭南宋后，朝廷所需粮食和财物，大量依靠东南地区供给，因而赋税沉重。至此年间（1341～1368年），年征秋粮正耗米比两宋时多1.72倍。元末，农民起义风起云涌，安吉先由徐寿辉部占领，继为张士诚部所据，至正十六年（1356年）又为朱元璋部克有。此后，张、朱两部争夺达10年余。

民国时期

清宣统三年（1911年）11月17日，安、孝两县响应武昌起义，随即驱除清知县。民国元年（1912年），两县分别成立县公署，16年改称县政府。民国3年(1914年)，废府设道，安吉、孝丰两县同属钱塘道。民国16年5月道废，两县直属浙江省。民国21年6月至28年先后隶属浙江省第三行政督察区、浙江省第六特区行政督察区、浙江省吴兴行政督察区、浙江省第一行政督察区，民国29年属浙江省第二行政督察区，民国37年8月属浙江省第九行政督察区。

地域文化

“孝文化”、“竹文化”、“茶文化”

气候条件

亚热带海洋性季风气候

总特征：光照充足、气候温和、雨量充沛、四季分明，适宜农作物的生长，昼夜温差大，冬季低温时间较长，绝对低温一般在10 ℃以下，空气相对湿度81%，直射的蓝紫光较少。

温度主要分为最低温、最高温及适宜温度。安吉县的最高温度在夏季，在35 ℃之上。常年主导风向：东南风（夏）、西北风（冬）大气质量达到国家一级标准，水体质量大部分在二类水体以上。

现状

安吉，是浙江北部一个极具发展特色的生态县。县域面积1886平方公里，常住人口46万人。安吉是联合国人居奖唯一获得县、中国首个生态县、全国首批生态文明建设试点地区、国家可持续发展实验区、全国首批休闲农业与乡村旅游示范县、中国金牌旅游城市唯一获得县，有中国第一竹乡、中国白茶之乡、中国椅业之乡、中国竹地板之都美誉，被评为全国文明县城、全国卫生县城、美丽中国最美城镇。

在经济上2015年实现地区生产总值307亿元，完成财政总收入55.68亿元，其中地方财政收入32.96亿元，城镇、农村居民人均可支配收入分别达41190元和23610元。安吉地处长三角经济圈的几何中心，是杭州都市经济圈重要的西北节点，属于两大经济圈中的紧密型城市。目前与上海、南京和杭州、湖州等周边大中城市分别构成了3小时和1小时交通圈。受“美丽乡村”政策影响深远，利用已有的政治经济条件进行了三次产业融合发展。

安吉在不断的实践探索中，走出了一条生态经济化、经济生态化的道路。按照高效生态品质智慧农业发展目标，加快农业“两区”建设，大力发展生态循环农业、休闲农业，不断提高发展层次，“安吉白茶”成为全国首个在华东林交所上市的绿茶品牌。坚持生态环保导向，打响了“绿色地板、安吉标准”区域品牌，成为省级现代产业集群转型升级示范区。

基地现有条件分析

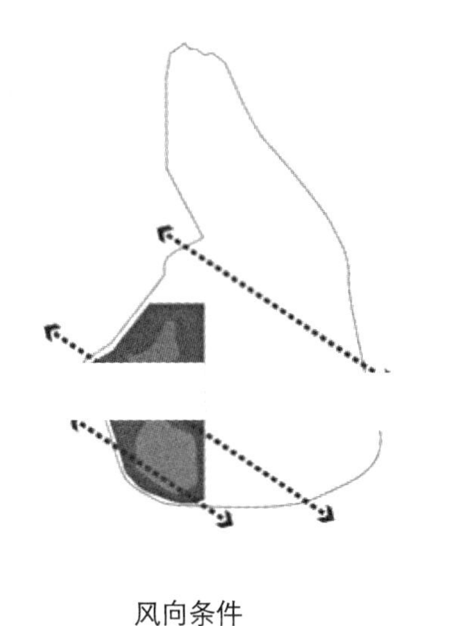

风向条件

日照条件

建筑材料分析

竹建筑的优势：轻便／易于拆卸／抗震能力好／延展性强／产量高／就地取材／环保／建造速度快

现有建筑材料的优势及劣势：
优势：钢筋混凝土坚固耐用
劣势：延展性低／抗震性若／极不环保，不可第二次回收利用／大面积地使用钢化玻璃易造成光污染／建造速度慢／使用寿命结束后只能拆除，会导致浪费大量的人力以及物力／固定结构不易更改

设计方案

模数

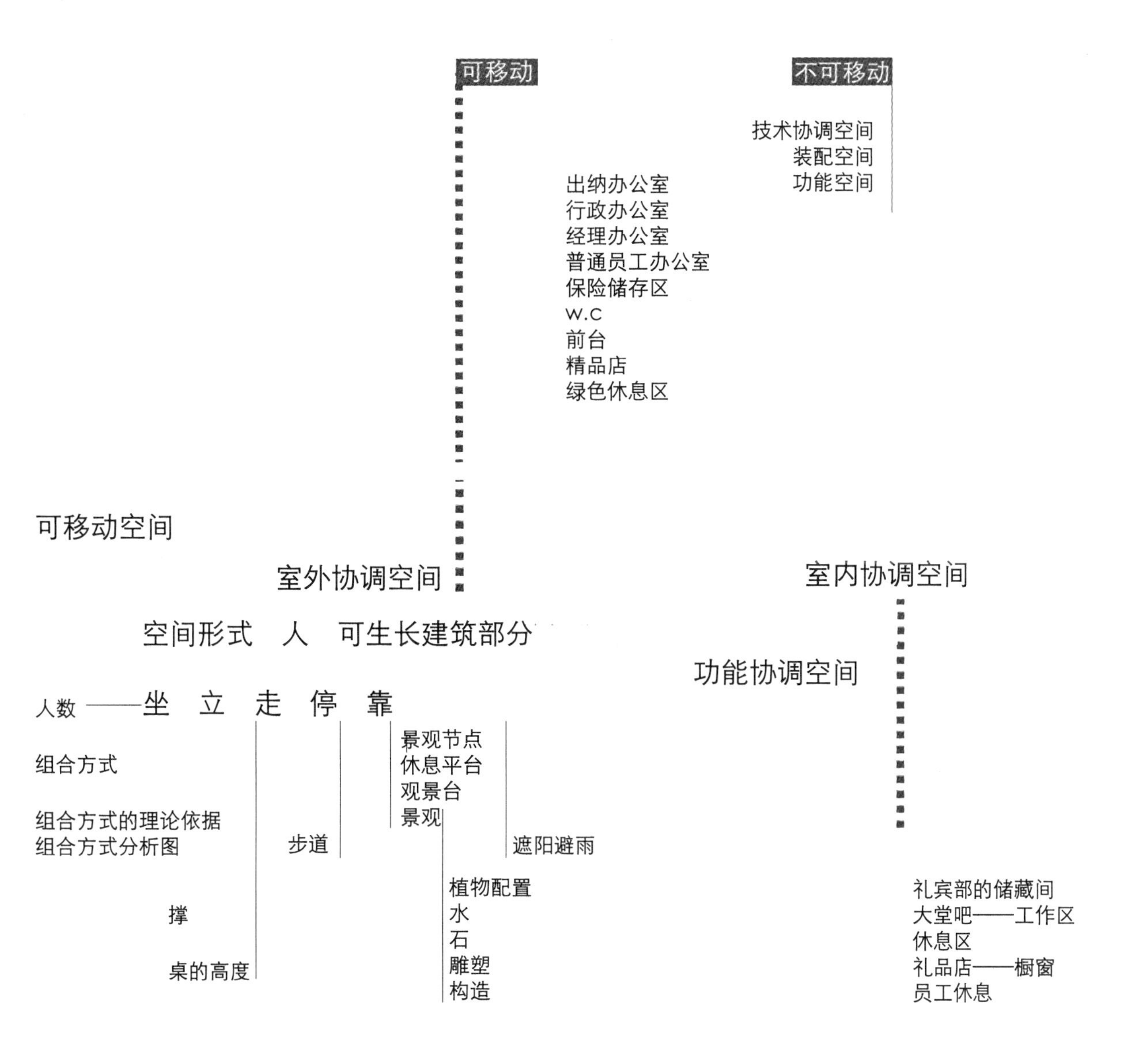

建筑模式

根据建筑构造法以及酒店大堂所需要的功能空间，设计了几种类型的模数，将模数进行组合，选出最优解。以3×3为基本模数，最大不超过9个3×3（即不超过9×9），再将模块进行平面上的加法或减法，形成有变化的平面图。最后将选定模块的平面拉升，根据长宽高的比例选出高度最合适的尺寸。再将选出的模块进行不同的排列组合，根据空间功能的要求选择最优解。

任意三个体块组合：

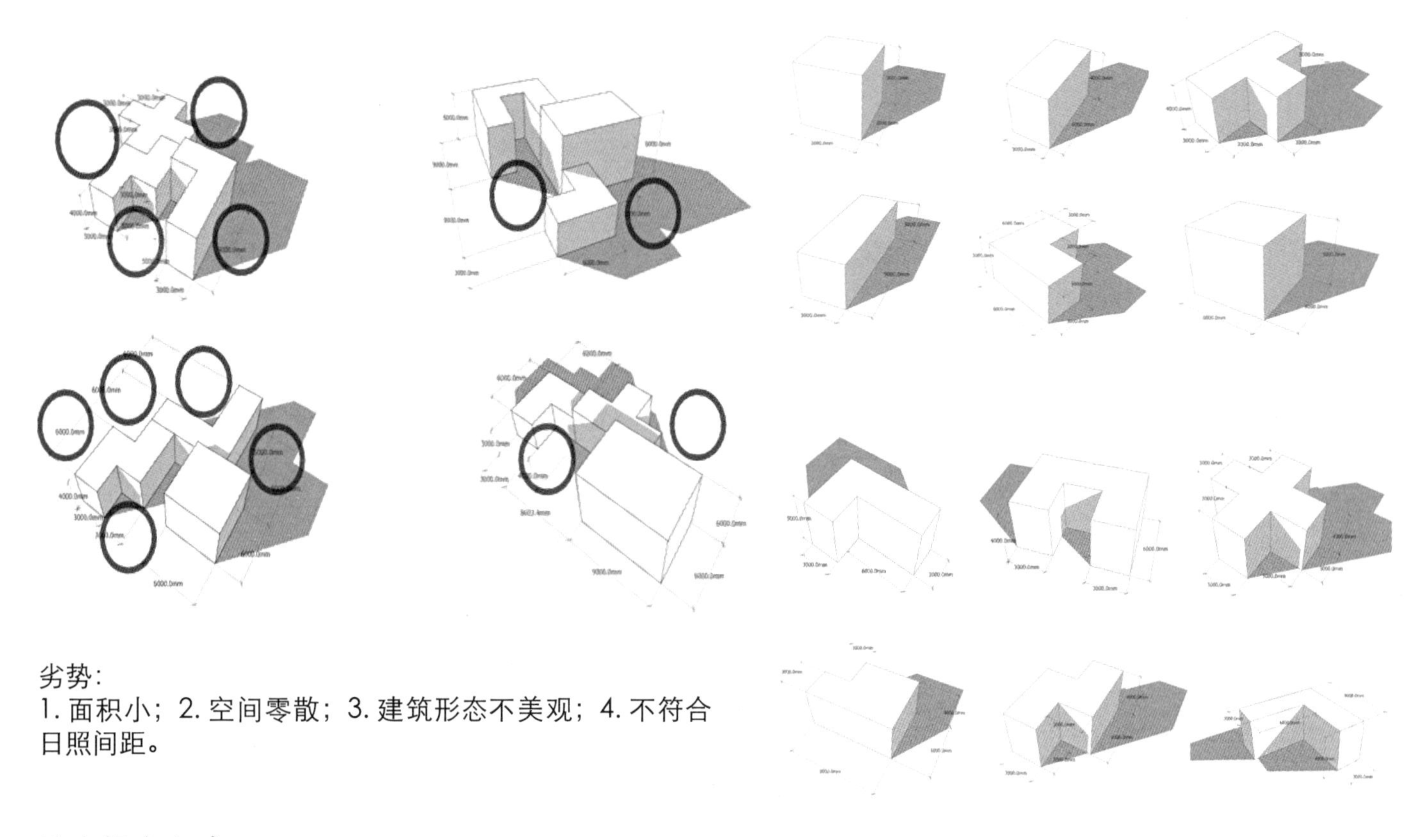

劣势：
1. 面积小；2. 空间零散；3. 建筑形态不美观；4. 不符合日照间距。

选定组合方式

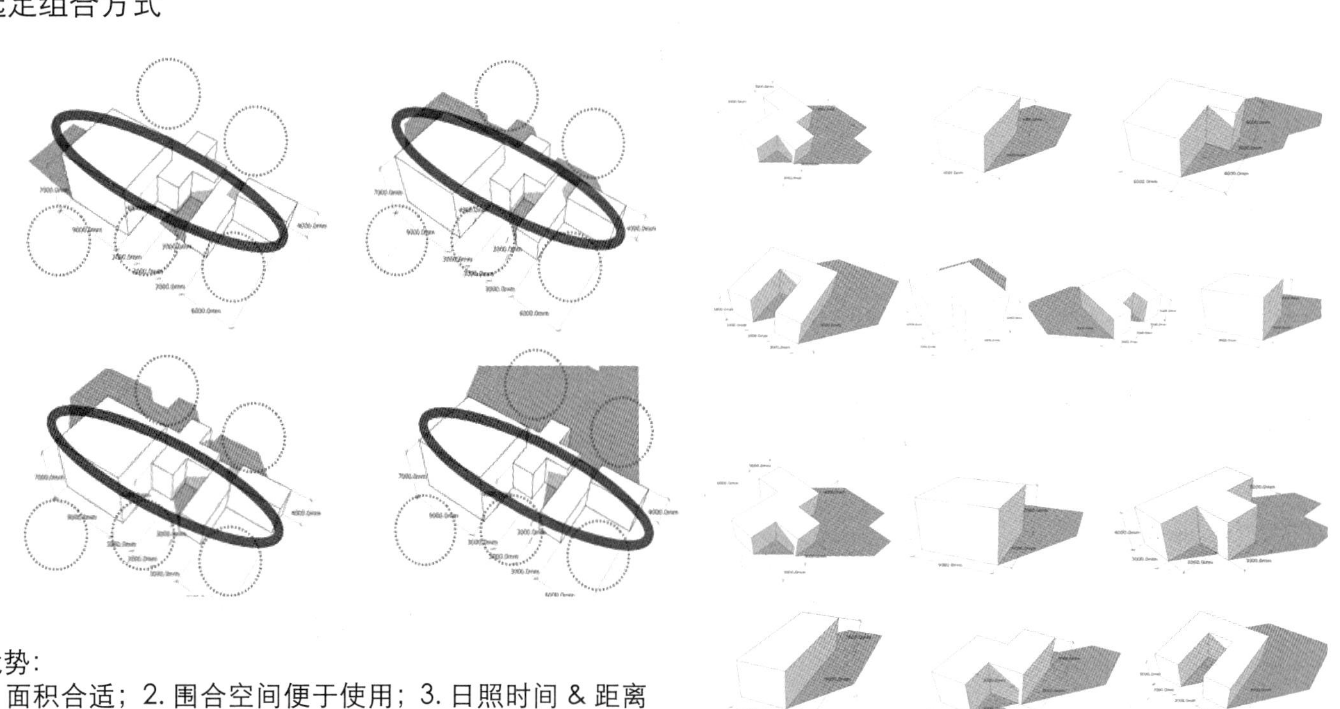

优势：
1. 面积合适；2. 围合空间便于使用；3. 日照时间 & 距离合适；4. 空间功能合理／灵活；5. 形式感丰富。

河北省石家庄市谷家峪村乡村文化活动中心设计

The Design of Village Cultural Activity Center in Gujiayu Village Shijiazhuang City Hebei Province

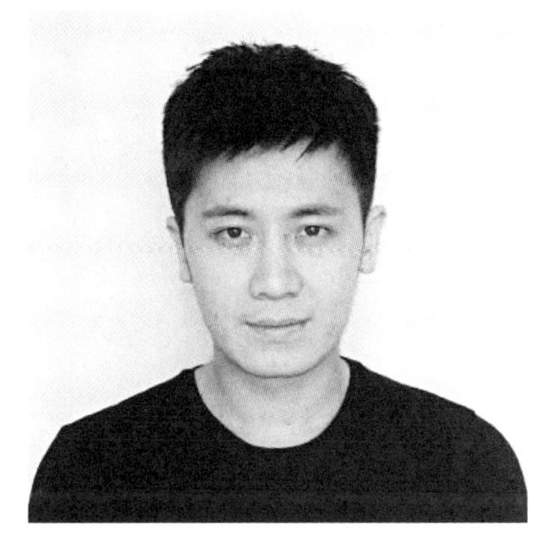

学　生：刘然
导　师：彭军　高颖
学　校：天津美术学院
专　业：环境艺术设计

乡村文化活动中心效果图

传统的新农村建设过于在旅游开发和经济发展上做考虑，而淡化了对本地村民的着想，基本是为游客服务，村民得不到与城市一样的基本生活和服务保障，所以此次计划在旧村中的设计要满足村民内心想得到的改善。

基地概况

谷家峪村位于石家庄市鹿泉区西部，地理环境特殊，三面环山，土质肥厚，地形总趋势为西高东低，属于山区村。村内分为新村和旧村两个部分，其中旧村部分几乎被荒废。

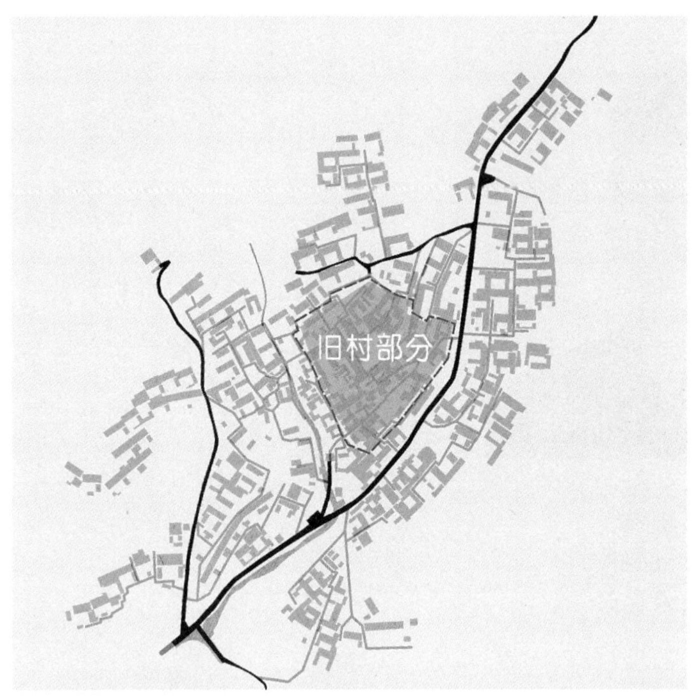

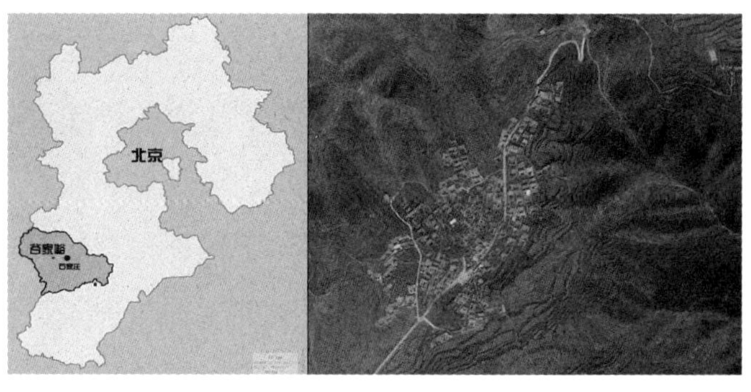

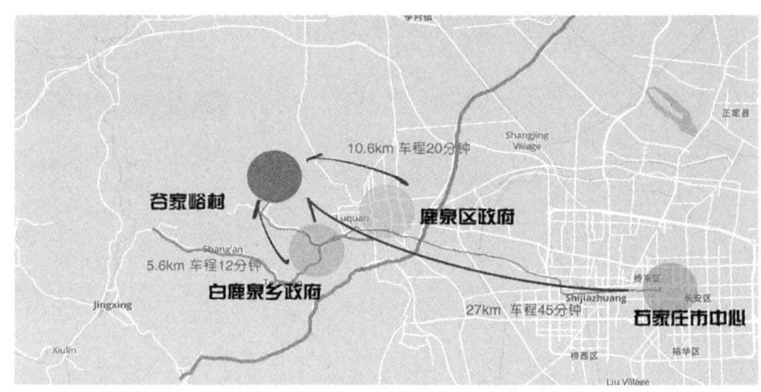

位置分析图

发现问题

1. 村内住户密集，交通不便。
2. 受中央沟谷的阻隔，村内交通流线通达性不强。
3. 村内私人搭建设施混乱，卫生较乱。
4. 交通流线不通畅，等高线密集的地方阶梯不合规范，存在安全隐患。
5. 夜晚照明不好，存在危险状况。
6. 多数建筑被荒废，无修复价值。

灵感来源

设计目标

1. 推荐农村建设标准化，落实交通、安全、卫生等方面的规范。
2. 提高村落经济收入，推进生态发展，改善人居环境。

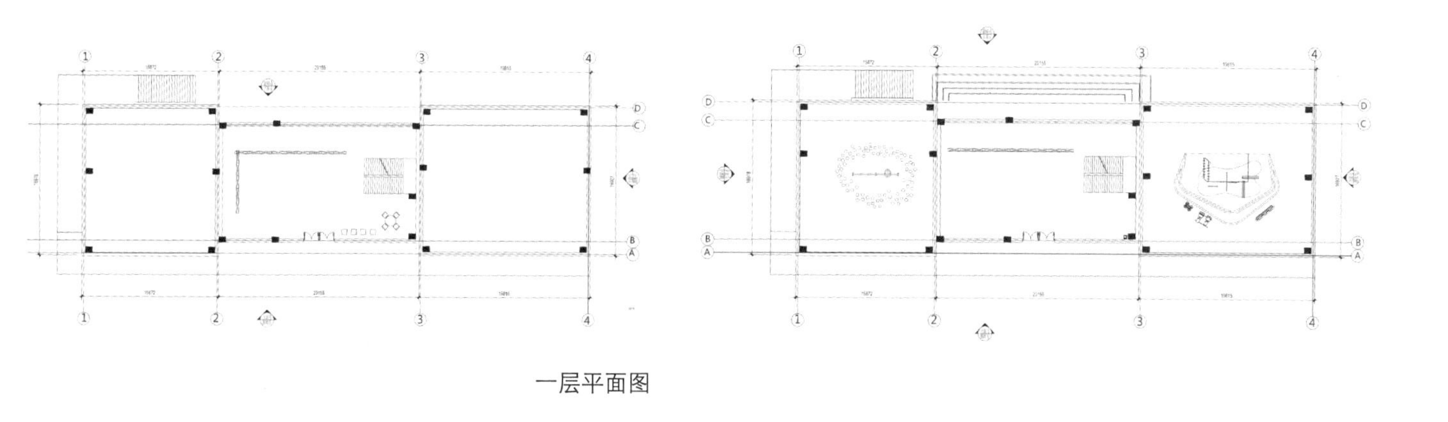

一层平面图

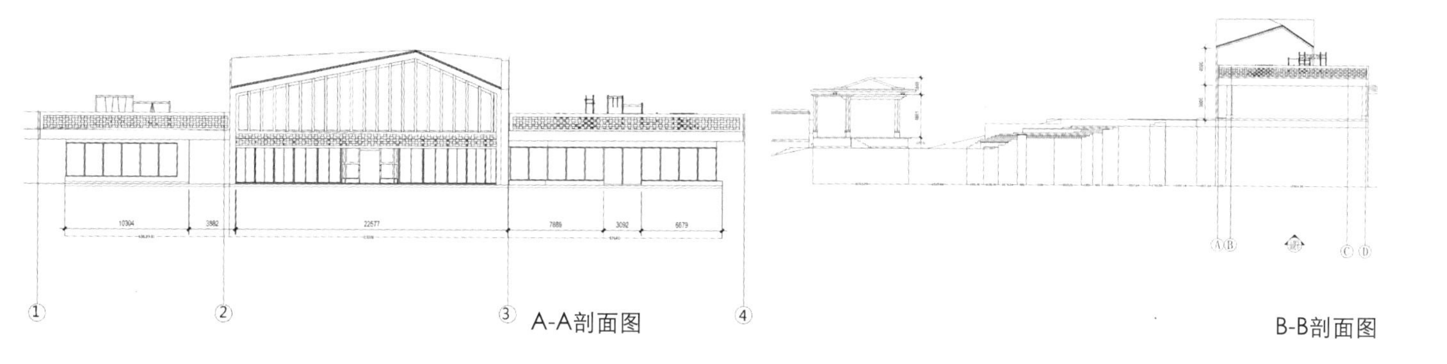

A-A剖面图

B-B剖面图

鸟瞰效果图

计划外

三等奖学生获奖作品

Works of the Third Prize Winning Students

郭家庄休闲体验型生态农庄规划设计

The Planning and Design of Ecological Tourism Farm in Guojiazhuang Village

学　生：董侃侃

导　师：谭大珂　张茜

　　　　贺德坤　李洁玫

学　校：青岛理工大学

专　业：环境艺术设计

郭家庄休闲体验型生态农庄效果图

利用郭家庄村原有资源及原生环境，将郭家庄村打造成农业示范体验区，发展其农产品附加值，带动其经济发展；将郭家庄村定位为体现人与自然和谐共生，使生态效益、经济效益、社会效益相结合的休闲体验型生态农庄。

基地概况

区位分析

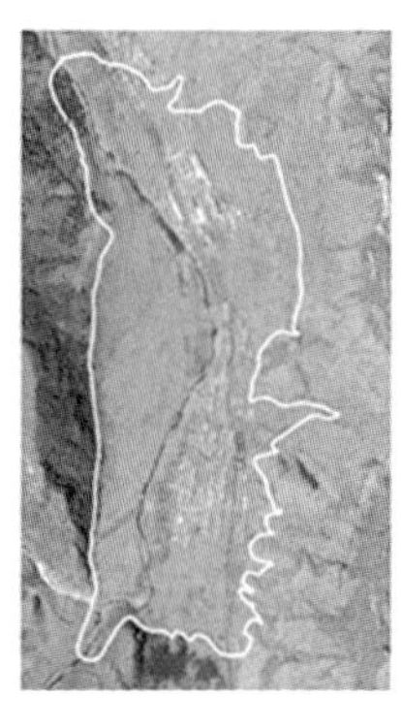

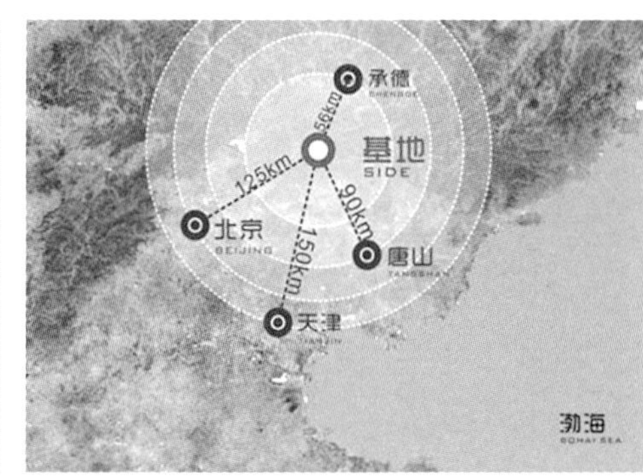

基地位于中国河北省承德市兴隆县南天门乡郭家庄村，地处燕山腹地，为典型的卡斯特地貌，整个基地占地面积为9.1平方公里，现有住户226户，基础设施优越，水电充沛，交通便利。

郭家庄村中有112国道穿过，并且有新建公路通向郭家庄村，方便北京、天津、唐山、承德本地游客的到来。周边城市距离："一县连三省"，是京、津、唐、承四市近邻。周边城市人口：人口众多，产生高端消费人群较多。

现状照片

郭家庄村占地面积为9.1平方公里，现有耕地680亩；荒山6000亩。基础设施优越，水电充沛，交通便利。村现有闲置房屋若干。

现状分析

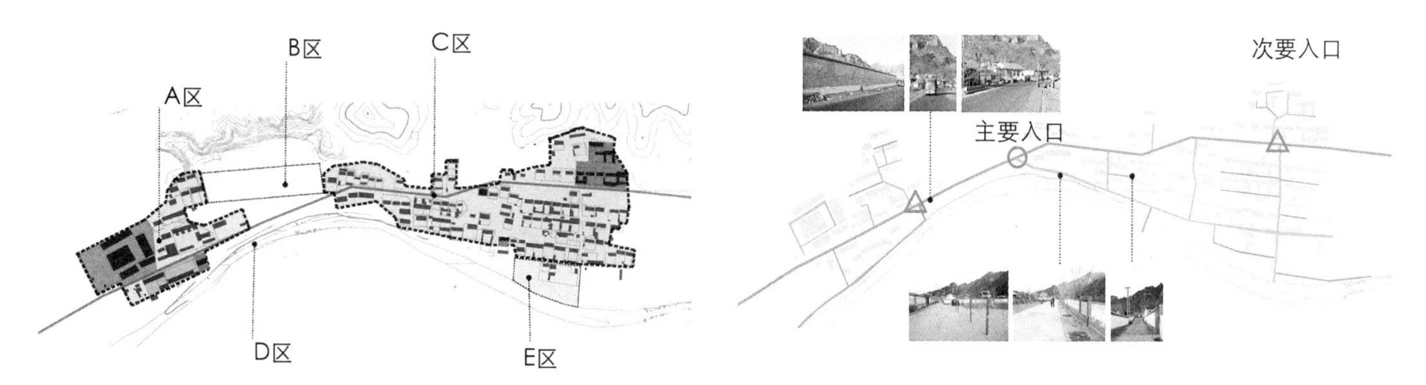

用地现状分析：A区用地包括居住用地、工业用地及服务设施用地，其功能组合混乱，且偏离主要居住区。交通现状分析：112国道穿过整个郭家庄村；如图所示，有一个主要交叉口和两个次要交叉口；黄线部分是村内交通：主次路及宅间路不明确，道路宽窄不一，不符合规范。

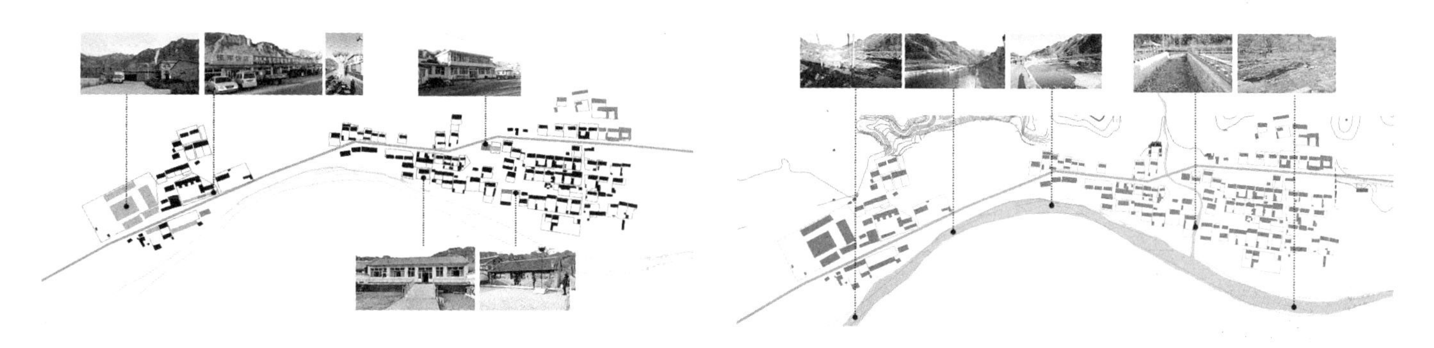

建筑现状分析：村内只保留了一座老建筑，约建在清朝末年；其他均为现代建筑。
水体现状分析：村庄河流两侧硬化现象明显，中间河床范围内现状各异，部分成为各种垃圾堆放场地。

数据统计分析

第一产业　种植业：山楂、板栗、核桃
　　　　　养殖业：鸡、鸭、鹅、猪等
第二产业　酒厂
第二产业　农家院

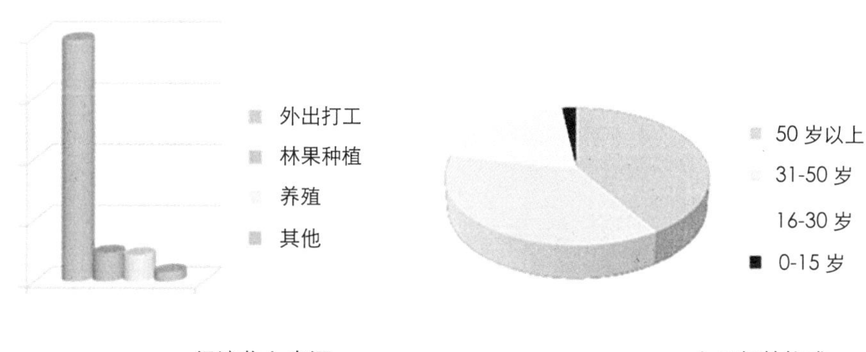

产业现状分析　　经济收入来源　　人口年龄构成

村庄内第一产业以林果种植为主，辅以简单农作物和养殖业；第二产业是酒厂；现有三产服务业主要是零散的旅游接待业——农家院。

郭家庄村经济收入主要来源于外出打工、林果种植、旅游接待，其中外出打工所占比重最大，导致村内青壮年外流，空心村问题严重。

郭家庄村人口年龄构成：50岁以上所占比重最大，致使老龄化现象日益加剧。

分析图

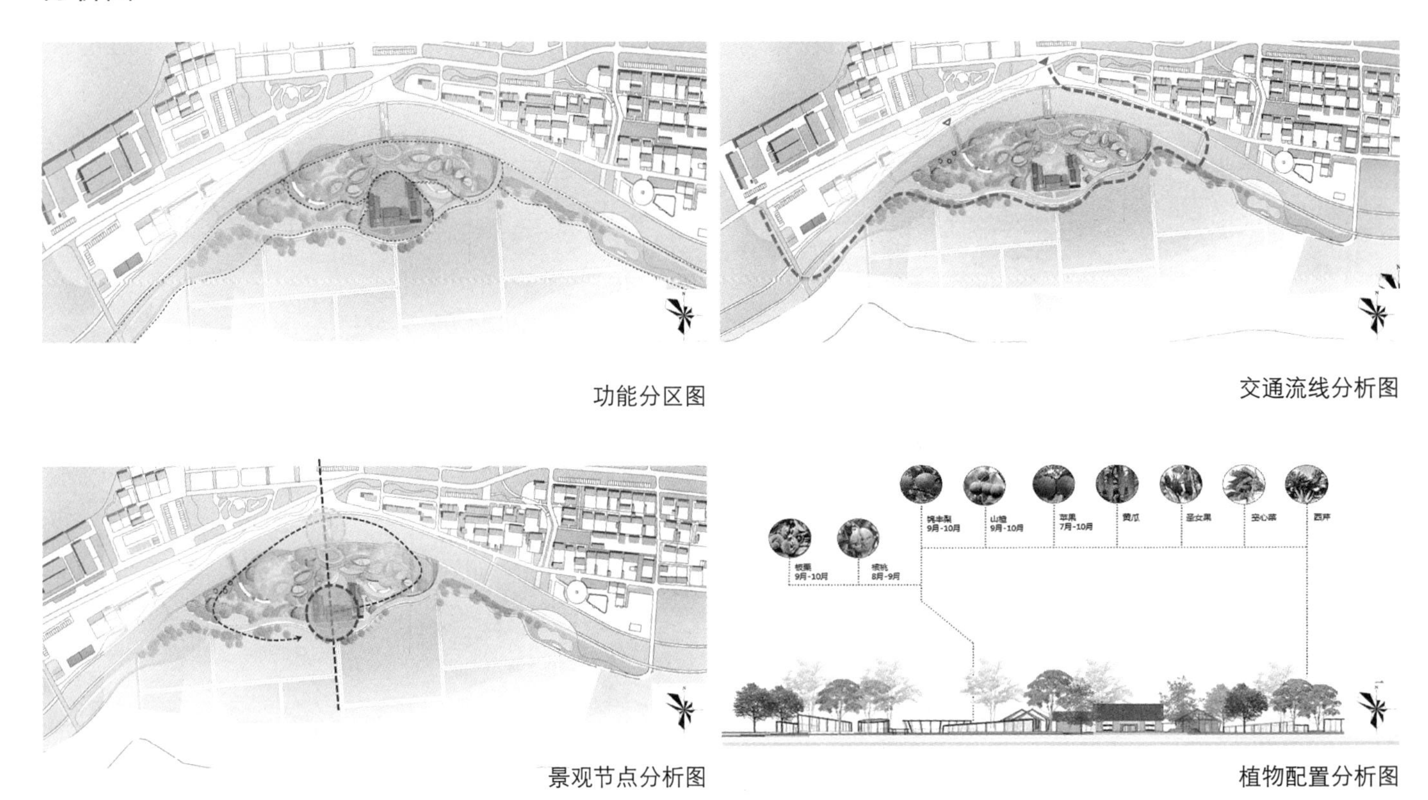

功能分区图

交通流线分析图

景观节点分析图

植物配置分析图

设计定位与理念

利用郭家庄村原有资源及原生环境，将郭家庄村打造成农业示范体验区，发展其农产品附加值，带动其经济发展。目前国家对于现代农业发展有相应的补助和优惠政策，以下是对郭家庄村的功能分区：规划建设“一轴、一带、六区”。

设计理念是将郭家庄村定位为体现人与自然和谐共生，使生态效益、经济效益、社会效益相结合的休闲体验型生态农庄，包括三大部分：1农产加工；2 农事体验；3生态观光。

平面图

农产加工区建筑分析图

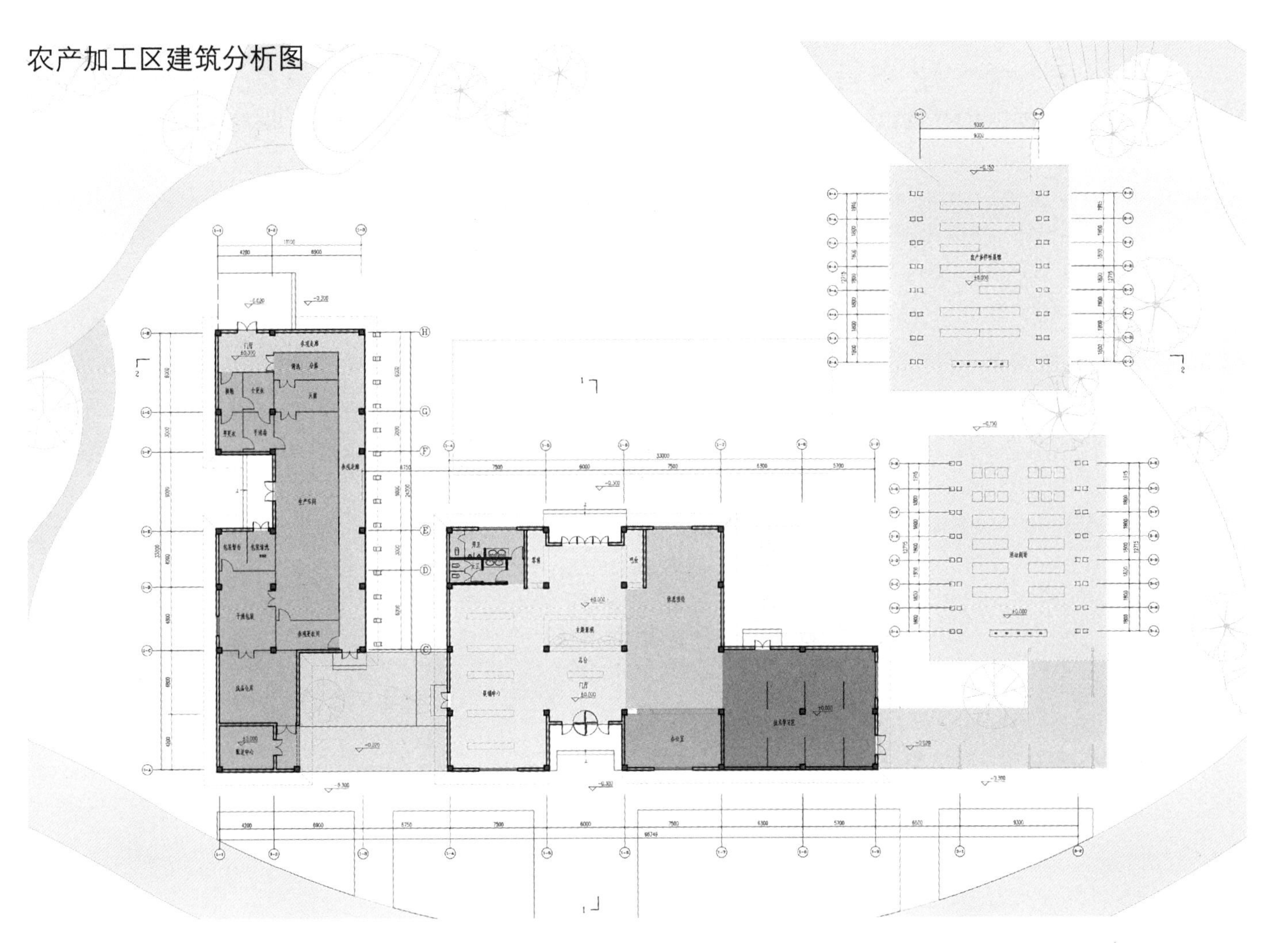

平面图

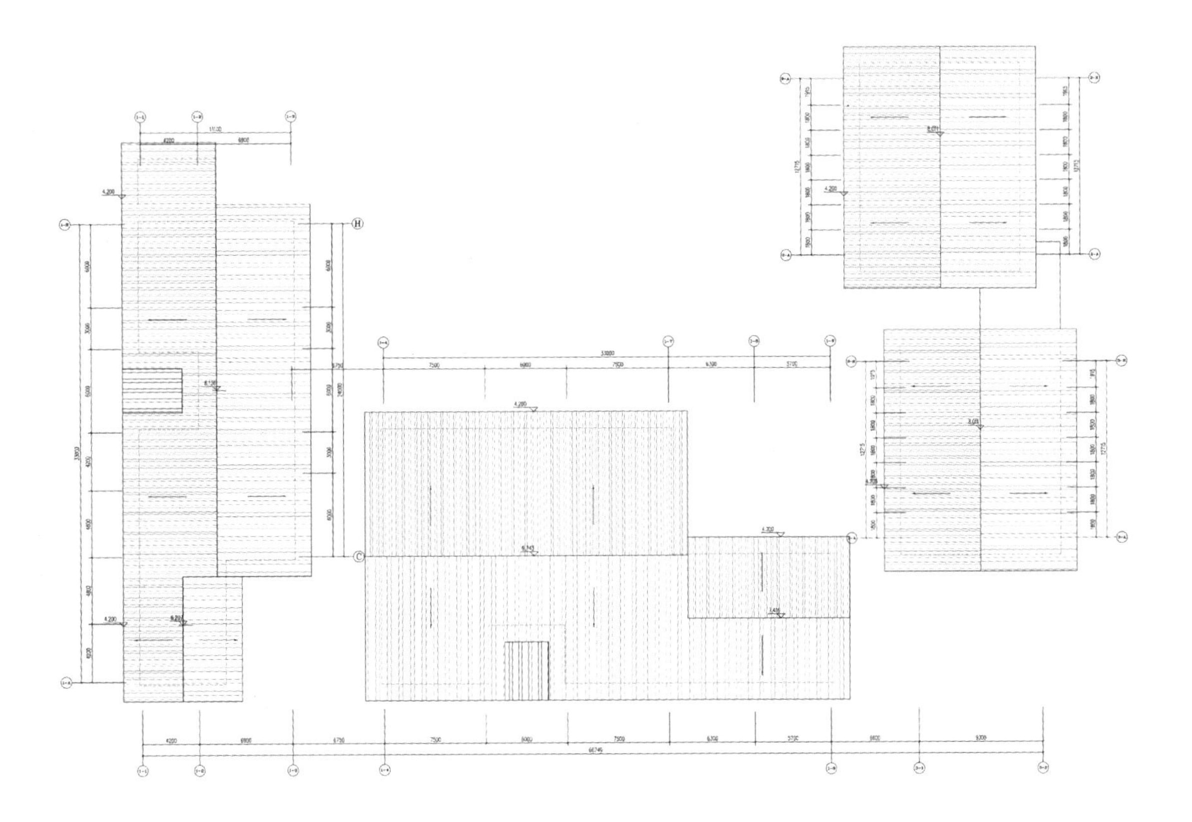

屋顶平面图

忆乡——湖南省郴州市栖凤渡镇岗脚村建筑景观设计

The Landscape Architecture Design of Gangjiao Village

学　生：郝春艳
导　师：彭军　高颖
学　校：天津美术学院
专　业：环境艺术设计

岗脚村景观设计效果图

岗脚的古民居建筑目前尚存70余栋，大部分建于元末清初，是湘南地区最具原始形貌、建成时间最久远的古村落群。但是这些古村落正在渐渐消失……

基地概况

岗脚古民居位于湖南省郴州市苏仙区以北栖凤渡镇中部，俗称老岗脚。岗脚的古民居建筑目前尚存70余栋，大部分建于元末清初，是湘南地区最具原始形貌、建成时间最久远的古村落群。岗脚古建筑远承徽派古民居方正、马头墙高昂和屋檐舒展的特点，属于全封闭式整体布局，具有四水归堂的天井结构。当地属中亚热带季风湿润气候，气候温和，四季分明。多种植油菜、葵花、烤烟等农作物。当地有丰富的民俗习惯和别具特色的美食。

建筑特点

人文特色

地理位置

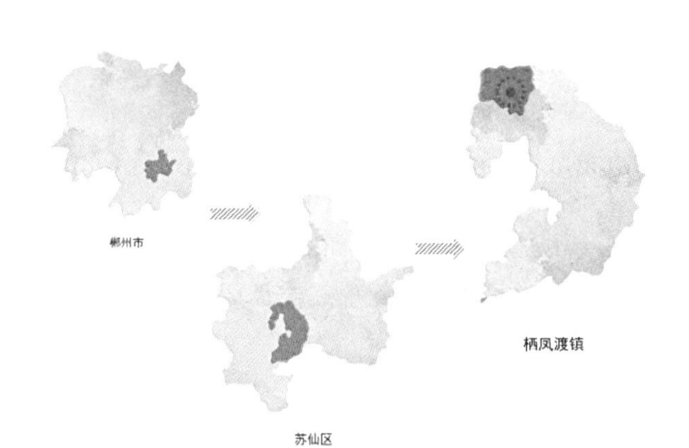

现场调研

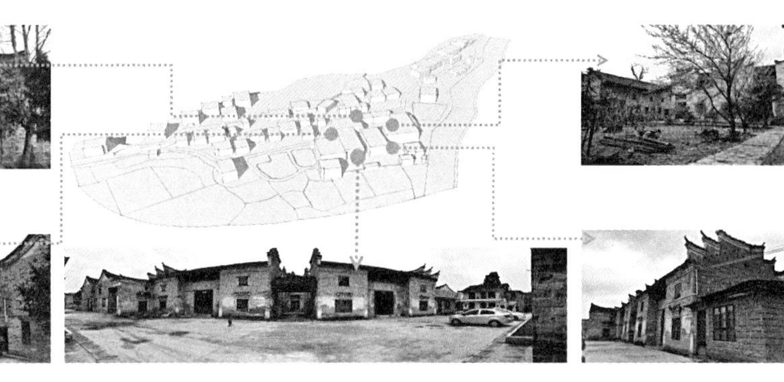

交通现状

周边的道路：107国道、京广铁路纵贯南北，京港澳高速公路从东面南香村、新庄村南北向通过，在镇区东南5km处设有五里牌互通口。栖五公路、县道X043线东西向与107国道相接，乡村公路纵横交错，交通便捷。

村内出行道路只有一条主干道，出入村庄相对不便。停车设施短缺，且缺乏统一管理。

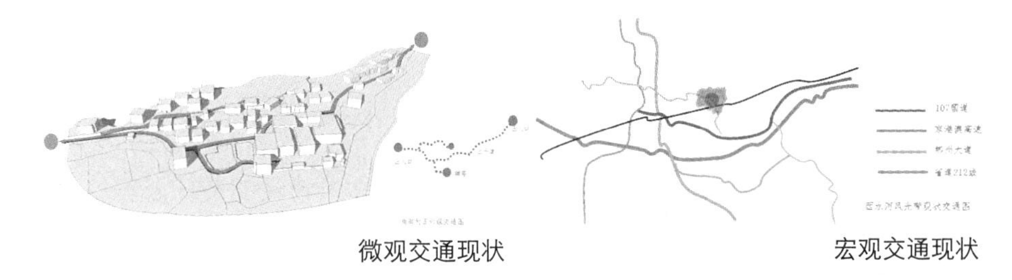

微观交通现状　　宏观交通现状

建筑年代分析

建筑年代久远，多建于300多年前，具有很高的历史价值。

建筑使用分析

当地的旅游接待能力很差，并且缺少公共休闲娱乐空间。

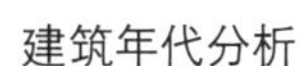

建筑年代分析　　建筑使用分析

建筑提取元素

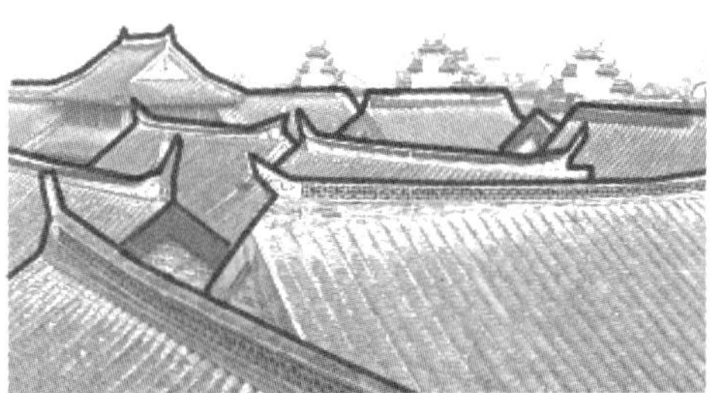

建筑提取元素

建筑提取了群山的连绵起伏层峦叠嶂和民房群落的瓦屋栉比元素。

建筑推导

将传统建筑形式——四水归堂的天井结构，加以变形，并添加玻璃天窗增加采光，阵列塑造群山连绵起伏和瓦屋栉比的效果，最后加以变化形成建筑草图。

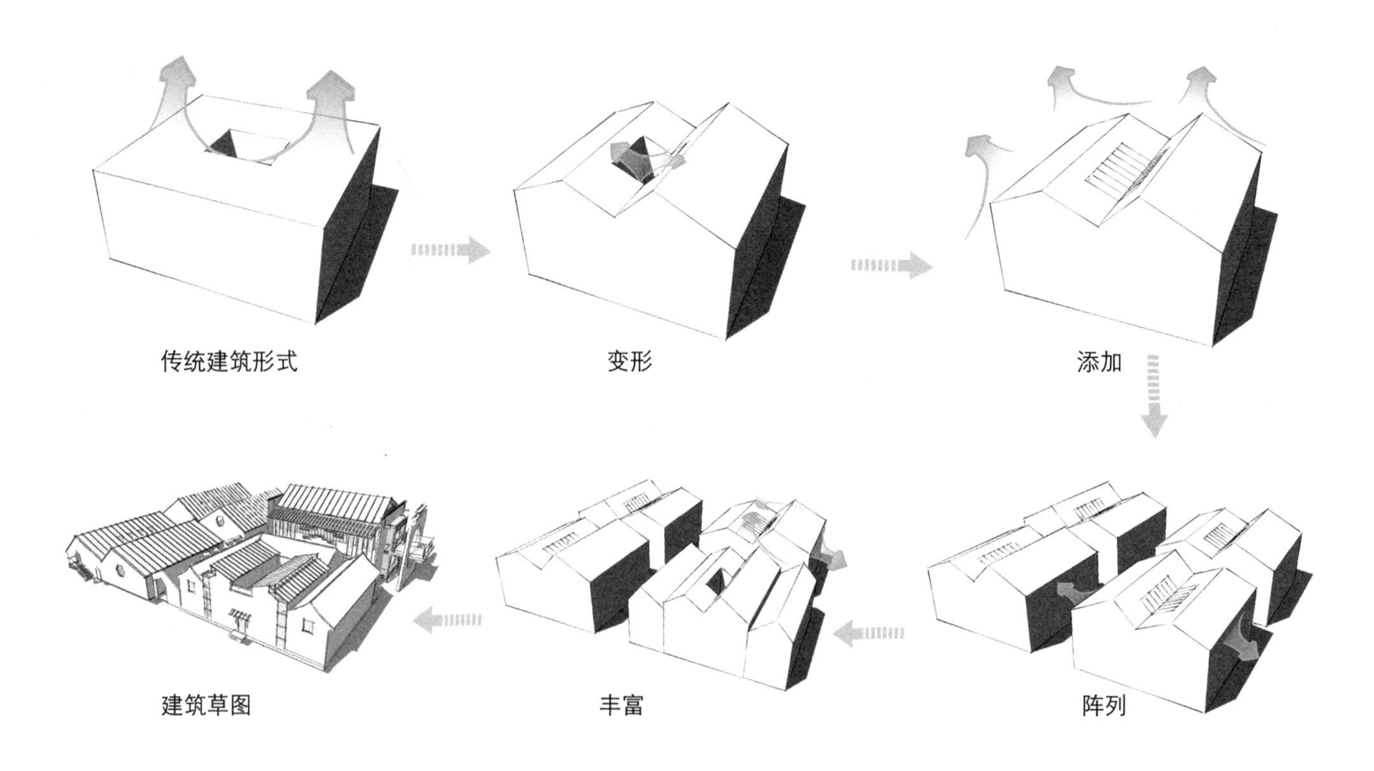

建筑材质提取元素

提取传统建筑中青砖灰瓦的建筑外观材质和高大巍峨的前门及马头墙结构，并将钢化玻璃结构和钢结构屋顶进行有机的组合，得出我的设计。

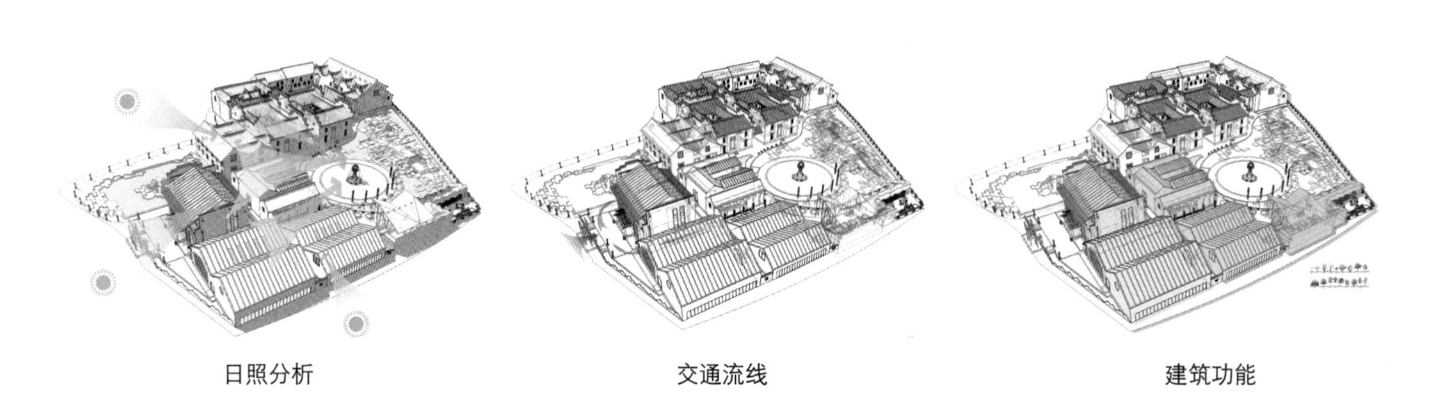

景观规划对比

功能分析

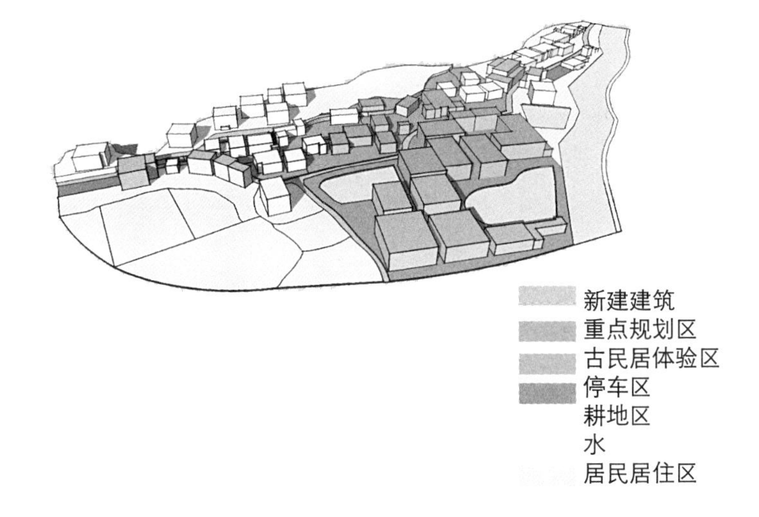

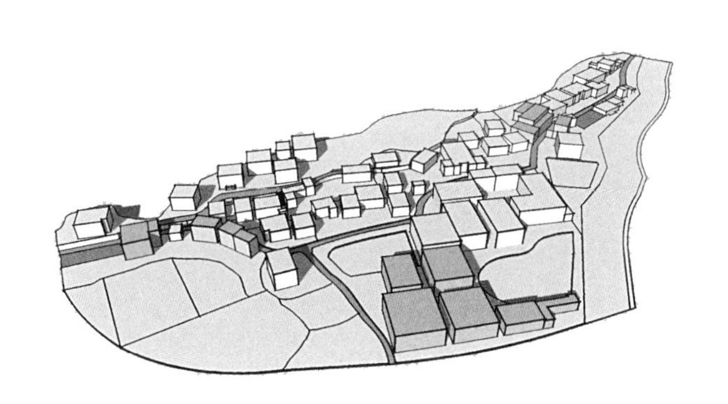

根据村子现状，在景观上将新增停车区，新建建筑群加强旅游接待能力，增加当地居民休闲娱乐场所，将各功能分区进行整合，并且在重点规划区进行细节设计。

景观生成

景观提取元素

景观推导

景观提取元素

提取日出西山元素形成建筑群的中心景观部分。太阳位置可作为中心广场，用来表演当地的民俗表演。群山位置既可作为观光台阶，也可作为公共空间供人们休闲娱乐。

景观推导

将人群集中在三大主要地块，加强人与人之间的交流，增加绿植面积供人们休闲娱乐，延续建筑之间的联系。

经济技术指标

总用地面积：112743.3m^2
总建筑面积：21287.5m^2
建筑占地面积：3616.6m^2
建筑密度：17%
容积率：0.19
绿化率：45%

平、立、剖面图

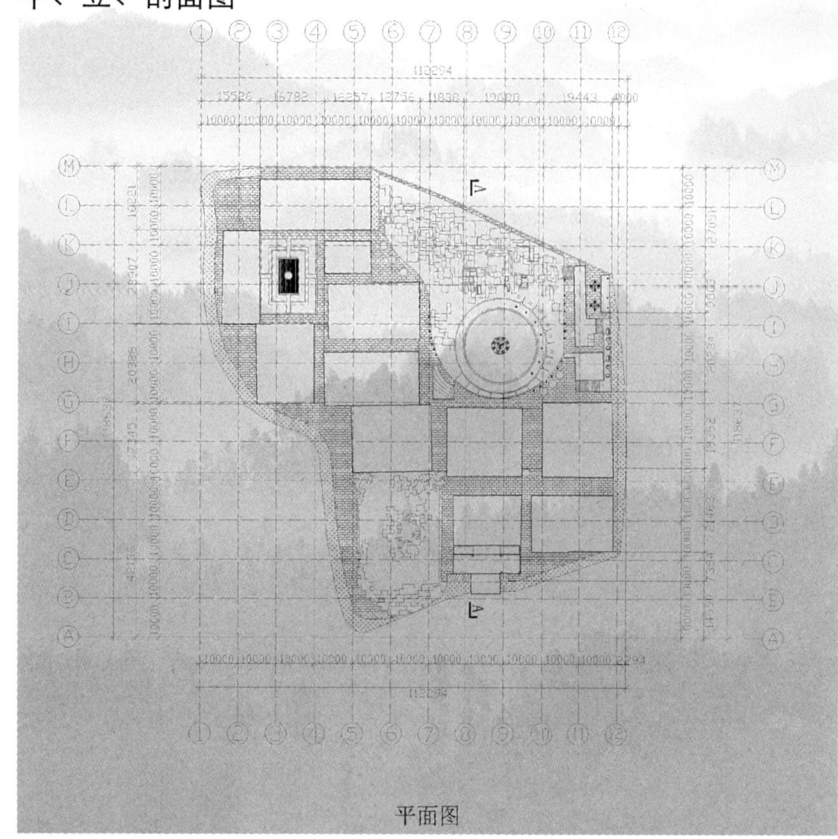
平面图

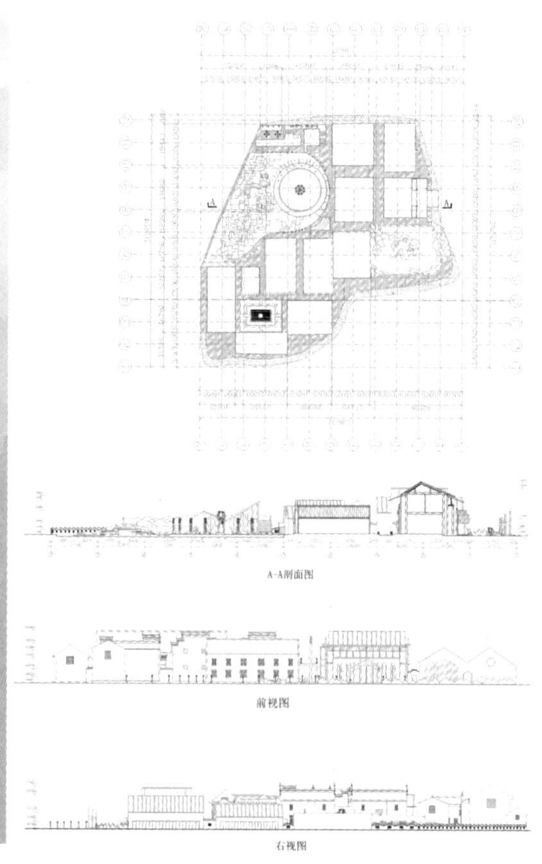

河北省郭家庄村景观规划设计

Landscape Planning and Design of Guojiazhuang Village

学　生：韦佩琳
导　师：陈建国　莫媛媛
学　校：广西艺术学院
专　业：景观建筑设计

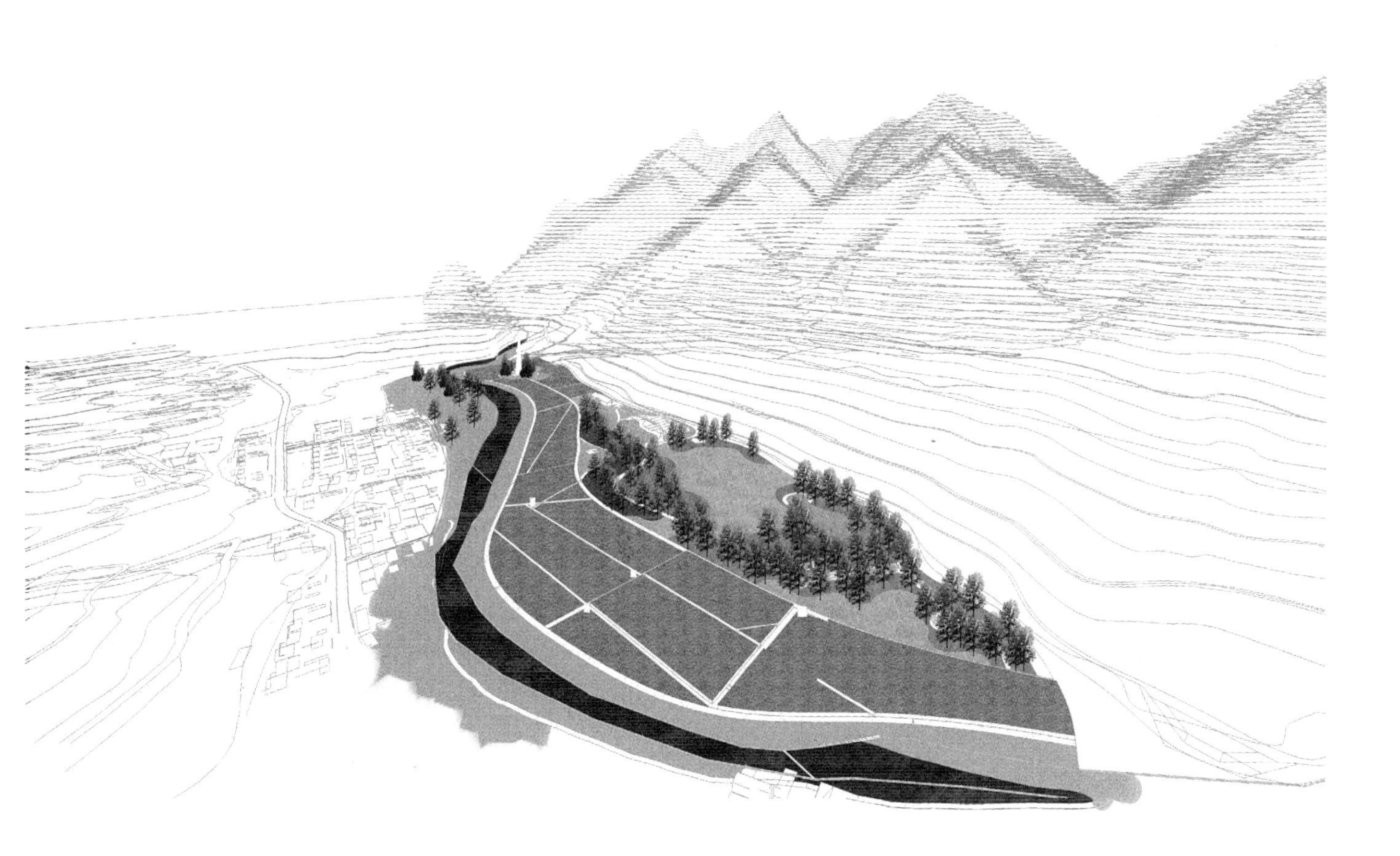

郭家庄村风景区鸟瞰图

现状分析

1. 建筑集中，具有一定风格；
2. 有一定基础设施设备；
3. 位于山谷间，依山傍水，自然景观好；
4. 村庄被国道分成南北两部分，缺乏整体规划，零散无序；
5. 景观观赏性差；
6. 村庄沿着水系分布；
7. 保留村庄了淳朴自然，没有明显的城市化建设，开发量小；
8. 区域民族文化特性没有在乡村建设中得以展现；
9. 河道为渠化方式处理，亲水性差；
10. 荒地多，改造空间大。

资源分析

1. 具有营造清静深幽环境的地形条件，自然环境良好，生态性好；
2. 建筑保留了燕山民居风貌，具有地域性特征；
3. 产业资源单一、薄弱，但相对集中。

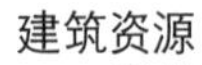

地景资源

“九山半水半分田”的石质深山区；周边群山树木葱郁，高大的树木成荫。村里地形条件，具有清静幽深安全的山居特色；溪流贯穿村落，蜿蜒曲折。

建筑资源

建筑特色依在，沿山地错落，古朴素雅，具有燕山民居的典型特征，具有地域性特征。

产业资源

农业：主要农产品有玉米、大豆、谷子、高粱、板栗、山楂、锦丰梨、苹果、猕猴桃等。

企业：酒厂，厂区面积相对较大，是村内唯一企业。

文化资源

南天门满族乡位于河北省兴隆县城东南部，距县城25公里。辖区内有10个行政村，都是以满族文化为主的村庄，其中之一为郭家庄村。

概念生成

主题：“醉翁之意不在酒”

原意为“在亭子里真意不在喝酒，而在于欣赏山里的风景”。

“醉翁”象征指的是现代城市里的人群，特征：高压力、紧张、繁忙。

“酒”：村庄设计以“酒”为吸引亮点，打造满族休闲度假村。

小酌一杯具有减压、放松的作用，对于城市人来说是具有吸引力的。

“醉翁之意”之所以“不在酒”是因为城市人来到此地真正目的不是品酒，而是在于逃避城市里高度紧张的生活，寻找一个清幽避世的世外桃源，感受大自然的美好，理解生命的真意。

设计要点：

1．此次设计的重点在于打造一个“虽有人作，宛自天开”的山水田园风光。

2．建筑的设计重点在于打造一个完美展示山水风光的最佳观景空间。

3．其次以“酒”为吸引人群的点睛之笔，融入自然中，增加小的趣味体验，打造休闲度假村。

景 观 | 建 筑 | 酒 厂

生态自然 互动体验 美丽乡村 | 最佳观景 互动交流 传统记忆 | 趣味体验 知识科普 醉美景色

人群需求分析

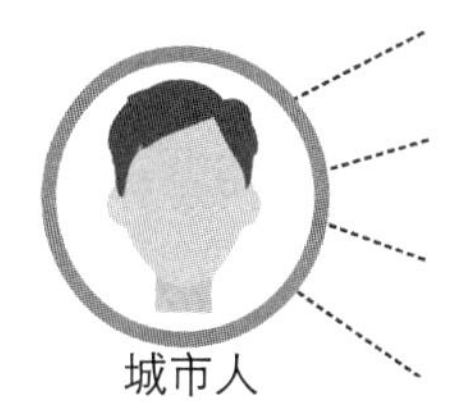

总体策略

经济方面：产业结构调整，优化供给关系，增加旅游配套项目。
规划方面：建筑布局调整，“主客”关系协调，交通优化。
环境方面：整治村庄环境，完善基础设施，提升景观风貌。

特色景观吸引游客 → 旅游配套体验项目 → 购买产品 → 民宿体验 → 放松身心 → 愉快回家

方案设计

总平面图

交通分析

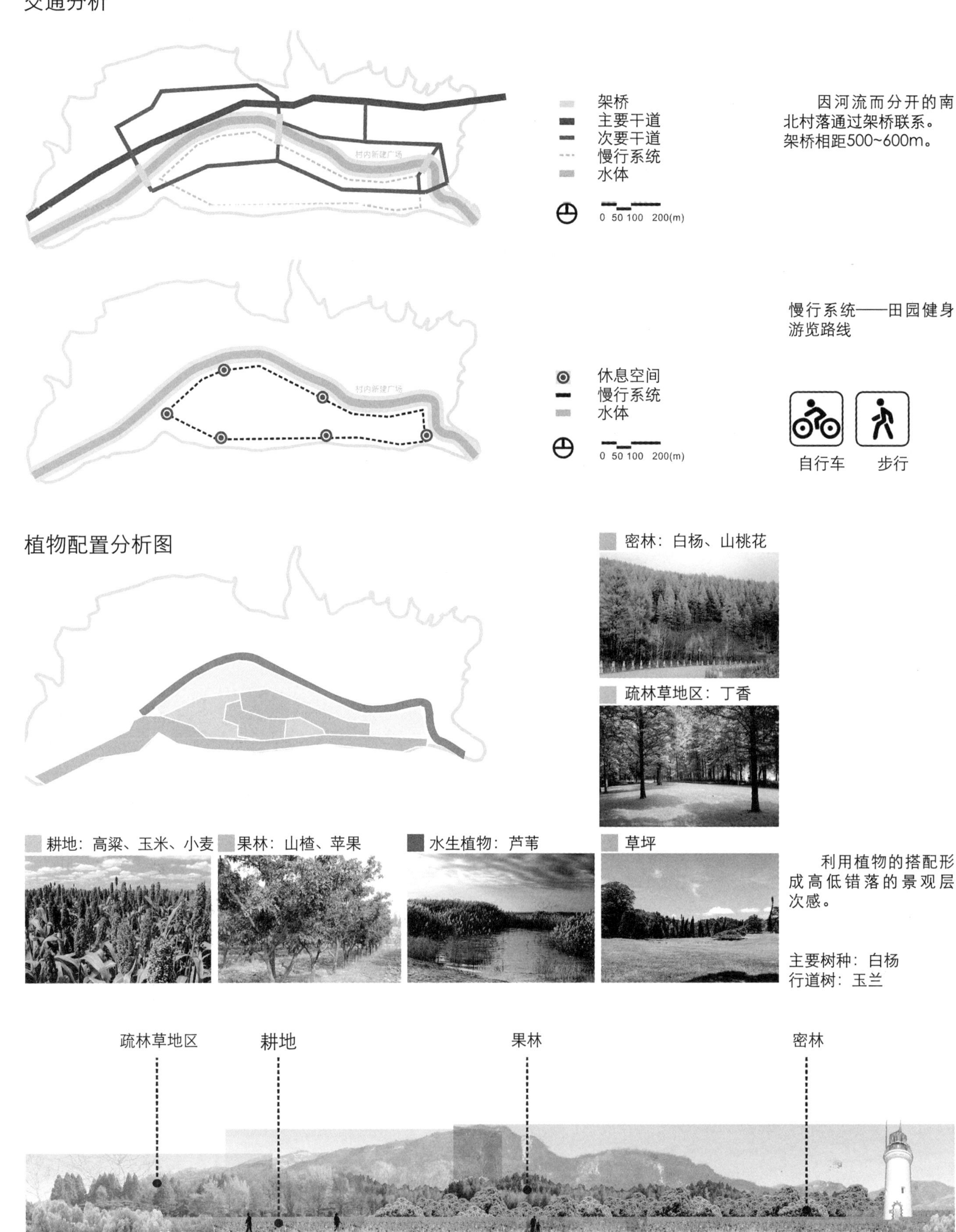

架桥
主要干道
次要干道
慢行系统
水体
0 50 100 200(m)
因河流而分开的南北村落通过架桥联系。架桥相距500~600m。
休息空间
慢行系统
水体
0 50 100 200(m)
慢行系统——田园健身游览路线
自行车
步行
植物配置分析图
密林：白杨、山桃花
疏林草地区：丁香
耕地：高粱、玉米、小麦
果林：山楂、苹果
水生植物：芦苇
草坪
利用植物的搭配形成高低错落的景观层次感。
主要树种：白杨
行道树：玉兰
疏林草地区
耕地
果林
密林
水生植物

建筑设计

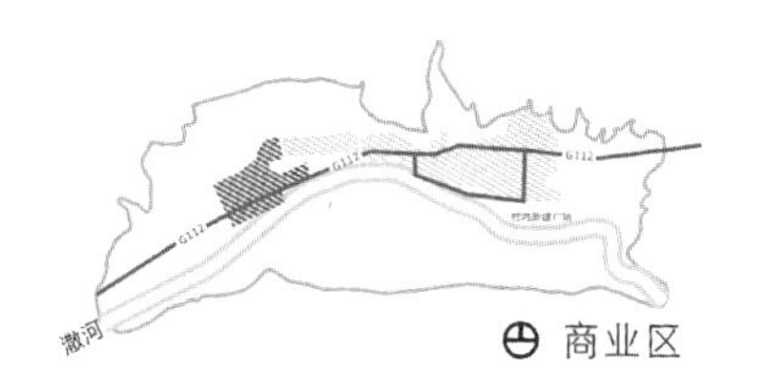

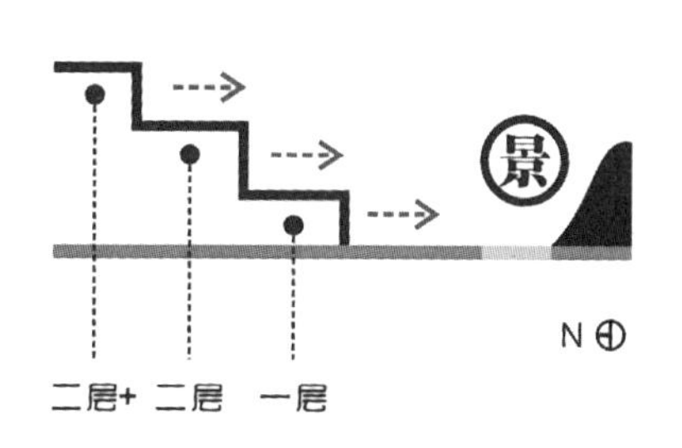

利用地形结合建筑设计，形成高低错落的建筑层次，使得建筑之间观景互不干扰，达到区域最佳观景效果。

功能划分

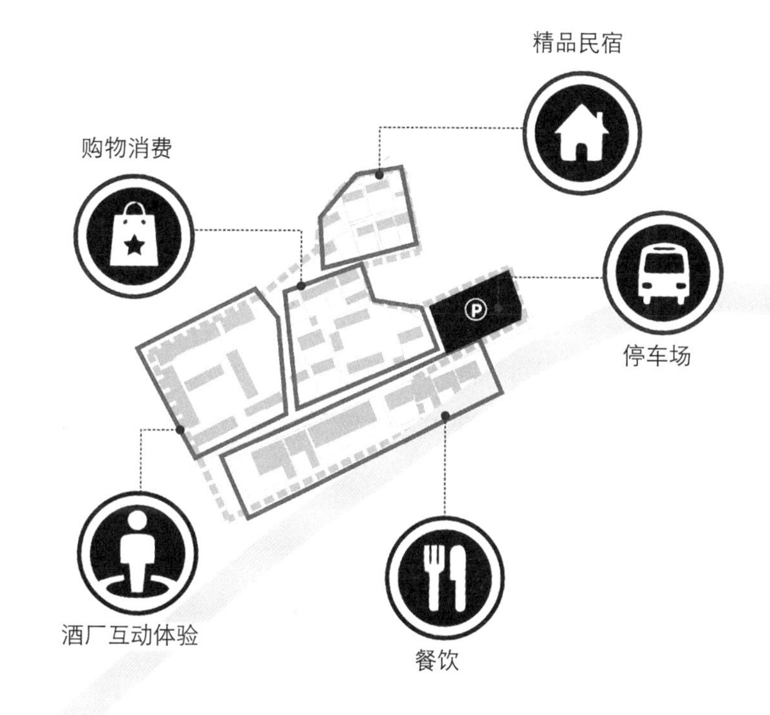

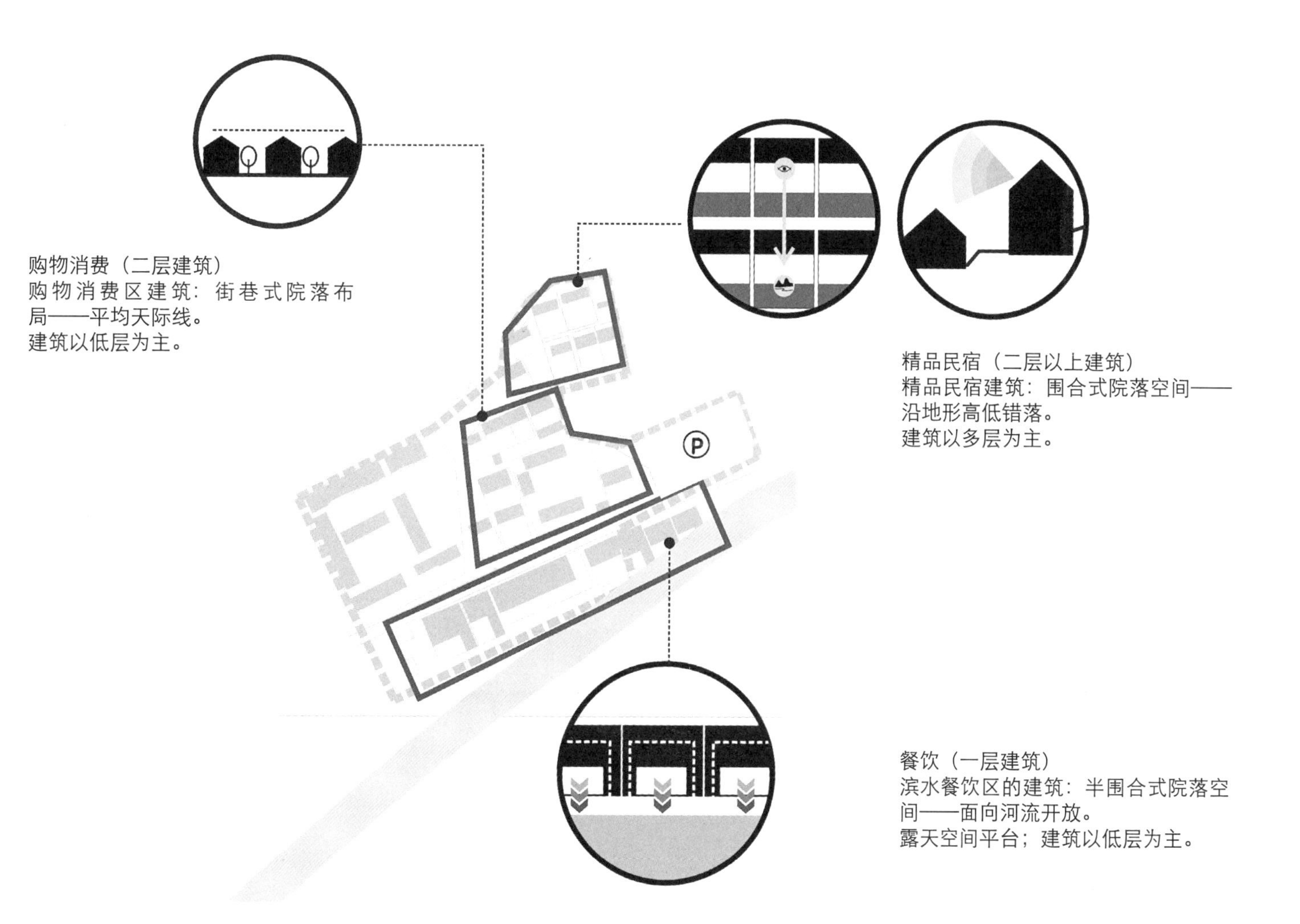

建筑平面图

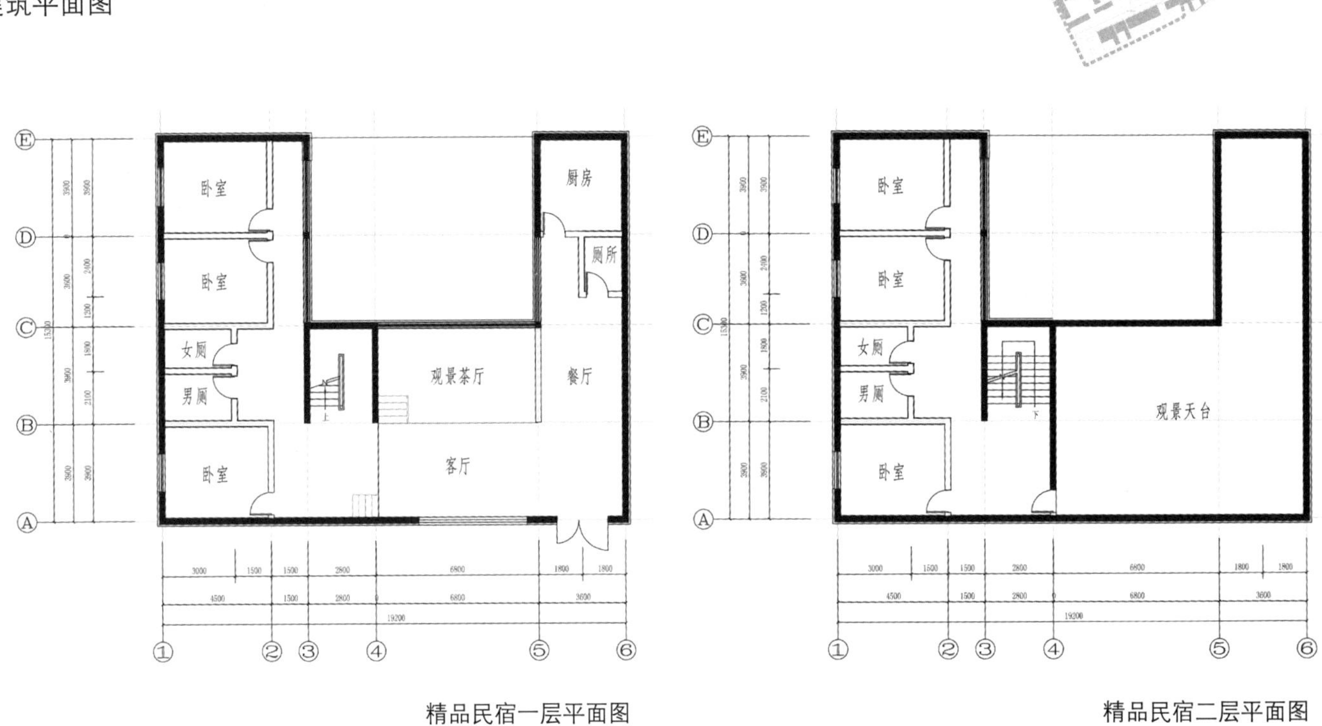

精品民宿一层平面图

精品民宿二层平面图

建筑剖面图

精品民宿侧剖面图

民宿正剖面图

精品民宿正剖面图

河北承德市兴隆县郭家庄村景观规划设计

Landscape Planning and Design in Guojiazhuang Village Xinglong Country Chengde City Hebei

学　生：檀燕兰
导　师：陈建国　莫媛媛
学　校：广西艺术学院
专　业：景观建筑设计

郭家庄村河道景观效果图

基地概况

本项目位于河北承德市兴隆县南天门乡郭家庄村，郭家庄村位于兴隆县城东南，南天门乡政府东侧2公里。村中有112国道穿过，并且有新建公路通向郭家庄村，方便北京、天津、唐山及承德本地游客的到来。

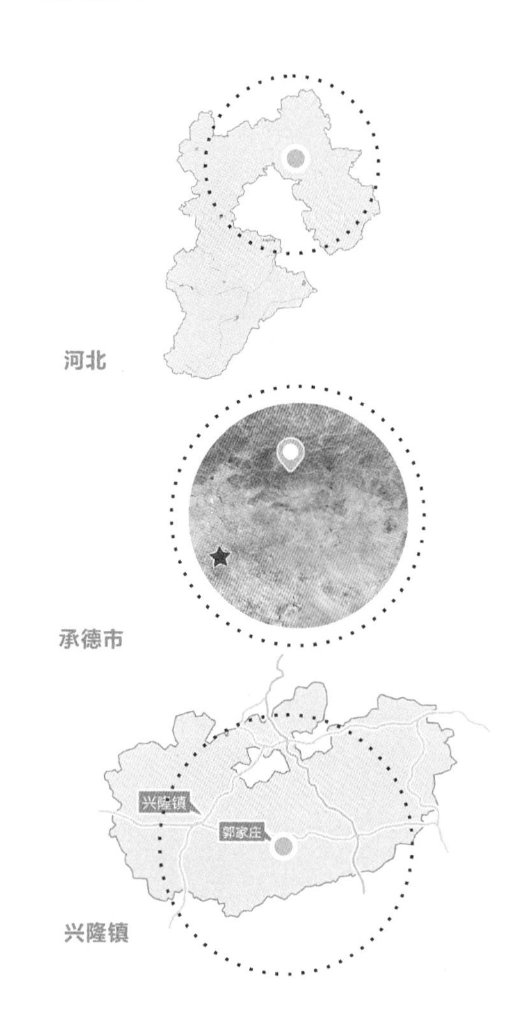

项目范围

村域面积　76万m^2
耕地面积　40万m^2
荒山面积　22.8万m^2
酒厂面积　3万m^2
宿舍面积　1.2万m^2
广场面积　1.3万m^2
民房面积　7.7万m^2

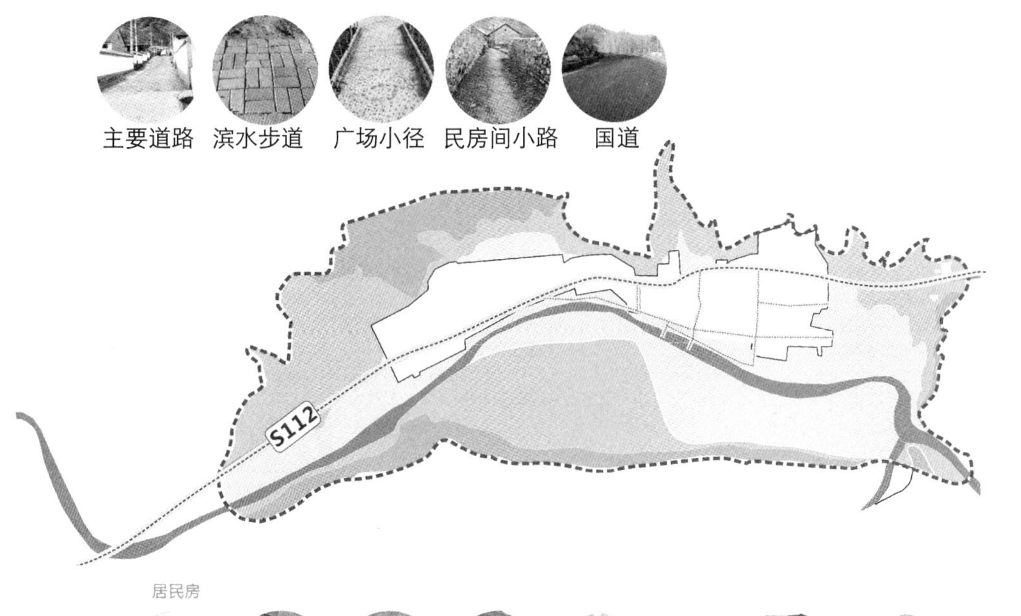

内部道路分析

郭家庄村中有112国道穿过，并且有新建公路通向郭家庄村，村内道路单一，主要连接现存居民房的道路都已经硬化，但是道路单调，没有美感。游客行走的道路施工效果较好，施工年限较近。而居民房之间的道路有部分已经破败，甚至有些还没有硬化。

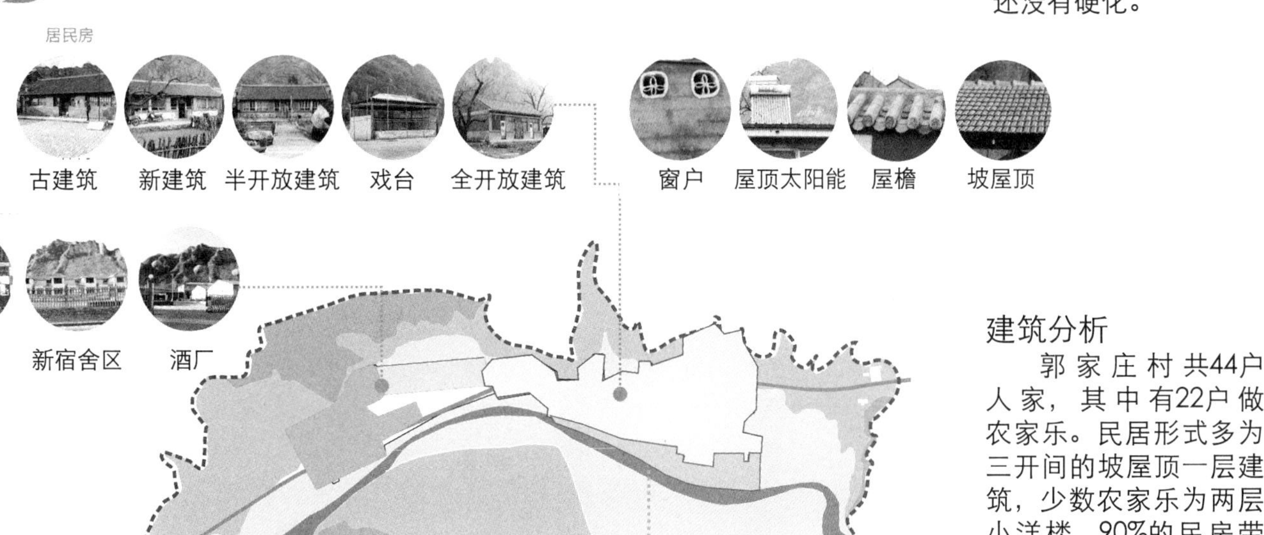

建筑分析

郭家庄村共44户人家，其中有22户做农家乐。民居形式多为三开间的坡屋顶一层建筑，少数农家乐为两层小洋楼，90%的民房带有100～200m²的屋前院。前院分为全封闭和半开放两种类型。新建建筑多施工比较粗糙，多有仿古做旧痕迹。

丁香花　山桃花　桦树　白杨树　杜鹃花　≥50年　≤15年　自然生长

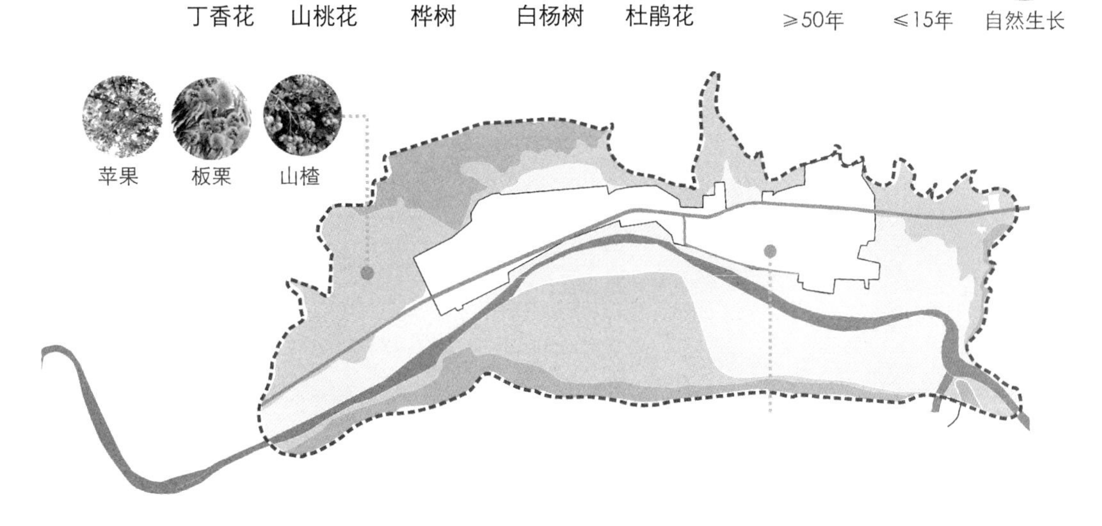

植被分析

村庄西边的十八盘山，以及南边的三十二盘山，到了5、6月份丁香花等漫山遍野开放，居民闲时喜欢爬山。果树种植是郭家庄村的支柱产业之一。

总结

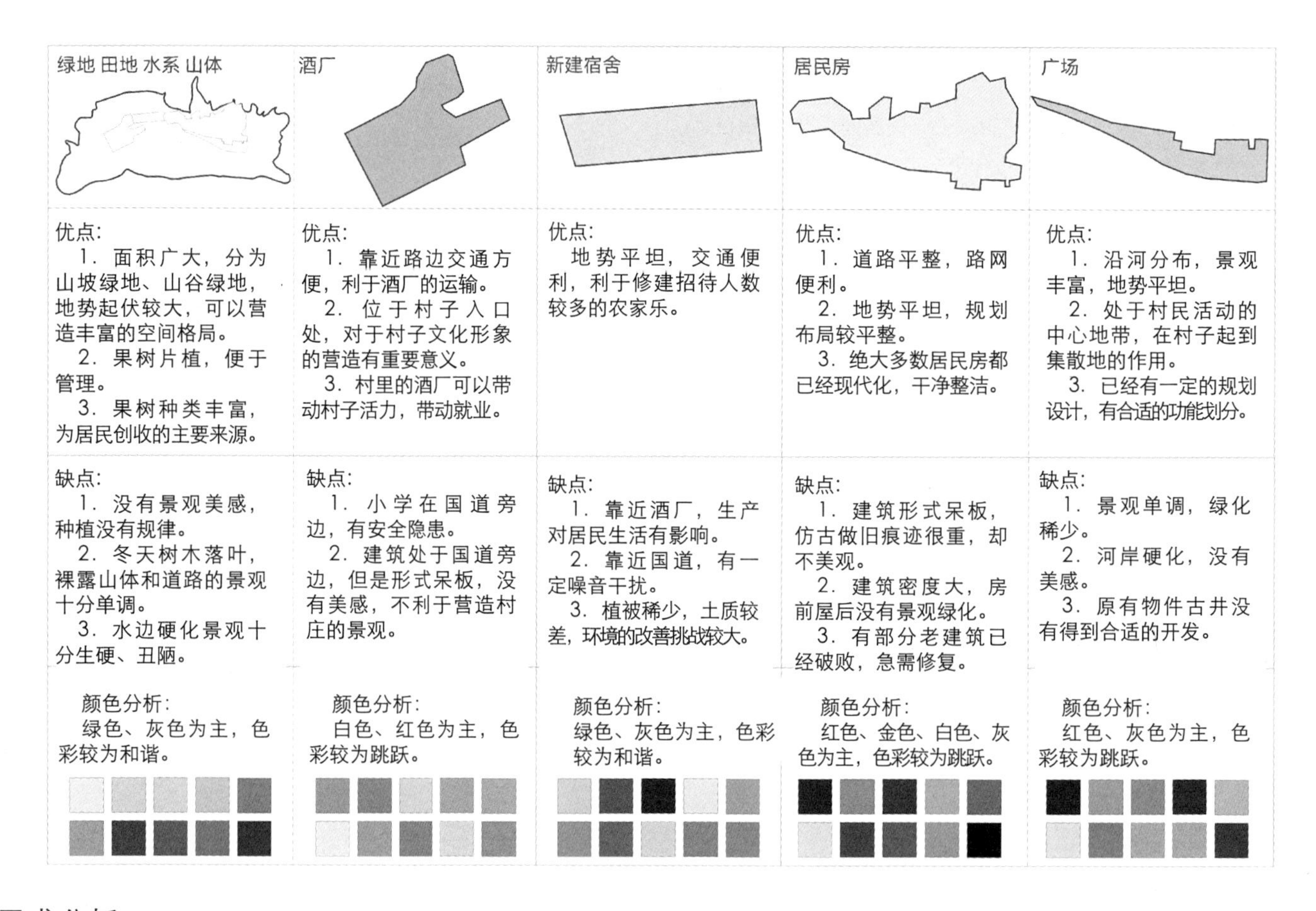

绿地 田地 水系 山体	酒厂	新建宿舍	居民房	广场
优点: 1. 面积广大，分为山坡绿地、山谷绿地，地势起伏较大，可以营造丰富的空间格局。 2. 果树片植，便于管理。 3. 果树种类丰富，为居民创收的主要来源。	优点: 1. 靠近路边交通方便，利于酒厂的运输。 2. 位于村子入口处，对于村子文化形象的营造有重要意义。 3. 村里的酒厂可以带动村子活力，带动就业。	优点: 地势平坦，交通便利，利于修建招待人数较多的农家乐。	优点: 1. 道路平整，路网便利。 2. 地势平坦，规划布局较平整。 3. 绝大多数居民房都已经现代化，干净整洁。	优点: 1. 沿河分布，景观丰富，地势平坦。 2. 处于村民活动的中心地带，在村子起到集散地的作用。 3. 已经有一定的规划设计，有合适的功能划分。
缺点: 1. 没有景观美感，种植没有规律。 2. 冬天树木落叶，裸露山体和道路的景观十分单调。 3. 水边硬化景观十分生硬、丑陋。	缺点: 1. 小学在国道旁边，有安全隐患。 2. 建筑处于国道旁边，但是形式呆板，没有美感，不利于营造村庄的景观。	缺点: 1. 靠近酒厂，生产对居民生活有影响。 2. 靠近国道，有一定噪音干扰。 3. 植被稀少，土质较差，环境的改善挑战较大。	缺点: 1. 建筑形式呆板，仿古做旧痕迹很重，却不美观。 2. 建筑密度大，房前屋后没有景观绿化。 3. 有部分老建筑已经破败，急需修复。	缺点: 1. 景观单调，绿化稀少。 2. 河岸硬化，没有美感。 3. 原有物件古井没有得到合适的开发。
颜色分析: 绿色、灰色为主，色彩较为和谐。	颜色分析: 白色、红色为主，色彩较为跳跃。	颜色分析: 绿色、灰色为主，色彩较为和谐。	颜色分析: 红色、金色、白色、灰色为主，色彩较为跳跃。	颜色分析: 红色、灰色为主，色彩较为跳跃。

需求分析

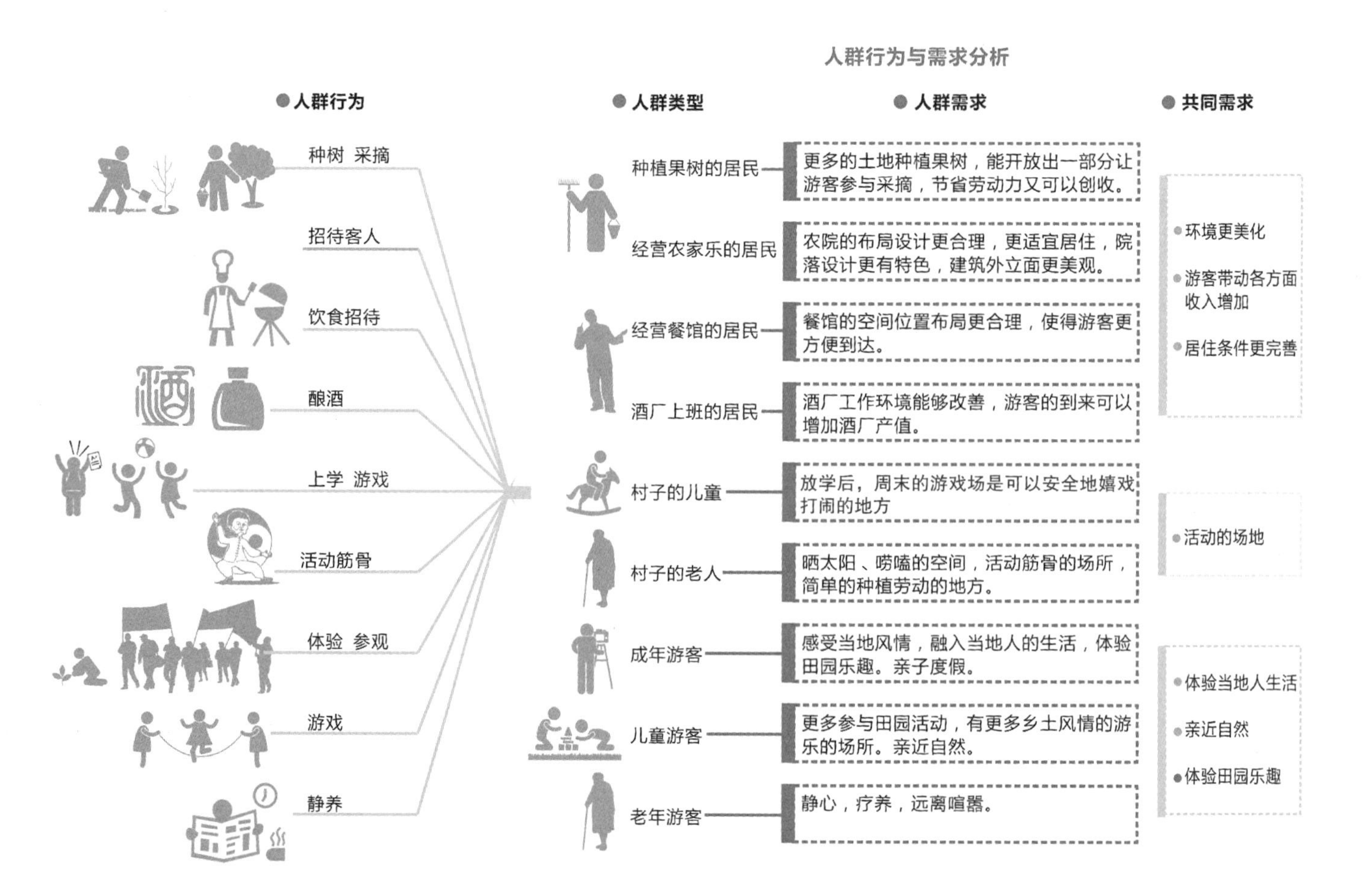

设计策略

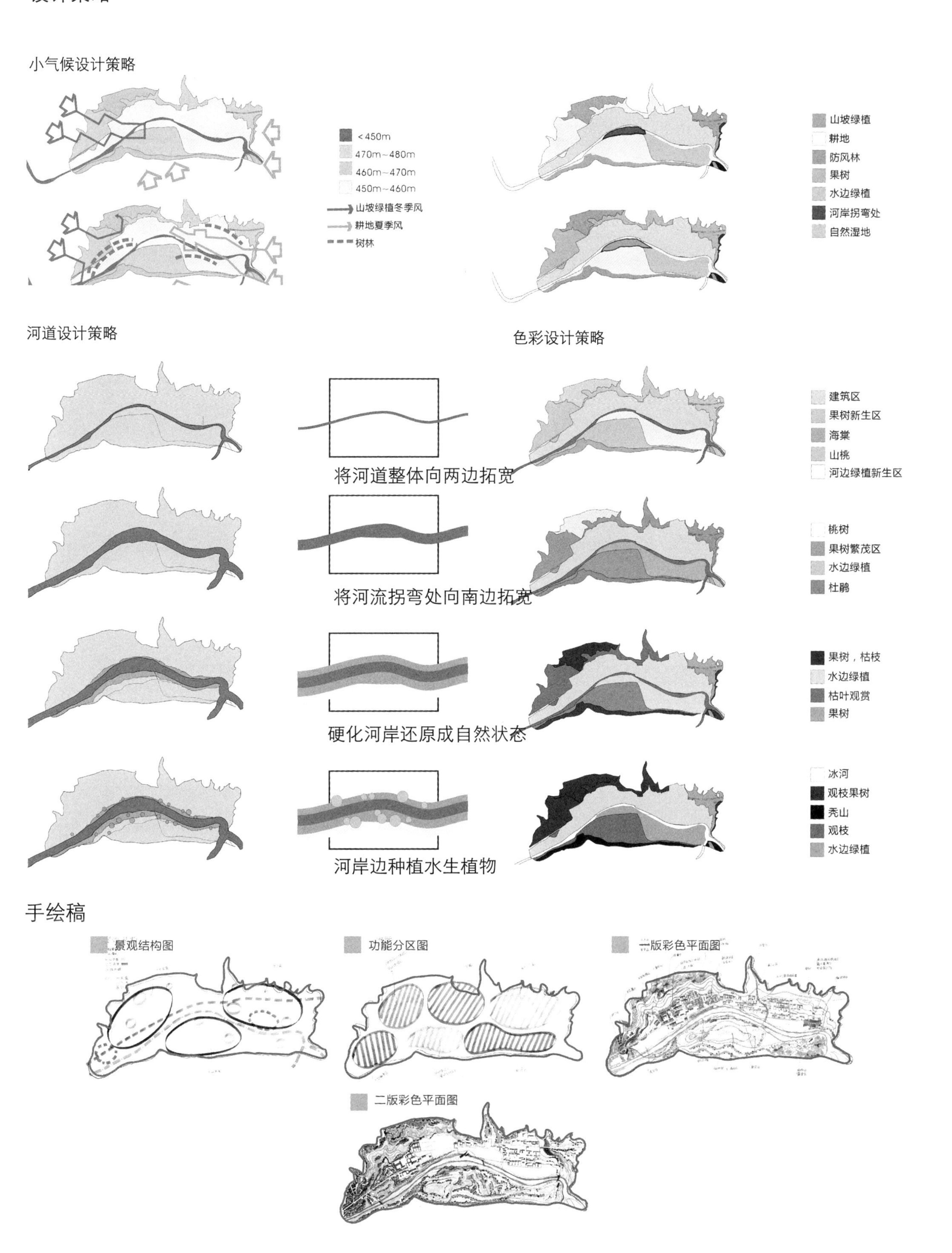

小气候设计策略
< 450m
470m~480m
460m~470m
450m~460m
山坡绿植冬季风
耕地夏季风
树林
山坡绿植
耕地
防风林
果树
水边绿植
河岸拐弯处
自然湿地
河道设计策略
色彩设计策略
将河道整体向两边拓宽
将河流拐弯处向南边拓宽
硬化河岸还原成自然状态
河岸边种植水生植物
建筑区
果树新生区
海棠
山桃
河边绿植新生区
桃树
果树繁茂区
水边绿植
杜鹃
果树，枯枝
水边绿植
枯叶观赏
果树
冰河
观枝果树
秃山
观枝
水边绿植
手绘稿
景观结构图
功能分区图
一版彩色平面图
二版彩色平面图

总平面图

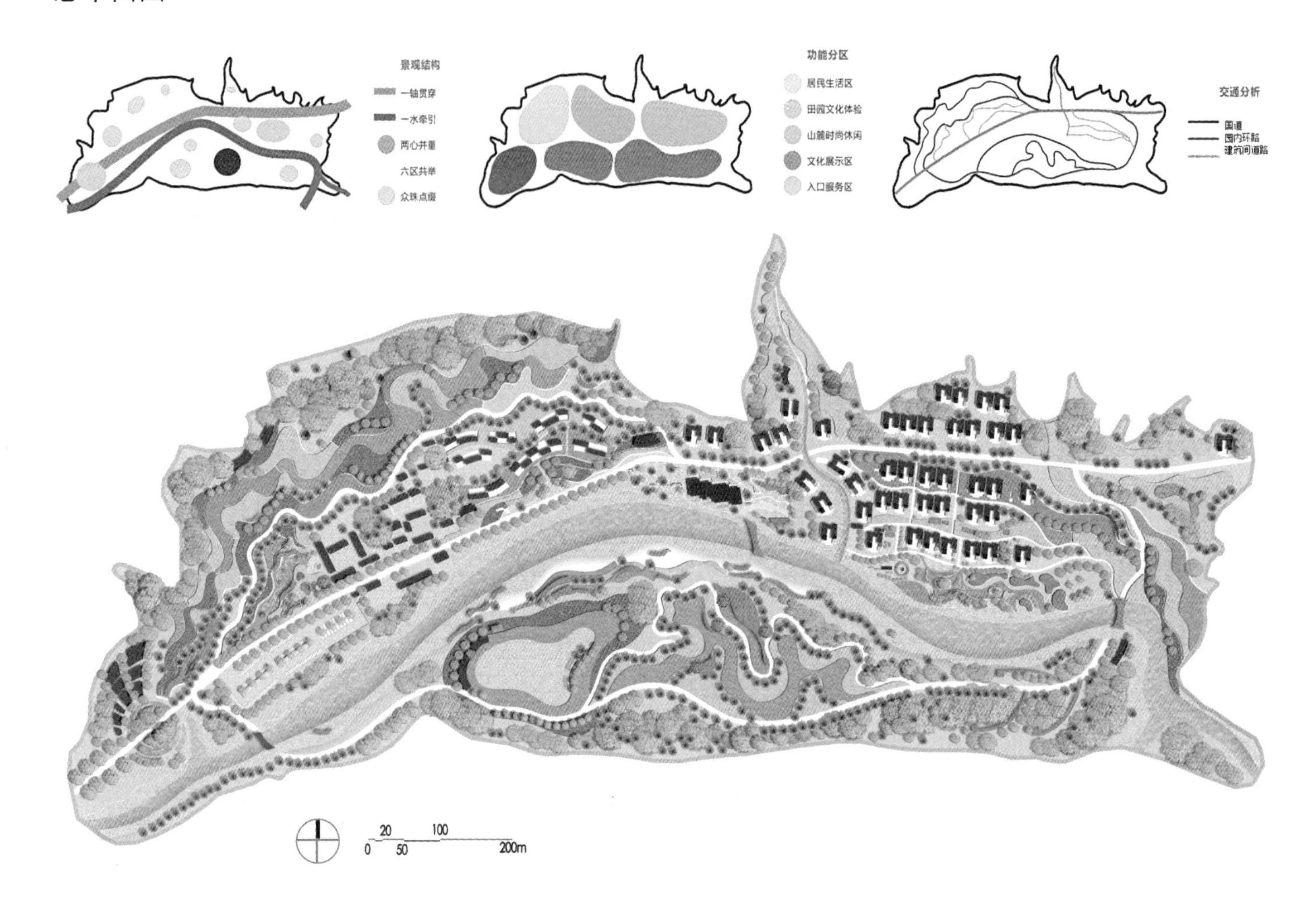
景观结构
一轴贯穿
一水牵引
两心并重
六区共举
众珠点缀
功能分区
居民生活区
田园文化体验
山麓时尚休闲
文化展示区
入口服务区
交通分析
国道
园内环路
建筑间道路
20
100
0
50
200m

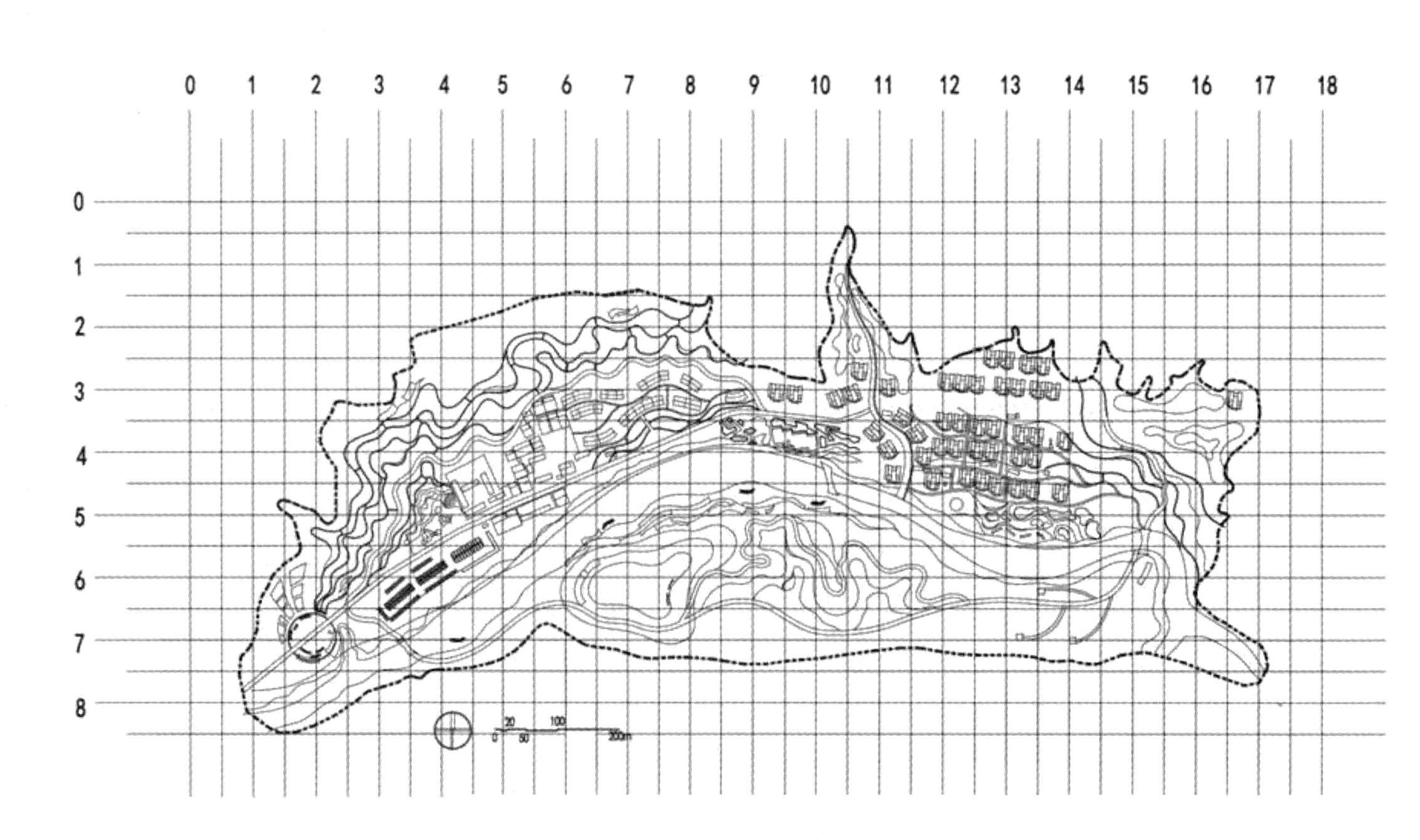
0 1 2 3 4 5 6 7 8 9 10 11 12 13 14 15 16 17 18
0
1
2
3
4
5
6
7
8
20
100
0
50
200m

河道设计

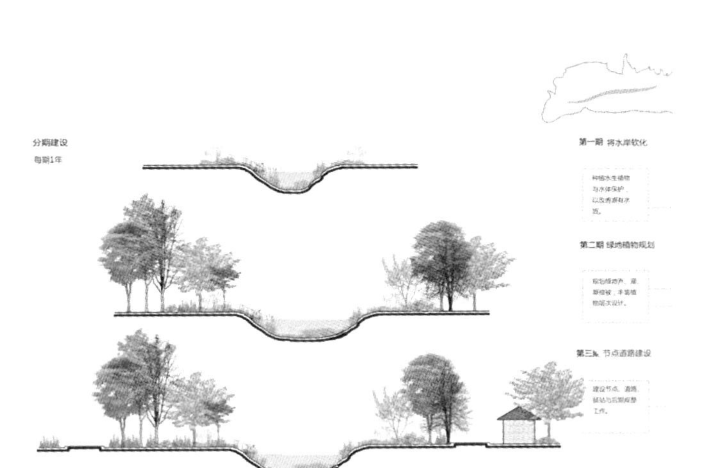

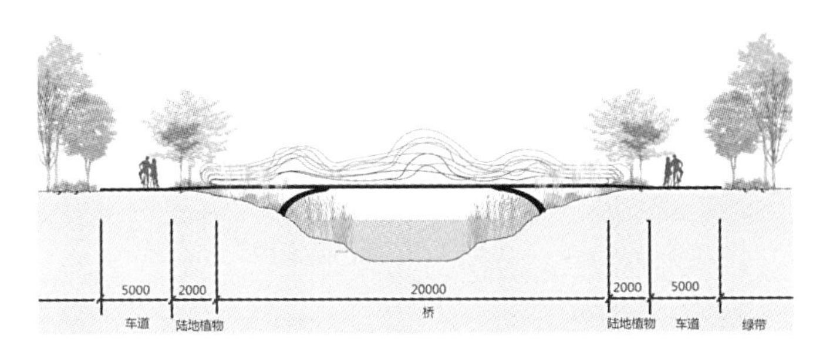

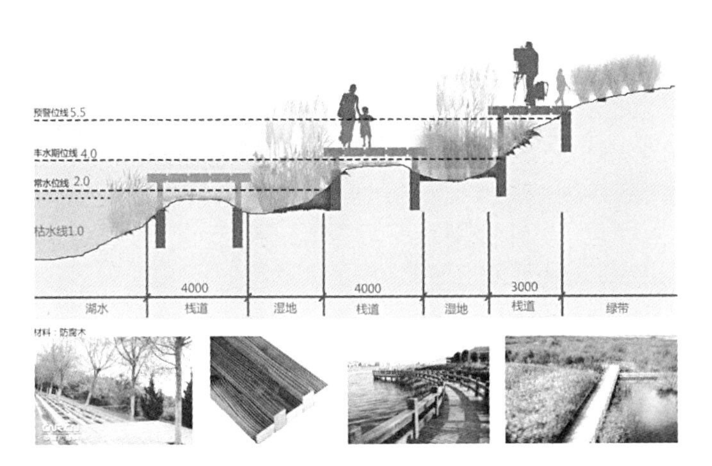

建筑设计

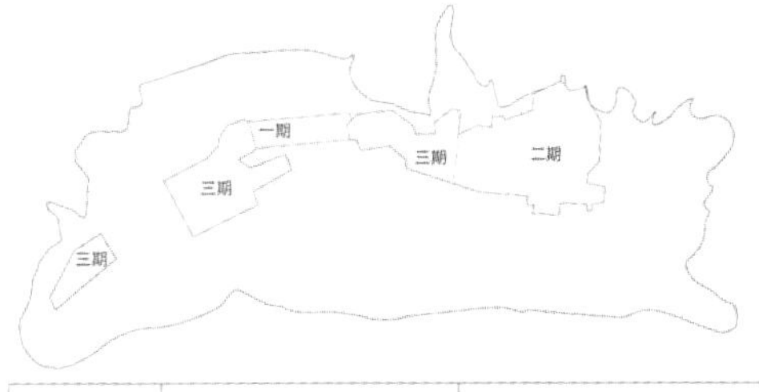

分期	一期（2年）	二期（1年）	三期（1年）
区域	新建宿舍		乡村综合体，商铺，酒厂
建设目标	新增普通居民房，接纳团体的民宿	对居民区空间格局进行重新规划，拆除规划不当的民居，重新改造设计民居。	打造居民农闲休闲去处，节日活动场所；游客体验满族文化去所。
分期考虑	部分民居需要拆迁，先把新民居建好用以安置民房被拆迁的居民	对居民入住新民居之后，根据居民居住体验反馈，修改民居设计方案。	解决居民居住问题之后，考虑居民休闲需求以及游客文化活动
主要服务对象	原住居民	原住居民	原住居民，游客

建筑分期规划

	完整老民居	破败老民居	废弃老民居	全新民居	新老结合民居	
拆除前	1间	5间	2间	12间	24间	共44间
拆除后	1间	5间	2间	12间	14间	共34间

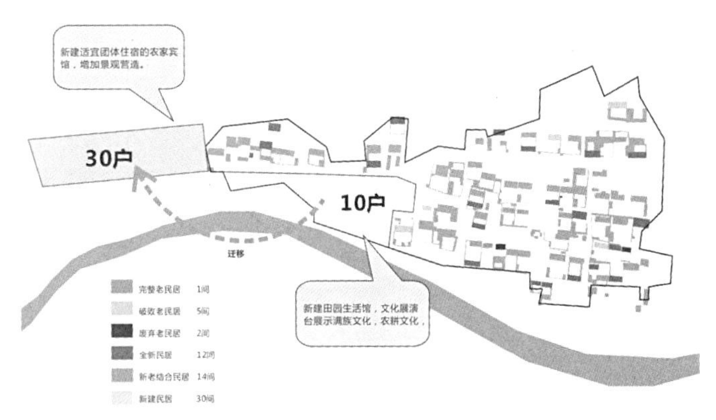

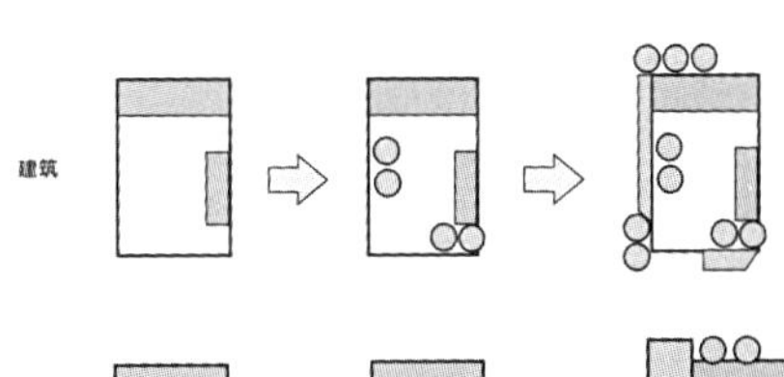

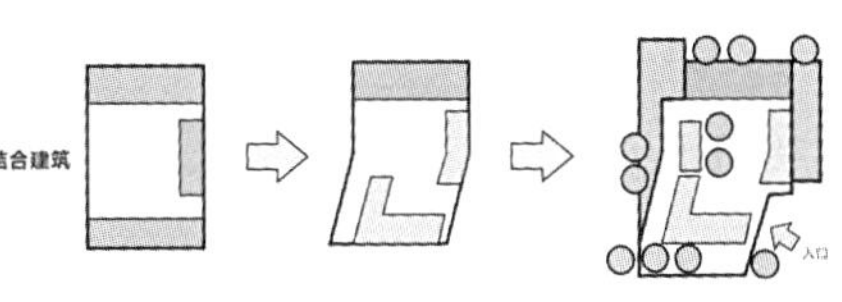

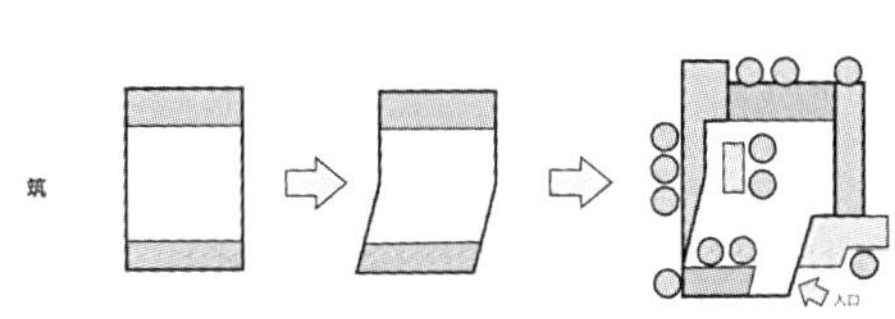

增加绿化，使建筑隐藏起来，适当中的水景使得空间活起来。设置游憩的空间与体验空间。

丰富房屋活动空间。

民居设计　叠水民居

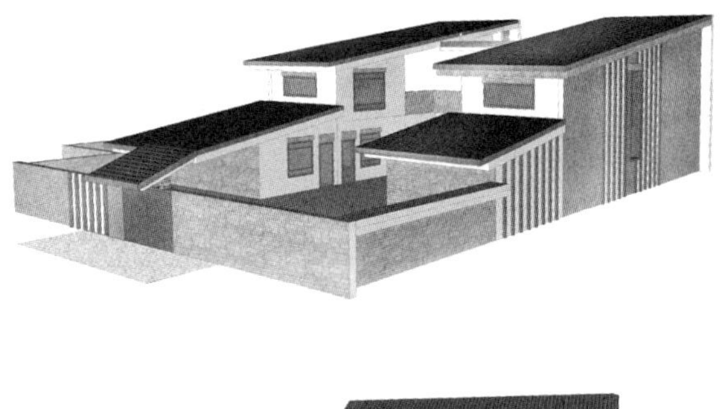

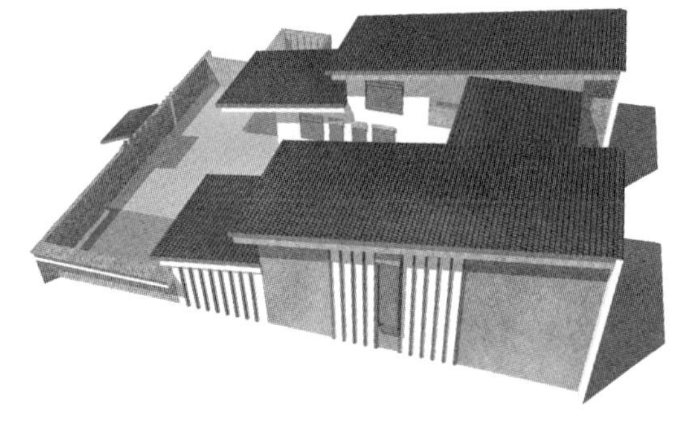

使用人群：当地居民，游客民宿
楼层：2层
绿化分析：$60m^2$
卧房数：8间
设计说明：
景观藏于建筑，滋养土地于无形。
下雨期间雨水汇集，形成叠水景观；
下雪期间冰雪挂柱，形成冰雪美景。
雨水收集，自用灌溉。

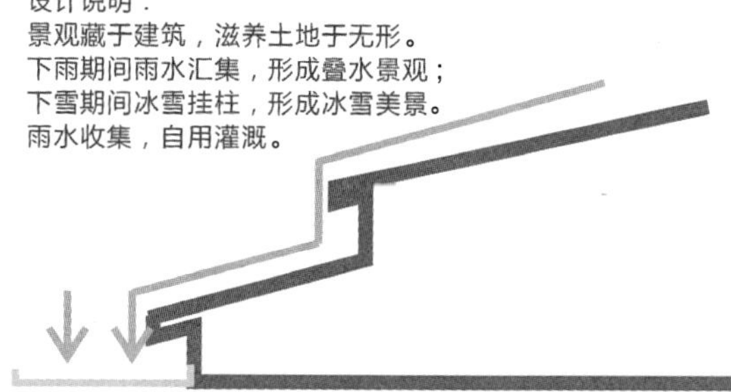

蓄水旱池，藏于无形，影射美景。

千千浅浅的旱池，平时与地板无异，下雨时形成镜面的水面。

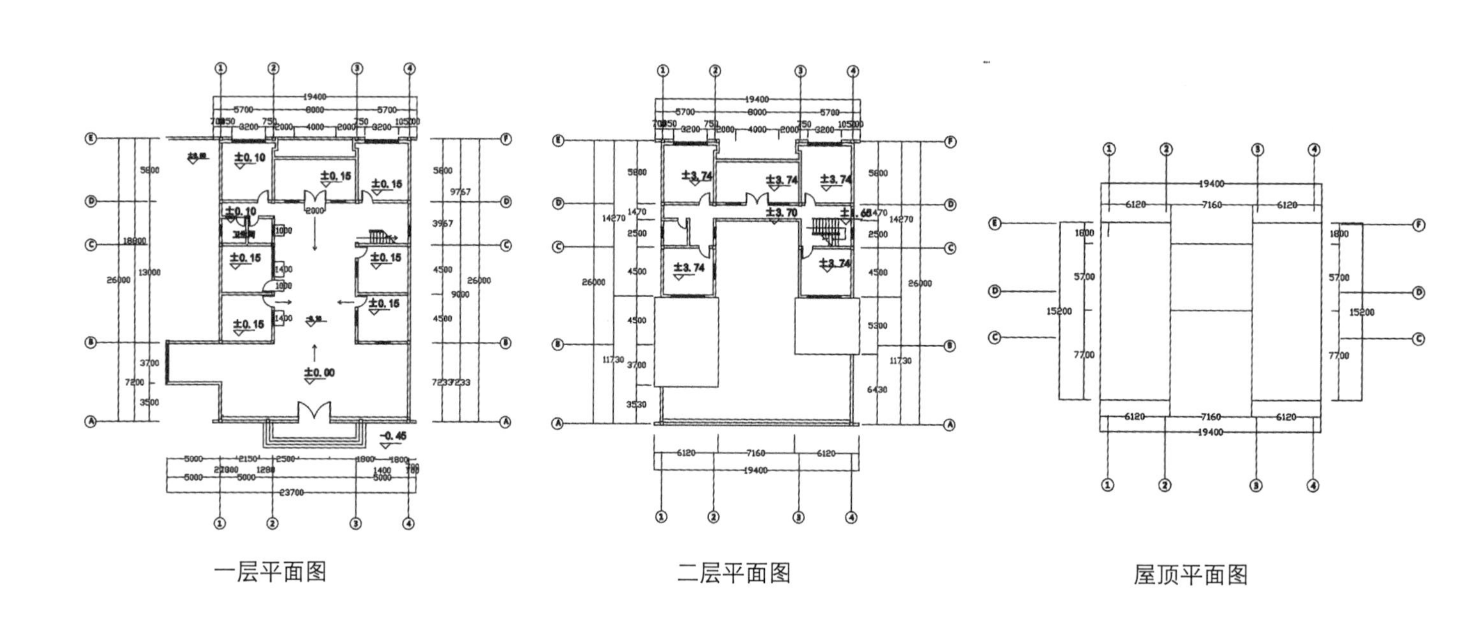

一层平面图　　二层平面图　　屋顶平面图

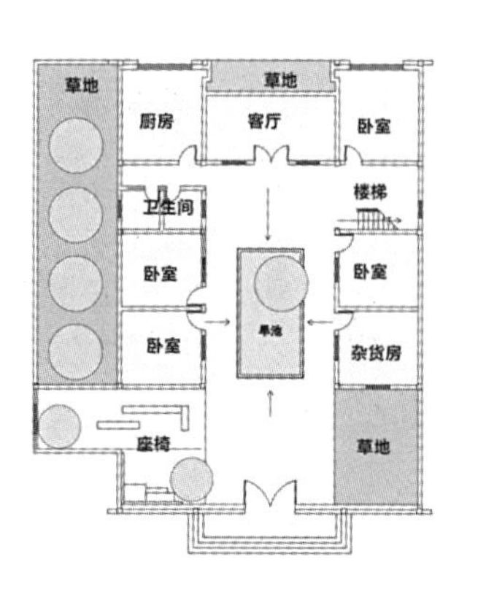

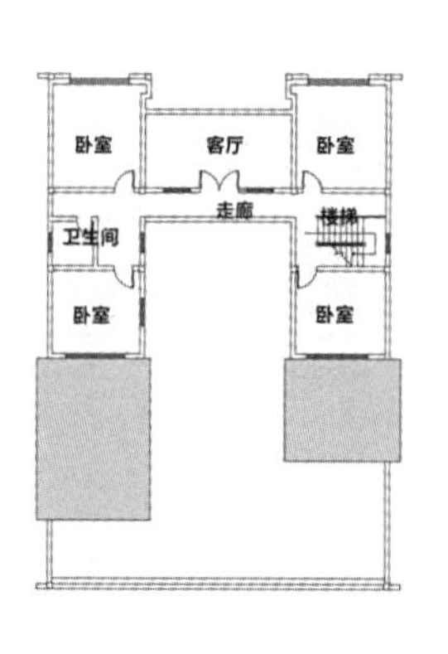

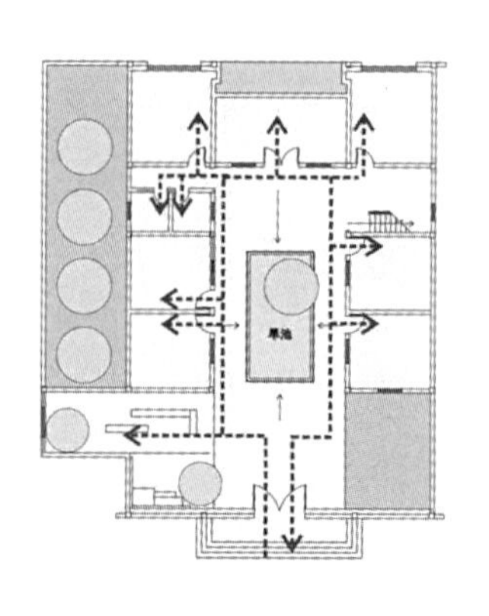

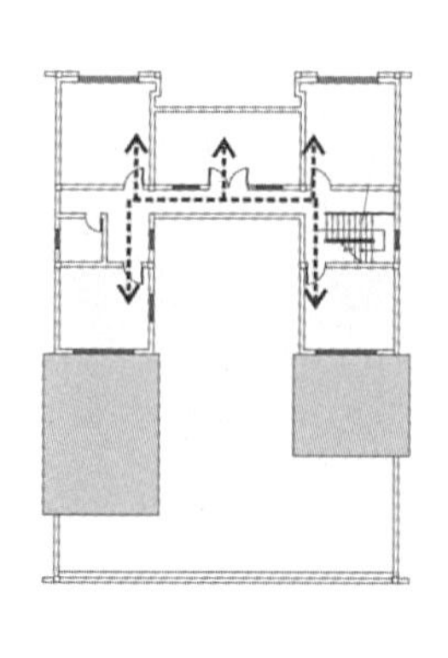

一层平面图　　二层平面图　　一层流线图　　二层流线图

计划外

佳作奖学生获奖作品
Works of the Fine Prize Winning Students

老岗脚2.0——古村落规划及民居设计

Ancient Village Planning and Residential Design

学　生：刘浩然
导　师：王小保　沈竹
学　校：湖南师范大学
专　业：环境艺术设计

老岗脚古村落改造效果图

基地概况

基地位于湖南省郴州市苏仙区，郴州市位于湖南省东南部，地处南岭山脉与罗霄山脉交错、长江水系与珠江水系分流的地带。“北瞻衡岳之秀，南峙五岭之冲”，自古以来为中原通往华南沿海的“咽喉”。东界江西赣州，南邻广东韶关，西接湖南永州，北连湖南衡阳、株洲，素称湖南的“南大门”。

岗脚村位于苏仙区以北岗脚乡中部，俗称老岗脚，是一座拥有丰厚自然资源和多彩人文资源的古村落，也存有郴州罕见、保存完好的元朝古民居。现存的岗脚古民居为南宋名将右丞相李庭芝的后裔所建。

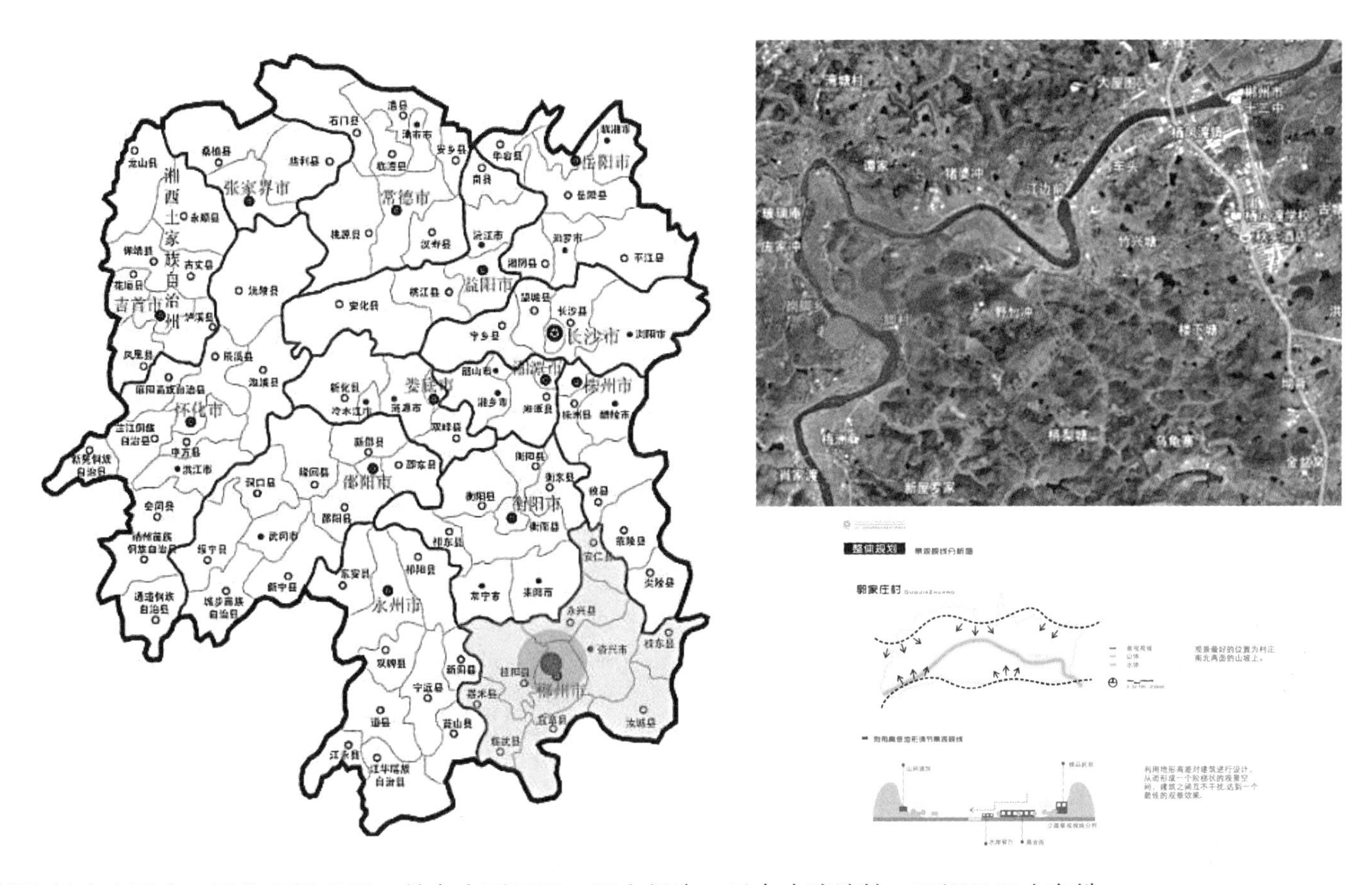

岗脚村山水围合，面临开阔平原，前有山形屏风，河水径流，后有山脉遮掩，可谓是风水宝地。

规划概念

设计中以生态环境优先为原则，充分体现对人的关怀，坚持以人为本，从宏观着眼，整体设计。在规划的同时，辅以景观设计，最大限度地体现古民居本身的底蕴，设计中尽量保留古民居原有的积极元素，如居住区主要干道及商业街道路均由原有主干道发展而来，既节约了建设投资，又有利于分期建设。

李庭芝后人以老岗脚为“主树干”，如树状般生息繁衍迁移，其繁衍聚落同样如树枝一样已然焕发出新的生机。这次规划就是让作为主树干的老岗脚在现代文化的影响下，在保持自己已成型的社会结构和群落建筑肌理的前提下，焕发老岗脚的新生机，并谋求其可持续发展。

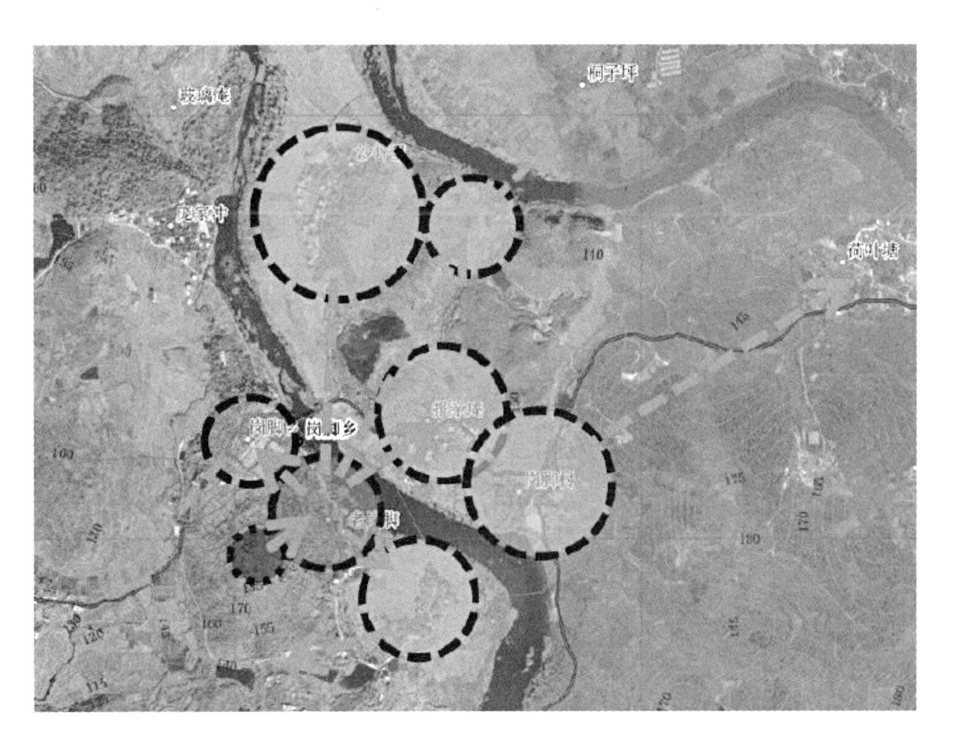

为此我们对老岗脚进行了11个维度的分析，从可达性、建筑年代、植被分析、材质与肌理、铺装分析、功能分析、基础设施、建筑层数分析、装饰分析、公共与私密性、建筑构造对村组整体评估。

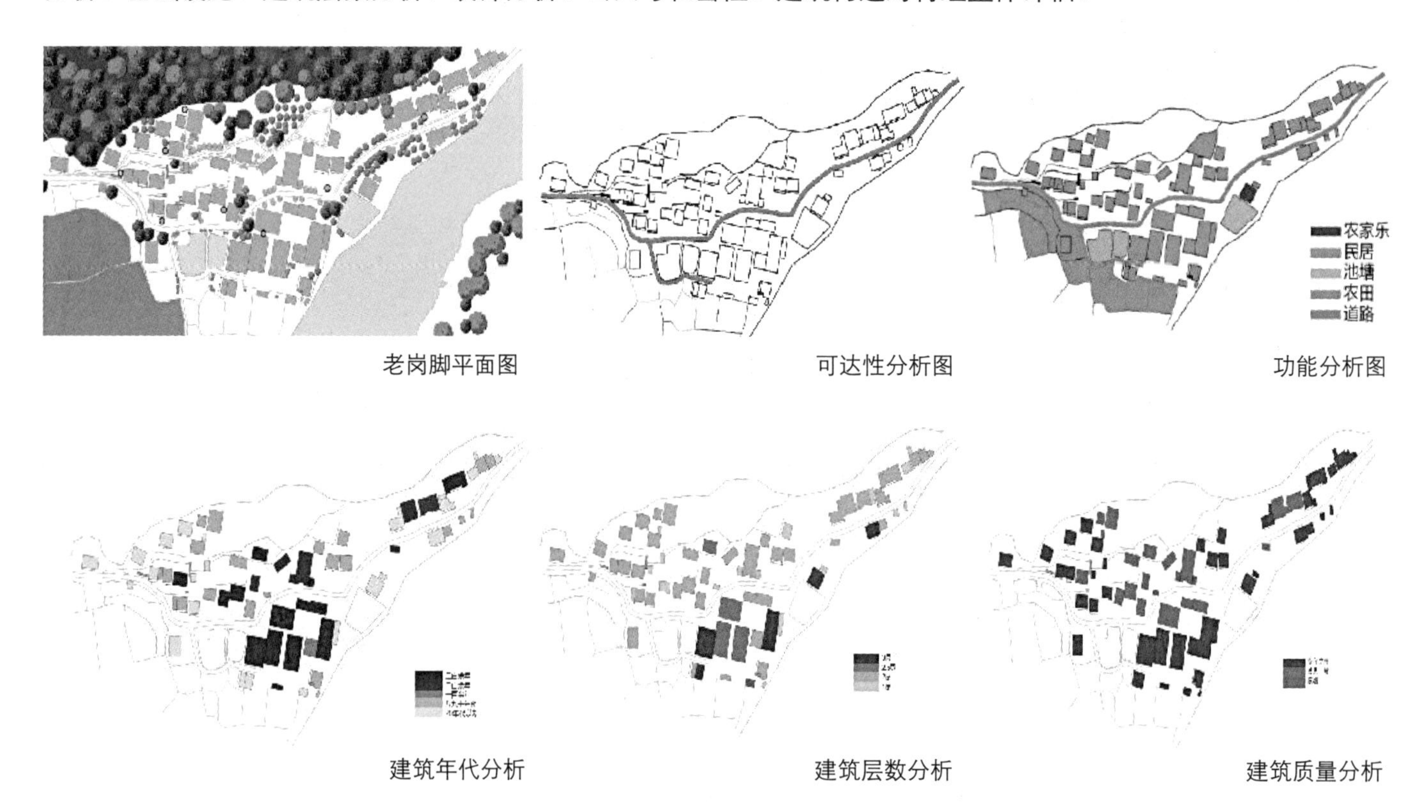

老岗脚平面图　　可达性分析图　　功能分析图

建筑年代分析　　建筑层数分析　　建筑质量分析

方案设计

①采取整体对待、严格保护的措施。保护传统街巷空间格局，区域内古建筑和环境以保护和维护为主。

②保持区域内街巷走向和基本形态，保持街巷及两侧建筑的原有尺度关系。

③根据建筑评估与分类，对建筑物、构筑物分别采用修缮、维修、整治更新等处理方式，临街建筑、重点建筑、历史环境要素等进行外观修缮装饰，保持与传统格局和历史风貌相协调。

④加强栖河水体周边的生态环境修复，同时对河道进行环境整治，采用亲水设计，使其符合历史风貌的滨河开放空间。

在岗脚文脉寻根区内设有：李庭芝纪念馆、曲艺馆、八景文化长廊、惜字炉、李庭芝滨江广场、古井、古树、陵香居、岗林茶室，古村保护站及志愿者中心等。

犀牛岗林区　　古民居参观区
新民居区　　栖河营带区
农田保护区　　沿河景观区

老岗脚	指标
用地面积	4985㎡
总建筑面积	1930㎡
容积量	0.24
绿化率	74.89%
总户数	42
建筑密度	25.19%
居住总人口	179
地上停车场	19

规划平面图

规划分区及指标图

陵香居设计

民居选址

选址现状

关于民居选址，由于湘南古民居形势传承了徽派建筑的特征，坐北朝南，依山面水而建。背靠山体，山上的树木可调节局部气候环境，冬天山体可阻北风侵袭，维持建筑取暖，夏天南向气流经过水田、水塘后变凉，吹进建筑可缓解湿热。由于南方降水充沛，树木茂盛，山体贮水量大，山脚多有古井，供村民饮用及灌溉。

陵香居恰巧符合湘南古民居选址要求，背靠犀牛岭，前有荷花塘、水田及栖河环抱，眺望远处又有笔架山象征文人景观。位于主交通道旁，又处于李氏宗族从高岗迁移至山脚的文脉轴上，还有古井荷塘依傍。

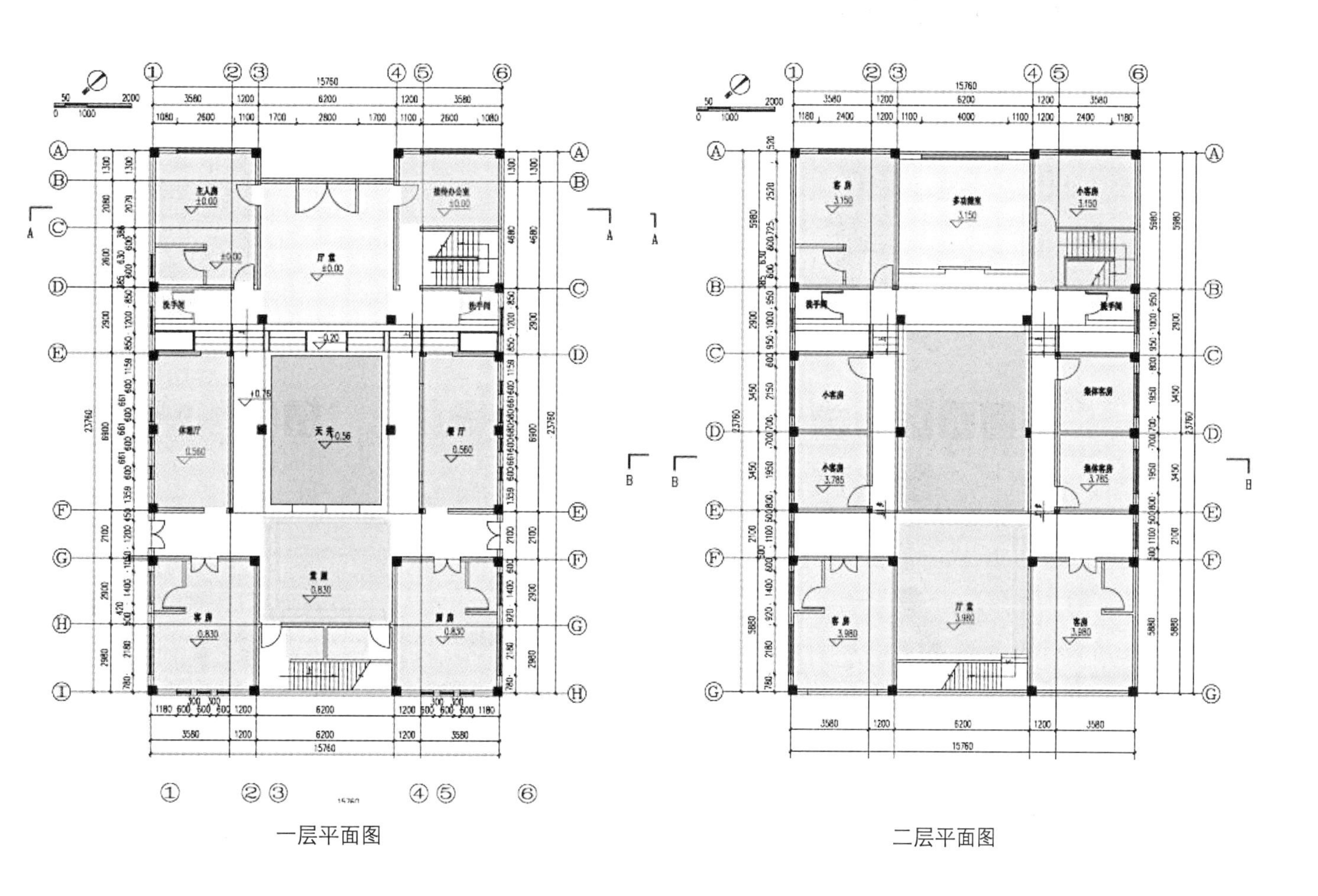

一层平面图　　二层平面图

一层功能：厅堂、天井、堂屋、接待办公室、主人房、客房、餐厅、休憩吧、厨房、洗手间

二层功能：厅堂、天井、多功能室、小客房、客房、集体客房、洗浴卫生间

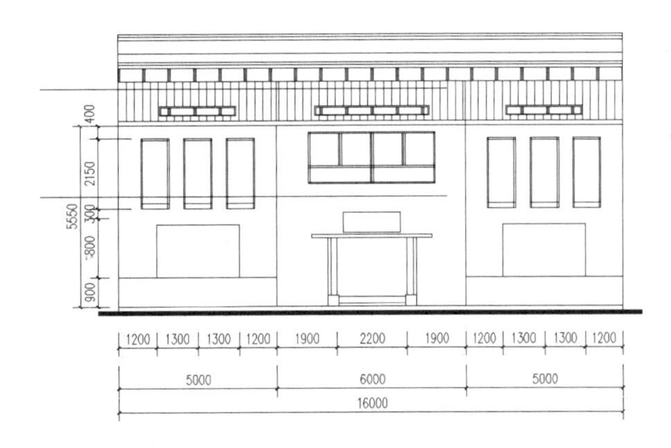

正立面图

背立面图

正立面彩图

背立面彩图

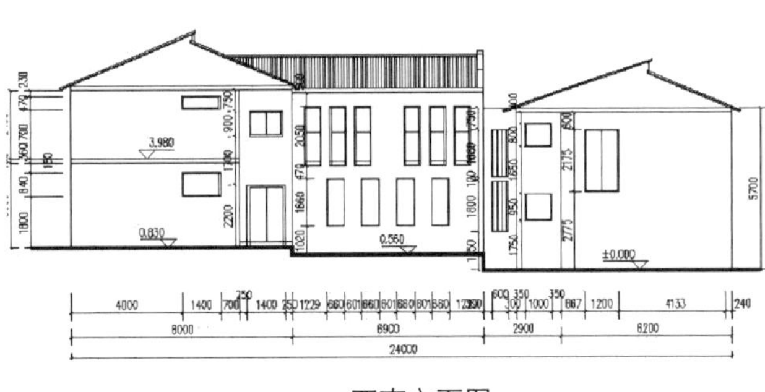

西南立面图

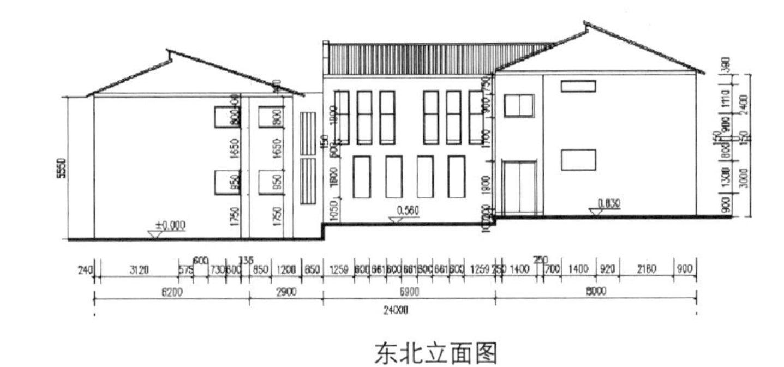

东北立面图

西南立面彩图

东北立面彩图

岗脚村生态农庄服务区设计

Ecological Farm Service Area Design in Gangjiao Village

学　生：冯小燕
导　师：王小保　沈竹
学　校：湖南师范大学
专　业：环境艺术设计

鸟瞰设计效果图

基地概况

郴州市位于湖南省东南部，地处南岭山脉与罗霄山脉交错、长江水系与珠江水系分流的地带。总面积1.94万平方公里，总人口约506万人。自古以来为中原通往华南沿海的咽喉。既是“兵家必争之地”，又是“文人毓秀之所”。

苏仙区，郴州市委市政府驻地，别称“福城”。地处湖南省南部，郴州市中部，湘江支流耒水上游。

栖凤渡镇地处苏仙区北部，南距郴州市22公里，北距永兴县20公里，25个行政村，6个社区居委会，299个村民小组，总面积103.96平方公里，人口5.7万。

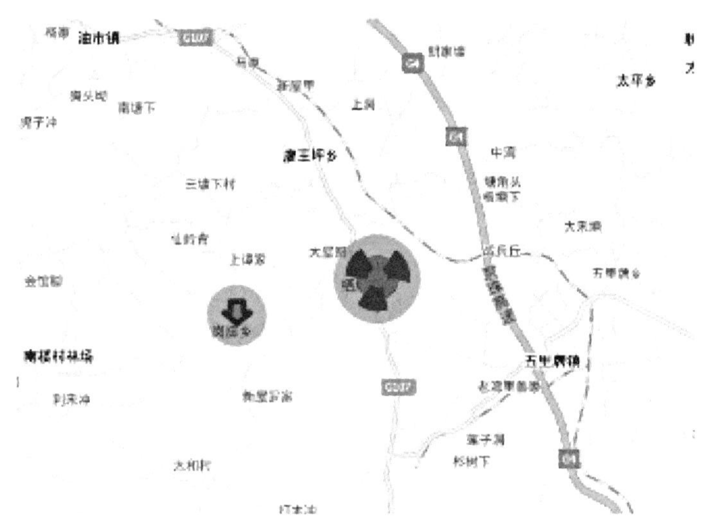

岗脚村

整体规划定位：打造及农事活动、农田景观、民生体验、休闲娱乐、环境保护等融为一体的生态养生休闲农庄。

综合服务区定位：提供舒适园林环境，亲近田园，放松心情，最大化满足游客的住宿、吃饭、娱乐、消费等各种需求，同时给当地村民休闲提供方便。

建筑规模：规划总面积约4621m²，建筑占地面积约930m²。

栖凤渡镇岗脚村地形图

院落空间概念

院落空间的组织方式是中国传统建筑最为典型的语言法则。院落将散落的单体建筑组织起来，中轴线又将院落组织起来，这样使建筑群的层次逐级地构成，形成多层次的空间组合。传统院落是一个明显轴线对位的空间结构，空间的秩序感极强，有主有次，有先有后。一个庭院是一个空间的层次，以门作为各个庭院的连接。庭院之间形成空间的对比与转换，也形成了空间的分隔与引导、空间的拓展与界定，使空间本身获得不同的韵律感和节奏感。

院落分析

院落作为建筑空间基本组织手法之一，有其独特的空间构成特征，在经历了数千年的历史演变之后，仍被广泛应用于现代建筑之中。

中国传统院落建筑的主要特征是以木构架房屋为主的封闭型院落式平面布局，其院落式空间组合形态，现知最早最严谨的实例出现在距今约3000年前的陕西岐山凤雏村的早周遗址中。此后随着高台建筑的逐步衰落消亡，除个别少数民族地区外，这种院落形式就成了中国建筑在平面布局上的约定形式。

空间的提取、生成

根系联系

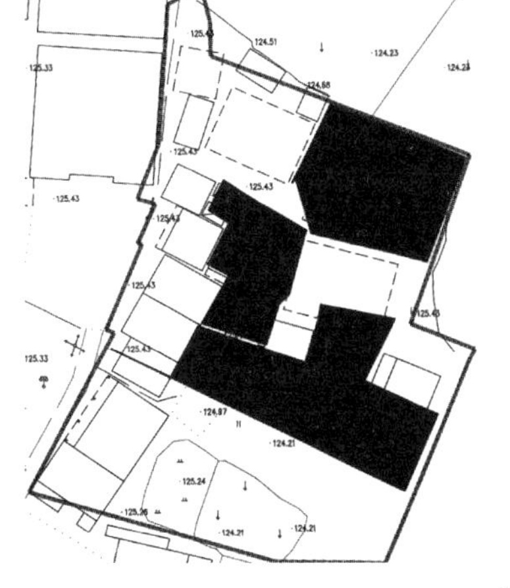

空间组合

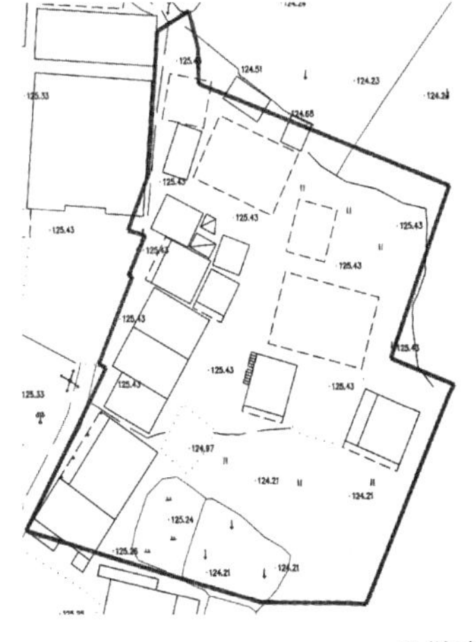

分散空间

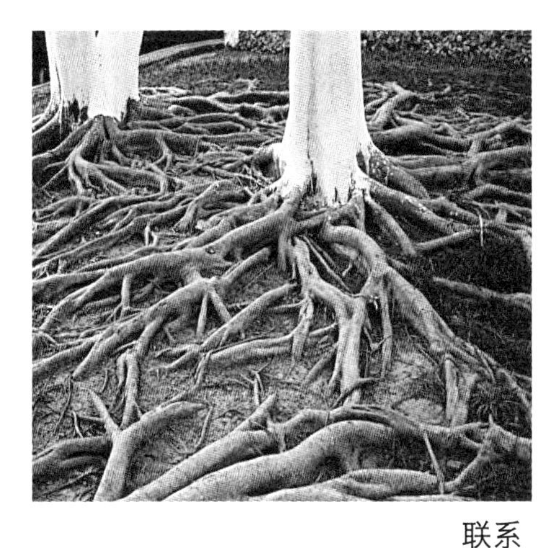

联系

贯通

轮廓

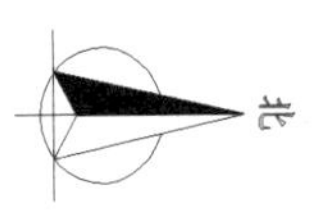

接待区
展览室
餐饮区
公共卫生间
商店
医疗中心
住宿区
茶室和咖啡室

彩色总平面图

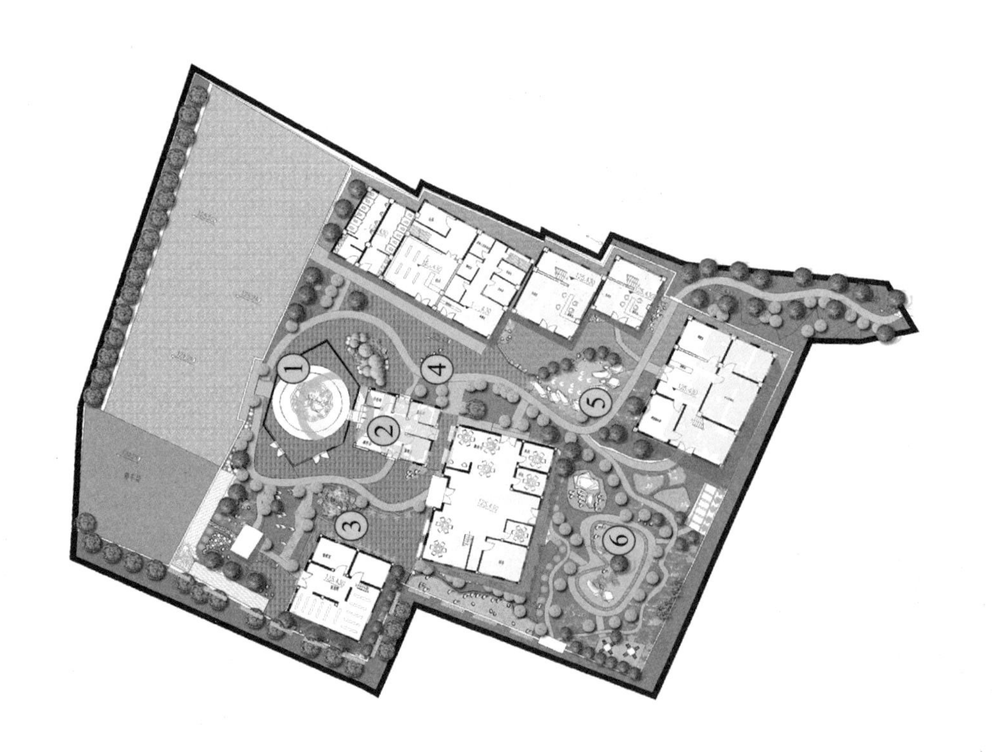

1 入口广场
2 前庭院
3 展览区庭院
4 服务区景观
5 住宿区庭院
6 后花园

彩色平面图

平面分析

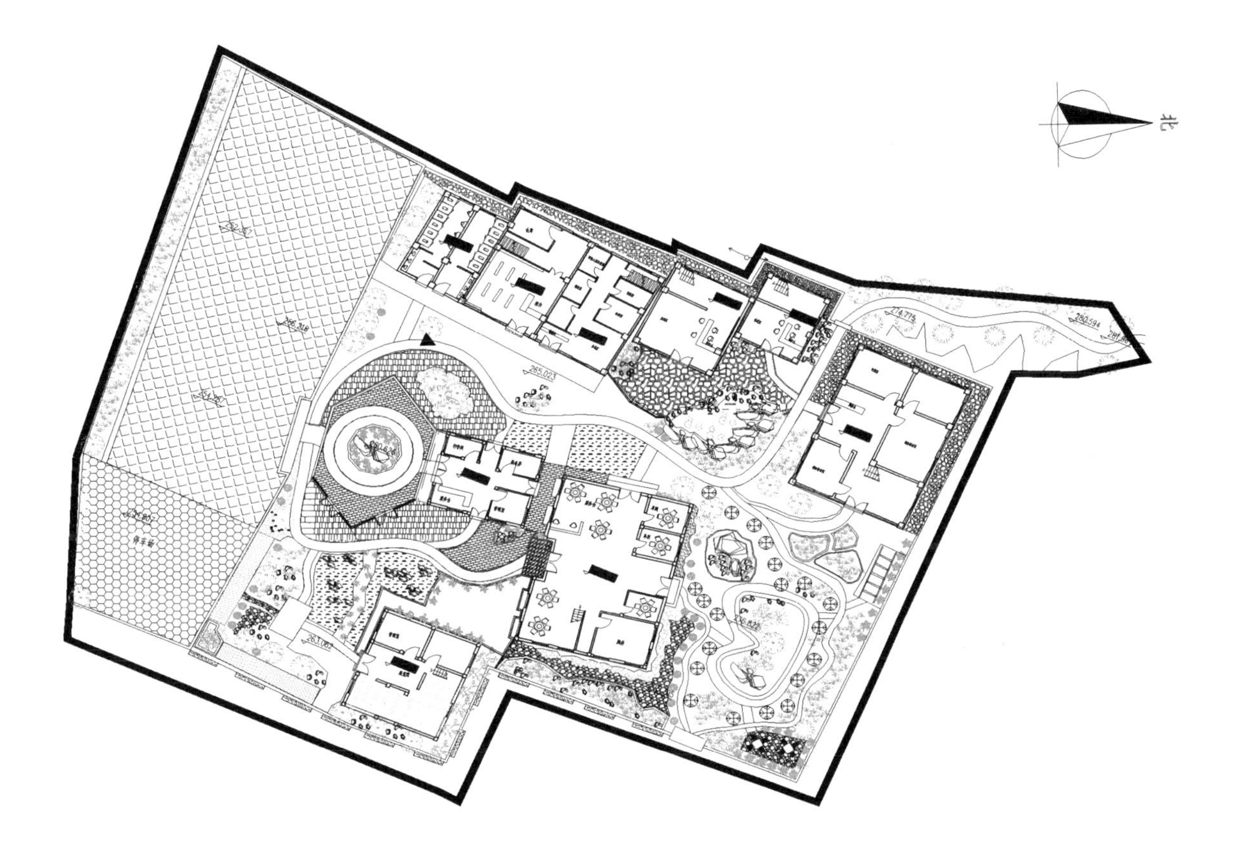

总平面图

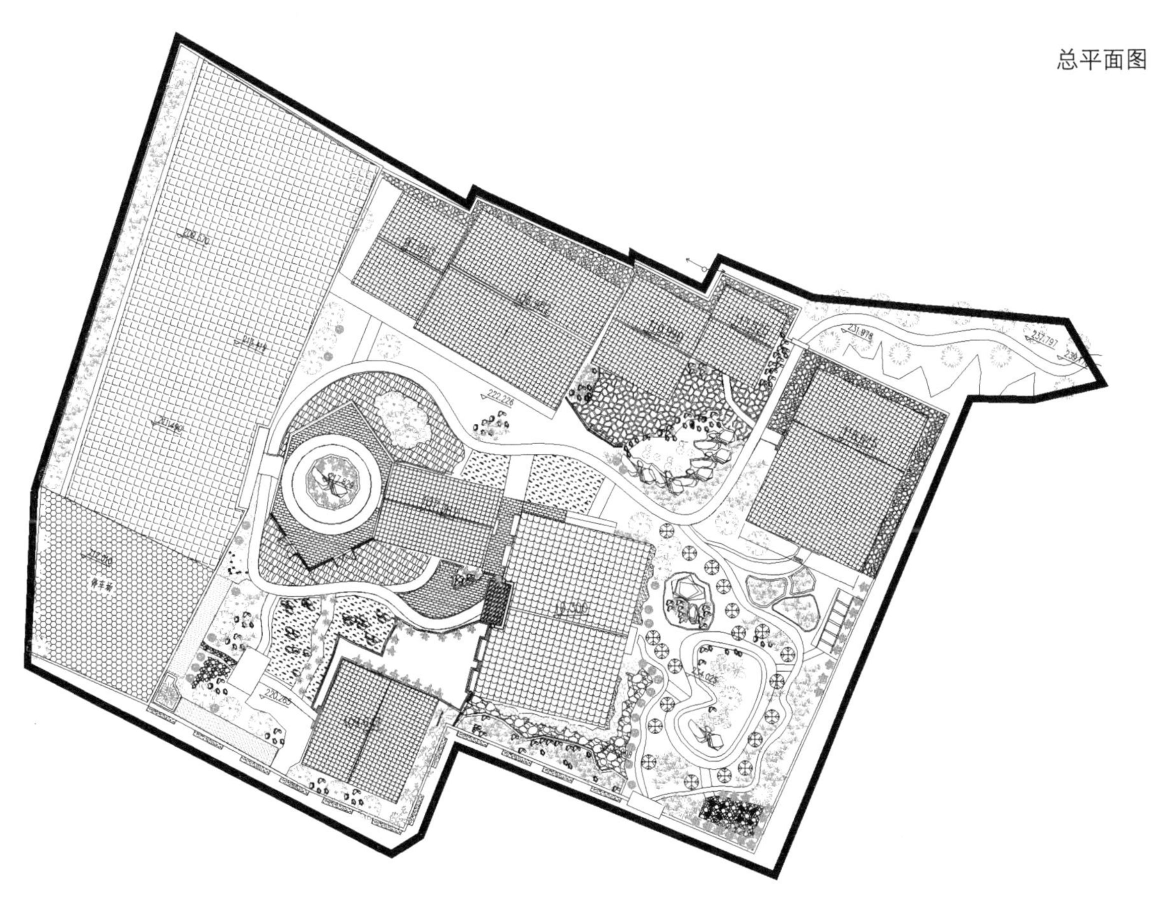

屋顶平面图

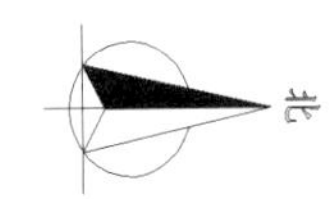

- 垃圾桶
- 路灯
- 栏架
- 座椅

基础设施布局分析图

院落分为前、中、后三个庭院，根据树根的原理再加上原有的道路设计院内的道路，从入口广场开始贯通院内的各个不同功能的建筑，有两个入口和一个通向田园的入口，消防通道为主要的道路，人可以由三个出入口进行疏散，建筑为两层，楼上人群也可以及时疏散。

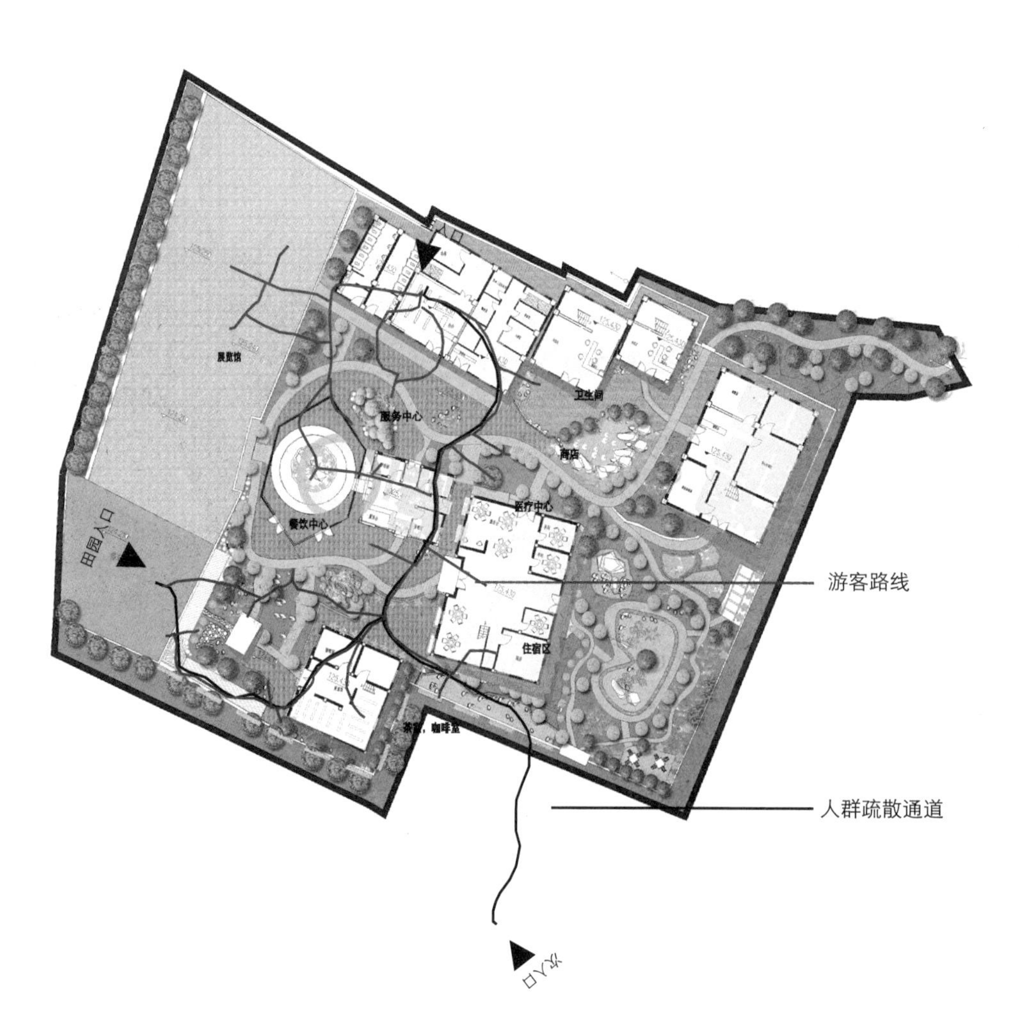

交通布局分析图

安吉剑山湿地公园民宿酒店设计

Vacation Home and Landscape Design in Jianshan Village Huzhou City Anji County

学　生：张浩

导　师：陈卫潭　徐莹

学　校：苏州大学

专　业：建筑学

山居民宿客房效果图

在建设美丽乡村的大方针政策下，凭借剑山优质的自然资源，充分发挥场地的自然条件特色，发展精品民宿产业，提升乡村旅游经济，实现乡村生态圈与文化创意经济的重构。

基地概况

基地位于安吉县剑山村，安吉县地处浙江西北部，是湖州市辖县之一，北靠天目山，面向沪宁杭。建县于公元185年，县名出自《诗经》“安且吉兮”之意。安吉县生态环境优美宜居，境内“七山一水二分田”，层峦叠嶂、翠竹绵延，被誉为气净、水净、土净的“三净之地”，植被覆盖率75%，森林覆盖率71%，是国家首个生态县、全国生态文明建设试点县、全国文明县城、国家卫生县城、国家园林县城和国家可持续发展实验区，是全国联合国人居奖唯一获得县。安吉县特色产业发展迅猛。三大特色产业“竹业、茶业和椅业”构成安吉的三张名片。

基地区位

剑山村借助生态和地理两大优势，开发高端吃住一体化的美丽乡村，以项目提升农民生活环境，壮大村集体经济。

设计概念

◇葺居

美人所居，如种花之槛，插枝之瓶。沉香亭北，百宝栏中，自是天葩故居。儒生寒士，纵无金屋以贮，亦须为美人营一靓妆地，或高楼，或曲房，或别馆村庄。清楚一室，屏去一切俗物。中置精雅器具，及与闺房相宜书画，室外须有曲栏纡径，名花掩映。如无隙地，盆盎景玩，断不可少。盖美人是花真身，花是美人小影。解语索笑，情致两饶。不惟供月，且以助妆。

修洁便是胜场，繁华当属后乘。

◇缘饰

饰不可过，亦不可缺。淡妆与浓抹，惟取相宜耳。首饰不过一珠一翠一金一玉，疏疏散散，便有画意。如一色金银簪钗行列，倒插满头，何异卖花草标。服色亦有时宜。春服宜倩，夏服宜爽，秋服宜雅，冬服宜艳；见客宜庄服，远行宜淡服，花下宜素服，对雪宜丽服。吴绫蜀锦，生绡白苎，皆须褒衣阔带；大袖广襟，使有儒者气象。然此谓词人韵士妇式耳。若贫家女典尽时衣，岂堪求备哉？钗荆裙布，自须雅致。

花钿委地无人收，方是真缘饰。

◇雅供

闲房长日，必需款具。衣橱食柜，岂可溷入清供？因列器具名目：天然几、藤床、小榻、醉翁床、禅椅、小墩、香几、笔、砚、彩笺、酒器、茶具、花樽、镜台、妆盒、绣具、琴箫、棋枰。至于锦衾褥画帐绣帏，俱令精雅，陈设有序，映带房栊。或力不能办，则芦花被絮茵布帘纸帐，亦自成景。又须以兰花为供，甘露为饮，橄榄为肴，蛤蜊为羹，百合为荠，鹦鹉为婢，白鹤为奴，桐柏为薪，薏苡为米，方得相称。

总规划演变

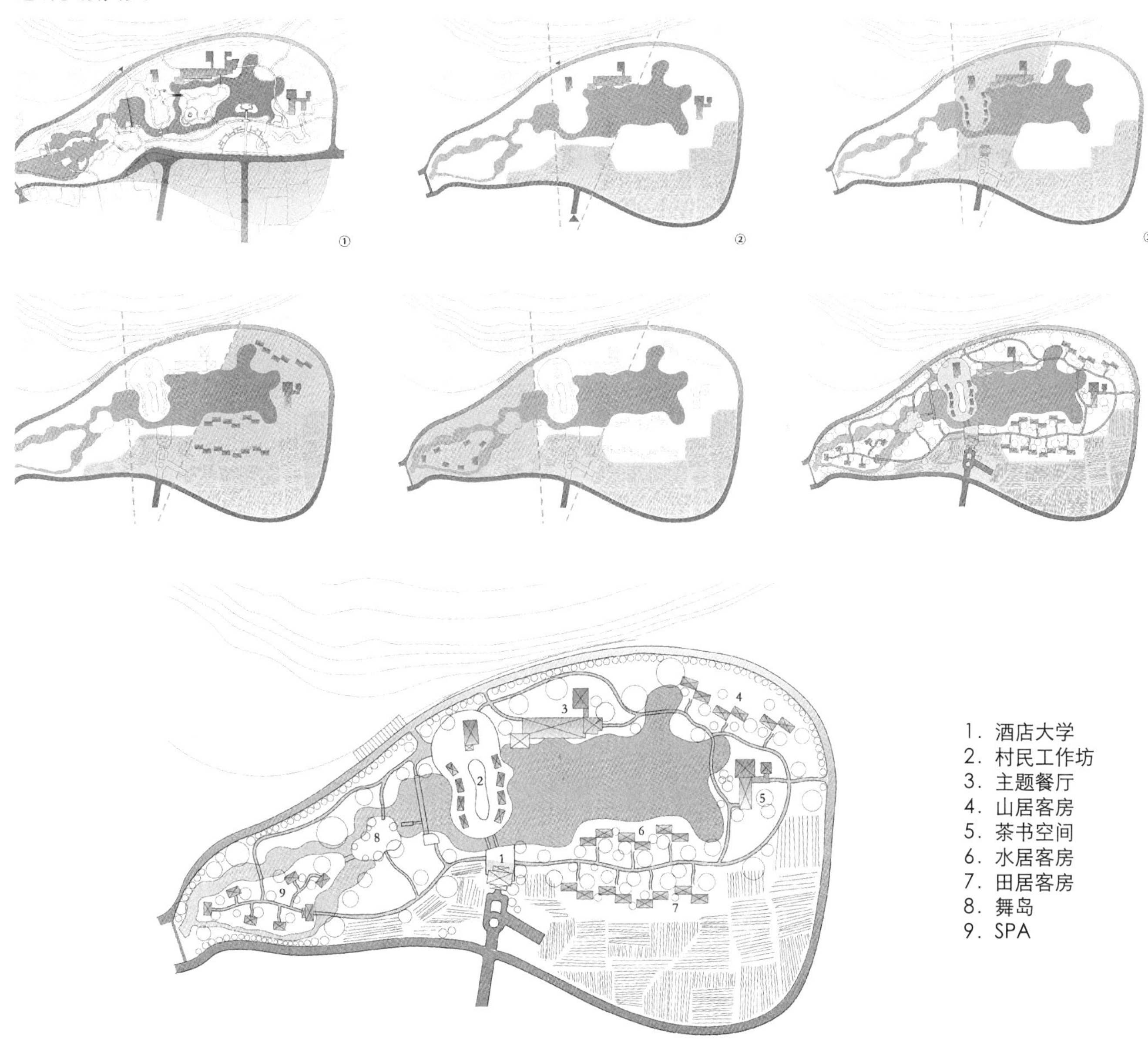

1. 酒店大学
2. 村民工作坊
3. 主题餐厅
4. 山居客房
5. 茶书空间
6. 水居客房
7. 田居客房
8. 舞岛
9. SPA

总平面

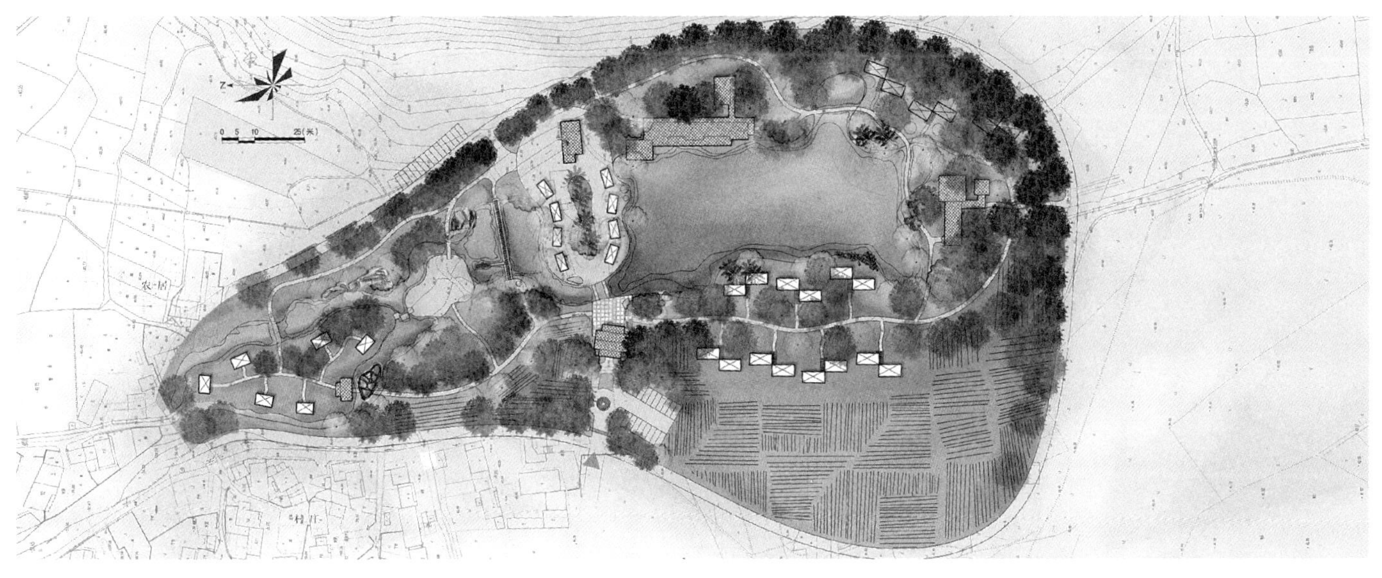

美人生活方式设计

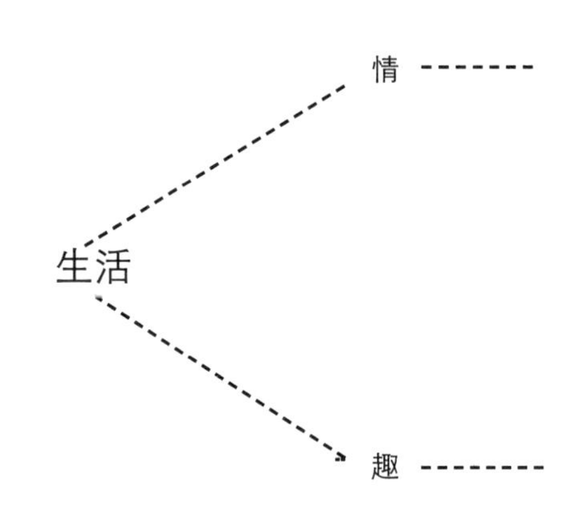

闲坐遐思

吟诗作赋

美人生活空间设计

建筑单体设计

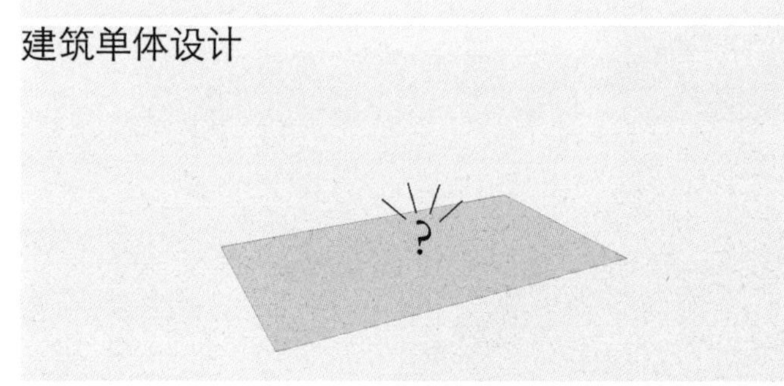

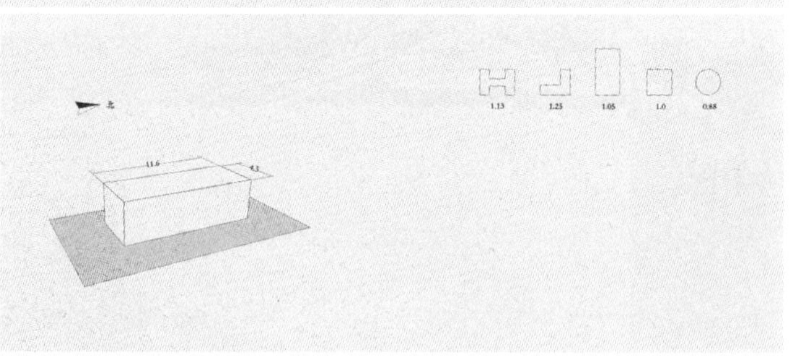

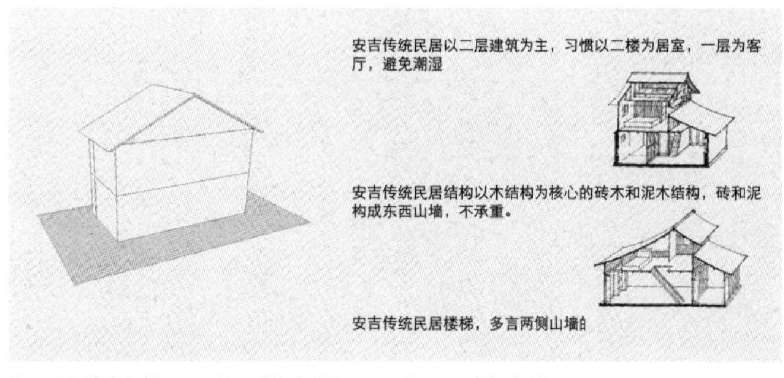

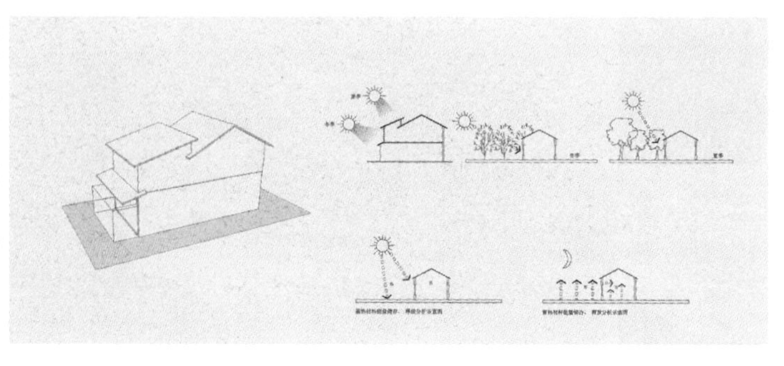

1．场地思考------ 2．基本形------- 3．二层建筑-------

山居客房一层平面图

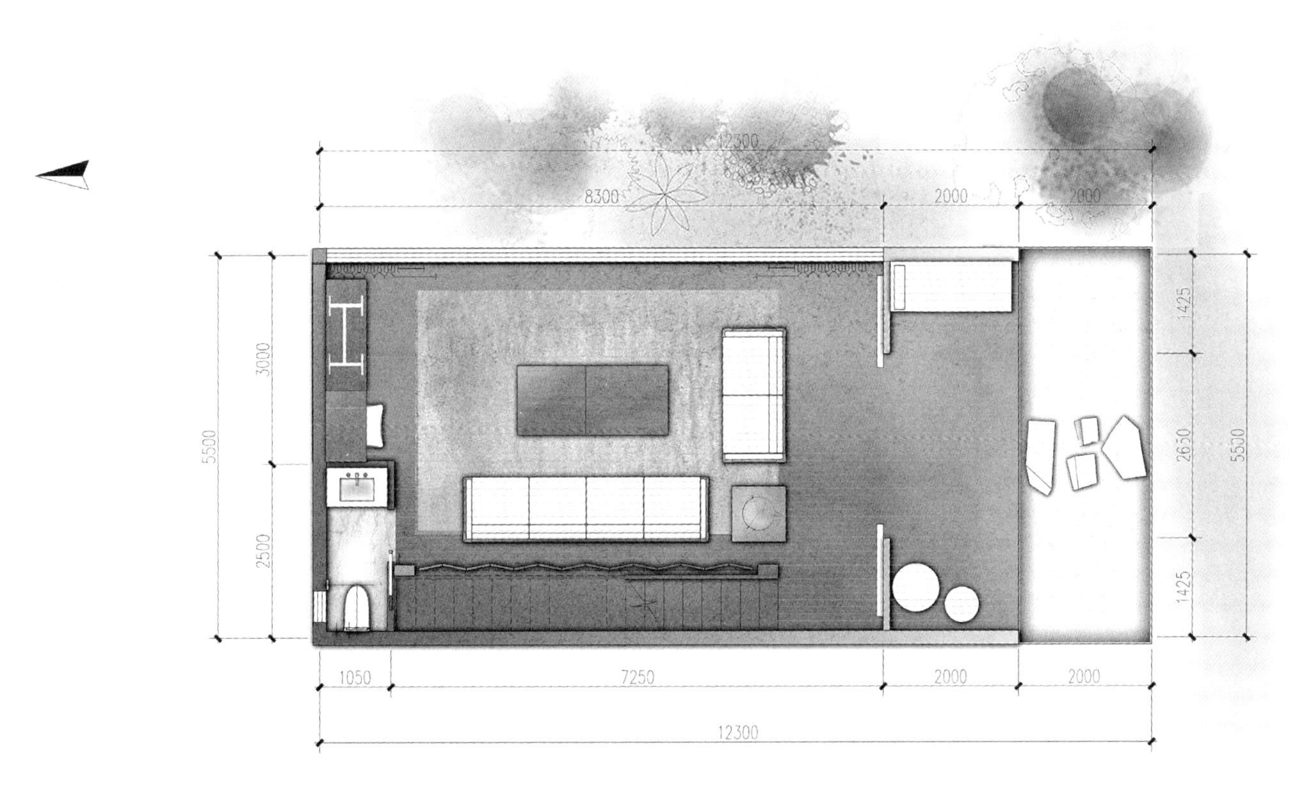

山居客房二层平面图

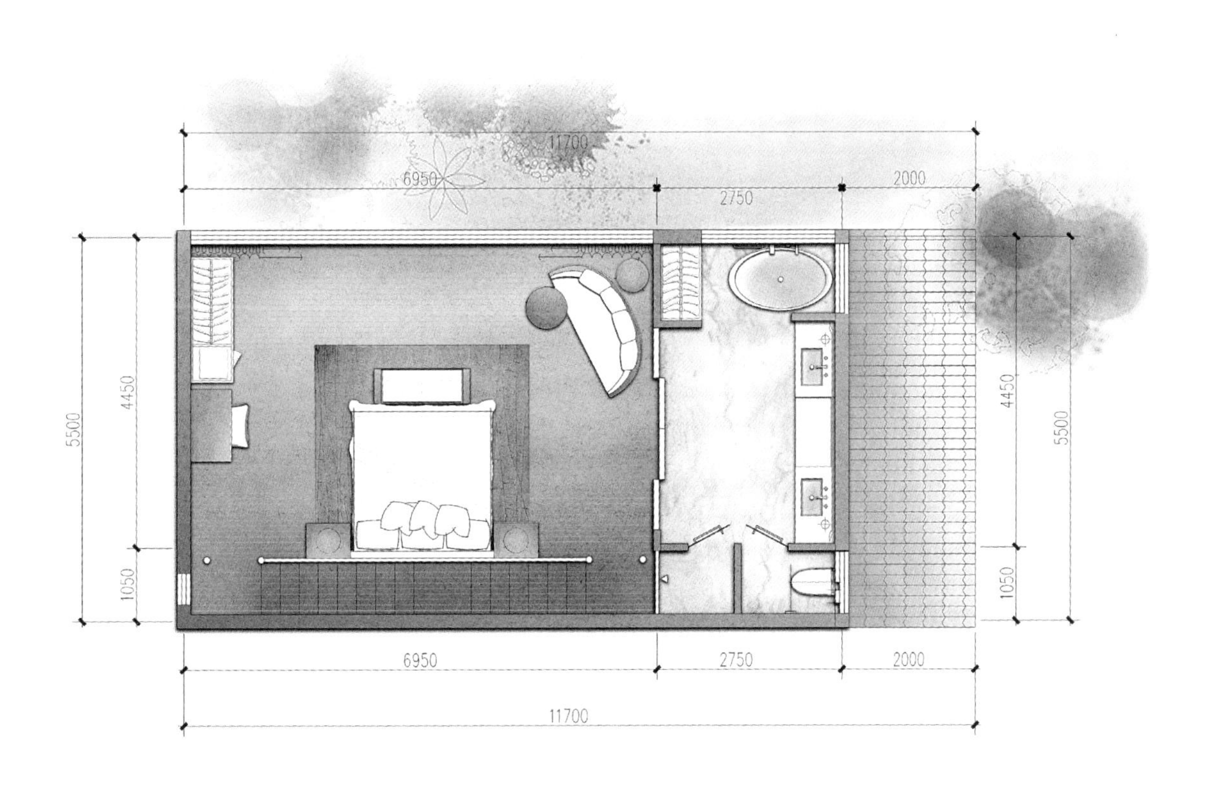

山居客厅演变

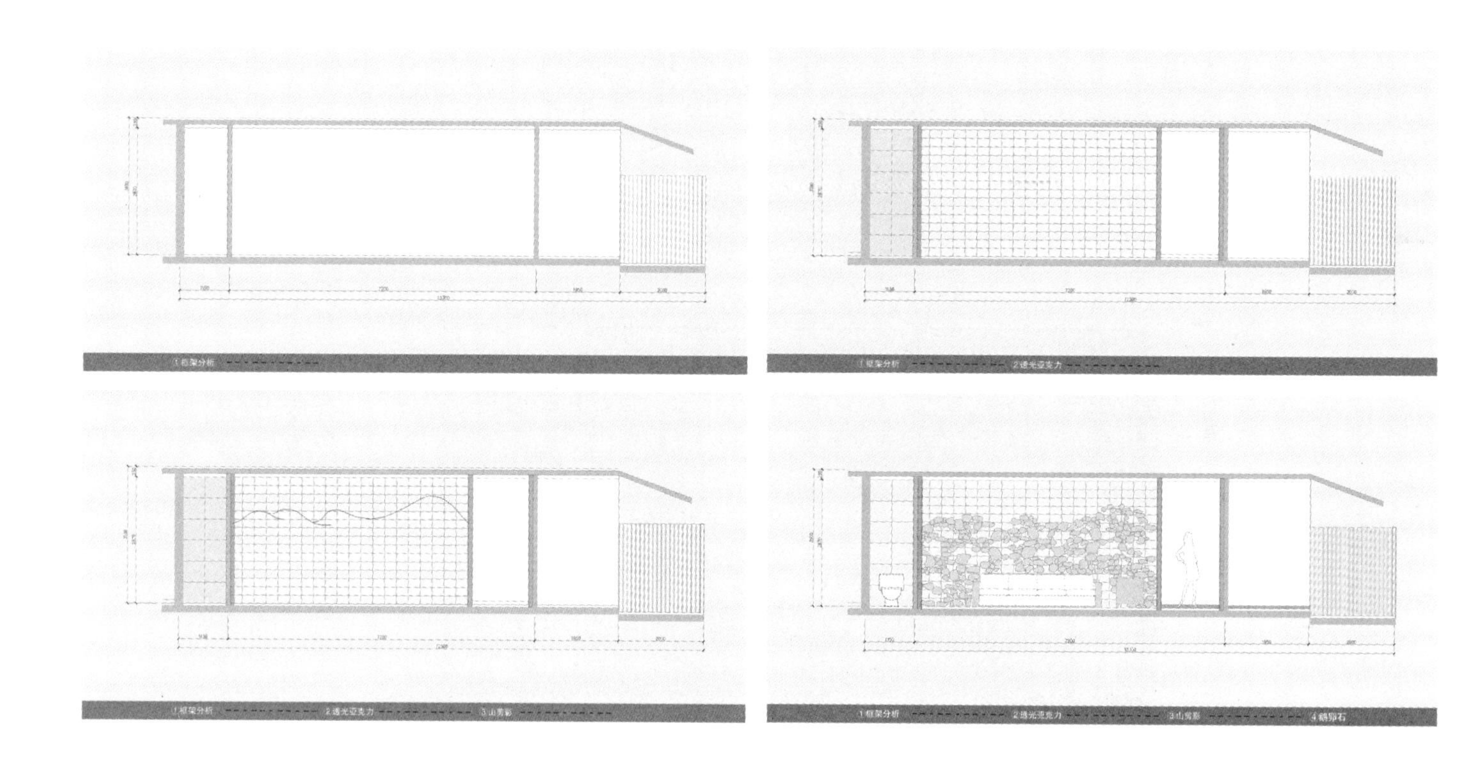

山居客厅效果图

岗脚村古居露营景观设计

The Landscape Design of the Ancient Residence in Gangjiao Village

学　生：王巍巍
导　师：王小保　沈竹
学　校：湖南师范大学
专　业：环境艺术设计

露营区局部效果图

随着经济的增长，人们生活压力也在逐渐增大，在这种环境中，越来越多的人选择露营，露营可以让人们更好地接触大自然，减小生活压力，经过数据统计在所有的露营地点中最具人气的为原始古镇……

基地概况

基地位于中国湖南省郴州市苏仙区栖凤渡镇岗脚乡，岗脚村历史悠久，文化历史渊博，沿着栖河西行，绕过一座山脚，但见栖河流水潺潺，沿桥过河便到了岗脚村口。岗脚的古民居属于全封闭式整体布局，四水归堂的天井结构，东瓶西镜的室内陈设，木雕、砖雕、石雕、泥塑精雕细刻，彩绘、壁画古色古香，屋檐、房梁、拱门、天棚、柱础造型美观，汇人物、禽兽、花木于一体，栩栩如生，姿态纷呈，古朴、典雅之中稍显奢华。

岗脚建筑分析

300余年

200余年

民俗：火仙牛斗火龙

人文：右相李庭芝

大地背景上的形态定位：与山对话，从大地升起，展现当地建筑文化，生生不息。露营定位：展现当地的一些农业文化以及封闭的、隐藏的非物质文化遗产。

场地规模：规划总面积约111137m^2，建筑占地面积约3250m^2。

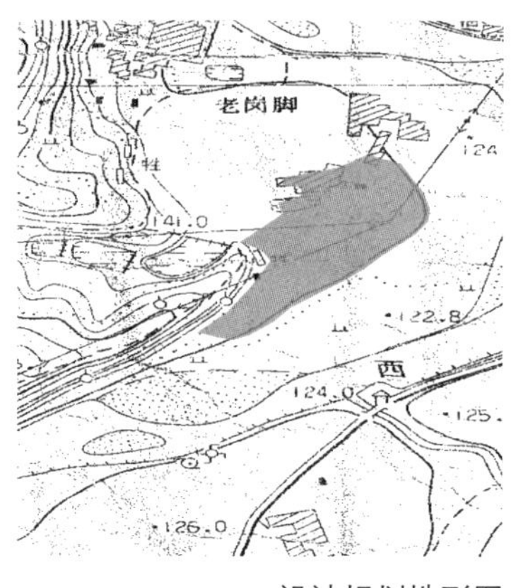

设计规划地形图

场地环境地形图

露营景观设计概念

经过调研发现当地的老人和小孩占当地人口的20%左右，考虑到对当地居民安全的影响，重点考察了民宿周围环境，结合当今经济水平的提高、人们生活方式的改变，经过调研发现中国露营基地的建设，2014～2015年的增长率达59%。

露营方式分析

1. 常规露营方式，几个人一起带着帐篷找一个环境优美、地形平坦的地方就地而居。

2. 木板式露营，为了避免草地的潮湿、虫子的危险，在草地上设置木板，人们可以在木板上安营扎寨。

3. 房屋式露营，为了满足人们对生活条件的要求，房屋内设有基本的生活设施。

4. 房车式露营，房车式露营是新型的露营方式，可以解决交通、天气等问题，比较方便。

5. 栈道式露营。

6. 吊床式森林露营。

场地地形分析

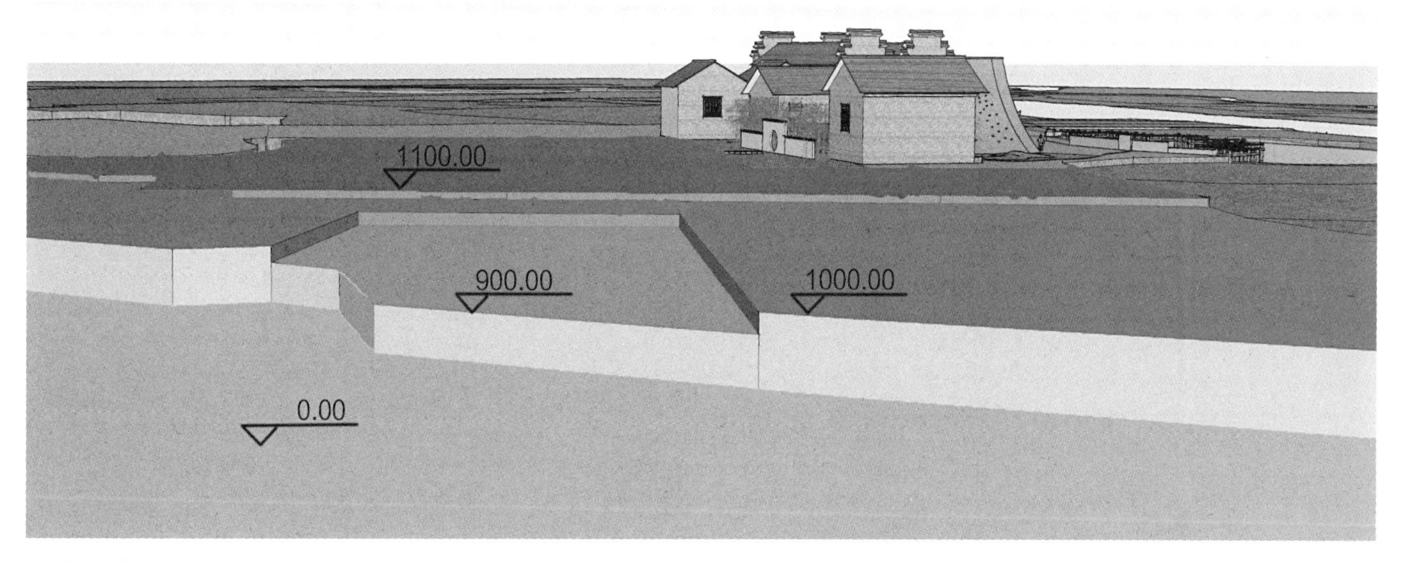

场地内地形可以分为四个等级，地形复杂高低错落，根据地形的位置和高低不同布置露营的不同方式。

夜晚光环境调研分析

当地晚上的生活非常的单调，村民晚上几乎不出门，村庄内部的路灯安放位置有些极不合理，使得村庄晚上的安全性能很低。已有的游步道灯光强度太大，照射范围很小。

农业现状分析

当地盛产竹子，竹子也是当地的景观之一。主要的农作物为茶树，茶树也是他们的主要收入来源。当地的农作物为一年两熟，除了茶树以外还有水稻、玉米、向日葵、荷花等。在果树方面有琵琶、葡萄、橘子、石榴、桃子等。农业比较丰富。

建筑立面分析

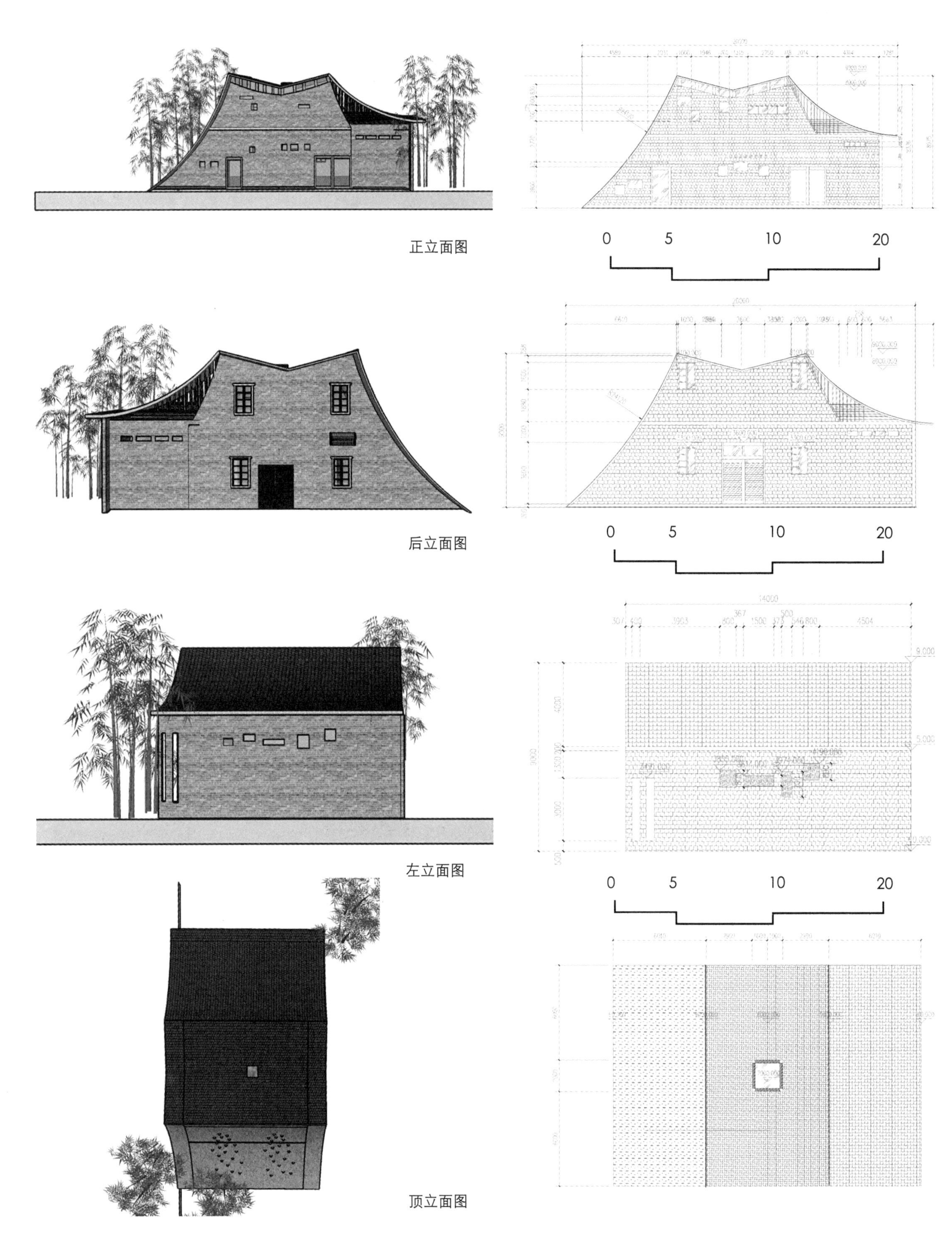

平面分析

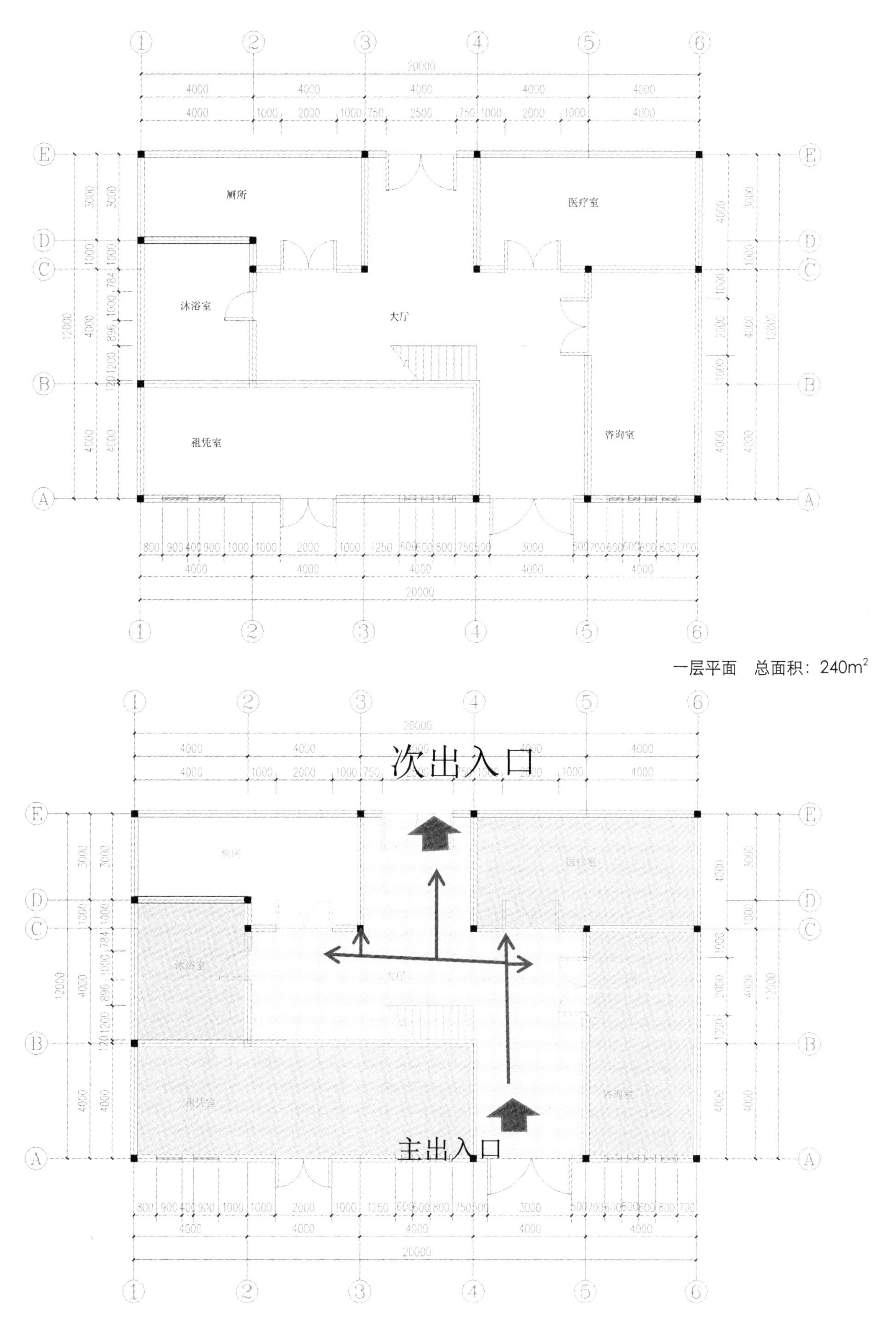

一层平面　总面积：240m^2

一层平面交通图　总面积：240m^2

平面分析

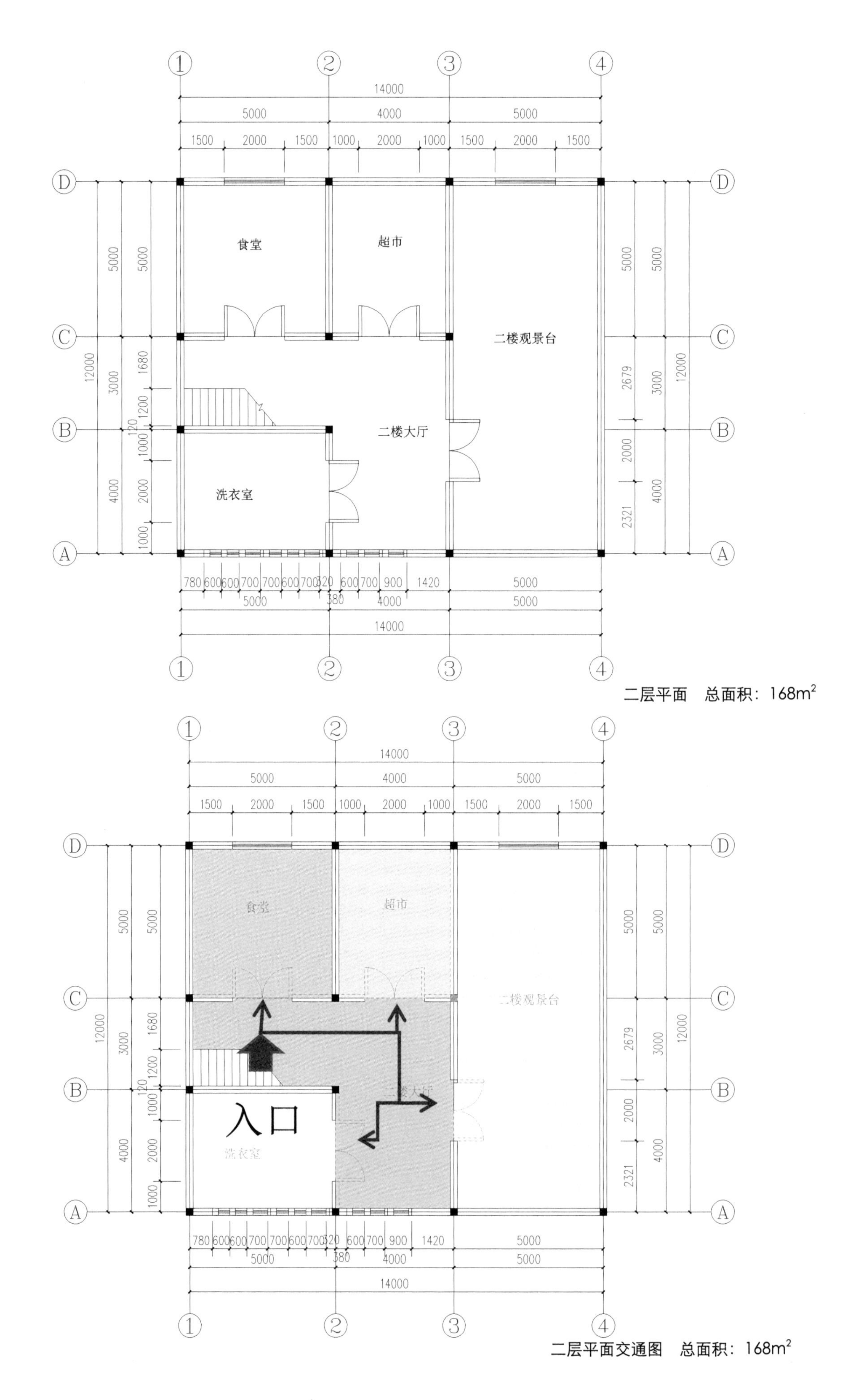

二层平面　总面积：168m^2

二层平面交通图　总面积：168m^2

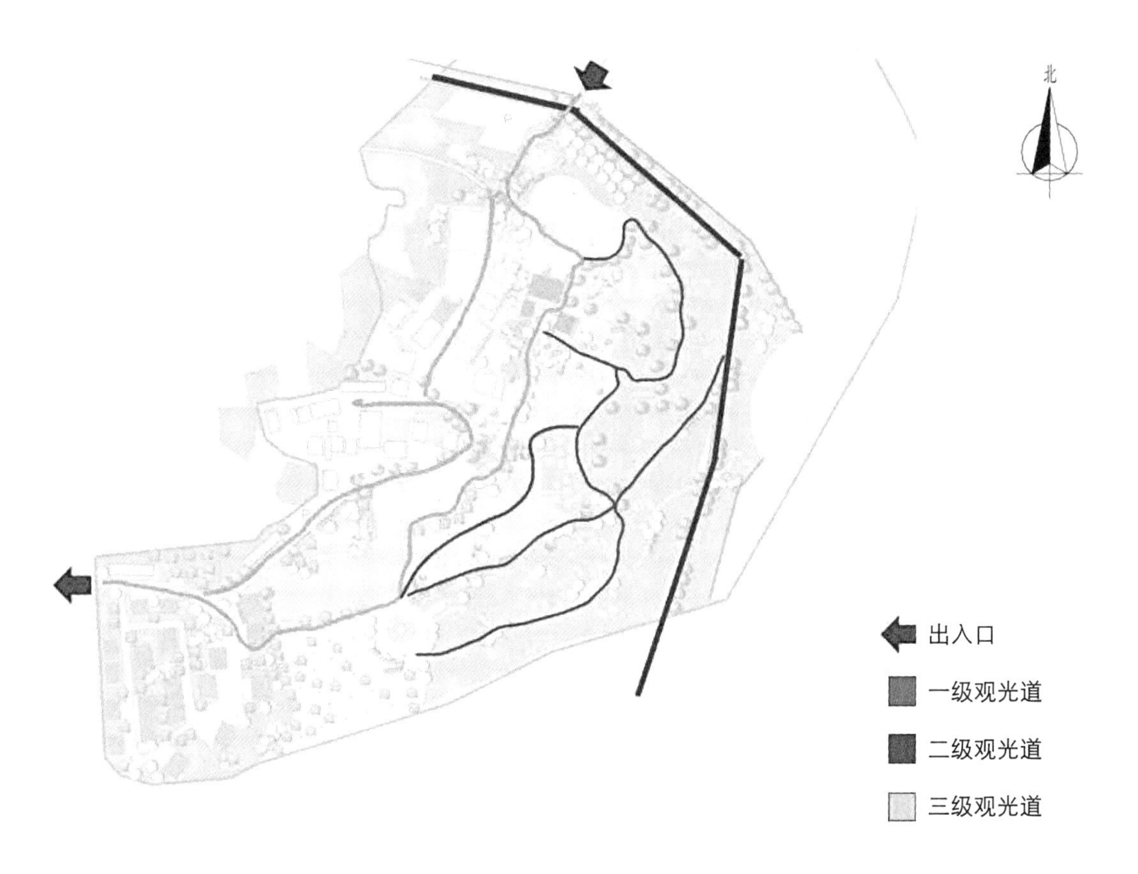

露营区道路分析图　总面积：111137m²

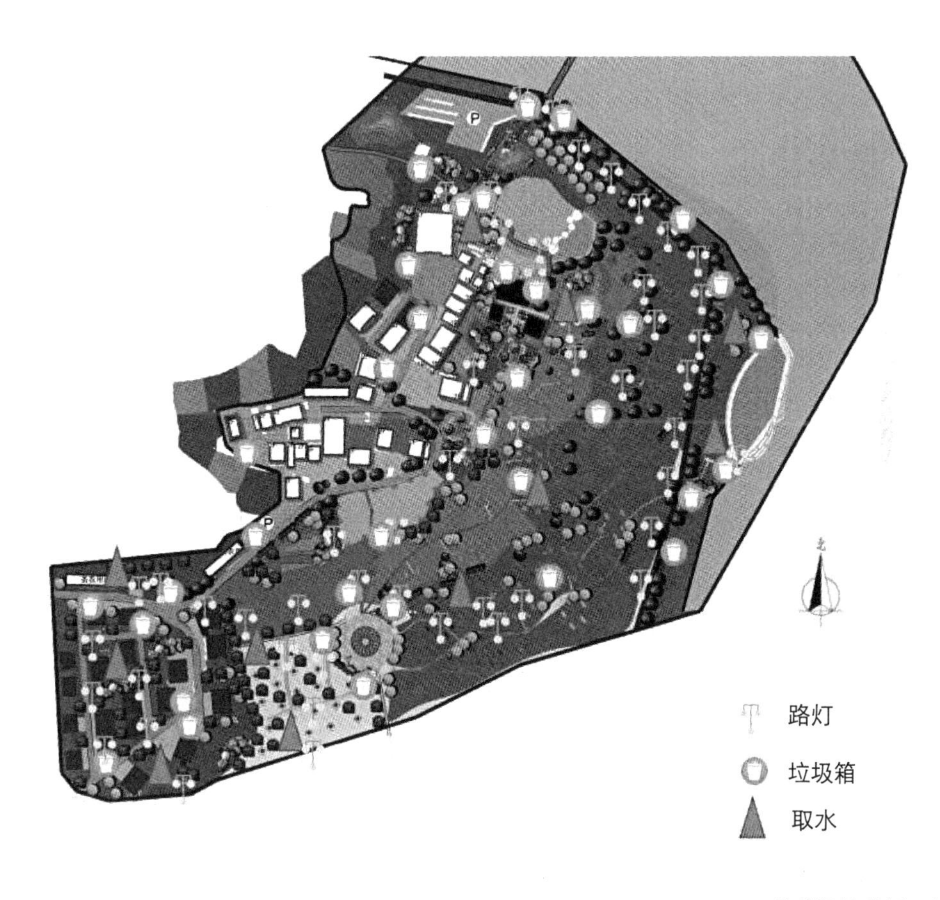

公共设施分析　总面积：111137m²

浙江省湖州市安吉剑山湿地公园观山书吧建筑与室内设计

The Mountain Book Bar Architecture and Interior Design in Jianshan Wetland Park

学　生：赵丽颖
导　师：彭军　高颖
学　校：天津美术学院
专　业：室内设计

观山书吧建筑效果图

人们在钢筋水泥的世界中慢慢迷失，乡村逐渐失去了原本的淳朴。应该把乡村还给乡村，而不是再做二手的城市梦。我认为的美丽乡村建设不是把乡村建设得多么现代多么繁华，而是追寻乡村的朴实感，使人们的精神得到共鸣，共享情感连接，做人民需要的设计。

项目定位

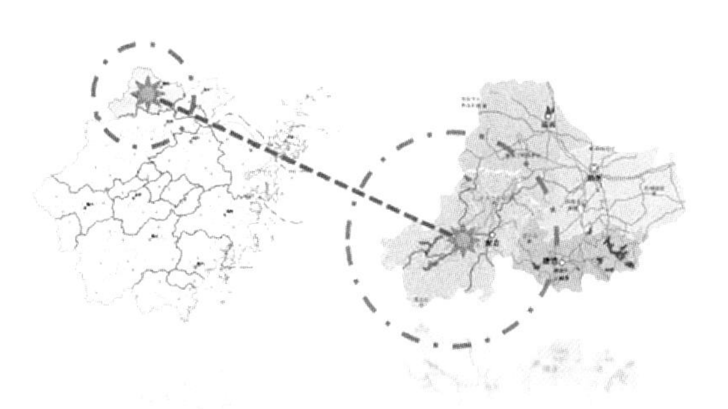

·浙江省湖州市　　·安吉县

安吉县，地处浙江西北部，湖州市辖县之一，北靠天目山，面向沪宁杭。这里生态环境优美宜居，境内“七山一水二分田”，被誉为气净、水净、土净的三净之地。

区位分析

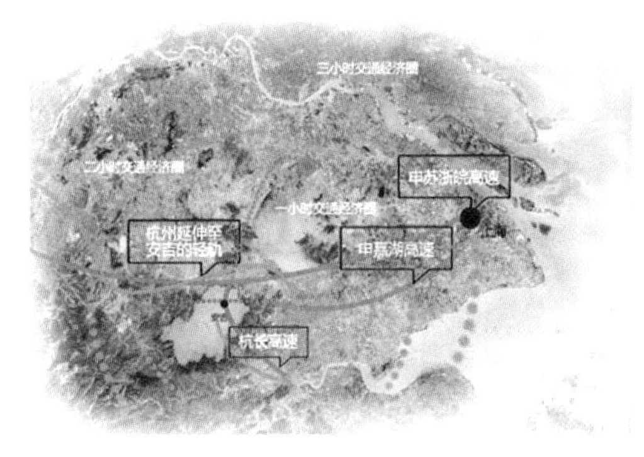

安吉县区域条件优越，地处长三角经济圈的几何中心，是杭州都市经济圈重要的西北节点，在长三角处于南京、上海、杭州交通圈上，交通条件优越。

地域特色

安吉竹乐为竹乡安吉所独有的一种艺术表现形式。

安吉白茶是一种十分珍贵的变异茶种。

安吉县古城遗址坐落在安吉县安城镇的西北部。

气候分析

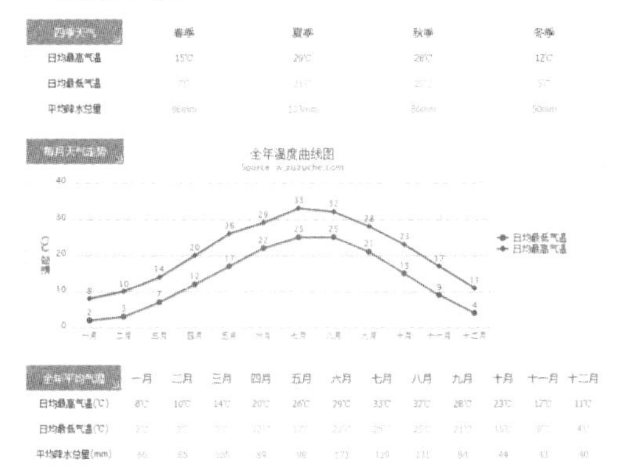

现场考察

安吉剑山湿地公园为2008年建造，但由于投资方资金问题目前处于搁置的烂尾项目，旨在依托安吉当地富饶美丽的自然风光和怡人的人居环境，实现现代版的世外桃源。

书吧功能分析

	功能	空间布局	特点
图书馆	搜集、整理、收藏图书资料供人阅览、参考	书籍陈列空间和阅读空间	信息量大，方便收集整理
传统书店	售书及各种文化音像制品	书籍陈列空间	可以购买将图书私有化
茶餐厅等	喝咖啡或茶、听音乐，用餐，阅读、下棋	就餐空间和休闲空间	休闲娱乐，环境放松优雅
书吧	及以上功能与一身，兼有休闲功能	将以上各空间既紧密相连又有所分割	新兴的休闲方式，更契合现代生活的时尚阅读方式

考虑到民宿中文化的传播问题，观山书吧概念的重要性就此形成，同时基于对项目的考察，了解到该地周边旅游项目竞争力强，使得该地对外吸引力薄弱，所以需要相对实际的、便民的设计来提高该地的存在价值和实际意义。

建筑功能分区

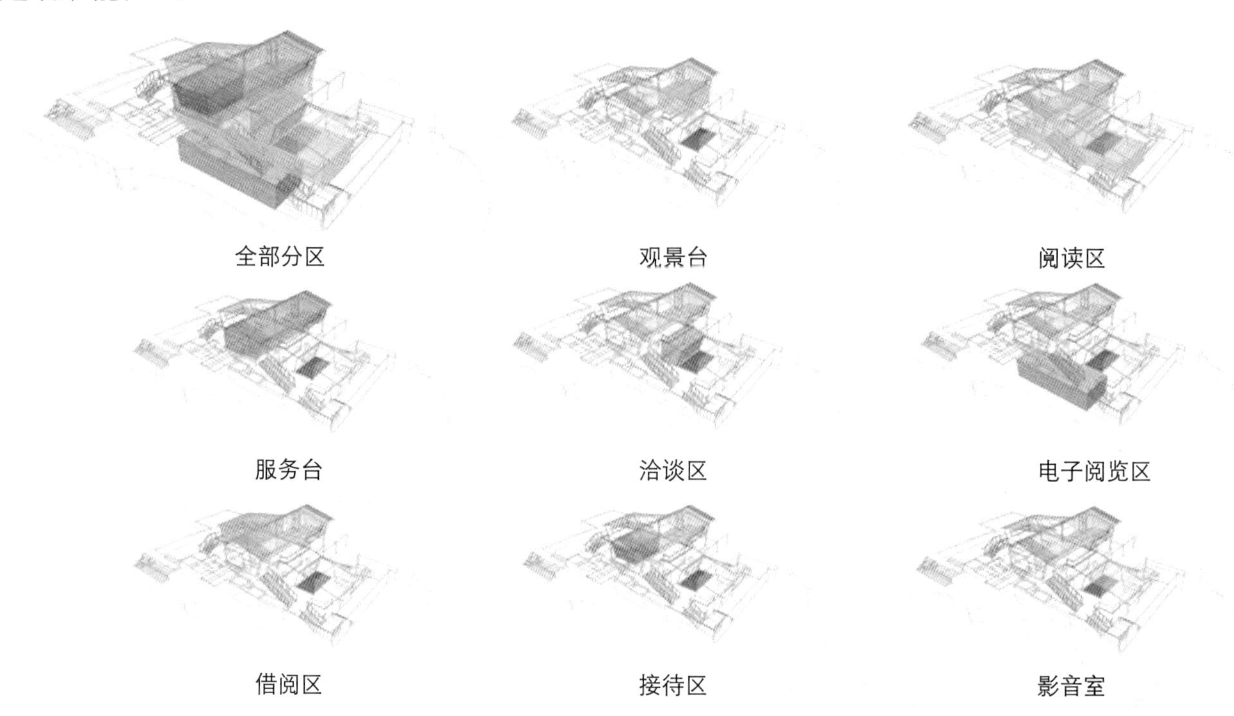

主建筑 + 周边景观面积 = $400m^2$ + $600m^2$ =$1100m^2$
通过计算是2：3的比例关系

室内空间序列

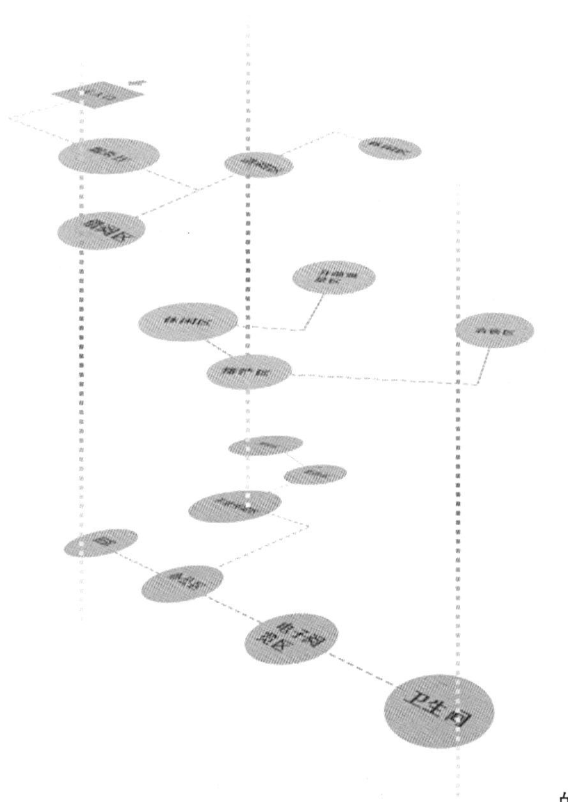

综合民族文化与地域文化的特色，将其特征以艺术化的手法赋予建筑表皮，使建筑传承历史，融于环境。

室内采光与路线分析

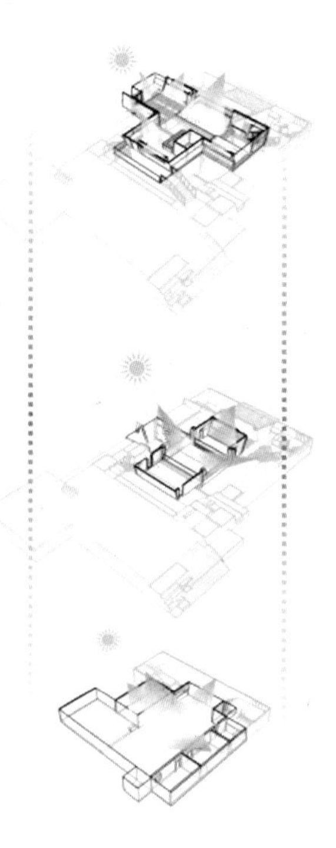

在自然采光方面，不等长的天窗斜面，顶部采光光线自上而下，有利于获得较为充足和均匀的室外光线，光照效果自然宜人，光影效果有层次感。

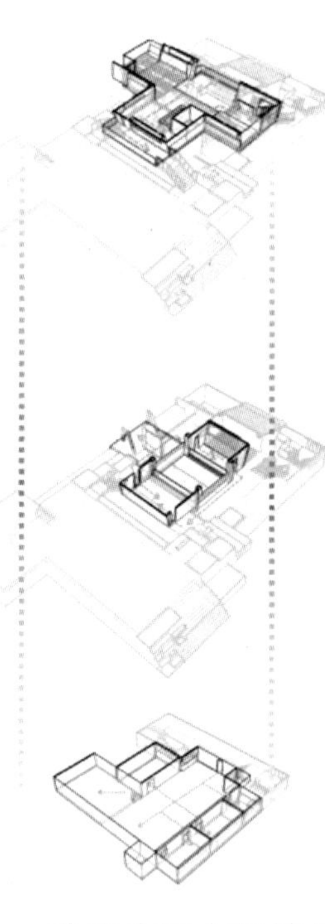

建筑内部交通路线的组织以一种韵律的表现形式，体现空间的节奏感。空间路线具有可达性。

建筑图纸展示

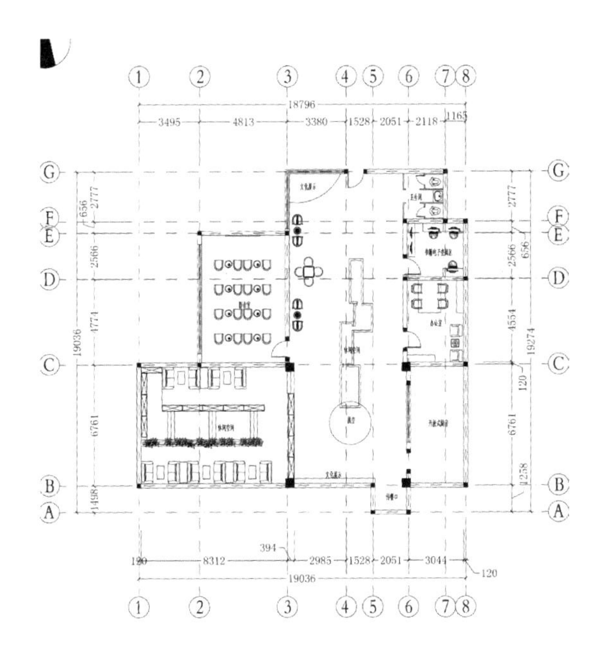

地下一层平面图

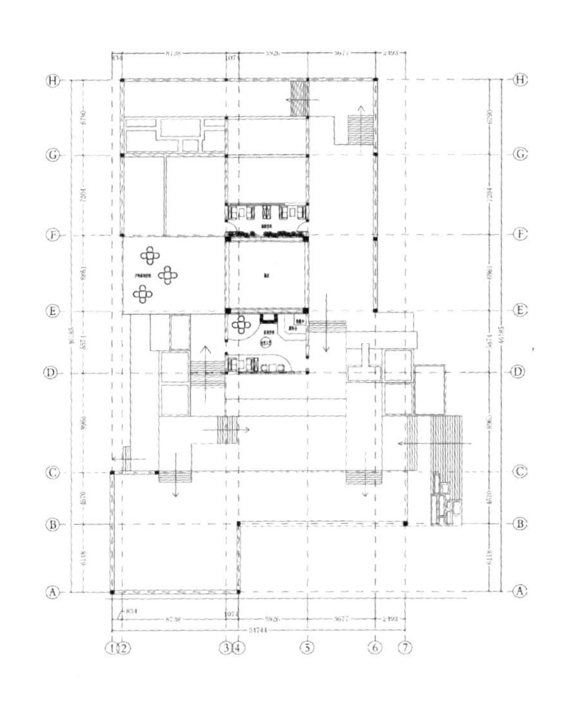

一层平面图

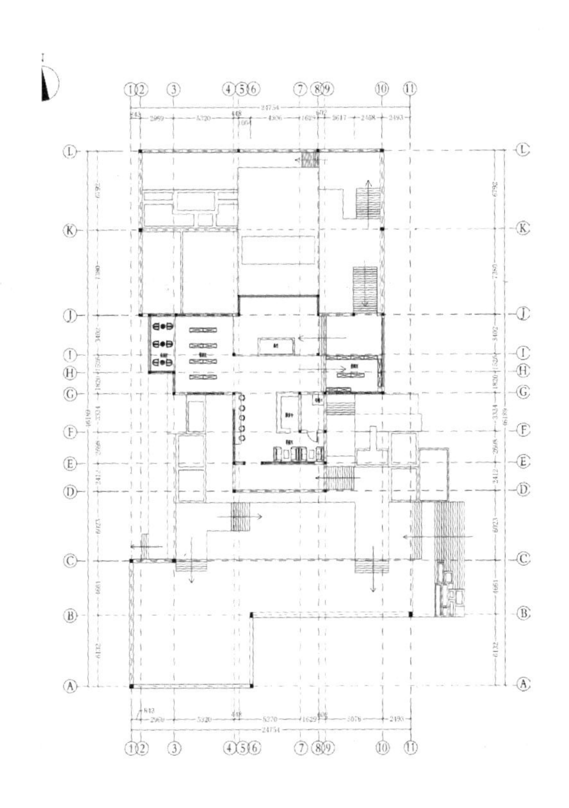

二层平面图

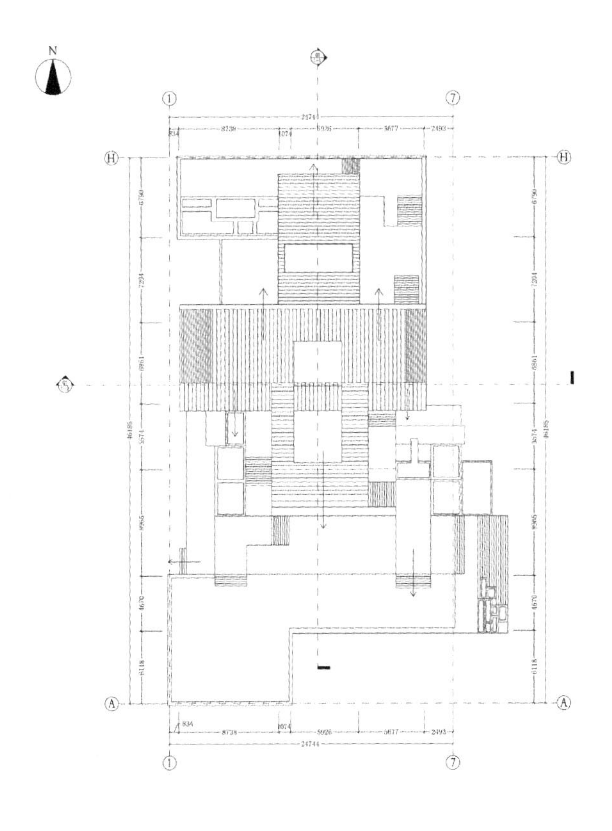

屋顶平面图

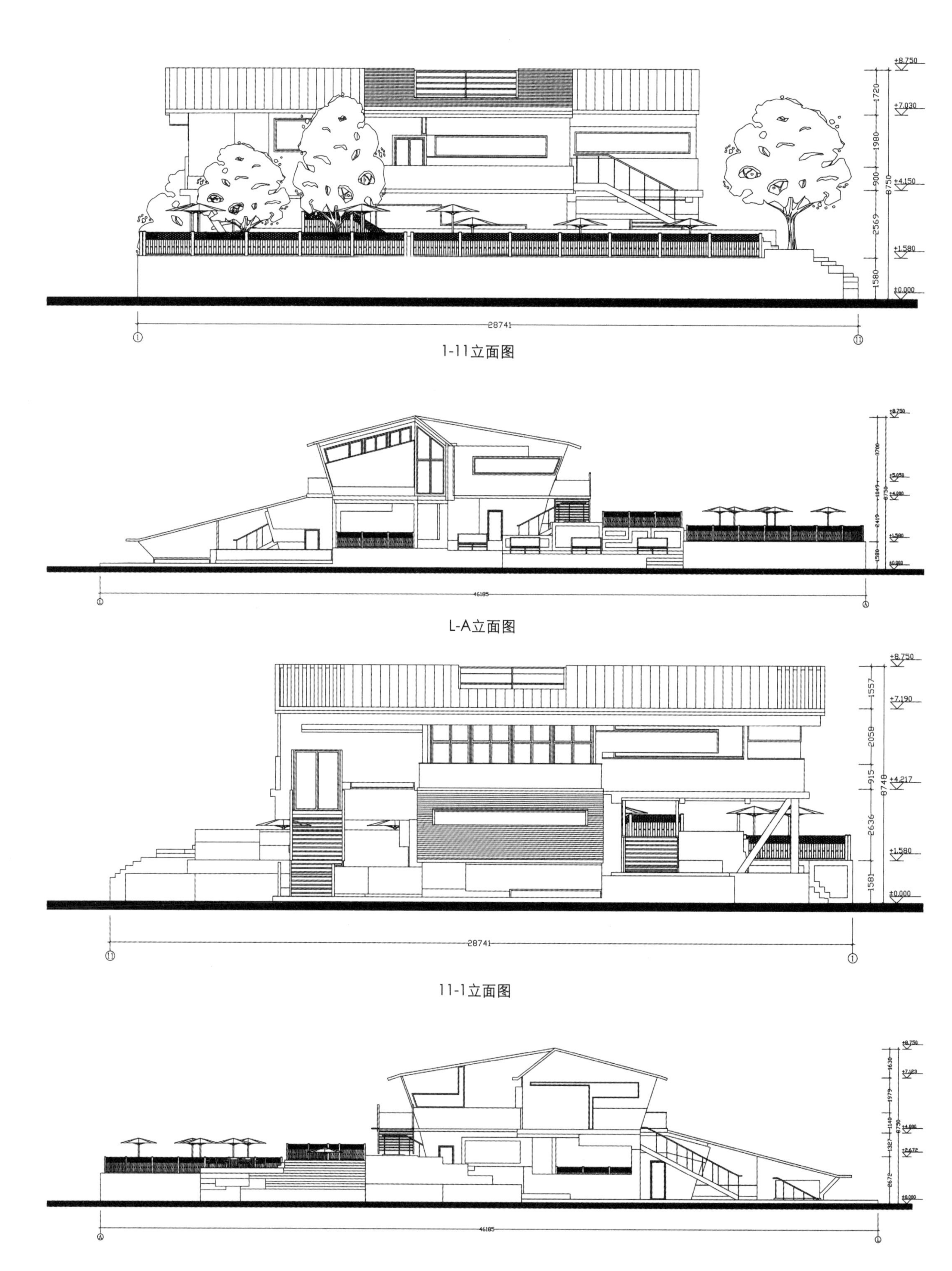

1-11立面图

L-A立面图

11-1立面图

A-L立面图

郭家庄民居改造设计

The Retrofit Design of the Residential in Guojiazhuang

学　生：李振超
导　师：段邦毅　李荣智
学　校：山东师范大学
专　业：艺术设计

民居改造效果图

郭家庄村中有112国道穿过，并且有新建公路通向郭家庄村，方便北京、天津、唐山及承德本地游客的到来，时间控制在2～3个小时范围以内。周围还有雾灵山景区、横河源景区、六里平景区，其旅游资源的优势独特，地质资源和森林资源比比皆是，也是“京东朝阳旅游线”上的一个极具卖点的自然旅游景区……

基地概况

基河北省承德市兴隆县郭家村，郭家庄村位于兴隆县城东南，南天门乡政府东侧2公里。郭家庄村全村226户，726口人，7个居民小组；全村总面积9.1平方公里。现有耕地680亩；荒山山场6000亩。交通：112国道穿过村内，村内道路支离破碎，需加以疏通与改造。基础设施优越，水电充沛。村现有闲置房屋若干。

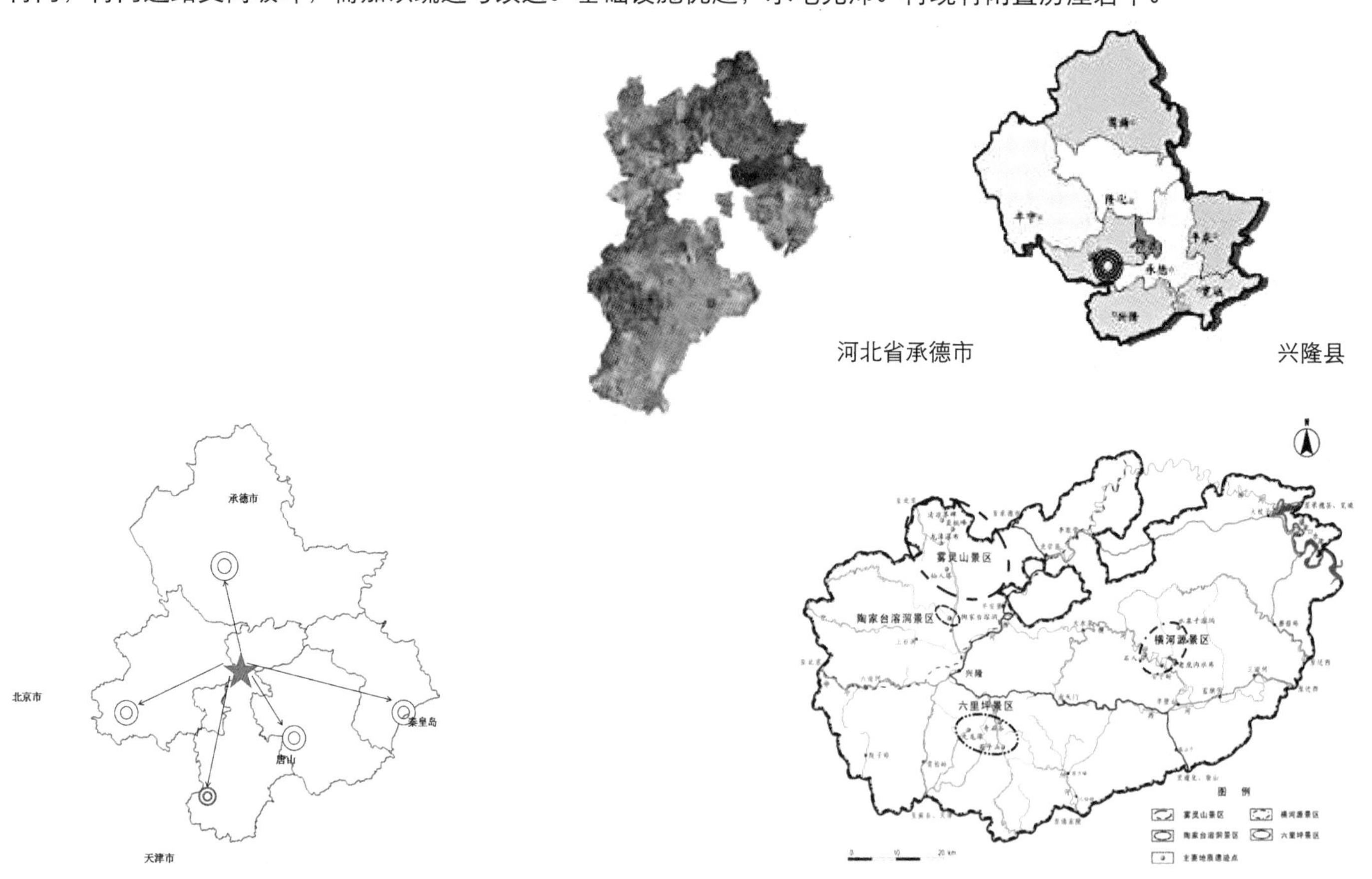

河北省承德市　　兴隆县

建筑规模：规划总面积约 142311m^2，建筑占地面积约 18734m^2。

郭家庄民居布局

基地定位

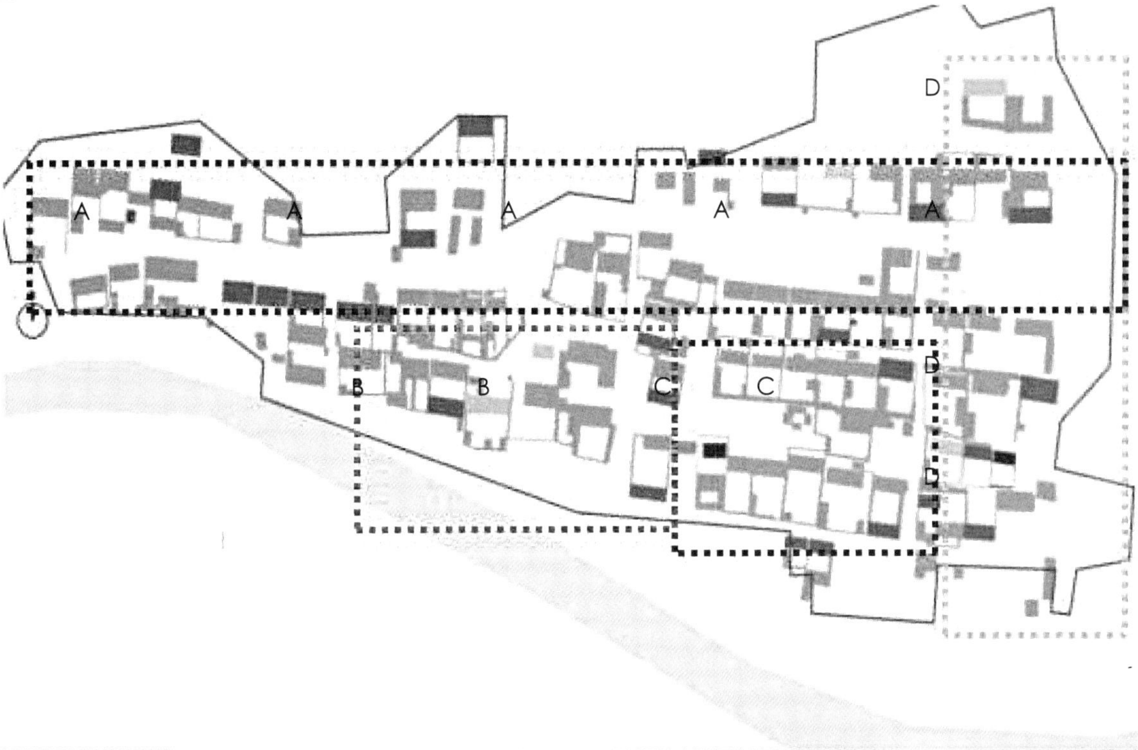

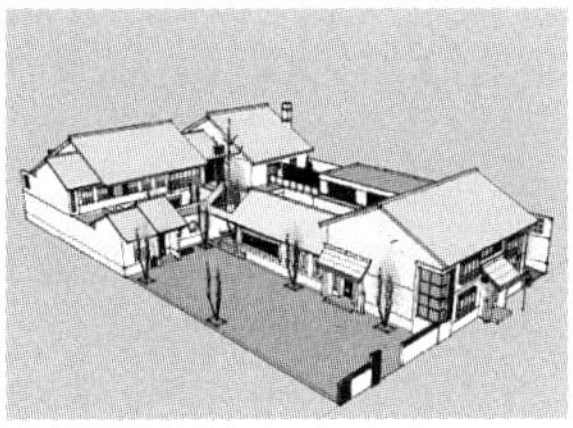

A

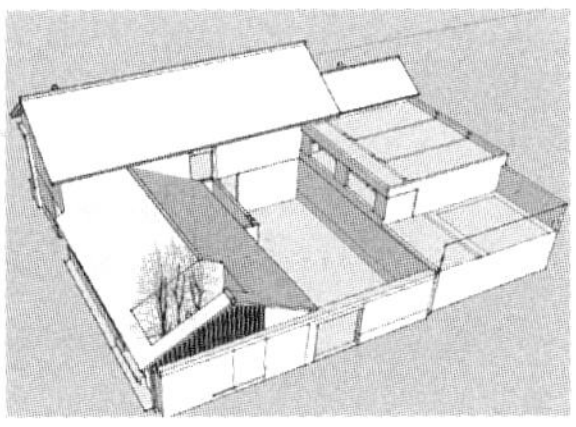

B

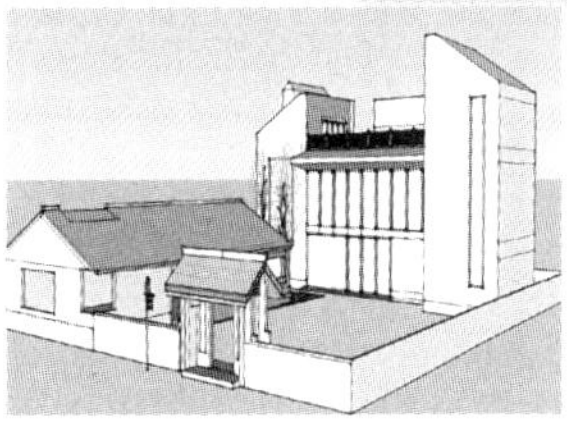

C

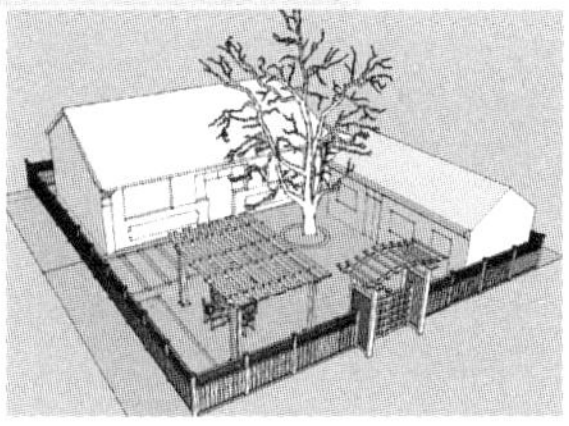

D

传承特色

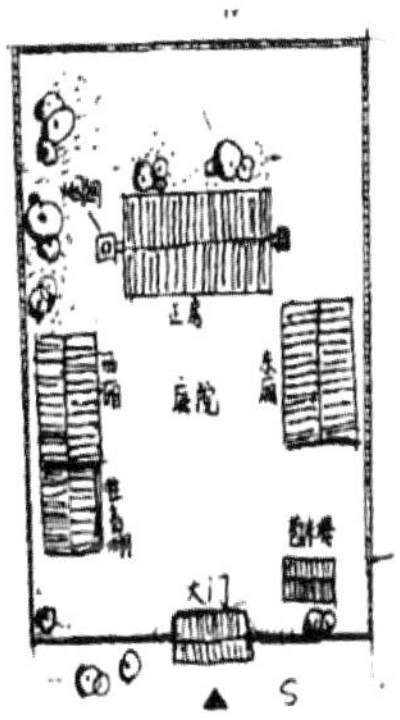

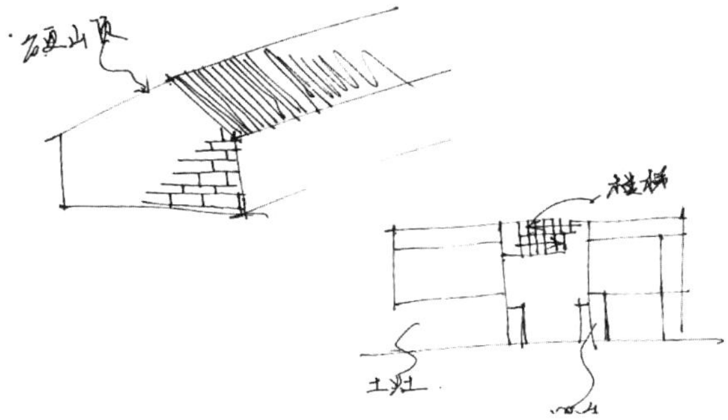

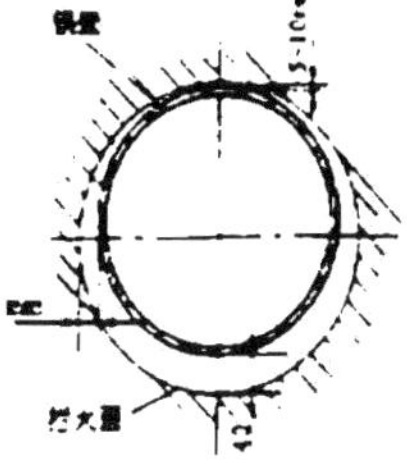

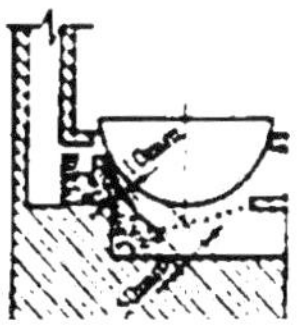

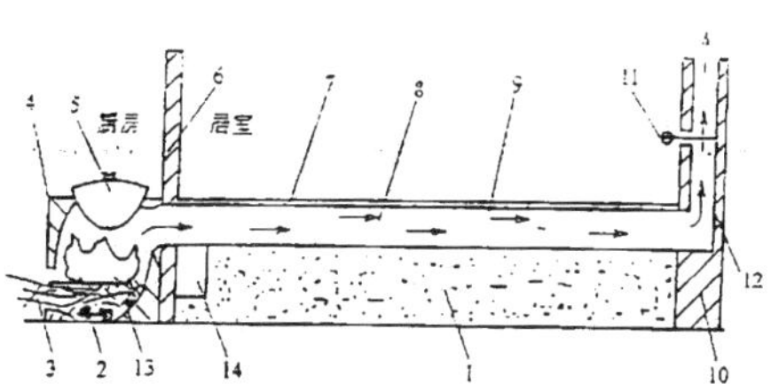

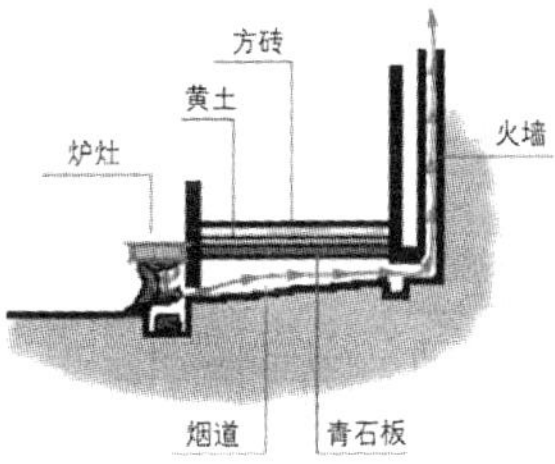

燕山民居建筑特征，硬山顶、土炕灰墙、灰瓦；再加上当地村民平凡而朴实的生活气息。

一层平面图

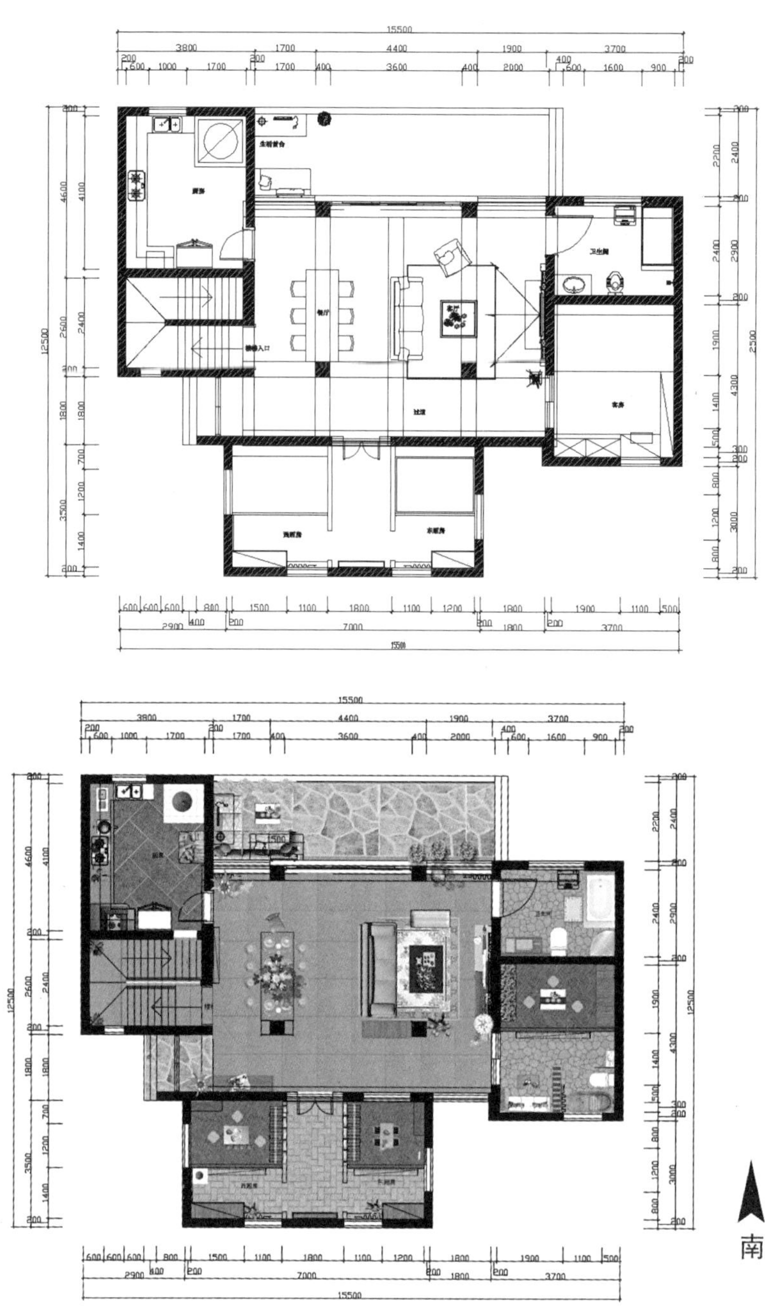

参观、交流、集合、临时办公

二层平面图

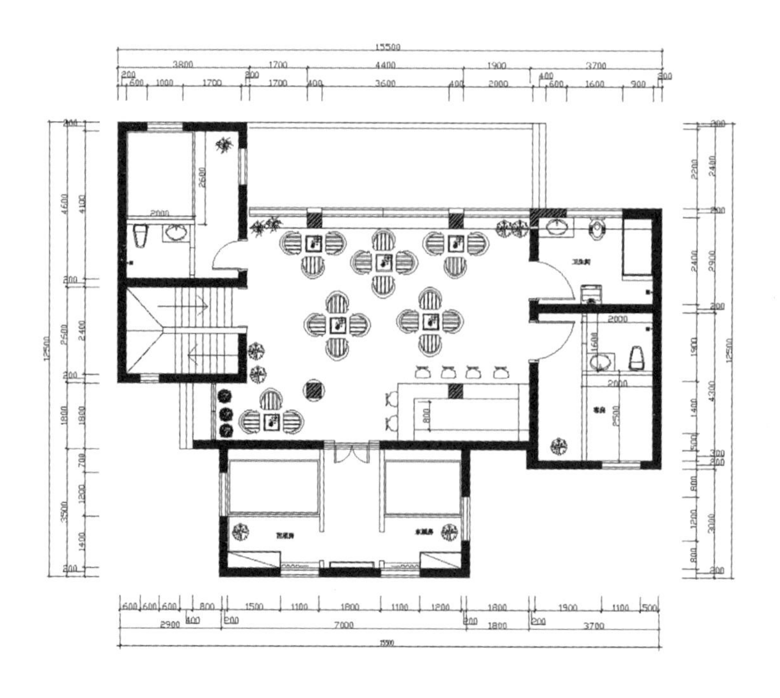

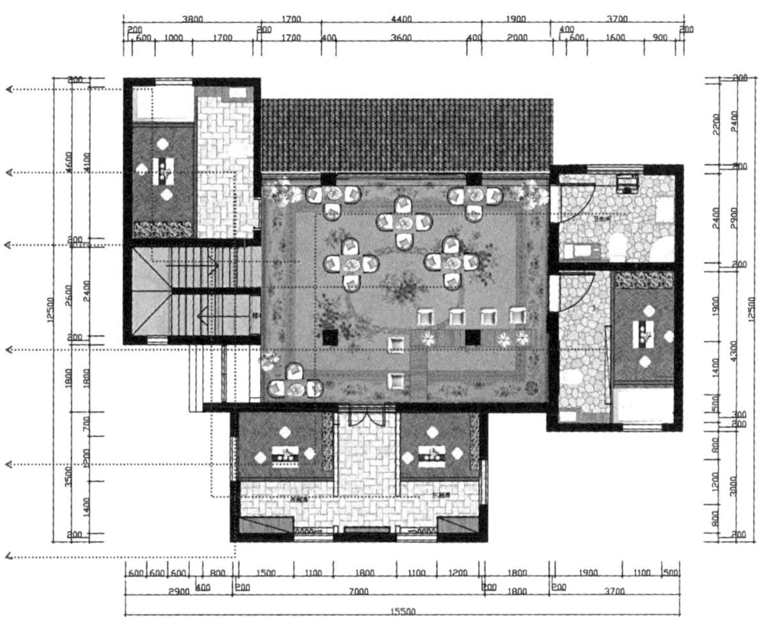

三层平面图

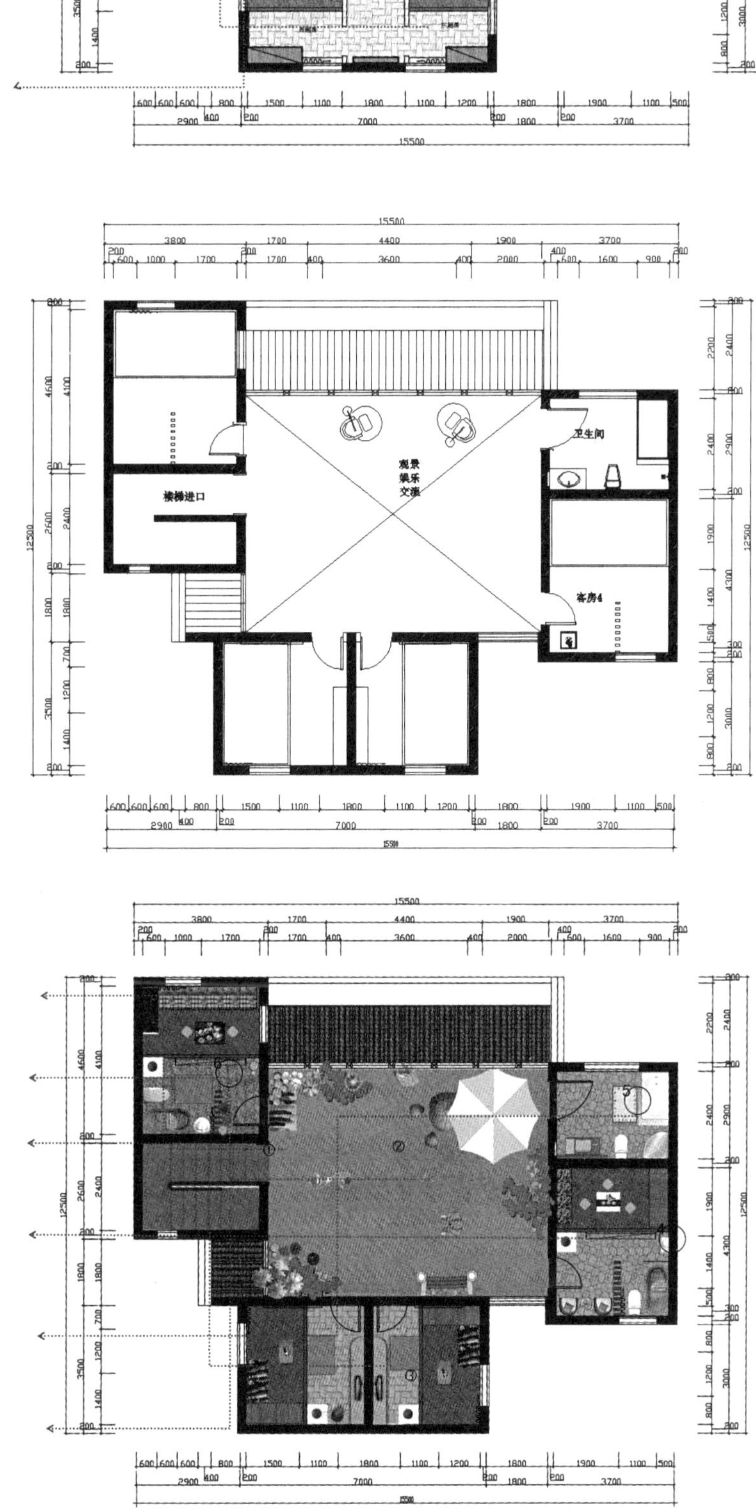

后记·高品质的环境设计教育探索之路

Afterword: the Exploring Road of the High Quality Education of Environmental Design

中央美术学院建筑设计研究院院长 王铁教授
Central Academy of Fine Arts, Professor Wang Tie

四校四导师4X4八年的实验教学成果显示出，广义环境设计教育无界限的价值、实践证明课题院校互动教学是无限疆域实践无障碍的合作，强调的是参加课题院校相互之间的兼顾协调性。当下发展中的设计理论具有强大而科学的支撑平台，如何跟进融入其理念是全体课题导师共同的愿望，集中表现在广义环境设计教育理念指导下的设计教育、设计实践，形成多角度下的国际设计教育宽视野，将是中国高等院校环境设计学科的办学挑战。

中国特色的环境设计教育体系和设计产业链，在高等院校中成就和丰富了广义空间设计概念，无界限下的新疆域观念，即多元化在有序的学科建设中"超域诞生"，设计教育正在走向设计无界限可操作的新疆域平台。

以下是本次 2016 中外高等院校建筑与环境设计专业名校实验教学课题中的现象，共分为四点：

1. 院校间差异

高等院校工学科和艺术学科在专业设计教育方面，由于地域不同、师资构成不同有一定差异，这是不争的事实。从目前国内的教师现实问题和学生的问题中，课题组严肃提出设计教育究竟该如何走进中国高等教育专业设计教学特色平台，已到了最关键的时间和节点上。教育部提出新学科"环境设计"专业为高等教育设计教学指明了发展方向，新的学科需要新的师资框架、新的教学理念，在培养目标上也要进行科学调整，下一步环境设计教学将随着新的教学理念，走向设计教育"大平台"理念的广域探索阶段。减少地域差别给设计教育带来的诸多问题是今后教学评估的基本原则。办学特色将转向高等教育国际化概念，提倡多种办学条件下的推陈出新，反之将造成新的高等教育环境设计学科人为的差距。

2. 教师团队

人类自古以来评估办教育的好坏关键是国家兴衰、师资的综合能力、学苗的素质和数量兴旺与否是决定教育事业发展的主线，高等院校教师的情况近几年在引进速度上已明显呈现放慢和调整现象，反映在近年国内各地院校招生名额逐年减少，这说明高等院校设计教育已经进入了发展调整期。如何解决现阶段全国各地院校普遍存在的师资队伍中的梯队问题、年龄平均问题、教师业绩相当等问题？只有正视现实，理性地探索实践，需要时间和成本，才能有序分步解决现实问题，面对现实问题，中国高等教育环境设计教学需要重新再认同。

3. 学生差异

由于师资来源和教育背景不同，教育学生方法也有所不同，可以说办学理念决定培养目标。对本次实验教学优缺点的评价标准，来源于实践教学中的综合表现，参加课题教师与学生相互之间有一杆秤。参加课题的各校学生都有自己的长处，如：中央美术学院重视创意，学生大多数头脑反映比较灵活，参加课题的3名学生都成功地考入匈牙利（国立）佩奇大学研究生院。其他兄弟院校学生动手能力较强，在理性思维方面有优势，但是缺少工学基础。在研究生版块存在论文写作能力上的欠缺，理论能力不足，对研究题目中的核心和表述，在逻辑框架建立上太不成熟，得不出可持续的结论。

4. 教学与社会需求

实验教学模式和宗旨是开放，必须精准地落实在敢于担当的责任教师肩上。为使实验教学课题取得高质量成果，课题组在教学理念上进行了不懈的深入探索。强调与社会需求对接，提升实践教学更加科学化、学理化、常态化。培养全体参加课题的师生都能成为国家和社会需要的合格人才，这是2016创基金4X4实践教学课题创建目标，核心价值是满足高等院校教学人才培养与社会需求。

出版不仅是环境设计专业的实践教学成果，也是学科建设和专业学习值得拥有的可鉴案例，特别是对于高等院校负责教学管理的校长、教师，正在从事实践教学的教师和关心环境设计教育的爱好者，是非常值得一阅的专业教学用书。以体验环境设计专业实践教学，本科毕业生设计的主题表现方法，分步融入未来空间设计教育的发展趋势，建立起与中国现行国力相匹配的环境设计教育体系，引导从事环境设计教育的青年教师掌握设计心理学知识、工学知识，加强高度的审美能力，提倡掌握环境设计学科理论，提高审美修养能力，走向更加有效的、高品质的环境设计教育探索之路。

2016年6月20日于北京
方恒国际中心工作室